U0790573

太原市山洪灾害
评价与防控研究

杨军生　孙西欢　主编

黄河水利出版社
·郑州·

内 容 提 要

本书介绍了太原市山洪灾害的现状和防治的目的与意义，对太原市各县(市)山洪灾害进行了分析评价，在利用非工程措施进行山洪灾害防控方面提出一些建议与方法。本书的研究成果，对太原市山洪灾害分析评价与防控具有重要参考价值。

本书融科学性、知识性和实用性于一体，适合太原市各县(市)、乡、村基层山洪防治技术人员、管理人员和具有中等文化程度以上的读者阅读，也可以作为山洪防治宣传教育资料。

图书在版编目(CIP)数据

太原市山洪灾害评价与防控研究/杨军生，孙西欢主编. —郑州：黄河水利出版社，2019.5
ISBN 978 - 7 - 5509 - 1870 - 2

Ⅰ. ①太… Ⅱ. ①杨… ②孙… Ⅲ. ①山洪 - 山地灾害 - 评价 - 太原 ②山洪 - 灾害防治 - 研究 - 太原
Ⅳ. ①TV122 ②P426.616

中国版本图书馆 CIP 数据核字(2019)第 079967 号

组稿编辑：王路平 电话：0371-66022212 E-mail：hhslwlp@126.com
田丽萍 66025553 912810952@qq.com

出 版 社：黄河水利出版社 网址：www.yrcp.com
地址：河南省郑州市顺河路黄委会综合楼 14 层 邮政编码：450003
发行单位：黄河水利出版社
发行部电话：0371 - 66026940、66020550、66028024、66022620(传真)
E-mail：hhslcbs@126.com
承印单位：虎彩印艺股份有限公司
开本：787 mm × 1 092 mm 1/16
印张：34.75 插页：36
字数：910 千字
版次：2019 年 5 月第 1 版 印次：2019 年 5 月第 1 次印刷

定价：260.00 元

《太原市山洪灾害评价与防控研究》
编辑委员会

主 任 委 员：宋晋华　孙西欢

副主任委员：杨军生　白继中

委　　　员：胡德生　尉鹏翔　霍勇峰

王志宏　任丽君

《太原市山洪灾害评价与防控研究》
编撰人员

主　编:杨军生　孙西欢

副主编:胡德生　白继中

主要参加人员(按姓氏笔画排序):

王　锋　王志宏　王笑义　白继玲　任丽君

刘　方　孙秉章　孙风朝　孙建芳　贠　云

李静平　杨　勇　张　红　张　杰　张　泉

张宇乾　张泽宇　岳延兵　赵德杰　贾宝平

解赵辉　薛燕波　薄慧琴　霍勇峰

参 加 人 员(按姓氏笔画排序):

马　强　王晋元　王琛琛　牛国菲　史楷生

冯玉刚　边利心　刘泽云　闫旭宏　杜玉柱

李　健　杨俊军　肖纳新　吴　蕾　张炎彬

张爱红　陈　洋　陈瑞山　武　晖　武莎莎

武淑林　范伟伟　曹晋芠　韩秀红

前 言

山洪灾害是山丘区因降水引起的一种灾害形式，受气候、地理环境、降水和人类活动等多种复杂因素的影响。太原市属大陆性季风气候，降水时空上分布不均匀，全年65%以上的降水集中在7～9月三个月，且山地多于平原，局部暴雨山洪灾害较多。太原市多土石山区，流域内植被覆盖率低，且由于气候地理条件的原因，河道多为季节性河道，有非汛期时河道无水，汛期时汇流迅速、洪量大、流速快、历时短的特性，因此山洪灾害极易发生且破坏性大。山洪灾害对人民的生命财产安全造成了巨大威胁，严重影响着社会、经济发展及全面建成小康社会的进程。

根据我国山洪灾害现状、国务院常务会议精神，2013年水利部、财政部联合印发了《全国山洪灾害防治项目实施方案》，2013年9月全国启动了新一轮山洪灾害防治项目建设，山西省在2015年底完成全省114个有山洪灾害防治任务的县（市、区）山洪灾害调查评价工作。

太原市对全市5个山洪灾害防治县（市）、1 991个村庄开展了山洪灾害调查工作，评价了防治区412个重点沿河村落的防洪现状。当前，山洪灾害工作已经积累了丰富的资料，取得了一些阶段性成果。但是针对某一特定地区，依然缺乏有关山洪灾害评价系统性的资料与成果。本书不仅汇编了各市、县防治区系统成果，使得太原市山洪灾害评价成果更容易得到普及，提高了人们的防洪意识，且为进一步的山洪灾害工作开展奠定了坚实的资料与理论基础。

本书由杨军生高级工程师、孙西欢教授担任主编，负责总体设计和审稿。胡德生、白继中担任副主编，负责章节编写和修改统筹工作。参加前期资料收集与整理的有王志宏、任丽君、霍勇峰、薛燕波、孙建芳、张泉等，参加暴雨洪水、临界指标等数据计算和章节编写工作的有薄慧琴、张宇乾、李静平、孙风朝、刘泽云、张杰、杨勇等，参加图表绘制整理等工作的有岳延兵、杜玉柱、王锋、王笑义等。本书在编写过程中得到了太原市水文水资源勘测分局的大力支持并提供无私帮助，在此谨表示真诚的感谢！

因编写人员水平所限，书中疏漏之处在所难免，敬请专家、读者批评指正。

编 者

2018年8月

目　录

第 2 篇　太原市山洪灾害防控研究

第 3 篇　典型县(太原市区)山洪灾害评价与防控研究

第1篇 太原市山洪灾害评价

第1章 太原市基本概况

1.1 自然概况

1.1.1 自然地理特征与交通概况

太原市地处山西省中部，是山西省省会和全省政治、经济、文化、交通和科技信息中心，是我国能源重化工基地中心城市。地理坐标介于东经111°30′~113°09′、北纬37°27′~38°25′，北毗忻州，西壤吕梁，东接阳泉，南临晋中。土地总面积690 995.51 hm^2，占山西省土地总面积的4.4%，现辖六区一市三县，即迎泽区、小店区、晋源区、万柏林区、尖草坪区、杏花岭区、古交市、清徐县、阳曲县和娄烦县。

太原位处山西省旅游线中心，境内生态旅游资源丰富，人文景观独特，历史文化遗存众多。现有国家级重点文物单位5处，省级重点文物保护单位17处，市级重点文物保护单位67处，国家级、省级风景名胜区和国家级森林公园多处，在山西省排位居前。

山西自古表里山河，太原正居其中（见图1-1-1），周围群山环侍，汾水蜿蜒流过，地形地貌独特而丰富，新落成的汾河公园风景秀丽，在全国各大城市中也少有，目前已成为太原市城市的象征和标志。太原有着两千多年的建城史，历史留给了太原十分丰富而珍贵的文化遗产，从晋阳古城遗址、春秋大墓、虞弘墓的发现，到闻名于世的晋祠天龙山景区、龙山童子寺等大大小小的文物古迹多达500余处。

太原市三面环山，中南部为汾河冲积平原，整个地形西高东低、北高南低，东属太行山系，西为吕梁山脉。按地貌类型划分，全市可分为河谷平川区、黄土丘陵区和土石山区，分别占全市土地总面积的18.1%、30.6%、51.3%。复杂多样的地貌类型和地形条件，对全市的土地利用结构、分布及利用方式有极大的影响。

1.1.2 气象水文

太原市气候属温带大陆性半干旱气候区，四季分明，夏季炎热雨量集中，秋季凉爽宜人，冬季严寒干燥。受地形影响，气候差异较大，年平均气温大部分为8~10 ℃，无霜期介于120~170 d，年平均降水量在450~500 mm，主要集中在夏季。光热资源丰富，平均日照时数在2 560~2 870 h，基本可满足二年三熟和一年二熟农作物种植的需求。

1951~2012年太原市多年平均气温为(9.9±2.1)℃，年平均气温以0.39 ℃/10 a的速率增加，呈极显著升高趋势（$r=0.79$，$P<0.01$）。年平均气温距平值在-2.1~1.8 ℃，

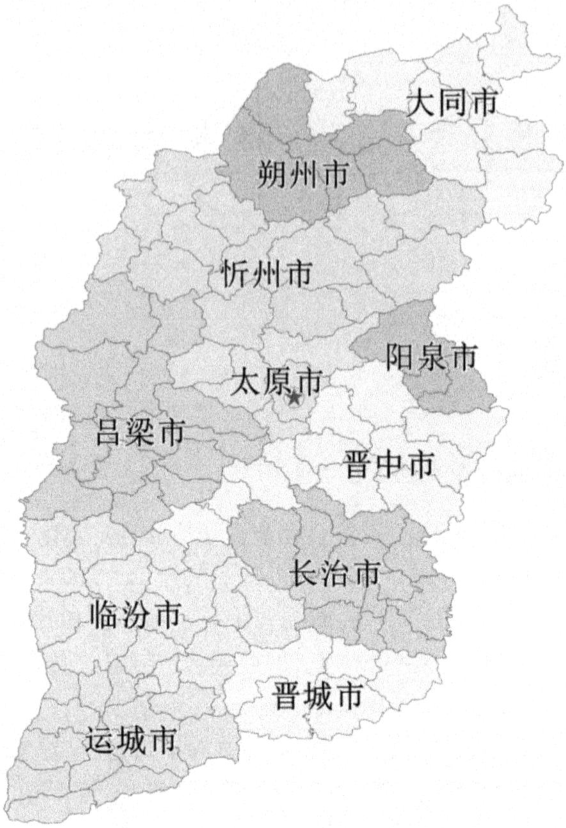

图 1-1-1　太原市在山西省的地理位置

1997 年之前的年平均气温距平以负距平为主,之后则以正距平为主。1951 年的年平均气温是近年来最低值,其距平值达到了 -2.1 ℃,2006 年出现了近 1951 ~ 2012 年来平均气温最高值,距平值为 1.8 ℃。

由平均气温年代对比分析得出,20 世纪 90 年代之前,年平均气温均低于太原市近 62 年平均气温(9.9 ℃)。20 世纪 60 ~ 80 年代气温略有增高,但变化不大,80 年代年平均气温只比 50 年代升高了 0.8 ℃。90 年代气温变化剧烈,比 50 年代升高了 1.5 ℃,21 世纪平均气温比 20 世纪 50 年代气温升高 2.1 ℃,高出太原市 1951 ~ 2012 年多年平均气温 1.1 ℃。由此可以得出,年平均气温总体呈明显上升趋势。

从四季平均气温对比分析(见表 1-1-1)得出,春、夏、秋、冬四季均表现出增暖趋势,尤其是冬季增幅最大,2000 ~ 2012 年冬季气温比 20 世纪 50 年代升高 2.7 ℃,春季气温比 20 世纪 50 年代升高 2.4 ℃,秋季气温较 20 世纪 50 年代也呈上升趋势,升高 1.6 ℃,夏季增温幅度最小,但也增加了 1.3 ℃。年平均气温的升高主要是受冬春季气温明显升高的影响,同时夏季和秋季平均气温的升高也在一定程度上增加了年平均气温的上升幅度,特别是 20 世纪 90 年代以来,气温变化剧烈,上升趋势明显。

表 1-1-1　1951～2012 年太原市各年代际年、季平均气温变化　　（单位:℃）

年份	年平均	春季	夏季	秋季	冬季
1951～1959	8.9	10.3	22.1	8.9	-5.4
1960～1969	9.5	11.0	22.6	9.3	-5.0
1970～1979	9.6	11.1	22.2	9.5	-4.3
1980～1989	9.7	11.3	22.1	9.5	-4.0
1990～1999	10.4	11.7	22.7	10.1	-3.0
2000～2012	11.0	12.7	23.4	10.5	-2.7

1951～2012 年太原市年平均降水量 442.2 mm，年平均降水量以 7.24 mm/10 a 的速率减少，但降水量呈不显著的减少趋势（$r=0.11$，$P>0.05$）。

太原市年降水量距平值在 -226.1～306.9 mm，1990 年以前基本上以正距平为主，1990 年以后以负距平为主。太原市年平均最大降水量为 749.1 mm，出现在 1969 年，年平均最小降水量为 216.1 mm，出现在 1972 年，其极差达 533 mm。20 世纪 50～70 年代初，降水的年度变化较为剧烈，偏多、偏少的年份较多。70 年代初以后，呈波动变化，降水量逐渐减少，进入 90 年代以后减少趋势比较明显。

从表 1-1-2 可以看出，20 世纪 50～60 年代降水量有一定增加，增加了 60.7 mm，60 年代是近 62 年中降水量最高的年代，年平均降水量达到 504.1 mm，70～80 年代降水量有减少趋势，减少了 24.4 mm，20 世纪 90 年代至 21 世纪降水量又呈缓慢的增加趋势，增加了 5 mm，21 世纪降水量比 20 世纪 80 年代增加 10.3 mm，但仍比 20 世纪 50 年代减少了 15.9 mm，比 20 世纪 60 年代减少了 76.6 mm。

表 1-1-2　1951～2012 年太原市各年代际年、季平均降水变化　　（单位:mm）

年份	年平均	春季	夏季	秋季	冬季
1951～1959	443.4	62.1	271.7	94	10.3
1960～1969	504.1	79.9	280.5	134.9	9.7
1970～1979	441.6	45.7	284.3	94.7	16.3
1980～1989	417.2	77.2	240.6	90.4	11.1
1990～1999	422.5	82.2	259.3	72.4	7.5
2000～2012	427.5	52.8	242.7	119.6	12.0

分析日降水量≥0.1 mm 的日数（见表 1-1-3）可知，20 世纪 50 年代降水日数最多，90 年代降水日数最少，50～90 年代，降水日数呈减少趋势，21 世纪降水日数又有所增多，但仍比 20 世纪 50 年代少 10.2 d。春、秋季降水日数最多出现在 20 世纪 60 年代，夏季出现在 50 年代，冬季出现在 70 年代，夏、秋、冬季的降水日数最少均出现在 90 年代，春季出现在 70 年代。

表 1-1-3　1951～2012 年太原市各年代际年、季平均日降水量≥0.1 mm 的日数变化

（单位：d）

年份	年平均	春季	夏季	秋季	冬季
1951～1959	83.0	16.2	39.7	17.9	7.9
1960～1969	81.7	17.4	36.2	22.8	5.8
1970～1979	77.0	14.0	35.9	18.7	8.2
1980～1989	68.3	14.8	32.4	15.6	6.3
1990～1999	66.0	15.4	30.6	15.1	4.2
2000～2012	72.8	14.8	31.6	18.4	6.8

1.1.3　土壤特性

太原市土壤类型多样，共有 9 个土类、15 个亚类、37 个土属和 155 个土种，以棕壤、褐土和潮土为主。大部分土壤质地为轻壤和中壤，耕性良好，通透性强，保肥性好，为农、林、牧业生产综合发展提供了较好的物质基础。

地带性土壤：土壤地带性规律在太原及其周边地区表现为明显的纬度地带性。中南部是暖温带森林草原褐土区，北部是温带干旱草原栗钙土区，吕梁山以西、恒山以北是由森林草原向干旱草原过渡的栗褐土区。

桑干河以北、洪涛山以东地区分布为栗钙土。该地区气候干燥寒冷，昼夜温差大，年降水量 400 mm，年均温 5～6 ℃，大陆性气候影响着土壤的发育和形成，物理崩解强烈，化学分解缓慢，土壤颗粒粗、砂性大、结构差，表层有机体分解快而积累少，剖面中下部有明显的钙积层，碳酸钙含量达 20% 以上。

恒山以南、吕梁山以东的广阔地区分布为褐土，它是主要的地带性土壤，也是农业利用最好的土壤，广泛分布于忻定、晋中、临汾、运城、晋东南等地的二级阶地和丘陵、低山地带。褐土区域气候温暖，昼夜温差小，年降水量 450～650 mm，年均温度 10～12 ℃，矿物质的化学分解强烈，土壤养分丰富，土体中有黏粒移动，剖面中的新土层常见有一层棕色或棕褐色的黏化层，由南向北渐弱，纬度地带性明显。

吕梁山和洪涛山以西，恒山以北至桑干河，昕水河与芝水分水岭以北地区为栗褐土，它是由褐土向栗钙土过渡的一种土壤类型。这个地区年降水量 400～500 mm，年均温 7～8 ℃，气候寒冷干燥。在侵蚀较轻、植被茂密的山地和缓坡丘陵区，以及平川的河谷盆地上，剖面中有明显的碳酸盐淀积和弱黏化；在丘陵沟壑区，水土流失较严重，土层过渡不明显，土壤结构差，有机质含量低，即晋西北紫金山以北地区，因受风沙影响，是栗褐土与栗钙土之间的过渡亚类，分布为淡栗褐土。

太原市内土壤垂直带谱较为复杂，土壤类型常随基带土壤和海拔高度变化呈规律性的分布。

非地带性土壤：受水文地质条件影响而形成的地区性土壤类型分布也较多：草原风砂土，分布在晋西北；草甸风砂土，分布在黄河禹门口下游；火山灰土、石质土和粗骨土等都

是在特定条件下如山区等地出现的。

1.1.4　地形地貌特性

太原市境内地貌形态复杂多样，根据地貌的形态，太原地貌类型可分为山地、丘陵、平原、盆地、谷地五种地貌单元，各地貌单元按其成因，又可划分为穹窿剥蚀中山、溶蚀侵蚀中山、溶蚀侵蚀低中山、剥蚀侵蚀中山、山前黄土台丘、梁状黄土丘陵、碎破黄土塬、冲洪积平原、冲积平原、山间侵蚀小盆地、山间构造小盆地等不同类型。

太原市境内地貌形态复杂多样，山地、丘陵、平原、盆地、谷地均有分布。山地 4 528 km^2，占总面积的 64.79%；丘陵 904 km^2，占 12.94%；平原 1 093 km^2，占 15.64%；盆地 279 km^2，占 3.99%；谷地 184 km^2，占 2.63%。境内地势起伏较大，位于境西北娄烦县的赫赫岩山，海拔 2 708 m，为太原市最高峰；位于境内南部清徐县西青堆的汾河漫滩为最低处，海拔 760 m，两处高差 1 948 m。太原市境东、西、北三面群山合抱，中南部为汾河河谷平原，整个地势北高南低，呈簸箕形。

东部山地包括系舟山及其向西南延伸的余脉太原东山。系舟山是由寒武、奥陶系灰岩组成的向斜构造，西北侧山势陡峻、沟谷深切，以断层崖与忻州盆地相接；东南侧山势稍缓。山体走向为北东—南西，海拔 1 800 ~ 2 000 m，相对高差 1 000 m 左右，主峰柳林尖山 2 101 m，为东部山地的最高峰。太原东山主要由含煤的砂页岩构成，海拔 1 000 ~ 1 500 m，相对高差 500 ~ 800 m，为剥蚀、侵蚀中山，主峰罕山海拔 1 591 m。东部山地以低中山和黄土丘陵相接，其间分布有构造形成的间山盆地。

太原市地形、地貌与构造、岩性、气候关系密切。构造活动尤其是新构造运动控制了地貌格局的发展。燕山运动后，境内山地盖层普遍发生褶皱，产生了一系列宽阔而平缓的复背斜与复向斜，并伴有断裂构造，形成北东方向排列的山地与盆地相间的地貌格局。地貌单元与地质构造基本吻合，背斜或穹窿构成山地，向斜形成盆地或谷地，且山脊走向、盆地展布与构造方向一致。喜马拉雅期地壳活动又趋活跃，山地进一步隆起，并普遍遭受剥蚀、侵蚀，形成较早的河流，普遍发育有多级河流阶地；盆地则强烈下降，接受堆积，其边界继承了燕山运动形成的断裂构造，山地、盆地的轮廓更加分明。岩性差异对地貌形态的发育有着深刻的影响，变质岩、岩浆岩等结晶岩类形成的山地，由于岩石质地坚硬，抗蚀力强，常形成高峻的山地，多陡崖峭壁，矗立于群山之上，构成主要山峰的峰顶。

1.1.5　地质条件

太原市境内出露地层有中太古界前五台系，上太古界五台系，中元古界长城系，古生界寒武系、奥陶系、石炭系、二叠系，中生界三叠系，新生界第三系及第四系。

1.1.5.1　太古界

太古界地层是境内最古老的结晶基底。现出露有两处：一为西部吕梁山系的娄烦县及古交市西部；一为云中山南端阳曲县与静乐县、忻州市交界一带。

1. 中太古界前五台系

混合岩化杂岩出露有两处：一处在阳曲县北小店以北地区，由黑云变粒岩、黑云斜长片麻岩、黑云角闪变粒岩、绿泥透闪岩夹白云石英岩、含矽线石石英片岩、长石石英岩及透镜状磁铁石英岩等组成，岩石普遍遭受强烈的混合岩化作用，形成各种混合岩化岩石，局部形成条痕—似斑状混合岩体和均质混合岩，岩层出露总厚度 2 029 ~ 2 480 m；另一处在娄烦县与古交市西部交界的岔口、天池店、康家坪一带，前五台系杂岩由混合岩化红色浅粒岩、混合岩化黑云斜长片麻岩、黑云母斜长片麻岩、黑云角闪斜长片麻岩、斜长角闪岩、条纹状石英岩、白云母长石石英片岩等深度变质岩组成，局部则已形成混合岩化花岗岩，出露总厚度 2 853 ~ 2 930 m。

2. 上太古界五台系

境内五台系主要为吕梁群的中下部地层，包括青杨沟组、周家沟组、宁家湾组、袁家村组，出露于娄烦县境内。下吕梁群（含青杨沟组、周家沟组）为一套变质较深的沉积—火山岩系，分布于东起汾河水库，西南至龙虎山、青杨沟，延展于方山、交城县境内。

青杨沟组底部为一套碎屑岩，中上部为泥质岩系。主要为云母石英片岩、细粒黑云变粒岩、含石墨二云片岩、斜长角闪岩等，上部出现厚约 200 m 的透闪大理岩、白云大理岩。在大理岩下部与石英岩之间有大片长英质岩石（似变流纹岩）分布，具有流纹构造，向西南则变为混合片麻岩，其原岩可能为中酸性火山岩。本组总厚度 1 562 m。周家沟组该组地层混合岩化强烈，岩层几乎成为残留体状出露。中部为一套富铁地层，由磁铁石英岩、铁闪石英岩、镁铁闪石岩、透闪岩等组成，均夹于斜长角闪岩中，总厚度 300 余 m。单层磁铁石英岩厚不足 2 m，且含铁较贫，其上、下岩系是一套混合岩化的黑云变粒岩、斜长角闪岩，呈基性火山熔岩残余构造。本组总厚度 4 697 m。

中吕梁群（含宁家湾组、袁家村组）分布于娄烦县与岚县交界一带，为一套中级至低级变质岩系，变质程度北浅南深，于寺头、尖山一带受强烈混合岩化作用。宁家湾组底部为黑云绿泥石英片岩，含砾石；下部以千枚岩、石英片岩为主；上部以角闪片岩、角闪片麻岩为主，原岩为基性火山岩、火山凝灰岩。局部地段的绿泥石英片岩中有 4 ~ 5 m 厚的白色粗晶大理岩夹层，东部东水沟一带夹多层磁铁石英岩。本组总厚度 890 m。

袁家村组主要岩性为绿泥千枚岩、阳起片岩及原岩为基性火山岩的变辉绿岩。磁铁石英岩主要产于泥质岩及原岩为基性火山岩的绿泥片岩中。本组总厚度 1 150 m。

上吕梁群（含裴家庄组、近周峪组及杜家沟组）分布在娄烦县盖家庄以西地段出露下部的裴家庄组地层。裴家庄组为一套巨厚的浅变质沉积岩系，其底部以白色石英岩与中吕梁群分界，其上为约 1 000 m 厚的千枚岩、碳质千枚岩夹变粉砂岩、石英岩，本组总厚度 2 010 m。

1.1.5.2 元古界

太原境内元古界地层出露很少。除中元古界长城系汉高山群（含霍山砂岩）出露外，其他地层均未出露。长城系汉高山群，该群于娄烦县白家滩附近出露约 3.5 km^2，岩性为砾岩、砂岩、页岩夹安山岩、安山质凝灰岩。此安山岩称为“小两岭安山岩”，其同位素年龄值为 17.8 亿年，总厚度大于 384 m。

另外，在太原北部关口一带的钻孔中见有 300 m 厚的安山玄武岩和英安流纹岩（上部），亦属于汉高山群，称为“关口火山岩”。

1.1.5.3 古生界

古生界地层同省内其他地区一样，缺失上奥陶统至下石炭统的全部地层。寒武系中、上统，奥陶系下、中统，石炭系中、上统及二叠系地层发育齐全。其中，石炭系、二叠系标准地层剖面位于太原西山地区。

1. 寒武系

为海相沉积岩，其岩性各地虽有差异，但以碳酸盐岩、泥质岩相为主。下统多为砂岩、页岩、泥灰岩等；中统为页岩、灰岩、鲕状灰岩；上统为竹叶状灰岩、白云质灰岩、白云岩。总厚度为 164 ~ 346 m，自东而西厚度逐渐变薄。分布面积较广，可分三个区：西部娄烦县盖家庄至马家庄一带；中部娄烦县赤泥泉至新庄，呈南北向带状分布；北及东北部，西起阳曲县北小店，东至麻黄沟，呈近东西向分布。

寒武纪海侵自南而北、由东而西，因此寒武纪沉积自中统底部毛庄组开始，以前沉积缺失。中统毛庄组中下部以碎屑岩为主，即紫红色粉砂岩、细砂岩、砂质页岩、页岩，局部含砂砾岩。东部地区则以碳酸盐岩为主，即薄层白云质泥灰岩夹钙质砂岩、中厚层灰岩及白云质页岩；上部以深灰色薄层灰岩、结晶灰岩为主。东部地区为薄层和中厚层泥质白云岩及角砾状泥质白云岩。本组东厚西薄，总厚度 0 ~ 58 m。

中统徐庄组中下部为紫色页岩、砂质页岩、细砂岩及细粒石英砂岩、长石石英砂岩。西凌井一带夹薄层鲕状灰岩，东凌井一带夹中厚层灰岩及生物碎屑灰岩；上部西凌井以西为薄层和中厚层鲕状灰岩、灰岩、竹叶状灰岩，东凌井一带主要为薄层泥质条带灰岩；顶部为中厚层泥质灰岩、生物碎屑灰岩及竹叶状灰岩。本组厚 62 ~ 99 m。

中统张夏组中下部为灰色中厚层和厚层灰岩夹鲕状灰岩、竹叶状灰岩、白云质灰岩。东部地区白云岩厚度增大并夹页岩及泥质灰岩；上部为浅灰色薄层和中厚层鲕状灰岩、灰岩及竹叶状灰岩。本组厚 55 ~ 141 m。上统崮山组下部为薄层灰岩及灰、紫色竹叶状灰岩互层，北小店一带夹生物碎屑岩，而东部一带地区紫灰黄色页岩增多；中上部为灰色薄层和中厚层灰岩，东部地区为夹竹叶状灰岩。由东而西白云质含量增高成为白云质灰岩或白云岩。本组厚 37 ~ 101 m。

上统长山组为薄层夹竹叶状灰岩。西凌井一带为紫色和灰色竹叶状灰岩互层，而东部地区白云质含量增高，呈薄层和中厚层泥质白云岩，夹中厚层竹叶状白云质灰岩，以及含海绿石生物碎屑灰岩。本组厚 7 ~ 27 m。上统风山组下部为黄灰色薄层、中厚层泥质白云岩与薄层、中厚层竹叶状白云岩互层，夹白云质页岩；中上部为灰白和灰黑色中厚层、厚层白云岩。本组厚 93 ~ 122 m。

2. 奥陶系

为海相沉积岩，与寒武系为连续沉积，以碳酸盐岩为主。除上统缺失外，中、下统地层发育齐全。分布地域与寒武系相同，但范围更广泛。

下统冶里组系舟山一带上部为灰黄色中厚层、厚层泥质白云岩，含燧石条带及结核白云岩；下中部夹灰黑色白云质页岩及深灰色、灰紫色竹叶状白云岩；底部为薄层竹叶状白云质页岩。西凌井一带上中部为黄灰白色白云岩、泥质白云岩夹竹叶状白云岩；下部夹黄绿色页岩、泥灰岩或竹叶状白云岩。本组厚 53 ~ 74 m。

下统亮甲山组东部一带为灰色、深灰色中厚层夹薄层灰质及泥质白云岩、含燧石条带或结核白云岩；中西部西凌井一带为灰白色白云岩夹鲕状灰岩。本组东厚西薄，总厚度 42 ~ 90 m。

中统下马家沟组下部为灰黄色泥灰岩、角砾状泥灰岩夹钙质页岩；中部为灰色、深灰色中厚层至巨厚层灰岩，并含白云质灰岩及中厚层豹皮状灰岩；上部为灰色、深灰色薄层和中厚层泥质灰岩、白云质灰岩；顶部局部为灰黑色角砾状灰岩。本组厚 154 ~ 157 m。

中统上马家沟组下部为灰白色、土黄色泥灰岩，夹灰黑色中厚层泥质白云岩、角砾状灰岩；中部为深灰色、浅灰黄色中厚层和厚层豹皮状灰岩夹深灰色中厚层灰岩，其底部局部地段为角砾状灰岩；上部为灰色、深灰色中厚层和厚层灰岩、豹皮状灰岩夹灰白色薄层泥质白云岩、泥质灰岩及鲕状白云岩。本组厚 294 m。

中统峰峰组下段上部为浅灰色薄层角砾状泥灰岩、泥质白云岩夹石膏、硬石膏、黏土质石膏（上石膏带）；中部为深灰色厚层灰岩；下部为灰黄色角砾状泥岩、泥灰岩夹石膏层（下石膏带）。上段为深灰色、灰黑色厚层灰岩夹少数薄层泥质白云质灰岩。本组是山西中部最主要的含石膏层位和优质石灰岩层位。本组总厚 132 ~ 162 m。

3. 石炭系

石炭系地层为西山煤田的含煤地层。除缺失下统外，发育齐全。主要分布于太原西山和东山，以西山为主，是山西和华北地区研究石炭系、二叠系的经典地区，山西和华北地区不少地层的名称源于太原西山。

中统本溪组以深灰色和黑色页岩、砂质页岩及灰色黏土页岩、铝土质泥岩、铝土岩为主，夹石灰岩 1 ~ 5 层，含不稳定的薄煤 1 层。底部为铝土岩，局部含较多黄铁矿，近地表则为褐铁矿，与下伏中奥陶统灰岩呈不整合接触。本组厚 7 ~ 36 m。

上统太原组按岩性组合分为三段。一段为灰色、深灰色和灰黑色页岩、砂质页岩、黏土质页岩、砂岩，夹灰岩 2 ~ 4 层，含煤 3 ~ 5 层。可采煤层主要集中于上部或顶部，下部砂岩（晋祠砂岩）发育比较齐全；二段下部有两层灰岩，间夹深灰色和黑灰色页岩、砂质页岩、粉砂岩，夹较稳定煤层 1 层。顶部为 1 层灰岩（东大窑灰岩），底部为 1 层砂岩（七里沟砂岩）；三段为灰色和深灰色页岩、砂质页岩，夹 1 ~ 2 层煤和 1 层不稳定海相页岩，并常含透镜状菱铁矿结核。本组总厚度 92 ~ 118 m。

上统山西组以深灰色和黑色页岩、砂质页岩、粉砂岩为主，夹钙质页岩、2 ~ 3 层灰白色细粒砂岩和 2 ~ 4 层煤。可采煤层主要集中于中下部。晋祠柳子沟一带底部砂岩（北岔沟砂岩）较厚，达 30 m 左右。该组厚度 26 ~ 42 m。

4. 二叠系

与石炭系地层分布范围一致，二者为整合沉积，但已全部为陆相沉积岩层，发育齐全。下统下石盒子组下段以灰色和灰绿色页岩、砂质页岩为主，夹数层黄绿色和灰绿色中细粒硬砂质石英岩及薄层煤或煤线。底部砂岩（骆驼脖子砂岩）为灰黄色和绿色粗粒、细粒硬质石英砂岩；上段中下部以黄绿色和灰绿色厚层中细粒硬砂岩为主，夹黄绿色、灰绿色和杂色页岩、泥岩、砂质页岩及少量炭质页岩。顶部为红色、紫红色和杏黄色铝土质泥岩，具鲕粒结构。本组厚 92 ~ 131 m。

上统上石盒子组下段为黄绿色和灰绿色中细粒硬砂岩、粉砂岩与紫灰色泥岩、砂质泥岩互层，局部含铁质结核。中部普遍夹不稳定锰铁矿层或透镜体，下部局部地段夹 1 ~ 2 层紫红色鲕状铝土页岩；中段以灰黄色和黄绿色中粗粒硬砂岩为主，夹紫色和杂色泥岩、砂质泥岩。砂岩以普遍含小砾石为特征；上段自下而上依次为暗紫红色和杂色泥岩、砂质泥岩,夹黄绿色中粒硬砂岩、长石石英砂岩。本组厚341~476 m。

上统石千峰组底部为淡黄绿色厚层具交错层理含砾石粗粒长石石英砂岩;中部为灰紫色和灰绿色厚层细粒石英砂岩夹暗紫色砂质泥岩,含钙质结核或条带;上部为灰紫色中粒石英砂岩夹粉砂质泥岩及2~3层淡水灰岩或钙质结核。本组厚100~148 m。

1.1.5.4　中生界

中生界地层为三叠系,分布于清徐、古交和交城三县(市)交界地带,为下统刘家沟组。其上统和中统在本区境内未出露或已被剥蚀掉。

刘家沟组以一套单一的浅紫红色、灰紫红色、浅灰红色和紫红色中厚层、薄层细粒长石砂岩为主,间夹不稳定的紫红色粉砂岩、砂质页岩、砾岩及灰绿色长石砂岩、砂质页岩透镜体。砂岩含磁铁矿条纹、条带。本组岩性岩相稳定,下部以砂岩为主,往上泥质成分增高,总厚度461 m。其厚度自东而西逐渐变薄,具有发育的交错层理、斜层理及波痕等。

1.1.5.5　新生界

新生界地层主要分布于太原市区、晋中断陷盆地及阳曲县一带,其次分布在山区的沟谷中。第三系仅在晋中盆地及阳曲县黄寨分布,有上第三系上新统保德组、静乐组。第四系广布于晋中盆地中部,发育齐全。上第三系上新统保德组底部为棕红色、黄棕色和褐红色砂质黏土、含砾砂质黏土、含砾黏土质中粗砂互层;中部为褐色、棕褐色、灰绿色和绿色夹紫红色粉砂质黏土、钙质黏土或泥质灰岩及土黄色细砂层;上部在盆地中心为浅褐色、灰色和黄灰色夹紫灰色泥岩、粉砂质泥岩及黄灰色泥质粉砂细砂岩。厚度不一,盆地中230~704 m;阳曲县一带0~120 m。

静乐组下部为褐色、棕色和黄色亚砂土、细砂,晋中盆地边部及底部夹有砾石;上部为鲜红色黏土,含钙质结核。黏土颜色由地表向盆地中心加深,呈棕红色、紫红色和灰褐色。本组厚0~55 m。局部地段有缺失。

1.1.5.6　第四系

下更新统泥河湾组晋中盆地中部属湖相堆积,岩性为灰色、灰褐色、灰绿夹黑色和紫红色粉砂质黏土、黏土、淤泥质黏土及亚砂土,夹灰黄色、棕灰色和褐灰色粉砂、细砂、中砂层。盆地边部砂层增多,变为黏土与砂互层,局部地区含砾石或卵石层。本组厚80~155 m。

中更新统湖积、冲积、冲洪积层(相当于离石组)在晋中盆地中心主要为冲积、湖积物,岩性为灰黄色、黄色和黄褐色亚砂土、亚黏土与深色黏土、淤泥质黏土互层,下部夹细砂层。向盆地边缘则砂层增多;在盆地边缘,山前地带为中细砂岩、含砾砂层,夹黄色亚砂土、灰褐色黏土。下部多砂砾层、卵砾石层。总厚度55~168 m。

上更新统马兰组冲洪积层晋中盆地中心一般为冲积物,岩性为黄色和褐黄色亚砂土,黄褐色和青灰色亚黏土及黄褐色亚黏土、黏土夹粉砂细砂层;盆地边缘夹砂层,砂砾石层增多,至山前地带则以洪积相的砂砾石、卵砾石为主,夹砾层及亚砾土。本组厚25~50 m。

全新统冲洪积层广布于盆地中及山间河谷地带,为黄、灰黄色亚黏土、亚砂土、白色细砂夹砂砾石层。在盆地中部夹有灰黑色、灰绿色淤泥质亚黏土。其厚度各地不一,一般在0~35 m。

1.1.6 流域水系

太原市的河流大部分为黄河流域,有部分区域属于海河流域。汾河是太原的最大河流,属黄河水系一级支流,年径流量3.82亿m^3。境内地下水可开采量5.16亿m^3,六区及古交市占全市可开采量的69.6%,其他三县占可开采量的30.4%。太原市属于水资源严重缺乏区。

汾河是黄河的一级支流,由北至南纵贯全市,沿途汇入主要一级支流24条,二级支流12条,三级支流7条。海河水系较大河流有乌河、温川河、牧马河、权庄河等4条支流。

(1)汾河。河源海拔为1 670.0 m,流向自北向南,纵贯大半个山西,汇聚源自吕梁、太行两大山区的支流,穿越太原、临汾两大盆地,至运城市新绛县境急转西行,于禹门口下游万荣县荣河镇庙前村附近汇入黄河,河口高程368.0 m,河道总高差1 302 m,平均纵坡1.12‰,干流直线长度412.7 km,河道弯曲系数1.68。

(2)潇河。发源于昔阳区沾尚乡马道岭,是汾河的第二大支流,向西流经沾尚,至广阳村入寿阳区境,流经宜铜铺、松塔,先后汇入龙泉河、木瓜河后,向西北流经独堆、羊头崖,折而向西南流经东塔,在寿阳区芦家庄与白马河汇合为干流,以下至榆次区北合流村,又有涂河汇入,于源涡村出山口进入平川区。源涡村以下主要有涧河、朱耕河等支流汇入。在太原市小店区张花村与清徐区的桃园堡之间进入太原,在汾河二坝上游4 km处汇入汾河。潇河全长147 km,纵坡约2.8‰,流域面积3 894 km^2。

(3)太榆退水渠。上游从榆次区南营起,在太原市小店区西贾村入境的太榆东退,流经梁家庄、小北格、侯家寨、三贤、同过、东柳林、刘家堡、东里解、西里解,在洛阳村穿过潇河,途经王吴、南马,在汾河二坝下游700 m处汇入汾河,全长18.475 km,排水面积553 km^2,其中太原市245 km^2、晋中市308 km^2。该渠担负着太原、榆次两市区40万亩[1]良田和若干条大小河流沟排退水任务,榆次东退水渠、太原薛店渠、北张退水渠接入该渠。

(4)许坦排洪渠。主要排泄东山地区马庄沟和黑驼沟的洪水。起自太榆路,流经许西、大吴、北张、西吴、殷家堡、小马、范家堡、嘉节,在小店汾河旧桥处汇入汾河,全长11.2 km,排水面积17.2 km^2。设计标准为10年一遇排洪涝标准,设计排洪流量为15 m^3/s。

(5)南沙河。发源于东山南凹,北与北沙河,南与马庄沟、黑驼沟为邻。流域面积36 km^2,流域地貌为黄土丘陵区,沟头分布一些刺密灌。该河由东向西流经董家庄、观家峪、水峪村、松庄出山区,过洪积扇进入山前倾斜平原,纵贯迎泽区,由南内环桥上游300 m处注入汾河。规划防洪标准100年一遇,相应洪峰流量150 m^3/s。

(6)马庄沟。发源于东山道巴,控制流域面积7.34 km^2。上游建有马庄水库,控制流域面积4 km^2,设计标准重现期50年一遇,库容18万m^3,最大下泄流量4 m^3/s。水库以下流域面积3.34 km^2,沟长2.8 km,沟道较宽,沟内没有水流主槽,多为梯田。双塔南路至肉联厂的沟道,部分位于厂矿院内及车间底部,既影响行洪,又威胁厂矿安全。肉联厂到农科路渠道断面很小,农科路至入许坦渠段,渠道维持完好。

(7)北涧河。发源于东山分水岭系舟山的罕见峰西侧。北与小返河、南与北沙河为

---

[1] 1亩=1/15 hm^2≈666.67 m^2,全书同。

邻。流域面积52.8 km^2，河长约26.5 km。其中，北支占道河长6.5 km，南支前头河长6 km，两支河在农牧场上游约1.1 km处汇合后经瓜地沟、铁路桥进入市区，于胜利桥上游约300 m入汾河。干流长约20.6 km。流域内大部分为土石山区，约有10 km^2的松林和刺密灌，小部分黄土丘陵阶台地，冲沟发育，植被较好。该河城区段规划防洪标准50年一遇，相应流量285 m^3/s。

(8)北沙河。发源于东山山甲梁北侧，由东向西流经孟家井、杨家峪、剪子弯进入市区，于胜利桥南400 m处入汾河。流域面积31.5 km^2，干流长约14 km。其中，过境高速公路以上流域面积17.3 km^2，干流长约5.5 km，平均纵坡35.6‰，流域平均宽度1.9 km。该河城区段规划防洪标准50年一遇，相应流量158～195 m^3/s。

(9)小返河。杨兴河的一条支流，发源于小返乡建华村。流域面积32.7 km^2，在阳曲镇黄后园村油库流入，流经阳曲镇、新城街办的3个村，在东张村汇入杨兴河，长23.3 km。河道现状基本没有河漫滩，河谷断面呈"V"形和"U"形。上游纵向比降较大，常有台阶形，下游纵坡变缓，河段淤积较为严重。

(10)李家山河。发源于小返乡庄子上村，流经小返乡的南坪村、前李家山村、李家山村、野鸡庄村、庄子上村，长10.41 km。

(11)虎峪河。位于太原市西山，虎峪河北支偏桥沟发源于石千峰东南侧，南支神地沟发源于庙前山东侧，两支在三岔口交汇后始称虎峪河。流经小虎峪、大虎峪、河龙湾，出山区流向改为向东，穿过洪积扇进入太原盆地的山前倾斜平原，沿迎泽西大街南侧，经西山矿务局、南寒、阎家沟、下元、矿业学院、太原工业大学，于迎泽大桥下游约400 m处注入汾河。虎峪河全长21.8 km，流域面积47 km^2，主河道平均纵坡22.8‰。虎峪河规划防洪标准50年一遇，流量355～380 m^3/s，河道上游两支沟基本上未做防护。

(12)玉门河。发源于石千峰东侧后塔上，于小西铭村附近出山，穿过洪积扇进入山前倾斜平原，经西铭、北寒、太原市结核病医院、后北屯，于迎泽桥上游约700 m处汇入汾河。流域面积28.2 km^2，流域平均宽1.8 km，干流长21 km。小西铭以上为山区，面积15.6 km^2，河长约10.1 km。山区坡陡、源短、流急，河道平均纵坡49.9‰；出山后纵坡变缓，平均为15.4‰。规划防洪标准50年一遇，相应流量160 m^3/s。

(13)九院沙河。发源于庙前山东侧，北支九院沟流域面积12.88 km^2，长8.92 km，纵坡44.1‰。两支沟并行，在桃杏汇合出山区，穿过洪积扇进入太原盆地山前倾斜平原，经小井峪、平板玻璃厂、小王村，于农展馆南约1 km处注入汾河。流域面积26.2 km^2，河长19.3 km，干流长10.33 km。其中，西外环以上流域面积为23.5 km^2，河长11.1 km，平均纵坡36.6‰，流域平均宽度2.12 km。流域内无森林，只有少量刺密灌。流域地貌为砂页岩土石山区，山高坡陡，河谷呈"V"形。流域平均侵蚀模数为2 300 m^3/km^2。防洪标准50年一遇，流量为220 m^3/s。

(14)杨兴河。位于太原市北东部，由东北向西南纵贯太原市六城区境。河源在太原东山北端牛金山(最高峰海拔1 615 m)东麓的孟家岭沟。流经阳曲、尖草坪两个区和大盂、黄寨、向阳等9个乡镇、81个自然村，在尖草坪区北固碾村南侧流入汾河。自上而下汇入杨兴河的主要支流有中社河(东黄水河)、泥屯河、西凌井河等，全流域面积(含支流面积)为696.69 km^2，占太原境内汾河流域总面积的19.7%，河流全长50 km，河道纵坡比降 12.6‰。

(15)泥屯河。发源于太原北部山区阳曲县境内平安山南麓的赤泥社村西侧,流经岔上、泥屯与凌井河汇合后流经 4 km 于尖草坪区南下温村流入杨兴河,是杨兴河的一级支流,流域总面积 256 km^2,阳曲县境内的泥屯河流域面积为 249 km^2。

(16)凌井河。杨兴河的一级支流,位于太原市北部,发源于阳曲县北小店乡石庄村,自西北向东南流经北小店、扫峪、西凌井,于尖草坪区下薛村东侧与泥屯河汇合,流经 4 km后再与杨兴河汇合,流经 2 km 后才流入汾河。流域面积 290 km^2,主流全长 38 km,流域平均宽 7 km。

(17)北排洪沟。位于太原市尖草坪区。起点为上庄街与河西供电高压走廊的交会处。从起点向东北延伸至三给村西南折向东入汾河。流域面积 31.8 km^2,沟道全长 5.4 km,平均纵坡 1.3‰~1.0‰。设计防洪标准百年一遇($P=1\%$),相应洪峰流量为 288 m^3/s。

(18)北部退水渠。又称大黑水河,位于汾河西岸、西干渠西侧,发源于呼延村,向南经杨家村、柴村、三给村,穿北排洪渠、兴华街、漪汾街,最后汇入玉门河,全长 14.7 km,流域面积 56.4 km^2。其中,山区流域面积 36.7 km^2,平川流域面积 19.7 km^2。流域地势自北向南倾斜,流域内共有大小山洪沟道 17 条,流向自西向东,除北排洪沟、玉门河直接流入汾河外,其余均排入北部退水渠。北部退水渠设计标准亦为 100 年一遇,24 h 暴雨 2 d 排除,利用北排洪沟北侧进行缓洪,控制下泄流量为 25.26 m^3/s。

(19)横河。流域面积 21.2 km^2。起点西岗村,终点马坡村,河流长度 7.19 km。

(20)冶峪沟。位于化工排洪沟南,发源于庙前山,控制山区流域面积 19.47 km^2,河长 12.9 km,其中山区河长 7.3 km,山区比降 49.5‰,冶峪沟出山口后为渠化的排洪沟,该沟在化工区和第一热电厂之间穿行 4 km,于吴家堡村西与化工排洪沟汇合,又向东南约 1.6 km 处汇入汾河。防洪标准为 100 年一遇,流量为 232 m^3/s。

(21)化工排洪沟。位于晋源区最北端,分为南、北两支,北支由大井峪沟开始,沿西边山,由北向南汇集了 4 条小沟的洪水,在西峪街与南支交汇;南支由西峪化肥厂开始,沿西边山由南向北汇集了 5 条小沟的洪水,于西峪街与北支交汇;而后向东南方向行进约 3 km,于吴家堡村西汇入冶峪沟;然后,向东南流淌 1.6 km 汇入汾河。化工排洪沟控制的山区流域面积为 12.2 km^2,沟长北支约 3.3 km,南支约 2.2 km。防洪标准为 100 年一遇,北沟流量为 109 m^3/s,南沟流量为 77 m^3/s,化工排洪沟总干流量为 150 m^3/s。

(22)开化沟。地处冶峪沟和风峪沟之间,沿西边山由北向南汇集 3 条沟的洪水后,汇入风峪沟。开化沟山区流域面积 7.1 km^2,沟长 5.6 km。现状断面为梯形,边坡 1:1,北部宽 10 m、深 1.5 m,中部宽 20 m、深 2.5 m,南部宽 20 m、深 1.5 m,堤顶宽 3 m,纵坡 6.4‰。防洪标准为 100 年一遇,北沟流量为 106 m^3/s。

(23)风峪沟。发源于吕梁山脉中部,庙前山前山南侧。沟道出山后向东流经白灰厂、城北村、晋阳湖南侧,于古寨村南汇入汾河,是汾河的一级支流。全长 21.7 km,流域面积为 48.7 km^2。该河段流域又分为山区河道和平原河道。其中,山区河道流域面积 38.3 km^2,河长 13.5 km,流域平均宽度 2.84 km,平均比降 46.4‰。平原河道由山口至入汾河,河长 8.8 km,平均纵坡为 9.14‰。山区河道由 3 个主要支沟组成,即周家庄支沟、要子庄支沟、陈家峪支沟。防洪标准为 100 年一遇,流量为 264 m^3/s。

(24)明仙沟。位于风峪沟南,源于明仙村西,在赤桥村南出沟,流域面积5.2 km^2,沟长4.5 km,山洪出沟后,从战备路至旧晋祠路有3～5 m宽渠道,旧晋祠路以下无渠道,山洪漫流至下游农田。防洪标准为50年一遇,接入清水河流量为49 m^3/s。

(25)马坊沟。位于明仙沟与柳子沟之间,源于十家河村北,在战备公路西出沟口,出沟后排入现有500 m长明渠,以下无排洪设施。马坊沟流域面积4.6 km^2,沟长4.5 km。防洪标准为50年一遇,接入清水河流量为43.6 m^3/s。

(26)柳子沟。发源于天龙山,河流走向由西北向东南,出牛家口村后,进入平川地带,河流继续向东南流,在田村和新庄之间汇入汾河。河道全长14.2 km,流域面积为33.75 km^2。防洪标准为50年一遇,流量为175 m^3/s。

(27)南峪沙河。由南峪沟和黄楼沟组成,其流域面积为34.2 km^2,最大防洪流量为174 m^3/s。防洪标准为50年一遇。南峪沟南与洞儿沟相邻,北与黄楼沟为邻,河流走向由西向北东南,出山口后,基本形成固定的河道。南峪沙河发源于姚村乡杜里坪,从发源地到南峪备战公路,该段属山区地段。山区流域面积15 km^2,沟长11.9 km,纵坡41.8‰。该段植被比较好,但从圪垯村开始,植被破坏较严重。从南峪备战公路桥到姚村公路桥为中游,该段全长1.16 km,纵坡21.9‰。从姚村公路桥到入汾河口处,河道长为2.2 km,纵坡为12.3‰。

(28)黄楼沟。位于南峪沟和柳子沙沟之间,黄楼沟出黄楼村口后折南流经600 m后汇入南峪沙河。从发源地到黄楼村口为山区地段,该段流域面积为11.9 km^2,沟长11 km,纵坡51.6‰;从黄楼村出口到南峪沙河口外,该段长0.95 km,河道纵坡28.9‰。

(29)乌马河。汾河的支流,发源地分东、西两源,西源在太谷与祁县交界处上下黑峰通天沟一带,东源在榆社县境内的黄花岭,以西源为正源,两源在太谷水墨坡村南相汇,流经太谷县窑子头乡槐树底、杨庄、窑子头、念沟、官寨、庞庄,经阳邑乡的回马与小白乡的王村间,出山口后经县城与胡村镇韩村间、贾堡与水秀间、于南、北六门村西进入祁县、清徐境内。其间,除上游左、右岸等支沟汇入外,出山口后又先后纳入发源于太谷县境内南山一带的八卦河(东郭里与西郭里间纳入)、石河(申奉与孟家庄间纳入)、咸阳河(祁县境内张堡纳入)、朱峪河(已成无尾河)等众小支流。在清徐县东罗村西北又纳入太谷县另一条象峪河,复向西南入祁县境内,与昌源河汇流后与祁县苗家堡流入汾河。河道泄水能力从上至下平均为500～350 m^3/s。乌马河全长109.9 km,流域面积500 km^2,平均纵坡18‰,平均河床糙率0.025。

(30)象峪河。乌马河的一级支流,上游分三源,以东源为主,发源于太谷、榆次和榆社三县交界的通梁山八赋岭,另两源发源于后庄及砚瓦沟一带,三个源头于太谷王公乡郭堡村汇流后向西偏北流经范村口出山,其间有南畔沟和马坪沟等支流汇入,出山后流向渐转正西,流至小白乡下庄村北又有一条名叫小河的支流汇入,复向西经任村乡中吾村南,胡村镇的西吾村北、北阳村西北,穿过南同蒲铁路桥、国道108公路桥,继续向西流经新代、小常之间,由小常西南过洞门桥进入清徐县境内的大常折向西南,经史家社、徐沟南关、高花尧城等村,至东罗村西北流入乌马河。沿河居民通过疏浚河道、挖河围堤,河槽走向已逐渐稳定下来。

象峪河全长63 km,平均纵坡9‰,流域总面积341 km^2。1956～2000年多年平均河川径流量 1 275 万 m^3，系列最丰年份径流量 4 050 万 m^3（1977 年），最枯年份径流量 122 万 m^3（1999 年），极值比达 33.2。径流量主要集中在汛期洪水，100 年一遇的洪峰流量为 2 302 m^3/s，年均清水流量 400 万 m^3，平均输沙量 26.7 万 t/a。太谷境内长 45 km，在中上游郭堡于 1958 年兴建中型水库 1 座。水库以上控制流域面积 229 km^2。现大坝为均质土坝，坝高 40 m，总库容 2 927 万 m^3，上游清泉水较多，清水流量平均 0.151 m^3/s，清水总量每年约 400 万 m^3，100 年一遇的洪峰流量为 2 302 m^3/s，洪水总量为 1 766 万 m^3，平均地表径流量为 1 655.5 万 m^3。流域上游植被较好，河流年输沙量约 26.7 万 t/a。

(31)白石南河。是磁窑河的一级支流。位于东经 112°～112°13′34″，北纬 37°28′20″～37°33′43″。原发源于清徐县白石河，白石河出边山峪口后，分成两河，白石北河直入汾河，白石南河汇集边山支河流入磁窑河。1969 年白石河洪水淹县城后，截堵了白石河洪水向白石南河泄水，白石河从仁义村穿县城汇入汾河。至此，白石南河起源演变为都沟河。白石南河流域面积 241.26 km^2。主河槽呈“U”形，河床基本稳定。

白石南河流域呈刀把形；东山为白石河的分水岭，北山为大川河的分水岭，西山为磁窑河支流的分水岭，南部边界为汾西一支渠。流域地形自东北向西南倾斜，境内最高海拔 1 372 m，下游与磁窑河汇流处海拔为 750 m，山区地质属二叠纪、三叠纪砂岩、砂页岩，岩石风化强烈，山地植被差，水土流失严重。

(32)柳林河。位于阳曲县西端，发源于静乐县境内四棱山南麓的土地堂沟，在流经静乐安家庄、龙家庄等地之后，于阳曲县前柳林村北处入太原境内，入境后流经后岭底、青崖槐、寺石槽，于玄泉寺西侧汇入汾河，是汾河的一级支流，全流域面积 462.0 km^2。河流全长 45 km。

(33)乌河。滹沱河的一级支流，发源于阳曲县的两岭山，流经阳曲县凌井店乡、盂县东梁、西烟、西潘、庄里五个乡(镇)，由南向北与庄里乡枣院村汇入滹沱河，全长 64 km，流域面积 1 174 km^2。乌河流域包含阳曲县凌井店乡、盂县东梁、西烟、西潘、庄里等 5 个乡(镇)，人口约 8.6 万人，耕地面积 15 万亩，是阳曲县的旱地蔬菜基地，也是盂县重要的粮、油基地。

乌河流域共修护村、护堤大坝 4 万余 m，小型水利 3 100 处，高灌站 10 处，水浇地 800 亩，对流域内经济建设特别是农业建设的发展，都起到了重要作用。

(34)温川河。乌河的一级支流，发源于阳曲县小五台山，流经阳曲县杨兴乡，从盂县尧子坪汇入乌河，流域面积为 339.49 km^2。流域内有 0.2 万亩耕地，0.15 万人。流域内建有鹿儿湾水库，水库库容 440 万 m^3。

(35)中社河。由东部东黄水河和南部深沟河两条支流组成，发源于阳曲县的罕山西北部，流经范庄、东黄水、故县、中社、赵庄，在北塔地暖泉湾汇入杨兴河，河长 27 km，流域面积 305 km^2，平均流域宽 11.3 km，平均河道纵坡 18.7%，属季节性黄河三级支流河道。该流域属大陆性半干旱地区，多年平均降水量为 453.7 mm，年径流为 1 372.5 万 m^3，年内降水量分布不均，7～9 月三个月的雨量占全年降水量的 70%。中社河中下游有间断性清水。每遇山洪暴发，洪水陡涨陡落，冲刷力大，破坏力强，含泥沙量多，历时短，强度高，对沿河两岸村庄、农田造成一定的威胁。

(36)箭杆河。位于阳曲县西北山区北小店乡境内，发源于北小店乡六固村山郎洞沟和窨子沟村中，箭杆河在境内的流域面积 88.5 km^2，河长 17.8 km，河道纵坡 22.7‰，属海河水系。这里气候温和，空气新鲜，无污染，水质良好。多年平均降水量 506.5 mm，多年平均径流深 39.2 mm，洪水由大雨或暴雨形成，雨强大，历时短，陡涨陡落，常给沿河农田造成威胁。

(37)权庄河。位于阳曲县西北部山区，发源于泥屯镇南龙泉村的龙泉沟，于权庄村北出境入忻州，在忻州牛尾庄下游 1 km 处汇入牧马河，河长 12 km。在阳曲县境内的流域面积为 33.4 km^2，境内多年平均降水深为 506.6 mm，多年平均径流深为 13 mm，境内石灰岩普遍出露，河流四季常流不断，小雨产生小径流，暴雨发生大洪水，主河道乱石滚滚，蜿蜒曲折，徘徊于山谷之间。洪水来势猛，陡涨急落，特征明显，给局部地段村庄和农田造成威胁，河流上游龙泉村左侧建有龙泉水库，可浇北龙泉、权庄土地 400 余亩。此河属海河水系。

(38)涧河。流域总面积 586.57 km^2，是娄烦县境内汾河的第一大支流，占全县总面积的将近一半，其上游面积在 100 km^2 以上的支流有 3 条，主干流是南川河，流域面积 254.38 km^2，发源于吕梁山脉的关帝山赫赫岩，西川河流域面积 139.78 km^2，发源于一箭岭山脉，细米河流域面积 122.17 km^2，发源于皇姑山脉，三条支流汇入县城以西 1 km 处大夫庄桥头，涧河由此开始到尹家窑入库，其控制面积 70.24 km^2，主流长 11 km，清水流量 0.32 m^3/s，县城坐落于涧河左岸，其白会干线公路由此通过。

涧河流域区内黄土沟谷密布、梁峁林立，植被覆盖较低，加之河流坡陡流急，输沙能力极强。河流泥沙不仅影响河川径流的水质，而且冲淤特征对河道防洪也至关重要。河流含沙量取决于水沙的相对关系，泥沙悬移质年际、年内的分布变化量与降水量、径流量成正比关系。输沙量年内月分配差值悬殊，据水文年鉴 1966 年大夫庄测站统计资料(1966 年为丰水年)，8 月平均输沙率为 767 kg/s，年平均输沙率为 90.8 kg/s，其中，6～9 月平均输沙率为 267 kg/s。7 月平均含沙量为 132 kg/m^3，年平均悬移质含沙量为 64.4 kg/m^3。其中，6～9 月平均含沙量为 84 kg/m^3。年最大断面平均含沙量发生在 6 月 26 日，为 411 kg/m^3。流域内水土流失侵蚀模数为 2 000～4 000 t/km^2。

(39)南川河。是涧河的主流，发源于北云顶山东麓的独石河，流经米峪镇、张家庄，在马家庄西侧与西川河汇合，流入涧河。流域面积 247 km^2，河流全长 27.50 km，河道平均纵坡 37‰。其中，郭家庄以上上游河道长约 12 km，具有山区河流的特点，河床狭窄，河道曲折，呈“V”字形河槽，河道宽 30～60 m，河道纵坡 40‰；郭家庄至兴旺庄中游河段，河道长 7 km，河道纵坡 20‰，河床呈宽浅复式河床，河床宽近百米。兴旺庄以下河道长约 8.5 km，河道纵坡 16‰，河床展宽呈宽浅式，平面河槽形态呈蜿蜒型，由南往北流向涧河。

南川河多年平均年径流深为 62 mm，年径流量为 1 531.4 万 m^3，最大径流量出现在 1967 年，年径流量为 3 082 万 m^3，最小年径流量出现在 1972 年，年径流量为 663 万 m^3，多年平均径流系数 0.121，清水流量约为 0.15 m^3/s。

南川河洪水多发生在汛期的 6～9 月，常常形成局部性山洪，是山洪、冰雹多发区。

(40)西川河。位于娄烦县西部，是涧河的一级支流、汾河的二级支流，河流起源于酱菜山东麓的柳林寺沟，流经罗家岔、苇院坪，在马家庄西侧与南川河汇合流入涧河。流域面积为 136 km^2，河流长 18.5 km，河道平均纵坡 29.6‰，其中罗家岔以上上游河道长约

7.5 km,河道曲折,河床狭窄,呈“V”字形河槽,河道宽约 20 m,河道纵坡 42‰;罗家岔至何家兰中游河段,河道长 5.6 km,河道纵坡 32‰,呈复式河床,河道宽度为 80 ~ 100 m,主河槽平面形态呈蜿蜒型,由西往东流向涧河。流域气候属高寒低温半湿润气候,多年平均降水量 514 mm。流域内多年平均气温 6 ~ 7 ℃,年均蒸发量为 1 540 mm。西川河多年平均年径流深为 64.5 mm,径流量为 877.2 万 m^3。

西川河流域水土流失相对较低,输沙能力相对较弱,该区平均输沙模数为 1 500 t/(km^2 · a)左右,流域地表河川径流水质污染度较轻,上游水质符合环境Ⅱ级标准,中下游河道符合环境Ⅲ级标准。流域区暴雨一般为对流雨或地形雨,其特征是历时短、面积小、强度大,降雨过程陡涨陡落,是山洪、冰雹的多发区。

(41)天池河。位于娄烦县南部,河流起源于小娄则山周家掌沟,流经天池店、王家崖、崖头,从古交市镇城底北侧汇入汾河。天池河是汾河的一级支流,流域面积 193.0 km^2,河流全长 25.9 km,河流平均纵坡 26.6‰。其中,河边村以上上游河道长约 10 km,上游河道曲折,河床狭窄,呈“V”字形河槽,河宽约 15 m,河道纵坡 38‰;河边至崖头中游河道,河长约 7.5 km,河道纵坡 23‰,呈复式河床,河床宽 50 ~ 100 m。崖头以下下游河道,河道长约 8.25 km,河道纵坡 16.2‰,河床呈展宽复式河床,呈“U”字形,河道宽 100 ~ 150 m。河流由西向东较顺直地流向汾河。

(42)龙泉河。在岚县南部山区,为岚河南支,有南、北二源,南源称南道沟,北源称北道沟。北源出自后山北麓白桦字,流经近周营、索家坡、袁家村。南源发源于皇姑山北部,流经翼家庄、宁泉湾、车道坡,在梁家庄两源会合后,流经郭家庄,娄烦县境内的赤土壑、龙泉,在下龙泉河荡汇入岚河。全长 13.5 km,流域面积 176.25 km^2,纵坡 9.1‰,河床糙率 0.02 ~ 0.04,河床上游为块石,中下游为卵石,宽 20 ~ 30 m。南道沟水源较丰富,常年有水,北道沟源头有水,中下游为季节河,梁家庄以下石灰岩渗漏,潜入地下,至娄烦县龙泉复出地面,河床稳定性较强。

降水最多的是 7 月、8 月。年均蒸发量为 1 820.3 mm,夏季蒸发量最大,春季次之,冬季最小,河流年径流量为 833.48 万 m^3,清水流量 0.01 m^3/s。结冰时间为 11 月上旬,开冰时间为次年 3 月下旬,年输沙量为 63 万 t。

(43)岚河。位于岚县东南部,是汾河的一级支流,主源始于北马头山冷沟、卧养沟,向南流经岚城、东土峪,在岚县坡上村接纳梁衬会河,于县城所在地东村东南处接汇上明河、普明河,至兰家家舍乡曲立村进入娄烦县界,在娄烦县接汇上龙泉河,在下静游汇入汾河。河流全长 57.6 km,流域面积 1 148 km^2,100 km^2 以上的一级支流有上明河、普明河、龙泉河三条。

(44)细米河。位于娄烦县西部,是涧河的一级支流,河流起源于皇姑山东麓(2 305.4 m),流经盖家庄、寺明庄,在大夫庄南侧汇入涧河。流域面积为 119.0 km^2,河流全长 29 km,河道平均纵坡 26.6‰,其中南峪以上上游河道长约 7 km,河道纵坡 36‰,此段河道具有山区河流特点,河道曲折,河床狭窄,呈“V”字形河槽,河道宽约 30 m,南峪至寺明庄中游河流,河长约 10 km,河道纵坡 30‰,河床呈浅宽复式河床,河道宽 30 ~ 50 m;寺明庄以下下游河道,河长约 12 km,河道纵坡 24‰,河床展宽平缓,呈复式河床,河床宽约百米,主河槽形态平缓微曲,由北向南流向涧河。

细水河多年平径流深41.8 mm,年径流量为497.4万 m^3,最小年径流量出现在1972年,年径流量为78.7万 m^3,多年平均径流系数为0.08。

细米河降水一般为对流雨或地形雨。此外,大范围、历时长的气旋雨也时有发生,以盖家庄1967年8月20日为起始降雨过程为例,1 d降雨量75.4 mm,3 d降雨量131.7 mm,7d降雨量245.8 mm。这场降雨过程对全流域形成了严重的洪涝灾害。

(45)狮子河。位于古交市西北部,河流起源于张嘴贝山南麓,流经洞沟、冶元、嘉乐泉等地,从汾河左岸炉峪口南侧500 m处汇入汾河。流域山区灰岩裸露,漏水严重,除大雨或暴雨外,一般不产生地表径流,河道长期干涸断流。全长30 km,流域面积160 km^2,流域内人口1.3万人。

(46)屯兰川河。位于古交市西南部,河流起源于铁史沟山南麓的白叨岭沟,流经岔口、武家庄、姬家庄等地,在原平川河入汾口上游1.0 km处的汾河右岸汇入汾河。屯兰河属黄河流域二级支流。全长42 km,流域面积301 km^2,流域内人口2.87万人。

(47)原平川河。位于古交市西南部,河流起源于狐爷山北麓,流经小娄峰、常安、辛庄等地,从古交市西侧1.0 km处汾河右岸汇入汾河。全长32 km,流域面积216 km^2,流域内人口1万人。

(48)大川河。位于古交市南部,河流起源于狐爷山南麓。流经下庄、草庄头、邢家社等地,横穿古交市市区,从汾河右岸汇入汾河。全长38 km,流域面积299 km^2,流域内人口1.5万人。

1.2　社会经济概况

1.2.1　人口与经济

1.2.1.1　人口

据2016年人口抽样调查,2016年末太原市常住人口434.44万人,比2015年末增加2.57万人。其中:城镇人口367.32万人,增加2.81万人;乡村人口67.12万人,减少0.24万人。城镇化率84.55%,比2015年提高0.15个百分点。男性人口221.59万人,女性人口212.85万人,性别比为104.11∶100。

2016年全年出生人口4.36万人,人口出生率10.08‰;死亡人口1.79万人,死亡率4.13‰;自然增长率5.95‰。

1.2.1.2　经济增长

初步核算,太原市实现地区生产总值(GDP)2 955.60亿元,比2015年增长7.5%(见图1-1-2)。其中:第一产业增加值38.22亿元,增长2.6%;第二产业增加值1 068.04亿元,增长7.3%;第三产业增加值1 849.34亿元,增长7.7%。第三产业中,交通运输、仓储和邮政业增加值152.57亿元,增长10.0%;批发零售和住宿餐饮业增加值455.80亿元,增长1.1%;金融业增加值437.73亿元,增长12.8%;房地产业增加值159.99亿元,增长10.1%;营利性服务业增加值353.02亿元,增长15.0%;非营利性服务业增加值288.38亿元,增长1.5%。

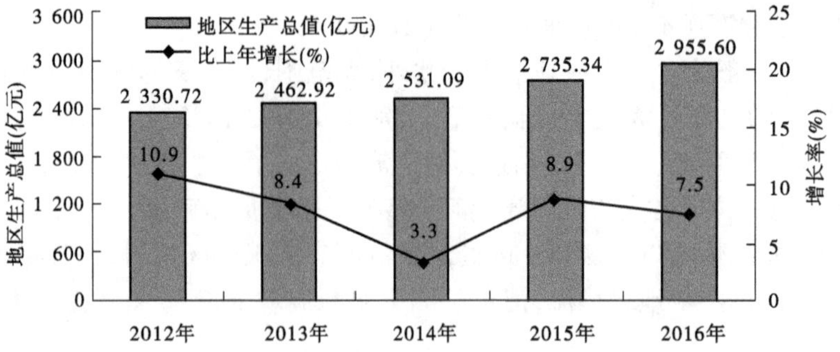

图 1-1-2　2012～2016 年地区生产总值

人均地区生产总值 68 234 元，比 2015 年增长 6.9%，按 2016 年平均汇率计算达到 10 273美元。

1.2.1.3　**产业结构**

三次产业比重为 1.3%、36.1%、62.6%，分别拉动经济增长 0.04、2.73 和 4.73 个百分点。与 2015 年相比，第一产业比重下降 0.1 个百分点，第二产业比重下降 1.2 个百分点，第三产业比重提高 1.3 个百分点。

1.2.1.4　**财政**

2016 年，太原市一般公共预算收入 282.69 亿元，增长 3.1%（见图 1-1-3）。其中：税收收入 220.38 亿元，下降 0.4%，国内增值税、营业税、企业所得税、个人所得税、资源税和城建税共计完成税收 128.05 亿元，下降 12.2%。

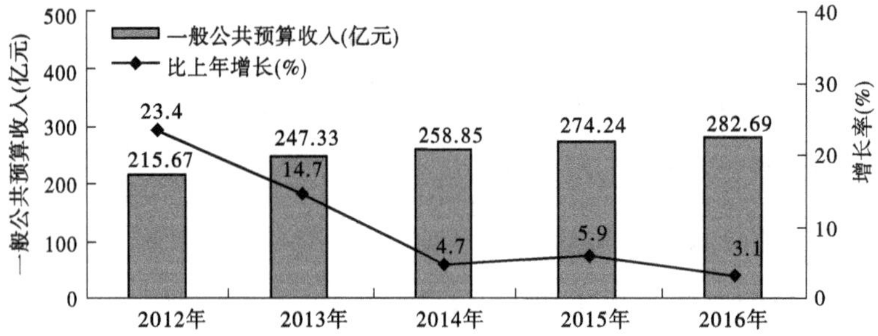

图 1-1-3　2012～2016 年一般公共预算收入

2016 年全年一般公共预算支出 424.07 亿元，比上年增长 0.9%。其中：教育、医疗卫生、社会保障和就业、住房保障、交通运输、节能环保、城乡社区事务等民生支出 347.49 亿元，占全市一般公共预算支出的 81.9%。

1.2.1.5　**物价**

2016 年，居民消费价格比上年上涨 1.2%（见图 1-1-4、表 1-1-4）。其中：食品价格上涨

3.7%,非食品价格上涨 0.6%,消费品价格上涨 1.5%,服务价格上涨 0.8%,商品零售价格总水平上涨 0.8%,工业生产者出厂价格下降 3.9%,工业生产者购进价格下降 2.0%。

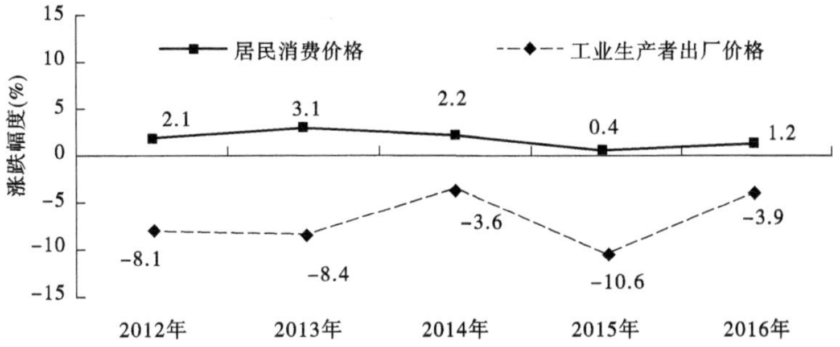

图 1-1-4　2012 ~ 2016 年价格比上年涨跌幅度

表 1-1-4　2016 年居民消费价格涨跌情况

指标	比 2015 年涨(跌)(%)
居民消费价格	1.2
食品烟酒	3.3
衣着	1.4
居住	-0.6
生活用品及服务	0.3
交通和通信	-1.4
教育文化和娱乐	2
医疗保健	2.2
其他用品和服务	1.4

1.2.1.6　就业

城镇新增就业 9.89 万人,其中创业带动就业 2.51 万人。4.60 万名下岗失业人员实现再就业,其中就业困难人员再就业 1.16 万人。年末城镇登记失业率 3.46%。

1.2.2　农业

1.2.2.1　种植面积

2016 年全年农作物种植面积 9.812 万 hm^2,比 2015 年减少 0.220 万 hm^2。粮食种植面积 7.344 万 hm^2,比 2015 年减少 0.213 万 hm^2。其中:夏粮种植面积 80 hm^2,秋粮种植面积 7.336 万 hm^2。蔬菜种植面积 2.118 万 hm^2,药材种植面积 0.120 万 hm^2。

2016 年主要农产品产量见表 1-1-5。

表 1-1-5　2016 年主要农产品产量

产品名称	产量(t)	比 2015 年增长(%)
粮食	312 869	4.5
其中:夏粮	476	-28.9
秋粮	312 393	4.6
其中:小麦	476	-28.9
玉米	270 572	4
马铃薯	11 661	4.6
油料	2 375	-20.7
蔬菜及食用菌	1 307 797	1.5
水果	90 757	2.5
药材	3 392	14

1.2.2.2　造林

2016 年全年造林面积 1.029 万 hm^2。零星植树 1 222 万株。新增育苗面积 830 hm^2。

1.2.2.3　畜禽及水产品产量

2016 年年末大牲畜存栏 4.59 万头,猪出栏 44.47 万头。肉类产量 5.63 万 t,禽蛋产量 3.09 万 t,牛奶产量 11.14 万 t。水产品养殖面积 1 230 hm^2,水产品产量 2 600 t。

1.2.2.4　农机及化肥施用

2016 年末太原市农业机械总动力 55.73 万 kW。2016 年全年农用化肥施用量(折纯)28 719 t。

1.2.3　工业和建筑业

1.2.3.1　工业

规模以上工业增加值 571.81 亿元,比 2015 年增长 7.0%(见图 1-1-5、表 1-1-6)。其中:中央企业增加值 90.90 亿元,增长 2.7%;省属企业增加值 182.50 亿元,下降 8.3%;市属及以下企业增加值 298.41 亿元,增长 19.2%。

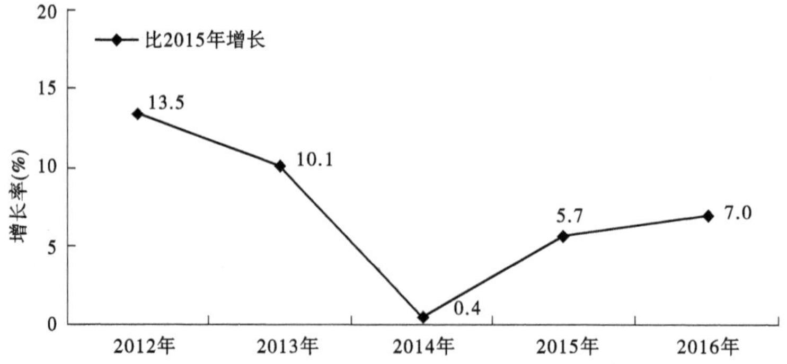

图 1-1-5　2012～2016 年规模以上工业增加值增速

表1-1-6 2016年规模以上工业增加值分类

指标	增加值(亿元)	比2015年增长(%)
规模以上工业	571.81	7
其中:轻工业	69.92	-1.2
重工业	501.89	10.7
其中:国有控股企业	288.26	-4.2
其中:国有企业	35.04	15.8
集体企业	1.5	1
股份合作企业	0.09	-14.8
股份制企业	315.29	-2.4
外商及港澳台商投资企业	217.51	30.2
其他经济类型企业	2.38	-37

占太原市规模以上工业增加值85.5%的十大行业中,增加值比上年增长的有4个,见表1-1-7。

表1-1-7 2016年规模以上工业十大行业增加值

行业	增加值(亿元)	比2015年增长(%)
计算机、通信和其他电子设备制造业	206.86	32.5
黑色金属冶炼及压延加工业	74.22	-5
煤炭开采和洗选业	56.17	-6.7
烟草制品业	34.62	-5.3
电力、热力生产和供应业	30.33	27.1
燃气生产和供应业	25.87	4.9
通用设备制造业	16.41	-15.5
交通运输设备制造业	16.35	-17.9
金属制品业	14.25	25.7
仪器仪表制造业	13.7	-1.2

非传统产业增加值405.30亿元,增长13.2%,占太原市规模以上工业增加值的70.9%。其中:装备制造业增加值285.22亿元,增长19.9%,占太原市规模以上工业增加值的49.9%,见表1-1-8。

表 1-1-8　2016 年规模以上工业装备制造业增加值

行业	增加值(亿元)	比 2015 年增长(%)
装备制造业	285.22	19.9
计算机、通信和其他电子设备制造业	206.86	32.5
通用设备制造业	16.41	-15.5
交通运输设备制造业	16.35	-17.9
金属制品业	14.25	25.7
仪器仪表制造业	13.7	-1.2
专用设备制造业	12.11	-15
电气机械和器材制造业	5	43.7
汽车制造业	0.54	38.2

传统产业增加值 166.51 亿元,增长 0.1%,占太原市规模以上工业增加值的 29.1%。其中:黑色金属冶炼及压延加工业增加值下降 5.0%,煤炭开采和洗选业增加值下降 6.7%,电力、热力生产和供应业增加值增长 27.1%,石油加工和炼焦业增加值增长 9.3%。

2016 年规模以上工业企业主要产品产量见表 1-1-9。

表 1-1-9　2016 年规模以上工业企业主要产品产量

产品名称	单位	产量	比 2015 年增长(%)
原煤	万 t	2 858.17	-28.3
洗煤	万 t	2 426.95	-14.7
焦炭	万 t	1 069.21	5.2
发电量	亿 kWh	279.2	5.3
生铁	万 t	771.68	-0.7
粗钢	万 t	1 106.17	2.6
不锈钢	万 t	412.21	2.6
钢材	万 t	1 048.79	3
水泥	万 t	492.72	6.8
橡胶轮胎外胎	万条	145.76	-6
采矿设备	万 t	4.28	-11.3
金属轧制设备	万 t	3.22	6.7
起重机	万 t	1.2	-44.3
移动通信手持机	万台	2 693.44	32.1
减速机	台	12 262	166.3
铁路货车	辆	807	-80.4
车轮	万 t	8.08	-42.3
卷烟	亿支	155.5	-4.9
食醋	万 t	46.39	-4.7
白酒(折 65 度)	万 L	731.9	74.1
碳酸饮料	万 t	14.77	-15.4

规模以上工业主营业务收入 2 308.63 亿元,下降 12.1%。利税总额 96.24 亿元,增长 94.4%。利润总额 3.34 亿元。规模以上工业企业每百元主营业务收入中的成本 87.24 元,下降 2.80 元。

1.2.3.2 建筑业

具有建筑业资质等级的总承包和专业承包建筑业企业总产值 2 335.12 亿元,增长 17.6%。建筑业企业房屋建筑施工面积 9 936.98 万 m^2,竣工面积 1 661.43 万 m^2。

1.2.4 能源

1.2.4.1 能源生产

太原市一次能源生产折标准煤 2 041.59 万 t,比 2015 年下降 28.4%;二次能源生产折标准煤 3 823.49 万 t,下降 7.7%。

1.2.4.2 用电

2016 年全年全社会用电量 250.70 亿 kWh,增长 4.3%。其中:农业用电 1.94 亿 kWh,增长 0.2%;工业用电(含电厂自用电)161.46 亿 kWh,增长 1.6%,其中:占工业用电量 68.8% 的煤炭、炼焦、化工、建材、冶金、电力等高耗能行业用电量 111.04 亿 kWh,增长 2.7%;建筑业用电 3.91 亿 kWh,增长 7.6%;第三产业用电 42.64 亿 kWh,增长 7.9%;城乡居民生活用电 34.15 亿 kWh,增长 6.4%。

1.2.5 固定资产投资

2016 年全年固定资产投资 2 027.71 亿元,比 2015 年增长 0.1%(见图 1-1-6)。其中:中央项目投资 94.33 亿元,下降 38.8%;省属项目投资 233.12 亿元,下降 3.0%;市属及以下项目投资 1 700.26 亿元,增长 4.2%。

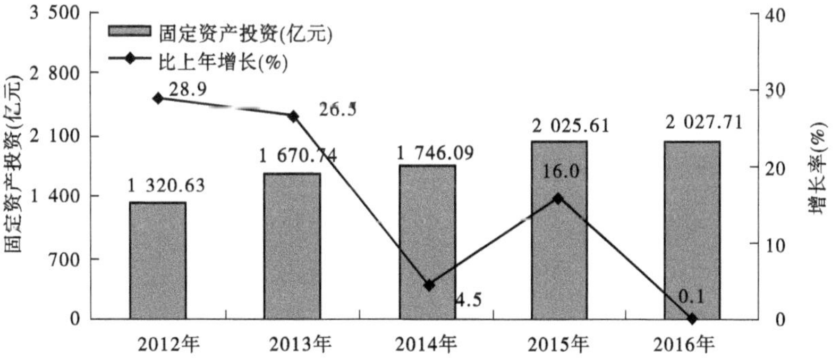

图 1-1-6 2012 ~ 2016 年固定资产投资

分产业看,第一产业投资 48.98 亿元,增长 37.8%;第二产业投资 377.45 亿元,下降 17.1%,其中工业投资 375.36 亿元,下降 16.7%;第三产业投资 1 601.28 亿元,增长 4.3%。城市基础设施建设投资 462.50 亿元。三次产业投资比重为 2.4%、18.6% 和 79.0%。

工业投资中,非煤产业投资 318.45 亿元,占工业投资的比重达到 84.8%。非传统产业投资 258.13 亿元,占工业投资的比重达到 68.8%。

分经济类型看,国有投资 1 028.77 亿元,增长 2.3%;非国有投资 998.94 亿元,下降 2.0%,其中:民间投资 964.92 亿元,下降 4.0%。

2016 年分行业固定资产投资见表 1-1-10。

表 1-1-10 2016 年分行业固定资产投资

指标	投资额(万元)	比 2015 年增长(%)
总计	20 277 123	0.1
农、林、牧、渔业	510 184	40.9
采矿业	678 120	7.7
制造业	1 888 573	-7.1
电力、热力、燃气及水的生产和供应业	1 186 872	-35.5
建筑业	29 021	-48.6
批发和零售业	264 936	-21.6
交通运输、仓储和邮政业	711 517	36.9
住宿和餐饮业	78 413	37.6
信息传输、软件和信息技术服务业	276 721	60
金融业	4 547	20.6
房地产业	9 554 367	-4.6
房地产开发	6 819 017	12.9
租赁和商务服务业	92 516	6.2
科学研究和技术服务业	300 774	10.9
水利、环境和公共设施管理业	3 900 714	25.9
居民服务和其他服务业	14 322	12.4
教育	262 516	-12.5
卫生和社会工作	279 297	5.1
文化、体育和娱乐业	105 421	-4.6
公共管理和社会组织	138 292	64.1

2016 年全年在建固定资产投资项目 1 327 个。其中:5 亿元以上项目 194 个,计划总投资 3 779.26 亿元,完成投资 870.16 亿元,占全市固定资产投资的比重为 42.9%;10 亿元以上项目 110 个,计划总投资 3 203.12 亿元,完成投资 705.53 亿元,占全市固定资产投资的比重为 34.8%。

2016 年全年房地产开发投资 681.90 亿元,比 2015 年增长 12.9%。住宅投资 495.54 亿元,增长 11.9%,其中:90 m^2 以下住房投资 158.15 亿元,占住宅投资的比重为 31.9%;商业营业用房投资 52.05 亿元,增长 17.2%。2016 年全年商品房竣工面积 572.20 万 m^2,

商品房销售额468.41亿元。

1.2.6 国内贸易

2016年全年社会消费品零售总额1 666.24亿元,比2015年增长8.1%(见表1-1-11、图1-1-7)。其中:城镇消费品零售额1 530.62亿元,增长6.8%;乡村消费品零售额135.62亿元,增长26.5%。

表1-1-11 2016年社会消费品零售总额

指标	零售额(亿元)	比2015年增长(%)
社会消费品零售总额	1 666.24	8.1
分地域:城镇	1 530.62	6.8
其中:城区	1 310.24	4.3
乡村	135.62	26.5
分行业:批发业	219.29	30.6
零售业	1 368.1	5.6
住宿业	9.44	5
餐饮业	69.41	2.4

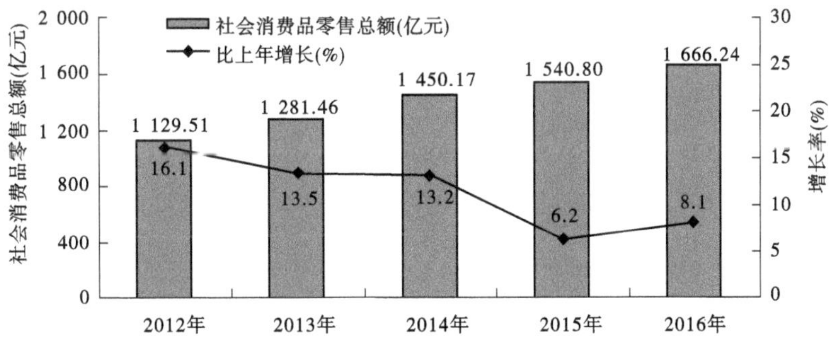

图1-1-7 2012~2016年社会消费品零售总额

限额以上贸易企业零售额916.11亿元,比2015年增长6.4%,占社会消费品零售总额的55.0%。限额以上批发零售业企业通过互联网实现商品零售额16.45亿元,增长56.3%。2016年限额以上批发零售业商品零售类值见表1-1-12。

表 1-1-12　2016 年限额以上批发零售业商品零售类值

指标	零售额(万元)	比 2015 年增长(%)
汽车类	3 028 762	4.8
石油及制品类	707 057	-8.8
文化办公用品类	32 124	-24.8
体育、娱乐用品类	28 994	1.2
书报杂志类	33 605	-3.1
通信器材类	34 250	-13.9
家用电器和音像器材类	484 985	12.2
中西药品类	720 697	20.7
建筑及装潢材料类	3 758	-31.1
日用品类	155 644	2.1
五金电料类	68 152	310.4
家具类	39 422	92.2
粮油、食品、饮料、烟酒类	1 394 927	8.7
服装类	988 013	13.5
化妆品类	139 419	22.4
金银珠宝类	135 191	-15.9

1.2.7　对外经济

1.2.7.1　进出口贸易

2016 年全年外贸进出口总额 133.14 亿美元，比 2015 年增长 24.8%（见图 1-1-8、表 1-1-13）。其中：出口额 83.29 亿美元，增长 26.4%；进口额 49.85 亿美元，增长 22.2%。

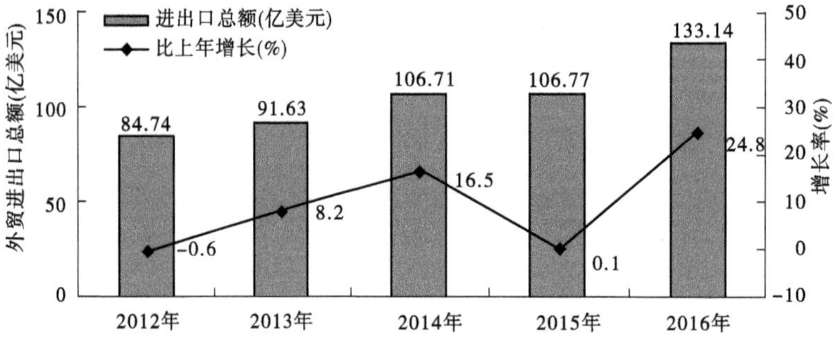

图 1-1-8　2012～2016 年外贸进出口总额

表 1-1-13　2016 年外贸进出口总额

指标	绝对数(亿美元)	比 2015 年增长(%)
进出口总额	133.14	24.8
出口额	83.29	26.4
其中:一般贸易	11.6	-16.6
加工贸易	71.2	38.7
其中:机电产品	66.31	46.6
高新技术产品	61.78	63.6
其中:国有企业	15.55	-27.8
外商投资企业	61.94	62.8
进口额	49.85	22.2
其中:一般贸易	8.51	1
加工贸易	40.76	26.4
其中:机电产品	35.88	37.6
高新技术产品	31.15	50.8
其中:国有企业	13.75	-6.1
外商投资企业	34.82	47

注:高新技术产品和机电产品分类有交叉。

出口商品中,不锈钢材、机电产品分别为 11.82 亿美元、66.31 亿美元,占出口额的 93.8%。煤炭、焦炭、金属镁分别为 0.02 亿美元、0.16 亿美元、0.62 亿美元,占出口额的 1.0%。

有贸易往来的国家和地区 166 个。年进出口额在千万美元以上的国家和地区 52 个,比 2015 年减少 4 个。

1.2.7.2　招商引资

2016 年全年新设立外商投资企业 12 家。实际利用外商直接投资额 4.62 亿美元,下降 45.7%。

1.2.8　交通、邮电和旅游

1.2.8.1　交通运输

2016 年末太原市公路线路里程累计达到 7 401 km,其中高速公路 287 km。公路密度 105.9 km/100 km^2。太原地区铁路客运量 2 641.4 万人次,增长 1.7%;铁路货运量 3 403.64万 t,下降 22.9%。公路客运量 876 万人,下降 19.3%;公路货运量 15 043 万 t,增长 5.3%。航空客运量 984.78 万人次,增长 11.4%;航空货运量 4.91 万 t,增长 7.9%。

2016 年末太原市民用汽车保有量 127.23 万辆,比 2015 年末增长 13.3%,其中私人汽车 114.34 万辆,增长 15.2%。2016 年新注册汽车 18.5 万辆,增长 21.6%。年末轿车保有量 80.35 万辆,增长 14.3%,其中私人轿车 75.2 万辆,增长 15.4%;2016 年新注册轿车 11.67 万辆,增长 22.9%。

1.2.8.2 邮电

2016 全年邮电业务总量 154.60 亿元,比 2015 年增长 44.2%。其中:邮政业务总量 6.7 亿元,增长 14.4%;电信业务总量 147.9 亿元,增长 45.9%。年末市话达到 80.43 万户,农话达到 3.3 万户。移动电话用户 691.22 万户,其中:3G、4G 移动电话用户分别为 58.55 万户和 447.28 万户。太原市固定及移动电话用户总数达到 774.95 万户。每百人拥有电话 178 部,其中:固定电话和移动电话普及率分别达到 24 部/百人和 159 部/百人。计算机互联网用户 135.12 万户,其中:宽带网用户 132.27 万户。

1.2.8.3 旅游

太原市接待海内外游客 5 688.12 万人次,比 2015 年增长 15.8%。其中:国内游客 5 666.17万人次,增长 15.8%;海外游客 21.95 万人次,增长 4.5%。海外游客中,外国人 15.46 万人次,香港同胞 3.63 万人次,澳门同胞 0.43 万人次,台湾同胞 2.43 万人次。全年旅游总收入 683.98 亿元,增长 16.3%。其中:国内旅游收入 678.66 亿元,增长 16.3%;旅游外汇收入 0.84 亿美元,增长 4.8%。

1.2.9 金融和保险

1.2.9.1 金融

2016 年末太原市金融机构本外币各项存款余额 11 497.49 亿元,增长 6.2%;本外币各项贷款余额 12 016.78 亿元,增长 12%。人民币各项存款余额 11 070.04 亿元,增长 4.5%。其中:个人储蓄存款余额 3 661.76 亿元,增长 6.7%;人民币各项贷款余额 10 103.36亿元,增长 11.9%。人民币贷款中,中长期贷款余额 6 707.47 亿元,增长 21.5%;短期贷款余额 2 820.85 亿元,下降 0.8%。

2016 年末在国内上市公司达到 19 家,其中:主板 16 家,中小板 2 家,创业板 1 家。"新三板"挂牌企业达到 37 家。

1.2.9.2 保险

2016 年全年原保险保费收入 220.17 亿元,增长 37%。其中:寿险业务保费收入 150.85 亿元,增长 45.6%;健康险业务保费收入 15.68 亿元,增长 43.1%;意外伤害险业务保费收入 4.36 亿元,增长 30.4%;财产险业务保费收入 49.28 亿元,增长 15.2%。

支付各类赔款及给付 54.38 亿元,增长 26.3%。其中:寿险业务给付 27 亿元,增长 51.2%;健康险业务赔款及给付 3.79 亿元,增长 49.5%;意外伤害险业务赔款 1.19 亿元,增长 29%;财产险业务赔款 22.40 亿元,增长 3%。

1.2.10 城市建设

1.2.10.1 基础设施建设

实施城市主次干道、桥梁、支路网建设 64 项,总计建设里程 116 km,五一路、滨河西路南延、卧虎山路、新晋祠路、摄乐桥等 43 个新建和改建项目相继完工。轨道交通 2 号线一期全面开工,汾河美化治理三期工程快速推进,海绵城市启动试点建设。2016 年启动城中村改造 26 个，22 个村基本完成整村拆除。既有居住建筑节能改造 643 万 m^2，完工 518 万 m^2。

2016 年末太原市天然气供气总量 9.31 亿 m^3，供气能力 58 亿 m^3，新增供气能力 18 亿 m^3。集中供热扩网 2 546 万 m^2。年末城市公交运营车辆 2 253 辆，其中：公共汽车 2 147辆，电车 106 辆。公交运营线路网长度 3 250 km，年客运量 4.35 亿人次。更换纯电动出租车 8 292 辆，安装充电桩 2 451 个。公共自行车服务点保持 1 285 个，累计投放自行车 4.1 万辆。

1.2.10.2　城市绿化

和平公园、晋阳街公园已建成对市民开放。实施了太山龙泉寺景区综合整治、青龙古镇景观绿化和明太原县城景观等工程。太原植物园、动物园、迎泽公园等 11 个公园建设改造相继开工。创建省级园林单位 4 个，省级园林道路 1 条。太原市共有综合性公园 38 个，专类公园 11 个，带状公园 5 个，街头游园 243 个，社区游园 43 个，街旁绿地 181 块。建成区绿化覆盖面积达到 14 369 hm^2，园林绿地面积 12 655 hm^2，公园绿地面积 4 099 hm^2。建成区绿化覆盖率 41.65%，绿地率 36.68%，人均公园绿地面积 11.88 m^2。

1.2.11　教育和科学技术

1.2.11.1　教育

2016 年末共有普通高等院校 44 所（其中高职院校 23 所），成人高等院校 8 所，中等职业教育学校 58 所，普通高中 88 所，普通初中 130 所，小学 433 所，幼儿园 709 所。各类教育学生数见表 1-1-14。

表 1-1-14　2016 年各类教育学生数　（单位：人）

指标	招生	在校生	毕业生
研究生	8 298	24 354	7 429
普通高等教育	122 329	432 234	108 299
成人高等教育	21 369	79 440	41 188
中等职业教育	21 836	75 753	29 252
普通高中	27 312	82 222	29 428
普通初中	40 105	117 861	44 039
普通小学	52 229	286 678	42 072
特殊教育	269	1 260	260
学前教育	40 740	113 894	38 301

太原市学前三年毛入园率 95.6%。小学学龄儿童入学率、初中生入学率、巩固率均达到国家标准。2016 年太原市高考一本、二本达线率和录取率在全省继续名列前茅。

1.2.11.2　科学技术

2016 年全年技术市场共登记技术合同 1 483 项，成交金额 119.5 亿元。国家认定的企业技术中心 11 家,省级企业技术中心 90 家。2016 年末累计建成 13 个国家级重点实验室(国家级工程实验室、国家级工程研究中心),拥有 8 个国家级科技企业孵化器和 35 个“院士工作站”。年末累计认定高新技术企业 533 家。全年获得国家科技奖励 4 项。太原市发明专利申请量 3 511 件、授权量 1 538 件,有效发明专利拥有量 6 252 件。规模以上工业高新技术产业增加值 247.14 亿元,占地区生产总值的比重为 8.4%。

2016 年末高新区、经济区、民营区共有入区企业 8 153 家。全年实现科工贸总收入 2 880亿元,增长 0.5%。

1.2.12 文化、卫生和体育

1.2.12.1 文化

2016 年末太原市共有专业、具备规模的民营艺术表演团体 18 个。群艺文化馆 12 个,博物馆 12 个。公共图书馆馆藏图书 749.35 万册。国家综合档案馆 12 个,馆藏档案资料 153.58 万卷(件、册)。广播节目 11 套,电视节目 16 套。有线广播电视用户 104.46 万户(其中数字电视用户 103.42 万户),有线电视入户率 90.6%。广播人口覆盖率 99.8%,电视人口覆盖率 99.8%。完成电视连续剧《钟楼街往事》和《于成龙》的剧本创作和拍摄。创作晋剧《唐宗归晋》《古槐人家》,话剧《夏至》,音乐剧《安卓》,数字电影《丹凤阁传奇》,微电影《情系营改增》等 30 余部作品,晋剧《于成龙》荣膺文化部国家舞台艺术精品创作工程重点扶持剧目。全年荣获国际奖 1 项、国家奖 5 项、省级地区奖 5 项。年末共列入国家级非物质文化遗产保护项目 17 项、省级保护项目 67 项、市级保护项目 135 项。

1.2.12.2 卫生

2016 年末共有卫生机构 2 759 个(不含村卫生室),医疗床位 37 897 张。每千人拥有医疗床位 8.7 张。各类卫生技术人员 55 389 人,其中:执业(助理)医师 20 835 人,注册护士 26 172 人。每千人拥有医生 4.8 人。实际参加新型农村合作医疗的农民 102.4 万人,参合率 99.3%。创建全省首家“易护到家”服务平台和“医养结合”示范基地。建成 1 个国家级名老中医传承工作室、2 个全国综合医院中医药工作示范单位。

1.2.12.3 体育

全年太原运动员在国内外大赛中,获得 27 枚金牌、27 枚银牌、29 枚铜牌,52 个第四至第八名。成功承办“太原国际马拉松赛”“龙城赛龙舟”等大型赛事,全面启动第二届全国青年运动会筹备工作。“全国篮球城市”“汾河体育健身长廊”等体育名片的宣传力和影响力继续扩大。全年销售中国体育彩票 7.3 亿元,稳居全省第一。

1.2.13 人民生活和社会保障

1.2.13.1 人民生活

全年居民人均可支配收入 27 169 元,比上年增长 6.9%。按常住地分,城镇居民人均可支配收入 29 632 元,增长 6.9%,城镇居民人均消费支出 16 775 元,增长 8.5%;农村居民人均可支配收入 14 591 元,增长 7.1%,农村居民人均消费支出 10 929 元,增长 8%。城乡居民收入比为 2.03:1,与 2015 年持平。

1.2.13.2　社会保障

太原市企业职工参加养老保险 85.36 万人，参加城镇基本医疗保险 244.63 万人，参加失业保险 89.86 万人，参加工伤保险 96.36 万人，参加生育保险 97.12 万人。2016 年末城市低保覆盖人口 2.96 万人，农村低保覆盖人口 2.54 万人，4 057 人纳入农村“五保”供养，全年发放最低保障资金 3.41 亿元。

太原市各类收养类单位 40 个，床位 6 623 张，收养 5 075 人。救济农村五保户 4 042 户，城市临时救助 12 281 户次，农村临时救助 6 133 户次。年内新建城乡日间照料中心 130 个。

1.2.14　环境保护和安全生产

1.2.14.1　环境质量

全年太原市区空气质量二级以上天数 232 d，达标比率为 63.4%。空气污染综合指数 7.68%。集中式饮用水源地水质达标率保持 100%，地表水环境功能区水质达标率 75%，市区区域环境噪声年均值 52.9 dB、交通噪声年均值 68.1 dB。全年 PM2.5 达标 265 d，达标比率为 72.4%。

1.2.14.2　气温降水

全年平均气温 8.8 ~ 11.5 ℃，降水量 489.4 ~ 665.7 mm。地下水位平均上升 1.1 m。太原市全社会用水量 7.76 亿 m^3，其中：生活用水 2.82 亿 m^3，农业灌溉用水 2 亿 m^3，工业生产用水 2.64 亿 m^3，生态用水 0.3 亿 m^3。

1.2.14.3　安全生产

全年各类安全生产事故发生数比 2015 年下降 1.8%。其中：商贸制造业、交通运输和仓储业事故起数分别下降 57.1%、6.1%。未发生重特大生产安全事故。煤炭百万吨死亡率为 0。

第2章 太原市历史暴雨洪水灾害

暴雨是太原市夏季常见的一种灾害性天气现象,也是最为严重的自然灾害之一。特别是一些强度高、总量多的特大暴雨,它能造成山洪暴发、土壤流失,甚至水库垮坝、河堤决口、淹没农田、中断交通,引起山体滑坡、地层沉陷,产生泥石流等一系列次生灾害,给国民经济建设及人民生命财产造成重大损失。暴雨是洪水的重要来源,暴雨的时间和空间分布对洪水的形成过程有着直接的影响,洪水的形成过程还受到水文下垫面及流域特征等因素的制约,如流域形状、河网发育程度,流域内土壤、岩性、地质构造、地形、植被条件、湖泊等。此外,人工水库、河坝等水利工程对洪水的形成与发展也有一定的影响。因而造成暴雨洪水研究的复杂性。

暴雨洪水在没有对人类形成威胁时,仅仅是一种水文气象现象,而当涉及人类活动时,即演变成了一种自然灾害。需要强调指出的是,随着建设事业的发展,人们的社会经济活动日趋活跃,这不仅会影响到洪水的形成,而且会影响到洪水的排泄。

太原市常见的暴雨有锋面雨、地形雨、对流雨等,台风雨偶尔也有出现,这几种暴雨的量级大小及其时空分布主要取决于水汽来源、水汽含量、辐合上升运动等水汽动力条件,而地理位置、地形条件是影响水汽动力条件的重要因素。森林植被对暴雨转化为洪水的影响也是非常显著的,在暴雨降落到地面的过程中,最初是植物截留。植物截留是指雨水在植物枝叶表面的吸着力、承托力和水分重力及表面张力等作用下储存于植物枝叶表面的现象。降雨初期,雨滴降落在植物枝叶上被枝叶表面所截留,降雨过程中,截留不断增加,直至满足最大截留量(又称截留容量)。植物枝叶截留的水滴,当期重量超过表面张力时,便落至地面。截留过程延续整个降雨过程。积蓄在枝叶上的水分不断地被新的雨水滴所更替,截留水量最终消耗于蒸散发。此外,在林地的地表层和根系土壤之中,土壤蓄水能力和持水量也成倍加大。因此,森林植被条件好的地带,洪水发生的频次和洪峰流量将大为降低。

山西在上古时期曾经是森林茂盛、气候适宜、生态环境良好的地方。战国时,平川还有大片森林,田、园、林相间并存。到唐代,平原除有些散生树木外,已无森林存在,但较偏、较高的山上森林还很多。之后的破坏便较前为烈,范围也广了,至清代,平川地区连散生树木也少见,丘陵区森林已被毁灭,后经日伪时期滥伐,所剩残林为数极少了,且都是次生林,林相很差。1949 年中华人民共和国成立时,山西森林覆盖率仅为 2.4%,中华人民共和国成立以后,森林面积逐渐增加,到 20 世纪 80 年代末,山西的森林覆盖率达到 13.88%。

太原市有记载的部分暴雨洪水灾害如下:

(1)太原:六月大雨,汾水溢高数丈,死牲畜无数,东城垣内水深四丈;交城:六月暴雨,移时沙河水冲毁东门桥,东城垣内水深三尺;文水:夏六月,文峪河、汾河俱徒,害嫁毁官民庐舍大半;孝义大水:位于相邻流域的兴县;大水摧西南城。1613年(明万历四十一年)六七月间,汾河中下游曾发生过大水。阳曲:夏六月至秋七月大雨伤人损稼,七府营雷震一人死;平遥:大水漂没田禾极多,溺死者甚众;赵城、太平、洪洞大水,襄汾水灾异常,济屏活门外看桥冲毁;新绛:六月二十一日汾水涨溢入城,民舍倾;同年沁河也发大水。1843年(道光二十三年)六月汾河下游大水。

(2)1662年(清康熙元年)阳曲:秋八月大雨,弥月连绵,汾水泛涨,漂没稻田无数;清徐:徐沟三河并发,水深丈余;曲沃:秋八月月雨二十日,坏城垣庐舍无数;万荣:荣河七月雨至九月秋分止;稷山:秋雨四月不止;吉县:大雨数月,毁坏城庐舍;运城:解州秋大雨四十日,盐池被害;安邑八月大雨如注者半月,墙屋倾圮,强半人居庙宇;临祺:祺氏八月大雨泛;初九至二十五日大雨如注,昼夜不绝,临晋秋雨数月;平陆:阴雨四旬,山崩涧陡坏民田舍;芮城:秋八月阴雨两旬,屋垣多倾,城北路村平地水出如河;平顺:秋雨两月余,时小时大,山崩地裂,墙倒屋塌,土地冲毁,田禾无收,人民生活总日糠菜,不见米粒,饿死者无数;长治市:秋雨倾墙,北城及九角楼水凡数十丈。

(3)1954年8月底9月初汾河上中游暴雨洪水灾害。

1954年8月28日至9月3日山西普遍降了一次连续性秋雨,历时达7 d之久。这是一次跨省、跨流域的大范围连续性降雨。山西省本次降雨以汾河流域较大,从上游至下游灾情逐渐严重。据汾河上、中游27个水文站和雨量站的实测资料分析,灵石以上流域平均雨量为171.3 mm,其中,娄烦下石家庄(现汾河水库)以上平均雨量191.4 mm,下石家庄以下为159.5 mm。最大的岚县城和寿阳县堆站降雨量均在250 mm以上:静乐县西马坊、榆次县蔺郊和榆次市降雨量均在200 mm以上:太谷、祁县及其下游雨量比较小,一般在120~140 mm。这次降雨在山西省形成两个暴雨高值区:一个是下石庄以上以岚县为中心的西南—东北暴雨区,雨量在200 mm以上的面积为2 060 km^2;另一个是潇河上游以寿阳县独堆为中心的东—西向暴雨区,雨量在200 mm以上的面积为1 400 km^2。省境内整个雨区在100 mm以上的面积为70 520 km^2,50 mm以上的笼罩面积达92 400 km^2。

降雨发展过程:8月28日全流域开始降小到中雨,较大的岚县、交城、文水、汾阳、孝义等县日雨量在25~30 mm,29日全流域雨势加剧,各站日雨量多数在40~70 mm;30日除上游个别地点仍有中雨外,其余大部分地区转为小雨天气;31日上游有零星小雨,下游降雨暂止。从9月1~3日降雨又增大,全流域连续普降中到大雨,宁武、静乐、岚县、娄烦、榆次、寿阳、文水等地降了暴雨。

这次降雨发生在大汛后期,虽然降雨强度并不是很大,但由于前期土壤含水量充足,所以,无论是地表径流还是壤中流的总量都很大。使洪水历时延续长达半月之久,洪水过程呈肥胖型。汾河干流灵石水文站7 d洪水总量达5.44亿m^3,10 d总量8.07亿m^3,15 d总量竟达10.1亿m^3。汾河主要支流如岚河、潇河、昌源河、文峪河等也都相继暴发了较大洪水。

由于降雨及洪水历时较长,加之河道堤防工程薄弱,使汾河、文峪河、潇河等河道都发生决口,一部分地区造成内涝洪渍,许多村庄遭受水灾。

汾河:8 月 30 日清徐二坝上下游护岸工程全部被冲走,9 月 2 日清徐县东木庄、西木庄、孔村、东青堆、南社、桥午、南安、小东社、韩武等村防洪堤完全被冲垮。南安、小东庄、杨家堡村进水,水深 1.0 ~ 1.4 m,清徐城关也进了洪水,文水,祁县、平遥沿汾河两岸的贯家堡、西社、原西、蒋家堡、南良庄、左家堡、丰依等十余村均受到洪水威胁。9 月 4 日汾河在太原北郊摄乐村决口 100 m,到 6 日决口扩展到 100 m。汾河铁桥以下西堤决口有 170 m。

潇河:榆社源涡大坝 9 月 1 日洪峰流量 1 070 m^3/s,榆社南河湾严重淘刷,将王村一、三坝冲坏,太原南郊张花营河岸受冲刷相当严重,南洛村附近决口一处,赵家湾、戴家堡受灾。榆次县牛耕河洪水之大前所未有,9 月 1 日洪水漫决,从北要村村中通过,造成部分房屋倒塌。

文峪河:8 月 29 日和 9 月 2 日较大决口河段有 15 处,溃决严重地段有文水桥头、麻家寨、武林等 3 处,决口长 55 ~ 70 m,水深 3 m 多。9 月 4 日文水堡子村、宜儿村、武林、石永镇、麻家寨、北武、武陵、西明阳、东宜亭、西宜亭、北明阳等 12 个村庄,孝义北桥头都进了水,杨家堡、吴家寨、桥头、南明阳、石侯、西城、南武镇均被洪水包围,洪水南下漫延到汾阳仁岩、冀村一带,入新北渠后仍无退路,洪水横流,遍地漫溢。

汾阳峪道河、禹门河、北山河洪水汇集到罗城村附近,使该地受灾,交城白石南河洪水出槽,大小辛村、贾家寨附进积水很深;象峪河在高花、史家庄、东罗、西罗村共决口 4 处,徐沟城关进水。

太原市受灾影响冲毁土地 0.5 万亩,塌房 2 457 间,死亡 2 人,在市区内有 1 475 间民房雨浸后倒塌。灾情波及汾河下游临汾和运城两专署沿河的部分乡村。汾河临汾段流量 200 m^3/s。霍县、洪洞、临汾、襄汾、曲沃等县受灾土地 2.85 万亩,运城行署的新绛、稷山、河津、荣河及永济 5 个县所属 35 个乡 75 个村,共淹地 19.7 万亩,17 个村进水,塌房 770 间。

(4)1955 年 8 月 8 日太原市西山暴雨洪水灾害。

1955 年 8 月 8 日太原市西山地区突降一场历时短、范围小的局部暴雨(雨情未调查)。西边山各条支沟暴发洪水。万柏林南城新城均遭受洪灾袭击,尤以万柏林 743 宿舍区最为严重,洪水冲入第 16 宿舍区,涌进 3、4、8、9 车间,10 余 min,水深 1 ~ 2 m,睡梦中的 83 人当即被洪水冲走或溺死(其中儿童 58 名),塌房 176 间,个人财产损失 6 万元,是太原市 1949 年以后最为严重的一次洪水灾害。

(5)1971 年 7 月 31 日太原顺道大暴雨。

1971 年 7 月 31 日太原市古交区降特大暴雨,主要雨区在汾河水库以下至寨上村之间,各站降雨历时一般都在 10 h 以内,多数站降水量在 20 ~ 80 mm,暴雨中心在天池和顺道,6 h 雨量为 567 mm。本次暴雨各级雨量等值线及其包围面积分别为:500 mm 以上为 48.8 km,100 mm 以上为 139 km,50 mm 以上为 2 632 km。这次暴雨中心范围非常集中,且强度强大,汾河水库以下干流及 10 余条支流都爆发洪水,洪流汇集到汾河寨上水文站,于 7 月 31 日 0:48 出现洪峰流量 2 120 m^3/s,屯兰川一带冲毁土地 1.4 万亩、石坝 15 条、便桥 3 座,死亡 2 人。

(6)1985 年 5 月 11 日山西中部暴雨。

1985 年 5 月 11 日山西中部降了一场范围较大的暴雨，太原古交市降雨强度最大，50 min 降雨量 74 mm。山西省在汛前出现这样的灾害性暴雨是极为罕见的。这次暴雨的主要天气形势是：500 hPa 图上青藏高原东部有低涡发展并向东北方向移动，850 hPa 图上在延安附近新生成一个低涡，地面图上山西处于冷锋前部。它们的演变过程是：

（1）低涡发展向东北移动。在 5 月 11 日 8：00 的 500 hPa 等压面图上，青藏高原东部低涡向东北方向移动，河套以西为负变温区。而从延安到北京为一正变温区，且正变温的中心约在太原附近。20：00 低涡移到了延安附近，陕西到山西中部转为负变温区。

（2）倒槽内切变线加强和新生低涡。11 日 8：00，850 hPa 图上，从我国西南地区经河套至内蒙古有一倒槽，倒槽内有一条呈东北—西南方向的切变线。在切变线的前部为暖湿气流输送，切变线的后部有干冷空气输送，在这条切变线的两侧出现明显的风速辐合和风向气旋性切变，它对后来的低涡生成和暴雨形成产生了重要作用。

（3）地面冷锋活动。11 日 8：00，山西处于地面倒槽中，在倒槽内从沙音山德经海流图至乌鞘岭有一冷锋带，冷锋后部平均气压梯度为 4 hPa/100 km。一般为 2.5 ~ 4.3 hPa 时，对应有大风和降水。冷锋前部平均气压梯度为 0.5 hPa/100 km。云系为密卷云和荚状高积云。11 日 14：00，冷锋移至呼和浩特和太原一带，冷锋前出现积雨云和雷雨。山西中部处于气流辐合区中，到 20：00 上述地区出现雷暴和降水。

第3章 太原市山洪灾害防治概况

3.1 非工程措施

3.1.1 非工程措施的建设原则

(1)坚持科学发展观,体现以人为本原则。

非工程防治措施在规划和建设中,必须以科学发展观为指导,坚持以人为本理念,要切实保障人民群众生命财产安全,最大限度地减轻和降低沿山一带广大人民群众因为山洪灾害而造成的人身伤亡和财产损失。

(2)坚持防治结合,以防为主原则。

要牢固树立安全第一、常备不懈、以防为主的思想理念,始终坚持防、抢、救相结合的"三字防治"方针。要在着力强化暴雨灾害监测预警预报在避险中作用的同时,着力强化综合气象观测系统的非工程措施建设。

(3)坚持统筹兼顾,突出重点原则。

统筹综合系统建设,突出加强防洪减灾最重要、最薄弱环节的暴雨灾害监测网建设和制约观测系统稳定、可靠运行的保障系统建设。做到既要统筹兼顾,又要突出重点,绝不能发生和出现顾此失彼现象。

(4)坚持资源整合,加强衔接协调原则。

非工程防治措施建设要因地制宜、合理科学,具有较强的实用性和可操作性。充分考虑区域经济社会发展水平,合理确定综合系统建设规模和标准,加强各规划间的衔接和协调作用,避免重复建设现象。

(5)坚持强化管理,注重效率原则。

要认真落实行政首长负责制、分级管理责任制、分部门责任制、技术人员责任制和岗位责任制,加强指导和监督。严格项目审批和建设管理,确保建设质量,加强运行维护管理,充分发挥水利工程的社会效益和经济效益。

3.1.2 防治措施

(1)突出"以人为本,生命至上"的理念,切实增强山洪灾害非工程措施建设的责任感和使命感。

山洪预警责任重,群测群防靠群众。在国家决定实施山洪灾害非工程措施项目建设后，太原市认识到这是党中央“以人为本”执政理念的具体体现，是做好防汛减灾工作的一次重大的历史性机遇，抓好山洪灾害非工程措施项目建设既是本职工作，也是一项重要的政治任务。基于这一认识，在具体工作中，一是带着感情抓项目，即带着对党、对国家的感恩之情，带着对人民群众高度负责之情，抓好项目建设。二是脚踏实地干项目。太原市把山洪灾害非工程措施项目建设作为市、县水利部门和防办的“一把手”工程，主要领导挂帅，市、县防办主任具体抓。三是高标准，严要求。坚决按照国家、省防办下发的文件要求，一丝不苟抓落实，精益求精提标准，通过实实在在的努力，确保项目顺利推进。

(2)突出“落实责任、跟踪督查”，抓住关键环节，推进工程项目建设。

针对山洪灾害非工程措施项目建设涉及专业多、范围广、技术含量高、时间要求紧的特殊情况，按照省防办要求，采取集中力量、重点突破的办法，着力抓好四个方面：一是认真细致抓普查。科学普查是搞好山洪灾害防御工作的前提。普查中，太原市各县(市)水利部门动员了本系统2/3的技术力量，配备专车，分组包片，逐村逐户登记造册。二是落实责任抓机制。建立县、乡、村、组、户5级山洪灾害防御责任体系。完善县级干部包乡镇、乡镇干部分片包村、村干部包组、组长包户、党员干部责任到人的防御山洪灾害工作机制，明确了各级干部的职责。同时，在所有受山洪灾害威胁的村庄都选拔配备了雨水情监测员、报警员。三是积极配合抓协调。首先是协调中标企业和项目单位进行合同谈判，及早签订合同。其次是协调县水利局，抓紧组建专门机构，落实专门人员。再次是协调水文、气象部门和专家组成员，帮助指导危险区划定和预警指标的确定。通过强有力的协调工作，为项目顺利实施创造了条件。四是强化督查抓进度。专门成立了山洪灾害非工程措施建设项目督查组，由相关人员负责此项工作。针对项目实施进度，抓住设备进场、安装调试、预案编制、宣传演练等关键节点，深入一线督查。

(3)突出“普及实用、全民参与”原则，使山洪灾害防御知识家喻户晓。

为使山洪灾害防御宣传深入人心，一是利用新闻媒体，着力营造舆论氛围。为此，太原市电视台播放了山洪灾害宣传标语，开辟宣传专栏，宣传山洪灾害防御常识。同时，各县(市)都在本县(市)电视台播放了山洪灾害防御知识宣传专题片和宣传标语。二是采取集中培训与广泛宣传相结合，增强宣传针对性。为扩大山洪灾害防御知识宣传面，强化宣传效果，针对不同人群采取了不同形式的宣传，对乡村干部和村级监测预警人员，采取专业辅导、专家授课，要求掌握山洪防御基本常识，熟悉应急响应程序、仪器操作维修等。对山洪威胁区群众，采取大喇叭宣讲，发放宣传单、明白卡等形式广泛宣传，要求熟悉山洪防御基本常识和撤避路线等。为搞好宣传培训活动，统一编制了培训教材，专门购置了投影仪，组织专人根据工程进度在山洪灾害危险区逐乡镇开展集中培训活动。

(4)突出“制度化、信息化”管理机制，切实保障山洪灾害非工程措施项目长久发挥效益。

建是基础，用是目的。为确保山洪灾害监测预警系统和防汛会商系统能够长久发挥作用，在充分调研的基础上，制定了《山洪灾害项目管理办法》《农村预警设备管理办法》《县级防汛会商系统管理规范》《农村简易雨量站、水位站运行管理制度》等规章制度，使山洪灾害监测预警设备和宣传设施的利用与保护都有章可循。同时，将山洪灾害项目信息化建设作为主要内容，增设发射台站，消除山区信号盲点，所有监测人员、预警人员、预警喇叭统一号段,统一降低通信传输费用,有力促进了太原市山洪灾害群测群防体系建设。

3.1.3 太原市非工程措施建设概况

太原市各县(市)在地方水利局建立山洪灾害监测预警平台,省、市、县(市)、乡(镇、街道办)、村等方面的山洪灾害防治相关信息全部汇集于此平台,市水利局防讯部门根据山洪灾害信息和预测情况,及时发布预警信息。同时,县(市)、乡(镇、街道办)、村、组建立群测群防的组织体系,开展预测、预警工作。水雨情监测系统主要包括水雨情监测站网布设、信息采集、信息传输、通信组网等。村、组预警的监测设施,以简易监测站为主,县(市)、乡(镇、街道办)级以自动监测站为主,采用自动和人工的方式,把监测信息汇集于山洪灾害监测预警平台。预警系统由基于平台的自动预警系统和基于简易监测站的群测群防预警系统组成。

自动预警系统的核心是山洪灾害监测预警平台,主要由预警母系统、预警子系统组成,以获取实时水雨情信息,及时制作、发布山洪灾害预警。群测群防的组织体系主要包括建立县(市)、乡(镇、街道办、企业)、村、组、户五级山洪灾害防御责任制体系,明确县(市)、乡、(镇、街道办、企业)、村、组、户防御山洪灾害的组织机构、人员设置、具体职责等。通过建立群测群防责任制组织体系,保障县(市)、乡(镇、街道办)、村、组防灾信息上传下达畅通,监测、预警、避灾措施以及预案的宣传、演练落实。

山洪灾害防治县级非工程措施项目(2010~2012年)实施以来,监测预警能力大幅提升,建立各项防汛工作责任制,开展防汛检查、山洪灾害防御、通信联络、物资供应保障、防汛机动抢险队伍建设、山洪灾害宣传、洪涝灾情统计等项工作取得了一定成绩,积累了一定经验。太原市非工程措施主要建设概况如下:

太原市区山洪灾害防治非工程措施已建成自动监测雨量站31个、自动监测水位站9个、简易雨量站183个、简易水位站5个;清徐县山洪灾害防治非工程措施已建成自动监测雨量站22个、自动监测水位站9个、简易雨量站71个、简易水位站7个;阳曲县山洪灾害防治非工程措施已建成自动监测雨量站23个、自动监测水位站9个、简易雨量站133个、简易水位站6个;娄烦县山洪灾害防治非工程措施建设项目已完成自动监测站点25处,其中:自动雨量监测站21处、自动水位站4处、简易监测站点86处;古交市山洪灾害防治非工程措施已建成自动监测雨量站44个、简易监测水位站20个。

3.2 工程措施

20世纪中叶,联合国粮食及农业组织(FAO)开始在全球范围内组织山洪灾害治理经验交流和技术共享交流会,目的是促进各国在山洪等自然灾害治理上的互相交流和学习,共享各国发展成熟和行之有效的治理措施。该会议对山洪灾害治理措施的推广和相关理论研究进展的相互交流起到了相当重要的作用。美国也是一个国土面积大国,几乎2/3的国土面积受到山洪灾害的影响,美国对山洪灾害的认识起步较早,随着后来的不断发展,也取得了一系列成果。由最初的单纯靠修建一些工程措施逐渐发展为由工程措施、生物措施、雨水情监测系统、基层监测预警平台、预警系统以及群测群防组织体系相结合的防治体系，这些技术的成熟发展为美国甚至全球山洪灾害的防御和治理打下了坚实的基础，同时指明了方向。

中华人民共和国成立以来，对水的控制和利用的研究一直处于国家建设的重点方面，随着国际交流的进一步提升和我国众多学者的不断努力，我国在山洪灾害的治理与研究方面取得了不断的进步和长足的发展，特别是改革开放以来我国加强对水资源的高效利用的背景下，对滑坡、泥石流等自然灾害的防治已取得巨大成果，但是由于各种因素的制约，我国的山洪灾害的治理工作仍然任重道远。

诸多事实证明，只有采用工程措施和非工程措施相结合，才是当前治理山洪灾害的最佳手段。目前，我国山洪灾害治理工程措施主要有防洪治理工程、河道整治工程、水土保持工程及生物工程。太原市工程措施概况如下：

经统计，截至2016年，清徐县内的工程措施共有9个，堤防工程7个、塘坝1个、桥梁1个。阳曲县内的工程措施共有55个，其中有水库9个、堤防工程3个、塘坝8个、路涵4个、桥梁31个。娄烦县内的工程措施共有103个，其中有水库2个、堤防工程98个、路涵2个、桥梁1个。古交市内的工程措施共有262个，其中有堤防工程208个、塘坝2个、桥梁52个。

目前，太原市现有的水利工程已基本形成一个比较完善的防洪、排涝、农田灌溉工程体系，不仅为抗御水旱灾害、保障经济社会安全、促进工农业生产持续稳定发展、保护水土资源和改善生态环境等方面做出了重要贡献，而且在近几年来的防汛、抗洪减灾工作中发挥了十分重要的作用。但防灾工程措施现状仍滞后于经济社会发展要求，特别是与有效应对太原市频繁的水旱灾害的需求相比，基础设施仍然十分薄弱。

第4章 太原市山洪灾害分析评价基础工作

4.1 评价对象名录确定

根据太原市各县(市)山洪灾害内外业调查成果确定太原市防治区个数(见表1-4-1)。针对太原市实际情况,主要对河道洪水影响和坡面水流影响的重点防治区进行分析评价,不包括滑坡、泥石流以及干流对支流产生明显顶托等情形。

表1-4-1 太原市防治区个数

名称	个数		
	一般防治区	重点防治区	非防治区
太原市	32	134	649
清徐县	0	70	150
阳曲县	32	75	230
娄烦县	42	54	123
古交市	56	79	265

根据各县(市)水务局上报,太原市区确定受山洪灾害威胁严重且在区域上具有典型性的134个村落为重点防治区,分布在58个小流域、25个乡(镇)。清徐县选择受山洪灾害威胁严重且在区域上具有典型性的70个重点防治区作为分析评价对象,分布在12个小流域、9个乡(镇)。阳曲县选择受山洪灾害威胁严重且在区域上具有典型性的75个村落作为分析评价对象,分布在21个小流域、10个乡(镇)。娄烦县共有7个乡(镇)的54个重点防治区。古交市共有14个乡(镇)的79个重点防治区。

4.2 小流域地形测绘

4.2.1 小流域划分

太原市本次工作底图用的是全国山洪灾害项目组提供的成果。结合重点防治区分布和分析评价需要，并依据太原市1∶5万地形图与第一次水利普查中河湖普查成果，对水利部统一下发的小流域计算单元进行了调整。对小流域的边界、河源与河口位置进行了核对。

为满足评价名录重点防治区洪水分析计算需要，根据重点防治区所在位置，按照《小流域划分及编码规范》(SL 653—2013)，对小流域进行了合并，并形成与村落相对应的计算小流域，对邻近重点防治区间无较大支流汇入，洪水组成基本一致的计算小流域合并处理，以下游重点防治区的计算小流域为计算依据。对部分需细分小流域的重点防治区，其流域边界在1∶5万地形图上确定。

4.2.2 流域特征值的确定

(1)根据中央统一下发的工作底图和小流域属性成果，结合实地查勘，量算小流域的面积、主沟道长度。

(2)产、汇流地类核对。

确定辖区的植被和土壤的空间分布情况，并在《山西省水文计算手册》水文下垫面产流地类图和汇流地类图上进行修正，核算流域产、汇流地类面积。

(3)比降的确定。

①如果重点防治区河道上下游有历史洪痕的沿程分布资料，采用洪痕水面线比降作为水位—流量转换中的比降。

②如果有近年来洪水发生的洪水水面线，采用该水面线比降作为水位—流量转换中的比降。

③如果有中小洪水发生时的实测水面线，采用该水面线比降作为水位—流量转换中的比降。

④如果没有水面线信息，可采用河床比降作为水位—流量转换中的比降。

为了分析评价成果尽可能合理，《山洪灾害分析评价技术要求》中明确规定，以上4种确定比降的方法中，资料条件允许时，应优先采用第①种方法，然后为第②、③种方法，第④种方法为无资料时采用，并应当通过试算和合理性分析后最后确定。

(4)糙率的确定。

①如果有实测水文资料，应采用该资料进行推算，确定水位—流量转换中的糙率。

②如果无实测水文资料，根据《山西省水文计算手册》附录Ⅱ调查洪水用表(包括天然河道糙率表和人工渠道糙率表)，结合重点防治区所在河流的沟道形态、床面粗糙情况、植被生长状况、弯曲程度以及人工建筑物等因素确定水位—流量转换中的糙率。

4.3 重点防治区控制断面及居民户高程测量

河道断面测量包括河道的纵横断面数据。基础断面数据由山西省工程测绘院提供。工作河道断面测量数据采用方法是：重点防治区横断面数据由于山西省工程测绘院数据精度不足，在其数据基础上能够满足水面线推求的条件下适当删减断面数量，由专业测量队进行实地补测，形成河道横断面测量成果。对纵断面数据采用山西省工程测绘院数据，对部分异常点进行核对。

重点防治区的居民户位置和高程数据由山西省工程测绘院提供，由于山西省工程测绘院所采用的影像较早，部分新建居民点未加入，本书对成灾点附近的居民点由测量队进行了校核，发现问题及时修正。

第5章　太原市设计暴雨分析

5.1　设计点暴雨

设计点暴雨的“点”包含两层含义：一是指暴雨统计计算选用的雨量站点；二是指根据计算设计洪水的需要，从流域内选出的具有确定地理位置、依靠暴雨参数等值线图用间接方法计算设计暴雨的地点。二者合称“定点”，选用“定点”的个数，根据流域面积大小参考表 1-5-1 确定。

表 1-5-1　定点个数选用

流域面积(km^2)	<100	100 ~ 300	300 ~ 500	500 ~ 1 000
点数(个)	1 ~ 2	2 ~ 3	3 ~ 4	4 ~ 5

计算设计点暴雨的方法有直接法和间接法。

5.1.1　直接法

采用直接法推求设计暴雨时，单站不同历时暴雨的统计参数均值、C_v、C_s/C_v（暴雨 C_s/C_v 值统一采用 3.5），宜采用计算机约束准则适线与专家经验相结合的综合适线方法初定；再利用设计暴雨公式参数约束 5 种历时频率曲线之间的间距，使之相互间隔合理，不产生相交。

单站某一种历时暴雨统计参数的计算在于寻求“理论”频率曲线与经验频率点据的最佳拟合，经验频率用期望公式计算。特大值经验频率的确定是决定频率曲线上部走向的关键，对单站适线成果会产生较大的影响。因此，要充分利用一切可以利用的信息对特大值的重现期进行考证。

单站多种历时暴雨的适线，重点在于协调各频率曲线之间的合理距离，使不同历时的同一统计参数服从“参数—历时”关系的一般规律（见图 1-5-1），即均值随着历时延长而递增，在双对数坐标系中表现为微微上凸、连续、单增的光滑曲线；变差系数 C_v 随历时变化的规律多数表现为左偏铃形连续光滑曲线，极大值多出现在 60 min 或 6 h 处；少数为单调下降曲线。

5.1.2　间接法

间接法推求设计暴雨，首先确定“定点”及设计暴雨历时，然后在《山西省水文计算手

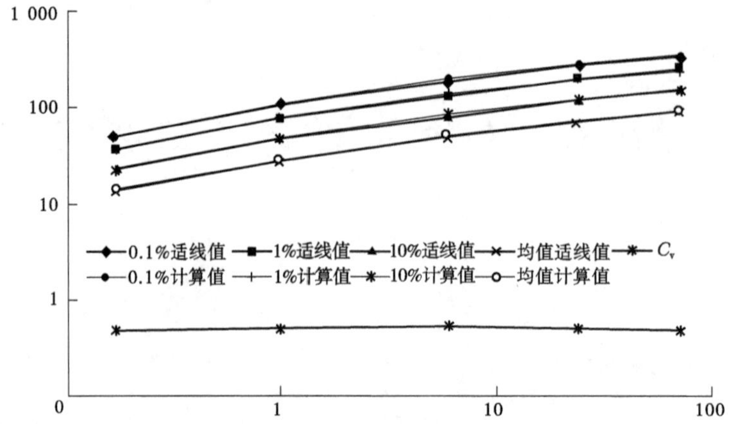

图 1-5-1　设计暴雨查图结果合理性检查及综合分析图

册》中的暴雨参数等值线图查读各县(市)定点的各种历时暴雨均值 $\overline{H}$、变差系数 C_v。查图时应该注意以下事项:

(1)当"定点"位于等值线图的低值区(-)或高值区(+)时,插值应该小于或大于邻近的等值线值,但不得超过一个级差;当"定点"位于马鞍区(无"+""-"号标示)时,插值一般应取 4 条等值线的平均值。

(2)等值线图上标有单站参数值,可作为查图内插时的参考。

为规避查图误差向设计洪水传递,需对查图结果进行合理性检查及综合分析。方法是:首先,在双对数坐标系中绘制不同历时均值 $\overline{H}$、C_v 的历时曲线,检查其是否满足"参数—历时"的一般规律,如不满足应对查图结果进行调整;然后,根据调整后的参数,用式(1-5-1)计算各历时的设计暴雨 H_P,并在双对数坐标系中绘制 H_P 的历时曲线,该曲线亦为微微上凸、连续、单增光滑曲线。

用经过合理性检查、调整后的参数值,计算各种历时设计点暴雨。

$$H_P = K_P\overline{H} \tag{1-5-1}$$

式中,模比系数 K_P 由《山西水文计算手册》的附表查用。

(3)设计点暴雨计算。

$$H_{P,A}^{o}(t_b) = \sum_{i=1}^{n}(c_i H_{P,i}(t_b)) \tag{1-5-2}$$

式中:c_i 为每个定点(雨量站)各自控制的部分面积占流域面积 A 的权重;$H_{P,i}(t_b)$ 为每个定点各标准历时 t_b 的设计雨量,mm;$H_{P,A}^{o}(t_b)$ 是同频率、等历时各定点设计雨量在流域面积 A 上的平均值,而非通常意义上流域重(形)心处一个点的设计点雨量。

流域地势平坦,所选定点均匀分布时设计点雨量的流域平均值可以用算术平均法计算;否则,改用泰森多边形法计算。

例如:太原市清徐县仁义村的小流域面积 63.6 km^2,该流域面积小于 100 km^2,所以取本村作为定点。太原市阳曲县大盂村的小流域面积 20.87 km^2,该流域面积小于 100 km^2,所以取本村作为定点。太原市娄烦县常庄村的小流域面积 24.42 km^2,该流域面积小于 100 km^2,所以取本村作为定点。太原市古交市阴家沟的小流域面积 20.08 km^2,该流域面积小于 100 km^2,所以取本村作为定点。

太原市阳曲县董家沟村的小流域面积 137.18 km^2,根据算术平均法确定了两个定点。太原市娄烦县新舍科村的小流域面积 151.1 km^2,根据算术平均法确定了两个定点。太原市古交市周山庄村的小流域面积 163 km^2,根据算术平均法确定了两个定点。太原市娄烦县边家庄村的小流域面积 410 km^2,根据泰森多边形法计算。太原市古交市郝家庄村的小流域面积 297 km^2,根据泰森多边形法计算。

根据等值线图查读各县(市)定点的各种历时暴雨均值、变差系数,根据《山西省山洪灾害分析评价技术大纲》规定,暴雨历时确定为 10 min、60 min、6 h、24 h 和 3 d 五种。

5.2 设计面暴雨

计算设计面雨量的方法分为直接计算法和间接计算法两种。当流域内站网比较密,有长期雨量记录的站点较多时,可根据工程所在地点以上流域的年最大面雨量系列直接计算各种历时的设计面雨量。当设计流域不具备统计最大面雨量系列的站网条件时,应采用间接计算法。

间接计算设计面雨量是采用“定点”设计雨量配以暴雨“定点—定面”关系计算设计面雨量的方法,即

$$H_{P,A}(t_b) = \eta_P(A,t_b) \times H^o_{P,A}(t_b) \tag{1-5-3}$$

式中:$H_{P,A}(t_b)$ 为标准历时为 t_b、设计标准为 P、流域面积为 A 的设计面雨量,mm;$H^o_{P,A}(t_b)$ 为设计点雨量的流域平均值,mm;$\eta_P(A,t_b)$ 为设计暴雨点—面折减系数,按式(1-5-4)计算。

$$\eta_P(A,t_b) = \frac{1}{1 + CA^N} \tag{1-5-4}$$

式中:A 为流域面积,km^2;C、N 为经验参数。

《山西省水文计算手册》水文分区图显示,太原市处于中区,故 C、N 数值从表 1-5-2 中直接查用或内插求得。

求得设计面雨量 $H_{P,A}(t_b)$ 后,首先绘制雨深—历时曲线,应满足“参数—历时”的一般规律;然后求解暴雨参数 λ,其值应满足 $0 \leqslant \lambda < 0.12$。否则,应对各定点雨量均值 $\overline{H}$ 或变差系数 C_v 的查图值进行微调,使之合理,该值即为设计面雨量初值。根据该初值求出暴雨公式的参数 S_P、λ 和 n_s,不同历时面雨量即可由式(1-5-5)或式(1-5-6)与式(1-5-7)求出。

本次计算确定暴雨频率为 100 年一遇、50 年一遇、20 年一遇、10 年一遇、5 年一遇 5 种。结果如表 1-5-3 所示。

表 1-5-2　定点定面关系参数查用表

分区	历时	参数	频率(%)												
			均值	0.01	0.1	0.2	0.33	0.5	1	2	3.3	5	10	20	25
中区+东区	10 min	*C*	0.044 1	0.052 4	0.052 0	0.051 4	0.051 5	0.050 7	0.050 2	0.049 5	0.049 2	0.048 1	0.046 9	0.045 0	0.044 4
		N	0.422 7	0.410 5	0.410 2	0.411 4	0.410 2	0.412 0	0.412 4	0.413 5	0.413 7	0.415 5	0.417 3	0.420 4	0.421 3
	60 min	*C*	0.045 6	0.051 2	0.050 6	0.050 4	0.050 4	0.049 9	0.049 5	0.049 0	0.048 7	0.048 2	0.047 3	0.046 1	0.045 7
		N	0.365 2	0.373 9	0.372 3	0.371 8	0.370 9	0.371 0	0.370 5	0.370 1	0.369 3	0.368 6	0.367 5	0.366 2	0.365 6
	6 h	*C*	0.015 6	0.025 4	0.024 2	0.023 7	0.023 7	0.023 0	0.022 3	0.021 3	0.020 9	0.020 1	0.018 7	0.016 8	0.016 1
		N	0.439 8	0.418 8	0.420 1	0.420 6	0.420 6	0.421 6	0.422 8	0.425 7	0.425 1	0.426 9	0.430 3	0.435 5	0.438 1
	24 h	*C*	0.011 6	0.015 1	0.013 7	0.013 5	0.013 5	0.013 3	0.013 2	0.012 7	0.012 8	0.012 6	0.012 2	0.011 7	0.011 5
		N	0.370 4	0.446 0	0.448 5	0.445 0	0.445 0	0.439 6	0.434 5	0.433 4	0.424 3	0.417 8	0.406 2	0.389 4	0.381 9
	3 d	*C*	0.004 7	0.008 8	0.007 7	0.007 5	0.007 5	0.007 3	0.007 0	0.006 6	0.006 6	0.006 3	0.005 8	0.005 2	0.004 9
		N	0.447 2	0.486 2	0.493 4	0.491 2	0.491 2	0.487 7	0.484 5	0.487 3	0.477 9	0.474 1	0.467 2	0.457 1	0.453 3

表 1-5-3 太原市古交市设计暴雨成果(节选部分县(市))

序号	计算单元名称	历时	均值(mm)	变差系数	C_s/C_v	重现期雨量值(H_P)(mm)				
						100 年($H_{1\%}$)	50 年($H_{2\%}$)	20 年($H_{5\%}$)	10 年($H_{10\%}$)	5 年($H_{20\%}$)
1	草庄头村	10 min	12.5	0.55	3.5	32.8	28.7	23.3	19.2	15.0
		60 min	24.2	0.56	3.5	64.3	56.2	45.5	37.3	29.2
		6 h	41.0	0.53	3.5	112.6	98.9	80.7	66.7	52.6
		24 h	61.0	0.50	3.5	160.1	141.6	116.8	97.9	78.4
		3 d	84.0	0.53	3.5	236.0	207.3	169.2	140.1	110.6
2	关头村	10 min	11.5	0.55	3.5	27.2	23.9	19.4	16.0	12.6
		60 min	20.5	0.56	3.5	53.9	47.6	39.1	32.6	26.0
		6 h	36.0	0.54	3.5	99.2	87.9	72.8	61.2	49.2
		24 h	54.0	0.51	3.5	150.3	133.5	111.0	93.6	75.7
		3 d	74.0	0.47	3.5	221.1	195.3	161.0	134.7	107.7
3	陈家社	10 min	12	0.55	3.5	28.9	25.3	20.5	16.9	13.2
		60 min	24	0.55	3.5	58.7	51.6	42.1	34.9	27.5
		6 h	44	0.55	3.5	119.0	104.0	84.1	69.0	53.8
		24 h	66	0.63	3.5	205.3	177.5	140.8	113.2	85.9
		3 d	89	0.60	3.5	272.5	236.4	188.9	153.0	117.2
4	李家社村	10 min	12	0.55	3.5	23.3	20.5	16.7	13.8	10.8
		60 min	23.7	0.52	3.5	48.0	42.4	34.8	29.0	23.2
		6 h	41.3	0.53	3.5	94.9	83.8	69.0	57.6	46.0
		24 h	61.3	0.53	3.5	156.2	137.4	112.6	93.6	74.2
		3 d	84.3	0.54	3.5	224.4	197.0	161.3	133.8	105.7
5	郝家庄村	10 min	12	0.55	3.5	23.2	20.3	16.6	16.0	10.8
		60 min	23.5	0.51	3.5	47.6	42.0	34.5	32.6	23.0
		6 h	41	0.54	3.5	95.0	83.9	69.0	61.2	46.0
		24 h	61	0.54	3.5	159.1	139.8	114.2	93.6	74.8
		3 d	83	0.55	3.5	225.8	197.9	161.6	134.7	105.3
6	寨底村	10 min	11.1	0.59	3.5	30.5	26.5	21.2	17.2	13.2
		60 min	21.3	0.57	3.5	56.7	49.5	40.1	33.0	25.7
		6 h	37.3	0.50	3.5	96.8	85.3	70.2	58.5	46.6
		24 h	54.5	0.48	3.5	137.7	122.6	101.9	86.1	69.7
		3 d	77.5	0.44	3.5	187.1	167.5	141.0	120.5	99.1

续表 1-5-3

序号	计算单元名称	历时	均值(mm)	变差系数	C_s/C_v	重现期雨量值(H_P)(mm)				
						100 年($H_{1\%}$)	50 年($H_{2\%}$)	20 年($H_{5\%}$)	10 年($H_{10\%}$)	5 年($H_{20\%}$)
7	新房村	10 min	11.1	0.54	3.5	29.4	25.8	21.0	17.3	13.6
		60 min	23.5	0.55	3.5	59.1	51.9	42.2	34.9	27.5
		6 h	37.2	0.50	3.5	101.8	89.9	73.9	61.7	49.2
		24 h	55.9	0.47	3.5	137.8	122.6	102.3	86.6	70.4
		3 d	80	0.45	3.5	197.6	176.5	148.0	125.9	103.0
8	麻会村	10 min	12	0.59	3.5	27.5	27.5	19.1	15.5	12.0
		60 min	21.5	0.58	3.5	50.4	50.4	35.5	29.1	22.7
		6 h	36	0.52	3.5	87.8	87.8	63.3	52.7	41.9
		24 h	53.8	0.50	3.5	130.4	130.4	96.4	81.4	66.0
		3 d	75.5	0.46	3.5	178.4	178.4	134.3	114.6	94.1
9	随公沟村	10 min	11.5	0.55	3.5	30.7	26.9	21.8	17.9	14.1
		60 min	21.3	0.54	3.5	56.9	49.8	40.4	33.3	26.1
		6 h	36.0	0.55	3.5	100.9	88.5	71.9	59.4	46.6
		24 h	54.5	0.53	3.5	152.4	133.8	109.0	90.2	71.1
		3 d	76.0	0.50	3.5	204.4	180.7	148.9	124.5	99.5
10	周山庄村	10 min	12	0.59	3.5	26.9	23.4	18.7	15.2	11.7
		60 min	21.5	0.58	3.5	49.5	43.3	34.9	28.7	22.4
		6 h	36	0.52	3.5	86.8	76.4	62.6	52.2	41.5
		24 h	53.8	0.50	3.5	129.2	114.9	95.7	80.9	65.6
		3 d	75.5	0.46	3.5	177.2	158.4	133.5	114.0	93.8
11	康庄村	10 min	12	0.59	3.5	26.5	23.0	18.5	15.0	11.6
		60 min	21.5	0.58	3.5	48.9	42.8	34.5	28.3	22.1
		6 h	36	0.52	3.5	86.0	75.8	62.2	51.8	41.2
		24 h	53.8	0.50	3.5	128.4	114.2	95.2	80.5	65.3
		3 d	75.5	0.46	3.5	176.3	157.7	133.0	113.6	93.5
12	南龙沟村	10 min	11.5	0.55	3.5	31.8	27.9	22.6	18.6	14.6
		60 min	21.3	0.54	3.5	59.0	51.6	41.8	34.4	26.9
		6 h	36.0	0.56	3.5	103.9	90.9	73.7	60.6	47.4
		24 h	54.0	0.54	3.5	155.4	136.1	110.4	90.9	71.2
		3 d	75.0	0.51	3.5	206.5	182.1	149.4	124.4	99.0

续表 1-5-3

序号	计算单元名称	历时	均值(mm)	变差系数	C_s/C_v	重现期雨量值(H_P)(mm)				
						100 年($H_{1\%}$)	50 年($H_{2\%}$)	20 年($H_{5\%}$)	10 年($H_{10\%}$)	5 年($H_{20\%}$)
13	北社村	10 min	12	0.59	3.5	32.2	27.9	22.3	18.1	13.9
		60 min	21.5	0.58	3.5	56.7	49.5	39.9	32.7	25.4
		6 h	36	0.52	3.5	95.3	83.9	68.5	56.8	45.0
		24 h	53.8	0.50	3.5	137.7	122.2	101.2	85.0	68.5
		3 d	75.5	0.46	3.5	185.7	165.8	139.0	118.2	96.6
14	营立村	10 min	12	0.59	3.5	25.7	22.4	17.9	14.6	11.2
		60 min	21.5	0.58	3.5	47.8	41.8	33.8	27.7	21.7
		6 h	36	0.52	3.5	84.6	74.6	61.3	51.0	40.6
		24 h	53.8	0.50	3.5	126.9	112.9	94.2	79.8	64.8
		3 d	75.5	0.46	3.5	174.6	156.3	131.9	112.8	92.9
15	西沟村	10 min	12	0.59	3.5	25.7	22.4	17.9	14.6	11.2
		60 min	21.5	0.58	3.5	47.8	41.8	33.8	27.7	21.7
		6 h	36	0.52	3.5	84.6	74.6	61.3	51.0	40.6
		24 h	53.8	0.50	3.5	126.9	112.9	94.2	79.8	64.8
		3 d	75.5	0.46	3.5	174.6	156.3	131.9	112.8	92.9
16	下石沟村	10 min	12	0.52	3.5	29.3	25.8	21.2	17.6	14.0
		60 min	21.9	0.52	3.5	53.7	47.3	38.7	32.2	25.6
		6 h	36	0.52	3.5	95.8	84.4	69.2	57.6	45.8
		24 h	55.6	0.51	3.5	147.2	130.0	106.9	89.1	71.1
		3 d	78	0.50	3.5	207.7	183.6	151.5	126.8	101.5
17	屯村	10 min	11.5	0.55	3.5	32.5	28.4	23.0	18.9	14.7
		60 min	21.5	0.54	3.5	57.8	50.8	41.5	34.3	27.1
		6 h	35.0	0.50	3.5	96.1	84.6	69.5	57.9	46.0
		24 h	50.0	0.51	3.5	135.5	119.6	98.3	81.9	65.3
		3 d	70.0	0.53	3.5	199.3	175.0	142.7	118.0	93.0
18	郭家梁村	10 min	12	0.52	3.5	31.0	27.3	22.4	18.6	14.7
		60 min	23	0.51	3.5	57.4	50.6	41.7	34.8	27.7
		6 h	37.9	0.48	3.5	98.3	87.2	72.4	60.9	49.2
		24 h	58	0.45	3.5	140.8	125.8	105.5	89.8	73.5
		3 d	81	0.45	3.5	200.8	179.3	150.3	127.9	104.6

续表 1-5-3

序号	计算单元名称	历时	均值(mm)	变差系数	C_s/C_v	重现期雨量值(H_P)(mm)				
						100 年($H_{1\%}$)	50 年($H_{2\%}$)	20 年($H_{5\%}$)	10 年($H_{10\%}$)	5 年($H_{20\%}$)
19	小娄峰村	10 min	12	0.52	3.5	27.7	24.4	20.0	16.7	13.2
		60 min	22.3	0.52	3.5	52.8	46.5	38.2	31.9	25.4
		6 h	38	0.50	3.5	94.4	83.6	69.1	57.9	46.4
		24 h	57	0.48	3.5	141.8	126.0	104.9	88.6	71.8
		3 d	81	0.45	3.5	196.0	175.2	147.2	125.5	102.9
20	睦联坡村	10 min	12	0.52	3.5	27.0	23.8	19.5	16.3	12.9
		60 min	22.3	0.52	3.5	51.7	45.7	37.5	31.3	24.9
		6 h	38	0.50	3.5	93.2	82.5	68.2	57.2	45.9
		24 h	57	0.48	3.5	140.5	124.9	104.1	87.9	71.3
		3 d	81	0.45	3.5	194.8	174.1	146.4	124.9	102.5
21	曲坪村	10 min	12	0.52	3.5	26.5	23.3	19.1	15.9	12.7
		60 min	22.3	0.52	3.5	50.9	45.0	37.0	30.8	24.6
		6 h	38	0.50	3.5	92.1	81.6	67.5	56.6	45.5
		24 h	57	0.48	3.5	139.5	124.1	103.4	87.5	71.0
		3 d	81	0.45	3.5	193.7	173.2	145.8	124.4	102.2
22	常安村	10 min	12	0.63	3.5	31.3	27.0	21.3	17.1	12.9
		60 min	22	0.6	3.5	54.5	47.5	38.2	31.2	24.1
		6 h	35.7	0.51	3.5	91.0	80.2	65.8	54.7	43.5
		24 h	54	0.49	3.5	131.7	117.1	97.5	82.4	66.8
		3 d	74	0.45	3.5	176.6	157.9	132.9	113.5	93.2
23	寺行村	10 min	12	0.51	3.5	28.3	25.0	20.6	17.2	13.7
		60 min	22.9	0.50	3.5	55.3	48.9	40.3	33.7	26.9
		6 h	39.4	0.50	3.5	98.3	87.1	72.1	60.6	48.7
		24 h	57.3	0.47	3.5	143.3	127.5	106.2	89.8	72.9
		3 d	80.5	0.50	3.5	213.9	189.1	156.0	130.6	104.6
24	下白泉村	10 min	12	0.51	3.5	28.3	25.0	20.6	17.2	13.7
		60 min	22.9	0.50	3.5	55.3	48.9	40.3	33.7	26.9
		6 h	39.4	0.50	3.5	98.3	87.1	72.1	60.6	48.7
		24 h	57.3	0.47	3.5	143.3	127.5	106.2	89.8	72.9
		3 d	80.5	0.50	3.5	213.9	189.1	156.0	130.6	104.6

续表 1-5-3

序号	计算单元名称	历时	均值(mm)	变差系数	C_s/C_v	重现期雨量值(H_P)(mm)				
						100 年($H_{1\%}$)	50 年($H_{2\%}$)	20 年($H_{5\%}$)	10 年($H_{10\%}$)	5 年($H_{20\%}$)
25	赵河口村	10 min	12	0.51	3.5	28.8	25.4	20.9	17.5	13.9
		60 min	23.1	0.50	3.5	55.8	49.3	40.6	33.9	27.1
		6 h	39	0.50	3.5	99.0	87.8	72.6	61.0	49.0
		24 h	58	0.47	3.5	144.9	128.9	107.4	90.7	73.6
		3 d	81	0.50	3.5	215.8	190.8	157.4	131.7	105.4
26	白岸村	10 min	12	0.51	3.5	25.4	22.5	18.5	15.5	12.5
		60 min	23.1	0.50	3.5	50.6	44.8	37.0	31.0	24.8
		6 h	38.7	0.50	3.5	92.6	82.2	68.1	57.4	46.3
		24 h	57.9	0.47	3.5	138.8	123.7	103.4	87.7	71.4
		3 d	80.8	0.51	3.5	210.6	186.2	153.8	128.8	103.3
27	辛庄村	10 min	12	0.51	3.5	25.4	22.4	18.4	15.4	12.3
		60 min	22.8	0.51	3.5	50.1	44.3	36.5	30.5	24.5
		6 h	38.5	0.50	3.5	91.7	81.3	67.4	56.7	45.7
		24 h	57.6	0.47	3.5	138.2	123.1	102.8	87.2	71.0
		3 d	80.8	0.49	3.5	203.8	180.9	150.4	126.9	102.6
28	高升村	10 min	12	0.51	3.5	23.1	20.4	16.8	14.1	11.3
		60 min	22.8	0.51	3.5	46.6	41.2	34.0	28.5	22.9
		6 h	38.5	0.50	3.5	87.0	77.3	64.2	54.1	43.8
		24 h	57.6	0.47	3.5	133.3	118.9	99.7	84.8	69.3
		3 d	80.8	0.49	3.5	199.0	176.7	147.3	124.5	100.9
29	梁庄村	10 min	12	0.51	3.5	22.9	20.3	16.7	14.0	11.2
		60 min	22.8	0.51	3.5	46.4	41.0	33.9	28.4	22.8
		6 h	38.5	0.5	3.5	86.7	77.0	64.0	53.9	43.6
		24 h	57.6	0.47	3.5	132.8	118.5	99.4	84.5	69.1
		3 d	80.8	0.49	3.5	197.4	175.5	146.5	123.9	100.6
30	石家河村	10 min	12	0.51	3.5	22.7	20.2	16.7	13.9	11.2
		60 min	22.6	0.51	3.5	45.7	40.9	33.8	28.0	22.7
		6 h	38	0.50	3.5	85.2	76.8	63.8	52.9	43.5
		24 h	56.5	0.48	3.5	130.7	118.3	99.3	82.9	69.1
		3 d	79	0.50	3.5	195.3	175.2	146.3	121.4	100.5

续表 1-5-3

序号	计算单元名称	历时	均值(mm)	变差系数	C_s/C_v	重现期雨量值(H_P)(mm)				
						100 年($H_{1\%}$)	50 年($H_{2\%}$)	20 年($H_{5\%}$)	10 年($H_{10\%}$)	5 年($H_{20\%}$)
31	安庄村	10 min	12	0.51	3.5	24.4	21.5	17.7	14.7	11.7
		60 min	21.9	0.56	3.5	47.0	41.5	34.1	28.4	22.7
		6 h	35.5	0.50	3.5	86.4	76.2	62.6	52.1	41.5
		24 h	51.5	0.55	3.5	133.6	117.7	96.5	80.3	63.7
		3 d	70.5	0.53	3.5	185.9	163.9	134.8	112.4	89.5
32	炉峪口村	10 min	12	0.51	3.5	24.1	21.3	17.5	14.6	11.6
		60 min	21.9	0.56	3.5	46.5	41.1	33.8	28.2	22.5
		6 h	35.5	0.50	3.5	85.6	75.5	62.1	51.8	41.3
		24 h	51.5	0.55	3.5	132.8	117.0	96.0	79.9	63.4
		3 d	70.5	0.53	3.5	185.6	163.6	134.5	112.2	89.4
33	耿家村	10 min	12	0.51	3.5	27.8	24.5	20.1	16.7	13.3
		60 min	21.5	0.54	3.5	49.5	43.9	36.3	30.5	24.4
		6 h	35	0.45	3.5	84.9	75.4	62.6	52.8	42.6
		24 h	50	0.50	3.5	125.3	111.3	92.5	78.0	63.1
		3 d	70	0.51	3.5	187.2	165.2	136.0	113.5	90.6
34	磨石村	10 min	12	0.51	3.5	27.8	24.5	20.1	16.7	13.3
		60 min	21.5	0.54	3.5	49.5	43.9	36.3	30.5	24.4
		6 h	35	0.45	3.5	84.9	75.4	62.6	52.8	42.6
		24 h	50	0.5	3.5	125.3	111.3	92.5	78.0	63.1
		3 d	70	0.51	3.5	187.2	165.2	136.0	113.5	90.6
35	白家沟	10 min	12	0.52	3.5	28.4	25.0	20.4	16.9	13.4
		60 min	21.5	0.55	3.5	51.0	45.1	37.1	30.9	24.6
		6 h	35	0.48	3.5	89.0	78.6	64.7	54.0	43.1
		24 h	50	0.54	3.5	134.2	118.3	96.9	80.5	63.9
		3 d	70	0.51	3.5	187.5	165.5	136.2	113.7	90.7
36	李家沟	10 min	12	0.52	3.5	28.2	24.8	20.3	16.8	13.3
		60 min	21.5	0.55	3.5	50.8	44.8	36.9	30.8	24.5
		6 h	35	0.48	3.5	88.7	78.4	64.5	53.9	42.9
		24 h	50	0.54	3.5	133.9	118.0	96.7	80.4	63.8
		3 d	70	0.51	3.5	187.2	165.3	136.0	113.6	90.6

续表 1-5-3

序号	计算单元名称	历时	均值（mm）	变差系数	C_s/C_v	重现期雨量值（H_P）（mm）				
						100年（$H_{1\%}$）	50年（$H_{2\%}$）	20年（$H_{5\%}$）	10年（$H_{10\%}$）	5年（$H_{20\%}$）
37	长足上村	10 min	12	0.55	3.5	31.2	27.3	22.2	18.3	14.3
		60 min	21	0.57	3.5	58.9	51.2	41.1	33.5	25.8
		6 h	35	0.60	3.5	102.3	89.0	71.4	58.1	44.8
		24 h	51	0.55	3.5	147.5	129.0	104.3	85.7	66.9
		3 d	71	0.52	3.5	196.4	172.9	141.5	117.6	93.2
38	河口村	10 min	12	0.51	3.5	29.9	26.3	21.6	17.9	14.2
		60 min	21.5	0.54	3.5	52.4	46.4	38.3	32.1	25.7
		6 h	35	0.45	3.5	88.2	78.3	64.9	54.6	44.0
		24 h	50	0.50	3.5	128.2	113.8	94.4	79.5	64.1
		3 d	70	0.51	3.5	190.3	167.9	137.9	115.0	91.6
39	永树曲村	10 min	11.5	0.55	3.5	32.3	28.2	22.8	18.7	14.6
		60 min	21.5	0.54	3.5	56.3	49.5	40.5	33.6	26.6
		6 h	34.0	0.49	3.5	92.8	82.0	67.3	56.1	44.8
		24 h	49.0	0.51	3.5	131.1	115.9	95.4	79.6	63.6
		3 d	69.0	0.53	3.5	196.1	172.2	140.3	116.1	91.5
40	西曲村	10 min	12	0.51	3.5	28.5	25.1	20.6	17.2	13.7
		60 min	21.5	0.52	3.5	50.4	44.7	36.9	31.0	24.9
		6 h	35	0.45	3.5	84.6	75.3	62.7	53.0	43.0
		24 h	50	0.47	3.5	121.7	108.6	91.0	77.3	63.1
		3 d	69	0.52	3.5	188.9	166.4	136.3	113.4	90.0
41	郝家沟	10 min	11	0.52	3.5	28.8	25.3	20.7	17.2	13.6
		60 min	20.9	0.54	3.5	55.3	48.6	39.7	32.9	26.0
		6 h	35	0.52	3.5	97.3	85.5	69.7	57.6	45.4
		24 h	50	0.54	3.5	141.2	123.9	100.9	83.3	65.6
		3 d	70	0.52	3.5	195.2	171.8	140.5	116.7	92.4
42	城家曲村	10 min	12	0.52	3.5	28.2	24.8	20.3	16.8	13.3
		60 min	21.5	0.55	3.5	50.8	44.8	36.9	30.8	24.5
		6 h	35	0.48	3.5	88.7	78.4	64.5	53.9	42.9
		24 h	50	0.54	3.5	133.9	118.0	96.7	80.4	63.8
		3 d	70	0.51	3.5	187.2	165.2	136.0	113.6	90.6

续表 1-5-3

序号	计算单元名称	历时	均值(mm)	变差系数	C_s/C_v	重现期雨量值(H_p)(mm)				
						100 年($H_{1\%}$)	50 年($H_{2\%}$)	20 年($H_{5\%}$)	10 年($H_{10\%}$)	5 年($H_{20\%}$)
43	铁磨沟	10 min	12.1	0.50	3.5	21.5	26.1	21.5	17.9	14.3
		60 min	22	0.51	3.5	39.7	47.9	39.7	33.3	26.8
		6 h	37.5	0.47	3.5	68.9	83.1	68.9	57.9	46.6
		24 h	52.5	0.5	3.5	101.0	122.2	101.0	84.7	68.0
		3 d	72.5	0.54	3.5	147.7	181.6	147.7	121.8	95.7
44	风坪岭	10 min	11.5	0.51	3.5	30.3	26.7	21.9	18.3	14.6
		60 min	21.4	0.50	3.5	55.4	48.9	40.3	33.6	26.9
		6 h	35	0.50	3.5	93.6	82.8	68.3	57.1	45.8
		24 h	50	0.49	3.5	132.5	117.3	96.9	81.2	65.1
		3 d	69	0.51	3.5	190.3	167.8	137.7	114.6	91.2
45	康家社	10 min	12	0.55	3.5	24.3	21.3	17.3	14.3	11.3
		60 min	23.7	0.52	3.5	49.9	44.0	36.1	30.1	24.0
		6 h	41.3	0.53	3.5	97.5	86.0	70.8	59.1	47.2
		24 h	61.3	0.52	3.5	157.6	138.9	114.0	95.0	75.6
		3 d	84.3	0.54	3.5	229.0	201.0	164.2	136.0	107.3
46	提子头	10 min	11.5	0.55	3.5	32.7	28.6	23.1	19.0	14.8
		60 min	20.0	0.56	3.5	58.5	51.1	41.3	33.9	26.4
		6 h	36.0	0.53	3.5	100.2	87.9	71.6	59.1	46.5
		24 h	54.0	0.50	3.5	147.0	130.0	107.0	89.5	71.5
		3 d	74.0	0.46	3.5	188.5	167.9	140.2	118.7	96.6
47	关头(岔口乡)	10 min	11.5	0.55	3.5	32.8	28.6	23.2	19.1	14.9
		60 min	20.5	0.56	3.5	59.7	52.2	42.1	34.5	26.9
		6 h	36.0	0.54	3.5	102.5	89.8	72.9	60.1	47.1
		24 h	54.0	0.51	3.5	149.1	131.5	107.9	89.8	71.5
		3 d	74.0	0.47	3.5	191.8	170.4	141.8	119.6	96.9
48	娄子条	10 min	12.0	0.51	3.5	29.7	26.2	21.4	17.8	14.2
		60 min	22.0	0.56	3.5	56.0	49.3	40.2	33.4	26.3
		6 h	36.0	0.51	3.5	98.6	86.6	70.6	58.4	45.9
		24 h	52.0	0.55	3.5	145.2	127.5	103.8	85.7	67.5
		3 d	70.0	0.52	3.5	193.2	170.1	139.3	115.8	91.8

续表 1-5-3

序号	计算单元名称	历时	均值(mm)	变差系数	C_s/C_v	重现期雨量值(H_P)(mm)				
						100 年($H_{1\%}$)	50 年($H_{2\%}$)	20 年($H_{5\%}$)	10 年($H_{10\%}$)	5 年($H_{20\%}$)
49	小峪沟	10 min	12	0.52	3.5	31.8	28.0	22.9	19.0	15.0
		60 min	23.5	0.53	3.5	60.5	53.3	43.7	36.3	28.9
		6 h	39.5	0.52	3.5	112.1	98.5	80.3	66.4	52.3
		24 h	60.5	0.57	3.5	177.9	155.3	125.2	102.4	79.5
		3 d	80.5	0.58	3.5	246.7	214.5	172.0	139.9	107.8
50	长峪沟	10 min	12	0.52	3.5	28.8	25.4	20.8	17.3	13.7
		60 min	22.5	0.50	3.5	53.0	46.9	38.8	32.6	26.2
		6 h	38	0.50	3.5	96.6	85.4	70.5	59.0	47.3
		24 h	56	0.53	3.5	152.8	134.4	109.8	91.1	72.1
		3 d	74	0.55	3.5	212.6	186.1	151.0	124.2	97.3
51	半沟村	10 min	12.0	0.55	3.5	34.4	30.0	24.3	19.9	15.5
		60 min	22.0	0.54	3.5	57.7	50.9	41.9	34.9	27.8
		6 h	36.5	0.45	3.5	95.3	84.6	70.1	58.9	47.5
		24 h	53.0	0.50	3.5	139.4	123.5	102.3	85.9	69.1
		3 d	71.0	0.54	3.5	205.6	180.1	146.3	120.6	94.6
52	磊磊坡村	10 min	12.2	0.51	3.5	33.5	29.5	24.1	20.1	15.9
		60 min	22.2	0.53	3.5	60.1	53.0	43.5	36.2	28.8
		6 h	37.5	0.50	3.5	105.2	92.6	75.7	62.7	49.7
		24 h	55	0.55	3.5	159.4	139.7	113.3	93.4	73.2
		3 d	75	0.55	3.5	221.5	193.6	156.7	128.7	100.4
53	石炭嘴村	10 min	11.8	0.50	3.5	32.3	28.5	23.3	19.4	15.4
		60 min	21.7	0.58	3.5	60.3	53.0	43.2	35.6	28.0
		6 h	35	0.45	3.5	93.5	82.9	68.6	57.6	46.3
		24 h	50	0.41	3.5	113.3	102.3	87.4	75.8	63.5
		3 d	70	0.54	3.5	203.5	178.3	144.8	119.3	93.5
54	扫石居委会	10 min	12	0.54	3.5	30.5	26.7	21.7	17.9	14.0
		60 min	21.8	0.53	3.5	52.2	46.2	38.1	31.9	25.6
		6 h	36	0.44	3.5	87.0	77.5	64.7	54.7	44.5
		24 h	52	0.47	3.5	126.7	113.2	94.8	80.6	65.8
		3 d	70	0.50	3.5	186.3	164.7	135.9	113.7	91.0

续表 1-5-3

序号	计算单元名称	历时	均值(mm)	变差系数	C_s/C_v	重现期雨量值(H_P)(mm)				
						100 年($H_{1\%}$)	50 年($H_{2\%}$)	20 年($H_{5\%}$)	10 年($H_{10\%}$)	5 年($H_{20\%}$)
55	大南坪村	10 min	12.0	0.54	3.5	34.5	30.2	24.4	20.1	15.7
		60 min	21.8	0.53	3.5	58.2	51.4	42.2	35.2	28.1
		6 h	37.0	0.45	3.5	96.1	85.4	70.9	59.8	48.3
		24 h	55.0	0.47	3.5	139.5	124.3	103.8	87.9	71.5
		3 d	69.0	0.49	3.5	185.1	163.8	135.3	113.4	91.0
56	栲栳村	10 min	11.7	0.50	3.5	32.1	28.3	23.2	19.3	15.3
		60 min	21.7	0.57	3.5	59.9	52.6	42.9	35.5	28.0
		6 h	34.9	0.45	3.5	93.1	82.6	68.4	57.5	46.3
		24 h	50	0.41	3.5	113.6	102.5	87.5	75.8	63.4
		3 d	70.1	0.55	3.5	207.1	181.1	146.5	120.3	93.9
57	阴家沟村	10 min	12	0.52	3.5	28.7	25.3	20.8	17.3	13.8
		60 min	21.3	0.53	3.5	54.0	47.4	38.6	31.9	25.1
		6 h	35	0.57	3.5	97.1	85.0	68.9	56.6	44.3
		24 h	52	0.55	3.5	148.0	129.5	104.9	86.2	67.4
		3 d	72	0.52	3.5	197.5	173.9	142.5	118.5	94.0
58	猫儿尖村	10 min	11.7	0.53	3.5	32.6	28.7	23.4	19.4	15.3
		60 min	21.5	0.54	3.5	62.4	54.5	44.1	36.1	28.2
		6 h	36.2	0.58	3.5	108.7	94.8	76.4	62.4	48.5
		24 h	52.5	0.55	3.5	155.9	136.1	110.0	90.1	70.1
		3 d	71.6	0.55	3.5	211.4	184.9	149.6	122.8	95.9
59	西岔村	10 min	11.0	0.54	3.5	28.9	25.3	20.5	16.9	13.2
		60 min	22.0	0.57	3.5	58.8	51.5	41.9	34.5	27.1
		6 h	38.0	0.52	3.5	104.6	91.8	74.6	61.5	48.3
		24 h	52.0	0.55	3.5	147.3	129.2	105.0	86.7	68.1
		3 d	69.0	0.52	3.5	191.2	168.3	137.7	114.4	90.7
60	红梁岩村	10 min	11.8	0.52	3.5	32.4	28.5	23.4	19.4	15.4
		60 min	21.3	0.55	3.5	62.0	54.2	43.8	35.9	28.0
		6 h	36	0.57	3.5	107.7	93.9	75.6	61.8	47.9
		24 h	52	0.55	3.5	153.6	134.3	108.6	89.1	69.5
		3 d	72	0.52	3.5	202.8	178.4	145.8	121.0	95.7

续表 1-5-3

序号	计算单元名称	历时	均值(mm)	变差系数	C_s/C_v	重现期雨量值(H_P)(mm)				
						100 年($H_{1\%}$)	50 年($H_{2\%}$)	20 年($H_{5\%}$)	10 年($H_{10\%}$)	5 年($H_{20\%}$)
61	高足梁村	10 min	11.7	0.54	3.5	33.7	29.4	23.8	19.6	15.3
		60 min	21.7	0.55	3.5	58.1	51.4	42.3	35.2	28.1
		6 h	37.0	0.45	3.5	97.8	86.6	71.6	59.9	48.0
		24 h	52.0	0.53	3.5	143.8	126.7	104.0	86.6	68.8
		3 d	71.0	0.50	3.5	193.4	170.9	140.6	117.5	93.8
62	狮子村	10 min	12	0.51	3.5	28.1	24.7	20.3	16.9	13.4
		60 min	22	0.56	3.5	53.6	47.2	38.6	32.0	25.3
		6 h	36	0.51	3.5	95.7	84.1	68.6	56.8	44.8
		24 h	52	0.55	3.5	142.6	125.3	102.1	84.5	66.7
		3 d	70	0.52	3.5	190.7	168.0	137.8	114.6	91.0
63	南村	10 min	11.7	0.53	3.5	32.7	28.7	23.5	19.4	15.4
		60 min	21.5	0.54	3.5	62.7	54.7	44.2	36.3	28.3
		6 h	36.2	0.58	3.5	108.5	94.7	76.3	62.4	48.5
		24 h	52.5	0.54	3.5	153.7	134.6	109.0	89.6	70.0
		3 d	70	0.55	3.5	206.8	180.8	146.3	120.1	93.8
64	佛堂坪村	10 min	11.8	0.54	3.5	33.5	29.4	23.9	19.7	15.5
		60 min	21.5	0.55	3.5	63.5	55.3	44.6	36.5	28.3
		6 h	36.2	0.58	3.5	108.8	94.8	76.4	62.4	48.4
		24 h	52.4	0.54	3.5	153.3	134.1	108.7	89.4	69.9
		3 d	70	0.55	3.5	206.8	180.8	146.3	120.1	93.8
65	明家洼村	10 min	11.7	0.53	3.5	32.6	28.7	23.4	19.4	15.3
		60 min	21.4	0.54	3.5	62.2	54.4	44.0	36.0	28.1
		6 h	36	0.58	3.5	107.8	94.1	75.8	62.0	48.2
		24 h	52.4	0.54	3.5	153.4	134.2	108.7	89.4	69.8
		3 d	70	0.55	3.5	206.7	180.8	146.3	120.1	93.8
66	米家洼村	10 min	11.7	0.5	3.5	31.6	27.8	22.8	19.0	15.1
		60 min	21.7	0.57	3.5	59.1	52.0	42.4	35.1	27.7
		6 h	34.9	0.45	3.5	92.3	81.9	67.9	57.0	45.9
		24 h	50	0.41	3.5	113.1	102.1	87.2	75.6	63.2
		3 d	70.1	0.55	3.5	206.6	180.6	146.2	120.1	93.7

续表 1-5-3

序号	计算单元名称	历时	均值(mm)	变差系数	C_s/C_v	重现期雨量值(H_P)(mm)				
						100年($H_{1\%}$)	50年($H_{2\%}$)	20年($H_{5\%}$)	10年($H_{10\%}$)	5年($H_{20\%}$)
67	九龙塔村	10 min	11.8	0.54	3.5	33.5	29.3	23.9	19.7	15.5
		60 min	21.5	0.55	3.5	63.4	55.3	44.6	36.5	28.3
		6 h	36.2	0.58	3.5	108.7	94.8	76.4	62.4	48.4
		24 h	52.4	0.54	3.5	153.3	134.1	108.7	89.4	69.9
		3 d	70	0.55	3.5	206.8	180.8	146.3	120.1	93.8
68	石相沟村	10 min	11.5	0.55	3.5	33.3	29.1	23.6	19.4	15.2
		60 min	21.0	0.56	3.5	61.7	53.9	43.4	35.5	27.6
		6 h	36.0	0.56	3.5	107.2	93.6	75.6	61.9	48.2
		24 h	54.0	0.54	3.5	156.6	137.2	111.4	91.7	71.9
		3 d	74.0	0.49	3.5	198.7	175.8	145.2	121.7	97.6
69	东塔村	10 min	11	0.50	3.5	27.9	24.7	20.4	17.0	13.6
		60 min	21.3	0.54	3.5	58.7	51.4	41.8	34.4	27.0
		6 h	37.6	0.55	3.5	106.6	93.3	75.7	62.3	48.7
		24 h	54.4	0.52	3.5	151.4	133.2	109.0	90.4	71.6
		3 d	80.1	0.5	3.5	216.8	191.5	157.7	131.8	105.4
70	水疙垛村	10 min	11.2	0.5	3.5	29.3	25.9	21.4	17.9	14.3
		60 min	21.3	0.54	3.5	60.3	52.8	42.9	35.4	27.7
		6 h	37.6	0.55	3.5	108.1	94.6	76.6	63.0	49.3
		24 h	54.4	0.52	3.5	152.8	134.4	109.9	91.1	72.1
		3 d	80.1	0.50	3.5	218.0	192.5	158.5	132.4	105.8
71	姚家社村	10 min	12	0.50	3.5	29.9	26.4	21.8	18.2	14.6
		60 min	21.3	0.54	3.5	58.6	51.3	41.7	34.4	27.0
		6 h	37.6	0.55	3.5	104.2	91.3	74.0	60.9	47.7
		24 h	54.4	0.52	3.5	151.5	133.4	109.1	90.6	71.8
		3 d	80.1	0.50	3.5	216.1	191.0	157.3	131.5	105.1
72	张家山村	10 min	11.2	0.50	3.5	29.2	25.8	21.3	17.8	14.2
		60 min	21.3	0.54	3.5	60.1	52.7	42.8	35.2	27.6
		6 h	37.6	0.55	3.5	107.8	94.4	76.5	62.9	49.2
		24 h	54.4	0.52	3.5	152.6	134.3	109.8	91.1	72.1
		3 d	80.1	0.50	3.5	217.8	192.4	158.4	132.3	105.7

续表 1-5-3

序号	计算单元名称	历时	均值(mm)	变差系数	C_s/C_v	重现期雨量值(H_P)(mm)				
						100 年($H_{1\%}$)	50 年($H_{2\%}$)	20 年($H_{5\%}$)	10 年($H_{10\%}$)	5 年($H_{20\%}$)
73	胡家峪村	10 min	12	0.55	3.5	33.2	29.1	23.6	19.5	19.5
		60 min	23	0.50	3.5	61.1	53.8	44.1	36.6	36.6
		6 h	39	0.53	3.5	105.3	93.0	76.5	63.9	63.9
		24 h	57	0.49	3.5	153.0	135.2	111.4	93.1	93.1
		3 d	80	0.52	3.5	224.1	197.2	161.2	133.8	133.8
74	上石沙村	10 min	11.8	0.54	3.5	31.4	27.5	22.4	18.6	14.6
		60 min	23	0.50	3.5	59.7	52.5	43.0	35.8	28.4
		6 h	39	0.53	3.5	104.5	92.2	75.8	63.3	50.5
		24 h	57	0.49	3.5	151.6	134.0	110.5	92.4	73.9
		3 d	80	0.52	3.5	223.0	196.3	160.6	133.3	105.6
75	刘庄村	10 min	12.5	0.54	3.5	31.4	27.6	22.5	18.6	14.6
		60 min	23.5	0.53	3.5	59.8	52.5	42.8	35.4	28.0
		6 h	40	0.53	3.5	106.0	93.4	76.5	63.6	50.4
		24 h	59.5	0.50	3.5	156.6	138.5	114.1	95.4	76.4
		3 d	80	0.54	3.5	227.2	199.3	162.1	133.8	105.2
76	瓦屋沟村	10 min	12.3	0.50	3.5	31.9	28.2	23.3	19.5	15.6
		60 min	24.2	0.50	3.5	61.8	54.4	44.6	37.1	29.5
		6 h	38.7	0.53	3.5	109.7	96.7	79.2	65.8	52.2
		24 h	60	0.50	3.5	160.6	141.8	116.5	97.1	77.4
		3d	73.4	0.54	3.5	212.2	185.9	151.0	124.5	97.7

5.3　设计暴雨的时—深关系

设计暴雨的时—深关系，又称设计暴雨公式。《山西省水文计算手册》采用三参数幂函数型对数非线性暴雨公式：

$$H_P(t) = \begin{cases} S_P \cdot t \cdot e^{\frac{n_s}{\lambda}(1-t^{\lambda})}, \lambda \neq 0 \\ S_P \cdot t^{1-n_s}, \lambda = 0 \end{cases} \tag{1-5-5}$$

也可进一步变形为：

$$H_P(t) = \begin{cases} S_P \cdot t^{1-n}, \lambda \neq 0 \\ S_P \cdot t^{1-n_s}, \lambda = 0 \end{cases} \quad 0 \leqslant \lambda < 0.12 \tag{1-5-6}$$

$$n = n_s \frac{t^\lambda - 1}{\lambda \ln t} \tag{1-5-7}$$

式中：n 、n_s 分别为双对数坐标系中设计暴雨时—强关系曲线的坡度及 $t=1$ h 时的斜率；S_P 为设计雨力，即 1 h 设计雨量，mm/h；t 为暴雨历时，h；λ 为经验参数，当 $\lambda=0$ 时，式(1-5-5)退化为对数线性暴雨公式。

暴雨公式的三个参数 S_P 、n_s 、λ 需要根据同频率各标准历时设计雨量 $H_P(t)$ ，以残差相对值平方和最小为目标求解，其中 S_P 的查图误差控制在 ±5% 以内；$0 \leqslant \lambda < 0.12$ 。当 λ 不被满足时，适当调整查图的均值和 C_v ，至 λ 满足约束为止。

求得设计暴雨公式参数后，不同历时设计雨量即可由式(1-5-5)或式(1-5-6)与式(1-5-7)计算求得。

5.4 设计暴雨的时程分配——设计时雨型

点雨量时雨型分为日雨型和逐时雨型。根据主雨日所处降雨过程的前、中、后位置，全省分为 4 个雨型区：北区、西区、中区和东区，太原市属于中区。日雨型和时雨型“模板”见表 1-5-4。

表 1-5-4　中区设计雨型查用表

第一日												
$(H_{3d}-H_{24h})$(%)	56											
时程(时)	0~1	1~2	2~3	3~4	4~5	5~6	6~7	7~8	8~9	9~10	10~11	11~12
时程分配(%)	1	1	1	1	3	1	1	1	2	1	1	3
时程(时)	12~13	13~14	14~15	15~16	16~17	17~18	18~19	19~20	20~21	21~22	22~23	23~24
时程分配(%)	4	2	2	3	6	7	13	17	8	6	7	8
主雨日												
时程(时)	0~1	1~2	2~3	3~4	4~5	5~6	6~7	7~8	8~9	9~10	10~11	11~12
ΔH 占 S_P(%)												100
ΔH 占 $(H_{6h}-S_P)$(%)										13	24	
ΔH 占 $(H_{24h}-H_{6h})$(%)	2	3	3	4	6	7	8	9	10			
排位序号	(24)	(21)	(22)	(18)	(14)	(13)	(10)	(9)	(7)	(6)	(3)	(1)
时程(时)	12~13	13~14	14~15	15~16	16~17	17~18	18~19	19~20	20~21	21~22	22~23	23~24
ΔH 占 S_P(%)												
ΔH 占 $(H_{6h}-S_P)$(%)	30	19	14									
ΔH 占 $(H_{24h}-H_{6h})$(%)				10	8	7	5	4	4	4	4	2
排位序号	(2)	(4)	(5)	(8)	(11)	(12)	(15)	(16)	(19)	(17)	(20)	(23)

续表 1-5-4

第三日												
$(H_{3d}-H_{24h})$(%)	44											
时程(时)	0~1	1~2	2~3	3~4	4~5	5~6	6~7	7~8	8~9	9~10	10~11	11~12
时程分配(%)	12	10	11	17	11	7	5	6	3	2	2	2
时程(时)	12~13	13~14	14~15	15~16	16~17	17~18	18~19	19~20	20~21	21~22	22~23	23~24
时程分配(%)	1	1	2	1	1	1	1	1	1	1	1	

表列雨型为 $\Delta t=1$ h 时的基础雨型，当工程控制流域面积较小、汇流时间不足1 h时，可将基础雨型细化为 $\Delta t=\frac{1}{2}h$ 或 $\Delta t=\frac{1}{4}h$ 的派生雨型。派生雨型的构造方法是：把基础雨型中的每个序位 j 离散为 j_1、j_2 两个二级序位或 j_1、j_2、j_3、j_4 四个二级序位，对于 $j=1$ 的主峰时段，前者的峰值应安排在基础雨型靠近第2序位的一边；后者的峰值应安排在靠近基础雨型第2序位的 j_2 或 j_3 位置。其他时段的二级序位按雨量大小由大到小进行安排，如图1-5-2所示。

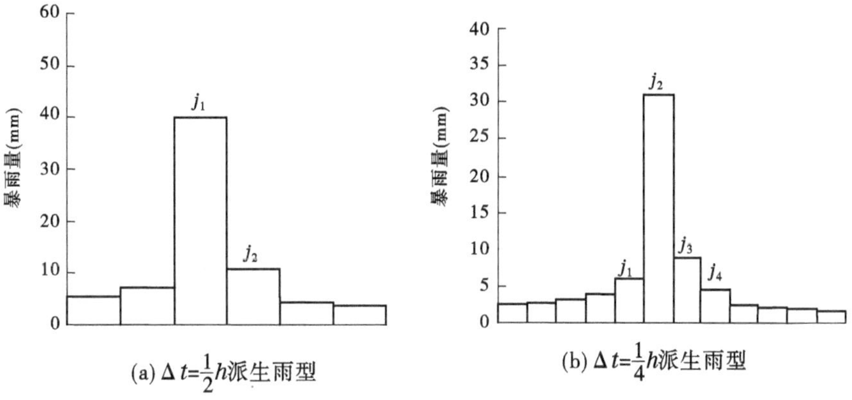

图 1-5-2 派生雨型示意图

计算主雨日的设计时雨型，应采用暴雨公式计算的时段雨量序位法，亦可采用百分比法；非主雨日的设计时雨型，宜采用百分比法。

5.4.1 时段雨量序位法

利用暴雨公式(1-5-8)计算时段雨量：

$$\Delta H_{P,j}=H_P(t_j)-H_P(t_{j-1}),\quad j=1,2,\cdots,\quad t_0=0 \tag{1-5-8}$$

式中：j 为表1-5-4中主雨日时段雨量排位序号，即时段雨量 $\Delta H_{P,i}$ 摆放的序位。

逐时段依次用式(1-5-7)计算出时段雨量，并按序位号依次摆放在相应位置，即得逐时雨型。

5.4.2 百分比法

(1)利用设计暴雨公式及其参数计算不同标准历时的设计暴雨量 $H_{P,1h}$（雨力 S_P）、$H_{P,6h}$、$H_{P,24h}$。

(2)把最大 1 h 雨量 $H_{P,1h}$ 放在主峰(1 号)位置。

(3)主峰前后两侧 6 h 以内的时段雨量 ΔH_j，按设计雨型表(见表 1-5-5)中查得的百分数 B_j（%）用式(1-5-9)分配:

$$\Delta H_j = (H_{P,6h} - H_{P,1h}) \times B_j/100,\ j = 2,3,4,5,6 \tag{1-5-9}$$

(4)主雨日内其他时段的雨量按式(1-5-10)分配:

$$\Delta H_j = (H_{P,24h} - H_{P,6h}) \times B_j/100,\ j = 7,8,\cdots,23,24 \tag{1-5-10}$$

非主雨日的日雨量按式(1-5-11)分配:

$$H_{P,i} = (H_{P,3d} - H_{P,24h}) \times B_i/100 \tag{1-5-11}$$

式中：$H_{P,i}$ 为非主雨日设计日雨量，mm；B_i 为非主雨日日雨量占非主雨日雨量之和的百分比。

非主雨日的时段雨量按式(1-5-12)分配:

$$\Delta H_{i,j} = H_{P,i} \times B_j/100,\quad i = 1,2;\quad j = 1,2,\cdots,23,24 \tag{1-5-12}$$

式中：B_j 为非主雨日的时段雨量占非主雨日雨量的百分比。

5.5 主雨历时与主雨雨量

太原市形成洪水的暴雨，一般集中分布在主雨峰及其两侧，而不是暴雨全过程。强度比较小的那些时段的降水，对洪水的形成或制约作用不大。从“造洪”角度来说，可以只考虑制造洪水的主要时段降水，即“造洪雨”或主雨，其历时 t_z 称为“主雨历时”。

对于实测暴雨而言，可以根据它的面雨量时程分配按此标准统计计算主雨历时和主雨雨量；设计条件下应该借助暴雨公式求解主雨历时 t_z：

$$S_P \frac{1 - n_s t_z^{\lambda}}{t_z^{n}} = 2.5,\ n = n_s \frac{t_z^{\lambda} - 1}{\lambda \ln t_z} \tag{1-5-13}$$

式中符号意义同前。

求解主雨历时 t_z 可以采用数值解法，也可以采用图解法。

图解法计算步骤是:

令

$$f(t) = \frac{1 - n_s t^{\lambda}}{t^{n}} S_P \tag{1-5-14}$$

在普通坐标系中绘制 $f(t) \sim t$ 曲线，然后在纵坐标上截取 $f(t) = 2.5$ 得点 A，过 A 点作水平线，交 $f(t) \sim t$ 曲线于 P 点，P 点的横坐标即为主雨历时 t_z，如图 1-5-3 所示。

用式(1-5-15)计算主雨雨量 $H_P(t_z)$：

$$H_P(t_z) = S_P t_z^{1-n},\ n = n_s \frac{t_z^{\lambda} - 1}{\lambda \ln t_z} \tag{1-5-15}$$

非主雨日的主雨历时及主雨雨量按雨强大于 2.5 mm/h 的标准统计计算。

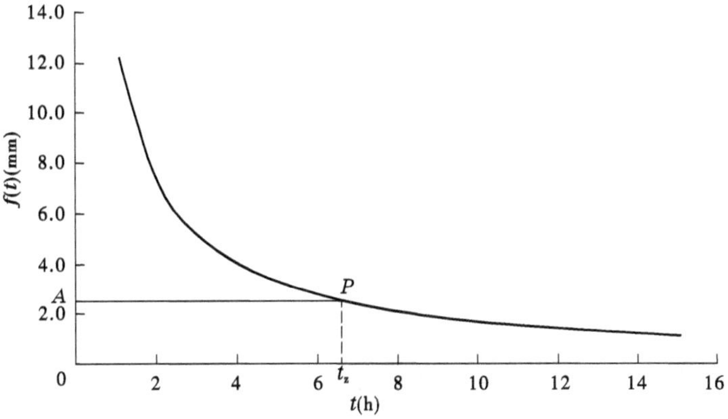

图 1-5-3　主雨历时图解法示意图

第6章 太原市设计洪水分析

6.1 设计洪水计算方法概述

推求设计洪水的方法很多,结合太原市产、汇流特点,暴雨洪水资料条件,人类活动状况及实践经验,参考《山西水文计算手册》,计算太原市设计洪水的方法主要有根据流量资料计算设计洪水、根据设计暴雨计算设计洪水和水文比拟法推求设计洪水三种方法。

根据涉水工程的规模、重要性、流域资料条件等,应选用不同的方法。

(1)涉水工程地址或上/下游邻近地点具有30年以上实测或插补外延的流量资料,应采用频率分析方法计算工程地址处的设计洪水;或先采用频率分析方法计算工程地址上/下游邻近地点的设计洪水,然后采用水文比拟等方法改正到工程所在地,作为涉水工程的设计洪水。

(2)涉水工程所在地区具有30年以上实测或插补外延的暴雨资料,并有暴雨洪水对应关系时,宜采用频率分析方法计算设计暴雨,再推算设计洪水。

(3)对于众多既没有实测流量资料,又缺乏暴雨记录的涉水工程,根据《山西水文计算手册》所附暴雨统计参数等值线图,首先计算设计暴雨,再用一种或多种方法推算设计洪水。对于只需要设计洪峰流量的一般工程,可采用推理公式法或地区经验公式法;对需要设计洪水流量过程线的工程,宜采用综合瞬时单位线法,也可采用推理公式法。

(4)涉水工程所在流域内暴雨和洪水资料均短缺时,亦可利用邻近地区实测或调查洪水和暴雨资料,先计算出参证流域的设计洪水,经过地区综合分析,采用水文比拟法计算流域设计洪水。

(5)如果涉水工程控制流域内已建有蓄水工程或在建、拟建蓄水工程时,其设计洪水由区间设计洪水与上游蓄水工程下泄洪水经河道流量演算后,叠加而成。

(6)如果涉水工程所在流域内存在设计标准较低的蓄水工程,应该考虑遭遇稀遇暴雨袭击时可能产生的溃坝洪水对工程安全的影响。宜将垮坝流量演算到坝址与区间洪水叠加,评估其对工程安全是否构成威胁。

采用上述途径计算设计洪水时,应充分重视、运用调查洪水资料。设计洪水标准较低的工程,宜对历史上或近期发生的重现期接近于设计标准的暴雨洪水进行调查,直接采用调查洪水或进行适当的调整(如加成),作为该工程的设计洪水。

关于研究设计洪水分析,《山洪灾害分析评价技术要求》有以下几项假设和规定:

(1)在设计洪水分析中,假定暴雨与洪水同频率,因此设计洪水频率为5年一遇、10

年一遇、20 年一遇、50 年一遇和 100 年一遇 5 种，不考虑可能最大洪水(PMF)计算。

(2)应基于设计暴雨成果，以重点防治区附近的河道控制断面为计算断面，进行各种频率设计洪水的计算和分析。

(3)洪水分析中，应得到选定频率洪水的洪峰、洪量、洪水历时等洪水要素信息。

(4)根据控制断面水位—流量关系，将洪峰流量转化为相应水位。

(5)根据《山洪灾害分析评价技术要求》规定，洪水频率与暴雨频率对应，为 1%、2%、5%、10%、20% 共 5 种，对应的重现期为 100 年一遇、50 年一遇、20 年一遇、10 年一遇、5 年一遇。

6.2　基础资料准备工作

6.2.1　基础资料的搜集、整理、复核、分析

基础资料是设计洪水分析计算的基础，应当根据流域自然地理特性、水工程特点及设计洪水计算方法，广泛搜集整理有关资料。太原市娄烦县产、汇流地类见表 1-6-1。

(1)流域自然地理特征及与流域产流、汇流有关的河道特征等资料，如流域及工程地理位置、地质、地形、地貌、植被、流域面积、河长、河流纵比降等。

太原市产流地类有变质岩森林山地、变质岩灌丛山地、灰岩灌丛山地、耕种平地、黄土丘陵阶地、灰岩土石山区、灰岩森林山地、砂页岩灌丛山地、砂页岩土石山区。

太原市汇流地类有森林山地、灌丛山地、黄土丘陵、草坡山地。

(2)分析计算设计洪水需要直接引用的水文气象资料，如暴雨、洪水(包括调查历史洪水)等。

(3)以往规划设计报告及产流、汇流分析成果等资料。

(4)流域内水利化与水土保持发展情况，已建、在建和拟建的小型水库、引水工程等对调洪有影响的资料。

计算设计洪水所依据的暴雨、洪水资料，一般为不同历史时期所积累，其精度各异，系列长短不一，难免因个别年份缺测导致系列不连续。因此，对有关资料进行合理性检查、插补和延长是非常必要的。特别是应重点检查和复核测验精度较差的大暴雨、洪水资料及明显受人类活动影响时期的资料。

调查历史洪水由于年代较远，有的河道因自然条件的变化和人类活动的影响，可能使河道发生了很大的改变，调查时所看到的河段现状、实测的断面、河床质的组成情况等都只反映调查时的状况，与洪水发生时的情况可能有较大的差别，因而应进行合理性检查，以提高调查洪水的精度。

表 1-6-1　太原市娄烦县产、汇流地类（节选部分县（市））

序号	村名	河流名称	面积（km^2）	糙率	河长（km）	比降（‰）	汇流时间（h）	产流地类面积（km^2）						汇流地类面积（km^2）			
								灰岩森林山地	灰岩灌丛山地	变质岩灌丛山地	变质岩森林山地	砂页岩土石山区	黄土丘陵阶地	黄土丘陵	草坡山地	森林山地	灌丛山地
1	步斗村	步斗沟	1		1.5	49.4	0.5						1	1			
2	赤土华村	龙泉河	139.58		24.18	14.73	2		77.54	53.88			8.16	8.16	88.68		42.74
3	新舍科村	龙泉河	151.1		27.33	14.12	2		77.54	53.88			19.68	19.68	88.68		42.74
4	河杨树底村	河杨树底沟	22		9.08	22.72	1		2.55				19.45	20.1	0.65		1.9
5	秦家崖村	河杨树底沟	23.54		10.11	21.28	1		2.55				20.99	20.99	0.65		1.9
6	常庄村	河杨树底沟	24.42		10.59	20.88	1		2.55				21.87	21.87	0.65		1.9
7	下静游村	河杨树底沟	27		13.57	17.81	1		2.55				24.45	24.45	0.65		1.9
		梁儿上沟	4.22		5.16	22.64	0.5						4.22	4.22			
8	孔家峪村	细米河支1	16.26		4.29	64.93	1			16.26					2.75		13.51
9	榆树掌村	细米河	16.35		6.28	44.32	2			8.13	8.22				0.13	8.22	8
10	寺头村	细米河	30.83		9.95	34.45	2			22.61	8.22				7.51	8.22	15.1
11	王光塔	细米河	111.7		26.55	18.78	3	11.97	48.67	42.84	8.22				57.94	20.19	33.57
12	大夫庄村	细米河	119.66		30	17.58	3.5	11.97	56.63	42.84	8.22				62.68	20.19	36.79
		涧河	417		31.55	15.07	3	7.26	31.97	345.05	32.72				183.46	39.98	193.56
13	双井村	神足底河	20.34		13.23	33.75	1.5		17.7				2.64	14.49			5.85
14	雷家庄村	赤泥泉河	47.13		12.77	28.26	2		44.15				2.98	2.98	15.76		28.39
15	圪塔上村	走马湾河	19.54		9.58	21.21	1		2.47				17.07	17.07			2.47
16	神足底村	神足底河	4.28		3.4	48.79	0.5		4.28					3.5			0.78
17	王家坪	西川河支流	8.1		2.49	51.22	1			5.37	2.73					2.73	5.37

续表 1-6-1

序号	村名	河流名称	面积(km^2)	糙率	河长(km)	比降(‰)	汇流时间(h)	产流地类面积(km^2)						汇流地类面积(km^2)			
								灰岩森林山地	灰岩灌丛山地	变质岩灌丛山地	变质岩森林山地	砂页岩土石山区	黄土丘陵阶地	黄土丘陵	草坡山地	森林山地	灌丛山地
18	都交曲村	西川河支流	28.45		8.54	34.32	1			28.45					7.28	2.73	18.44
19	羊圈沟	西川河支1	2.7		2.23	57.81	1			2.7							2.7
20	折家沟	西川河支2	8.73		4.23	54.93	1			8.73					3		5.73
21	进善村	西川河	42.9		7.63	33.19	1.5			42.9					11.69		31.21
22	蔡家庄村	西川河	98.69		13.07	25.74	2			95.96	2.73				36.65	2.73	59.31
		蔡家庄沟	4.7		3.15	32.84	0.5			4.7					4.7		
23	西会村	西川河	126.57		16.91	21.54	2	0.52	9.7	113.69	2.66				60.01	3.18	63.38
24	苇院坪村	西川河	134.58		18.51	20.38	2	0.52	14.9	116.5	2.66				67.5	3.18	63.9
25	阳坡村	涧河	42.02		7.31	44.79	2			22.26	19.76					17.12	24.9
26	康家沟村	涧河	44.24		8.93	39.48	2.5			24.48	19.76					17.12	27.12
27	郭家庄村	涧河	53.2		11.38	33.26	2.5			33.44	19.76				3.54	17.12	32.54
28	柴厂村	涧河	70.63		13.53	29.81	2.5			50.87	19.76				10	17.12	43.51
29	娄儿上村	涧河支石峪沟	16.44		5.18	77.75	2			5.88	10.56				1.07	10.56	4.81
30	石峪村	涧河支石峪沟	22.33		7.83	55.23	2			11.77	10.56				4.4	10.56	7.37
31	山庄头	石峪沟支流	11.84		5.92	50.9	1			11.84					3.03		8.81
32	米峪镇村	石峪沟	42.31		9.91	35.7	2			22.55	19.76				12.92	10.56	18.83
		涧河	112.94		14.46	28.32	2.5			80.22	32.72				22.92	27.68	62.34
33	窑庄村	涧河支白刁岭	7.37		3.15	61.3	1			7.37					1.1		6.27
34	曹家掌村	涧河	148.61		17.23	24.59	2.5			115.89	32.72				71	32.97	44.64
35	国练村	涧河	159.78		17.91	23.73	2.5			127.06	32.72				72.2	32.97	54.61

续表 1-6-1

序号	村名	河流名称	面积(km^2)	糙率	河长(km)	比降(‰)	汇流时间(h)	产流地类面积(km^2)						汇流地类面积(km^2)			
								灰岩森林山地	灰岩灌丛山地	变质岩灌丛山地	变质岩森林山地	砂页岩土石山区	黄土丘陵阶地	黄土丘陵	草坡山地	森林山地	灌丛山地
36	兴旺庄村	涧河	164.61		19.47	21.69	2.5			131.89	32.72				73.26	32.97	58.38
37	杨家庄上	野子沟	7.96		3.12	46.95	1			7.96					0.46		7.5
38	晋阳掌村	晋阳掌沟	12.3		4.82	58.74	1			12.3							12.3
39	潘家庄村	涧河	177.84		21.58	19.62	2.5			145.12	32.72				82.4	32.97	62.47
		潘家庄河	4.91		4.56	46.84	1.5			4.91					1.67	3.24	
40	边家庄村	涧河	410		29.16	15.91	3	7.26	27.97	342.05	32.72				175.32	39.98	194.7
41	大娄子村	天池河	8.21		5.6	30.77	1			8.21					5.22		2.99
42	韩家沟村	天池河	48.4		8.98	23.92	1			48.4					32.87		15.53
		韩家沟	3.08		2.57	34.02	1			3.08					0.112		2.968
43	小娄则	天池河支1	6.8		1.66	35.39	0.5			6.8					2.1		4.7
44	陈家庄村	天池河支1	13		4.78	26.04	1			13					6.44		6.56
45	鹰落沟村	鹰落沟	5.2		3.29	26.22	0.5			5.2					5.2		
46	南岔村	南岔沟	13.1		4	40.91	1			13.1					4.18		8.92
47	窑儿上村	南岔沟	17.9		5.6	37.42	1			17.9					9.04		8.86
48	孔河沟村	孔河沟	24.15		4.74	43.41	1			24.15					13.26		10.89
49	下冶南村	天池河支2	12.8		5.86	41.25	1			12.8					10.55		2.25
50	王家崖村	天池河	106.24		16.22	18.26	1.5			106.24					73.94		32.3
51	圪垛村	天池河	133.76		18.63	17.53	1.5			133.76					99.27		34.49
52	马道沟	马道沟	4.7		3.28	45.2	0.5			4.7					4.7		
53	石家岩村	天池河	166		24.95	16.29	2		19.5	146.5					123		43
54	顺道村	天池河	184		29.19	15.7	2		22.5	146.5		15			141		43

6.2.2　流域特征参数的确定

本书研究运用 GIS 工具软件在 1∶50 000 地形图上量算以下流域特征参数：

(1)流域面积 A (km^2)——计算断面以上的流域面积。

(2)河长 L (km)——由计算断面至流域最远分水岭、沿主河道量算的距离。

(3)流域平均宽度 B (km)——由式(1-6-1)计算。

$$B = \frac{A}{L} \tag{1-6-1}$$

(4)河流纵比降 J (m/km)——由式(1-6-2)计算。

$$J = \frac{(Z_0 + Z_1)L_1 + (Z_1 + Z_2)L_2 + \cdots + (Z_{n-1} + Z_n)L_n - 2Z_0L}{L^2} \tag{1-6-2}$$

式中：L 为自流域出口断面起沿主河道至分水岭的最长距离，包括主河道以上沟形不明显部分坡面流程的长度，当河道上有瀑布、跌坎、陡坡时，应当把突然变动比降段两端的特征点，都作为计算加权平均比降时的分段点，以使计算的比降反映沿程实际的水力条件，km；$Z_0,Z_1,\cdots,Z_n$ 为自流域出口断面起沿流程比降突变特征点的地面高程，m；$L_1,L_2,\cdots,L_n$ 为两个特征点之间的距离，km。

上述符号意义如图 1-6-1 所示。

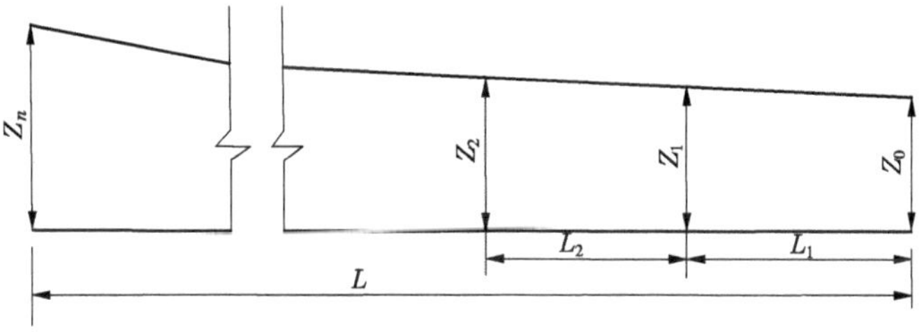

图 1-6-1　河流纵比降计算示意图

6.3　由流量资料推求设计洪水

6.3.1　选样

在太原市山洪灾害评价研究中，部分地区有长系列实测流量资料，采用流量资料计算推求设计洪水，洪峰流量采用年最大值法选样；洪量采用固定时段独立选取年最大值。时段的选定应根据洪水变化过程、水库调洪能力和调洪方式以及下游河段有无防洪、错峰要求等确定。当有连续多峰洪水、下游有防洪要求、防洪库容较大时，设计时段可以长些，反之则短些。一般选用 12 h、24 h、3 d(或 72 h)等。

6.3.2　经验频率

将经过一致性修正后的洪峰流量系列和时段洪量系列分别按大小顺序重新排位。在

n 项连序洪水系列中，按大小顺序排位的第 m 项洪水的经验频率采用数学期望公式计算：

$$P_m = \frac{m}{n+1}, \quad m = 1,2,\cdots,n \tag{1-6-3}$$

式中：n 为洪水序列项数；m 为洪水连序系列中的序位；P_m 为第 m 项洪水的经验频率。

如果在调查考证期 N 年中有特大洪水 a 个，其中 l 个发生在 n 年内，不连序洪水系列中，洪水的经验频率采用下列数学期望公式计算：

(1) a 个特大洪水的经验频率为：

$$P_M = \frac{M}{N+1}, \quad M = 1,2,\cdots,a \tag{1-6-4}$$

式中：N 为历史洪水调查考证期；M 为特大洪水序位；P_M 为第 M 项特大洪水的经验频率；a 为特大洪水个数。

(2) $n-l$ 个连序洪水的经验频率为：

$$P_m = \frac{a}{N+1} + \left(1 - \frac{a}{N+1}\right)\frac{m-l}{n-l+1}, \quad m = l+1, l+2,\cdots,n \tag{1-6-5}$$

式中：l 为从 n 项连序系列中抽出的特大洪水个数。

当调查历史洪水个数较多，且量级与实测洪水相互重叠时，特大洪水个数 a 可以根据较大洪水在调查历史时期内的前后期分布状况，寻找一个能够表明在调查期 $N-n$ 内使 $l/n \approx (a-l)/(N-n)$ 关系得到满足的流量 Q_c，在调查考证期 N 内大于或等于 Q_c 的洪水个数即为 a。

当调查历史洪水个数较少时，不便于采用上述方法确定 a 值，可以根据模比系数 K（特大洪峰流量与均值之比）大小确定，一般认为模比系数 $K \geqslant 4$ 的调查历史洪水个数即为 a。

6.3.3 统计参数的估计与优化

洪峰流量、时段洪量的均值、变差系数和偏态系数三个统计参数的估计与优化，以皮尔逊Ⅲ型曲线作为概率分布模型。操作步骤如下。

6.3.3.1 用矩法初步估算统计参数

(1)连序系列。

$$\overline{X} = \frac{1}{n}\sum_{i=1}^{n} X_i \tag{1-6-6}$$

$$S = \sqrt{\frac{1}{n-1}\sum_{i=1}^{n}(X_i - \overline{X})^2} \tag{1-6-7}$$

$$C_v = S/\overline{X} \tag{1-6-8}$$

$$C_s = \frac{n}{(n-1)(n-2)}\frac{\sum_{i=1}^{n}(X_i - \overline{X})^3}{S^3} \tag{1-6-9}$$

式中：$\overline{X}$ 为系列均值；S 为系列均方差；C_v 为变差系数；C_s 为偏态系数；X_i 为系列变量 $(i=1,2,\cdots,n)$；n为系列项数。

(2)不连序系列。

$$\overline{X} = \frac{1}{N}\left(\sum_{j=1}^{a} X_j + \frac{N-a}{n-l}\sum_{i=l+1}^{n} X_i \right) \tag{1-6-10}$$

$$C_v = \frac{1}{\overline{X}}\sqrt{\frac{1}{N-1}\left[\sum_{j=1}^{a} (X_j - \overline{X})^2 + \frac{N-a}{n-l}\sum_{i=l+1}^{n} (X_i - \overline{X})^2 \right]} \tag{1-6-11}$$

$$C_s = \frac{N}{(N-1)(N-2)} \frac{\sum_{j=1}^{a} (X_j - \overline{X})^3 + \frac{N-a}{n-l}\sum_{i=l+1}^{n} (X_i - \overline{X})^3}{\overline{X}^3 C_v^3} \tag{1-6-12}$$

式中：X_j 为特大洪水变量；X_i 为实测洪水变量；N 为历史洪水调查考证期；a 为特大洪水个数；l 为从 n 项连序系列中抽出的特大洪水个数。

6.3.3.2　用经验适线法优化参数

首先计算一致性处理后的洪水系列（包括洪峰流量、各时段洪量）的经验频率；然后令 $C_s = nC_v$，用式(1-6-13)计算不同频率的洪峰流量 Q_P 和时段洪量 W_P，并将它们与经验频率绘制在同一张概率格纸上，凭借技术人员的实际工作经验，通过不断调整参数，选定一条与经验点据拟合良好的频率曲线，其参数值即优化后的参数值。

6.3.3.3　经验适线注意事项

(1)尽可能照顾经验频率点群的趋势，使频率曲线通过点群的中心；当频率曲线与经验频率点群配合欠佳时，可适当多考虑上部和中部点据。

(2)应分析经验频率点据的精度（包括它们的纵、横坐标可能存在的误差），使频率曲线尽量多地接近或通过比较可靠的经验频率点据。

(3)历史洪水，特别是为首的几个特大历史洪水，一般精度较差，适线时应充分结合技术人员的实际工作经验，不宜机械地通过这些点据，而使频率曲线脱离经验频率点群；但也不能为照顾点群趋势使曲线离开特大值太远，应充分考虑特大历史洪水的可能误差范围，以便调整频率曲线。

6.3.4　设计洪水值的计算

通过经验适线得到频率曲线参数之后，由式(1-6-13)计算设计洪水值。

$$X_P = K_P\overline{X}, \quad K_P = 1 + \Phi_P C_v \tag{1-6-13}$$

式中：Φ_P 为皮尔逊Ⅲ型曲线中心标准化分布的离均系数，与 C_s 有关，由《山西省水文计算手册》附表Ⅰ-1 查用；K_P 为频率为 P 时的模比系数，根据 C_s/C_v 的比值由附表Ⅰ-2 查用。

6.4　由暴雨资料推求设计洪水

根据设计暴雨计算设计洪水方法包括流域水文模型法、推理公式法和地区经验公式法三种方法。

6.4.1　流域产流计算

流域产流计算包括设计洪水净雨深和净雨过程计算两部分。前者采用双曲正切模型计算，后者按主雨日、非主雨日分别采用变损失率推理扣损法和定损失率推理扣损法计算。

6.4.1.1　**设计净雨深计算**

设计净雨深计算采用双曲正切模型。

1. 双曲正切模型的结构

$$R_P = H_{P,A}(t_z) - F_A(t_z) \cdot \text{th}\left[\frac{H_{P,A}(t_z)}{F_A(t_z)}\right] \quad (1\text{-}6\text{-}14)$$

或

$$R_P = \varphi \cdot H_{P,A}(t_z), \quad \varphi = 1 - \frac{1}{x}\text{th}x, \quad x = H_{P,A}(t_z)/F_A(t_z) \quad (1\text{-}6\text{-}15)$$

式中：x 为供水度；t_z 为设计暴雨的主雨历时，h；$H_{P,A}(t_z)$ 为设计暴雨的主雨面雨量，mm，计算方法见本篇第 5 章；φ 为洪水径流系数；R_P 为设计洪水净雨深，mm；$F_A(t_z)$ 为主雨历时内的流域可能损失，mm；角标 A 表示流域平均值（下同）。

流域可能损失用式(1-6-16)计算。

$$F_A(t_z) = S_{r,A}(1 - B_{0,P})t_z^{0.5} + 2K_{S,A}t_z \quad (1\text{-}6\text{-}16)$$

式中：$S_{r,A}$ 为流域包气带充分风干时的吸收率，反映流域的综合吸水能力，mm/h$^{1/2}$；$K_{S,A}$ 为流域包气带饱和时的导水率，mm/h；$B_{0,P}$ 为设计频率的流域前期土湿标志（流域持水度），由表 1-6-2 直接查用或内插求得，当频率小于 0.33% 时，$B_{0,P}$ 取 0.63，当频率大于 10% 时，$B_{0,P}$ 取 0.50。

表 1-6-2　设计洪水流域前期持水度 $B_{0,P}$

频率(%)	0.33	1	2	5	10
$B_{0,P}$	0.63	0.61	0.58	0.54	0.50

多种产流地类组成的复合地类流域，吸收率和导水率分别根据各种地类的面积权重按式(1-6-17)及式(1-6-18)加权计算。

$$S_{r,A} = \sum c_i \cdot S_{r,i}, \quad i = 1,2,\cdots \quad (1\text{-}6\text{-}17)$$

$$K_{S,A} = \sum c_i \cdot K_{S,i}, \quad i = 1,2,\cdots \quad (1\text{-}6\text{-}18)$$

式中：$S_{r,i}$ 为单地类包气带充分风干时的吸收率，mm/h$^{1/2}$；$K_{S,i}$ 为单地类包气带饱和时的导水率，mm/h，从表 1-6-3 中查用；c_i 为某种地类面积占流域面积的权重。

表 1-6-3　山西省单地类风干流域吸收率 S_r 及饱和流域导水率 K_S

地类	S_r			K_S		
	最大值	最小值	一般值	最大值	最小值	一般值
灰岩森林山地	43.0	28.0	35.5	4.10	2.60	3.35
灰岩灌丛山地	35.0	26.0	30.5	3.50	2.30	2.90
耕种平地	27.0	27.0	27.0	1.90	1.90	1.90
灰岩土石山区	25.0	23.0	24.0	1.80	1.60	1.70
砂页岩森林山地	23.0	23.0	23.0	1.50	1.50	1.50

续表 1-6-3

地类	S_r			K_S		
	最大值	最小值	一般值	最大值	最小值	一般值
变质岩森林山地	22.0	22.0	22.0	1.45	1.45	1.45
黄土丘陵阶地	21.0	21.0	21.0	1.40	1.40	1.40
黄土丘陵沟壑区	20.0	20.0	20.0	1.30	1.30	1.30
砂页岩土石山区	19.0	19.0	19.0	1.25	1.25	1.25
砂页岩灌丛山地	18.0	18.0	18.0	1.20	1.20	1.20
变质岩土石山区	17.0	17.0	17.0	1.15	1.15	1.15
变质岩灌丛山地	16.0	16.0	16.0	1.10	1.10	1.10

2. 使用双曲正切模型计算设计净雨深的工作步骤

(1)计算流域设计暴雨的有关要素,包括各历时设计点暴雨、面暴雨、面暴雨的时—深关系、面暴雨时雨型、主雨历时、主雨雨量等。

(2)通过野外查勘调查,参考产流下垫面分区图,绘制流域下垫面产流地类分区图;量算各种地类面积权重。

(3)根据流域下垫面的不同地类,从表 1-6-3 中合理选用相应的单地类吸收率 S_r 及导水率 K_S ,然后分别用式(1-6-17)和式(1-6-18)计算流域的吸收率 $S_{r,A}$ 和导水率 $K_{S,A}$ 。

(4)从表 1-6-2 查出相应频率的流域持水度 $B_{0,P}$,连同 $S_{r,A}$ 、$K_{S,A}$ 和 t_z 代入式(1-6-16),计算流域可能损失 $F_A(t_z)$ 。

(5)根据设计主雨面雨量 $H_{P,A}(t_z)$ 及流域可能损失 $F_A(t_z)$,用式(1-6-14)或式(1-6-15)计算设计洪水净雨深 R_P 。

(6)非主雨日设计净雨的计算方法与上述主雨日净雨计算方法基本相同,所不同的是 B_0 的定量。当主雨日居中时,第一日的 B_0 取表列值的 40%,第三日的 B_0 取 0.90 ~ 1.0;当主雨日居后时,第一日的 B_0 取表列值的 40%,第二日的 B_0 取表列值的 60%。

3. 使用双曲正切模型需要注意的事项

模型模拟的效果,除模型与实体结构的接近程度有关外,合理定量三个参数值至关重要,应该缜密考虑,切不可以简单从事。

(1)正确划分地类是决定参数 S_r 及 K_S 的关键环节。划分地类应该采取实地查勘与查图相结合、以查勘为主的原则。《山西省水文计算手册》所附下垫面分区图不能取代野外调查。事实上,下垫面的空间变异并不像下垫面分区图所标示的那样界限分明,分区内的下垫面属性也不一定绝对单一,成图时进行的合并与综合,掩盖了小流域内部下垫面的分异特征。所以,下垫面分区图的实用性会随着流域面积的减小而弱化,野外工作不可或缺。

(2)在盆地,地下水埋深对吸收率影响较大,但缺乏这方面的观测资料,无法做系统分析,表列值仅适用于地下水位埋深比较大的区域,地下水埋深较小时,应适当减小吸收率的取值。

(3)对于广阔低缓山坡,且覆盖有薄层黄土或黄土斑状分布、基岩零散出露的土石山区,应该设法确定(包括估计)出黄土、基岩露头各自占流域面积的权重,将其分解为单地类,然后比照复合地类处理,以避免机械采用80%作为划分石质山地与土石山区指标产生的参数值突变现象。

(4)对于12种地类未能涵盖的下垫面类型,例如采矿区和城市化地区,由于现实水文站网中没有这些地区的观测资料,不能具体分析它们的吸收率和导水率,只能以12种地类中的某种地类参数为参考,综合考虑这些区域的产流特性,确定吸收率和导水率。煤矿开采区主要分布在砂页岩灌丛山地,采矿放顶增加了包气带的导水性,所以,建议在表列砂页岩灌丛山地参数的基础上,按采矿面积大小、巷道深浅,适当加大导水率。城市化地区由于不透水面积加大,吸收率和导水率都会降低,建议降低使用表列变质岩灌丛山地参数值。

(5)灰岩地类,根据流域漏水情况合理选用参数,强漏水区选用参数上限或中上值,中等漏水区选用一般值,弱漏水区选用下限或中下值。

(6)设计频率的流域前期土湿标志 $B_{0,P}$ 的变化,对设计净雨深会产生一定影响,表列值未考虑土湿沿纬度及高程的变异。实际应用时可以在不超过表列值 ±5% 的范围内调整,高中山地和半湿润地区可适当提高,半干旱地区可适当降低。

6.4.1.2 净雨过程计算

净雨过程计算分为主雨日与非主雨日净雨过程计算。

1. 主雨日净雨过程计算

(1)用数值法或图解法从式(1-6-19)中求解产流历时 t_c。

$$R_P = \begin{cases} n_s S_{P,A} t^{1+\lambda-n}, \lambda \neq 0 \\ n_s S_{P,A} t^{1-n_s}, \lambda = 0 \end{cases}, \quad n = n_s \frac{t^\lambda - 1}{\lambda \ln t} \tag{1-6-19}$$

式中:R_P 为用双曲正切模型计算的场次洪水设计净雨深,mm;其他符号意义同前。

用图解法求解产流历时的步骤是:

令

$$f(t) = \begin{cases} n_s S_{P,A} t^{1+\lambda-n}, \lambda \neq 0 \\ n_s S_{P,A} t^{1-n_s}, \lambda = 0 \end{cases}, \quad n = n_s \frac{t^\lambda - 1}{\lambda \ln t} \tag{1-6-20}$$

在普通坐标系中绘制 $f(t) \sim t$ 关系曲线,在 $f(t)$ 轴上截取 $OR = R_P$ 做水平线,与 $f(t) \sim t$ 曲线交点的横坐标即为产流历时 t_c。

(2)计算损失率。

$$\mu = (1 - n_s t_c^\lambda) S_{P,A} \cdot t_c^{-n}, \quad n = n_s \frac{t_c^\lambda - 1}{\lambda \ln t_c} \tag{1-6-21}$$

(3)计算时段净雨。

$$\Delta h_{P,j} = h_P(t_{j-1} + \Delta t) - h_P(t_{j-1}) \tag{1-6-22}$$

$$h_P(t) = H_{P,A}(t) - \mu t, \quad t \leqslant t_c \tag{1-6-23}$$

式中:Δh_P 为设计时段净雨深,mm;Δt 为计算时段,h;j 为时雨型“模板”中的序位编号;

t_{j-1} 为 j 时段的开始时刻；其他符号意义同前。

(4)把计算出的时段净雨按序位编号安排在设计时雨型“模板”中相应序位位置，即得主雨日的净雨过程。

2. 非主雨日净雨过程计算

非主雨日的净雨过程，由于雨型不符合暴雨公式所描述的历时规律，不能采用主雨日净雨过程的计算方法，只能根据已知的非主雨日设计时雨型和净雨深采用“平割法”推求，即从设计时雨型柱状图中画一条水平线“平割”柱状图，上下移动，使平割出的时段净雨之和等于该日总净雨深，这时的时段净雨即为非主雨日净雨过程。

若汇流历时 τ 小于 1 h，且只需要设计洪峰流量时，暴雨及产流计算，分别以 $t = 10$ min，20 min，…，60 min（仍以小时为单位）及 $H_{\frac{1}{6}}, H_{\frac{1}{3}}, \cdots, H_1$ 分别代入式(1-6-23)、式(1-6-22)，计算小于 1 h 的各种历时的产流深。

6.4.2　流域汇流计算

流域降水所产生的净雨在重力与地表阻力综合作用下沿坡面及河网向流域出口断面汇集的过程称为流域汇流。流域汇流的计算任务是根据设计暴雨计算出的净雨过程，用某种演算方法或模型，将其转换成流域出口断面的设计洪水过程线。

6.4.2.1　纳什瞬时单位线

纳什瞬时单位线将流域汇流过程假设为由 n 个等效线性水库串联体对水流的调蓄过程。把瞬时作用于流域上的单位净雨水体在流域出口断面形成的时间概率密度分布曲线称为瞬时汇流曲线，量纲为 1/[T]。把单位净雨乘以瞬时汇流曲线称为瞬时单位线。

瞬时汇流曲线的数学表达式为：

$$u_n(0,t) = \frac{1}{k\Gamma(n)}\left(\frac{t}{k}\right)^{n-1} e^{-\frac{t}{k}} \tag{1-6-24}$$

式中：n 为线性水库个数；k 为一个线性水库的调蓄参数，h；t 为时间，h；$\Gamma(n)$ 为伽马函数。

单位强度净雨过程在流域出口断面形成的水体时间概率分布函数称为 $S_n(t)$ 曲线，它是瞬时汇流曲线对时间的积分，无量纲。数学表达式为：

$$S_n(t) = \int_0^t u_n(0,t)\,dt = \Gamma(n,m), \quad m = t/k \tag{1-6-25}$$

式中：$\Gamma(n,m)$ 称为 n 阶不完全伽马函数。

时段单位净雨在流域出口断面形成的概率密度曲线称为时段汇流曲线，数学表达式为：

$$u_n(\Delta t,t) = \begin{cases} S_n(t) & 0 \leqslant t \leqslant \Delta t \\ S_n(t) - S_n(t-\Delta t) & t > \Delta t \end{cases} \tag{1-6-26}$$

流域出口断面的洪水过程根据时段净雨序列与时段汇流曲线用卷积公式计算。

$$Q(i\Delta t) = \sum_{j=1}^{M} u_n[\Delta t,(i+1-j)\Delta t]\frac{\Delta h_j}{3.6\Delta t}A, \quad 0 \leqslant i+1-j \leqslant M;\ j = 1,2,\cdots,M \tag{1-6-27}$$

式中：Δt 为计算时段，h；Δh 为时段净雨深，mm；A 为流域面积，km^2；3.6 为单位换算系数；M 为净雨时段数。

6.4.2.2 **参数计算**

瞬时单位线有两个参数：一个是线性水库个数 n，另一个是线性水库的调蓄参数 k。二者的乘积 $m_1(=nk)$ 称为瞬时汇流曲线的滞时。它的物理意义是瞬时汇流曲线形心的时间坐标即一阶原点矩，也是单位时段净雨的重心到时段汇流曲线形心的时距。因此，瞬时单位线的两个参数置换成 n 和 m_1，而 k 由 $k = m_1/n$ 计算。

参数 n 采用式(1-6-28)和式(1-6-29)计算：

$$n = C_{1,A}(A/J)^{\beta_1} \tag{1-6-28}$$

$$C_{1,A} = \sum a_i \cdot C_{1,i}, \quad i = 1,2,\cdots \tag{1-6-29}$$

式中：A 为流域面积，km^2；J 为河流纵比降(‰)；$C_{1,A}$ 为复合地类汇流参数；$C_{1,i}$ 为单地类汇流参数；β_1 为经验性指数；a_i 为某种地类的面积权重，以小数计。

m_1 采用下列经验公式计算：

$$m_1 = m_{\tau,1}(\overline{i_\tau})^{-\beta_2} \tag{1-6-30}$$

$$m_{\tau,1} = C_{2,A}(L/J^{\frac{1}{3}})^{\alpha} \tag{1-6-31}$$

$$C_{2,A} = \sum a_i \cdot C_{2,i}, \quad i = 1,2,\cdots \tag{1-6-32}$$

$$\overline{i_\tau} = \frac{Q_P}{0.278A} \tag{1-6-33}$$

式中：$\overline{i_\tau}$ 为 τ 历时平均净雨强度，mm/h；τ 为汇流历时，h；$m_{\tau,1}$ 为 $\overline{i_\tau}=1$ mm/h 时瞬时单位线的滞时，h；Q_P 为设计洪峰流量，m^3/s；L 为河长，km；$C_{2,A}$ 为复合地类汇流参数；$C_{2,i}$ 为单地类汇流参数；α、β_2 为经验性指数。

单地类汇流参数 C_1、C_2 和经验性指数 α、β_1、β_2 从表 1-6-4 中查用。

表 1-6-4 综合瞬时单位线参数

汇流地类	C_1	β_1	β_2	C_2 一般值	C_2 范围	α
森林山地	1.357	0.047	0.190	2.757	2.050～2.950	0.397
灌丛山地	1.257			1.530	1.200～1.770	
草坡山地	1.046			0.717	0.710～0.950	
黄土丘陵	1.000			0.620	0.580～0.700	

6.4.2.3 **使用综合瞬时单位线的步骤**

(1)在划分下垫面地类的基础上，按植被与地貌的组合情况绘制汇流地类分区图，并量算出各种汇流地类面积占流域面积的权重 a_i。在进行野外查勘时，除了注意面上的植被分布状况，还应该观察河道的清洁程度及河床质组成、两岸形势等，以便合理选用参数 C_2。

(2)用式(1-6-28)计算参数 n，用式(1-6-31)计算 $m_{\tau,1}$。

(3)用交点法求解 τ 历时平均净雨强度 $\overline{i_\tau}$ 。步骤是:假设一组 $\overline{i_\tau}$,可由式(1-6-33)求得一组 Q_P ;再由式(1-6-30)求得一组 m_1 ;由 $k = m_1/n$ 可得一组 k ;由式(1-6-25)计算或查《山西省水文计算手册》附表Ⅰ-3 得一组 $S_n(t)$ 曲线;由式(1-6-26)得一组时段汇流曲线 $u_n(\Delta t,t)$;由式(1-6-27)得一组洪峰流量 Q'_P 。在普通坐标系中绘制 $Q_P \sim \overline{i_\tau}$ 曲线与 $P'_P \sim \overline{i_\tau}$ 曲线,两条曲线交点的横坐标即为 τ 历时平均雨强 $\overline{i_\tau}$ 。

(4)用求解出的 τ 历时平均雨强 $\overline{i_\tau}$,由式(1-6-30)计算 m_1 ;由 $k = m_1/n$ 计算 k ;由式(1-6-25)计算 $S_n(t)$ 曲线;由式(1-6-26)推算时段汇流曲线 $u_n(\Delta t,t)$;由式(1-6-27)推算设计洪水过程线。

对于非主雨日,可根据其净雨过程利用主雨日的时段汇流曲线 $u_n(\Delta t,t)$,由式(1-6-27)推算设计洪水过程线。

6.4.2.4 注意事项

在同一种地质、地貌条件下, C_2 值的变幅反映着流域植被的好与差,植被好或较好者,应选用表列数值的上限或中上值;植被差或较差者,应选用下限或中下值。河道清洁、顺直者,宜选用下限或中下值;密布灌丛、遍见巨石者,应选用上限或中上值。

6.5 太原市设计洪水成果

6.5.1 太原市设计洪水计算成果

根据当地实际情况对其进行设计洪水计算,设计净雨深计算成果表与设计净雨过程计算成果表分别见表1-6-5。

表1-6-5 太原市清徐县设计净雨深计算成果(节选部分县(市))

序号	计算单元	重现期(a)	参数			主雨历时(h)	主雨雨量(mm)	净雨深(mm)
			μ	S_r	K_S			
1	大峪村	100	4.70	18.00	1.20	17.7	164.2	93.65
		50	5.23	18.00	1.20	15.3	138.5	74.16
		20	6.24	18.00	1.20	12.1	105.3	50.51
		10	7.59	18.00	1.20	9.6	81.3	34.34
		5	8.96	18.00	1.20	7.2	58.4	21.68
2	北营村	100	5.10	18.84	1.27	17.9	163.4	89.21
		50	5.69	18.84	1.27	15.4	137.7	70.34
		20	6.83	18.84	1.27	12.1	104.7	47.55
		10	8.35	18.84	1.27	9.7	80.8	32.08
		5	9.88	18.84	1.27	7.2	58.0	20.11

续表 1-6-5

序号	计算单元	重现期（a）	参数			主雨历时（h）	主雨雨量（mm）	净雨深（mm）
			μ	S_r	K_S			
3	毛儿梁村	100	4.71	18.00	1.20	17.6	164.5	94.19
		50	5.24	18.00	1.20	15.2	138.8	74.63
		20	6.25	18.00	1.20	12.0	105.6	50.87
		10	7.61	18.00	1.20	9.6	81.6	34.61
		5	8.98	18.00	1.20	7.2	58.6	21.87
4	东于村（柿儿河）	100	5.94	20.00	1.36	15.7	149.7	78.62
		50	6.66	20.00	1.36	13.7	127.2	62.06
		20	8.02	20.00	1.36	11.0	98.0	42.08
		10	9.78	20.00	1.36	9.0	76.6	28.48
		5	11.42	20.00	1.36	6.8	55.9	18.01
	东于村（泽鱼河）	100	5.38	19.05	1.28	15.9	147.7	79.52
		50	5.99	19.05	1.28	13.9	125.9	63.02
		20	7.14	19.05	1.28	11.3	97.3	42.95
		10	8.62	19.05	1.28	9.2	76.2	29.19
		5	10.01	19.05	1.28	7.0	55.6	18.49
5	口儿村	100	4.91	18.00	1.20	15.6	143.5	80.00
		50	5.46	18.00	1.20	13.7	122.6	64.01
		20	6.48	18.00	1.20	11.0	95.4	44.48
		10	7.80	18.00	1.20	9.0	75.3	30.87
		5	8.96	18.00	1.20	7.0	55.7	20.12
6	武家坡村	100	4.91	18.00	1.20	15.6	143.5	80.00
		50	5.46	18.00	1.20	13.7	122.6	64.01
		20	6.48	18.00	1.20	11.0	95.4	44.48
		10	7.80	18.00	1.20	9.0	75.3	30.87
		5	8.96	18.00	1.20	7.0	55.7	20.12
7	马家坡村	100	4.91	18.00	1.20	15.6	143.5	80.00
		50	5.46	18.00	1.20	13.7	122.6	64.01
		20	6.48	18.00	1.20	11.0	95.4	44.48
		10	7.80	18.00	1.20	9.0	75.3	30.87
		5	8.96	18.00	1.20	7.0	55.7	20.12

续表 1-6-5

序号	计算单元	重现期(a)	参数			主雨历时(h)	主雨雨量(mm)	净雨深(mm)
			μ	S_r	K_S			
8	沙岩村	100	4.92	18.00	1.20	15.5	144.3	80.87
		50	5.47	18.00	1.20	13.6	123.3	64.76
		20	6.50	18.00	1.20	11.0	95.9	45.04
		10	7.83	18.00	1.20	9.0	75.8	31.30
		5	9.00	18.00	1.20	7.0	56.1	20.41
9	刘家峁村	100	4.92	18.00	1.20	15.5	144.1	80.64
		50	5.47	18.00	1.20	13.6	123.1	64.56
		20	6.50	18.00	1.20	11.0	95.8	44.89
		10	7.82	18.00	1.20	9.0	75.6	31.18
		5	8.99	18.00	1.20	7.0	56.0	20.33
10	水屯营村	100	5.54	19.33	1.30	15.9	147.7	78.52
		50	6.17	19.33	1.30	14.0	125.8	62.14
		20	7.36	19.33	1.30	11.3	97.2	42.26
		10	8.90	19.33	1.30	9.2	76.2	28.66
		5	10.35	19.33	1.30	7.0	55.6	18.12
11	柿儿口	100	4.87	18.00	1.20	15.7	150.1	85.92
		50	5.42	18.00	1.20	13.7	127.5	68.44
		20	6.44	18.00	1.20	11.0	98.3	47.09
		10	7.79	18.00	1.20	8.9	76.8	32.33
		5	9.05	18.00	1.20	6.8	56.0	20.71
12	太平庄村	100	4.94	18.00	1.20	15.0	153.9	91.73
		50	5.48	18.00	1.20	13.3	131.6	73.60
		20	6.48	18.00	1.20	10.9	102.4	51.23
		10	7.80	18.00	1.20	9.0	80.6	35.55
		5	9.03	18.00	1.20	6.9	59.3	23.02
13	新民村	100	4.87	18.00	1.20	15.7	149.8	85.55
		50	5.41	18.00	1.20	13.7	127.3	68.13
		20	6.44	18.00	1.20	11.0	98.1	46.85
		10	7.78	18.00	1.20	8.9	76.6	32.16
		5	9.03	18.00	1.20	6.8	55.9	20.59

续表 1-6-5

序号	计算单元	重现期（a）	参数			主雨历时（h）	主雨雨量（mm）	净雨深（mm）
			μ	S_r	K_S			
14	东高白村	100	5.38	19.05	1.28	15.8	148.9	80.94
		50	5.99	19.05	1.28	13.9	127.1	64.26
		20	7.11	19.05	1.28	11.3	98.4	43.96
		10	8.57	19.05	1.28	9.2	77.3	30.00
		5	9.91	19.05	1.28	7.1	56.6	19.12
15	中高白村	100	5.40	19.05	1.28	15.8	148.6	80.55
		50	6.02	19.05	1.28	13.8	126.3	63.80
		20	7.20	19.05	1.28	11.1	97.3	43.47
		10	8.74	19.05	1.28	9.0	76.0	29.56
		5	10.17	19.05	1.28	6.8	55.4	18.78
16	南岭村	100	5.00	18.00	1.20	14.9	147.9	86.17
		50	5.57	18.00	1.20	13.1	126.6	69.34
		20	6.63	18.00	1.20	10.7	98.8	48.58
		10	8.00	18.00	1.20	8.8	78.3	33.98
		5	9.22	18.00	1.20	6.8	58.1	22.30
17	羊圈村	100	4.99	18.00	1.20	15.0	147.7	85.79
		50	5.56	18.00	1.20	13.2	126.4	69.00
		20	6.62	18.00	1.20	10.7	98.6	48.31
		10	7.99	18.00	1.20	8.8	78.1	33.78
		5	9.22	18.00	1.20	6.8	57.9	22.14
18	花塔村	100	5.00	18.00	1.20	14.9	147.9	86.17
		50	5.57	18.00	1.20	13.1	126.6	69.34
		20	6.63	18.00	1.20	10.7	98.8	48.58
		10	8.00	18.00	1.20	8.8	78.3	33.98
		5	9.22	18.00	1.20	6.8	58.1	22.30
19	元家山	100	4.92	18.00	1.20	15.5	144.4	81.04
		50	5.48	18.00	1.20	13.6	123.4	64.91
		20	6.51	18.00	1.20	11.0	96.0	45.16
		10	7.83	18.00	1.20	9.0	75.9	31.38
		5	9.01	18.00	1.20	6.9	56.1	20.47

续表 1-6-5

序号	计算单元	重现期(a)	参数			主雨历时(h)	主雨雨量(mm)	净雨深(mm)
			μ	S_r	K_S			
20	崔家山村	100	4.97	18.00	1.20	15.2	146.7	84.25
		50	5.53	18.00	1.20	13.3	125.5	67.68
		20	6.58	18.00	1.20	10.8	97.9	47.28
		10	7.94	18.00	1.20	8.9	77.4	32.98
		5	9.15	18.00	1.20	6.9	57.4	21.58
21	米家庄	100	4.96	18.00	1.20	15.2	146.6	83.98
		50	5.52	18.00	1.20	13.4	125.4	67.45
		20	6.57	18.00	1.20	10.8	97.7	47.10
		10	7.93	18.00	1.20	8.9	77.3	32.85
		5	9.14	18.00	1.20	6.9	57.3	21.49
22	黑岔村（方山河支）	100	4.91	18.00	1.20	15.3	152.8	89.71
		50	5.44	18.00	1.20	13.5	130.5	71.85
		20	6.44	18.00	1.20	11.0	101.3	49.85
		10	7.74	18.00	1.20	9.1	79.7	34.50
		5	8.95	18.00	1.20	7.0	58.6	22.28
	黑岔村（方山河）	100	4.89	18.00	1.20	15.4	152.1	88.60
		50	5.42	18.00	1.20	13.6	129.8	70.89
		20	6.41	18.00	1.20	11.1	100.7	49.11
		10	7.71	18.00	1.20	9.1	79.2	33.93
		5	8.91	18.00	1.20	7.0	58.1	21.89
23	庄儿上	100	4.90	18.00	1.20	15.4	152.5	89.26
		50	5.43	18.00	1.20	13.6	130.2	71.46
		20	6.43	18.00	1.20	11.1	101.1	49.55
		10	7.73	18.00	1.20	9.1	79.5	34.27
		5	8.94	18.00	1.20	7.0	58.4	22.12
24	六段地村	100	4.89	18.00	1.20	15.4	152.0	88.54
		50	5.42	18.00	1.20	13.6	129.8	70.85
		20	6.41	18.00	1.20	11.1	100.7	49.08
		10	7.71	18.00	1.20	9.1	79.2	33.91
		5	8.91	18.00	1.20	7.0	58.1	21.87

续表 1-6-5

序号	计算单元	重现期（a）	参数			主雨历时（h）	主雨雨量（mm）	净雨深（mm）
			μ	S_r	K_S			
25	申家山村	100	4.86	18.00	1.20	15.7	149.5	85.32
		50	5.38	18.00	1.20	13.9	127.6	68.10
		20	6.35	18.00	1.20	11.3	98.9	46.99
		10	7.62	18.00	1.20	9.2	77.7	32.34
		5	8.79	18.00	1.20	7.1	56.9	20.77
26	方山村	100	4.85	18.00	1.20	15.8	148.5	84.10
		50	5.36	18.00	1.20	13.9	126.7	67.06
		20	6.33	18.00	1.20	11.3	98.1	46.20
		10	7.58	18.00	1.20	9.2	77.0	31.75
		5	8.74	18.00	1.20	7.1	56.4	20.37
27	新立村	100	5.22	18.30	1.22	14.4	134.9	74.30
		50	5.87	18.30	1.22	12.4	114.4	59.06
		20	7.11	18.30	1.22	9.8	88.1	40.61
		10	8.74	18.30	1.22	7.9	69.0	27.94
		5	10.25	18.30	1.22	6.0	50.6	18.07
28	西高白村	100	5.12	18.55	1.24	15.8	148.3	81.86
		50	5.68	18.55	1.24	13.9	126.5	65.10
		20	6.72	18.55	1.24	11.3	97.9	44.65
		10	8.07	18.55	1.24	9.2	76.9	30.55
		5	9.32	18.55	1.24	7.1	56.3	19.52
29	赵家山村	100	4.93	18.00	1.20	15.0	153.8	91.45
		50	5.47	18.00	1.20	13.3	131.5	73.35
		20	6.48	18.00	1.20	10.9	102.2	51.03
		10	7.80	18.00	1.20	9.0	80.5	35.40
		5	9.02	18.00	1.20	6.9	59.2	22.91
30	洛池渠村	100	4.94	18.00	1.20	15.0	153.2	90.83
		50	5.47	18.00	1.20	13.3	130.8	72.70
		20	6.49	18.00	1.20	10.9	101.5	50.31
		10	7.82	18.00	1.20	9.0	79.7	34.67
		5	9.09	18.00	1.20	6.9	58.3	22.20

续表 1-6-5

序号	计算单元	重现期(a)	参数			主雨历时(h)	主雨雨量(mm)	净雨深(mm)
			μ	S_r	K_S			
31	闫庄村	100	4.92	18.00	1.20	15.2	152.3	89.40
		50	5.45	18.00	1.20	13.5	129.9	71.44
		20	6.45	18.00	1.20	11.0	100.7	49.35
		10	7.78	18.00	1.20	9.0	79.0	33.94
		5	9.04	18.00	1.20	6.9	57.7	21.70
32	黄大坪	100	4.90	18.00	1.20	15.3	151.7	88.53
		50	5.44	18.00	1.20	13.5	129.4	70.70
		20	6.44	18.00	1.20	11.0	100.2	48.77
		10	7.75	18.00	1.20	9.1	78.6	33.51
		5	9.01	18.00	1.20	7.0	57.4	21.40
33	养天池	100	4.84	18.00	1.20	16.1	157.6	91.93
		50	5.38	18.00	1.20	14.1	133.9	73.30
		20	6.40	18.00	1.20	11.4	103.1	50.48
		10	7.76	18.00	1.20	9.2	80.4	34.67
		5	9.09	18.00	1.20	7.0	58.4	22.15
34	果子园村(泽鱼河)	100	4.81	18.00	1.20	16.4	156.2	89.59
		50	5.33	18.00	1.20	14.4	132.6	71.30
		20	6.34	18.00	1.20	11.5	101.8	48.92
		10	7.68	18.00	1.20	9.3	79.3	33.49
		5	8.99	18.00	1.20	7.0	57.5	21.33
	果子园村(泽鱼河支)	100	4.84	18.00	1.20	16.1	157.7	92.02
		50	5.38	18.00	1.20	14.1	133.9	73.38
		20	6.40	18.00	1.20	11.3	103.1	50.55
		10	7.76	18.00	1.20	9.2	80.4	34.72
		5	9.09	18.00	1.20	7.0	58.4	22.18
35	大旺村	100	4.91	18.00	1.20	15.5	149.1	85.64
		50	5.47	18.00	1.20	13.5	126.4	68.00
		20	6.53	18.00	1.20	10.8	97.1	46.52
		10	7.98	18.00	1.20	8.7	75.4	31.70
		5	9.40	18.00	1.20	6.6	54.7	20.13

续表 1-6-5

序号	计算单元	重现期(a)	参数			主雨历时(h)	主雨雨量(mm)	净雨深(mm)
			μ	S_r	K_S			
36	韩寺沟	100	4.91	18.00	1.20	15.5	149.0	85.44
		50	5.46	18.00	1.20	13.5	126.3	67.83
		20	6.53	18.00	1.20	10.8	97.0	46.39
		10	7.97	18.00	1.20	8.7	75.3	31.60
		5	9.39	18.00	1.20	6.6	54.6	20.06
37	刘家园村	100	4.91	18.00	1.20	15.4	148.2	85.15
		50	5.46	18.00	1.20	13.5	125.8	67.60
		20	6.51	18.00	1.20	10.8	96.7	46.19
		10	7.92	18.00	1.20	8.8	75.2	31.45
		5	9.36	18.00	1.20	6.6	54.4	19.92
38	都沟村	100	4.88	18.00	1.20	15.5	149.9	86.48
		50	5.42	18.00	1.20	13.6	127.4	68.75
		20	6.43	18.00	1.20	11.0	98.1	47.09
		10	7.76	18.00	1.20	8.9	76.5	32.14
		5	9.04	18.00	1.20	6.8	55.5	20.45
39	东梁泉村	100	4.88	18.00	1.20	15.5	149.9	86.48
		50	5.42	18.00	1.20	13.6	127.4	68.75
		20	6.43	18.00	1.20	11.0	98.1	47.09
		10	7.76	18.00	1.20	8.9	76.5	32.14
		5	9.04	18.00	1.20	6.8	55.5	20.45
40	西梁泉村	100	5.84	19.71	1.33	15.1	154.2	85.85
		50	6.55	19.71	1.33	13.2	131.0	67.98
		20	7.89	19.71	1.33	10.7	101.0	46.31
		10	9.65	19.71	1.33	8.7	79.0	31.47
		5	11.33	19.71	1.33	6.7	57.5	19.91
41	梁泉岭村	100	4.91	18.00	1.20	15.8	153.2	88.57
		50	5.50	18.00	1.20	13.6	129.4	70.46
		20	6.64	18.00	1.20	10.8	99.0	48.40
		10	8.18	18.00	1.20	8.7	76.9	33.16
		5	9.76	18.00	1.20	6.5	55.6	21.19

续表 1-6-5

序号	计算单元	重现期(a)	参数			主雨历时(h)	主雨雨量(mm)	净雨深(mm)
			μ	S_r	K_S			
42	圪垛儿村	100	4.92	18.00	1.20	15.7	153.4	89.15
		50	5.51	18.00	1.20	13.6	129.7	70.97
		20	6.65	18.00	1.20	10.7	99.3	48.76
		10	8.21	18.00	1.20	8.6	77.2	33.46
		5	9.78	18.00	1.20	6.5	55.9	21.40
43	西沟村(白石南河支)	100	4.92	18.00	1.20	15.0	153.0	90.89
		50	5.47	18.00	1.20	13.2	130.2	72.52
		20	6.49	18.00	1.20	10.7	100.5	49.91
		10	7.85	18.00	1.20	8.8	78.5	34.24
		5	9.17	18.00	1.20	6.7	57.1	21.85
	西沟村(白石南河)	100	4.92	18.00	1.20	15.0	152.9	90.80
		50	5.46	18.00	1.20	13.2	130.2	72.44
		20	6.49	18.00	1.20	10.7	100.4	49.85
		10	7.85	18.00	1.20	8.8	78.4	34.20
		5	9.17	18.00	1.20	6.7	57.1	21.82
44	枣坪村	100	5.00	18.00	1.20	14.7	150.5	89.33
		50	5.58	18.00	1.20	12.9	127.9	71.23
		20	6.71	18.00	1.20	10.4	98.4	49.04
		10	8.22	18.00	1.20	8.4	76.7	33.67
		5	9.72	18.00	1.20	6.4	55.8	21.52
45	阳圈峁村	100	4.97	18.00	1.20	15.0	149.1	87.06
		50	5.55	18.00	1.20	13.1	126.5	69.27
		20	6.65	18.00	1.20	10.5	97.2	47.54
		10	8.14	18.00	1.20	8.5	75.7	32.54
		5	9.63	18.00	1.20	6.4	54.9	20.73
46	桃园村(白石南河支)	100	4.92	18.00	1.20	15.2	153.4	90.58
		50	5.46	18.00	1.20	13.3	130.3	72.19
		20	6.50	18.00	1.20	10.8	100.5	49.72
		10	7.87	18.00	1.20	8.8	78.4	34.14
		5	9.19	18.00	1.20	6.7	57.1	21.81

续表 1-6-5

序号	计算单元	重现期 (a)	参数			主雨历时 (h)	主雨雨量 (mm)	净雨深 (mm)
			μ	S_r	K_S			
46	桃园村（白石南河）	100	4.89	18.00	1.20	15.4	150.9	87.65
		50	5.43	18.00	1.20	13.5	128.3	69.74
		20	6.45	18.00	1.20	10.9	98.7	47.83
		10	7.79	18.00	1.20	8.9	77.1	32.71
		5	9.08	18.00	1.20	6.7	56.0	20.83
47	黄土坡村	100	5.02	18.00	1.20	14.5	147.8	87.18
		50	5.62	18.00	1.20	12.7	125.5	69.44
		20	6.76	18.00	1.20	10.2	96.5	47.77
		10	8.30	18.00	1.20	8.3	75.2	32.74
		5	9.84	18.00	1.20	6.3	54.6	20.90
48	杏旺村	100	5.02	18.00	1.20	14.6	148.6	87.71
		50	5.61	18.00	1.20	12.8	126.1	69.81
		20	6.76	18.00	1.20	10.3	96.8	47.90
		10	8.30	18.00	1.20	8.3	75.4	32.83
		5	9.84	18.00	1.20	6.3	54.7	20.95
49	东马峪村	100	5.71	19.24	1.30	14.6	145.4	80.52
		50	6.44	19.24	1.30	12.7	123.0	63.49
		20	7.86	19.24	1.30	10.1	94.0	42.91
		10	9.80	19.24	1.30	8.2	72.9	28.89
		5	11.78	19.24	1.30	6.1	52.6	18.11
50	西马峪村	100	5.71	19.24	1.30	14.6	145.4	80.52
		50	6.44	19.24	1.30	12.7	123.0	63.49
		20	7.86	19.24	1.30	10.1	94.0	42.91
		10	9.80	19.24	1.30	8.2	72.9	28.89
		5	11.78	19.24	1.30	6.1	52.6	18.11
51	小北村	100	7.52	22.86	1.58	17.9	162.9	74.31
		50	8.52	22.86	1.58	15.5	137.3	57.61
		20	10.45	22.86	1.58	12.2	104.3	37.93
		10	13.01	22.86	1.58	9.7	80.4	24.93
		5	15.55	22.86	1.58	7.2	57.7	15.28

续表 1-6-5

序号	计算单元	重现期 (a)	参数			主雨历时 (h)	主雨雨量 (mm)	净雨深 (mm)
			μ	S_r	K_S			
52	水峪村	100	4.78	18.00	1.20	16.4	164.7	98.08
		50	5.31	18.00	1.20	14.3	139.3	77.95
		20	6.31	18.00	1.20	11.4	106.4	53.35
		10	7.64	18.00	1.20	9.2	82.4	36.39
		5	8.96	18.00	1.20	6.9	59.3	23.02
53	程家沟村	100	4.63	18.00	1.20	18.0	176.7	104.74
		50	5.12	18.00	1.20	15.6	148.9	83.08
		20	6.05	18.00	1.20	12.4	113.1	56.72
		10	7.29	18.00	1.20	9.9	87.2	38.64
		5	8.50	18.00	1.20	7.4	62.5	24.40
54	武家崖村	100	4.58	18.00	1.20	18.6	173.2	99.77
		50	5.06	18.00	1.20	16.1	145.7	78.83
		20	5.97	18.00	1.20	12.7	110.4	53.45
		10	7.16	18.00	1.20	10.1	84.9	36.18
		5	8.34	18.00	1.20	7.5	60.6	22.70
55	张家山村（白石河）	100	4.57	18.00	1.20	18.6	172.9	99.38
		50	5.05	18.00	1.20	16.1	145.4	78.50
		20	5.96	18.00	1.20	12.7	110.2	53.23
		10	7.16	18.00	1.20	10.1	84.7	36.00
		5	8.33	18.00	1.20	7.5	60.5	22.57
	张家山村（白石河支）	100	4.63	18.00	1.20	18.0	176.8	104.91
		50	5.12	18.00	1.20	15.6	149.0	83.22
		20	6.05	18.00	1.20	12.4	113.2	56.83
		10	7.29	18.00	1.20	9.9	87.2	38.73
		5	8.51	18.00	1.20	7.4	62.5	24.46
56	寺家坪村	100	4.56	18.00	1.20	18.7	171.7	97.97
		50	5.04	18.00	1.20	16.2	144.4	77.30
		20	5.94	18.00	1.20	12.7	109.4	52.33
		10	7.12	18.00	1.20	10.1	84.1	35.36
		5	8.28	18.00	1.20	7.5	60.0	22.12

续表 1-6-5

序号	计算单元	重现期(a)	参数			主雨历时(h)	主雨雨量(mm)	净雨深(mm)
			μ	S_r	K_S			
57	陈家坪村	100	4.56	18.00	1.20	19.3	177.8	102.17
		50	5.06	18.00	1.20	16.5	148.9	80.67
		20	6.05	18.00	1.20	12.7	112.1	54.75
		10	7.38	18.00	1.20	10.0	85.8	37.15
		5	8.73	18.00	1.20	7.3	61.1	23.45
58	麦地掌村	100	4.56	18.00	1.20	19.3	177.7	101.95
		50	5.06	18.00	1.20	16.5	148.7	80.45
		20	6.04	18.00	1.20	12.8	112.0	54.60
		10	7.37	18.00	1.20	10.0	85.7	37.03
		5	8.72	18.00	1.20	7.3	61.0	23.37
59	西圪台头村(白石河支)	100	4.75	18.00	1.20	16.8	163.3	95.49
		50	5.27	18.00	1.20	14.6	138.0	75.68
		20	6.27	18.00	1.20	11.6	105.1	51.57
		10	7.60	18.00	1.20	9.3	81.2	35.03
		5	8.94	18.00	1.20	7.0	58.3	22.07
	西圪台头村(白石河)	100	4.71	18.00	1.20	17.2	159.2	90.36
		50	5.21	18.00	1.20	14.9	134.3	71.35
		20	6.19	18.00	1.20	11.8	102.2	48.33
		10	7.48	18.00	1.20	9.5	78.8	32.66
		5	8.76	18.00	1.20	7.1	56.4	20.44
60	东圪台头村	100	4.70	18.00	1.20	17.3	158.7	89.68
		50	5.21	18.00	1.20	15.0	133.7	70.73
		20	6.18	18.00	1.20	11.9	101.7	47.88
		10	7.46	18.00	1.20	9.5	78.4	32.32
		5	8.73	18.00	1.20	7.1	56.2	20.21
61	碾底村	100	4.69	18.00	1.20	17.3	157.4	88.31
		50	5.20	18.00	1.20	15.0	132.7	69.64
		20	6.16	18.00	1.20	11.9	100.9	47.08
		10	7.43	18.00	1.20	9.5	77.8	31.73
		5	8.69	18.00	1.20	7.1	55.7	19.82

续表 1-6-5

序号	计算单元	重现期 (a)	参数			主雨历时 (h)	主雨雨量 (mm)	净雨深 (mm)
			μ	S_r	K_S			
62	东石窑村	100	4.86	18.00	1.20	15.4	160.2	96.49
		50	5.39	18.00	1.20	13.6	136.1	76.97
		20	6.37	18.00	1.20	11.0	104.8	52.96
		10	7.66	18.00	1.20	9.0	81.7	36.29
		5	8.89	18.00	1.20	6.9	59.2	23.05
63	西石窑村	100	4.86	18.00	1.20	15.4	160.2	96.49
		50	5.39	18.00	1.20	13.6	136.1	76.97
		20	6.37	18.00	1.20	11.0	104.8	52.96
		10	7.66	18.00	1.20	9.0	81.7	36.29
		5	8.89	18.00	1.20	6.9	59.2	23.05
64	涧沟村（白石河支）	100	4.79	18.00	1.20	16.4	159.2	92.52
		50	5.32	18.00	1.20	14.3	134.7	73.43
		20	6.34	18.00	1.20	11.4	103.0	50.14
		10	7.68	18.00	1.20	9.2	79.8	34.14
		5	9.00	18.00	1.20	6.9	57.5	21.51
	涧沟村（白石河）	100	4.74	18.00	1.20	16.8	153.9	86.28
		50	5.26	18.00	1.20	14.6	130.0	68.14
		20	6.24	18.00	1.20	11.6	99.2	46.22
		10	7.52	18.00	1.20	9.4	76.7	31.20
		5	8.77	18.00	1.20	7.0	55.2	19.52
65	后窑村	100	4.74	18.00	1.20	16.9	152.7	85.14
		50	5.25	18.00	1.20	14.7	129.1	67.25
		20	6.22	18.00	1.20	11.7	98.5	45.57
		10	7.50	18.00	1.20	9.4	76.2	30.71
		5	8.74	18.00	1.20	7.0	54.8	19.19
66	东迎南风村	100	4.74	18.00	1.20	16.9	152.4	84.84
		50	5.25	18.00	1.20	14.7	128.9	67.00
		20	6.22	18.00	1.20	11.7	98.3	45.38
		10	7.49	18.00	1.20	9.4	76.0	30.58
		5	8.72	18.00	1.20	7.0	54.6	19.10

续表 1-6-5

序号	计算单元	重现期(a)	参数			主雨历时(h)	主雨雨量(mm)	净雨深(mm)
			μ	S_r	K_S			
67	西迎南风村	100	4.74	18.00	1.20	16.9	152.4	84.84
		50	5.25	18.00	1.20	14.7	128.9	67.00
		20	6.22	18.00	1.20	11.7	98.3	45.38
		10	7.49	18.00	1.20	9.4	76.0	30.58
		5	8.72	18.00	1.20	7.0	54.6	19.10
68	李家楼村	100	4.74	18.00	1.20	16.9	152.2	84.62
		50	5.25	18.00	1.20	14.7	128.7	66.82
		20	6.22	18.00	1.20	11.7	98.2	45.25
		10	7.49	18.00	1.20	9.4	75.9	30.48
		5	8.72	18.00	1.20	7.0	54.6	19.03
69	仁义村	100	4.74	18.00	1.20	16.9	152.1	84.46
		50	5.25	18.00	1.20	14.7	128.5	66.69
		20	6.22	18.00	1.20	11.7	98.1	45.15
		10	7.48	18.00	1.20	9.4	75.9	30.40
		5	8.71	18.00	1.20	7.0	54.5	18.98
70	平泉村	100	4.74	18.00	1.20	16.9	152.1	84.46
		50	5.25	18.00	1.20	14.7	128.5	66.69
		20	6.22	18.00	1.20	11.7	98.1	45.15
		10	7.48	18.00	1.20	9.4	75.9	30.40
		5	8.71	18.00	1.20	7.0	54.5	18.98

6.5.2 设计洪水成果合理性分析

本次分析评价设计洪水计算成果主要采用流域模型法成果,对个别小流域不能采用流域模型法的,采用经验公式法计算。为保证设计洪水成果的合理性,主要从河道上下游设计洪水成果对照、历史洪水调查成果与设计洪水对比以及洪峰模数分布规律等方面进行成果合理性分析。

由于资料条件限制,无降雨与流量配套的记录资料,甚至流量资料也很少,故进行模型参数率定与验证非常困难。因此,对于设计洪水计算成果的检验,《山洪灾害分析评价技术要求》中非常强调成果合理性分析,并规定采用以下方式进行设计洪水的合理性分析:

(1)与历史洪水资料或本地区调查大洪水资料进行比较分析。

(2)与本地区实测洪水资料成果进行比较分析。

(3)与气候条件、地形地貌、植被、土壤、流域面积和形状、河流长度等方面均高度相似情况的设计洪水成果进行比较分析。

为保证设计洪水成果的合理性,从以下几方面进行了对比分析:

(1)对各重点防治区进行了历史洪水调查。根据口述者描述的洪水情形估算其洪峰流量和相应频率,与设计洪水进行对照分析。通过对比可以看出,各重点防治区设计洪水洪峰模数大部分接近历史调查洪水的洪峰模数。洪峰模数受流域下垫面条件和暴雨特征影响,由此可见,产流面积、流域纵坡降和下垫面等因素共同决定着洪峰模数的变化,在产流面积不断增加的情况下,洪峰模数随坡度增大而增大,但增大的速率逐渐减小。

(2)进行同一条河流上下游不同地点成果的分析比较。从参数的选取、河长比降等方面对成果进行综合分析。

(3)相邻流域设计成果对比分析。从不同地类对产汇流的影响方面对比分析成果的合理性。

第7章 太原市山洪灾害分析

7.1 河流洪水水面线计算

推求各个重点防治区河段5年、10年、20年、50年和100年一遇设计洪水水面线，水面线推求采用由Godunov格式的有限体积法建立的复杂明渠水流运动的高适用性数学模型。

7.1.1 控制方程

描述天然河道一维浅水运动控制方程的向量形式如下：

$$D\frac{\partial U}{\partial t}+\frac{\partial F}{\partial x}=S \tag{1-7-1}$$

其中 $D=\begin{bmatrix}B & 0\\0 & 1\end{bmatrix}$，$U=\begin{bmatrix}Z\\Q\end{bmatrix}$，$F(U)=\begin{bmatrix}f_1\\f_2\end{bmatrix}=\begin{bmatrix}Q\\ \dfrac{\alpha Q^2}{A}\end{bmatrix}$，$S=\begin{bmatrix}0\\-gA\dfrac{\partial Z}{\partial x}-gAJ\end{bmatrix}$

式中：B为水面宽度；Q为断面流量；Z为水位；A为过水断面面积；α为动量修正系数，一般默认为1.0；f_1和f_2分别代表向量$F(U)$的两个分量；g为重力加速度；t为时间变量；J为沿程阻力损失，其表达式为$J=(n^2Q|Q|)/(A^2R^{4/3})$，R为水力半径，n为糙率。

浅水方程的以上表达形式在工程上应用较广，源项部分采用水面坡度代表压力项的影响，其优点是水面变化一般比河道底坡变化平缓，因此即使底坡非常陡峭时，对计算格式稳定性的影响也不大。另外，该形式还可以很好地避免由于采用不理想的底坡项离散方法平衡数值通量时所带来的水量不守恒问题。

7.1.2 数值离散方法

采用中心格式的有限体积法，把变量存在单元的中心，如图1-7-1所示。

将式(1-7-1)在控制体i上进行积分并运用Gauss定理离散后得：

$$U_i^{n+1}=U_i^n-\frac{\Delta t}{\Delta x_i}D_i^{-1}(F_{i+1/2}^{*}-F_{i-1/2}^{*})+\Delta tD_i^{-1}S_i \tag{1-7-2}$$

式中：U_i为第i个单元变量的平均值；$F_{i-1/2}^{*}$、$F_{i+1/2}^{*}$分别为单元i左、右两侧界面的通量值；Δx_i为第i个单元的边长；S_i为第i个单元源项的平均值。

7.1.2.1 HLL格式的近似Riemann解

对界面通量计算采用HLL(Harten，Lax，van Leer)格式，该格式求解Riemann近似问

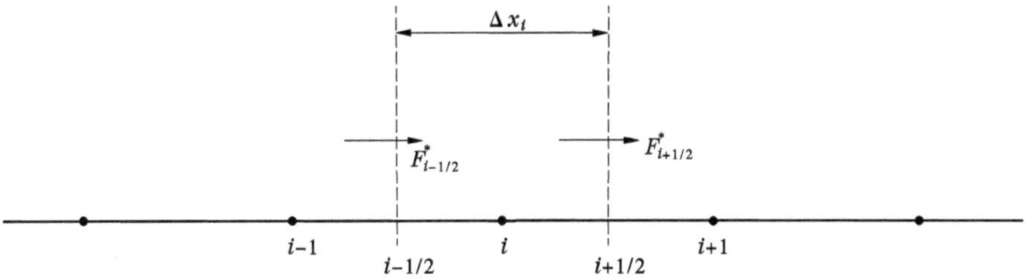

图 1-7-1　中心格式的有限体积法示意图

题时的形式简单，在处理干单元时的功能要优于其他的格式，通量求解过程如下：

$$F^* = \begin{cases} F(U_L), & s_L \geqslant 0 \\ F_{LR} = \left[\dfrac{B_R s_R f_1^L - B_L s_L f_1^R + B_R s_L s_R (Z_R - Z_L)}{B_R s_R - B_L s_L}, \dfrac{s_R f_2^L - s_L f_2^R + s_L s_R (Q_R - Q_L)}{s_R - s_L}\right]^{\mathrm{T}}, & s_L < 0 < s_R \\ F(U_R), & s_R \leqslant 0 \end{cases} \tag{1-7-3}$$

式中：s_L 和 s_R 为计算单元左右两侧的波速，当 $s_L \geqslant 0$ 和 $s_R \leqslant 0$ 时，计算单元界面的通量值分别由其左右两侧单元的水力要素确定，当 $s_L \leqslant 0 \leqslant s_R$ 时，计算单元界面的通量由 HLL 近似 Riemann 解给出。

经过离散后，式(1-7-2)中的连续方程变为如下形式：

$$Z_i^{n+1} = Z_i^n - \frac{1}{B_i}\frac{\Delta t}{\Delta x_i}[(f_1)_{i+1/2}^* - (f_1)_{i-1/2}^*] \tag{1-7-4}$$

可以看出，式中变量 Q 被通量 f_1 取代，由于通量 f_1 可以保持很好的守恒特性，而变量 Q 不具备这个特点。因此，为了保持计算格式的和谐性，Ying 等提出采用通量 f_1 的值取代输出结果中的 Q 值，而由动量方程计算得出的 Q 值仅作为计算 Riemann 问题的中间变量。

7.1.2.2　二阶数值重构

采用 HLL 格式近似 Riemann 解求解界面通量在空间上仅具有一阶精度，为了使数值解的空间精度提高到二阶，采用 MUSCL 方法对界面左右两侧的变量进行数值重构，其表达式为：

$$U_{i+1/2}^L = U_i + \frac{1}{2}\varphi(r_i)(U_i - U_{i-1}), U_{i+1/2}^R = U_{i+1} - \frac{1}{2}\varphi(r_{i+1})(U_{i+2} - U_{i+1}) \tag{1-7-5}$$

式中：$r_i = (U_{i+1} - U_i)/(U_i - U_{i-1})$，$r_{i+1} = (U_{i+1} - U_i)/(U_{i+2} - U_{i+1})$；$\varphi$ 是限制器函数，本书采用应用较为广泛的 Minmod 限制器，该限制器可以使格式保持较好的 TVD 性质。

为使保持数值解整体上提高到二阶精度同时维持数值解的稳定性，对时间步采用 Hancock 预测、校正的两步格式为：

$$\left.\begin{aligned} U_i^{n+1/2} &= U_i^n - \frac{1}{2}\frac{\Delta t}{\Delta x_i}D_i^{-1}[F_{i+1/2}(U_{i+1/2}^n) - F_{i-1/2}(U_{i-1/2}^n)] \\ U_i^{n+1} &= U_i^{n+1/2} - \frac{\Delta t}{\Delta x_i}D_i^{-1}[F_{i+1/2}^*(U_{i+1/2}^{n+1/2}) - F_{i-1/2}^*(U_{i-1/2}^{n+1/2})] + \Delta t D_i^{-1} S_i \end{aligned}\right\} \tag{1-7-6}$$

其中，$U_{i+1/2}^{n+1/2}$，$U_{i-1/2}^{n+1/2}$ 为计算的中间变量。

7.1.2.3 **源项的处理**

源项包括水面梯度项和摩阻项。摩阻项直接采用显格式处理。对于水面梯度项的处理，为了保持数值解的光滑性，采用空间数值重构后的水位变量值来计算水面梯度，其表达式如下：

$$\partial Z/\partial x_i = (\overline{Z}_{i+1/2} - \overline{Z}_{i-1/2})/\Delta x_i \quad (1\text{-}7\text{-}7)$$

其中，$\overline{Z}_{i+1/2} = (Z_{i+1/2}^L + Z_{i+1/2}^R)/2$，$\overline{Z}_{i-1/2} = (Z_{i-1/2}^L + Z_{i-1/2}^R)/2$，$Z_{i\pm1/2}^L$ 和 $Z_{i\pm1/2}^R$ 为采用 TVD－MUSCL 方法差值后的水位值。

7.1.3 参数的确定

糙率参照重点防治区所在河流的沟道形态、床面粗糙情况、植被生长状况、弯曲程度以及人工建筑物等因素确定。

(1)如果有实测水文资料，应采用该资料进行推算，确定水位—流量转换中的糙率。

(2)如果无实测水文资料，应根据沟道特征，参照天然或人工河道典型类型和特征情况下的糙率，确定水位—流量转换中的糙率。

通常有基于实测水文资料进行糙率推算、查表法以及糙率公式法 3 种方法确定河道糙率。

(1)基于实测水文资料进行糙率推算。

如果为某一河段，根据实测的水位 z、流量 Q、断面面积 A、湿周 χ 等，用曼宁公式反算求得糙率 n，见式(1-7-8)：

$$n = \frac{A}{Q} R^{2/3} J^{1/2} \quad (1\text{-}7\text{-}8)$$

(2)查表法。

当河道的实测资料短缺时，可根据河道特征，参照类似的糙率。天然河道糙率表较多，针对山洪灾害分析评价情况。

(3)糙率公式法。

在无实测资料，也无类似河道糙率可参考的情况下，用式(1-7-9)计算：

$$n = (n_0 + n_1 + n_2 + n_3 + n_4) m_5 \quad (1\text{-}7\text{-}9)$$

式中：n_0为天然顺直、光滑、均匀渠道的基本糙率；n_1 为考虑水面不规则的影响；n_2为河道断面形状以及尺寸变化的影响；n_3为阻水物的影响；n_4为植物的影响；m_5 为河道曲折情况的影响。各项的取值可参见表 1-7-1。

此外，也可以参考中华人民共和国水利行业标准《水工建筑物与堰槽测流规范》(SL 537—2011)，根据相应的地区和类型，选择糙率参数值。

根据太原市各县(市)重点防治区所在河流沟道的河床组成、水流流态以及岸壁特征、植被生长状况、弯曲程度以及人工建筑物等因素，参考天然河道和人工渠道糙率表，对照确定重点防治区河道的糙率值。

表 1-7-1　糙率公式参数选值

河道情况数值		参数	数值
材料	土料	n_0	0.020
	石料		0.025
	细砾		0.024
	粗砾		0.028
不规则程度	光滑的	n_1	0.000
	较小的		0.005
	中等的		0.010
	严重的		0.020
横断面变化	渐变的	n_2	0.000
	不经常改变的		0.005
	经常改变的		0.010 ~ 0.015
阻水物影响	可以忽略的	n_3	0.000
	较小的		0.010 ~ 0.015
	中等的		0.020 ~ 0.030
	严重的		0.040 ~ 0.060
植被	低矮的	n_4	0.005 ~ 0.010
	中等的		0.010 ~ 0.025
	高的		0.025 ~ 0.050
	很高的		0.050 ~ 0.100
曲折程度	较小的	m_5	1.000
	中等的		1.150
	严重的		1.300

7.2 洪灾危险区范围确定

根据《山洪灾害分析评价技术要求》，危险区范围为最高历史洪水位和100年一遇设计洪水位中的较高水位淹没范围以内的居民区域。

重点防治区100年一遇设计洪水的淹没范围主要是根据经核对后的山西省工程测绘院提供的横纵断面数据，使用设计洪水水面线推求。最高历史洪水位主要是通过查阅《山西省历史洪水调查成果》《山西洪水研究》等文献资料和现场历史洪水调查而得。

7.3 洪灾危险区等级划分

危险区等级划分是在危险区范围划定的基础上，根据洪水的重现期，结合危险区内居民类型将危险区划分为三个等级，即极高危险区、高危险区、危险区。统计不同等级危险区内人口信息，分析确定最佳的转移路线和临时安置地点。

危险区等级划分方法主要是按照危险区等级划分标准，将洪水重现期小于5年一遇的划分为极高危险区；大于或等于5年一遇、小于20年一遇的划分为高危险区；大于或等于20年一遇至历史最高重现期的划分为危险区。危险区等级初步划分标准见表1-7-2。

表1-7-2 危险区等级初步划分标准

危险区等级	洪水重现期（年）	说明
极高危险区	小于5年一遇	属较高发生频次
高危险区	大于或等于5年一遇、小于20年一遇	属中等发生频次
危险区	大于或等于20年一遇至历史最高	属稀遇发生频次

应根据具体情况按照初步划分的危险区适当调整危险区等级：

（1）初步划分的危险区内存在学校、医院等重要设施应提升一级危险区等级。

（2）河谷形态为窄深型，到达成灾水位以后，水位—流量关系曲线陡峭，对人口和房屋影响严重的情况，应提升一级危险区等级。

7.4 洪灾危险区灾情分析

7.4.1 各级危险区人口统计

根据危险区等级最终划分成果和提取或现场调查的重点防治区居民人口高程分布关系，统计各级危险区范围内的人口、户数等信息，填写“防洪现状评价成果”（见表1-7-3）。

表 1-7-3　太原市娄烦县防洪现状评价成果

序号	行政区划名称	防洪能力（a）	极高危险区（小于 5 年一遇）		高危险区（5～20 年一遇）		危险区（大于 20 年一遇）	
			人口（人）	* 房屋（座）	人口（人）	* 房屋（座）	人口（人）	* 房屋（座）
1	步斗村	37	0	0	0	0	127	25
2	赤土华村	49	0	0	0	0	105	49
3	新舍科	50	0	0	0	0	10	4
4	河杨树底村	1	16	4	8	2	0	0
5	秦家崖村	5.5	0	0	10	3	12	3
6	常庄村	40	0	0	0	0	25	6
7	下静游村（河杨树底沟）	27	0	0	0	0	130	43
	下静游村（梁儿上沟）	10	0	0	39	11	322	98
8	孔家峪村	2.2	45	13	0	0	0	0
9	榆树掌村	11.5	0	0	2	1	14	2
10	寺头村	13.5	0	0	348	74	49	10
11	王光塔	29	0	0	0	0	58	11
12	大夫庄（涧河）	2.8	13	3	27	6	35	6
13	神足底村	77	0	0	0	0	4	1
14	双井村	69	0	0	0	0	10	1
15	雷家庄	3.5	12	2	9	2	8	2
16	圪埭上村	52	0	0	0	0	17	3
17	都交曲村	66	0	0	0	0	27	5
18	折家沟	35	0	0	0	0	2	1
19	进善	3.2	42	7	20	3	36	5
20	蔡家庄村（西川河）	4.7	26	7	63	22	49	14
	蔡家村（蔡家庄沟）	80	0	0	0	0	100	32
21	西会村	85	0	0	0	0	4	1
22	苇院坪村	4	2	1	27	6	2	1
23	阳坡村	11.5	0	0	19	3	40	11
24	康家沟村	44	0	0	0	0	7	2

续表 1-7-3

序号	行政区划名称	防洪能力(a)	极高危险区(小于5年一遇)		高危险区(5～20年一遇)		危险区(大于20年一遇)	
			人口(人)	*房屋(座)	人口(人)	*房屋(座)	人口(人)	*房屋(座)
25	郭家庄村	49	0	0	0	0	5	3
26	柴厂村	9.3	0	0	30	8	33	10
27	娄儿上村	5.35	0	0	5	1	0	0
28	石峪村	12	0	0	21	6	10	2
29	山庄头	23	0	0	0	0	9	2
30	米峪镇乡(石峪沟)	61	0	0	0	0	13	8
	米峪镇乡(涧河)	12.8	0	0	19	7	0	0
31	窑庄	12	0	0	4	1	0	0
32	国练	4	51	14	40	12	0	0
33	杨家庄上	70	0	0	0	0	3	1
34	晋阳掌村	62	0	0	0	0	8	1
35	潘家庄(涧河)	4.4	1	1	26	7	30	9
	潘家庄村(潘家庄沟)	11	0	0	42	12	6	3
36	边家庄村	5.2	0	0	10	2	12	3
37	韩家沟村(天池河)	10.5	0	0	4	1	12	2
	韩家沟村(韩家沟)	68	0	0	0	0	4	1
38	小娄则	57	0	0	0	0	154	22
39	陈家庄村	5.7	0	0	67	20	39	13
40	鹰落沟村	18	0	0	25	7	17	6
41	南岔村	24	0	0	0	0	32	7
42	窑儿上村	68	0	0	0	0	17	3
43	孔河沟	3.4	16	4	4	1	17	3
44	下冶南村	6.5	0	0	21	4	18	4
45	王家崖村	25	0	0	0	0	97	25

续表 1-7-3

序号	行政区划名称	防洪能力(a)	极高危险区(小于 5 年一遇)		高危险区(5～20 年一遇)		危险区(大于 20 年一遇)	
			人口(人)	*房屋(座)	人口(人)	*房屋(座)	人口(人)	*房屋(座)
46	圪垛村	60	0	0	0	0	81	19
47	马道沟村	44	0	0	0	0	46	7
48	石家岩村	17	0	0	39	13	0	0
49	顺道村	40	0	0	0	0	468	126

7.4.2　现状防洪能力评价

根据重点防治区 100 年、50 年、20 年、10 年和 5 年一遇设计洪水水面线成果，结合重点防治区地形及居民户高程，勾绘各频率设计洪水淹没范围。

7.4.2.1　成灾水位及控制断面的确定

成灾水位通过对比临河一侧居民户高程和重点防治区河段水面线确定，具体方法为：

(1)根据各频率设计洪水淹没范围，确定能够威胁到居民户的最小设计洪水重现期。

(2)将该重现期设计洪水淹没的临河一侧居民户投影到纵断面上，绘制居民户高程与该重现期设计洪水水面线对比示意图，居民户低于水面线即代表被淹没。

(3)距离该水面线最远的居民户高程即为成灾水位，距离该居民户最近的横断面即为控制断面。

7.4.2.2　成灾水位对应频率

根据水位—流量关系推求成灾水位对应的洪峰流量，采用插值法，利用洪峰流量—频率曲线确定其频率，换算成重现期。

7.4.2.3　水位—流量—人口关系

根据重点防治区 5 个典型频率设计洪水对应的水面线成果，结合重点防治区地形地貌、居民户高程情况，勾绘划定各频率设计洪水淹没范围。统计不同频率设计洪水位下的累积人口、户数。

7.4.2.4　各县(市)现状防洪能力评价成果

太原市各县(市)都进行了现状防洪能力评价，5 个县(市)共 420 个重点防治区。

1. 太原市

太原市各水务局内业调查表确定了 134 个重点防治区，作为山洪灾害分析评价名录，其中有 44 个重点防治区受河道洪水影响，居民户高程位于历史洪水位(百年洪水位)以下；有 26 个重点防治区通过外业调查和初步计算居民户高程均位于历史最高洪水位(百年洪水位)以上；有 64 个重点防治区受坡面水流影响。受山洪灾害威胁严重且在区域上具有典型性的 108 个村落分布在 58 个小流域、25 个乡(镇)。

完成了 108 个村落设计暴雨计算、设计洪水分析、防洪现状评价，通过重点防治区防洪现状分析评价，对 44 个重点防治区进行了预警指标分析和危险区图绘制，完成了相关成果表格的填写，绘制了防洪现状评价图、预警雨量临界曲线图和危险区划分示意图，分析评价成果表明，26 个重点防治区现状防洪能力在 100 年一遇洪水位以上，44 个重点防治区现状防洪能力在 100 年一遇洪水位以下（桃杏村分别计算高家河和官地沟两条河），其中防洪能力在 1 ~5 年一遇的有 8 个，5 ~20 年一遇的有 21 个，20 ~100 年一遇的有 16 个。64 个重点危险村受坡面流影响，根据受灾和降水同频率计算了预警指标。统计了太原市 44 个重点防治区各级危险区人口数量及分布情况。成果表明，位于极高危险区 155 户、541 人，高危险区 1 216 户、3 139 人，危险区 3 051 户、9 496 人。

2. 清徐县

清徐县水务局内业调查表确定了 70 个重点危险村，作为山洪灾害分析评价名录，在其中有 31 个村落受河道洪水影响，居民户高程位于最高历史洪水（100 年一遇设计洪水）位以下；有 25 个村通过外业调查和计算居民户高层均位于历史最高洪水（100 年一遇设计洪水）位以上；有 14 个村落受坡面水流影响；受山洪灾害威胁严重且在区域上具有典型性的 70 个村落分布在 12 个小流域、9 个乡（镇）。

完成了 70 个村落设计暴雨计算、设计洪水分析、防洪现状评价，通过重点防治区防洪现状分析评价，对 45 个重点防治区进行了预警指标分析，对 31 个重点防治区进行了危险区图绘制，完成了相关成果表格的填写，绘制了防洪现状评价图、预警雨量临界曲线图和危险区划分示意图，分析评价成果表明，25 个重点防治区现状防洪能力位于历史最高洪水（100 年一遇设计洪水）位以上；31 个重点防治区现状防洪能力位于历史最高洪水（100 年一遇设计洪水）位以下（东于村、黑岔村、西圪台头、涧沟村、张家山、桃园和果子园 7 个村均受两条河影响，分别进行防洪能力评价；其中东于村、黑岔村、西圪台头和涧沟村 4 个村两条河均淹没，张家山、桃园和果子园 3 个村 1 条河淹没），其中防洪能力在 1 ~5 年一遇的有 14 个，5 ~20 年一遇的有 4 个，20 ~100 年一遇的有 13 个，14 个重点防治区受坡面流影响，根据受灾和降水同频率计算了预警指标。统计了清徐县 31 个危险重点防治区各级危险区人口数量及分布情况。成果表明，位于极高危险区 2 430 户、8 523 人，高危险区 761 户、2 592 人，危险区 3 338 户、13 492 人。

3. 阳曲县

阳曲县水务局内业调查表确定了 75 个重点危险村，作为山洪灾害分析评价名录，在其中有 36 个村落受河道洪水影响，居民户高层位于历史洪水（100 一遇洪水）位以下；有 11 个村通过外业调查和初步计算居民户高层均位于历史洪水（100 年一遇洪水）位以上；有 25 个村落受坡面水流影响；有 2 个村属于重要集镇和 1 个村整村拆迁，只是外业做了危险区的描绘。受山洪灾害威胁严重且在区域上具有典型性的 75 个村落分布在 21 个小流域、10 个乡（镇）。

完成了 72 个村落设计暴雨计算、设计洪水分析、防洪现状评价，通过重点防治区防洪现状分析评价，对 36 个重点防治区进行了预警指标分析和危险区图绘制，完成了相关成果表格的填写，绘制了防洪现状评价图、预警雨量临界曲线图和危险区划分示意图，分析评价成果表明，36 个重点防治区现状防洪能力在 100 年一遇洪水位以上，36 个重点防治区现状防洪能力在 100 年一遇洪水位以下（杨兴村分别算八里岔和温川河两条河），其中防洪能力在1 ~5 年一遇的有 18 个，5 ~20 年一遇的有 10 个，20 ~100 年一遇的有 9 个。

25 个重点危险村受坡面流影响，根据受灾和降水同频率计算了预警指标。统计了阳曲县 36 个危险重点防治区各级危险区人口数量及分布情况。成果表明，位于极高危险区 381 户、925 人，高危险区 306 户、832 人，危险区 1 614 户、4 674 人。

4. 娄烦县

娄烦县 54 个重点防治区中，有 49 个重点防治区（其中有 5 个重点防治区有两条沟）现状防洪能力在 100 年一遇以下，为危险重点防治区。有 5 个村落受坡面水流影响。

统计了娄烦县 49 个危险重点防治区各级危险区人口数量及分布情况。成果表明，位于极高危险区 56 户、224 人，高危险区 235 户、929 人，危险区 616 户、2 324 人。

5. 古交市

古交市 79 个重点防治区中，有 5 个重点防治区的现状防洪能力非常高，大于 100 年一遇，其余 39 个重点防治区现状防洪能力在 100 年一遇以下，为危险重点防治区，其中 1 ~5 年一遇的有 14 个，5 ~20 年一遇的有 13 个，20 ~100 年一遇的有 12 个。

统计了古交市 39 个危险重点防治区各级危险区人口数量及分布情况。成果表明，位于极高危险区 18 户、89 人，高危险区 82 户、766 人，危险区 421 户、4 102 人，分别占 39 个危险重点防治区总户数的 1.1%、5.0% 和 25.8%。

第8章 太原市山洪灾害预警指标

8.1 雨量预警指标

一般情况下,山洪成灾的原因是由局地暴雨形成洪水,导致河水急速上涨,水位超过河岸高度形成漫滩,上滩洪水对农田和房屋造成安全威胁。根据河水漫滩的水位,结合实测河流断面资料计算出相应的流量,即为危险流量。由于径流是由降雨产生的,从达到危险流量的时间开始往前推,在一定时间之内的累计降雨量即为临界雨量。

山洪的大小除与降雨总量、降雨强度有关外,还与流域土壤饱和程度或前期影响雨量密切相关。随着流域前期影响雨量的变化,临界雨量值也会发生变化。因此,在建立临界雨量指标时,应该考虑山洪防治区中小流域前期影响雨量,给出不同前期影响雨量条件下的临界雨量。

雨量预警指标计算采用双曲正切产流模型与单位线流域汇流模型,对重点防治区控制断面以上流域进行了产汇流模拟分析,推求雨量预警指标。

8.1.1 预警时段确定

预警时段是指雨量预警指标中采用的典型降雨历时,是雨量预警指标的重要组成部分。受重点防治区上游集雨面积大小、降雨强度、流域形状及其地形地貌、植被、土壤含水量等因素的影响,预警时段会发生变化,因此需要合理地确定。

根据防治区暴雨特性、流域面积大小、平均比降、形状系数、下垫面情况等因素,将预警时段拟定为0.5 h、1 h、2 h、3 h、4 h、5 h和6 h。

8.1.2 流域土壤含水量

流域土壤含水量通过《山西省水文计算手册》中的流域前期持水度 B_0 作为综合反映流域土壤含水量或土壤湿度的间接指标。B_0 取值为0、0.3和0.6,分别代表土壤湿度较干、一般和较湿3种情况。结果如表1-8-2所示。

太原市清徐县武家坡村对 B_0 取值0、0.3和0.6分别计算了1 h临界雨量,结果分别为62 mm、59 mm和55 mm。太原市阳曲县安家庄对 B_0 取值0、0.3和0.6分别计算了1 h临界雨量,结果分别为53 mm、47 mm和41 mm。太原市娄烦县赤土华村对 B_0 取值0、0.3和0.6分别计算了1 h临界雨量,结果分别为54 mm、59 mm和40 mm。太原市古交市营立村对 B_0 取值0、0.3和0.6分别计算了1 h临界雨量,结果分别为58 mm、52 mm和47

mm。太原市市区董家庄对 B_0 取值 0、0.3 和 0.6 分别计算了 1 h 临界雨量，分别是 51 mm、47 mm 和 43 mm。

8.1.3　临界雨量计算

在确定了成灾水位、预警时段以及产汇流分析方法后，就可以计算不同前期影响雨量（B_0）下各典型时段的危险区临界雨量。具体计算步骤如下：

（1）假设一个最大第 2 小时～最大第 6 小时的降雨总量初值 H。根据设计雨型，分别计算出最大第 2 小时～最大第 6 小时的降雨量 P_2'～P_6'。

（2）计算暴雨参数。由式（1-8-1）和式（1-8-2）计算得到不同暴雨参数下的最大 1 小时～最大 6 小时的降雨总量值 H_1～H_6 及最大第 2 小时～最大第 6 小时的降雨量 P_2～P_6。根据表 1-8-1 中暴雨参数的范围，可以得到多组 P_2～P_6，将每组 P_2～P_6 与 P_2'～P_6'进行比较，误差平方和最小的那组 P_2～P_6 所用参数即为所要求的暴雨参数。

$$H_P(t) = \begin{cases} S_P \cdot t^{1-n}, & \lambda \neq 0 \quad 0 \leqslant \lambda < 0.12 \\ S_P \cdot t^{1-n_s}, & \lambda = 0 \end{cases} \tag{1-8-1}$$

$$n = n_s \frac{t^\lambda - 1}{\lambda \ln t} \tag{1-8-2}$$

式中：n、n_s 分别为双对数坐标系中设计暴雨时—强关系曲线的坡度及 t = 1 h 时的斜率；S_P 为设计雨力，即 1 h 设计雨量，mm/h；t 为暴雨历时，h；λ 为经验参数。

表 1-8-1　暴雨参数取值范围

暴雨参数	取值范围	精度
S_P	P_2～100	0.1
n_s	0.01～1	0.01
λ	0.001～0.12	0.001

（3）由（2）计算得的暴雨参数值，用式（1-8-1）和式（1-8-2）可以计算最大第 1 小时～最大第 6 小时的雨量；根据设计雨型，得到典型时段内每小时的雨量 H_{P1}、H_{P2}、…、H_{P6}。

（4）使用双曲正切产流模型与单位线流域汇流模型进行产汇流分析，计算由典型时段内各个小时降雨所形成的洪峰流量 Q_m（具体步骤参见第 6 章相关内容）。

（5）如果 $|Q_m - Q| > 1\ m^3/s$，则用二分法重新假设 H。

（6）重复（2）～（5），直到 $|Q_m - Q| \leqslant 1\ m^3/s$ 时，典型时段内各小时的降雨总量即为临界雨量。

根据太原市各县（市）重点防治区成灾水位对应洪峰流量成果，结合上述计算步骤，反推得到这个村落的动态临界雨量，完成临界雨量成果表（见表 1-8-2），并由动态临界雨量绘制出的预警雨量临界曲线图（见图 1-8-1）。

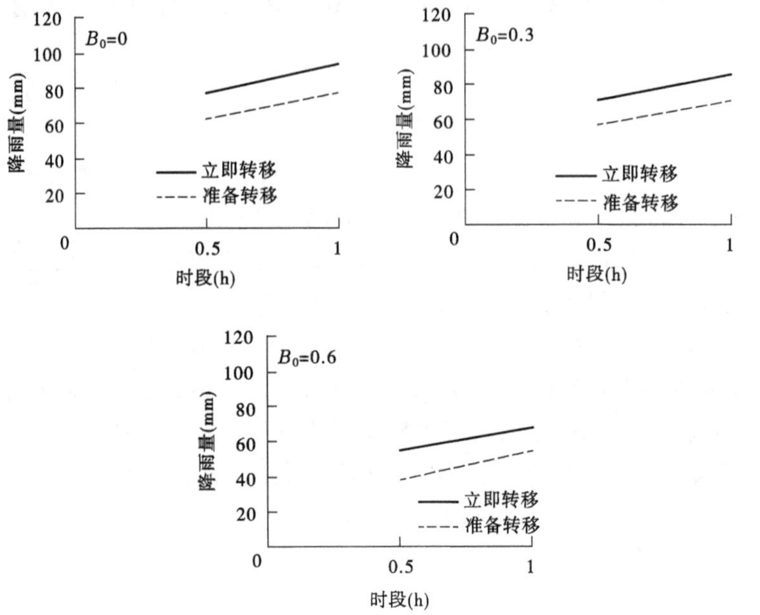

图 1-8-1　太原市清徐县口儿村预警雨量临界雨量图

8.1.4　雨量预警指标综合确定

(1)立即转移指标。

由于临界雨量是从成灾水位对应流量的洪水推算得到的,所以在数值上认为临界雨量即立即转移指标。

(2)准备转移指标。

预警时段为 1 h 或者 0.5 h 时,准备转移指标 = 立即转移指标 ×0.7。

预警时段为 2 ~6 h 时,前一个预警时段的立即转移指标即为该预警时段的准备转移指标。

太原市重点防治区预警指标成果表、重点防治区预警指标分布图见表 1-8-2、附图 1-1。

例:太原市清徐县碾底村预警时段 1 h, B_0 =0 时立即转移值为 34 mm,准备转移值为 28 mm;太原市阳曲县麻黄沟预警时段 1 h, B_0 =0 时立即转移值为 33.4 mm,准备转移值为 26 mm;太原市娄烦县西会村预警时段 1 h, B_0 =0 时立即转移值为 60 mm,准备转移值为 53 mm;太原市古交市陈家社村预警时段 1 h, B_0 =0 时立即转移值为 39 mm,准备转移值为 32.5 mm;太原市区黑驼村预警时段 1 h, B_0 =0 时立即转移值为 45 mm,准备转移值为 38 mm。

表 1-8-2　太原市阳曲县预警指标成果(节选部分县(市))

序号	行政区划名称	类别	时段(h)	预警指标(mm)		临界雨量/水位	方法	备注(B_0)
				准备转移	立即转移			
1	箭杆	雨量	0.5	30.2	43.1	43.1	流域模型法	0
			1	43.1	52.9	52.9		
			1.5	52.9	64.8	64.8		
			0.5	26.9	38.4	38.4		0.3
			1	38.4	47.3	47.3		
			1.5	47.3	57.1	57.1		
			0.5	23.8	34.0	34.0		0.6
			1	34.0	40.9	40.9		
			1.5	40.9	49.9	49.9		
2	安家庄	雨量	0.5	20.2	28.9	28.9	流域模型法	0
			1	28.9	35.8	35.8		
			2	40.6	46.2	46.2		
			0.5	17.8	25.4	25.4		0.3
			1	25.4	30.9	30.9		
			2	35.4	39.9	39.9		
			0.5	15.1	21.6	21.6		0.6
			1	21.6	25.9	25.9		
			2	29.4	33.1	33.1		
3	北龙泉	雨量	0.5	26.5	37.8	37.8	流域模型法	0
			1	37.8	50.1	50.1		
			0.5	22.8	32.5	32.5		0.3
			1	32.5	42.9	42.9		
			0.5	18.6	26.6	26.6		0.6
			1	26.6	35.6	35.6		

续表 1-8-2

序号	行政区划名称	类别	时段(h)	预警指标(mm)		临界雨量/水位	方法	备注(B_0)
				准备转移	立即转移			
4	扫峪	雨量	0.5	26.0	37.2	37.2	流域模型法	0
			1	37.2	46.2	46.2		
			2	53.9	60.3	60.3		
			3	66.4	71.5	71.5		
			4	78.0	83.7	83.7		
			0.5	22.4	32.0	32.0		0.3
			1	32.0	39.8	39.8		
			2	46.3	51.9	51.9		
			3	57.5	61.9	61.9		
			4	67.4	72.8	72.8		
			0.5	18.4	26.3	26.3		0.6
			1	26.3	32.3	32.3		
			2	37.6	42.5	42.5		
			3	46.9	51.1	51.1		
			4	55.7	60.8	60.8		
5	西庄	雨量	0.5	35.1	50.2	50.2	流域模型法	0
			1	50.2	70.1	70.1		
			0.5	31.0	44.3	44.3		0.3
			1	44.3	62.3	62.3		
			0.5	26.5	37.8	37.8		0.6
			1	37.8	53.4	53.4		
6	柳林	雨量	0.5	15.9	22.7	22.7	流域模型法	0
			1	22.7	28.9	28.9		
			2	34.0	38.1	38.1		
			3	40.9	45.1	45.1		
			4	48.4	50.6	50.6		
			4.5	50.6	53.5	53.5		
			0.5	13.2	18.9	18.9		0.3
			1	18.9	24.2	24.2		
			2	28.6	32.1	32.1		
			3	35.4	38.5	38.5		
			4	41.5	43.6	43.6		
			4.5	43.6	47.6	47.6		

续表 1-8-2

序号	行政区划名称	类别	时段(h)	预警指标(mm)		临界雨量/水位	方法	备注(B_0)
				准备转移	立即转移			
6	柳林	雨量	0.5	10.2	14.6	14.6	流域模型法	0.6
			1	14.6	18.9	18.9		
			2	22.5	25.7	25.7		
			3	28.4	30.8	30.8		
			4	33.9	36.5	36.5		
			4.5	36.5	37.9	37.9		
7	耀子	雨量	0.5	40.1	57.3	57.3	流域模型法	0
			1	57.3	69.0	69.0		
			2	81.3	95.0	95.0		
			2.5	95.0	106.0	106.0		
			0.5	35.8	51.1	51.1		0.3
			1	51.1	60.7	60.7		
			2	71.6	83.5	83.5		
			2.5	83.5	93.2	93.2		
			0.5	31.0	44.3	44.3		0.6
			1	44.3	51.8	51.8		
			2	61.2	71.0	71.0		
			2.5	71.0	80.4	80.4		
8	岔上	雨量	0.5	38.4	54.9	54.9	流域模型法	0
			1	54.9	67.9	67.9		
			2	77.2	87.2	87.2		
			3	96.4	105.3	105.3		
			0.5	34.1	48.7	48.7		0.3
			1	48.7	59.6	59.6		
			2	67.2	76.2	76.2		
			3	84.3	92.5	92.5		
			0.5	29.3	41.9	41.9		0.6
			1	41.9	50.7	50.7		
			2	56.7	64.7	64.7		
			3	71.2	79.0	79.0		

续表 1-8-2

序号	行政区划名称	类别	时段(h)	预警指标(mm)		临界雨量/水位	方法	备注(B_0)
				准备转移	立即转移			
9	西泥屯	雨量	0.5	28.5	40.7	40.7	流域模型法	0
			1	40.7	51.2	51.2		
			2	61.2	73.1	73.1		
			0.5	24.8	35.4	35.4		0.3
			1	35.4	44.0	44.0		
			2	53.1	62.6	62.6		
			0.5	20.7	29.5	29.5		0.6
			1	29.5	36.7	36.7		
			2	44.3	52.2	52.2		
10	西青善	雨量	0.5	30.8	44.0	44.0	流域模型法	0
			1	44.0	53.4	53.4		
			2	63.1	74.7	74.7		
			0.5	27.1	38.7	38.7		0.3
			1	38.7	46.4	46.4		
			2	55.0	65.0	65.0		
			0.5	23.2	33.1	33.1		0.6
			1	33.1	39.0	39.0		
			2	46.0	54.5	54.5		
11	河庄	雨量	0.5	13.2	18.9	18.9	流域模型法	0
			1	18.9	24.5	24.5		
			0.5	10.8	15.4	15.4		0.3
			1	15.4	20.0	20.0		
			0.5	8.3	11.8	11.8		0.6
			1	11.8	15.6	15.6		
12	杨兴(温川河)	雨量	0.5	17.2	24.5	24.5	流域模型法	0
			1	24.5	32.8	32.8		
			0.5	14.7	21.0	21.0		0.3
			1	21.0	27.8	27.8		
			0.5	11.6	16.5	16.5		0.6
			1	16.5	22.3	22.3		

续表 1-8-2

序号	行政区划名称	类别	时段(h)	预警指标(mm)		临界雨量/水位	方法	备注(B_0)
				准备转移	立即转移			
12	杨兴(八里岔)	雨量	0.5	27.3	39.0	39.0	流域模型法	0
			1	39.0	49.0	49.0		
			1.5	49.0	60.4	60.4		
			0.5	23.8	34.0	34.0		0.3
			1	34.0	42.9	42.9		
			1.5	42.9	52.3	52.3		
			0.5	20.2	28.9	28.9		0.6
			1	28.9	35.6	35.6		
			1.5	35.6	44.3	44.3		
13	石槽	雨量	0.5	14.4	20.5	20.5	流域模型法	0
			1	20.5	26.2	26.2		
			2	30.6	35.2	35.2		
			0.5	12.0	17.1	17.1		0.3
			1	17.1	22.0	22.0		
			2	25.9	29.5	29.5		
			0.5	9.4	13.4	13.4		0.6
			1	13.4	17.1	17.1		
			2	20.1	23.5	23.5		
14	黄土坊	雨量	0.5	15.4	22.0	22.0	流域模型法	0
			1	22.0	28.0	28.0		
			2	32.6	36.4	36.4		
			3	40.2	42.9	42.9		
			0.5	12.8	18.3	18.3		0.3
			1	18.3	23.3	23.3		
			2	27.6	31.3	31.3		
			3	34.2	36.9	36.9		
			0.5	10.0	14.3	14.3		0.6
			1	14.3	18.4	18.4		
			2	21.8	24.5	24.5		
			3	27.2	29.7	29.7		

续表 1-8-2

序号	行政区划名称	类别	时段(h)	预警指标(mm)		临界雨量/水位	方法	备注(B_0)
				准备转移	立即转移			
15	麻黄沟	雨量	0.5	18.2	26.0	26.0	流域模型法	0
			1	26.0	33.4	33.4		
			2	38.6	43.8	43.8		
			3	48.5	52.7	52.7		
			0.5	14.9	21.3	21.3		0.3
			1	21.3	27.8	27.8		
			2	32.2	36.5	36.5		
			3	40.9	43.6	43.6		
			0.5	12.0	17.1	17.1		0.6
			1	17.1	22.3	22.3		
			2	25.7	29.2	29.2		
			3	33.2	36.1	36.1		
16	尧沟	雨量	0.5	22.8	32.5	32.5	流域模型法	0
			1	32.5	42.9	42.9		
			0.5	19.5	27.8	27.8		0.3
			1	27.8	36.7	36.7		
			0.5	16.1	23.0	23.0		0.6
			1	23.0	30.1	30.1		
17	后沟	雨量	0.5	20.7	29.5	29.5	流域模型法	0
			0.5	17.4	24.8	24.8		0.3
			0.5	14.1	20.1	20.1		0.6
18	西郭湫	雨量	0.5	20.2	28.9	28.9	流域模型法	0
			1	28.9	40.1	40.1		
			0.5	17.4	24.8	24.8		0.3
			1	24.8	35.1	35.1		
			0.5	14.5	20.7	20.7		0.6
			1	20.7	29.5	29.5		
19	沙河	雨量	0.5	19.0	27.2	27.2	流域模型法	0
			0.5	16.1	23.0	23.0		0.3
			0.5	13.2	18.9	18.9		0.6

续表 1-8-2

序号	行政区划名称	类别	时段(h)	预警指标(mm)		临界雨量/水位	方法	备注(B_0)
				准备转移	立即转移			
20	景庄	雨量	0.5	20.7	29.5	29.5	流域模型法	0
			0.5	17.8	25.4	25.4		0.3
			0.5	14.7	21.0	21.0		0.6
21	大盂	雨量	0.5	19.0	27.2	27.2	流域模型法	0
			1	27.2	36.7	36.7		
			0.5	16.3	23.3	23.3		0.3
			1	23.3	31.7	31.7		
			0.5	13.2	18.9	18.9		0.6
			1	18.9	25.6	25.6		
22	高村	雨量	0.5	14.9	21.3	21.3	流域模型法	0
			0.5	12.4	17.7	17.7		0.3
			0.5	9.9	14.2	14.2		0.6
23	折腰桥	雨量	0.5	25.6	36.6	36.6	流域模型法	0
			1	36.6	49.5	49.5		
			0.5	22.3	31.9	31.9		0.3
			1	31.9	43.4	43.4		
			0.5	18.8	26.9	26.9		0.6
			1	26.9	36.5	36.5		
24	东黄水	雨量	0.5	37.0	52.9	52.9	流域模型法	0
			1	52.9	67.9	67.9		
			1.5	67.9	85.3	85.3		
			0.5	33.3	47.5	47.5		0.3
			1	47.5	60.7	60.7		
			1.5	60.7	76.4	76.4		
			0.5	29.3	41.9	41.9		0.6
			1	41.9	52.9	52.9		
			1.5	52.9	66.8	66.8		
25	北岭坡	雨量	0.5	41.4	59.1	59.1	流域模型法	0
			1	59.1	71.2	71.2		
			2	84.5	99.2	99.2		
			0.5	36.8	52.6	52.6		0.3
			1	52.6	62.9	62.9		
			2	74.4	87.7	87.7		
			0.5	32.3	46.1	46.1		0.6
			1	46.1	54.0	54.0		
			2	63.6	75.2	75.2		

续表 1-8-2

序号	行政区划名称	类别	时段(h)	预警指标(mm)		临界雨量/水位	方法	备注(B_0)
				准备转移	立即转移			
26	尧子尚	雨量	0.5	23.2	33.1	33.1	流域模型法	0
			0.5	19.8	28.3	28.3		0.3
			0.5	17.4	24.8	24.8		0.6
27	杨庄	雨量	0.5	14.1	20.1	20.1	流域模型法	0
			1	20.1	25.6	25.6		
			2	29.8	34.5	34.5		
			3	38.3	40.6	40.6		
			0.5	11.6	16.5	16.5		0.3
			1	16.5	21.2	21.2		
			2	24.9	28.4	28.4		
			3	31.6	34.6	34.6		
			0.5	8.7	12.4	12.4		0.6
			1	12.4	16.7	16.7		
			2	19.3	23.0	23.0		
			3	25.2	27.1	27.1		
28	阳店	雨量	0.5	16.5	23.6	23.6	流域模型法	0
			1	23.6	30.1	30.1		
			2	35.2	39.7	39.7		
			3	43.4	47.4	47.4		
			4	51.0	54.5	54.5		
			0.5	14.1	20.1	20.1		0.3
			1	20.1	25.6	25.6		
			2	29.8	33.7	33.7		
			3	37.0	39.9	39.9		
			4	43.6	46.7	46.7		
			0.5	10.9	15.6	15.6		0.6
			1	15.6	19.9	19.9		
			2	23.5	26.9	26.9		
			3	29.7	32.7	32.7		
			4	35.2	38.9	38.9		

续表 1-8-2

序号	行政区划名称	类别	时段(h)	预警指标(mm)		临界雨量/水位	方法	备注(B_0)
				准备转移	立即转移			
29	董家沟	雨量	0.5	17.6	25.1	25.1	流域模型法	0
			1	25.1	31.7	31.7		
			2	37.0	41.8	41.8		
			3	46.0	49.6	49.6		
			4	53.6	56.5	56.5		
			0.5	14.8	21.1	21.1		0.3
			1	21.1	26.7	26.7		
			2	31.4	35.2	35.2		
			3	38.9	41.9	41.9		
			4	45.8	48.7	48.7		
			0.5	11.6	16.5	16.5		0.6
			1	16.5	21.0	21.0		
			2	24.7	28.2	28.2		
			3	31.0	34.2	34.2		
			4	36.7	39.9	39.9		
30	滩里	雨量	0.5	20.0	28.6	28.6	流域模型法	0
			1	28.6	35.6	35.6		
			2	41.8	47.0	47.0		
			3	51.1	55.3	55.3		
			4	59.8	64.3	64.3		
			0.5	16.9	24.2	24.2		0.3
			1	24.2	30.3	30.3		
			2	35.2	39.9	39.9		
			3	44.0	47.6	47.6		
			4	50.7	55.5	55.5		
			0.5	13.4	19.2	19.2		0.6
			1	19.2	24.2	24.2		
			2	28.4	32.4	32.4		
			3	35.1	38.5	38.5		
			4	41.7	45.3	45.3		

续表 1-8-2

序号	行政区划名称	类别	时段(h)	预警指标(mm)		临界雨量/水位	方法	备注(B_0)
				准备转移	立即转移			
31	郑家寨	雨量	0.5	41.0	58.5	58.5	流域模型法	0
			1	58.5	78.5	78.5		
			0.5	37.2	53.1	53.1		0.3
			1	53.1	71.2	71.2		
			0.5	33.5	47.8	47.8		0.6
			1	47.8	64.0	64.0		
32	柏井	雨量	0.5	11.6	16.5	16.5	流域模型法	0
			1	16.5	21.0	21.0		
			2	24.5	27.9	27.9		
			3	31.3	33.3	33.3		
			0.5	9.5	13.5	13.5		0.3
			1	13.5	17.4	17.4		
			2	20.7	24.0	24.0		
			3	26.3	28.6	28.6		
			0.5	7.2	10.3	10.3		0.6
			1	10.3	13.6	13.6		
			2	16.2	18.8	18.8		
			3	19.8	22.7	22.7		
33	黄寨	雨量	0.5	13.7	19.5	19.5	流域模型法	0
			1	19.5	24.9	24.9		
			2	29.0	33.4	33.4		
			3	35.7	38.4	38.4		
			0.5	11.3	16.2	16.2		0.3
			1	16.2	20.7	20.7		
			2	24.5	27.8	27.8		
			3	30.7	33.0	33.0		
			0.5	8.8	12.5	12.5		0.6
			1	12.5	16.1	16.1		
			2	19.2	21.9	21.9		
			3	24.3	27.1	27.1		

续表 1-8-2

序号	行政区划名称	类别	时段(h)	预警指标(mm)		临界雨量/水位	方法	备注(B_0)
				准备转移	立即转移			
34	河里	雨量	0.5	13.9	19.9	19.9	流域模型法	0
			1	19.9	25.2	25.2		
			2	29.6	33.5	33.5		
			3	36.1	39.4	39.4		
			3.5	39.4	42.5	42.5		
			0.5	11.6	16.6	16.6		0.3
			1	16.6	21.2	21.2		
			2	24.8	27.9	27.9		
			3	30.7	33.5	33.5		
			3.5	33.5	36.4	36.4		
			0.5	9.0	12.8	12.8		0.6
			1	12.8	16.4	16.4		
			2	19.4	21.9	21.9		
			3	24.2	26.3	26.3		
			3.5	26.3	29.4	29.4		
35	大碾沟	雨量	0.5	32.5	46.4	46.4	流域模型法	0
			0.5	29.3	41.9	41.9		0.3
			0.5	26.3	37.5	37.5		0.6
36	安塘	雨量	0.5	24.0	34.3	34.3	流域模型法	0
			0.5	20.7	29.5	29.5		0.3
			0.5	17.8	25.4	25.4		0.6
37	南郑村		0.167	15	21.7	21.7		$P=10\%$
			0.5	22	31.9	31.9		
			1	32	39.7	39.7		
			1.5	40	44.7	44.7		
			2	45	48.4	48.4		
			2.5	48	51.3	51.3		
			3	51	53.8	53.8		

续表 1-8-2

序号	行政区划名称	类别	时段(h)	预警指标(mm)		临界雨量/水位	方法	备注(B_0)
				准备转移	立即转移			
38	中社村		0.167	11	16.4	16.4		$P=10\%$
			0.5	16	24.6	24.6		
			1	25	31.2	31.2		
			1.5	31	35.6	35.6		
			2	36	38.9	38.9		
			2.5	39	41.6	41.6		
			3	42	43.9	43.9		
39	小直峪		0.167	14	20.6	20.6		$P=10\%$
			0.5	21	29.8	29.8		
			1	30	36.7	36.7		
			1.5	37	41.2	41.2		
			2	41	44.5	44.5		
			2.5	44	47.1	47.1		
			3	47	49.3	49.3		
40	南家庄		0.167	19	26.8	26.8		$P=10\%$
			0.5	27	39.0	39.0		
			1	39	48.2	48.2		
			1.5	48	54.0	54.0		
			2	54	58.3	58.3		
			2.5	58	61.7	61.7		
			3	62	64.5	64.5		
41	沟边		0.167	15	21.8	21.8		$P=10\%$
			0.5	22	33.0	33.0		
			1	33	41.6	41.6		
			1.5	42	47.2	47.2		
			2	47	51.3	51.3		
			2.5	51	54.7	54.7		
			3	57	57.4	57.4		

续表 1-8-2

序号	行政区划名称	类别	时段(h)	预警指标(mm)		临界雨量/水位	方法	备注(B_0)
				准备转移	立即转移			
42	上原		0.167	15	21.9	21.9		$P=10\%$
			0.5	22	33.1	33.1		
			1	33	41.8	41.8		
			1.5	42	47.4	47.4		
			2	47	51.6	51.6		
			2.5	52	54.9	54.9		
			3	57	57.7	57.7		
43	古城		0.167	15	21.9	21.9		$P=10\%$
			0.5	22	33.1	33.1		
			1	33	41.8	41.8		
			1.5	42	47.4	47.4		
			2	47	51.6	51.6		
			2.5	52	54.9	54.9		
			3	57	57.7	57.7		
44	卷子头		0.167	15	22.1	22.1		$P=10\%$
			0.5	22	32.9	32.9		
			1	33	41.2	41.2		
			1.5	41	46.5	46.5		
			2	47	50.5	50.5		
			2.5	51	53.7	53.7		
			3	54	56.4	56.4		
45	马驼村		0.167	18	25.6	25.6		$P=5\%$
			0.5	26	37.4	37.4		
			1	37	46.3	46.3		
			1.5	46	51.9	51.9		
			2	52	56.0	56.0		
			2.5	56	59.2	59.2		
			3	59	61.8	61.8		

续表 1-8-2

序号	行政区划名称	类别	时段(h)	预警指标(mm)		临界雨量/水位	方法	备注(B_0)
				准备转移	立即转移			
46	吉家岗		0.167	14	20.4	20.4		$P=10\%$
			0.5	20	30.2	30.2		
			1	30	37.6	37.6		
			1.5	38	42.3	42.3		
			2	42	45.8	45.8		
			2.5	46	48.5	48.5		
			3	49	50.8	50.8		
47	石家庄西		0.167	16	22.7	22.7		$P=5\%$
			0.5	23	35.6	35.6		
			1	36	46.1	46.1		
			1.5	46	53.2	53.2		
			2	53	58.6	58.6		
			2.5	59	63.0	63.0		
			3	63	66.7	66.7		
48	张家庄		0.167	13	19.0	19.0		$P=10\%$
			0.5	19	27.9	27.9		
			1	28	34.9	34.9		
			1.5	35	39.5	39.5		
			2	39	42.9	42.9		
			2.5	43	45.7	45.7		
			3	46	48.1	48.1		
49	杏沟		0.167	13	19.2	19.2		$P=10\%$
			0.5	19	29.4	29.4		
			1	29	37.4	37.4		
			1.5	37	42.6	42.6		
			2	43	46.4	46.4		
			2.5	46	49.5	49.5		
			3	50	52.1	52.1		

续表 1-8-2

序号	行政区划名称	类别	时段(h)	预警指标(mm)		临界雨量/水位	方法	备注(B_0)
				准备转移	立即转移			
50	兴社村		0.167	18	26.1	26.1		$P=5\%$
			0.5	26	38.6	38.6		
			1	39	48.1	48.1		
			1.5	48	54.1	54.1		
			2	54	58.5	58.5		
			2.5	59	62.0	62.0		
			3	62	64.9	64.9		
51	北社村		0.167	18	25.8	25.8		$P=5\%$
			0.5	26	37.9	37.9		
			1	38	47.1	47.1		
			1.5	47	53.0	53.0		
			2	53	57.4	57.4		
			2.5	57	60.9	60.9		
			3	61	63.8	63.8		
52	沟北		0.167	17	23.8	23.8		$P=5\%$
			0.5	24	35.4	35.4		
			1	35	44.3	44.3		
			1.5	44	50.1	50.1		
			2	50	54.4	54.4		
			2.5	54	57.8	57.8		
			3	58	60.7	60.7		
53	上岗		0.167	14	19.9	19.9		$P=10\%$
			0.5	20	29.0	29.0		
			1	29	35.8	35.8		
			1.5	36	40.1	40.1		
			2	40	43.3	43.3		
			2.5	43	45.8	45.8		
			3	46	47.9	47.9		

续表 1-8-2

序号	行政区划名称	类别	时段(h)	预警指标(mm)		临界雨量/水位	方法	备注(B_0)
				准备转移	立即转移			
54	黄道沟		0.167	13	19.3	19.3		$P=10\%$
			0.5	19	28.4	28.4		
			1	28	35.3	35.3		
			1.5	35	39.7	39.7		
			2	40	43.0	43.0		
			2.5	43	45.6	45.6		
			3	46	47.8	47.8		
55	五科		0.167	18	25.3	25.3		$P=5\%$
			0.5	25	37.2	37.2		
			1	37	46.0	46.0		
			1.5	46	51.5	51.5		
			2	52	55.5	55.5		
			2.5	56	58.7	58.7		
			3	59	61.3	61.3		
56	小方山		0.167	15	20.9	20.9		$P=5\%$
			0.5	21	30.8	30.8		
			1	31	38.7	38.7		
			1.5	39	44.0	44.0		
			2	44	48.0	48.0		
			2.5	48	51.3	51.3		
			3	51	54.1	54.1		
57	上坡		0.167	15	20.9	20.9		$P=10\%$
			0.5	21	30.2	30.2		
			1	30	37.4	37.4		
			1.5	37	42.1	42.1		
			2	42	45.7	45.7		
			2.5	46	48.6	48.6		
			3	49	51.1	51.1		

续表 1-8-2

序号	行政区划名称	类别	时段(h)	预警指标(mm)		临界雨量/水位	方法	备注(B_0)
				准备转移	立即转移			
58	泉水沟		0.167	10	15.0	15.0		P=10%
			0.5	15	24.6	24.6		
			1	25	32.6	32.6		
			1.5	33	38.0	38.0		
			2	38	42.2	42.2		
			2.5	42	45.6	45.6		
			3	46	48.4	48.4		
59	韩庄		0.167	13	18.9	18.9		P=10%
			0.5	19	28.1	28.1		
			1	28	35.6	35.6		
			1.5	36	40.6	40.6		
			2	41	44.5	44.5		
			2.5	44	47.6	47.6		
			3	48	50.3	50.3		
60	水头		0.167	15	21.6	21.6		P=10%
			0.5	22	32.7	32.7		
			1	33	41.3	41.3		
			1.5	41	46.8	46.8		
			2	47	50.9	50.9		
			2.5	51	54.2	54.2		
			3	54	56.9	56.9		
61	杨家掌		0.167	16	22.8	22.8		P=10%
			0.5	23	32.9	32.9		
			1	33	40.8	40.8		
			1.5	41	46.0	46.0		
			2	46	49.9	49.9		
			2.5	50	53.1	53.1		
			3	53	55.8	55.8		

8.2 水位预警指标

8.2.1 适用条件

只针对具备水位预警条件的预警对象分析水位预警指标。

8.2.2 临界水位计算

水位预警指标是下游危险区成灾水位相应流量对应上游水位站相应流量的水位。水位站临界水位的计算有两种方法：一为水面线推算，根据成灾水位对应的流量按水面线法推算上游水位站的相应水位；二为首先推求水位站的水位—流量关系，在关系线上查下游危险村成灾流量的相应水位。水位站水位—流量关系采用比降面积法。本书采用第二种方法推求。

比降面积法计算公式如下：

$$Q_C = \frac{\overline{K}S_C^{\frac{1}{2}}}{\sqrt{1 - \frac{(1-\xi)\alpha \overline{K}^2}{2gL}\left(\frac{1}{A_{上}^2} - \frac{1}{A_{下}^2}\right)}} \tag{1-8-3}$$

式中 Q_C——恒定流流量，m^3/s；

$A_{上}$、$A_{下}$——比降上、下断面过水面积，m^2；

g——重力加速度，$g=9.81\ m/s^2$；

L——比降上、下断面间距，m；

S_C——恒定流态下的水面比降；

ξ——断面沿程收缩或扩散系数（收缩取负号，扩散取正号代入公式），河段断面收缩时，一般可取 $\xi=0$，断面突然扩散时，$\xi=0.5\sim1.0$，逐渐扩散时，$\xi=0.3\sim0.5$，一般可取 $\xi=0.3$；

α——动能矫正系数，与断面上流速分布均匀是否有关，一般比较顺直、底坡不大且断面较规则的河段，其值介于1.05～1.15，取 $\alpha=1$，对于山区河流，当底坡较大，且断面较规则、流速分布极不均匀时，可用下式近似计算：

$$\alpha = \frac{(1+\varepsilon)^3}{1+3\varepsilon}$$

$$\varepsilon = \frac{V_m}{V} - 1$$

其中 V_m——断面上最大点流速；

V——断面平均流速；

$\overline{K}$——河段平均输水率。

若具有比降上、中、下断面，过水断面沿程收缩或扩散变化不均匀，包括上河段收或扩，下河段扩或收，$\overline{K}$ 值可用下式计算：

$$\overline{K} = \frac{A_{上} R_{上}\frac{2}{3} + 2A_{中} R_{中}\frac{2}{3} + A_{下} R_{下}\frac{2}{3}}{4n} \tag{1-8-4}$$

式中　n——河段平均糙率；

$A_{上}$、$A_{中}$、$A_{下}$——上、中、下比降断面过水面积，m^2；

$R_{上}$、$R_{中}$、$R_{下}$——比降上、中、下断面的水力半径，m。

水力半径与断面平均水深一般有良好的关系，可以根据一次实测断面资料计算，并建立断面平均水深与水力半径关系线。当宽深比 $B/\overline{h} \geq 100$ 时，也可用平均水深直接代替水力半径。但一个河段内各断面、各级水位应一致。

8.2.3　水位预警指标综合确定

水位预警指标包括准备转移和立即转移两级指标，临界水位即为立即转移指标，准备转移指标在立即转移指标的基础上减去0.3 m。

太原市水位预警指标各县(市)详情如下(太原市区与娄烦县无水位站预警对象)。

8.2.3.1　阳曲县

阳曲县共有9个自动水位站和6个简易水位站，其中涉及山洪灾害防治区的水位站为高村站。高村站预警对象为马坡村。

经分析计算，各水位站水位—流量关系见图1-8-2。高村水位站预警指标成果见表1-8-3和表1-8-4。

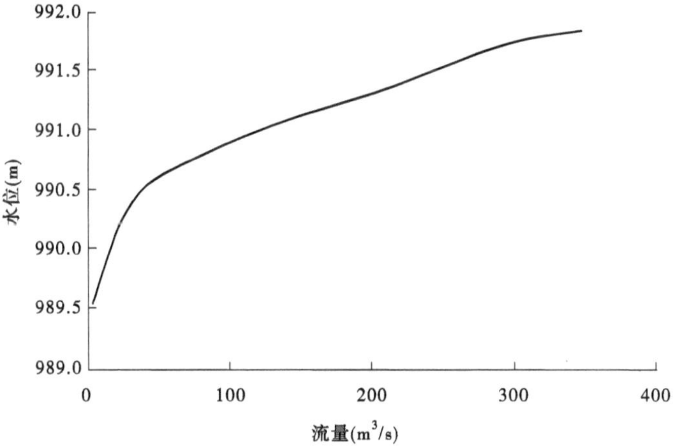

图1-8-2　高村站水位—流量关系

表1-8-3　高村水位预警临界水位计算成果

序号	水位站名称	所在流域	下游危险村庄	至村庄距离(m)	致灾水位相应流量(m^3/s)	立即转移水位(m)	准备转移水位(m)
1	高村水位站	大盂河	马坡	400	411	992.75	992.45

表 1-8-4　高村水位预警计算成果

序号	水位站名称	所在流域	下游危险村庄	频率(%)	流量(m^3/s)	水位(m)
1	高村	大盂河	马坡	20	88.3	988.98
				10	143	989.07
				5	208	989.20
				2	289	989.34
				1	349	989.42
				0.5	406	989.51
				0.33	456	989.59

8.2.3.2　古交市

(1)古交市水务局上报重点防治区有 3 个村位于汾河沿岸,与寨上水文站毗邻,分别为火山村、河南村、河下村。因此,都借用寨上水文站洪峰流量频率适线成果(见表 1-8-5)。经分析计算,寨上水文站水位—流量关系见图 1-8-3。寨上水文站水位—流量成果和寨上水位预警临界水位计算成果见表 1-8-6 和表 1-8-7。

表 1-8-5　寨上水文站洪峰流量频率适线

P(%)	1	2	5	10	20	50
洪峰流量(m^3/s)	3 150	2 510	1 700	1 140	665	239

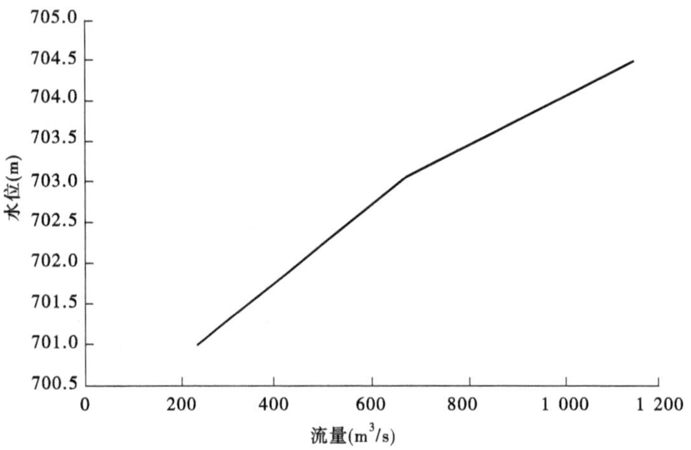

图 1-8-3　寨上站水位—流量关系

表1-8-6　寨上水文站水位、流量成果

序号	水位站名称	所在流域	下游危险村庄	频率(%)	流量(m^3/s)	水位(m)
1	寨上	汾河	河南、河下	50	239	700.98
				20	665	703.00
				10	1 140	704.45

表1-8-7　寨上水文站预警临界水位计算成果

序号	水文站名称	所在流域	下游危险村庄	至村庄距离(km)	成灾水位相应流量(m^3/s)	立即转移水位(m)	准备转移水位(m)
1	寨上	汾河	河南、河下	1.5	662	703.00	702.70

寨上水文站下游1.5 km处河南村沿岸筑有堤防，堤防外侧有路基，若洪水位超过路面高程，就会给河南村及河下村造成严重威胁。

火山村沿岸建有堤防，堤防外侧为滨河北路，若洪水位超过路面高程，就会给火山村造成严重灾害。水位预警临界水位计算成果见表1-8-8。

表1-8-8　火山村水位预警临界水位计算成果

序号	村名	所在流域	成灾水位相应流量(m^3/s)	立即转移水位(m)	准备转移水位(m)
1	火山	汾河	3 176	973.48	973.18

(2)古交市上报重点防治区康家社上游设立邢家社(刘庄)自动监测水位站(简称刘庄站)，因此可以利用刘庄站给康家社做水位预警。经分析计算，刘庄站不同频率设计洪峰流量成果见表1-8-9。刘庄站水位—流量关系见图1-8-4。刘庄站水位—流量成果和刘庄站水位预警临界水位计算成果见表1-8-10和表1-8-11。

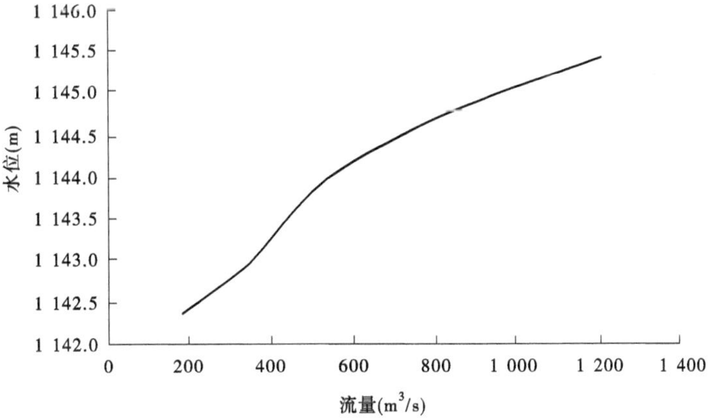

图1-8-4　刘庄站水位—流量关系

表 1-8-9　刘庄站设计洪峰流量

P(%)	1	2	5	10	20
洪峰流量(m^3/s)	970	780	524	346	185

表 1-8-10　刘庄站水位、流量成果

序号	水位站名称	所在流域	下游危险村庄	频率(%)	流量(m^3/s)	水位(m)
1	刘庄	大川河	康家社	20	185	1 142.36
				10	346	1 142.97
				5	524	1 143.90
				2	780	1 144.63
				1	970	1 144.99
				0.5	1 240	1 145.51

康家社村沿岸建有堤防,堤防外侧为省级公路 S316,若洪水位超过路面高程,就会给康家社造成严重灾害。水位预警临界水位计算成果见表 1-8-11。

表 1-8-11　刘庄站预警临界水位计算成果

序号	水位站名称	所在流域	下游危险村庄	至村庄距离(km)	成灾水位相应流量(m^3/s)	立即转移水位(m)	准备转移水位(m)
1	刘庄站	大川河	康家社	1.0	1 025	1 045.09	1 044.79

8.2.3.3　清徐县

清徐县山洪灾害防治区的水位站为马家坡。马家坡水位站和预警对象西高白村设计洪水成果见表 1-8-12。经分析计算,马家坡水位站水位—流量关系见图 1-8-5,西高白村控制断面水位—流量关系见图 1-8-6;水位预警临界水位计算成果见表 1-8-13。

表 1-8-12　设计洪水成果

序号	村名	河名	设计频率 P(%)	洪峰流量(m^3/s)	洪峰水位(m)
1	西高白		20	81	760.57
			10	123	760.92
			5	171	761.21
			2	232	761.50
			1	278	761.69
2	马家坡村		20	80	804.785
			10	117	804.908
			5	157	805.018
			2	207	805.144
			1	245	805.224

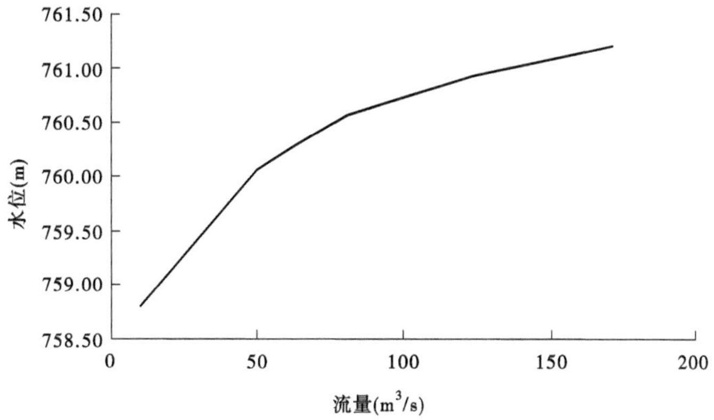

图 1-8-5　马家坡水位站水位—流量关系

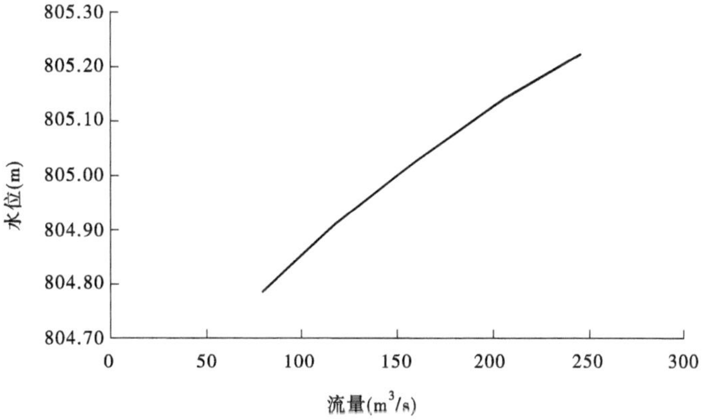

图 1-8-6　西高白村控制断面水位—流量关系

表 1-8-13　临界水位计算成果

序号	水位站名称	所在流域	下游危险村庄	至村庄距离(m)	危险村致灾水位(m)	致灾水位相应流量(m^3/s)	水位站立即转移水位(m)	水位站准备转移水位(m)
1	马家坡	黄河	西高白		760.66	86.0	804.82	804.52

第2篇

太原市山洪灾害防控研究

第1章　太原市山洪灾害防治现状

1.1　非工程措施建设现状

2010 年 7 月 1 日国务院常务会议决定要“加快实施山洪灾害防治规划,加强监测预警系统建设,建立基层防御组织体系,提高山洪灾害防御能力”。按照国务院常务会议精神,水利部、财政部等部局在总结试点经验基础上,决定在全国山洪灾害防治区开展山洪灾害防治县(市、区)级非工程措施建设。计划用 3 年时间,初步建成覆盖全国 1 836 个县(市、区)的县(市、区)级山洪灾害防治区的非工程措施体系,全面提高我国山洪灾害防御能力,有效减轻人员伤亡,尤其要有效避免群死群伤事件的发生。国家防汛抗旱总指挥部办公室(简称国家防办)承担项目的组织管理工作,积极采取各种措施,推进项目实施。太原市积极响应国家政策,先后开展了各县(市、区)的非工程措施建设任务,截至 2016 年,太原市 5 个县(市、区)的非工程措施共有 1 492 处,其中自动监测站 179 处、简易雨量站 612 处、简易水位站 38 处、无线预警广播站 663 处。太原市各县(市、区)非工程措施见表 2-1-1。

表 2-1-1　太原市非工程措施汇总

行政区名称	非工程措施			
	自动监测站	简易监测站		无线预警广播站
		简易雨量站	简易水位站	
太原市	40	183	5	202
清徐县	31	71	7	71
阳曲县	32	133	6	143
娄烦县	25	94	0	102
古交市	51	131	20	145

1.2　工程措施建设现状

工程措施和非工程措施在山洪灾害的防治中均起着至关重要的作用,二者相辅相成,缺一不可。太原市 5 个县(市、区)工程措施共有 542 处,其中水库 15 座、水闸 24 座、堤防

376 座、塘坝 17 座、桥梁 89 座、路涵 21 座。太原市各县(市、区)工程措施见表 2-1-2。

表 2-1-2 太原市工程措施汇总

行政区名称	工程措施					
	水库	水闸	堤防	塘坝	桥梁	路涵
太原市	4	24	60	6	4	15
清徐县	0	0	7	1	1	0
阳曲县	9	0	3	8	31	4
娄烦县	2	0	98	0	1	2
古交市	0	0	208	2	52	0

1.3 防治现状及完善措施

《全国山洪灾害防治规划》提出到 2020 年“在山洪灾害重点防治区全面建成非工程措施与工程措施相结合的综合防灾减灾体制,在山洪灾害一般防治区初步建立以非工程措施为主的防灾减灾体制,最大程度地减少人员伤亡和财产损失,使山洪灾害防治能力与山丘区全面建设小康社会的发展要求相适应”的规划目标。

从太原市在山洪灾害的工程性措施和非工程性措施现状来看,目前,太原市 5 县(市、区)虽然已落实部分工程措施,但运行人员组织机构、预警系统、应急防洪预案启动等工作仍需完善。为切实加强山洪灾害防御工作,保障人民生命安全和山区经济社会发展,必须把防御山洪灾害摆在突出位置,认真总结经验教训,研究山洪发生的特点和规律,采取综合防御对策,最大限度地减少灾害损失。

目前,太原市山洪灾害防治的任务依然艰巨,山洪灾害防御面临的形势依然严峻。因此,2016~2020 年需要继续加大投入,尽快完成《2013~2015 年实施方案》确定的建设任务,同时考虑社会经济发展对山洪灾害防治的新要求,进一步提高重点区域的监测预警技术水平与保障能力,扩大群测群防覆盖范围与社会服务能力,在山洪灾害防治区持续开展宣传培训演练,不断提高山丘区群众主动防灾避险意识,逐步实现山洪灾害防治总体目标。

(1)继续完善各级山洪灾害监测预警系统,强化信息共享和综合应用,继续开展平台延伸到乡(镇)及视频会商系统建设。升级完善省、市级监测预警信息管理系统,利用大数据、云服务、移动互联网等新技术,提高系统的监测预报预警能力和数据运行维护效率,扩大预警信息覆盖面,逐步开展山洪灾害预警信息社会服务。根据标准升级、技术进步和科技创新及前期设施更新换代需求,对部分监测预警设施进行改造升级(提标升级),提高可靠性和保障能力，重点加强学校、工矿企业、旅游景区等人口密集地区的预警能力建设。

(2)补充开展山洪灾害调查评价相关工作，对新发现的山洪灾害区域进行补充调查评价，根据实际水雨情、灾情，复核和检验调查评价成果，率定分析预警指标，提高精准度，集成、挖掘分析与应用山洪灾害调查评价成果。开展山洪灾害综合保障体系建设，在重点地区配置必要的救援设备，加强技术支撑保障，强化制度政策保障体系建设。持续开展县、乡、村三级山洪灾害防御预案修订、宣传、培训和演练等群测群防体系建设。开展山洪灾害防治重点县示范建设。

(3)重点山洪沟防洪治理，根据试点经验加大山洪沟防洪治理力度，以保护居民区人员生命安全为重点，守点固岸，对山洪沟沿岸村落、城镇、集中居民点、重要基础设施等采取护岸、堤防等治理措施，与非工程措施相结合形成综合防御体系。

第2章 太原市山洪灾害监测预警系统建设

山洪灾害具有突发性强、点多面广、破坏力大等特点,往往导致人员伤亡,房屋、田地、道路、桥梁等被毁,甚至导致水库、塘坝、堤防溃决,给国民经济和人民生命财产造成严重危害。随着信息技术的高速发展,地理信息系统(GIS)技术在水利行业已被广泛应用,山洪灾害监测系统利用互联网可获得所需要的各种地理空间信息、属性信息、图像和视频信息,同时可进行地理空间分析,获得更加全面、直观、有效的综合信息,将地理位置和相关属性有机结合起来,根据实际需要将各类数据展示给用户。

山洪灾害监测预警系统由前端数据采集设备、供电设备、传输设备和监控中心组成,安装在水库河道或水电站的数据采集主机将采集到的视频图像、水位、降雨量、水温、气压等数据通过 GPRS 或 3G 等无线方式传输到监控中心,监控中心软件可以显示并分析前端设备采集的数据,当出现警情时会发出预警信息,提醒相关指挥人员做好抢险救灾工作准备。山洪灾害监测预警系统结构示意图和拓扑图见图 2-2-1、图 2-2-2。

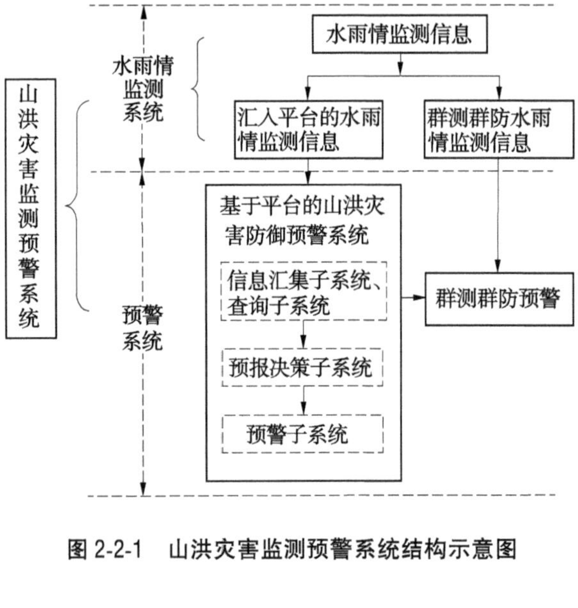

图 2-2-1　山洪灾害监测预警系统结构示意图

由于太原市各县(市、区)虽建设有大量的非工程措施,但并不完善,不足以对太原市各县(市、区)进行一体化的系统监测,因此还需对非工程措施继续进行建设。做到实时监测、提前预警,为太原市人民生命财产安全负责,防患于未然,实现山洪灾害监测预警一体化。

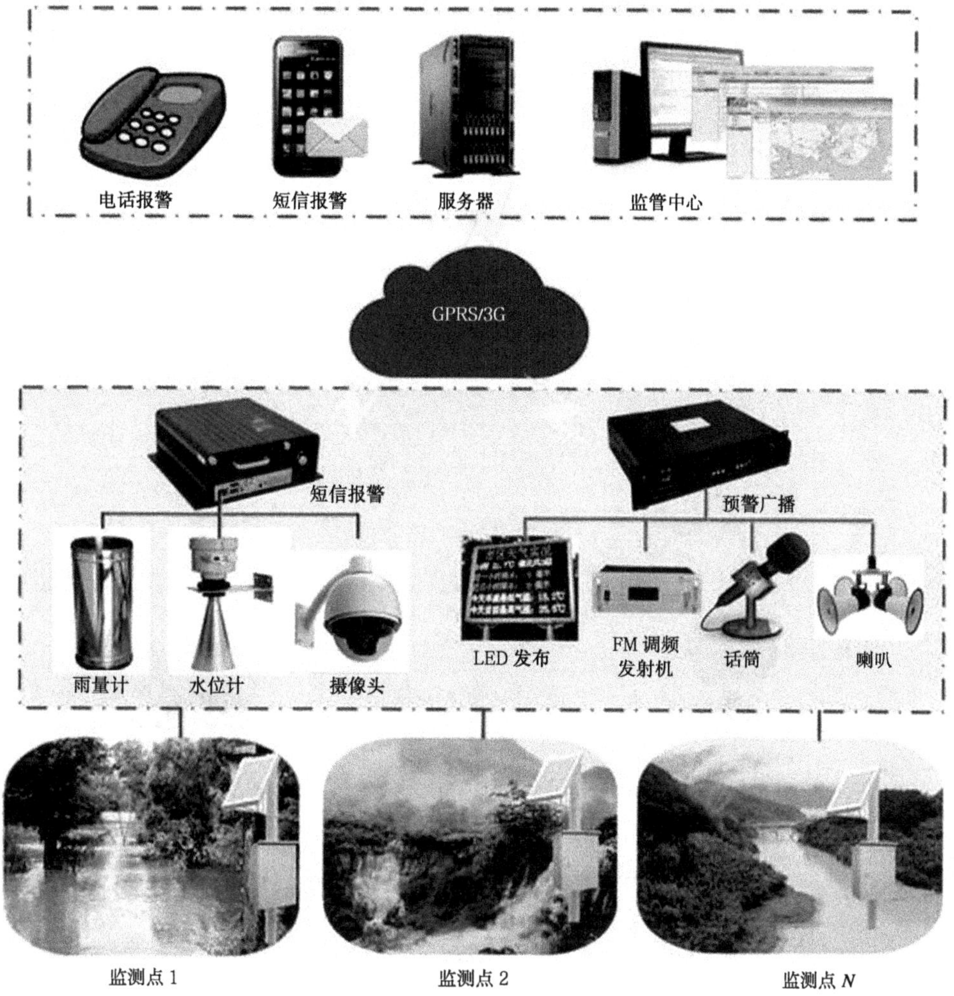

图 2-2-2 山洪灾害监测预警系统拓扑图

2.1 水雨情监测系统

水雨情监测主要指对水位和雨量监测,不涉及流量、泥沙、蒸发等其他水情信息监测方案设计。设计内容主要包含水雨情监测站网布设、信息采集、信息传输等。

通过建设实用、可靠的水雨情监测系统,扩大山洪灾害易发区水雨情收集的信息量,提高水雨情信息的收集时效,为山洪灾害的预报预警、做好防灾减灾工作提供准确的基本信息。水雨情监测系统架构如图 2-2-3 所示,由于太原市当地的环境条件限制,有些地方可能会出现运营商信号无法覆盖的情况,需要遥测终端机具有多种通信方式,根据地势的不同,可选采用卫星、GPRS、超短波、短信等通信方式进行数据传输。

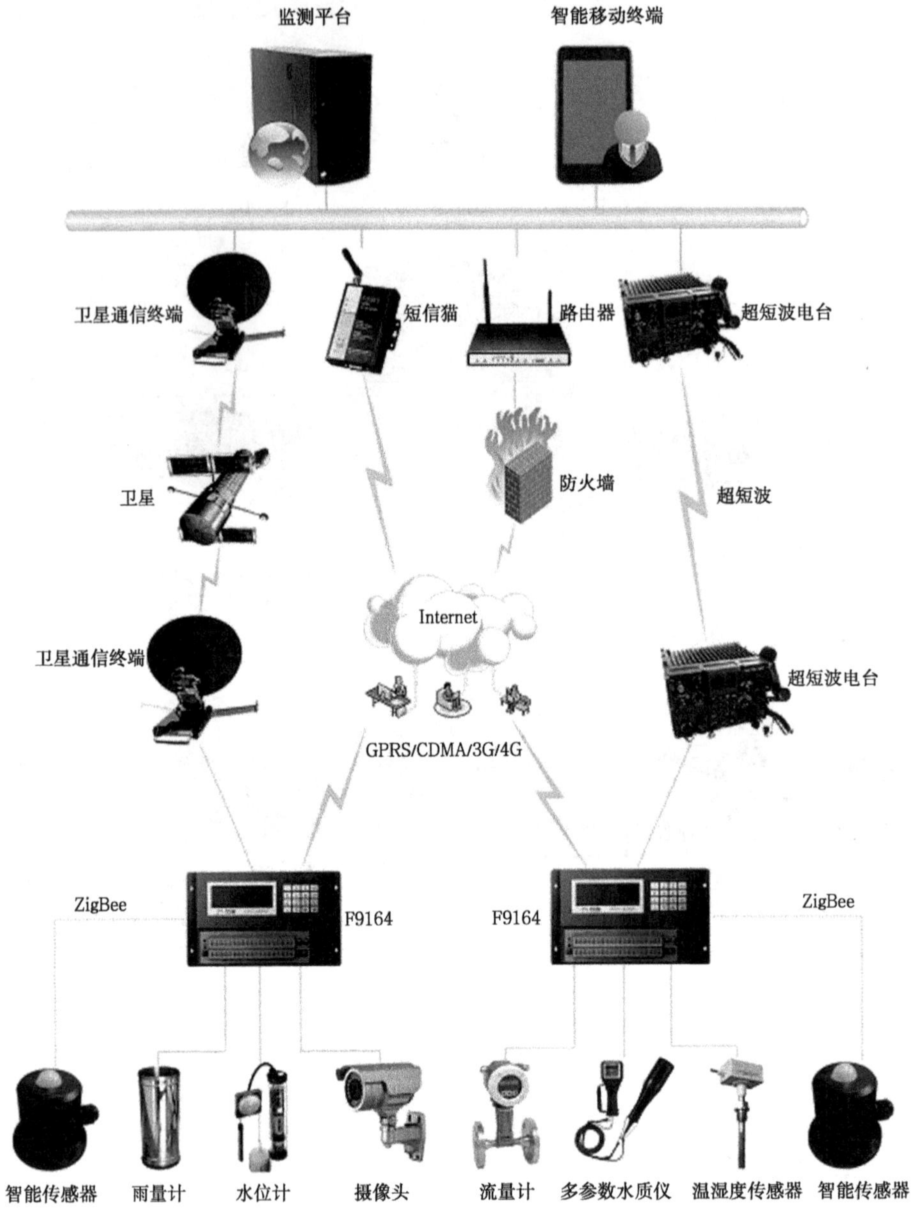

图 2-2-3　水雨情监测系统架构

(1)北斗卫星通信系统。

北斗卫星通信系统由卫星、接收站、中心站组成。在北斗卫星通信网络中,监测站和中心站需配置北斗卫星通信终端及天馈线等主要通信设备。

(2)GPRS 通信系统。

GPRS 接入方式主要有 Internet 接入、专线接入,可根据需求选用。中心站根据接入方式不同,需配置接入 Internet 的固定 IP 或专线。

(3)超短波通信。

在超短波通信网中,测站、中继站、中心站所必需的主要通信设备为超短波电台及天馈线、避雷器等。

(4)短信通信。

利用短信通信实现数据传输,各地可根据需求采用点对点通信。

用短信通信方式组成数据传输网,在测站需配置短信通信终端及天线、SIM 卡,中心站则根据选用的组网方式不同配置短信通信终端及天线、SIM 卡或者配置短信专用服务器及专线等。

对于有公网覆盖的地区,一般应选用公网进行组网,对于公网未能覆盖的丘陵和低山地区,一般宜选用超短波通信方式进行组网,对于既无公网,又无条件建超短波的地区,则选用卫星通信方式,对于重要监测站且有条件的地区尽量选用两种不同通信方式组网,实现互为备份、自动切换的功能,确保信息传输信道的畅通。

2.1.1　设计原则

(1)实用、可靠。山洪灾害防御水雨情监测站的环境条件恶劣,监测人员的技术水平参差不齐,系统选用的监测方法、技术、设备应注重实用、可靠,符合山洪灾害监测预警的实际需求。

(2)突出重点,合理布设监测站网。山洪灾害分布面广,优先考虑在对当地和人民生命财产危害严重的山洪灾害多发区建立监测系统。在现有的气象及水文站网基础上,充分考虑地理条件、受山洪灾害威胁的程度,以及暴雨分布特点,合理布设水雨情监测站网。

(3)人工监测与自动监测相结合。根据山洪灾害发生点多面广的特点,在通信条件好的地方建设自动监测站,在通信差的偏远自然村建设适量的简易监测站。

(4)因地制宜地选择信息传输通信组网方式。信息传输通信组网的设计应根据山洪灾害防御信息传输实际需求,结合山洪灾害防治区地理环境、气候条件、现有通信资源、供电情况、居民居住分布等实际情况,因地制宜地选择和确定通信方式,以保证信息传输的可能性、实时性和可靠性。充分利用现有的通信资源,选择专网与公网相结合,节省系统建设、管理及运行的投资。

2.1.2　监测方式及报汛工作体制

根据山洪灾害预警的需要和各地的建站条件,考虑山洪灾害威胁区地形地貌复杂、降雨分布不均、群众居住分散、地方经济发展不均衡等实际情况,水雨情监测站可建成简易站和自动站。其监测方式及报汛工作体制要求如下。

2.1.2.1　简易监测站

为扩大水雨情信息监测的覆盖面,充分发挥村组自防自救的作用,因地制宜地配置简易的雨量、水位监测设施,由乡、村、组采用直观、可行的监测方法进行水雨情信息的监测。利用本区域适用的预警方式进行信息发布,达到群测群防的目的。

简易雨量站、水位站采用有雨实时监测,大到暴雨或水位上涨加密监测的工作形式,及时上报和通知下游相关村组。本地监守人员根据警报级别不同统计水量,并以手机或短信或网络的方式上报中心，由中心平台对数据进行处理，得出山洪、泥石流发生的概率，产生预警信息，通过预警广播系统或LED发布系统进行播报。若当地降水量达到紧急情况，当地监守人员还可直接通过预警广播系统进行紧急人工播报，及时将警报信息通知到各家各户，进行紧急避险。

2.1.2.2 自动监测站

为及时掌握山洪灾害威胁区的雨水情信息，应根据本地区的暴雨洪水特性、区域分布和人员居住、经济布局条件，设立自动监测雨量、水位站点。采用有人看管、无人值守的管理模式，实现水雨情信息的自动采集、传输。

自动监测站采用自报式、查询—应答式相结合的遥测方式和定时自报、事件加报和召测兼容的工作体制；对超短波组网的自动监测站，则采用增量随机自报与定时自报兼容的工作体制。

2.1.3 监测站网布设

站网布设时，在对所在区域历史山洪灾害和经济社会调查及河道资料分析的基础上，充分考虑山洪灾害易发区人口居住密度以及学校、工矿企业的分布情况；以经济、高效和实用为原则，既要照顾受山洪影响的村，又要突出重点，对山洪灾害频发及人口密度大的小流域加大监测站的布设密度，满足山洪灾害实时预报和预警的要求。同时应考虑充分利用水文、气象现有站网，避免重复建设，考虑通信、交通等运行管理维护条件。

2.1.3.1 站点布设原则

1.雨量站

在山洪灾害严重的区域，按照20~100 km^2/站的密度布设自动雨量站；在滑坡、泥石流等地质山洪灾害特别严重的乡(镇)、山洪灾害频发及人口密度大的村组、山洪灾害易发区的暴雨中心，按照20~30 km^2/站的密度布设自动雨量站，视测站重要程度和当地的建站条件、经济条件确定自动站的数量。在自动雨量未覆盖的区域，按照村(组)布设简易雨量站。雨量站应布设在代表性好、便于看管维护的地方。

2.水位站

流域面积超过100 km^2的山洪灾害严重的流域，且河流沿岸为县、乡政府所在地或人口密集区、重要工矿企业的，布设水位观测站，有条件的布设自动水位站。流域面积50~100 km^2的山洪灾害严重的小流域，如果河流沿岸有人口较为集中的居民区或有较重要工矿企业、较重要的基础设施，布设简易水位观测站。

站点布设应考虑通信、交通等运行管理维护条件。已有的自动监测水位站应纳入本系统站网，其监测信息应进入县级监测预警平台。

3.旱情监测站

在人口较多、经济发达、土壤特性典型、对农牧业依赖较高的地区设立旱情自动监测点，采用增量随机自报、定时自报、事件加报和召测兼容的工作体制；采用有人看管、无人值守的管理模式。配置相应的土壤水分传感器，以及采集终端和通信终端设备，使用公网组网，实现土壤墒情信息的自动采集、传输。

2.1.3.2　监测站网确定

根据监测站网布设要求，在重点小流域内的乡(镇)，按照全面覆盖、重点突出的原则，确定雨量监测站的位置和数量，以满足山洪灾害水雨情监测信息的需要。

在其他水雨情监测和预警空白区增加自动雨量监站，为了发挥山洪灾害群测群防作用，在未安装自动雨量监测站的村、组设立简易雨量站。在一些易发生洪灾的河流布设自动雨量与简易水位监测一体的监测站，即自动雨量简易水位站。另外布设自动旱情监测站，以便掌握土壤实时墒情信息。

2.1.3.3　监测站点布设技术要求

监测站网主要布设在易遭受山洪灾害的中小流域。通过山洪灾害易发程度降雨分区和区域历史洪水、社会经济调查，在充分利用现有监测站点的基础上，布设监测站网。

1.雨量站布设

(1)分区控制原则。依据山洪灾害易发程度降雨分区，原则上按照20~100 km^2/站的密度布设雨量监测站；在高易发降雨区、人口密度较大的山洪灾害频发区适当加密站点。

(2)流域控制原则。布设监测站点时优先考虑山区的中小流域，站点应尽量安置在流域中心等有代表性的且有人看管的地段，要注意避开雷区。

(3)地形控制原则。山区降雨受地形的抬升作用，布设雨量站时应充分考虑地形和海拔等因素。

(4)简易雨量站原则上以自然村为单位进行布设，人员比较分散且受山洪威胁大的自然村可适当增加。

(5)站网布设时充分考虑通信、交通等运行管理维护条件。

(6)已有的雨量监测站纳入本系统站网，其监测信息相应进入监测预警平台。

2.水位站布设

(1)面积超过100 km^2的山洪灾害严重的流域，且河流沿岸为县、乡政府所在地或人口密集区、重要工矿企业的布设水位观测站，有条件的布设自动水位站。

(2)流域面积50~100 km^2的山洪灾害严重的小流域，河流沿岸有人口较为集中的居民区或有较重要工矿企业、较重要的基础设施，布设自动水位观测站或简易水位观测站。其他小流域，根据实际情况因地制宜布设简易水位观测站。

(3)对于下游居民集中的水库山塘，没有水位观测设施的，适当增设水位观测设施。

(4)水位站布设地点应考虑预警时效等因素综合确定，尽量在山洪沟河道出口、水库、山塘坝前和人口居住区、工矿企业、学校等防护目标上游。

(5)站网布设时应考虑通信、交通等运行管理维护条件。

(6)已有的水位观测站纳入本系统站网，其观测信息相应进入监测预警平台。

3.视频站布设

(1)主要考虑对人口密集区、危险区和重要的水利工程布设视频站。

(2)视频信息采集传输必须考虑其特殊性，即容量大、误码率要求低。因此，不能和传感监测数据合并处理、传输。

(3)布设视频站时，应考虑供电、防雷是否具备条件。

2.1.3.4 太原市监测设备设施设计要求

1.简易监测站

1)雨量观测

简易监测雨量站信息采集设备设施设计技术要求如下:

(1)太原市各地应因地制宜地配置简易雨量观测器。雨量观测器的承雨口径尽可能按照《降水量观测规范》(SL 21—90)规定的要求进行设计。

(2)为便于观测员能直观和方便地观测雨量,承水器皿可设计为透明的装置,并根据区域内雨情的临界值或降雨强度,在承水器皿外进行划分或标注明显的预警标志。

2)水位观测

对于无条件设立水尺的观测站,则可采用简易、可靠的方法进行人工监测,设计技术要求如下:

(1)在岸边修建简易的水尺桩,水尺桩可设计为木桩式或石柱型。

(2)对于无条件建桩的观测站,可选择离河边较近的固定建筑物或岩石上标注水位刻度。

(3)水位观测尺的刻度以方便观测员直接读数为设置原则,各地应根据当地的实际情况,以现场标注致灾的临界水位值的方法,作为预警的标准。

2.自动监测站

自动监测站应实现雨量、水位信息自动采集。在设计中,太原市各地可根据是否需满足基本资料收集的要求,增加固态存储的功能,其存储容量应满足能连续记录 1 年的资料。

1)雨量观测

雨量信息采集设计主要包括雨量观测场地和雨量传感器,具体技术要求如下:

a.雨量观测场地

(1)雨量监测站原则上不新建雨量观测场,已建有雨量观测场的站,将雨量传感器放置在雨量观测场内。

(2)未建雨量观测场的站,则利用屋顶平台作为观测场,但安装时应注意与建筑物、树木等障碍物的水平距离为障碍物高度的 2 倍。

b.雨量传感器

(1)承雨口口径:ϕ 200+0.6 mm。

(2)分辨力:当测站为基本雨量站时,年平均降雨量≥800 mm 的测站采用 0.5 mm 的雨量传感器,年平均降雨量<800 mm 的测站采用0.2 mm的雨量传感器;对于非基本雨量站,湿润地区可选用 1.0 mm 的雨量传感器,干旱或半干旱地区可选用 0.5 mm 的雨量传感器。

(3)量误差(准确度):较大降雨量的误差采用实测降雨量与其自身排水量相比较的相对误差检验;较小降雨量采用绝对误差检验。不同分辨力的雨量传感器量测精度见表 2-2-1。

表 2-2-1 不同分辨力的雨量传感器量测精度

分辨力(mm)	自身排水量(mm)					
	≤10	>10	≤12.5	>12.5	≤25.0	>25.0
0.2	±0.2 mm	±2%				
0.5			±0.5 mm	±4%		
1.0					±1 mm	±4%

(4)环境条件:工作温度 0~50 ℃,工作湿度≤95%(40 ℃)。

(5)可靠性:在满足仪器正常维护条件下,MTBF≥25 000 h。

2)水位观测

水位信息采集设计主要包括水位观测设施和水位传感器,具体技术要求如下。

a.水位传感器选用

各地可根据实际情况选用浮子水位计、压力水位计和超声水位计进行水位观测。主要技术指标应满足:

(1)分辨率:水位传感器的分辨率为 1 cm。

(2)测量误差:95%测点的允许误差±2 cm,99%测点的允许误差±3 cm。

(3)环境条件:工作温度-30~+50 ℃,工作湿度<95%(40 ℃)。

(4)可靠性:在满足仪器正常维护条件下,MTBF≥25 000 h。

b.气泡压力式水位计安装要求

(1)气泡压力式水位计应放置在位于基本水尺断面处的仪器房内,其传感器感应探头需设置在水面以下。

(2)管道敷设时应沿河岸护坡顺坡而下,不能出现负坡,以免感压管内结露,形成水栓。

(3)为解决大变幅水位观测问题,可结合各站实际情况,分多级敷设压力感压气管或至中水处敷设感应探头。

2.2 信息采集、传输系统

2.2.1 系统结构

信息采集与传输系统的数据流程采用自下而上、分级处理的方式。降雨量、水位、视频等现场信息通过建设的监测设备设施,经通信网络传输至本地信息汇集平台,按照水文规范进行标准化处理之后,存入本地规范数据库中。上级部门可以通过信息汇集系统的数据上报模块来获取所需要的信息,见图 2-2-4。

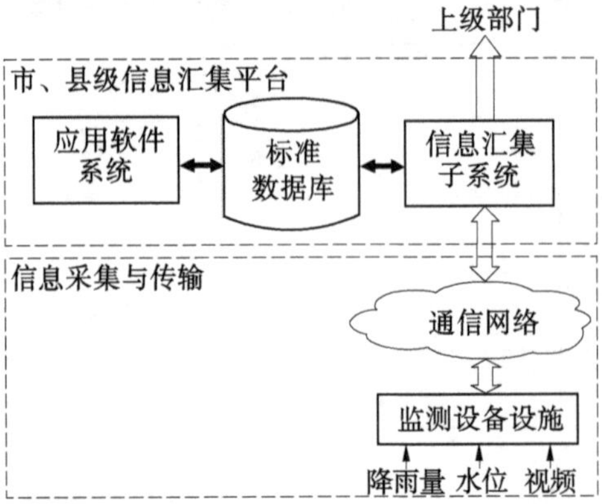

图 2-2-4 信息采集与传输系统逻辑结构

2.2.2 信息采集

太原市的信息采集通过太原市各地的监测站(简易雨量站、简易水位站、自动雨量站、自动水位站)来进行。

2.2.3 信息传输

2.2.3.1 常用通信技术

水雨情数据传输常用的通信方式有卫星、超短波(UHF/VHF)、程控电话网(PSTN)、短信、GPRS 等。

视频数据的传输常用的方式有光纤、超短波、ADSL,随着 4G 在我国的开通,也可考虑。

1.卫星通信

卫星通信是利用人造地球卫星作为中继站、转发无线电波实现地球站之间相互通信的一种方式,具有覆盖面大、通信频带宽、组网灵活机动等优点。目前,在国家防汛指挥系统建设中用于测站与中心站间的数据传输的卫星信道主要选用海事卫星和北斗卫星。

1)海事卫星(Inmarsat)通信

海事卫星(Inmarsat)系统是目前世界上唯一为海陆空业务提供全球公众通信和遇险安全通信的定位导航系统。在国家防汛指挥系统数据传输组网中,主要应用 Inmarsat-C 站的短数据通信功能实现点对点的传输方式。其特点为:①具有点波束,使得卫星站设备的体积和功耗大大减小,可减少建设成本;②Inmarsat-C 通信频段使用的 L 波段,基本无雨衰现象,能保证通信的畅通率;③具有双向性,中心站可对各测站进行远地编程、巡测和召测;④运行费用按“短数据报告”的包数予以计取。

2)北斗卫星通信

北斗卫星系统是我国自主知识产权的军用卫星定位导航系统,覆盖中国大陆所有地区和海区,是真正意义上的无缝隙覆盖。北斗卫星定位导航系统由空间卫星、地面控制中心站和用户终端 3 部分构成。其特点为:①容量大、数据传输时效快,系统上下链路每秒可同时处理 200 个不同用户的不同业务或请求;②传输延时小,可在 3 s 内将用户(测站)的数据发送到用户数据中心;③系统采用码分多址直序扩频通信体制,抗干扰能力强,并在一定程度上保证了数据的保密性;④卫星通信设备集成度高,天线尺寸小,安装简单,可减少投资成本;⑤通信费用按每次发送的帧计费,每帧的报文长度可达到 100 Bytes;⑥数据传输可靠性高,系统可提供两种通信"确认"方式。在建设时需进行细致的信道测试工作,确定测站和接收中心的最佳通信波束。

卫星通信的适用条件:所建监测站地处高山峡谷,且公网未覆盖和无条件建专用网的区域。

2.超短波通信

超短波是指工作于 VHF/UHF 频段的信道,超短波通信的传播机制是对流层内的视距传播与绕射传播。视距传播损耗小,受环境的影响也小,接收信号稳定。但是,由于传播距离较短,一般需要建设中继站进行接力。

超短波信道的特点为:①信道稳定,基本不受天气影响;②技术成熟,设备简单且易于配套;③实时性能好;④通信费用低。

但在选用时应考虑下列问题:①在用户拥挤的地区(多为经济发达地区),同频干扰日趋严重;②山区及远距离的超短波通信需在野外高处建中继站,雷击是一个突出问题。因此,无论从通信的可靠性还是从节约通信网建设投资来考虑,每条超短波电路的专用中继站均不得超过 3 级。

适用条件:所建监测站地处公用通信网不能覆盖,或位于低山和丘陵地区,且所需建中继站级数不超过 3 级的地区。

3.PSTN 通信

程控电话(PSTN)是普及程度最高的信道资源,它具有设备简单、入网方式简单灵活、适用范围广、传输质量较高、通信费用低廉等优点,可进行话音和数据的传输。

PSTN 信道用于数据传输具有以下优点:适用范围广;传输速率高,没有无线通信中经常遇到的同频干扰问题,传输质量也较高;技术成熟,设备简单,价格低廉。

选用 PSTN 组网时必须认真对待的问题:①传输时效。由于PSTN采用电路交换方式进行通信,建立通信要花费 30 s 左右的时间,在系统容量较大且采用通用调制解调器的条件下,时效慢的问题相当突出,可通过在中心站安装多条同号电话线和配置 MODEM 解决。②部分报汛站的电话属农话线路,线路质量不高,防御自然灾害的能力低;当线路较长时,建设、维修费用也高,使应用受到限制。③当采用通用的调制解调器时,其功耗相当大,使用中必须采取节电措施。一般在不工作时,设计为休眠状态;在需要通信时,通过拨号上电或电话振铃信号上电工作。④PSTN 属有线通信信道,防雷避雷问题格外重要,若解决措施不得力,电话会构成引雷设备,极易造成设备因雷击而毁坏。

适用条件:被 PSTN 网覆盖、电话通信质量较好且雷击不严重的地区。

4.短信通信

移动通信目前已覆盖我国大部分城镇和农村。移动通信系统正得到越来越广泛的应用,对于山洪灾害信息和警报的传输有着十分重要的实际应用价值。目前可利用的短信通信有中国移动的GSM短信和中国联通的CDMA短信。

短信数据传输通信适用于GSM网或CDMA网所能覆盖的报汛站和地区。利用短信息平台组网,具有以下优势:①系统响应速度快,传输时效好,信道稳定可靠。大部分已建系统的运行表明,响应速度仅为几秒,传输速率达9 600 bps及以上,绝大部分报汛站的数据可在1 min左右到达中心站,畅通率可达98%以上。②系统容量较大,可传输的数据量大。一条短信息所能容纳的数据量最多可达100字节以上。③无需中继,即可用于无线远程传输,加上它属于双向通信,可方便地实施远程控制,所以组网十分灵活。④设备体积小、质量轻、功耗低。由于不需要架设室外天线,安装方便,不仅一次性建设投资少,而且维护管理简单,运行费用低。

适用条件:被中国移动通信网或中国联通通信网所覆盖的地区。

5.GPRS通信

GPRS是GSM系统的无线分组交换技术,不仅提供点对点连接,而且提供广域的无限IP连接,是一项高速数据处理的技术,方法是以“分组”的形式将数据传送到用户手中。GPRS是作为GSM网络向第3代移动通信演变的过渡技术,突出的特点是传输速率高和费用低。GPRS上行速率较GSM为高,下行速率则可达100 kbps。鉴于利用GPRS的运行速度快、运行成本低,建议尽可能地利用GPRS传输。

GPRS通信具有如下特点:

(1)Internet识别。GPRS是无线分组数据系统,只要用户一打开GPRS终端,就已经附着到GPRS网络上,用户通过GPRS系统的网关GGSN连接到互联网,GGSN还提供相应的动态地址分配、路由、名称解析、安全和计费等互联网功能。

(2)永远在线。不像传统拨号上网那样,断线后需重新拨号。用户随时都与网络保持联系,即使没有数据传送时,用户仍然在网上,与网络之间还保持一种连接。

(3)快速登录。连接时间很快,GPRS无线终端一开机,就已经与GPRS网络建立了连接,每次登录互联网,只需要一个激活过程,一般仅需1~3 s。

(4)高速传输。由于GPRS网络采取了先进的分组交换技术,数据传输最高理论值可达171.2 kbps。

(5)按量收费。GPRS网络按照客户接收和发送数据包的数量来收取费用,没有数据流量的传递时,客户即使在线,也不收费。

适用条件:已开通GPRS业务并被中国移动通信网所覆盖的地区。

6.光纤通信

光纤即为光导纤维的简称。光纤通信是以光波作为信息载体,以光纤作为传输媒介的一种通信方式。

光纤通信与电气通信相比,主要区别在于:传输频带宽、通信容量大;传输损耗低、中继距离长;线径细、质量轻,原料为石英,节省金属材料,有利于资源合理使用;绝缘、抗电磁干扰性能强;还具有抗腐蚀能力强、抗辐射能力强、可绕性好、无电火花、泄露小、保密性强等优点。

但是,光纤通信的造价较高,特别是光缆的敷设。另外,光纤通信的维护成本也比较高。

7.ADSL

ADSL 采用频分复用技术把普通的电话线分成了电话、上行和下行三个相对独立的信道,从而避免了相互之间的干扰。具有如下优点:

(1)ADSL 的接入速度快。ADSL 可达到下行 8 Mbps、上行 640 kbps 传输速度,对于一般的视频信息传输基本足够了。

(2)ADSL 易于安装、维护。它采用普通电话线路作为传输介质,几乎不需要重新布线,而维护工作由电信部门负责。

(3)随着 ADSL 在我国的大规模使用,ADSL 的资费已经比较便宜。

8.3G 和 4G

(1)3G 是第三代移动通信技术的简称,是指支持高速数据传输的蜂窝移动通信技术。3G 服务能够同时传送声音及数据信息。它的代表特征是提供高速数据业务。

目前存在的 3G 标准有 WCDMA(欧洲版)、CDMA2000(美国版)和 TD-SCDMA(中国版)。

我国中国移动、中国电信、中国联通已于 2009 年开通 3G 网络,将是未来无线通信的主流。

(2)4G 是第四代移动电话行动通信标准,指的是第四代移动通信技术。该技术包括 TD-LTE 和 FDD-LTE 两种制式(严格意义上来讲,LTE 只是 3.9G,尽管被宣传为 4G 无线标准,但它其实并未被 3GPP 认可为国际电信联盟所描述的下一代无线通信标准 IMT-Advanced,因此在严格意义上其还未达到 4G 的标准。只有升级版的 LTE Advanced 才满足国际电信联盟对 4G 的要求)。

4G 是集 3G 与 WLAN 于一体,并能够快速高质量传输数据、音频、视频和图像等。4G 能够以 100 Mbps 以上的速度下载,比目前的家用宽带 ADSL(4M)快 25 倍,并能够满足几乎所有用户对于无线服务的要求。此外,4G 可以在 DSL 和有线电视调制解调器没有覆盖的地方部署,然后扩展到整个地区。很明显,4G 有着不可比拟的优越性。

2.2.3.2　推荐通信技术

太原市各县(市)应根据现有通信状况和可利用的通信资源,因地制宜地选用监测站的信息传输通信方式,通信方式的选用原则为:

(1)公网能够覆盖的地区,应优先考虑选用公网进行组网。

(2)对于公网未能覆盖的丘陵和低山地区,可选用超短波通信方式进行组网。

(3)对于既无公网,又无条件建超短波的地区,则选用卫星通信方式。

(4)对于重要监测站且有条件的地区尽量选用两种不同通信方式组网,实现互为备份、自动切换的功能,确保信息传输信道的畅通。

(5)视频信息的传输可根据实际条件选择 ADSL、3G、光纤、超短波等方式。

因此,在一般有无线网络覆盖的地方,推荐采用 GPRS 作为水雨情信息传输的通用信道,并可根据实际情况采用北斗卫星作为紧急情况下的通信备用设备。对于视频信息的传输,优先考虑 ADSL 的传输方式。

2.3 监测预警平台系统建设

2.3.1 平台组成与功能

监测预警平台是山洪灾害监测预警系统数据信息处理和服务的核心，主要由计算机网络、数据库、应用系统组成，主要功能包括信息汇集、信息服务、预警信息发布模块等。

2.3.2 数据库

2.3.2.1 数据库系统选型

山洪灾害监测预警系统涉及气象、水文、水工、经济、地理等多方面信息，数据也包括数字、文字、表格、图片、影像等多种形式，数据的存储与应用比较复杂。必须建立强大的综合数据库系统，以实现信息的管理与应用。同时，数据库系统作为山洪监测预警系统的基础功能部件，为各个应用系统提供所需的数据和信息服务，协调各系统间的数据关系，实现各种信息的一致性共享。

根据山洪监测与预警系统站点布设原则，系统需要共享相关部门的各种数据信息，因此数据库管理系统的选择首要考虑与相关部门的数据库系统一致或兼容，以减少部门数据共享交换的成本。另外，数据库管理系统的选择还要考虑与服务器操作系统的匹配，才能更好地发挥数据库的强大功能。鉴于太原市系统数据涉及范围广、数据形式多样，并考虑数据库在日常运行中维护的方便性，选用 SQL-SERVER2005 数据库管理系统的具体功能如下：

(1)大型分布式数据库管理系统，支持大数据量存储。

(2)具有并发控制功能，支持事务、锁、触发器等。

(3)支持用户管理、权限管理、数据备份等功能。

(4)支持常见的应用开发工具，易于开发应用。

(5)数据库系统的具有发展潜力，可以满足系统升级需要。

(6)数据库操作简单、使用方便，易于维护、移植。

2.3.2.2 数据库建设内容

系统数据库建设内容应该能够满足山洪监测和防御工作的需要，为山洪监测预警系统提供信息服务。具体内容包括气象国土数据库、雨水情数据库、工情信息数据库、经济社会信息库、灾情数据库、防洪预案信息数据库、图形图像数据库、空间数据库等。山洪灾害专题数据库表分别在雨水情数据库、工情信息数据库、经济社会信息库、灾情数据库、防洪预案信息数据库建立。

1.气象国土数据库

用于存放各应用系统所需的气象数据信息。由信息汇集系统从气象、国土部门获取后转存入气象、国土信息库。数据形式包括文字、图象等。主要有：

(1)气象站实时资料表：气象站测得的雨量、温度、风向、风速等。

(2)热带气旋路径表：不同时刻的热带气旋的位置资料。

(3)短期数值预报成果表:未来 3 d 内的降雨量时空分布。

(4)卫星云图实时走势图。

2.雨水情数据库

根据太原市各县(市)监测预警系统的要求,按照《山洪灾害防治县级非工程措施建设实施方案编制大纲》和《实时与水情数据库表结构及标识符标准》(SL 323—2005)分别建立遥测数据库和实时雨水情数据库。遥测数据库重点是使用其中的测站基础信息、实时信息、测站设备状况等相关表。实时雨水情数据库重点是使用的测站基础信息、实时和时段信息以及预报结果等相关表。

数据库根据数据更新频度和性质,把雨水情数据库表分成两类:一类是数据更新频度较低或基本不变的项目表,如测站基本信息等,称为基本信息表,这类数据表的记录在系统建设时录入;另一类是更新频度较高的实时水情信息表,如实时水位、雨量、测站状况等,称为实时信息表,这类数据表的记录由信息采集系统自动录入。具体如下:

(1)基础信息。测站站点相关信息,雨量站包括站号、站名、站址(所在乡(镇)、村)、经纬度、高程、设立日期、类别(自动站、简易站)、所属小流域、关联乡村、雨量预警指标、(1 h、3 h、6 h、12 h、24 h)最大雨量及出现时间、监测人员及联系方式;水位站信息包括站号、站名、站址(所在乡(镇)、村、组)、经纬度、高程、设立日期、类别(自动站、简易站)、所属小流域、关联乡村、水位预警指标、历史调查最高水位及时间、实测最高水位及时间、监测人员及联系方式等;测站的基本信息,如站名、站码、站类型、河流特征等。

(2)防汛信息。水库、河道的防洪任务信息,河道洪水传播时间信息,河道断面信息,水库库容曲线信息。

(3)实时数据。水库、河道水位、流量以及雨量、蒸发等水文要素的实时数据和工程调度信息。

(4)特征值数据。水位、流量、雨量、蒸发等各水文要素的旬、月、年量值及其最大值、最小值等特征值。

(5)预报信息。用于存储各节点预报信息。

3.工情数据库

参照《国家防汛指挥系统工程防洪工程数据库设计报告》(2001 年 8 月)标准建立。主要有河流、水库、堤防等三类防洪工程的基本信息。存储区域内各种水利工程基础信息、特征数据及其运行情况数据。有如下内容:

(1)水库:反映水库的集水面积、总库容、死库容、坝型、坝高、溢流形式、闸门底坎高程。

(2)堤防(段):反映堤防高程、堤防建设水位、堤防建设断面、堤防纵向断面、堤防坡度、堤深、堤基的构造、渗漏系数、险工险段的基本情况。

4.山洪预警及响应数据库

按照《山洪灾害防治县级非工程措施建设实施方案编制大纲》山洪预警及响应类的要求,建立山洪预警及响应类数据表,包括系统配置、预警等级、预警状态、预警类型、响应部门、人员、记录、措施和反馈等预警响应重要指标信息。

5.社会经济及灾情数据库

社会经济信息库存储行政区域、重点防御区域的信息，内容包括人口、企业、耕地、房屋、公共设施、避洪工程等信息。包括乡（镇）、村、村民组、重点防御区人口、企业、土地、房屋、人均私有财产、农作物、大牲畜、各类固定资产情况。包括太原市各县、乡、村基本情况和小流域基本情况。

（1）太原市各县、乡、村基本情况。县（市）简介及各乡（镇）、行政村的基本情况，包括县、乡、村名称、土地面积、耕地面积、总人口、家庭户数、房屋数、历史洪水线下（人口、家庭户数、耕地面积、房屋数）、可能受山体滑坡、泥石流影响（人口、家庭户数、房屋数）、乡（镇）负责人及联系电话、乡（镇）防汛负责人及联系电话、村负责人及联系电话。

（2）小流域基本情况。包括小流域名称、上级河流、流域面积、河长、河道比降、河源位置、河口位置、涉及乡数（名）、村数（名）、村组数、户数、人口数、房屋、历史洪水线下（人口、家庭户数、房屋）、可能受山体滑坡、泥石流影响（户数、人口、房屋）、关联监测站等。

灾情数据库用于对灾情信息的查询与评估，为山洪灾害防御提供参考信息。存储历次历史山洪灾害的重要数据信息和实时灾情信息，包括乡（镇）、重点区域的受灾面积、受灾人口、经济损失等灾害重要指标信息。历史上山洪灾害发生总体情况及各典型年的灾害情况，内容包括灾害发生时间、灾害描述等。

6.空间数据库

在山洪防御预警系统中包括大量以数据格式存储的区域的地形地貌、山洪风险区、撤退道路等空间数据信息。这些信息是山洪防御的依据，借助地理信息系统（GIS）存入空间数据库中。按照行业特性分为基础性公用要素、水利公有要素数据及山洪灾害防治专业要素三类。

（1）基础电子地图：描述国土资源的基础信息，包括行政区划图、交通设施图。

（2）水利要素分布图：描述水利要素分布特征，包括水系图、测站分布图、水库山塘分布图、防洪工程布置图。

（3）特征要素：描述山洪灾害易发区域基本情况，包括山洪灾害易发区域分布图、安全区与危险区范围布局图、撤退路线位置图。

7.图形图像数据库

包容多种图形图像数据，如每日逐时卫星云图、水利工程图片图像、灾情图片图像等。

2.3.2.3 数据库表结构

数据库表结构的建设按照国家相关的行业标准建设，保证数据的兼容和格式的一致，易于实现数据共享与交换。遥测和实时雨水情数据库按照《实时雨水情数据库表结构与标识符标准》（SL 323—2005）的要求进行数据库表结构的建设；其他数据库参照相关行业标准结合实际情况，合理分别建立。

2.3.3 地理信息系统

地理信息系统能够为山洪防御工作提供空间信息支持。地理信息系统建设包括地理信息系统平台的选择、地理数据收集与处理和地理信息系统应用开发等。

2.3.3.1 地理信息系统平台的选择

平台的选择系统功能满足考虑空间数据存储与管理、应用开发等各方面的要求。选用国产 supermap GIS 平台。

(1)以类似于关系数据库管理系统(RDBMS)方式存储,方便数据统一管理,具备RDBMS的功能。

(2)众多应用系统能够通过采用空间 SQL(SSQL)语言或其他方法共享这些数字化地图,以便维护空间数据的一致性,降低地图数据的工作量。

(3)具有丰富的应用编程接口(API),使系统应用软件在这些 API 和前端 GIS 工具的联合支持下,能够开发出地图浏览、地理数据空间分析、网络分析和 DEM 分析应用等各项功能。

(4)支持基于 Internet 的应用发布。

(5)具备地图浏览、缩放、文字图形标注和专题图等基本功能。

(6)支持等值线、缓冲区、坡度计算、叠加分析等空间分析。

2.3.3.2 地理数据收集与处理

根据山洪灾害监测预警系统建设需要,空间数据库应采用比例尺不小于万分之一的地形图进行建设。空间数据可通过数字化、外勘调查、测量等多种途径收集。

作为建立全流域地理信息系统的基础资料,空间数据信息应能够全面反映辖区内自然、地理、社会、经济情况等信息。同时,基于山洪系统的专业分析需要,空间数据还应包含地形、等高线等信息,以满足滑坡、泥石流易发区分析的数据需要。

地理数据的绘制与处理要严格按照空间地理数据建设的相关要求,应尽量减低数据冗余,保证数据完整性。

2.3.3.3 地理信息系统应用开发

为直观表现汛情、灾情分析等信息,应进行地理信息系统应用开发,给山洪防御工作带来便利。山洪灾害预警系统 GIS 开发应用应具有如下功能:

(1)地图浏览。具备地图的缩放、漫游、距离和面积量算;浏览结果,点击次数不超过3 次。

(2)标注。能够将描述汛情、灾情等各种文字信息标注到地图上。

(3)专题图制作。能够根据汛情、灾情、经济、人口等信息制单值专题图、范围专题图、统计专题图等。

(4)能够根据雨水情信息等,绘制雨量等值线、暴雨笼罩面积、洪水淹没区图,表现汛情宏观情况。

(5)灾害易发区分析。能够根据地形数据计算地形坡度,并结合汛情信息分析滑坡、泥石流等灾害易发区范围。

2.3.4 信息的汇集

信息汇集主要由数据接收处理单元(硬件设备)和实时数据接收处理软件构成。数据接收处理单元主要由数据接收通信设备、数据接收处理计算机、电源以及设备安装设施和避雷系统组成。

各自动监测站点的水雨情信息通过数据传输信道传输到平台后,进入数据接收处理计算机,通过数据接收软件实时完成监测站水雨情数据的实时接收处理,并存入数据库中。对于气象、国土等相关部门信息经处理后,按照统一的数据格式存入数据库中。

2.3.4.1 功能设计

根据山洪灾害防御工作的特点和山洪灾害监视预警的需求,利用通信、计算机网络、数据库应用等技术手段,建设省、市、县级防汛指挥部门的山洪灾害防治信息汇集平台,形成一个局域网系统(通常选择以太网),以收集山洪灾害防治区水雨情数据信息以及其他部门的相关信息,形成规范数据库,并提供信息查询等服务。

2.3.4.2 系统结构

1.逻辑结构

各级信息汇集平台是山洪防治及防汛预警系统数据信息处理和服务的核心,主要由计算机网络系统、数据库系统、汇集上报应用软件组成,其逻辑结构见图 2-2-5。

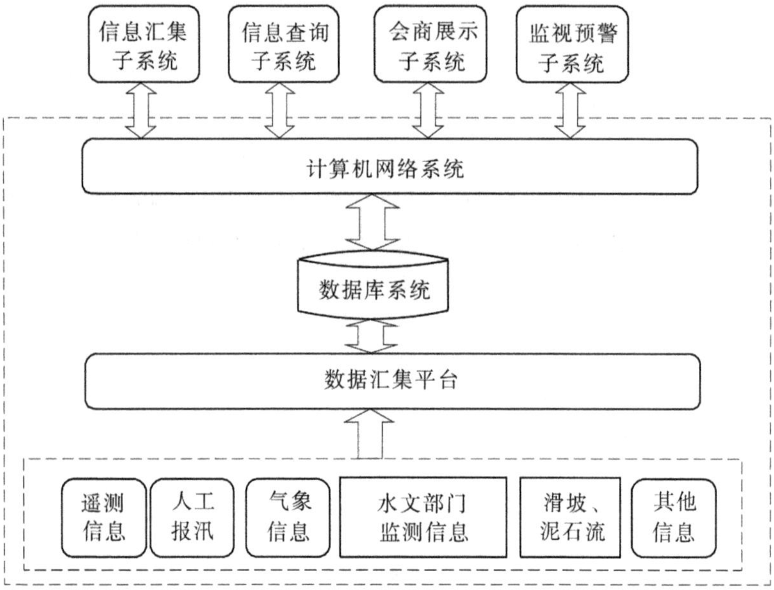

图 2-2-5 信息汇集平台逻辑结构示意图

计算机网络系统主要为系统数据接收、处理、加工与信息查询、预警指挥与信息发布、信息交换等服务提供硬软件平台。

数据库系统主要为系统维护管理、信息查询与服务、预警指挥提供数据信息。

在建设信息汇集平台时,各级单位应结合本地现有的网络结构、通信信道、网管系统、网络设备状况,按照各自的山洪防治及防汛预警系统对网络和通信的实际要求,充分利用现有资源,合理制订建设方案。

2.层次结构

在层次结构上,信息汇集平台分为省、市、县级。

县级平台汇集本地实时、人工和其他同级部门的共享数据，按照统一规范存入县级规范数据库，并通过数据上报模块向市、省级信息汇集平台上报数据。

市级平台汇集各县上报数据、本地实时数据、人工和其他同级部门的共享数据，按照统一规范存入市级规范数据库，并通过数据上报模块向省级信息汇集平台上报数据。

省级平台汇集各市、县上报数据和其他部门共享数据，按照统一规范存入省级标准数据中心，并通过数据上报模块向国家防汛抗旱总指挥部（简称国家防总）上报数据，其层次结构示意图见图 2-2-6。

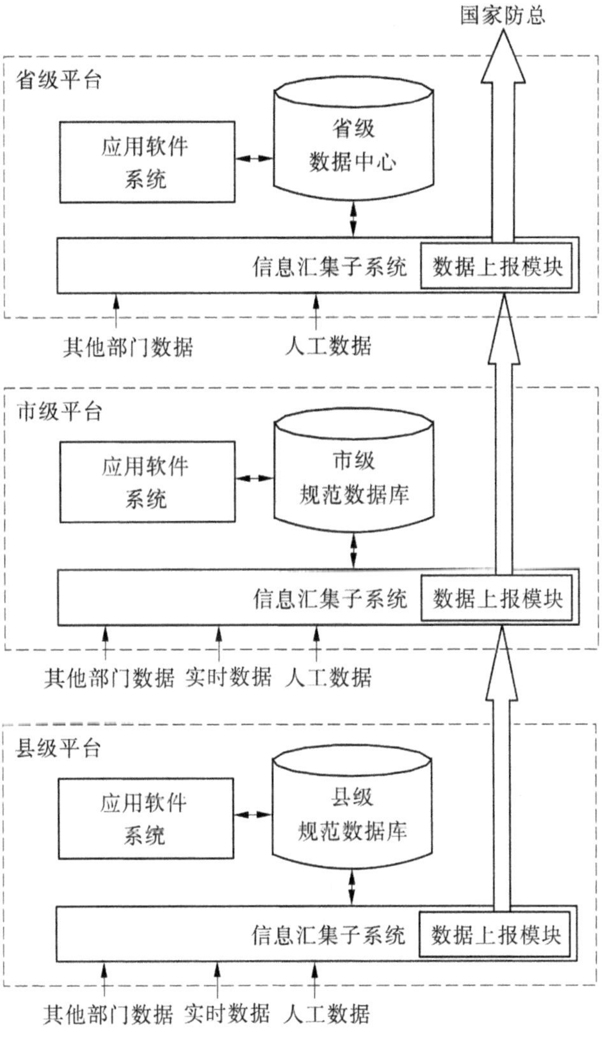

图 2-2-6　各级信息汇集平台层次结构示意图

3. 网络拓扑结构

各级信息汇集平台的计算机网络结构采用以太网交换技术。千兆位以太网或快速以太网交换技术成熟，组网性价比高，是当前的主流网络交换技术。因此，平台的计算机网络系统可采用千兆位以太网或快速交换式以太网技术，拓扑结构采用星形结构，其拓扑结构示意图见图 2-2-7。

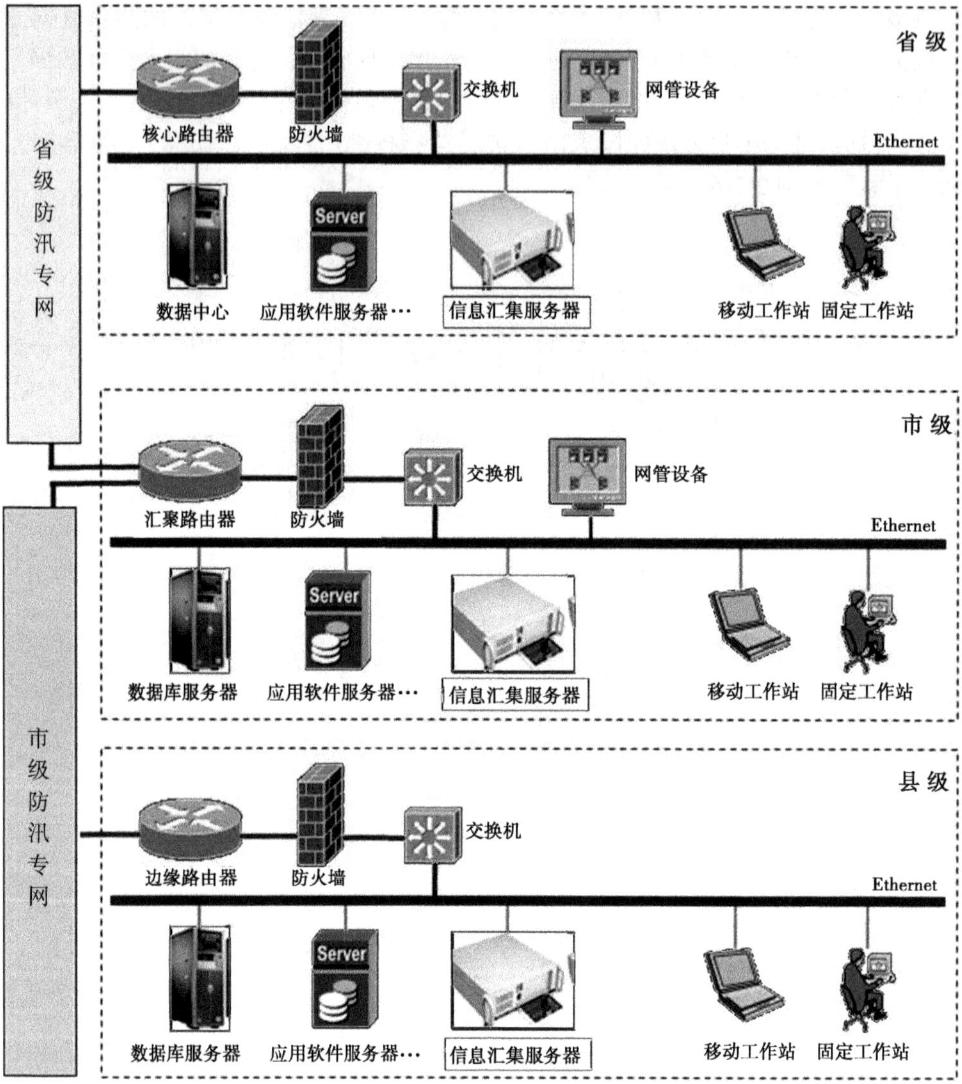

图 2-2-7　网络拓扑结构示意图

省级、市级、县级之间的数据信息共享和交换可通过路由器与防汛专网互联的方式实现。

各级平台的计算机网络对外互联采用 TCP/IP 协议，局域网内部应支持 TCP/IP、IPX/SPX、NetBEUI 等协议。

4.网络安全

计算机网络系统是一个以 TCP/IP 为核心的开放式网络体系结构。而开放型网络自身的特点决定了它每时每刻可能遭受来自不同方面的入侵和攻击，这些攻击将会给应用系统带来不可估量的损失。因此，网络信息系统的安全性已成为网络建设中一个重要问题,需建立一个多层次的安全防御框架,以确保系统网络的安全。

网络安全性主要考虑局域网内部的安全、服务器和数据的安全。除利用网络系统管理工具外,还可采用以下方法和技术中的一种或多种组合:

(1)防火墙技术。利用隔离控制技术,在内部网络和外部网络之间设置屏障,阻止对内部信息资源的非法访问。

(2)入侵检测技术。采用实时的入侵检测技术进行记录证据,并采取相应的防护手段,如跟踪和恢复、断开网络连接等。

(3)内部网的安全。采用认证、授权、用户注册和 VLAN 技术。

(4)服务器的安全。利用操作系统本身所带有的安全机制,制定完善的安全策略。对重要的服务器启动审计功能。

(5)数据的安全。对外进行信息交换时,采用信息加密和信息确认的手段来确保信息的安全。同时需考虑数据备份的措施。

(6)配备防病毒软件。要求能杀当前出现的所有病毒,且更新速度要快。

2.3.5　信息服务

信息查询系统针对雨水情、工情、灾情等信息提供分类检索和简单分析。主要包括基础信息查询、气象信息查询、雨水情信息查询、防洪预案信息查询、灾害分布与灾情统计查询、统计报表和输出打印等模块。查询、分析成果根据查询内容采用文字、表格、图形以及地图等形式表现。查询系统要求采用 B/S 结构模式开发。

2.3.5.1　系统安全

为了保证防洪信息安全,系统建立先进的安全体系。根据市、县、乡等多级用户,系统采用角色级的身份验证,对于不同用户按所属角色开放相应的信息与功能,确保防洪信息安全。

2.3.5.2　基础信息查询

基础信息主要是指在山洪灾害监测预警系统中更新频度较低或基本不变的信息。主要包括水文站点、水库、堤防等基础设施情况,是山洪防御调度工作的重要参考依据。

1.站点基础信息查询

站点的类别(雨量、水文、水位)、站点的观测方式(自动、简易等)、站点位置、所属水系、所属部门等信息。

2.水利工程信息查询

堤防、水库、山塘等水利工程的基本信息。堤防信息包括堤防长度、高程、所属河流、工程建设标准等;水库信息包括水库集水面积、设计洪水位(流量)、库容、坝顶高程等山塘信息包括山塘位置、山塘容积等信息。

3.安全区、危险区和重点防护区信息查询

采用地图查询方式,查询安全区、危险区以及重点防护区与防洪相关的基本信息。主要有各区域的村落分布、人口密度、监测设施、撤退路线等。

4.经济社会状况查询

查询各行政区的经济社会信息,如区域人口分布、基本农田、电站、排灌站等基础信息。

2.3.5.3 气象信息查询

查询气象部门发布天气预报、卫星云图以及台风警报等气象信息。及时掌握未来天气变化形式。

天气预报:各级气象台发布的短期、中期、长期预报信息,掌握基本天气情况。

卫星云图:查询当前最新的卫星云图以及最近一段时间内的卫星云图变化,掌握天气变化发展情势。

2.3.5.4 雨水情信息查询

实现对行政区域内终点防御区水库、关键节点水情信息查询水位、流量过程查询;水位、流量特征值(最高、最低、最大、最小)查询不同时间段洪水总量查询;超设防、超警戒、超保证时间查询;退至设防、警戒、保证时间查询。

主要监测水位站点实时水位与警戒水位对比和空间标注。交互输入时段长度(10 min、30 min、1 h 等)。单站最大 10 min、30 min、1 h、3 h、6 h、12 h 和 24 h 等特征过程雨量查询,并同时输出历史雨量重现期。历史典型年,水情、雨情特征查询包括洪峰流量、最高水位、特征值雨量。对比分析:当前雨水情与历史典型年对比分析,把握当前汛情相对情况,便于对当前汛情评估。等值线:特定时间段内空间分布。查清辖区内特征时间段实际雨强与成灾雨强对比分析图形标注,查询辖区内特征时间段雨量与临界雨强的对比分析图形标注。

2.3.5.5 防洪预案信息查询

各乡(镇)等行政区和重点防护区的防洪预案的详细查询,主要包括责任人、联系方式、预警途径等信息,各地区的撤退道路位置及其他相关信息,为预警系统提供基础服务。

2.3.5.6 灾情分布与灾害统计查询

借助地理信息系统实现自动勾绘灾害分布图,统计受灾信息。主要包括受灾范围、受灾人口、倒塌房屋、死亡人口等。

还可对灾害其他统计信息录入系统,实现灾害分布图查询和灾情信息统计等。如各乡镇工业、农业直接经济损失统计分布图,受灾人口分布等。

2.3.5.7 统计报表

该模块为领导和业务人员对防汛信息与水利动态一目了然,快速浏览而开发,主要有每日水情、雨情和水利要闻等。

2.3.5.8 数据的输出、保存、打印

查询系统具有信息输出和打印功能。通过对采集的水情、雨情信息等实时处理,警示输出不同等级的降雨分布、暴雨中心走向、特大暴雨站点与区域分布。对于超标值在地图上按照级别给出不同警示,给工作人员发布山洪灾害监测预警提供参考。同时,根据预案划定不同的预警级别,安全区、警戒区、危险区等设定水位、雨量的警示值。通过 GIS 平台实时的汛情或灾情信息,达到汛期信息表达直观明了的目标。

除具备基础信息、雨水情信息、工情、灾情统计分析信息的数据输出外,还具备表、文字、图形的输出和保存以及打印功能。

2.3.6　预警信息发布模块

山洪灾害监测预警信息发布模块是基于平台的山洪灾害监测预警系统的重要组成部分，主要内容为预报决策系统。为太原市各县（市）山洪灾害防御指挥部进行山洪灾害监测预警提供依据。预报决策系统主要包括雨水情分析预报、预警信息生成、维护及管理等 3 个模块。

2.3.6.1　建设原则

为了确保系统的实用性和具有较长的使用周期，更好地实现预报决策功能，系统建设采用国内外成熟、实用的硬件和软件技术，建成一个实用、高效、可靠、易于操作的山洪灾害预报决策系统。

预报决策系统建设遵循以下原则：

（1）可靠性。系统用国内成型的硬件和软件技术，以前置机信息汇集、系统数据中心服务器数据库存储、上传与异地数据库备份的方式保障数据安全可靠；数据库管理技术采用现今成熟的SQL-SERVER软件；系统应用软件采用流程控制与模块控制的分级控制原则，有效控制系统的可靠性与稳定性。

（2）实用性。系统按照信息呈现、信息再加工、信息成果展示的流程，确保原始数据与规整数据同步浏览，信息加工方式以默认与交互结合；预报操作按照常规方案与备用方案结合的方法；成果展示以图形为主，结合报表与必要的文档，相互链接，实现数据展示的多元化。

（3）开放性与可拓展性。系统采用标准公用数据库接口技术和业内通用的雨水情编码标准，确保系统的开放性。在预报方法上以通用标准为基础，建设具有标准输入输出接口的预报方法库模块，实现预报方法功能扩展性；在预报节点、警报范围上，以标准数据库基础信息表为依据交互增减，实现动态预报、预警范围的扩充。

2.3.6.2　主要模块

雨水情分析预报模块主要有预报方案的编制和软件开发组成，山丘区小流域洪水预报软件是预报决策子系统的核心，开发建立常用预报模型库，并制定模型统一数据交换接口标准，是预报软件开发的实现应有功能的基础工作。系统预报软件设计有以下功能：①建立预报模型库，模型参数能够人工率定或自动率定、优化。②预报系统要基于山洪灾害防治信息汇集及预警平台统一建设的数据库结构。③系统要求做到界面清晰、接口标准、操作简单。④系统具有自动预报和人工交互预报两种功能。⑤系统具有预报成果的可视化和输出功能。

1.预警信息生成模块

根据预报成果，按照可能达到设防水位、警戒水位（汛限水位）、保证水位等指标，生成实时预警信息，并及时将预警信息发送至预警平台。

2.系统维护和管理模块

该模块可以对整个系统的内容进行添加和删除，具有控制系统权限的功能。本模块为系统维护管理提供工具。

2.4 预警系统

2.4.1 预警系统生成

根据实时雨水情、水文气象预报信息及预警指标,决定是否编制预警信息。山洪灾害监测预警各县等级分为三级。成灾水位分三级:设防水位、警戒水位、保证水位。三级特征水位具体数字由太原市各县(市、区)防办根据实际情况确定。具体内容如下:

(1)Ⅲ级警报。

当预报有强降雨发生,降雨可能接近或达到预警雨量,或者预报水位(流量)可能接近或达到设防水位(流量),将可能发生山洪灾害时,或水库、塘坝水位接近汛限水位时,编制Ⅲ级预警信息。

(2)Ⅱ级警报。

当已有强降雨发生,预报降雨可能达到预警雨量,降雨还将持续,或者预报水位(流量)可能达到警戒水位(流量),山洪灾害即将发生时,或预报水库、塘坝水位可能达到或超过汛限水位时,编制Ⅱ级预警信息。

(3)Ⅰ级警报。

当已有强降雨发生,实测降雨接近或达到预警雨量,且前期降雨量接近山洪形成区土壤饱和含水量,预报降雨将持续,实测水位(流量)接近或达到保证水位(流量),水位(流量)仍在上涨,将发生严重山洪灾害时,或水库、塘坝水位已经达到设计洪水位时,编制Ⅰ级预警信息。

预警系统建设是在监测信息采集及预报分析决策的基础上,根据预警信息危急程度及山洪灾害可能危害范围的不同,通过预警程序和方式,将预警信息及时、准确地传送到山洪灾害可能危及区域,使接收预警区域人员根据山洪灾害防御预案,及时采取预防措施,最大限度地减少人员伤亡。

2.4.2 预警系统流程

预警信息可通过监测预警平台制作、发布。县级防汛指挥部门通过监测预警平台向县、乡(镇)、村、组及有关部门和单位责任人发布预警信息;各乡(镇)、村、组和有关单位,根据防御预案组织实施。基于平台的预警流程示意图见图 2-2-8。

群测群防预警信息的获取来自县、乡(镇)、村或监测点。由监测人员根据山洪灾害防御宣传培训掌握的经验、技术和监测设施监测信息,发布预警信息。各乡(镇)除接收县防汛部门发布或下发的预警信息外,还接收群测群防监测点、村和水库及山塘监测点的预警信息。村、组接受上级部门和群测群防监测点、水库及山塘监测点的预警信息。上游乡(镇)、村、组的预警信息要及时向下游乡(镇)、村、组传递。群测群防预警流程示意见图 2-2-9。

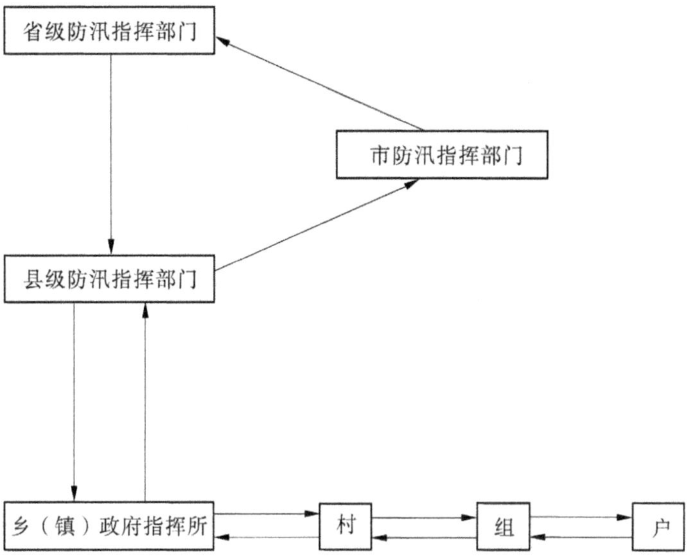

图 2-2-8　基于平台的预警流程示意图

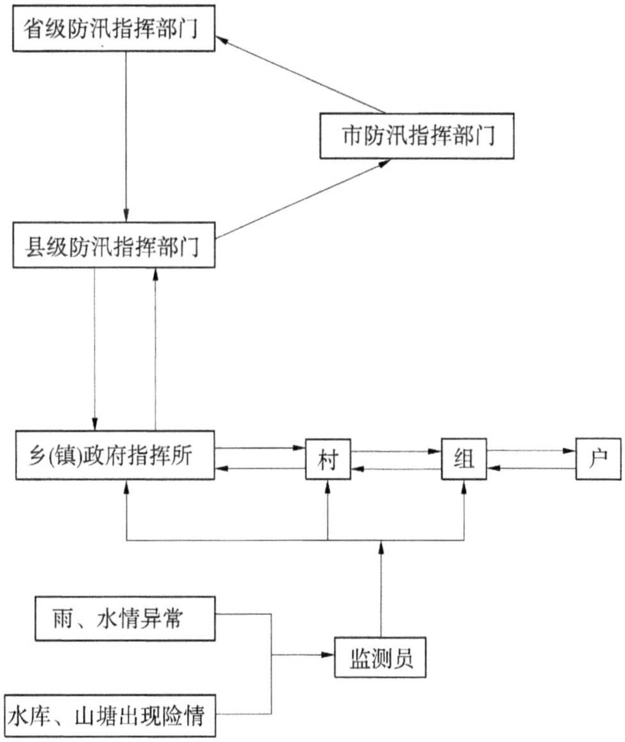

图 2-2-9　群测群防预警流程示意图

2.4.3 预警信息发布

2.4.3.1 预警发布权限

根据预警信息获取途径不同,预警发布权限归属不同的防汛负责人(或防汛部门)。县级预警信息由太原市各县级防汛负责人(或防汛部门)授权后统一发布。群测群防监测点预警信息,由监测人员和相关责任人自行发布。

2.4.3.2 预警发布内容

主要包括:洪水预报,雨量,溪河、水库、山塘水位监测信息,预警等级,准备转移通知、紧急转移命令等。

2.4.3.3 预警信息发布对象

预警信息发布对象为可能受山洪威胁的城镇、乡村、居民点、学校、工矿企业、旅游景点等。根据关联监测站、预警等级确定不同的发布对象。

2.4.3.4 预警发布方式

预警分为两个阶段:内部预警(对防汛人员和相关责任人)和外部预警(对社会公众)。

预警信息发布以平台短信发布为主,还可用 Internet 公网、语音电话、手机通话、手机短信、传真、有线电视、广播等多种手段。紧急情况下,根据当地预警设备配置情况和山洪灾害威胁情况,按照预案确定的报警信号,利用发送信号弹、鸣锣、启动报警器和无线预警广播、高音喇叭喊话等方式,向灾害可能威胁区域发送警报。

建立平台短信预警发布和电话(或传真)预警发布,在规定的条件下由山洪灾害预警系统软件发送山洪灾害预警信息。平台短信预警发布提供短信群发功能。能够在降雨达到一定量级时自动向水行政主管部门、防汛指挥部门领导和有关技术人员、责任人自动发送短信;能够在人工干预的条件下向各级主管领导、责任人、防汛相关人员发送山洪灾害预警短信。电话传真预警发布能自动向列表中的各个单位传送山洪灾害预警信息或调度指示文件等,克服人工拨号打电话、发传真时效性差、易出错的问题,其短信平台预警示意图见图 2-2-10。

2.4.3.5 预警信息发布软件功能

预警信息发布软件主要完成预警信息的处理和发布。为了获得较好的系统运行效率和方便使用,采用 B/S 体系结构。

预警信息发布软件主要功能如下。

1.预警信息和状态显示

预警系统触发可能成灾区域及成灾区域简易观测站点,加密观测并上传信息。输出达到成灾雨强的区域分布。输出达到成灾水位(流量)河道节点的要素标注图。自动触发可能成灾区域及成灾区域的防洪预案及相联信息。自动触发可能成灾区域及成灾区域的防汛责任人、负责人、防汛机构的相关人员并显示通信状态。将内部报警、预警发布信息用短信方式发送到符合条件的相关负责人。自动触发重点防御区域的安全区、风险区、撤退路线图。触发防洪风险图。自动触发成灾区域雨量、水位、流量等关键相关要素及相关文档上传防汛部门(省防汛抗旱指挥部、市防汛抗旱指挥部)。

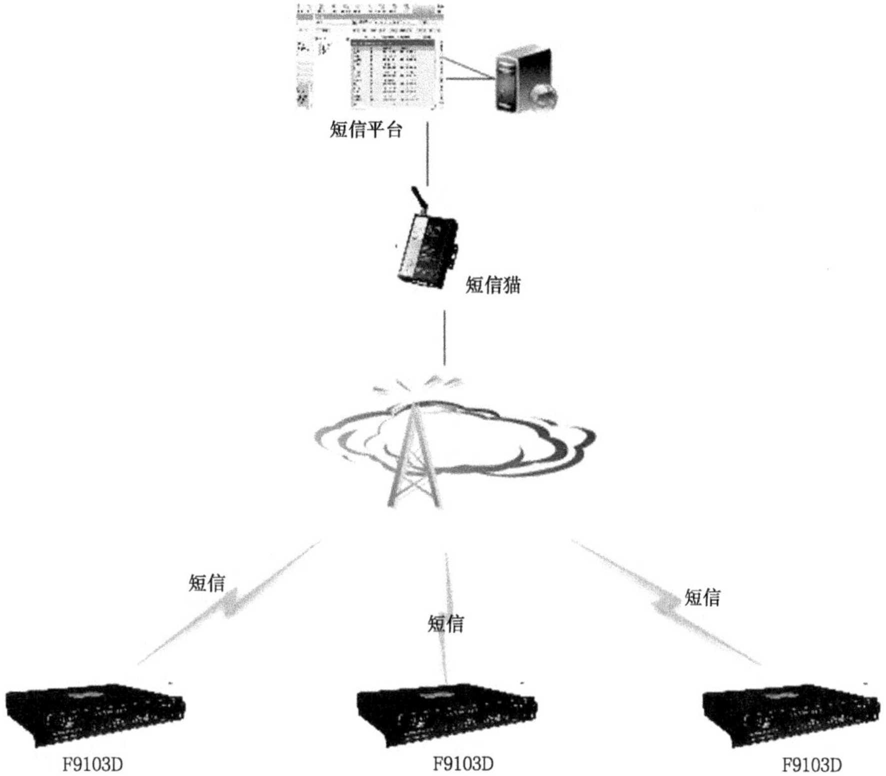

图 2-2-10　短信平台预警示意图

2.预警信息和状态以预警地图和预警列表形式显示

(1)预警地图。根据预警分析结果,在地图上以不同的颜色闪烁的方式,显示各乡(镇)的预警级别等信息;已开始处理的预警取消闪烁,显示目前所处状态(内部预警、已发布预警、已启动响应),响应结束后的预警恢复常态。

(2)预警列表。以列表方式显示预警信息,包括发生乡(镇)、预警级别、预警时间、预警内容、预警状态等信息,并提供影响范围分析结果等。

3.预警查询

(1)具备预警指标的查询和设置修改,并规定用户设置修改权限。

(2)具备预警信息包括历史预警信息发布情况查询。

(3)具备预警反馈信息查询,包括反馈人姓名、单位、电话、预警级别、发送时间、信息内容、回复情况等。

(4)具备响应情况信息查询,设置响应标准、响应部门管理关系等;显示响应反馈信息,并能够实时录入、跟踪进展情况。

2.4.4　预警信息通信方式

根据山洪灾害的特点,可用于预警信息传输的通信方式有电视、广播、Internet 网络、电话、传真、移动通信、短信、报警器、锣鼓号等,预警区根据当地经济状况、现有通信资源条件以及各种通信方式的适用性，并考虑山洪灾害监测预警信息传输的时效性和紧急程度，选用适宜的通信方式组建山洪灾害监测预警信息传输通信网。

为保障预警信息能及时发布到乡（镇）、村、组、户，有条件的乡（镇）应尽可能建立双信道的通信网络，以保证一种信道通信中断时预警信息能够顺利传递。

（1）固定时间发布的预警信息，接收的对象主要是公众，充分考虑通信覆盖面，综合选择多种方式同时发布，选择电视、广播、短信、自动传真等与群众生活联系紧密的通信平台。

（2）不定时的山洪灾害警报信息，时效性要求比较强，通过电话、移动电话等直通方式进行通信。对于特别紧急的情况，警报传输通信必须各种方式并用。当公共通信（固定电话、移动电话）均遭山洪破坏而失效时，有条件的地区可采用卫星通信方式进行应急通信。

（3）对于公共通信条件较好且运行维护费用有保障的地区，综合运用固定电话、移动通信通话和短信、传真、Internet 网络、有线电视和广播警报系统的多种方式。

（4）对于没有公共通信条件、人口居住比较分散的偏僻山村，通过广播、喇叭、锣鼓、报警器、烟火、人力等根据已设定的预警信号发布预警信息。

2.4.5 预警指挥系统

2.4.5.1 功能设计

预警指挥系统构建在信息汇集平台之上，通过对信息汇集平台提供的各类与山洪灾害密切相关的数据信息的综合分析和评估，根据设定的预警流程和响应方式，经会商决策，确定山洪灾害预警级别并启动相应预案，将预警信息及时、准确地传送到山洪可能危及区域，使接收预警区域人员根据山洪灾害防御预案，及时采取避险措施，最大限度地减少人员伤亡。

2.4.5.2 建设要求

根据各地区现阶段山洪灾害点多面广，且危害程度不尽相同的特点，预警指挥系统的建设应遵循下列要求：

（1）及时、迅速，实时性强。在系统的建立过程中，要充分考虑预警发布、响应的速度，尽可能迅速地将预警信息准确地传送到可能受灾区域，为使可能受灾区域的居民能及时采取相应措施赢得更多的时间，从而避免或减少人员伤亡。

（2）良好的可操作性。在编制软件系统时，尽量照顾用户的习惯，界面友好直观，操作人员一般只需移动鼠标点击功能框即可完成通常的值班操作，技术人员经过简单培训也能胜任日常管理工作。

（3）经济适用、因地制宜。根据经济发展水平及技术条件的不同，综合考虑各地自然地理、现有通信资源、供电情况、居民居住地分布等情况，在保证预警信息能够及时传输的前提下，充分利用现有资源，避免重复建设，因地制宜地建立预警指挥系统，以保证预警信息能够以经济、适用、合理的方式发送。

（4）预警信息系统建设与群测群防相结合。受经济技术水平条件的限制，山洪灾害预警需要群测群防预警与建立技术手段先进的预警系统相结合。

2.4.5.3　预警流程

1.常规预警流程

对建设有山洪防治及防汛预警平台的各级防汛部门,防汛值班人员监视山洪灾害实时信息;当新预警产生后,系统对防汛值班人员报警;值班人员应立即报告当日防汛带班领导,防汛带班领导根据预警信息确定预警级别和是否组织防汛会商;经防汛带班领导或会商决策,确定预案的启动及级别;根据预案,通过多种方式向社会公众和各级防汛责任人发布预警信息,并通过系统确认防汛责任人已接收到预警信息。社会公众和防汛责任人根据预案及时避险。预警流程示意图见图2-2-11。

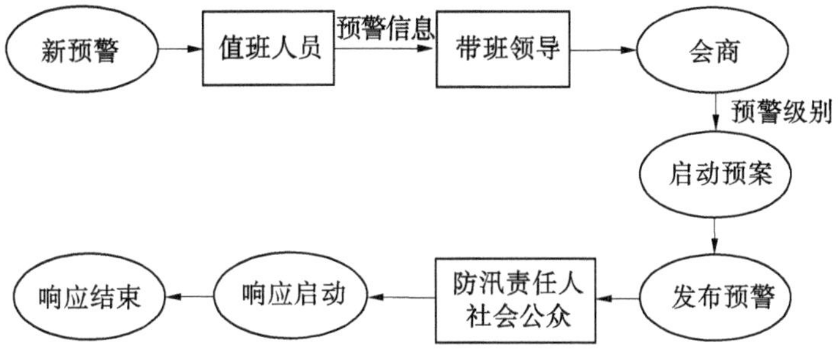

图2-2-11　山洪灾害防御预警流程示意图

出现预警信息后的工作流程(预警状态)可概括为:新预警(出现预警)→内部预警(对防汛人员)→发布预警(对社会公众)→响应启动→响应结束。

2.紧急情况下的预警流程

群测群防预警信息的获取来自县、乡(镇)、村或监测点。由监测人员根据山洪灾害防御培训宣传掌握的经验、技术和监测设施观测信息,发布预警信息。上级防汛指挥部接收群测群防监测点、乡(镇)、村的预警信息,逐级发布。各乡(镇)政府除接收县防汛部门发布或下发的预警信息,还接收群测群防监测点、村和水库及山塘监测点的预警信息。村、组接收上级部门和群测群防监测点、水库及山塘监测点的预警信息。上游村庄的预警信息要及时向下游村庄传递。其预警流程见图2-2-12。

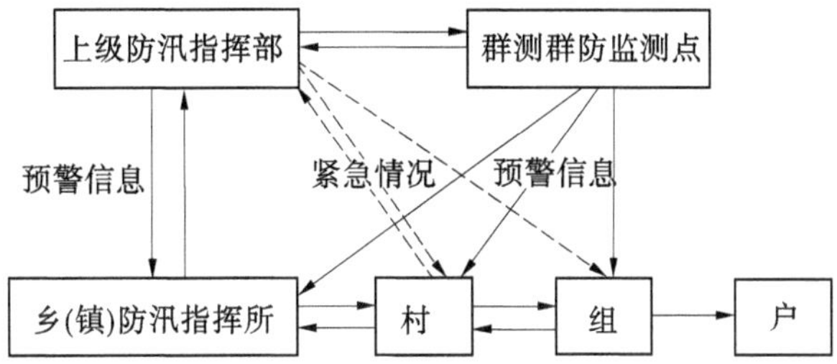

图2-2-12　基于群测群防的山洪灾害防御预警流程

2.4.5.4　预警指标和等级划分

雨量预警指标采用流域模型法和降雨频率。对于受河道洪水影响的重点防治区,雨量预警指标采用流域模型法进行分析，对于受坡面水流影响或没有明显河道无法进行水面线计算的评价对象，雨量预警指标采用同频率法进行分析。

系统对所有监测站实时雨量、实时水位进行分析，根据预警指标决定预警等级。当监测站水雨情达到相应临界值时，即产生预警。

1.雨量预警指标

1）立即转移指标

由于临界雨量是从成灾水位对应流量的洪水推算得到的，所以在数值上认为临界雨量即立即转移指标。

2）准备转移指标

预警时段为0.5 h时，准备转移指标＝立即转移指标×0.7。预警时段为1 h、2 h、3 h、6 h和汇流时间时，前0.5 h的立即转移指标即为该预警时段的准备转移指标。

2.水位预警指标分析

通过分析防灾对象上游一定距离内水位站的洪水位，将该洪水位作为水位预警指标。《山洪灾害分析评价方法指南》和《山洪灾害分析评价技术要求》规定，根据预警对象控制断面成灾水位，推算上游水位站的相应水位，作为临界水位进行预警。从时间上讲，山洪从水位站演进至下游预警对象的时间应不小于0.5 h，否则因时间太短而失去预警的意义。因此，只需针对适用水位预警条件的预警对象分析水位预警指标。

1）临界水位分析

在确定了成灾水位后，可用以下方法分析临界水位：

（1）根据水位—流量关系，由预警对象控制断面成灾水位推求危险流量Q，用曼宁公式计算上游水位站在流量为Q时的洪水位，该水位即为临界水位。

（2）根据预警对象控制断面成灾水位，采用水面线方法推求上游水位站的相应洪水位，该水位即为临界水位。

2）综合确定预警指标

（1）立即转移指标。临界水位即为水位预警的立即转移指标。

（2）准备转移指标。根据河段地形地貌及河谷形态，将临界水位减去某一差值作为水位预警的准备转移指标，差值取值参考见表2-2-2。

表2-2-2　立即转移与准备转移指标差值取值

河谷形态	差值参考范围（m）
宽浅型	0.1～0.2
峡谷型	0.3～0.5

3.合理性分析

由于山洪灾害分析评价的各个重点防治区内部分没有实测雨量资料，没有收集到当地山洪灾害事件实际资料，也未收集到与流域大小、气候条件、地形地貌、植被覆盖、土壤类型、行洪能力等因素相近或相同防灾对象的预警指标成果，因此将雨量预警指标与设计暴雨成果进行比较分析。通过比较发现，雨量预警指标与同频率的设计暴雨量相接近，量级相同。由于合理性分析还做得不够,因此本次确定的预警指标在下一步的工作中还需进行复核、检验,根据实际情况进行修正,在工作中运用和改进。通过山洪灾害分析评价,确定太原市17个县的准备转移指标值在40~60 mm。

2.4.5.5 预警信息发布及响应

1.预警发布权限

(1)基于平台进行预警时,预警发布权限归属于各级防汛指挥部指挥长。

(2)依靠群测群防进行预警时,预警发布权限归属于各级防汛指挥部指挥长、各乡(镇)指挥所指挥长、各村的防汛负责人和监测员。

2.预警发布内容

预警发布内容包括危险区范围、时间、致险原因(暴雨预报信息,暴雨监测信息,降雨、洪水位是否达到临界值,预警信息等级等)及避险措施。

3.预警信息发布对象

预警信息发布对象为危险区的相关防汛责任人和社会公众。

4.预警发布方式

(1)通信网络畅通时,常态通信:语音电话、传真、手机通话、手机短信(群发)。

(2)无通信网络(或通信网络中断)时,应急通信:广播、发送信号弹、鸣锣、启动报警器、高音喇叭喊话、卫星电话。

第3章 太原市山洪灾害群测群防的组织体系建设

由于山洪灾害突发性强,从降雨到发生灾害之间的时间短,且往往在灾害发生时断电、断路、断信号,因此群测群防尤为重要。群测群防组织体系为建立县、乡(镇)、村、组、户五级山洪灾害防御责任制体系,群测群防组织指挥机构主要在县、乡(镇)、村一级建立。

3.1 组织指挥机构

3.1.1 县级组织指挥机构的构成

太原市各县(市、区)级设立指挥部,指挥部与县(市、区)防汛抗旱指挥部合署办公,由县(市、区)防汛抗旱指挥部统一指挥。

指挥部下设办公室,根据实际情况设置工作组(如监测组、信息组、转移组、调度组、保障组)及应急抢险队。

3.1.2 乡(镇)组织指挥机构的构成

在乡(镇)设立山洪灾害防御指挥机构,指挥机构设指挥长、副指挥长,成员由水利、国土、民政、气象、建设、交通、公安、卫生等相关职能部门负责人组成。

指挥机构下设监测、信息、转移、调度、保障等工作组和应急抢险队。

3.1.3 村组织指挥机构的构成

各行政村设立以村主任为负责人的山洪灾害防御指挥机构,各村应成立以基干民兵为主体的应急抢险队,确定监测预警员,并造花名册报送乡(镇)、县指挥机构备查。

3.2 分工与职责

3.2.1 分工

(1)太原市各县(市、区)级山洪灾害防御指挥部统一领导和组织山洪灾害防御群测群防工作,各相关部门各负其责,相互协作,实施山洪灾害防御工作。县指挥部办公室负责指挥部的日常工作。

(2)乡(镇)山洪灾害防御指挥机构在县级山洪灾害防御指挥部的统一领导下开展山洪灾害防御工作,发现异常情况及时向有关部门汇报,并采取相应的应急处理措施。

(3)村山洪灾害防御指挥机构负责本行政村内水雨情监测、预警、人员转移和抢险工作,必要时支援邻村开展山洪灾害抢险工作。

3.2.2 工作职责

3.2.2.1 行政首长职责

山洪防御工作实行各级人民政府行政首长负责制。行政首长的主要职责如下:

(1)负责组织制定本地区防御山洪的规章和制度,组织做好宣传和思想动员工作,增强各级干部和广大群众防御山洪的意识。

(2)负责组织开展本辖区防御山洪的非工程措施和工程措施的建设,不断提高防御山洪灾害的能力。特别是组织有关部门制订本辖区防御山洪灾害预案,并督促各项措施的落实。

(3)根据汛情,及时做出防御山洪灾害工作部署,组织指挥当地群众参加抢险,贯彻执行上级调度命令。

(4)山洪灾害发生后,要立即组织各方面力量迅速开展救灾工作,安排好群众生活,尽快恢复生产,保持社会稳定。

(5)各级行政首长对本辖区的防御山洪工作必须切实负起责任,确保安全度汛,防止发生重大灾害。

3.2.2.2 县级山洪灾害防御指挥部主要职责

在指挥长的统一领导下,负责全县山洪灾害防御工作。具体职责如下:

(1)贯彻执行有关山洪灾害防御工作的法律、法规、方针、政策和上级山洪灾害防御指挥部的指示、命令,统一指挥本县内的山洪防御工作。

(2)贯彻“安全第一、常备不懈、以防为主、全力抢险”的方针,部署年度山洪灾害防御工作任务,明确各部门的防御职责,落实工作任务,协调部门之间、上下级之间的工作配合,检查督促各有关部门做好山洪灾害防御工作。

(3)遇大暴雨,可能引发山洪灾害时,及时掌握情况,研究对策,指挥协调山洪灾害抢险工作,努力减少灾害损失。

(4)督促有关部门根据山洪灾害防治规划,按照确保重点、兼顾一般的原则,编制并落实本县的山洪灾害防御预案。并组织有关人员宣传培训山洪灾害防御预案及相关山洪灾害知识。

(5)建立健全山洪灾害防御指挥部日常办事机构,配备相关人员和必要的设施,开展山洪灾害防御工作。

3.2.2.3 县级山洪灾害防御指挥部办公室主要职责

具体负责指挥部的日常工作。

3.2.2.4 县级指挥部各工作组主要职责

(1)监测组:负责做好水雨情监测工作。

(2)信息组:负责对县防汛指挥部、气象、水文、国土等部门各种信息的收集与整理,及时掌握水雨情、水库溃坝、决堤等信息，为山洪灾害防御指挥决策提供依据。在获得险情监测信息或接到紧急避灾转移命令后，立即按预定信号发布报警信号。

(3)转移组：负责按照指挥部的命令，组织群众按规定的转移路线转移，一个不漏地动员到户到人，同时确保转移途中和安置后的人员安全。

(4)调度组：负责与水利、公安、民政、卫生等部门的联系；负责调度各类险工险段的抢险救灾工作；负责调度抢险救灾车辆、船舶；负责调度抢险救灾物资、设备。

(5)保障组：负责了解、收集山洪灾害造成的损失情况，派员到灾区实地查灾核灾，汇总、上报灾情数据；做好灾区群众的基本生活保障工作，包括急需物资的组织、供应、调拨和管理等；指导和帮助灾区开展生产自救和恢复重要基础设施；负责救灾应急资金的落实和争取上级财政支持，做好救灾资金、捐赠款物的分配、下拨工作，指导、督促灾区做好救灾款物的使用、发放和信贷工作；组织医疗防疫队伍进入灾区，抢救、治疗和转运伤病员，实施灾区疫情监测，向灾区提供所需药品和医疗器械。

(6)应急抢险队：在紧急情况下听从县级山洪灾害防御指挥部命令，进行有序的抢险救援工作。

3.2.2.5 县级指挥部成员单位职责

在指挥长的统一领导下，水利、国土、民政、公安、卫生等相关职能部门各负其责，相互协调，共同做好山洪灾害防御及抢险救灾工作。

3.2.2.6 乡(镇)山洪灾害防御指挥机构主要职责

(1)制订完善并落实本乡(镇)山洪灾害防御预案，负责山洪灾害防御避灾躲灾有关的责任落实、队伍组建、预案培训演练、物资准备等各项工作。

(2)掌握本乡(镇)山洪险情动态，收集各地雨情、水情、灾情等资料，及时上报发布预警信息，并督促各村定期进行水库、山塘、堤防等险工险段的监测巡查。

(3)指挥调度、发布命令、签发调集抢险物资器材，并组织上报本乡(镇)山洪灾害相关信息。

(4)指挥并组织协调各村进行群众安全转移，落实安置灾民及做好恢复生产工作。

3.2.2.7 乡(镇)指挥部各工作组主要职责

(1)监测组：负责本乡(镇)区域内水雨情的监测工作及水库、山塘、堤防等险工险段的监测巡查，及时提供有关信息，如遇紧急情况可直接报告县级山洪灾害防御指挥部。

(2)信息组：负责对县级山洪灾害防御指挥部、气象、水文、国土等部门汛前各种信息的收集与整理，掌握水雨情、水库溃坝、决堤等信息及本乡(镇)各村组巡查信息员反馈的灾害迹象，及时为指挥决策提供依据。在获得险情监测信息或接到紧急避灾转移命令后，立即按照有关程序并通过各种方式发布报警信号。

(3)调度组：按照山洪灾害防御预案和人、财、物总体情况，负责做好抗洪抢险人、财、物的调度工作，确保抗灾工作迅速、有效地进行。

(4)转移组：按照县、乡(镇)防指的命令及预报通知，组织群众按预定的安全转移路线，一个不漏地动员到户到人。必要时可强制其转移，同时确保转移途中和安置后的人员安全，并负责转移后群众、财产的清点和保护。

(5)保障组：按照县、乡(镇)防指的命令及预报通知，负责抢险物资、设备供应及后勤保障等工作，负责维护灾区社会秩序。

（6）应急抢险队：在紧急情况下听从命令进行有序的抢险救援工作。

3.2.2.8　村山洪灾害防御指挥机构职责

（1）协助乡（镇）制订和完善山洪灾害防御预案，并负责执行落实；组织参加预案培训演练，落实本村山洪灾害防御避灾躲灾各项工作。

（2）负责山洪灾害危险区的监测和洪灾抢险，随时掌握雨情、水情、灾情、险情动态，负责上报本村的水雨情等资料，组织人员进行水库、山塘、堤防等险工险段的监测巡查，并及时向村民发布预警。

（3）落实上级发布的防御抢险等命令，组织群众安全转移与避险、抢险，落实安置灾民及做好恢复生产工作。

（4）负责灾前灾后各种应急抢险、工程设置修复等工作。

3.2.2.9　村山洪灾害防御指挥机构工作组主要职责

（1）监测预警队：负责对县、乡（镇）防汛指挥部、气象、水文、国土等部门汛前各种信息的接收并及时转报村指挥机构，对本责任区水雨情进行观测，对山塘、水库、堤防等险情进行巡查，及时反馈信息，并按指挥长的命令发布预警、报警信号；紧急情况下，监测人员可自行发布预警、报警信号。

（2）应急抢险队：在工程出险等紧急情况下，听从命令，转移危险区域内的人员和财物，有序地进行抢险救灾工作。

第4章 太原市山洪灾害应急预案

4.1 总 则

4.1.1 山洪灾害应急预案编制目的

山洪灾害是指山区由于降雨引发的山洪、泥石流、滑坡等对人民生命财产造成损失的灾害。山洪灾害以河道洪水和滑坡灾害为主，为了有效防御山洪灾害，最大限度地减少人员伤亡和财产损失，实现防汛工作中人民生命安全的工作目标，做好洪水灾害突发事件防范与处置工作，使洪水灾害处于可控状态，保证抗洪抢险、救灾工作高效有序进行，杜绝群死群伤事件的发生，指导实施太原市山洪灾害的防御工作，为太原市各县、乡(镇)、村的经济可持续健康发展提供防洪安全保障。

4.1.2 山洪灾害应急预案编制依据

依据《中华人民共产国防洪法》《中华人民共和国水土保持法》《地质灾害防治条例》《防汛条例》《中华人民共和国气象法》《山西省实施〈中华人民共和国防洪法〉办法》《山西省防汛抗旱应急预案》等法律法规，各级地方人民政府颁布的有关地方性法规、条例和规定等，制订预案。

4.1.3 山洪灾害应急预案编制原则

(1)科学发展观，体现以人为本，以保障人民群众生命安全为首要目标的原则。

(2)贯彻“安全第一，常备不懈，以防为主，全力抢险”的原则。

(3)实行各级行政首长负责制、分级管理责任制、分部门负责制、岗位责任制和技术人员责任制的原则。

(4)坚持因地制宜、因害设防、具有实用和可操作性的原则。

(5)以防洪安全为首要目标，实行“安全第一，常备不懈，以防为主，防抗结合”的原则。

(6)坚持依法防汛，实行公众参与，军民结合，专群结合，平战结合。中国人民武装警察部队主要承担防汛抗洪的急难险重等攻坚任务。

4.1.4 适用范围

编制太原市各县(市、区)、乡(镇)、村山洪灾害应急预案，使其适用于各行政区域范围内山洪灾害的预防和应急处置。各预案是在现有工程设施条件下，针对可能发生的山洪灾害所预先制订的防御方案、对策和措施，是实施指挥决策和防御调度、抢险救灾的依据。

4.1.5　山洪灾害应急预案编制

太原市各级山洪灾害防御预案编制的内容包括：调查了解各县(市、区)自然和社会经济基本情况、历年山洪灾害类型及损失情况，分析山洪灾害成因及特点，确定山洪灾害责任体系、监测防御体系，保证信息通信畅通，确定预警方式，拟定人员转移安置和抢险救灾措施，安排日常宣传和演练工作。

4.2　县(市、区)山洪灾害应急预案

4.2.1　山洪灾害区域划分

4.2.1.1　划分原则

根据太原市各县(市、区)山洪灾害的形成特点，在调查历史山洪灾害发生区域的基础上，结合太原市各县(市、区)气候和地形地质条件，人口居住分布，山洪灾害类型、程度和范围，将太原市各县(市、区)山洪灾害划分为危险区和安全区。

危险区是指受山洪灾害威胁的区域，一旦发生山洪、泥石流、滑坡将直接造成区内人员伤亡以及房屋、设施的破坏。安全区是指不受山洪、泥石流、滑坡威胁，地质结构比较稳定，可安全居住和从事生产活动的区域。安全区是危险区人员临时转移安置的避灾场所。

4.2.1.2　危险区和安全区的基本情况

根据区域山洪灾害的形成特点，在调查历史山洪灾害发生区域的基础上，结合分析未来山洪灾害可能发生的类型、程度及影响范围，合理确定危险区、安全区。

安全区划分：非危险区域视为安全区，但非绝对安全，不排除人为和不测造成的危险。个别村庄会受某条沟道山洪灾害的影响较小，相对来说比较安全。

4.2.2　组织指挥体系

4.2.2.1　组织机构

太原市县(市、区)级组织指挥机构的构成：有山洪灾害防御任务的县(市、区)防汛抗旱指挥部作为山洪灾害防御指挥部。山洪灾害防御指挥部下设办公室。在紧急状况下，指挥部下设监测、信息、转移、调度、保障等 5 个工作组及应急抢险队；各工作组要分别确定牵头单位和参加单位。

1. 太原市各县(市、区)防御山洪灾害指挥部

总指挥：县委副书记、县长

政　委：县委副书记

常务副总指挥：县政府主管农业副县长

副总指挥：县人武部部长、公安局、水务局局长

成　员:由县委办、政府办、经济发展局、财政局、住建局、民政局、交通局、教育局、农业局、国土资源局、工商局、卫生局、林业局、环保局、气象局、旅游局、商务局、电力局、电信局、文体局、安监局、应急办、广电局、统计局、粮食局、科技局、畜牧局、扶贫办、防汛办、城管局、各乡(镇)、街道办、地质灾害站、水文站、自来水公司、建筑公司、中石油分公司、移动公司、联通公司、供销社等多个单位组成。

指挥部下设办公室,即县防汛抗旱指挥部办公室(常设机构)。

2.雨水情监测信息组

组　长:县防汛办主任

副组长:县气象局局长

成　员:县防汛办副主任

县域内水文站站长

县地质环境监测站站长

3.专家调度组

组　长:县水务局局长

副组长:县防汛办主任

成　员:县气象局局长

县住建局工程师

县交通局工程师

县电力局工程师

县电信局工程师

县水局局副局长、工程师

4.安全抢险转移组

组　长:县防汛抗旱指挥部副指挥、人武部长

副组长:县水务局局长

县安监局局长

成　员:县国土资源局局长

县街道办主任

县交通局局长

县广播电视局局长

5.救灾保障组

组　长:县民政局局长

副组长:县农业局局长

成　员:县国土资源局副局长

县水务局副书记

县交通局副局长

县广播电视局局长

县供电局副局长

县卫生局副局长

县教育局副书记

6.抢险队

由县人武部牵头,成立以民兵和采油厂职工组成100人防汛抗洪救险队,执行重大山洪灾害抢险任务,由县防汛抗旱指挥部统一指挥调度,抢险队员每年进行调整,并报县防御山洪灾害指挥部备案。

队　长:人武部副部长

副队长:人武部军事科科长

抢险突击队队长:县森林防火办主任

7.维护治安队

由县公安局牵头,以公安干警和武警为骨干,成立50人组成治安队,负责重大洪灾和山洪灾害抢险救灾过程中的治安维护工作。

队　长:县公安局副局长

副队长:县公安局治安大队队长

县武警中队队长

县级山洪灾害组织指挥机构,鉴于人事变动每年进行调整。

4.2.2.2　分工与职责

1.县防御山洪灾害指挥部职责

(1)贯彻执行国家有关防御山洪灾害工作的法律、法规、政策和上级相关指示、命令,认真贯彻"安全第一,常备不懈,以防为主,全力抢险"的防汛工作方针。牢固树立防大汛、抗大洪、抢大险和救大灾思想,统一组织协调辖区内的山洪灾害防御工作。

(2)组织制订全县各类山洪灾害防御预案,落实各项度汛措施和责任。

(3)统筹辖区内各类山洪灾害防治建设工程,不断提高防御能力。

(4)及时掌握各类汛情,研究落实防御对策,指挥协调防御山洪灾害抢险救灾和开展灾后生产自救。

(5)负责组建防御山洪灾害组织机构,落实经费和物资。

(6)建设完善防御山洪灾害监测预警系统,为合理指挥调度提供科学依据,逐步实现本县山洪灾害防御工作规范化、现代化。

(7)组织防汛安全检查,开展宣传教育工作,督促各有关部门做好防御山洪灾害思想、组织、物资、技术"四落实"。

2.指挥部主要成员职责

(1)人武部职责:负责防御山洪灾害抢险救灾工作,在紧急时期负有执行重大抢险任务,协助组织转移安置和营救遭灾群众的任务。

(2)水务局及防汛办公室职责:负责承担县防御山洪灾害指挥部的日常工作,组织、协调、督促指导全县山洪灾害防御工作的实施,负责监测雨情、水情,掌握险情和灾害情况,组织协调山洪灾害会商调度,传达天气预报形势,执行省、市、县防预山洪灾害的指令,为指挥部当好参谋。

(3)国土资源局及地质环境监测站职责:负责全县滑坡、崩塌、泥石流等地质灾害的监测预防,参与山洪灾害指挥调度,协调各级人民政府组织搬迁撤离和安置,负责地质灾害点治理，及时向县防御山洪灾害指挥部提供防御地质灾害情况，为指挥部当好参谋，参与县城防洪指挥部指挥调度工作。

(4)气象局职责：负责天气形势监测，及时提供短期重要天气预报和中长期天气预报，以及有关气象信息，参与山洪灾害调度会商，提供防御山洪灾害有关信息和气象资料。

(5)民政局职责：负责全县山洪灾害查实和救灾工作。灾情发生后及时组织各相关部门现场核实受灾情况，及时向县防汛抗旱指挥部提供洪灾信息，组织捐赠救助，指挥灾区各级组织转移安置受灾群众，并做好受灾群众的基本生活保障工作。

(6)城管局职责：负责城乡公用基础设施、城镇建筑和小城镇的防洪内涝安全，排涝除险和内涝工程建设管理。

(7)街道办职责：负责辖区山洪灾害防治。

(8)住建局职责：负责指导城镇建设中的防洪工作，恢复山洪毁坏的公用设施，并组织实施好县城防洪长征社区分指挥部指挥调度工作。

(9)交通局职责：负责公路交通运输设施的防洪安全，抢修防御山洪灾害抢险道路和水毁公路交通设施，负责运输抢险物资，及时运送抢险、救灾、救护人员，提供交通设施被山洪灾害毁坏情况。

(10)农业局职责：负责农村救灾和恢复生产，参与全县灾情调查核实工作，提供农村及农业山洪灾害损失情况。

(11)财政局职责：负责防洪资金管理，及时筹措和下达防洪抢险救灾资金，对山洪灾害专用资金进行监督管理。

(12)教育局职责：负责全县中、小学校的山洪安全工作，及时组织山洪威胁区校舍的安全转移，杜绝群死群伤事件的发生。

(13)经济发展局职责：负责全县基础设施山洪灾害水毁工程修复的规划计划立项，申报审批和投资计划安排。

(14)公安局职责：负责维护灾区社会治安，维护抢险秩序，实施交通管制，打击各类破坏盗窃山洪灾害监测预警设施、防洪抢险物资、防洪工程和抢险交通通信设施的违法行为。

(15)电力局职责：负责保障防洪、抢险、救灾和灾后恢复生产的电力供应，抢修水毁供电设施，确保供电畅通。

(16)电信、移动、联通部门职责：负责防汛期间的通信保障工作，及时传递防汛险情，确保防御山洪灾害测报设施及全县通信网络畅通。

(17)卫生局职责：负责山洪灾害伤病员救治、灾区卫生防疫和医疗救护工作。

(18)广播电视局职责：负责发布防汛、气象及山洪灾害信息，做好防御山洪灾害工作的宣传报道，编辑抗洪抢险及山洪灾害实况录像资料。

(19)林业局职责：负责全县山洪造成植被破坏的恢复，组织森林防火抢险队参与抗洪抢险突击队工作。

(20)文体局职责：负责检查监督本系统各单位特别是大型文化娱乐场馆的防汛救灾的准备和应急撤离的实施工作。

3.县防御山洪灾害指挥部办公室(县防汛办)职责

(1)负责监测全县雨情、水情、山洪险情和灾情,必要时发布山洪预报和洪水预报,及时向指挥部主要领导请示汇报。

(2)认真执行国家防御山洪灾害有关方针、政策、法律、法规和上级的指示和命令。

(3)负责调查统计上报辖区内山洪灾害情况,协调全县(市、区)开展防御山洪灾害工作。

(4)负责编制和审查全县(市、区)各级防御山洪灾害预案,检查督促各项防御山洪灾害预案的实施。

(5)协调组建全县(市、区)各级山洪灾害防御组织体系建设。

(6)开展防预山洪灾害的宣传培训工作。

(7)完成指挥部交办的其他任务。

4.县(市、区)防御山洪灾害应急工作小组职责

(1)监测信息组职责:负责发布重要气象和洪水预报,监测雨情、水情和灾点险情,及时掌握暴雨、洪水、滑坡、泥石流和水利工程险情,准确传递汛情信息,为总指挥部决策提供科学依据。

(2)专家调度组职责:对监测站的汛险情组织专家进行会商,提出科学对策。负责调度抢险人员,防汛物资、设备、车辆,并负责水利工程运用调度,当好领导参谋。

(3)安全抢险转移组职责:负责按照指挥部的预警通知、命令和指示,按照预案撤离路线,做好受威胁区群众的安全转移工作,首先保证人民生命安全,并组织抢险队进行抢险,将灾害损失降到最低程度。

(4)救灾保障组职责:负责被转移群众的临时安置,提供生活和医疗保障,救助受灾群众。实地调查核实受灾情况报经县(市、区)政府审核后按有关规定逐级上报相关部门。

太原市各县(市、区)山洪灾害防御组织指挥体系见图2-4-1。

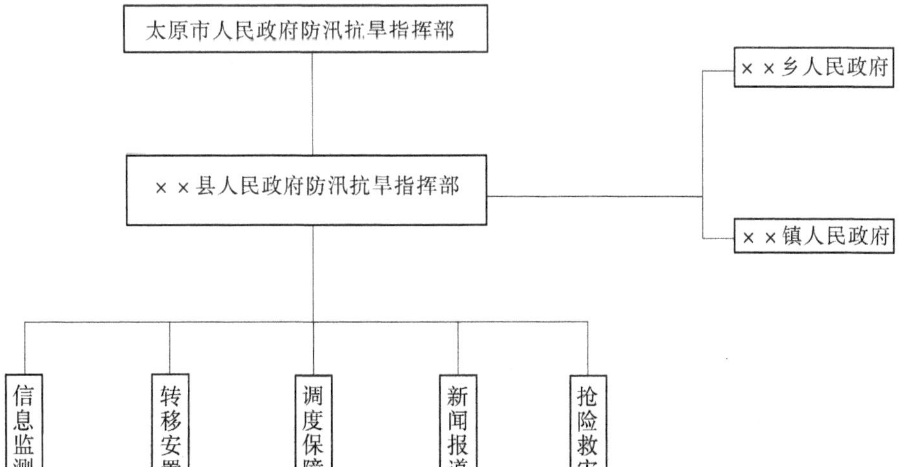

图2-4-1 太原市各县(市、区)山洪灾害防御组织指挥体系示意图

4.2.3 监测预警

4.2.3.1 监测

1.监测系统的设立

1)自动监测系统

简要描述区域内设立自动雨量、水位、流量、泥石流、滑坡等监测站情况等。

2)简易监测系统

简要描述简易雨量、水位观测站以及地质灾害点人工观测情况等。

2.监测内容

辖区内降雨量、水位、流量、泥石流和滑坡等信息。

3.监测要求

有目的、有步骤、有计划、有针对性地进行监测,突出时效性和准确性,采用自动监测和简易监测相结合的手段,获取实时、可靠的监测数据,并及时将结果上报各级指挥部门。监测系统以群测群防为主,专业监测为辅。

4.2.3.2 通信

1.通信方式的选择

实用、可靠、先进。

2.通信方式

(1)山洪灾害自动监测站采用GSM/GPRS通信传输信息,简易监测站点采用电话、人工传输信息。

(2)山洪灾害预警发布的通信方式由电话、传真、广播电视、手机短信、无线语音广播、手摇报警器、铜锣等组成。多种通信方式各自相对独立并互为补充,确保预警和指挥调度信息及时通知到各级部门和危险区群众。

4.2.3.3 预报预警

1.预报

预报内容分为气象预报、溪河洪水预报、泥石流和滑坡预报。气象预报由气象部门发布,溪河洪水预报由水利部门发布,泥石流和滑坡预报由国土部门发布。

2.预警

1)预警指标确定

预警指标确定在本篇第2章2.4.5.4节中已详细介绍,分为准备转移(警戒)和立即转移(危险)两级。

2)预警等级划分原则

山洪灾害预警等级分为三级(Ⅲ、Ⅱ、Ⅰ),按照发生山洪灾害的可能性、严重性和紧急程度,对应颜色依次为黄色、橙色、红色,三种颜色预警信号分别代表可能(暴雨气象预报)、严重(警戒雨量或警戒水位)、特别严重(危险雨量、危险水位或有泥石流、滑坡征兆)。

3)预警启用时机

(1)当接到暴雨天气预报,相关行政责任人应引起重视,并发布暴雨预警信息。当降雨量达到相应等级雨量值时，降雨仍在持续，应发布预警信息。

(2)当水位达到相应等级值，且仍在上涨时，应发布预警信息。若可能对下游造成山洪灾害，应向下游发布预警信息。

(3)当出现发生泥石流、滑坡的征兆时，应发布泥石流、滑坡灾害预警信息。

(4)水库及塘堰坝出现重大险情时，应立即发布预警信息。

4)预警发布及程序

根据监测、预报结果，按照预警等级及时发布预警。

(1)在一般情况下，可按照县(市、区)→乡(镇)→村→组→户的次序进行预警(见图 2-4-2)。

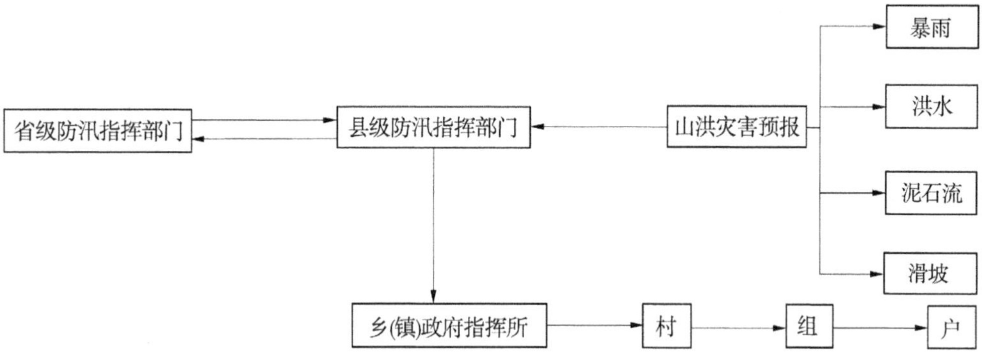

图 2-4-2　一般情况预警程序示意图

(2)如遇紧急情况(水库、塘堰坝出现重大险情，滑坡等)，可采用快速灵活的预警方式进行预警(见图 2-4-3)。

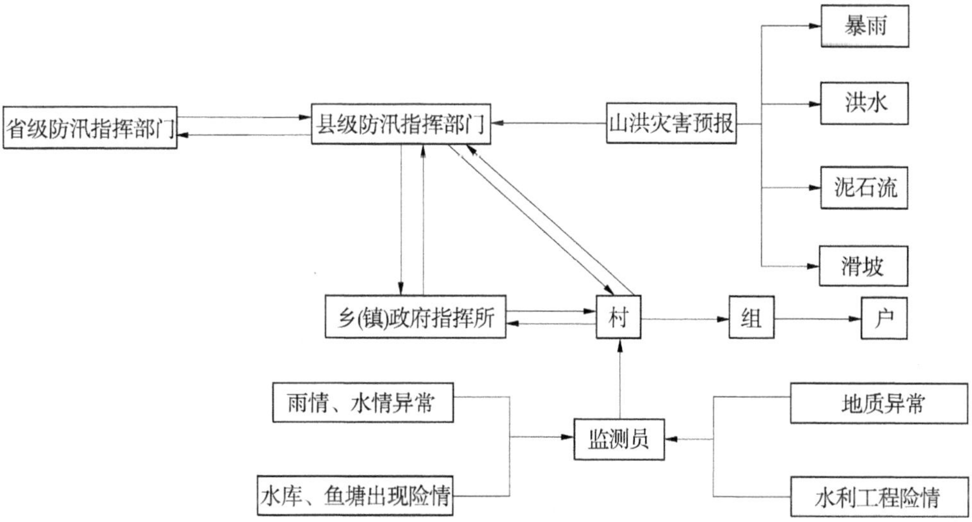

图 2-4-3　紧急情况预警程序示意图

3.预警、警报方式

1)预警方式

应根据太原市各县(市、区)各类灾点的不同情况确定相应的预警处理方式,主要方式有手机短信,电话通知,报警器,锣、鼓、号等。

2)警报方式

应根据太原市全县(市、区)各类灾点的不同情况确定相应的警报处理方式,主要方式有无线语音广播报警、手摇报警器、铜锣报警、口头通知。

4.预警发布及响应

(1)接到防汛抗旱指挥部通知将有暴雨时发布三级(黄色)预警,同时启动三级应急响应。

①县(市、区)山洪灾害防御指挥部通过电话、传真、手机短信向有关乡(镇)发出三级(黄色)预警。

②通过广播电视播放天气预报,并提醒广大群众注意做好山洪灾害防范准备。

③当接到三级(黄色)预警后,各有关人员应迅速上岗到位,注意观察水雨情变化,并加强防范。

(2)当降雨量达到警戒雨量且降雨仍在持续时,或河流水位达到警戒水位,发布二级(橙色)预警,同时启动二级应急响应。

①县(市、区)山洪灾害防御指挥部通过电话、传真、手机短信向有关乡(镇)发出二级(橙色)预警。

②通过广播电视播放山洪灾害二级(橙色)预警信息,提醒广大群众注意防范山洪灾害,危险区人员做好转移准备。

③通过手机短信向县(市、区)山洪灾害防御指挥部指挥长及指挥部成员单位领导,各乡(镇)主要领导,县(市、区)防指所属的监测组、信息组、转移组、调度组、保障组主要成员发布二级(橙色)预警,做好相关防范工作。

④有关乡村在接到县(市、区)防指发布的二级(橙色)预警后,通过无线语音广播、铜锣、手摇报警器等向危险区群众发出二级(橙色)预警,提醒危险区人员注意防范,做好转移准备。

(3)当降雨量达到危险雨量且降雨仍在持续,或溪河水位达到危险水位,或有泥石流、滑坡征兆时,发布一级(红色)预警,同时启动一级应急响应。

①县(市、区)山洪灾害防御指挥部通过电话、传真、手机短信向有关乡(镇)发出一级(红色)预警,要求有关乡(镇)立即全面行动,做好抢险救灾转移安置工作。

②通过广播电视播放山洪灾害一级(红色)预警信息,要求危险区人员马上转移,有关群众严加防范山洪灾害。

③手机短信报警通知到县(市、区)主要领导,县(市、区)山洪灾害防御指挥部指挥长及指挥部成员单位领导,各乡(镇)主要领导,山洪灾害监测组、信息组、转移组、调度组、保障组主要成员,各行政村负责人,要求危险区人员立即按预定路线撤离至安全区。

4.2.4 转移安置

4.2.4.1 转移安置原则

转移遵循先人员后财产、先老弱病残后一般人员、先低洼处后较高处人员的原则，以集体、有组织转移为主。转移责任人有权对不服从转移命令的人员采取强制转移措施。

4.2.4.2 转移安置路线

转移安置路线的确定遵循就近、安全的原则。事先拟定好转移路线，必须经常检查转移路线是否出现异常，如有异常应及时修补或确定新的转移线路。转移路线宜避开跨河、跨溪或易滑坡等地带。

4.2.4.3 转移安置方式

安置地点一般因地制宜地采取就近安置、集中安置和分散安置相结合的原则。安置方式可采取投亲靠友、借住公房、搭建帐篷等。搭篷地点应选择在安全区内。

4.2.4.4 制定特殊情况应急措施

转移安置过程中出现交通、通信中断等特殊情况时，灾区各村组应各自为战、不等不靠，及时采取防灾避灾措施。由村干部分头入户通知易发灾害点村民，尤其是夜间可能发生相关灾害时，要保证信息传递的可靠性，做到不漏一户、不漏一人。借助无线广播、铜锣、哨子等设备引导转移人员到安置地点。在制定的转移路线交通中断的情况下，应选择向河流沟谷两侧山坡或滑动体的两侧方向转移到就近较高地点。对于特殊人群的转移安置采取专项措施，并派专人负责，确保无一人掉队。各个灾点及威胁区要制作明白卡，将转移线路、安置地点、时机、观测人、报警人、责任人等都要进行详细规定，同时要制定避险应急措施，制作标识牌。

4.2.5 抢险救灾

4.2.5.1 抢险救灾准备

1.建立抢险救灾工作机制，确定救灾方案

主要包括人员组织、物资调拨、抢险救灾装备及车辆调配和救护等。

2.抢险救灾准备

抢险救灾准备包括装备、资金、物资准备等。

（1）装备：救助装备由县（市、区）山洪灾害防御指挥部组织有关单位共同准备。

（2）资金：设立抢险救灾专项资金。

（3）物资：包括抢险物资和救助物资准备。抢险物资主要包括抢修水利、交通、电力、通信等设施所需的设备和材料，抢救伤员的药品器械及其他紧急抢险所需的物资。救助物资包括食品饮用水、帐篷、衣被和其他生存性救助所需物资等。抢险救助物资由各有关部门储备和筹集。

4.2.5.2 抢险、救灾

指挥部下设的监测、信息、转移、调度、保障组和应急抢险队应该协调工作、形成合力。对可能造成新的危害的山体、建筑物等要安排专人监测、防御。

4.2.6 保障措施

4.2.6.1 汛前检查

汛前,县(市、区)、乡(镇)要对所辖区域的重要水利工程、河道险工险段、滑坡危险点及通信、监测、预报预警设施进行全面检查,统计危险区内常住人口,登记造册,发现问题及时处理,做到有险必查、有险必纠、有险必报。

认真开展汛前安全检查,堵塞漏洞、消除隐患。汛前县(市、区)防汛抗旱指挥部要组织对全县(市、区)范围内进行防汛安全检查。县(市、区)、镇(街道)、村(社区)要对辖区内的病险库坝、滑坡险段、山洪灾点、河道城镇等进行全面检查,采取"谁检查、谁签字、谁负责"的办法,逐项填写防汛安全检查责任卡,对查出的问题,现场下发整改通知,制定整改措施,落实责任人,堵塞漏洞,消除隐患。同时,对可能发生山洪灾害的所有工程及隐患点落实专人进行监测,对监测到的汛险情要及时报告,保证信息畅通、措施到位、责任到位,确保安全。

4.2.6.2 宣传教育及演练

(1)利用会议、广播、电视、墙报、标语等多种形式,宣传山洪灾害防御常识,增强群众主动防灾避灾意识。

制作有关山洪灾害防御知识的VCD、科普读物和宣传单,在中小学、企业以及危险区内的行政村进行宣传,各单位负责人平时积极做好防灾知识方面的培训和宣传。张贴标语、创建宣传栏,介绍防灾、避灾知识等。

(2)在交通要道口及隐患处设立警示牌。

(3)组织对乡村责任人、预警人员、抢险队员等进行培训,掌握山洪灾害防御基本技能。

(4)乡村要组织群众进行演练,熟悉转移路线及安置地点。

(5)对每一处山洪灾点的预案,所辖乡(镇、街道)、村(社区)必须召开乡(镇、街道)、村(社区)负责人会议进行交待,同时,每个乡(镇、街道)每年要进行一次防预山洪灾害实战演练,使各类抢险救灾应急队伍在紧急情况下召则即来,来则能战,战则必胜。

4.2.6.3 纪律

为及时、有效地实施预案,各乡(镇)、各部门要做到以下几点:

(1)加强领导,落实责任,各乡(镇)及相关单位主要领导要负总责,层层落实责任,一级抓一级,确保灾民转移安置工作任务的圆满完成。

(2)服从命令,听从指挥,对山洪灾害防御工作失职、渎职、脱岗离岗、不听指挥的,追究相应责任,情节严重的,追究法律责任。

(3)水情、雨情报告要及时,有险要速报,会商要及时,指挥要果断。

(4)暴雨天气,各级防汛办和乡(镇)主要领导及包村干部未经批准,不得离岗外出。

(5)严格执行病险水库、塘堰控制蓄水,一天一巡坝,大雨、暴雨天气24 h巡查制度。

(6)各级防汛办及监测、信息组实行24 h值班,确保通信畅通。

(7)对于玩忽职守、工作措施不力或延误时机,造成重大责任事故的,要依据《省、市防汛安全事故责任追究办法》有关规定进行处理,构成犯罪的,移交司法机关进行处理。

4.3　乡(镇)山洪灾害应急预案

4.3.1　山洪灾害区域划分

太原市各县(市、区)下属乡(镇)辖区内的划分原则与太原市县(市、区)山洪灾害应急预案一致(见 4.2.1 节)。

4.3.2　组织指挥体系

4.3.2.1　镇级组织指挥机构

指挥组成人员如下:

指挥长:乡(镇)长

副组长:副乡(镇)长

成　员:武装部长

水务中心站站长

农技站站长

财政所所长

民政干部

医院院长

指挥部设在政府办公室,负责指挥部日常事务。

4.3.2.2　各村防汛指挥机构

各村相应成立防汛领导机构,由村长负总责,领导和组织辖区内的山洪灾害防御工作,并成立 20 人以上应急抢险队伍,同时落实降雨、险工险段、泥石流和滑坡体检测的汛情传递员。

4.3.2.3　职责和分工

(1)本乡(镇)长对本乡(镇)山洪灾害防御预案负总责。

(2)各村村长对本辖区山洪灾害防御预案具体负责。

4.3.2.4　分工

(1)监测组:由乡(镇)、村两级机构负责雨量测报,威胁区及溪沟水位,泥石流、滑坡点的位移等信息。

(2)信息组:各种信息收集,掌握暴雨、洪水、预报雨情,为领导决策提供依据。乡(镇)、村组确定一名信息传递员,在获得险情监测信息或接收到紧急避灾转移命令后,立即按预定信号发布报警信号。

(3)转移组:按照指挥部命令及预警通知,做好威胁区群众转移工作,同时确保转移途中和安置后的人员安全。

(4)调度组:负责抢险人员的调配、管理抢险救灾物资等工作。

(5)保障组:由民政、卫生等负责临时转移群众的基本生活和医疗保障组织工作,负责被安置户原屋的搬迁、建设,新的房基审批手续等工作。

(6)应急抢险组:由镇武装干部组织以民兵为主体的应急抢险队伍,负责本辖区抢险救援工作。

4.3.3 监测预警

4.3.3.1 监测系统的设立

1.自动监测系统

简要描述区域内设立自动雨量、水位、流量、泥石流、滑坡等监测站情况等。

2.简易监测系统

简要描述简易雨量、水位观测站以及地质灾害点人工观测情况等。

4.3.3.2 实时监测

降雨量、河流险工险段的情况,河流水位、泥石流和滑坡等信息。

1.监测要求

各村确定一名领导抓好监测工作,各个地质灾害点,河流沿岸的村组各一名监测人员做好雨情等收集,为山洪灾害防御工作提供依据。

2.检测系统的设立

各村设一名报讯员,负责村域内险情监测和信息传递工作。

4.3.3.3 通信

结合太原市各乡(镇)上的实际情况,确定通信方式为固定电话、移动电话、广播等。

4.3.3.4 预报预警

1.预报内容

沟河洪水水位、泥石流和滑坡预报的发布。

2.预警内容

暴雨洪水预报信息,降雨量,洪水位是否达到山洪灾害发生的临界值;泥石流和滑坡的监测和预报信息。

3.预警启用机制

根据气象部门预警预报降雨强度及降雨范围,将山洪灾害预警分为三个级别。

山洪灾害预警等级分为三级(Ⅲ、Ⅱ、Ⅰ),按照发生山洪灾害的可能性、严重性和紧急程度,对应颜色依次为黄色、橙色、红色,三种颜色预警信号分别代表可能(暴雨气象预报)、严重(警戒雨量或警戒水位)、特别严重(危险雨量、危险水位或有泥石流、滑坡征兆)。

当气象部门预报降雨量时,山洪灾害威胁预警、监测人员立即进入工作岗位,做好雨量、水位、泥石流及滑坡监测,并及时发布信息,乡(镇)、村组组织群众组成巡逻小组,当发现异常现象时向附近群众报警,组织群众向指定地点撤离。

当气象部门预报降雨为大暴雨时,乡(镇)、村干部也要参加巡逻,每间隔 1 h,向乡(镇)主要领导报告巡逻情况,并严格实行零报告制度,发现异常情况立即向群众报警,在报警发出后要立即向县(市、区)防汛指挥部报告,乡(镇)、村领导要迅速赶往该区,指挥救灾。

4.预警发布及程序

(1)一般情况下,山洪灾害预警信号由县(市、区)防汛指挥部发布,按县(市、区)→乡(镇)→村→组→户的次序进行预警。

(2)如遇紧急情况(水库、塘堰坝出现重大险情,滑坡等),可采用快速灵活的预警方式进行预警。

(3)预警程序示意图见图2-4-4。

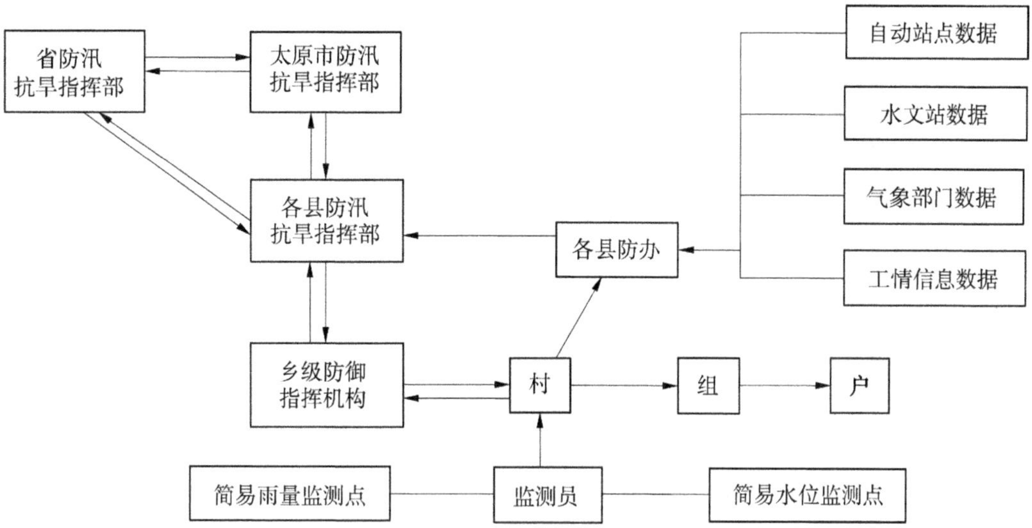

图2-4-4 预警程序示意图

5.预警方式

应根据太原市各乡(镇)各类灾点的不同情况确定相应的预警处理方式,主要方式有手机短信,电话通知,报警器,锣、鼓、号等。

4.3.4 转移安置

4.3.4.1 转移的原则

转移遵循先人员后财产、先老弱病残后一般人员、先低洼处后较高处人员的原则,以集体、有组织转移为主。转移责任人有权对不服从转移命令的人员采取强制转移措施。

4.3.4.2 转移的地点

转移安置路线的确定遵循就近、安全的原则。事先拟定好转移路线,向附近的高地和安全区撤离,具体路线由各村根据辖区的地形情况制定,必须经常检查转移路线是否出现异常,如有异常应及时修补或确定新的转移线路。转移路线宜避开跨河、跨溪或易滑坡等地带。

4.3.4.3 安置方式

安置地点一般因地制宜地采取就近安置、集中安置和分散安置相结合的原则。安置方式可采取投亲靠友、借住公房、搭建帐篷等。搭篷地点应选择在安全区内。确保每个对象有房住、有饭吃、有衣穿。

4.3.4.4 避灾的应急措施

转移安置过程中出现交通、通信中断等特殊情况时，灾区各村组应各自为战、不等不靠，及时采取防灾避灾措施。由村干部分头入户通知易发灾害点村民，尤其是夜间可能发生相关灾害时，要保证信息传递的可靠性，做到不漏一户、不漏一人。借助无线广播、铜锣、哨子等设备引导转移人员到安置地点。在制定的转移路线交通中断的情况下，应选择向河流沟谷两侧山坡或滑动体的两侧方向转移到就近较高地点。对于特殊人群的转移安置采取专项措施，并派专人负责，确保无一人掉队。各个灾点及威胁区要制作明白卡，将转移线路、安置地点、时机、观测人、报警人、责任人等都要进行详细规定，同时要制定避险应急措施，制作标识牌。

4.3.4.5 转移纪律

(1)乡(镇)干部必须亲临一线，现场指挥群众撤离安置，包村干部包到人，确保灾民不掉队。

(2)受灾群众必须服从命令、听从指挥，无条件按照指定转移安置计划命令执行。负责转移的责任人对不服从转移命令的人员可采取强制措施。

(3)未受灾农户或受灾较轻的灾民户应按照统一安排妥善安置受灾严重农户的衣、食、住、行等，不得推诿扯皮，拒绝灾民进住。

(4)在转移安置过程中，对不履行职责的干部和拒不执行安置的农户追究责任，机关人员给予严肃处理。

4.3.5 抢险救灾(流程)

山洪灾害防御预案启动和执行流程见图 2-4-5。

4.3.5.1 抢险救灾准备

(1)抢险队伍：镇上组织 50 人，每村至少 20 人，每个村民小组组织 10 人的抢险队。

(2)物资准备：每个村每人 5 个编织袋。

(3)抢险工具：抢险队员配照明设备 1 套、铁锹 1 把。

(4)相关卫生医疗设备。

4.3.5.2 抢险救灾

一旦发生险情，及时向上级防汛指挥部门上报，同时做好人员安置疏散，抢险队投入抢险救灾，各部门要积极全力配合，做好后勤保障工作。

4.3.6 保障措施

4.3.6.1 汛前检查

汛前组织人员对所辖区进行全面检查，并将情况反馈防汛领导机构，确保安全度汛。如重要水利工程，河道险工险段，滑坡危险点及通信、监测、预报预警设施，统计危险区内常住人口，登记造册，发现问题，及时处理，做到有险必查、有险必纠、有险必报。

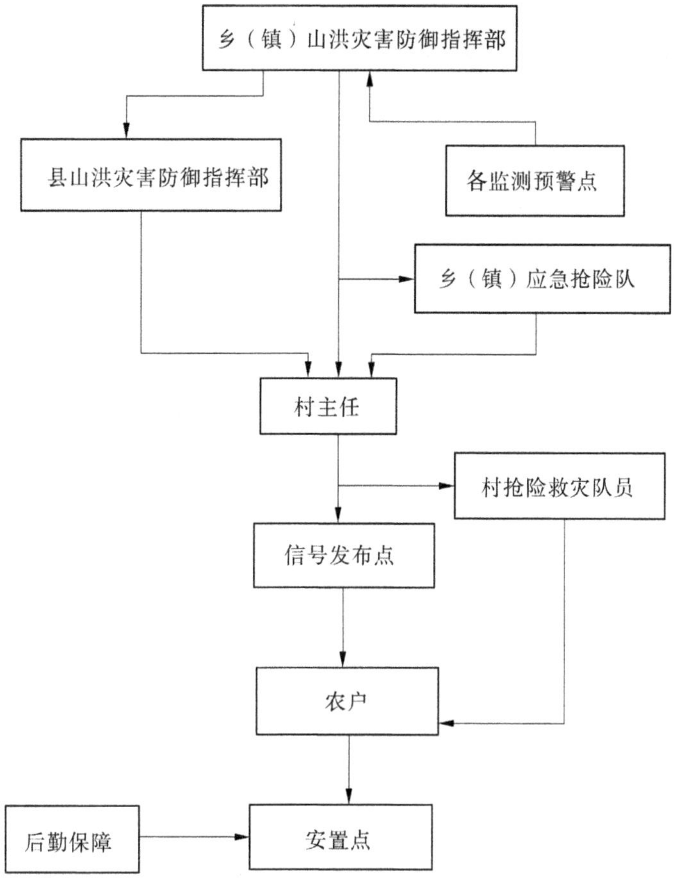

图 2-4-5 山洪灾害防御预案启动和执行流程图

4.3.6.2 宣传教育

(1)利用会议、广播、电视、墙报、标语等多种形式,宣传山洪灾害防御常识,增强群众主动防灾避灾意识。

(2)在交通要道口及隐患处设立警示牌。

(3)组织对乡(镇)、村责任人、预警人员、抢险队员等进行培训,掌握山洪灾害防御基本技能。

(4)乡(镇)、村要组织群众进行演练,熟悉转移路线及安置地点。

(5)对每一处山洪灾点的预案,所辖村必须召开村负责人会议进行交待。

4.3.6.3 纪律

实行行政首长总负责,各有关部门分工负责。《中华人民共和国防洪法》明确规定:防汛抗洪工作实行各级人民政府首长负责制,统一指挥,分级部门负责,抓实抓好,做到有备无患,发生汛情时要立即赶赴现场指挥抗洪和救灾,对于造成重大损失的,要按照《国务院特大安全事故行政责任追究的规定》坚决追究有关领导和当事人的责任。

4.4 村山洪灾害应急预案

4.4.1 山洪灾害区域划分

太原市各县(市、区)下属村落辖区内的划分原则与太原市县(市、区)山洪灾害应急预案一致(见4.2.1节)。

4.4.2 组织指挥体系

4.4.2.1 组织指挥机构

为了建立防汛快速反应机制,组织和领导山洪灾害防御工作,成立村山洪灾害防御工作组,领导和组织山洪灾害防御工作。其机构设在村委会,由村委主任或村支部书记担任。工作组下设信息监测员、转移通知员和1个应急抢险队。应急抢险队不少于10人。信息监测员向相应工作组报送有关情况。

4.4.2.2 职责和分工

1.村级组织指挥机构

指挥组成人员如下:

组长:村支部书记

副组长:村委主任

成员:村委副主任、村民

2.分工

(1)组长:负责全村山洪灾害防御工作的组织与指挥。

(2)雨量观测员:负责汛期雨量观测,当简易雨量监测点报警时,及时报告村委主任。

(3)沟道巡查员:负责汛期降雨期间察看沟道洪水情况。同时,密切和上、下游巡逻员联系,并及时向村委主任报告洪水情况,紧急情况下可立即通知受威胁村民转移。

4.4.3 监测预警

太原市各村根据不同区域的气象、水文、地理、地势及居住人口数量等因素,划定好"二区"(危险区、安全区)和转移路线,严格控制好生产、居住和建设活动。让村民熟悉"二区"范围和转移路线,同时熟记紧急避灾躲灾的转移预警信号,明确山洪灾害的监测预警方法和疏散转移方案。预警程序示意图见图2-4-6。

太原市各村接到乡(镇)政府的电话通知后,山洪灾害防汛工作组组长立即通知信息监测员、转移通知员及应急抢险队,信息监测员和转移通知员在预警期内24 h连续监测巡视,发现险情立即发出警报信号,通知到各户,并将有关信息反馈给村和乡(镇)政府,如遇紧急情况,如大体积滑坡,可直接报告区防汛办,由区防指统一指挥。

村委主任全面负责山洪灾害防御工作,并负责及时将汛情和处置措施向县(市、区)、乡两级山洪防御指挥机构报告。

全村各个居民组,分别设小组长,负责做好本组的预警通知、组织转移等工作。各小

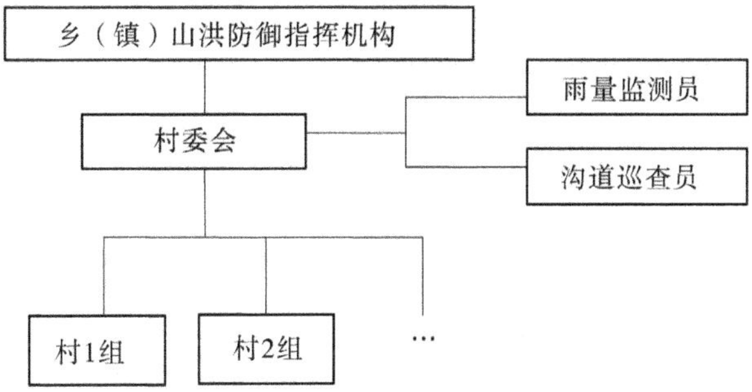

图 2-4-6　一般情况预警程序示意图

组的党员、骨干负责老弱病残人员的转移。

报警信号一般为高音喇叭、手摇报警器、锣、鼓、号等。如有险情出现,由各报警点和信息监测员报告给村长,并发出警报信号,警报信号的设置因地而异,一般警报信号设置为:断续鸣声,表示险情可能出现,全区动员,提高警惕,指挥人员到位,做好一切准备,部分开始转移;连续鸣声,表示险情出现,继续按预定路线有次序地转移至安全区。

4.4.4　转移安置

4.4.4.1　转移原则和方法

转移工作由转移通知员通知,采取村、组干部包片负责的办法,统一指挥,统一转移。

本着就近、安全的原则进行安排,先人员后财产、先老弱病残人员后一般人员。信号发送员和转移组成员必须最后离开山洪灾害发生区,并有权对不服从转移命令的人员采取强制转移措施。搭棚地点选择在居住附近坡度较缓,没有山体滑坡、崩塌迹象的山头上。不能搭在山谷中或其出口两侧的山坡上。雨停后,确认其住房安全后才能允许群众搬回。

制作好山洪灾害防治工作明白卡,将转移路线、时机、安置地点、责任人等有关信息发放到每户。另外,各村还要制作标识牌,标明安全区、危险区、转移路线、安置地点等。

如果在转移的过程中,原制定的交通、通信线路中断,各村、组要采取及时抢修或选择其他安全的路线,把群众转移到安全的地方。

4.4.4.2　转移路线

太原市各村居民接到转移信号后,必须迅速按预定路线转移。各村在汛前拟定好转移路线,汛期必须经常检查路线上是否出现异常,如有异常,则及时修补或改变路线,以免转移路上出现险情。转移路线避开跨河、跨溪或易滑坡地带。

4.4.5　抢险救灾(流程)

抢险救灾流程见图2-4-7。

4.4.5.1　值班带班

进入汛期,村值班室指定专人负责值守。在接到乡(镇)政府灾害性天气预报(暴雨

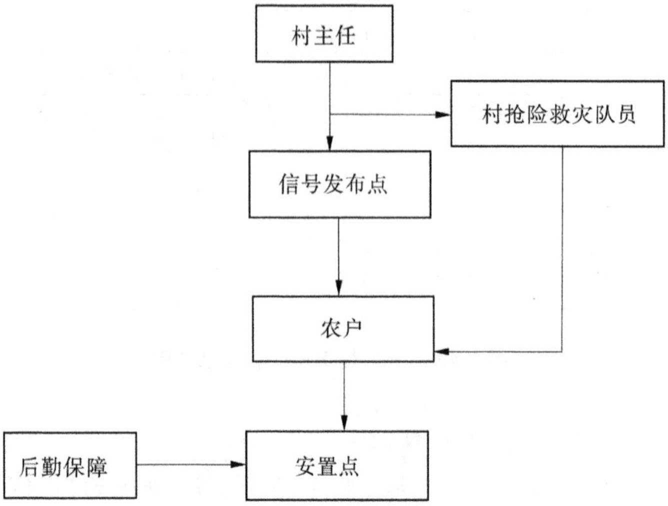

图 2-4-7 抢险救灾流程

以上降水)后,村领导应 24 h 带班,并安排相关人员进行监测。

4.4.5.2 **信息发布**

根据紧急程度,按照职责分工,应急小组成员分别或同时采用电话、手机短信、村村响广播、手摇警报器、敲锣等方式将台风、暴雨、洪水和可能出现的灾情险情等预警信息及时通知村民。出现特急情况时,由村委通知易发灾害点村民,做到不漏一户、不漏一人。发现灾情苗头或出现灾情、险情时要及时上报乡(镇)人民政府。

4.4.5.3 **应急巡查**

接到灾害性天气预报时,主要水利工程、重点部位责任人要上岗到位,加强巡查,出现暴雨以上降水,村两委组织应急小组不间断进行全面巡查。

4.4.5.4 **抢险救灾**

接到巡查人员、村民发现灾情苗头或接到险情报告后,工作小组人员和村两委应在 10 min 内赶到指定地点,开展抢险救灾,撤离受威胁人员,乡(镇)挂点驻村领导或村主任应及时向乡(镇)人民政府汇报现场情况。当接到自动监测预警信息或通过简易雨量计监测到本村辖区内或上游邻近村出现局部强降雨达到临界预警值时,应立即启动Ⅱ级村级预警,并通知防汛抢险救灾工作小组成员全部待命,做好群众撤离的各项准备,如果达到村级Ⅰ级预警临界指标,则应组织群众立即转移。撤离过程中,对不愿意撤离的群众,在确保群众安全的前提下,由工作小组实施强制撤离。

4.4.5.5 **治安维持**

负责人:村干部和小组长。

主要负责本村治安巡查、维持工作以及转移群众的财产安全,发现异常情况,及时报告公安派出所。

4.4.5.6 **灾后自救**

村两委组织村民开展恢复生活、生产、安置、卫生防疫、水毁抢修等灾后自救工作,并及时补充防汛抢险物资。

4.4.5.7　灾情上报

村两委指定专人负责收集受灾情况和抢险救灾典型事迹,并及时上报乡(镇)人民政府。

4.4.6　保障措施

4.4.6.1　汛前检查

汛前,各村领导小组要对辖区内的桥涵、危险区群众住房、排水、人员转移道路、地质灾害隐患点、泥石流沟道淤积、防汛抢险物资的消耗等进行全面普查,对发现的问题造册登记,在汛前进行处理。无能力处理的,要及时向上级报告,请求支援。

4.4.6.2　宣传教育及演练

对本书中的预案主要内容,要利用会议、广播、墙报、标语等多种形式,向本村群众进行告知宣传。

汛前,乡指挥所和村领导小组应组织预案演练,组织居民熟悉转移路线、程序与安置方案,做到出险时驾轻就熟,迅速避险,确保生命财产安全。

4.4.6.3　防汛纪律

在汛期和山洪灾害防御工作中,本村干部必须严格执行以下纪律:

(1)严格执行防汛纪律。暴雨天气时驻村干部及村主要领导未经批准不得离岗外出,山洪灾害重点防范区居民做到日不入户、夜不入睡。对山洪灾害防御工作失职、渎职、脱岗离岗、不听指挥的,要追究相应责任,情节严重的,追究法律责任。

(2)严格遵守防汛值班制度:①汛期本村领导小组办公室实行昼夜值班,值班室 24 h 不离人。②值班人员必须坚守岗位,忠于职守,熟悉业务,及时处理日常事务。严格执行村领导带班制度,汛情紧急时,要及时向村主要领导报告雨情、水情。③积极主动抓好信息搜集和整理,认真做好值班记录,全方位掌握情况。④重要情况要及时逐级报告,做到不延时、不误报、不漏报,并随时落实和登记处理结果。⑤凡上级防汛抗旱指挥部的指示及重要会议精神的贯彻落实情况,必须在规定时间内按要求上报和下达。

第5章 太原市防洪能力区划研究

5.1 区划概述

随着经济社会发展和近年来山洪灾害的不断发生与灾害加剧,山洪灾害防治越来越引起重视,对科学研究水平要求也越来越高。太原市地处黄河金三角核心位置,进行相对系统的山洪灾害时空分布、山洪灾害防治区划等研究是十分必要和迫切的。

太原市防洪能力区划是指根据太原市当地山洪危险性特征,在其现状防洪能力基础上,参考区域承灾能力及社会经济状况,把山洪灾害划分为不同风险等级的区域。由于山洪发灾突然、空间尺度小、分布数量多、成灾迅速,其水文和动力参数难以进行观测而取得,并且采用遥感技术也难以获得其泛滥范围等多种特殊性,使其研究难度较大。本书利用 ArcGIS 技术对太原市防洪能力进行简单区划研究。

5.2 研究方法

在分析了各沿河村落防洪能力基础上,利用 ArcGIS 反距离权重(IDW)空间插值方法得到太原市防洪能力区划图。由于不同客观条件的制约,在研究问题中图层的点要素往往不能覆盖整个研究区域,不规则的分布使研究结果不太可靠。空间插值就是通过已知点的研究来预测研究区内未知点的数值的一种计算方法。随着 GIS 和计算机技术的不断发展,人们对空间数据的质量要求越来越高,空间数据插值技术的作用越发明显。

5.3 研究结果

根据风险区划图(见附图 2-1)所示,共有 65 个村落属于山洪灾害的极高风险区,25 个村落属于山洪灾害的高风险区,36 个村落属于山洪灾害的中等风险区,41 个村落属于山洪灾害的中低风险区,43 个村落属于山洪灾害的低风险区。

第3篇

典型县（太原市区）山洪灾害评价与防控研究

第1章　太原市基本概况

1.1　地理位置

太原市位于山西省中部,晋中盆地北端,东接阳泉,西壤吕梁,北毗忻州,南邻晋中。地处东经 110°30′~113°09′、北纬 37°27′~38°35′。太原市是山西省省会,历史文化名城,全省政治、经济、文化、教育和信息中心,是国家确定的能源重化工基地,华北地区重要的工业城市。本篇中“太原市”指太原市区,太原市行政区示意图见图 3-1-1。

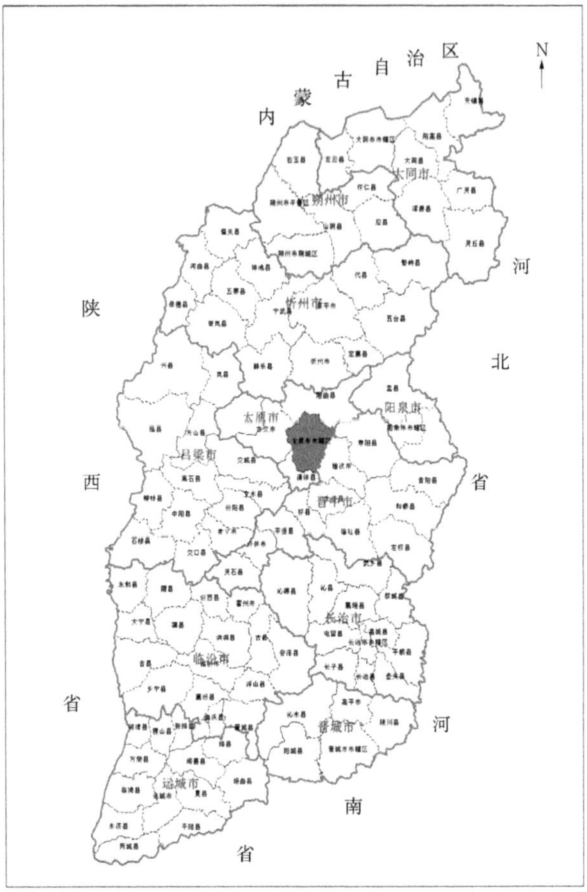

图 3-1-1　太原市行政区示意图

1.2 太原市区社会经济

2015 年,全市地区生产总值(GDP)2 735.34 亿元,增长 8.9%,增速比上年(3.3%)加快 5.6 个百分点,分季度看增速均超过 8%(1 季度、上半年、前 3 季度分别增长 9.9%、8.5%和 8.8%)。固定资产投资突破 2 000 亿元关口。全年完成固定资产投资 2 025.61 亿元,增长 16.0%,增速比上年(4.5%)加快 11.5 个百分点。规模以上工业增加值增速比上年加快。全年完成规模以上工业增加值 600.48 亿元,增长 5.7%,增速比上年(0.4%)加快 5.3 个百分点。消费品零售额增速逐季加快。社会消费品零售总额 1 540.80 亿元,增长 6.2%,增速比上年(10.1%)减缓 3.9 个百分点,分季度看呈现出逐季加快的态势(1 季度、上半年、前 3 季度分别增长 5.7%、5.9%和 6.0%)。财政收入保持增长。一般公共预算收入 274.24 亿元,增长 5.9%,增速比上年(4.7%)加快 1.2 个百分点。

1.3 水文气象

太原市东、西、北三面环山,中南部为汾河冲积平原,汾河自北而南纵贯其中,平均海拔 800 m。洪水主要由暴雨形成,大洪水多发生在 7、8 月两月,最迟可到 10 月上旬。区域内时空分布极不均匀,持续时间一般小于 24 h,超过 3 d 的比较罕见。据实测资料统计,24 h 雨量一般占到 3 d 雨量的 80%左右。由于形成洪水的暴雨类型不同,洪水过程也不同。大范围、长历时暴雨形成的洪水基本属矮胖型,涨水及退水时段均较长,洪量亦大;而小范围局部暴雨则形成尖瘦型洪水,历时较短,呈峰高量小的特点。

1.3.1 气象

太原市属温带季风性气候,冬季干燥寒冷,晴朗少雨,夏季炎热湿润,雨量集中,全年盛行西北风,出现的频率高、强度大。从全年看,冬春长,夏秋短,降水和气温年度变化大。

1.3.2 气温

年平均气温 10.2 ℃,最热月平均值 26.1 ℃,极端最高 36.6 ℃,最冷月平均-6 ℃,极端最低-24.2 ℃,年平均日温差 13.4 ℃,极端日温差 30.3 ℃。年平均地面温度 11.5 ℃,7 月平均值 26.8 ℃,1 月平均值-6 ℃,地面极端最高温度 67 ℃,最大冻土厚度 0.7 m,一般无霜期为 165 d。

1.3.3 降水与蒸发

太原位于山西省中部,外缘环绕太行山和吕梁山,海风不能长驱直入。雨量集中,并多暴雨,年变化率大。年最小降水量 180 mm,年最大降水量为 749 mm,年平均降水量为 456.8 mm,降水在年内分配极不均匀,约 60%集中于 7~9 月三个月。年平均蒸发量 1 719.5 mm,为平均年降水量的 3.8 倍。

1.3.4 日照与湿度

太原地区日照强、降水量少,空气干燥,因而湿度较小。年平均相对湿度 60%,最大

65%,最小55%,年平均日照时数为2 555.2 h,最大月为277.4 h,年日照百分率为58%。

1.3.5 气压

年平均气压927.4 hPa,平均最高为928.4 hPa,平均最低为925.6 hPa。

1.3.6 风

太原市位于东、西高山之间,南北狭长的太原盆地的北端,风受地形影响很大,全年盛行偏北风,就是夏季也不例外。年平均风速为2.2 m/s。冬春季较大,4月平均风速可达2.9 m/s,7、8、9月较小,平均不到2 m/s,最大风速为25 m/s。

1.3.7 灾害性天气

本区降水少,时空变化大,年季变化大,易发生干旱。暴雨、冰雹、霜冻等灾害性天气也经常发生。尤以干旱危害最大。市区大风日数近几年逐渐增多,多出现在3~6月,也是风沙较多时期。

1.4 地形地貌

位于太原盆地内,其东、西、北三面环山,中部与南部为汾河冲积平原,整个地形北部稍高、南部略低,逐渐倾斜,呈簸箕形。平原上部为第四系沉积物和冲积物,主要为湿陷性黄土和砂类土。汾河两岸冲沟较发育,属季节性河流。由于冲沟较为发育,地形被切割得较为严重,同时因汾河的摆移及下切作用,两岸构成相对称的河谷阶地地貌单元。

Ⅰ级阶地:为汾河堆积阶地,台面宽100~1 000 m,台面平坦,略向河谷倾斜,阶地相对高差3~5 m,为第四系冲积地层,主要沉积物是粉细砂、中砂和一般黏性土。

Ⅱ级阶地:为第四系冲积堆积阶地,台面宽400~3 000 m,汾河以东较宽而西面较窄,台面平坦,相对高差为15~30 m,主要是亚黏土、中砂和砂类土。

Ⅲ级阶地:为黄土组成的汾河侵蚀堆积阶地。台面宽度不大,一般为300~1 000 m。冲沟较发育,切割严重,台面起伏不平,多呈黄土小丘或山前黄土堆积的坡积地层。其高差一般在30 m以上,坡度较陡。

汾河以西在西干渠沿线附近为西山山前洪积倾斜平面与汾河Ⅰ级阶地后缘相交互地带,地表高程为785~808 m。汾河以东至新建路为原汾河高漫滩,新建路至五一路为汾河Ⅰ、Ⅱ级阶地,五一路至建设路为山前洪积平原,地表高程783~791 m。

1.5 历史山洪灾害

山洪灾害是指由于受暴雨影响,山洪暴发给人类社会所带来的危害。主要表现为沟、河洪水泛滥并伴随山体滑坡、泥石流等。

多年来,太原市各区发生过多次山洪灾害,对经济发展和农民增收造成了较大的影响,见表3-1-1~表3-1-5。

表 3-1-1　尖草坪区历史山洪灾害情况统计

1.县(区、市、旗)名称			太原市尖草坪区			2.县(区、市、旗)代码			140108000000000	
序号	3.灾害发生时间	4.灾害发生地点	5.过程降雨量(mm)	6.灾害损失情况						6.6 灾害描述
				6.1 死亡人数(人)	6.2 失踪人数(人)	6.3 损毁房屋(间)	6.4 转移人数(人)	6.5 直接经济损失(万元)		
1	2004 年	迎新街二十平房宿舍	33.3							迎新街二十平房宿舍大面积被淹,致使房屋进水,出现裂缝,影响居民生活
2	2005 年	柴村、柏板	60.2							柴村、柏板两地农田大面积被淹,受灾群众达 800 余人
3	2006 年	恒山路工程机械厂段	54.8							雨大,道路排水设施不通,致使工程机械厂段道路被淹
4	2007 年	柴村	40.4			4				柴村出现房屋倒塌
5	2009 年	柴村	65.6			102		152		柴村出现房屋倒塌、毁损
6	2010 年	柴村	62.2					5		柴村、芮城 100 亩果园地被淹
7	2011 年	柴村、柏板乡、西焉乡	48.5					4 413		三地 500 亩农田、果园地被淹
8	2012 年	柴村	38.9			4		80		柴村 600 亩果园被淹

表 3-1-2　杏花岭区历史山洪灾害情况统计

1.县(区、市、旗)名称		杏花岭区				2.县(区、市、旗)代码			140107000000000
序号	3.灾害发生时间	4.灾害发生地点	5.过程降雨量(mm)	6.灾害损失情况					
				6.1 死亡人数(人)	6.2 失踪人数(人)	6.3 损毁房屋(间)	6.4 转移人数(人)	6.5 直接经济损失(万元)	6.6 灾害描述
1	1969 年 7 月 26 日	乡村段原归南郊区,受灾情况不详	24 h 降雨 192 mm,3 h 降雨超过 85 mm	4		459			1969 年 7 月 26 日,太原地区降暴雨,24 h 降雨 192 mm,3 h 降雨超过 85 mm,北沙河洪峰流量达 140 m^3/s,城区 7 km 河段内,决堤 11 处,5 个工厂、660 户居民受淹,倒塌房屋 459 间,北沙河土门街一带水深 1.5 m,淹死 4 人。枣沟上游骤降暴雨 2~3 h,降雨量 80 余 mm,枣沟水库垮坝下泄洪水将光社、煤站、太钢厂区和宿舍区淹没,太钢 13 个车间停产一天,损失巨大
2	1971 年 6 月 22 日	乡村段原归北郊区,受灾情况不详							1971 年 6 月 22 日,北沙河流域发生洪涝灾害
3	1999 年 8 月 8 日	杏花岭区					300		1999 年 8 月 8 日,杏花岭区降暴雨,8 月 9 日凌晨 2 时,北沙河洪峰流量 110 m^3/s,解放路桥漫溢,军民抢护及时未造成大的损失,土门街低凹处 300 余户居民撤离居住地

续表 3-1-2

1.县(区、市、旗)名称			杏花岭区				2.县(区、市、旗)代码			140107000000000
序号	3.灾害发生时间	4.灾害发生地点	5.过程降雨量(mm)	6.灾害损失情况					6.6 灾害描述	
				6.1 死亡人数(人)	6.2 失踪人数(人)	6.3 损毁房屋(间)	6.4 转移人数(人)	6.5 直接经济损失(万元)		
4	2009 年 7 月 7、8 日	杨家峪长江村						780	2009 年 7 月 7、8 日，杨家峪长江村，山洪引发长盛园小区山体滑坡，威胁居民 65 户，188 人。危及高速路行车安全。灾害直接损失 780 余万元	
5	2009 年 7 月 16、17 日	杨家峪长江村、东沟村、杨家峪村					140	3 500	2009 年 7 月 16、17 日，杨家峪东沟村，山洪引发小北沟山体滑坡，搬迁 4 户居民，威胁新建居民楼一栋(未居住)，灾害直接损失 500 余万元。杨家峪街道办杨家峪村，山洪引发柳树沟山体出现滑坡倾向，危及东山煤矿和村民安全。杨家峪长江村，山洪引发马驹梁山体滑坡，搬迁 45 户居民，受威胁居民 234 户，820 人。灾害直接损失 3 000 余万元	

表 3-1-3　万柏林区历史山洪灾害情况统计

1.县(区、市、旗)名称			万柏林区			2.县(区、市、旗)代码			140109000000000
序号	3.灾害发生时间	4.灾害发生地点	5.过程降雨量(mm)	6.灾害损失情况					
				6.1 死亡人数(人)	6.2 失踪人数(人)	6.3 损毁房屋(间)	6.4 转移人数(人)	6.5 直接经济损失(万元)	6.6 灾害描述
1	1955 年 8 月	万柏林街道办		84		176		6	晋西机器厂宿舍被淹,死亡 84 人,塌房 176 间,个人财产损失 6 万元,全厂停产一周
2	1978 年	西铭乡大虎峪村、小虎峪村、南寒村,小井峪街道办小井峪村、下元村		0		0		10	虎峪河下游决口漫滩,洪水威胁右岸外贸大修厂、新兴皮件厂等单位及大王村部分菜地
3	1979 年 7 月 30 日	西铭乡小虎峪村		2				5	虎峪河洪水将杜儿坪矿附近涵洞内避雨的 3 辆马车冲走,淹死牲口 8 头,死亡 2 人
4	1996 年 8 月 4 日	西铭乡大虎峪、小虎峪、桃杏、白家庄、南寒村,小井峪乡小井峪、下元村	279	60		3 455		28 600	西山梅洞沟 24 h 暴雨 279 mm,达到 200 年一遇,虎峪河河涝湾洪峰达 385 m^3/s,致使官地矿、杜儿坪矿井被淹,沿河冲毁 12 座小桥,塌房 3 455 间,60 人死亡,受灾面积达到 28 km^2,直接经济损失 2.86 亿元

表 3-1-4　迎泽区历史山洪灾害情况统计

1.县(区、市、旗)名称			迎泽区			2.县(区、市、旗)代码			140106000000000	
序号	3.灾害发生时间	4.灾害发生地点	5.过程降雨量(mm)	6.灾害损失情况						6.6 灾害描述
				6.1 死亡人数(人)	6.2 失踪人数(人)	6.3 损毁房屋(间)	6.4 转移人数(人)	6.5 直接经济损失(万元)		
1	1969 年	郝庄镇松庄村		1	0					发生自然山洪,共计 5 户 20 人受灾
2	1998 年	郝庄镇松庄村		0	0			200		南沙河溢洪,受灾 15 户,56 人,耐火材料厂受灾,300 m^2 厂房倒塌
3	2009 年	郝庄镇水峪村		0	0	15				发生自然山洪,共计 5 户 25 人受灾
4	1979 年	郝庄镇港道村		0	0	10				发生自然山洪,共计 20 户群众受灾,冲走多辆拖拉机,影响上百户村民的生产生活
5	1967 年	郝庄镇店坡村		0	0	15 孔				马庄水库发生洪水,淹没 15 户人家 15 孔空洞倒塌
6	1964 年	郝庄镇王家峰村		0	0	1				淹没 1 户人家,冲垮桥梁,冲塌公路,冲垮一间瓷窑
7	1975 年	郝庄镇孟家井村		0	0	50				冲塌房屋 50 间,冲走 100 头大牲畜

续表 3-1-4

1.县(区、市、旗)名称		迎泽区				2.县(区、市、旗)代码			140106000000000
序号	3.灾害发生时间	4.灾害发生地点	5.过程降雨量(mm)	6.灾害损失情况					6.6 灾害描述
				6.1 死亡人数(人)	6.2 失踪人数(人)	6.3 损毁房屋(间)	6.4 转移人数(人)	6.5 直接经济损失(万元)	
8	1970年	郝庄镇小山沟村		0	0	10孔			冲塌窑洞10孔,冲走30余头大牲畜
9	1973年	郝庄镇小山岩村		0	0				冲走多辆拖拉机、马车和20余头大牲畜
10	1966年	郝庄镇新沟村		0	0	200			马庄水库大坝被洪水冲垮,冲塌50户200间房屋,损失严重,水源沟发生洪水,淹没5户房屋,房屋地基下陷,冲走部分生活用品
11	1981年	郝庄镇枣园村		0	0				发生山洪灾害,120户居民房屋被淹没、倒塌,老百姓财物都被冲走
12	1970年	郝庄镇柳沟村		0	0				发生山洪灾害,60户居民房屋被淹没,牲畜、交通工具等被冲走
13	1968年	郝庄镇占道村		0	0				下雨下了49 d,发生山洪,引发滑坡,淹没30亩耕地

表 3-1-5　晋源区历史山洪灾害情况统计

<table>
<tr><td colspan="3">1.县(区、市、旗)名称</td><td colspan="3">晋源区</td><td colspan="3">2.县(区、市、旗)代码</td><td colspan="2">140110000000000</td></tr>
<tr><td rowspan="2">序号</td><td rowspan="2">3.灾害发生时间</td><td rowspan="2">4.灾害发生地点</td><td rowspan="2">5.过程降雨量(mm)</td><td colspan="5">6.灾害损失情况</td><td rowspan="2" colspan="2">6.6 灾害描述</td></tr>
<tr><td>6.1 死亡人数(人)</td><td>6.2 失踪人数(人)</td><td>6.3 损毁房屋(间)</td><td>6.4 转移人数(人)</td><td>6.5 直接经济损失(万元)</td></tr>
<tr><td>1</td><td>1996 年 8 月 2~4 日</td><td>义井、金胜、罗城晋源、晋祠、姚村</td><td></td><td>0</td><td>0</td><td></td><td></td><td></td><td colspan="2"></td></tr>
<tr><td>2</td><td>2004 年 7 月 27 日</td><td>罗城</td><td>108</td><td>0</td><td>0</td><td></td><td></td><td></td><td colspan="2"></td></tr>
</table>

1.6　山洪灾害防治现状

1.6.1　非工程措施

根据《全国山洪灾害防治规划》的相关要求:“以近期规划项目为重点,以人员能及时转移、减少伤亡为目标,实现雨量监测、预警系统建设、预案编制等见效快的非工程措施和必要的工程措施。加强宣传和管理,加强群众防灾减灾意识,提高自防、自救和互救能力,构建群测群防体系”,项目实施以来,太原市监测预警能力大幅提升,建立了各项防汛工作责任制,在开展防汛检查、山洪灾害防御、通信联络、物资供应保障、防汛机动抢险队伍建设、山洪灾害宣传、洪涝灾情统计等工作上取得了一定成绩、积累了一定经验。

目前,太原市山洪灾害防治非工程措施已建成自动监测雨量站 31 个、自动监测水位站 9 个、简易雨量站 183 个、简易水位站 5 个,组成雨水情监测站网,建立集网络、数据库于一体的山洪灾害监测预警平台。

1.6.2　工程措施

太原市现有的水利工程已基本形成一个比较完善的防洪、排涝、农田灌溉工程体系,不仅为抗御水旱灾害、保障经济社会安全,促进工农业生产持续稳定发展,保护水土资源和改善生态环境等做出了重要贡献,而且在近几年来的防汛、抗洪减灾工作中发挥了十分重要的作用。但防灾工程措施现状仍滞后于经济社会发展要求,特别是与有效应对太原市频繁的水旱灾害的需求相比,基础设施仍然十分薄弱。

第2章 分析评价基础工作

2.1 评价对象名录准备

根据太原市各水务局提供的山洪灾害调查成果，太原市有行政村 813 个，自然村 2 个，划入一般防治区的村落有 32 个、重点防治区的村落有 134 个、非防治区村落有 649 个。根据《山洪灾害分析评价方法指南》，本次工作主要针对河道洪水影响和坡面水流影响的村落进行分析评价，不包括滑坡、泥石流以及干流对支流产生明显顶托等情形。根据太原市各水务局上报，134 个村落为重点防治区，作为分析评价对象，其中有 42 个村落受河道洪水影响，居民户高程位于历史洪水位(百年洪水位)以下；有 26 个村通过外业调查和初步计算，居民户高程均位于历时洪水位(百年洪水位)以上；有 64 个村落受坡面水流影响。受山洪灾害威胁严重且在区域上具有典型性的 134 个村落分布在 58 个小流域、25 个乡(镇)。太原市山洪灾害分析评价见表 3-2-1。

表 3-2-1　太原市区山洪灾害分析评价名录

序号	行政区划名称	行政区划代码	小流域代码	控制断面名称
1	西家凹	140105003207000	WDB00001021VGB00	黑驼沟 32
2	黑驼村	140105003205000	WDB00001021VGB00	黑驼沟_19_黑驼村_7
3	南坪头社区	140105003012000	WDB00001021VGB00	南坪头 9 南坪头村 4
4	岗头	140105003208000	WDB00001021VGBA0	岗头沟 31 岗头村 9
5	窑子上	140105005210000	WDB00001021VGBA0	郑村沟 37 窑子上村 6
6	郑村社区	140105005011000	WDB00001021VGBA0	郑村沟 29 郑村 18
7	五龙沟村	140105005212000	WDB00001022VG000	五龙沟 27 五龙沟村 22
8	新沟社区	140106100010000	WDB00001021VGC00	新沟_42_新沟社区_10
9	马庄社区	140106100005000	WDB00001021VGC00	新沟 27 店坡社区 26
10	店坡社区	140106100006000	WDB00001021VGC00	新沟_17_店坡社区_16
11	董家庄村(小山沟)	140106100214000	WDB00001021M0000	南沙河_241_董家庄村_8
	董家庄村(南沙河)	140106100216000	WDB00001021M0000	南沙河_257_董家庄村_20

续表 3-2-1

序号	行政区划名称	行政区划代码	小流域代码	控制断面名称
12	小山岩村	140106100216000	WDB00001021M0000	南沙河_217_小山岩村_10
13	后麻地沟村	140106100218000	WDB00001022M0000	麻地沟 35 后麻地沟村 15
14	前麻地沟村	140106100217000	WDB00001022M0000	麻地沟_14_前麻地沟村_8
15	观家峪村	140106100213000	WDB00001022M0000	南沙河 196 观家峪村 23
16	港道村	140106100212000	WDB00001022M0000	南沙河_160_港道村_5
17	水峪村（南沙河支）	140106100211000	WDB00001022M0000	南沙河支_113_水峪村_
	水峪村（南沙河）	140106100210000	WDB00001022M0000	南沙河_118_水峪村_9
18	松庄村	140106100210000	WDB00001022M0000	南沙河 94 松庄村 17
19	张家河村	140106100227000	WDB00001022H0000	张家河 31 张家河村 20
20	占道村	140106100226000	WDB00001021H0000	北涧河_95_占道村_12
21	沟北村	140106100223000	WDB00001022H0000	捐子沟_37_沟北村_9
22	柳沟村	140106100221000	WDB00001022H0000	北涧河_28_柳沟村_14
23	捐子沟村	140106100222000	WDB00001022H0000	捐子沟_17_捐子沟村_8
24	孟家井村	140106100220000	WDB00001021I0000	北沙河 156 孟家井村 19
25	大窑头村	140107010201000	WDB00001021I0000	北沙河_109_大窑头村_27
26	小窑头村	140107010202000	WDB00001021I0000	北沙河_42_小窑头村_15
27	响水湾社区	140107007002000	WDB00001021I0000	北沙河 32 小窑头村 5
28	长江村	140107010210000	WDB00001022I0000	长江沟 6 长江村 1
29	枣沟村	140107200208000	WDB00001021G0000	枣沟 33 枣沟村 29
30	窑头村（窑头沟）	140107201206000	WDB23002Q0000000	窑头沟 33 窑头村 14
31	柏杨树村	140107200204000	WDB00001021GA000	柏杨树沟_39_柏杨树村_36
32	东关口村（凌井河）	140108201200000	WDB2300AP0000000	凌井河_119_东关口村_19
				凌井河 94 东关口村 7
33	西关口村	140108201201000	WDB2300AP0000000	凌井河 73 西关口村 9
34	镇城村	140108201202000	WDB23001R0000000	凌井河_41_镇城村_16

续表 3-2-1

序号	行政区划名称	行政区划代码	小流域代码	控制断面名称
35	岗北村	140108201206000	WDB2300BPJ000000	泥屯河_24_岗北村_14
36	东高庄村	140108202201000	WDB23001PJH00000	东高庄沟_13_东高庄村_10
37	赵家山村	140108202203000	WDB23001PJH00000	赵家山沟_36_赵家山村_19
38	东焉村	140108202205000	WDB23001PJH00000	东焉沟_36_东焉村_18
39	中焉村	140108202204000	WDB23001PJH00000	东焉沟_17_中焉村_6
40	棋子山村	140108101204000	WDB2300D00000000	棋子山沟_15_棋子山村_6
41	北山头村	140108101203000	WDB2300D00000000	杨兴河_62_北山头村_14
42	河底村	140108101202000	WDB2300D00000000	杨兴河 110 河底村 5
43	新兴村	140108101217000	WDB2300D00000000	杨兴河 97 新兴村 6
44	司徒洼村	140108101218000	WDB2300D00000000	杨兴河_86_司徒洼村_5
45	岗底村	140108101214000	WDB23001M0000000	欢嘴沟_53_岗底村_10
46	欢嘴村	140108101213000	WDB23001M0000000	欢嘴沟_41
47	风格梁村	140108101211000	WDB23001N0000000	风格梁沟_14_风格梁村_10
48	峰西村	140108101210000	WDB23001N0000000	西岗沟_71_峰西村_12
49	蝎子寨村	140108101209000	WDB23001N0000000	西岗沟_40_蝎子寨村_18
50	晋庄村	140108101216000	WDB23002N0000000	西岗沟 13 晋庄村 11
51	西岗村	140108101212000	WDB23002N0000000	西岗沟_94_西岗村_12
52	寨上村	140108101208000	WDB23002N0000000	寨上沟_28_寨上村_9
53	黄花园村	140108101206000	WDB23002N0000000	寨上沟_10_黄花园_9
54	土堂村	140108003201000	WDB0000102500000	排洪渠一_53_土堂村_10
55	大留村	140108008200000	WDB0000102500000	排洪渠一_35_大留村_7
56	呼延村	140108008201000	WDB0000102600000	排洪渠二_191_呼延村_19
57	西张村	140108008202000	WDB00001021F0000	排洪渠二_157_西张村_11
58	营村	140108008206000	WDB00001021JB000	排洪渠二_60_营村_5
59	三给村	140108008208000	WDB00001021JB000	排洪渠二_26_三给村_18
60	寺头村	140108008210000	WDB0000101A20000	寺头沟 4 寺头村 2

续表 3-2-1

序号	行政区划名称	行政区划代码	小流域代码	控制断面名称
61	下槐村	140108008212000	WDB0000101A20000	下槐沟 5 下槐村 3
62	柏崖头村	140108008213000	WDB00001022B0000	排洪渠二_140_柏崖头村_7
63	下水峪村	140108200203000	WDB000010280000	水峪沟_24_下水峪村_10
64	小石河村	140108008209000	WDB00001021JA000	小石河沟 20 小石河村 17
65	圪僚沟村	140109009202000	WDB00001021JA000	圪僚沟 17 圪僚沟村 9
66	北石槽村	140108200211000	WDB00001021C0000	北石槽村_19_北石槽村_7
67	南石槽村	140108200210000	WDB00001021C0000	南石槽沟_12_南石槽村_4
68	甘草峁村	140108200201000	WDB00001022B0000	马头水_60_甘草峁村_11
69	马角村	140108200204000	WDB00001022B0000	银角河_36_马角村_4
70	银角村	140108200205000	WDB00001022B0000	银角河_24_银角村_8
71	梁背后村	140108200207000	WDB00001022B0000	梁背后沟_12_梁背后村_6
72	珍珠峁村	140108200209000	WDB00001022B0000	珍珠峁沟_33_珍珠峁村_8
73	马吉掌村	140108200208000	WDB00001022B0000	珍珠峁沟_12_马吉掌村_9
74	大岩村	140109009208000	WDB00001021J0000	大岩沟 12 大岩村 2
75	风声河村	140109012203000	WDB00001021J0000	风声河_24_风声河村_5
76	西铭村	140109012201000	WDB00001022K0000	玉门河 44 西铭村 20
77	小西铭村	140109012202000	WDB00001022K0000	玉门河 61 小西铭村 17
78	小虎峪村	140109006203000	WDB00001022L0000	虎峪河 95 小虎峪村 11
79	大虎峪村(虎峪河支)	140109006202000	WDB00001022L0000	虎峪河_29_大虎峪村_7
	大虎峪村(虎峪河)			虎峪河_61_大虎峪村_39
80	桃杏树(高家河)	140109007201000	WDB00001021N0000	白家庄沟 32 桃杏村 10
	桃杏树(官地沟)			白家庄沟 92 桃杏村 28
81	白家庄村	140109007202000	WDB00001021N0000	白家庄沟_137_白家庄村_44
82	神堂沟社区	140109014001000	WDB00001021QA000	神堂沟_10_神堂沟社区_7
83	寨沟村	140109014201000	WDB00001021QA000	寨沟_28_寨沟村_15
84	西峪村	140110100207000	WDB00001021QB000	西峪沟_20_西峪村_12

续表 3-2-1

序号	行政区划名称	行政区划代码	小流域代码	控制断面名称
85	冶峪村	140110100209000	WDB00001021QB000	冶峪河 29 冶峪村 21
86	要子庄村	140110003224000	WDB00001021RA000	要子庄沟_58_要子庄村_6
87	黄冶村	140110003220000	WDB00001021RA000	要子庄沟 18 黄冶村 13
88	程家峪村	140110003225000	WDB00001022R0000	程家峪沟_14_程家峪村_14
89	田家庄村	140110003226000	WDB00001021R0000	风峪河 119 田家庄村 5
90	王家庄村	140110003223000	WDB00001021R0000	风峪河 104 王家庄村 9
91	店头村	140110003221000	WDB00001022R0000	风峪河 78 店头村 8
92	王家坟村	140110002202000	WDB00001022R0000	风峪河 47 王家坟村 16
93	罗城村	140110002201000	WDB00001021RB000	风峪河 22 罗城村 6
94	寺底村	140110002205000	WDB00001022R0000	寺底沟_37_寺底村_6
95	开化村	140110002204000	WDB00001022R0000	寺底沟 15 开化村 10
96	赤桥村	140110101207000	WDB00001021S0000	赤桥沟_27_赤桥村_14
97	吴家峪村	140110101226000	WDB00001022U0000	吴家峪沟_15_吴家峪村_11
98	窑头村	140110101222000	WDB00001021U0000	五坡沟 13 窑头村 11
99	三泉头村	140110101224000	WDB00001021U0000	三泉头沟_64_三泉头村_6
100	下石村	140110101223000	WDB00001022U0000	三泉头沟_50_下石村_8
101	牛家口村	140110101220000	WDB00001022U0000	三泉头沟_26_牛家口村_19
102	青阳河村	140110101221000	WDB00001021UA000	青阳河 16 青阳河村 6
103	蚕石村	140110102211000	WDB00001021UA000	青阳河 39 蚕石村 6
104	圪垯村	140110102214000	WDB00001021W0000	圪垯沟_111_圪垯村_26
105	槐树底村	140110102212000	WDB00001021W0000	圪垯沟_68_槐树底村_17
106	南峪村	140110102209000	WDB00001021K0000	圪垯沟_24_南峪村_18
107	黄楼村	140110102210000	WDB00001021WA000	杏坪沟_22_黄楼村_20
108	洞儿沟村	140110102208000	WDB00001021X0000	洞儿沟_26_洞儿沟村_15
109	东峰社区	140105005012000		
110	小山沟村	140106100215000	WDB00001021M0000	南沙河_278_小山沟村_5
111	大窑脑村	140106100219000	WDB00001022M0000	麻地沟_59_大窑脑村_8
112	赵北峰社区	140106100219000	WDB00001021P0000	
113	郝庄社区	140106100004000	WDB00001021MA000	南沙河_49_郝庄村_18
114	郝家沟村	140106100209000	WDB00001021MA000	南沙河_69_郝庄村_38
115	双塔社区	140106100012000	WDB00001022M0000	南沙河_23_双塔村_8

续表 3-2-1

序号	行政区划名称	行政区划代码	小流域代码	控制断面名称
116	枣园社区	140106100007000	WDB00001021VGCA0	
117	东祁家山村	140106100225000	WDB00001022H0000	
118	东沟村	140107010207000	WDB00001022I0000	东沟_21_东沟村_21
119	杨家村	140108008203000	WDB0000102800000	
120	柴村	140108008204000	WDB0000102800000	
121	芮城村	140108008205000	WDB00001021JB000	
122	摄乐村	140108008207000	WDB00001021JB000	
123	郭家窑村	140108101215000	WDB2300E00000000	
124	马头水村	140108101215000	WDB00001022B0000	
125	上水峪村	140108200202000	WDB00001022B0000	
126	横岭村	140108200212000	WDB0000102600000	
127	庄头村	140108200213000	WDB0000102600000	
128	西高庄村	140108202200000	WDB2300APJ000000	泥屯河_53_西高庄村_10
129	阎家坟村	140110002203000	WDB00001022R0000	风峪河_56_阎家坟村_4
130	上冶峪村	140110100208000	WDB00001021QB000	冶峪河_64_上冶峪村_14
131	石庄头村	140110100214000	WDB00001021RB000	
132	五坡村	140110101225000	WDB00001021U0000	五坡沟_33_五坡村_8
133	明马村	140110101227000	WDB00001022S0000	明马沟_5_明马村_4
134	杏坪村	140110102213000	WDB00001021WA000	杏坪沟_70_杏坪村_8

2.2　基础资料准备

2.2.1　基础数据

2.2.1.1　小流域划分

结合重点防治区分布情况和分析评价需要，分析重点防治区的洪水组成，太原市划分了 58 个小流域，划分成果见表 3-2-2 和附图 3-1"太原市区计算小流域划分图"。

表 3-2-2　太原市小流域划分成果

县区名称	序号	小流域名称	单元组成	集水面积（km^2）	包含沿河村落
小店区	1	黑驼沟	HT1、HT2、HT3	8.37	西家凹、黑驼村、南坪头社区
	2	岗头沟	GT1	1.85	岗头、东峰社区
	3	郑村排洪渠	ZC1	3.1	窑子上、郑村
	4	五龙沟	WLG1	1.15	五龙沟村
尖草坪区	5	凌井河	LJH1、LJH2、LJH3	271.8	东关口、西关口、镇城村
	6	东关口沟	DGKG1	4.1	东关口
	7	岗北沟	GB1	3.45	岗北村
	8	东高庄沟	DGZ1	3.45	东高庄村
	9	赵家山沟	ZJS1、ZJS2	7.9	赵家山、东焉村
	10	中焉沟	ZYG1	0.36	中焉村
	11	北山头沟	BST1、BST2	4.36	棋子山、北山头
	12	岗底沟	GDG1	1.3	岗底村
	13	欢嘴沟	HZG1	0.46	欢嘴村
	14	杨兴河	YXH1、YXH2、YXH3	714	郭家窑村、司徒洼、河底村、新兴村
	15	横河	HH1、HH2、HH3、HH4	25.83	峰西村、风格梁、蝎子寨、晋庄村
	16	寨上沟	ZSG1、ZSG2、ZSG3	3.6	西岗村、寨上村、黄花园村
	17	银角河	YJH1、YJH2、YJH3、YJH4、YJH5、YJH6、YJH7、YJH8	38.63	甘草峁村、马角村、银角村、梁背后村、珍珠峁村、马吉掌村、马头水村、上水峪村
	18	石槽沟	SCG1、SCG2、SCG3	11.35	庄头村、南石槽、北石槽
	19	柴村沟	CCG1、CCG2、CCG3	9.8	下水峪村、柴村、芮城村
	20	小石河	XSH1	5.3	小石河村
	21	土堂沟	TTG1	2.65	土堂村
	22	大留沟	DLG1	2	大留村
	23	呼延沟	HYG1、HYG2	5.58	横岭村、呼延村
	24	西张沟	XZG1、XZG2、XZG3、XZG4	11.5	西张村、柏崖头村、寺头村、下槐村、杨家村
	25	营村沟	YCG1、YCG2、YCG3	5.4	营村、摄乐村、三给村
	26	泥屯河	NTH1	250.8	西高庄村

续表 3-2-2

县区名称	序号	小流域名称	单元组成	集水面积(km²)	包含沿河村落
万柏林区	27	大岩沟	DYG1	1.75	大岩村
	28	圪僚沟	GLG1	4.52	圪僚沟村
	29	风声河	FSH1	6	风声河村
	30	玉门河	YMH1、YMH2	29.7	西铭村、小西铭
	31	虎峪河	HYH1、HYH2	35.58	大虎峪、小虎峪
	32	官地沟	GDG1、GDG2	14.1	白家庄、桃杏村
	33	高家河	GJH1	5.7	桃杏村
	34	神堂沟	STG1	0.65	神堂沟社区
	35	寨沟	ZG1	2	寨沟村
迎泽区	36	南沙河	NSH1、NSH2、NSH3、NSH4、NSH5、NSH6、NSH7、NSH8、NSH9、NSH10	29.27	小山沟村、董家庄、小山岩、观家峪、港道村、水峪村、松庄村、郝庄社区、郝家沟村、双塔社区、赵北峰社区
	37	麻地沟	MDG1	2.77	大窑脑村、前麻地沟、后麻地沟
	38	马庄河	MZH1	2.93	新沟、马庄、店坡、枣园社区
	39	北涧河	BJH1、BJH2、BJH3、BJH4、BJH5	27.49	东祁家山村、张家河、占道村、沟北村、捎子村、柳沟村
	40	北沙河	BSH1	2.3	孟家井
晋源区	41	冶峪河	YYH12	16.34	上冶峪村、西峪村、冶峪村
	42	风峪河	FYH1、FYH2、FYH3、FYH4、FYH5、FYH6、FYH7、FYH8	54.5	要子庄、黄冶村、田家庄、王家庄、程家峪、店头村、阎家坟村、王家坟、罗城村
	43	寺底沟	SDG1	8.6	寺底村、开化村
	44	赤桥沟	CQG1	5.62	赤桥村
	45	下石沟	XSG1、XSG2、XSG3、XSG4、XSG5、XSG6	25.4	五坡村、窑头村、吴家峪、下石村、三泉头、牛家口
	46	青阳河	QYH1	1.9	青阳河村
	47	蚕石沟	CSG1	2.9	蚕石村

续表 3-2-2

县区名称	序号	小流域名称	单元组成	集水面积（km^2）	包含沿河村落
晋源区	48	洞儿沟	DEG1	5.53	洞儿沟村
	49	南峪河	NYH1、NYH2、NYH3	14.45	圪垯村、槐树底、南峪村
	50	黄楼沟	HLG1、HLG2	11.92	杏坪村、黄楼村
	51	石庄头沟	SZTG1	3.2	石庄头村
	52	明马沟	MMG1	0.5	明马村
杏花岭区	53	北沙河	BSH1、BSH2、BSH3、BSH4	15.27	大窑头、小窑头、响水湾社区
	54	长江沟	CJG1	0.6	长江村
	55	柏杨树沟	BYSG1	1.34	柏杨树
	56	窑头沟	YTG1	20.05	窑头村
	57	枣沟	ZG1	7.01	枣沟村
	58	东沟	DG1	4.9	东沟村

2.2.1.2 流域特征值

（1）根据中央统一下发的工作底图和小流域属性成果，结合实地查勘，量测小流域的面积、主沟道长度、河道比降，成果见表 3-2-3、表 3-2-4。

表 3-2-3　太原市区计算小流域成果表

序号	小流域名称	单元组成	集水面积（km^2）	包含沿河村落
1	黑驼沟	HT1、HT2、HT3	8.37	西家凹、黑驼村、南坪头社区
2	岗头沟	GT1	1.85	岗头、东峰社区
3	郑村排洪渠	ZC1	3.1	窑子上、郑村
4	五龙沟	WLG1	1.15	五龙沟村
5	凌井河	LJH1、LJH2、LJH3	271.8	东关口、西关口、镇城村
6	东关口沟	DGKG1	4.1	东关口
7	岗北沟	GB1	3.45	岗北村
8	东高庄沟	DGZ1	3.45	东高庄村
9	赵家山沟	ZJS1、ZJS2	7.9	赵家山、东焉村
10	中焉沟	ZYG1	0.36	中焉村
11	北山头沟	BST1、BST2	4.36	棋子山、北山头
12	岗底沟	GDG1	1.3	岗底村

续表 3-2-3

序号	小流域名称	单元组成	集水面积（km^2）	包含沿河村落
13	欢嘴沟	HZG1	0.46	欢嘴村
14	杨兴河	YXH1、YXH2、YXH3	714	郭家窑村、司徒洼、河底村、新兴村
15	横河	HH1、HH2、HH3、HH4	25.83	峰西村、风格梁、蝎子寨、晋庄村
16	寨上沟	ZSG1、ZSG2、ZSG3	3.6	西岗村、寨上村、黄花园村
17	银角河	YJH1、YJH2、YJH3、YJH4、YJH5、YJH6、YJH7、YJH8	38.63	甘草峁村、马角村、银角村、梁背后村、珍珠峁村、马吉掌村、马头水村、上水峪村
18	石槽沟	SCG1、SCG2、SCG3	11.35	庄头村、南石槽、北石槽
19	柴村沟	CCG1、CCG2、CCG3	9.8	下水峪村、柴村、芮城村
20	小石河	XSH1	5.3	小石河村
21	土堂沟	TTG1	2.65	土堂村
22	大留沟	DLG1	2	大留村
23	呼延沟	HYG1、HYG2	5.58	横岭村、呼延村
24	西张沟	XZG1、XZG2、XZG3、XZG4	11.5	西张村、柏崖头村、寺头村、下槐村、杨家村
25	营村沟	YCG1、YCG2、YCG3	5.4	营村、摄乐村、三给村
26	泥屯河	NTH1	250.8	西高庄村
27	大岩沟	DYG1	1.75	大岩村
28	圪僚沟	GLG1	4.52	圪僚沟村
29	风声河	FSH1	6	风声河村
30	玉门河	YMH1、YMH2	29.7	西铭村、小西铭
31	虎峪河	HYH1、HYH2	35.58	大虎峪、小虎峪
32	官地沟	GDG1、GDG2	14.1	白家庄、桃杏村
33	高家河	GJH1	5.7	桃杏村
34	神堂沟	STG1	0.65	神堂沟社区
35	寨沟	ZG1	2	寨沟村
36	南沙河	NSH1、NSH2、NSH3、NSH4、NSH5、NSH6、NSH7、NSH8、NSH9、NSH10	29.27	小山沟村、董家庄、小山岩、观家峪、港道村、水峪村、松庄村、郝庄社区、郝家沟村、双塔社区、赵北峰社区
37	麻地沟	MDG1	2.77	大窑脑村、前麻地沟、后麻地沟
38	马庄河	MZH1	2.93	新沟、马庄、店坡、枣园社区

续表 3-2-3

序号	小流域名称	单元组成	集水面积（km^2）	包含沿河村落
39	北涧河	BJH1、BJH2、BJH3、BJH4、BJH5	27.49	东祁家山村、张家河、占道村、沟北村、捐子村、柳沟村
40	北沙河	BSH1	2.3	孟家井
41	冶峪河	YYH12	16.34	上冶峪村、西峪村、冶峪村
42	风峪河	FYH1、FYH2、FYH3、FYH4、FYH5、FYH6、FYH7、FYH8	54.5	要子庄、黄冶村、田家庄、王家庄、程家峪、店头村、阎家坟村、王家坟、罗城村
43	寺底沟	SDG1	8.6	寺底村、开化村
44	赤桥沟	CQG1	5.62	赤桥村
45	下石沟	XSG1、XSG2、XSG3、XSG4、XSG5、XSG6	25.4	五坡村、窑头村、吴家峪、下石村、三泉头、牛家口
46	青阳河	QYH1	1.9	青阳河村
47	蚕石沟	CSG1	2.9	蚕石村
48	洞儿沟	DEG1	5.53	洞儿沟村
49	南峪河	NYH1、NYH2、NYH3	14.45	圪垯村、槐树底、南峪村
50	黄楼沟	HLG1、HLG2	11.92	杏坪村、黄楼村
51	石庄头沟	SZTG1	3.2	石庄头村
52	明马沟	MMG1	0.5	明马村
53	北沙河	BSH1、BSH2、BSH3、BSH4	15.27	大窑头、小窑头、响水湾社区
54	长江沟	CJG1	0.6	长江村
55	柏杨树沟	BYSG1	1.34	柏杨树
56	窑头沟	YTG1	20.05	窑头村
57	枣沟	ZG1	7.01	枣沟村
58	东沟	DG1	4.9	东沟村

表 3-2-4　太原市区防灾对象计算信息

序号	行政区划代码	行政区划	集水面积（km^2）	断面代码	比降（‰）	糙率	成灾水位（m）	预警时段（h）	流域土壤含水量界值
1	140105003205000	黑驼村	8.37	黑驼沟_19_黑驼村_7	29.930	0.035		0.5、1、1.5	B_0=0、0.3、0.6
2	140105003012000	南坪头村	12.12	南坪头 9 南坪头村 4	23.530	0.035	832.31	0.5、1	B_0=0、0.3、0.6
3	140105005011000	郑村社区	3.10	郑村沟 29 郑村 18	29.630	0.035	805.85	0.5	B_0=0、0.3、0.6
4	140105005212000	五龙沟村	1.15	五龙沟 27 五龙沟村 22	24.570	0.03	847.39	0.5	B_0=0、0.3、0.6
5	140106100006000	马庄社区	5.40	新沟 27 店坡社区 26	27.700	0.03	863.78	0.5	B_0=0、0.3、0.6
6	140106100214000	董家庄村(南沙河)	3.14	南沙河_257_董家庄村_20	41.970	0.03	1 123.30	0.5、1	B_0=0、0.3、0.6
7	140106100218000	后麻地沟村	2.43	麻地沟 35 后麻地沟村 15	45.270	0.032	1 135.60	0.5	B_0=0、0.3、0.6
8	140106100217000	前麻地沟村	2.77	麻地沟_14_前麻地沟村_8	42.180	0.032	1 109.28	0.5	B_0=0、0.3、0.6
9	140106100213000	观家峪村	22.25	南沙河 196 观家峪村 23	35.060	0.03	952.56	0.5、1	B_0=0、0.3、0.6
10	140106100212000	港道村	24.96	南沙河_160_港道村_5	31.360	0.03	908.84	0.5、1	B_0=0、0.3、0.6
11	140106100211000	水峪村(南沙河支)	1.88	南沙河 113 水峪村 8	32.520	0.033	892.21	0.5、1	B_0=0、0.3、0.6
12	140106100210000	松庄村	29.27	南沙河 94 松庄村 17	28.840	0.03	871.36	0.5、1	B_0=0、0.3、0.6
13	140106100227000	张家河村	1.32	张家河 31 张家河村 20	35.260	0.03	1 391.20	0.5、1	B_0=0、0.3、0.6
14	140106100220000	孟家井村	2.30	北沙河 156 孟家井村 19	53.190	0.03	1 164.00	0.5	B_0=0、0.3、0.6
15	140107010202000	响水湾社区	15.27	北沙河 32 小窑头村 5	32.470	0.03	933.44	0.5、1、2	B_0=0、0.3、0.6
16	140107200208000	枣沟村	7.01	枣沟 33 枣沟村 29	25.540	0.03	839.74	0.5	B_0=0、0.3、0.6
17	140107201206000	窑头村(窑头沟)	7.01	窑头沟 33 窑头村 14	32.480	0.025	965.65	0.5、1、2	B_0=0、0.3、0.6
18	140108201200000	东关口村(东关口沟)	4.10	凌井河 94 东关口村 7	35.440	0.03	927.76	0.5	B_0=0、0.3、0.6
19	140108201201000	西关口村	263.70	凌井河 73 西关口村 9	20.430	0.028	904.98	0.5、1、2、3、4、4.5	B_0=0、0.3、0.6
20	140108101202000	河底村	714.00	杨兴河 110 河底村 5	10.770	0.028	832.12	0.5、1、2、3、4	B_0=0、0.3、0.6
21	140108101217000	新兴村	714.00	杨兴河 97 新兴村 6	10.510	0.028	825.26	0.5、1、2、3、4	B_0=0、0.3、0.6
22	140108101216000	晋庄村	25.83	西岗沟 13 晋庄村 11	19.660	0.025	822.97	0.5、1	B_0=0、0.3、0.6
23	140108008209000	小石河村	5.30	小石河沟 20 小石河村 17	68.750	0.03	870.38	0.5	B_0=0、0.3、0.6

续表 3-2-4

序号	行政区划代码	行政区划	集水面积（km^2）	断面代码	比降（‰）	糙率	成灾水位（m）	预警时段（h）	流域土壤含水量界值
24	140109009202000	圪僚沟村	4.52	圪僚沟 17 圪僚沟村 9	66.790	0.034	881.00	0.5	B_0=0、0.3、0.6
25	140109012203000	风声河村	6.00	风声河_24_风声河村_5	53.820	0.032	915.67	0.5	B_0=0、0.3、0.6
26	140109012201000	西铭村	29.70	玉门河 44 西铭村 20	37.750	0.034	918.07	0.5、1	B_0=0、0.3、0.6
27	140109012202000	小西铭村	18.60	玉门河 61 小西铭村 17	41.180	0.035	940.67	0.5、1	B_0=0、0.3、0.6
28	140109006203000	小虎峪村	32.11	虎峪河 95 小虎峪村 11	36.230	0.028	1 010.08	0.5、1、1.5	B_0=0、0.3、0.6
29	140109006202000	大虎峪村（虎峪河）	35.58	虎峪河_61_大虎峪村_39	34.090	0.03	982.93	0.5、1、2	B_0=0、0.3、0.6
30	140109007201000	桃杏村（高家河）	5.70	白家庄沟 32 桃杏村 10	44.200	0.028	936.71	0.5	B_0=0、0.3、0.6
	140109007201001	桃杏村（官地沟）	13.12	白家庄沟 92 桃杏村 28	36.280	0.025	932.27	0.5、1	B_0=0、0.3、0.6
31	140109007202000	白家庄村	14.10	白家庄沟_137_白家庄村_44	45.210	0.032	1 001.17	0.5、1	B_0=0、0.3、0.6
32	140110100209000	冶峪村	16.34	冶峪河 29 冶峪村 21	44.500	0.028	855.07	0.5	B_0=0、0.3、0.6
33	140110003220000	黄冶村	12.10	要子庄沟 18 黄冶村 13	53.160	0.03	1 005.68	0.5、1	B_0=0、0.3、0.6
34	140110003226000	田家庄村	12.94	风峪河 119 田家庄村 5	58.840	0.033	1 004.57	0.5、1	B_0=0、0.3、0.6
35	140110003223000	王家庄村	13.55	风峪河 104 王家庄村 9	54.830	0.033	975.35	0.5、1	B_0=0、0.3、0.6
36	140110003221000	店头村	33.90	风峪河 78 店头村 8	48.420	0.033	918.84	0.5、1	B_0=0、0.3、0.6
37	140110002202000	王家坟村	41.05	风峪河 47 王家坟村 16	36.890	0.033	822.00	0.5、1	B_0=0、0.3、0.6
38	140110002201000	罗城村	54.50	风峪河 22 罗城村 6	34.270	0.033	799.20	0.5、1	B_0=0、0.3、0.6
39	140110002204000	开化村	8.60	寺底沟 15 开化村 10	52.310	0.03	845.15	0.5	B_0=0、0.3、0.6
40	140110101222000	窑头村	4.71	五坡沟 13 窑头村 11	53.250	0.03	1 014.40	0.5、1	B_0=0、0.3、0.6
41	140110101221000	青阳河村	1.90	青阳河 16 青阳河村 6	56.930	0.03	834.00	0.5	B_0=0、0.3、0.6
42	140110102211000	蚕石村	2.90	青阳河 39 蚕石村 6	67.380	0.03	837.90	0.5	B_0=0、0.3、0.6
43	140110102209000	南峪村	14.45	圪垯沟_24_南峪村_18	37.240	0.028	834.29	0.5、1、1.5	B_0=0、0.3、0.6
44	140110102210000	黄楼村	11.92	杏坪沟_22_黄楼村_20	42.780	0.028	846.86	0.5、1、1.5	B_0=0、0.3、0.6

(2)通过实地查勘太原市的植被和土壤的空间分布情况,在《山西省水文计算手册》水文下垫面产流地类图和汇流地类图上进行修正,核算小流域产、汇流地类面积,成果见表 3-2-3。

(3)因参与分析评价的小流域没有实测资料,所以根据《山西省水文计算手册》附录Ⅱ调查洪水用表,结合断面实际情况确定水位—流量转换中的糙率。

2.2.2　水文资料及设计暴雨洪水方法选择

根据山洪灾害内外业调查成果和太原市城区各水务局提交资料及暴雨洪水设计结果,初步确定太原市共有 6 个区的 108 个重点防治区受到山洪灾害威胁,106 个村落所在流域均属于无资料地区,采用无资料地区计算方法进行设计暴雨洪水计算;冶峪村和店头村分别位于冶峪沟和风峪沟上,采用水文手册中董茹水文站和店头水文站不同频率设计成果表。

太原市境内有董茹和店头 2 处水文站和 51 处雨量站。

2.2.2.1　董茹水文站

董茹水文站位于太原市金胜乡董茹村,地理坐标为:东经 112°29′,北纬 37°47′。

该站流域面积 18.9 km^2。干流长度 8.6 km。断面形状为复梯形。流域平均宽度 2.2 km,流域平均比降 395‰,干流平均比降 40.7‰。河床组成为:山口以上主流以砂卵石为主,出山口后为人工砌石河道。本区山地占 65%、丘陵阶地占 19%、丘陵坡地占 16%。

2.2.2.2　店头水文站

店头水文站位于太原市晋源区店头村,于 1975 年 6 月 1 日由山西省水文水资源勘测局设立。地理坐标为:东经 111°25′,北纬 37°45′。

该站流域面积为 33.9 km^2,干流长度为 10.1 km,断面形状为“U”形,流域平均宽度为 3.4 km,流域平均比降为 474‰,干流平均比降 51.6‰,河床组成以砂卵石块石为主。本区山地占 78%、丘陵坡地占 22%,测验河段顺直,河底纵坡大,两岸均为浆砌石护岸。河床为砂卵石组成,冲淤变化大。洪水期主流易摆动。基上约 90 m 有小官窑沟汇入,上游约 400 m 处有陈家沟汇入。

2.2.2.3　雨量站

太原市境内现有自动雨量站 31 处,具体信息见表 3-2-5。

表 3-2-5　太原市自动雨量站统计

序号	测站编码	测站名称	河流名称	站址	行政区划代码	测站类型	测站方位(°)	至河口距离(km)	集水面积(km^2)	启用标志
1	41023880	南十方张家巷社区	红土沟	太原市小店区营盘街道办南十方张家巷社区	140105000000000	雨量站	0	0	0	0
2	41023882	郑村	五龙沟	太原市小店区北营街道办郑村社区	140105000000000	雨量站	0	0	0	0
3	41023950	五龙沟	五龙沟	太原市小店区黄陵街道办五龙沟村	140105000000000	雨量站	0	0	0	0
4	41023960	许坦	许坦排洪渠	太原市小店区坞城街道办许坦村	140105000000000	雨量站	0	0	0	0
5	41023886	自动雨量站	马庄河	太原市迎泽区郝庄镇马庄村委会	140106100005000	雨量站	0	8	0	1
6	41023884	自动雨量站	南沙河	太原市迎泽区郝庄镇水峪村委会	140106100211000	雨量站	0	9	0	1
7	41023630	自动雨量站	南沙河	郝庄镇董家庄村	140106100214000	雨量站	0	0	0	1
8	41023375	红沟	红沟	建材厂宿舍区	140107006009000	雨量站	0	0	0	1
9	41023412	新村(职工新街街道办自动雨量站)	北沙河	职工新街街道办事处	140107007001000	雨量站	0	0	0	0
10	41023402	涧河(涧河街道办自动雨量站)	北涧河	涧河街道办事处	140107009001000	雨量站	0	0	0	0

续表 3-2-5

序号	测站编码	测站名称	河流名称	站址	行政区划代码	测站类型	测站方位(°)	至河口距离(km)	集水面积(km^2)	启用标志
11	41023373	大窑头	北沙河	大窑头村委会	140107010201000	雨量站	0	0	0	1
12	41023360	伞儿树	南沙河	伞儿树社区警务室	140107010205000	雨量站	0	0	0	1
13	41023336	长沟	长沟	耿家庄村委会	140107200209000	雨量站	0	0	0	1
14	41023338	瓜地沟	北涧河	瓜地沟村委会	140107200214000	雨量站	0	0	0	1
15	41023334	瓮窑上	北涧河	小返乡政府院内	140107201200000	雨量站	0	0	0	1
16	41022855	上兰村自动监测站	汾河	上兰村	140108003200000	雨量站	0	0	0	1
17	41023340	大留村自动监测站	汾河	大留村	140108008200000	雨量站	0	3	15	1
18	41023346	三给村自动监测站	汾河	三给村	140108008208000	雨量站	0	3	4	1
19	41022820	马头水乡自动监测站	汾河	马头水村	140108200200000	雨量站	0	0	0	1
20	41023332	柏板乡自动监测站	杨兴河	柏板村	140108201203000	雨量站	0	8	10	1
21	41023342	西焉乡自动监测站	杨兴河	西焉村	140108202202000	雨量站	0	2	1	1
22	41023451	化客头	玉门河	太原市万柏林区化客头街道办	140109000000000	雨量站	0	3	15	1

续表 3-2-5

序号	测站编码	测站名称	河流名称	站址	行政区划代码	测站类型	测站方位(°)	至河口距离(km)	集水面积(km²)	启用标志
23	41023612	小西铭	玉门河	太原市万柏林区西铭乡小西铭村委会	140109000000000	雨量站	0	11	15.7	1
24	41023622	小虎峪	偏桥沟	太原市万柏林区杜儿坪街道办小虎峪村委会	140109000000000	雨量站	0	1	3	1
25	41023626	桃杏	九院沟	太原市万柏林区白家庄街道办桃杏村委会	140109000000000	雨量站	0	10.6	18	1
26	41023344	圪僚沟	圪僚沟	东社街道办圪僚沟村委会	140109009202000	雨量站	0	0	0	1
27	41024101	店头	风峪沟	晋源街道办店头村委会	140110003221000	雨量站	0	0	0	1
28	41023851	西峪	冶峪沟	金胜镇西峪村委会	140110100207000	雨量站	0	0	0	1
29	41023350	窑头	柳子河	晋祠镇窑头村委会	140110101222000	雨量站	0	0	0	1
30	41025005	五坡	柳子沙河	晋祠镇五坡村委会	140110101225000	雨量站	0	0	0	1
31	41023670	南峪	南峪河	姚村镇南峪村委会	140110102209000	雨量站	0	0	0	1

由表 3-2-5 可知,11 处基本雨量站中虽然资料系列较长,但在 2012 年前均为人工站,每 3 h 报汛一次,不能满足历时为 10 min、60 min 的设计暴雨的资料要求。其余站均为 2000 年以后设立,资料系列较短,不能采用雨量资料直接推求设计暴雨,所以本次设计暴雨所有小流域均采用间接法计算,相关参数参考《山西省水文计算手册》中的图集和资料,包括定点暴雨均值 $\overline{H}$ 和变差系数 C_v、偏态系数和变差系数的比值 C_s/C_v、模比系数 K_P 和点面折减系数等。

2.2.3　测量数据

在山洪灾害调查工作中,根据太原市各水务局填制的内业调查表,重点防治区内所有河流沿程 50 m 测量一个横断面,并按照要求测量出的河道纵比降,来满足设计暴雨洪水计算和推求水面线。

太原市各重点防治区横纵断面数据采用山西省工程测绘院提供数据,对重点防治区的居民户位置和高程进行了测量,用于计算水位—人口关系曲线。经初步分析,所得到的河道断面测量数据和居民户高程测量数据基本满足山洪灾害调查评价的要求。

2.3　汇流时间分析

汇流时间根据流域模型法确定,成果见附图 3-2、附图 3-3。

第3章 设计暴雨

3.1 设计暴雨

在山洪灾害分析评价中,设计暴雨计算的目的是推求不同频率设计洪水所需的降雨量及其时程分配,是无实测洪水资料情况下进行设计洪水分析的前提,也是确定预警临界雨量的重要环节,主要依据是《山西省水文计算手册》及其相关图集。

根据《山洪灾害分析评价技术要求》,设计暴雨计算所涉及的小流域指重点防治区控制断面以上流域或以其下游不远处为出口的完整集水区域。结合《山西省水文计算手册》计算方法,设计暴雨计算以重点防治区对应小流域组成的计算单元为单位计算。

设计暴雨计算首先确定暴雨历时、暴雨频率及设计雨型,之后通过设计暴雨有关参数查算、时段设计雨量计算以及设计暴雨时程分配等步骤,即可得到设计暴雨计算成果。

太原市 134 个山洪灾害重点防治区采用《山西省水文计算手册》中提供的方法均进行了设计暴雨计算。对采用流域模型法计算设计洪水的进行设计暴雨时程分配计算,对采用经验公式法计算设计洪水的不进行设计暴雨时程分配计算,计算过程和方法见第 1 篇第 5 章内容。

3.2 设计暴雨计算成果

(1)设计暴雨参数查图成果见表 3-3-1。

(2)太原市区设计暴雨成果表(见表 3-3-2),内容包括:小流域各时段雨量的均值 $\overline{H}$、变差系数 C_v、C_s/C_v 和各时段相应频率的雨量值 H_P。

(3)太原市区设计暴雨时程分配表(见表 3-3-3),内容包括:小流域设计时段雨量按设计雨型进行时程分配的成果。

表 3-3-1　设计暴雨参数查图成果

序号	计算单元	流域	定点	面积(km^2)	不同历时定点暴雨参数									
					10 min		60 min		6 h		24 h		3 d	
					H(mm)	C_v	H(mm)	C_v	H(mm)	C_v	H(mm)	C_v	H(mm)	C_v
1	西家凹	黑驼沟		2.8	11.5	0.53	24.6	0.53	34	0.54	50	0.48	63	0.47
2	黑驼村	黑驼沟		8.37	11.9	0.55	25	0.53	35	0.52	51	0.47	62.5	0.47
3	南坪头社区	黑驼沟		12.12	11.8	0.53	25	0.53	36	0.54	52.5	0.48	63.5	0.47
4	岗头	岗头沟		1.85	11.5	0.53	24.5	0.53	35	0.54	51.5	0.48	63	0.47
5	窑子上	郑村排洪渠		1.8	11.5	0.53	24.8	0.53	36	0.54	52.5	0.48	63	0.47
6	郑村社区	郑村排洪渠		3.1	11.8	0.53	25	0.53	36	0.54	53	0.48	63	0.47
7	五龙沟村	五龙沟		1.15	11.5	0.54	25	0.53	34.5	0.54	50	0.48	62	0.47
8	新沟社区	新沟		3.78	11.8	0.53	25	0.52	35	0.54	52	0.48	63	0.47
9	马庄社区	新沟		5.4	11.8	0.53	25	0.52	35	0.54	52	0.48	63	0.47
10	店坡社区	新沟		5.93	11.8	0.53	25	0.52	35	0.54	52	0.48	63	0.47
11	董家庄村	小山沟		3.45	11.8	0.55	25	0.52	32	0.55	49	0.47	62.5	0.46
		南沙河		3.14	11.8	0.55	25	0.52	32	0.55	49	0.47	62.5	0.46
12	小山岩村	小山岩沟		0.5	11.8	0.53	25	0.52	34	0.54	49	0.47	63	0.47
13	后麻地沟村	麻地沟		2.43	11.9	0.55	25	0.54	34.1	0.53	49	0.48	63	0.46
14	前麻地沟村	麻地沟		2.77	11.9	0.55	25	0.54	34.1	0.53	49	0.48	63	0.46
15	观家峪村	南沙河		22.25	11.8	0.55	25	0.52	32	0.55	49	0.47	62.5	0.46
16	港道村	南沙河		24.96	11.8	0.55	25	0.52	32	0.55	49	0.47	62.5	0.46
17	水峪村	南沙河支流		1.88	12.2	0.55	25	0.53	35	0.52	52	0.47	64	0.47
		南沙河		28.23	12.2	0.55	25	0.53	35	0.52	52	0.47	64	0.47
18	松庄村	南沙河		29.27	11.8	0.53	25	0.52	35	0.55	49	0.47	62.5	0.46
19	张家河村	北涧河		1.82	11.9	0.55	25	0.54	34	0.53	49	0.48	62	0.45
20	占道村	占道沟		1.35	11.5	0.53	25	0.52	33	0.56	48	0.47	63.5	0.46
21	沟北村	沟北		0.2	11.8	0.53	25	0.52	33	0.55	48	0.47	63.5	0.46

续表 3-3-1

序号	计算单元	流域	定点	面积（km^2）	不同历时定点暴雨参数									
					10 min		60 min		6 h		24 h		3 d	
					H(mm)	C_v	H(mm)	C_v	H(mm)	C_v	H(mm)	C_v	H(mm)	C_v
22	柳沟村	柳沟		1.2	11.8	0.53	25	0.52	33	0.55	48	0.47	63.5	0.46
23	捐子沟村	捐子沟		1.48	11.8	0.53	25	0.52	33	0.55	48	0.47	63.5	0.46
24	孟家井村	北沙河		2.3	11.9	0.55	25	0.52	32	0.55	49	0.47	63	0.46
25	大窑头村	北沙河		9	12	0.53	25	0.52	34	0.54	50	0.47	64	0.47
26	小窑头村	北沙河		10.95	11.9	0.55	25	0.52	32	0.55	49	0.47	63	0.46
27	响水湾社区	北沙河		15.27	11.9	0.55	25	0.52	32	0.55	49	0.47	63	0.46
28	长江村	长江沟		0.6	12.5	0.53	25	0.52	35	0.53	52	0.47	65	0.47
29	枣沟村	枣沟		7.01	12.5	0.55	25	0.54	34	0.53	51.2	0.47	65	0.47
30	窑头村	窑头沟		20.05	11.9	0.55	25	0.54	33	0.53	49.5	0.46	64.1	0.46
31	柏杨树村	柏杨树沟		1.34	12.5	0.53	25	0.52	35	0.53	52	0.47	66	0.47
32	东关口村	凌井河	大卜	87.37	11.1	0.55	23	0.55	41	0.45	58	0.49	76	0.49
			绳子沟	51.16	10	0.52	23.5	0.55	41.5	0.49	60.2	0.49	76.5	0.49
			骆池窝	122.52	11.7	0.55	22.8	0.53	38	0.48	55.5	0.48	72	0.48
		东关口沟	东关口	4.1	12.2	0.55	23.2	0.54	36	0.51	52	0.48	69	0.48
33	西关口村	凌井河	大卜	87.37	11.1	0.55	23	0.55	41	0.45	58	0.49	76	0.49
			绳子沟	51.16	10	0.52	23.5	0.55	41.5	0.49	60.2	0.49	76.5	0.49
			骆池窝	125.12	11.7	0.55	22.8	0.53	38	0.48	55.5	0.48	72	0.48
34	镇城村	凌井河	大卜	90.37	11.1	0.55	23	0.55	41	0.45	58	0.49	76	0.49
			绳子沟	54.16	10	0.52	23.5	0.55	41.5	0.49	60.2	0.49	76.5	0.49
			骆池窝	127.27	11.7	0.55	22.8	0.53	38	0.48	55.5	0.48	72	0.48
35	岗北村	岗北沟	岗北村	3.45	13	0.55	25.5	0.53	35	0.52	50	0.48	68	0.48
36	东高庄村	东高庄沟	东高庄村	2.3	13	0.55	25.5	0.53	34	0.52	49.5	0.48	68	0.47

续表 3-3-1

序号	计算单元	流域	定点	面积(km^2)	不同历时定点暴雨参数									
					10 min		60 min		6 h		24 h		3 d	
					H(mm)	C_v	H(mm)	C_v	H(mm)	C_v	H(mm)	C_v	H(mm)	C_v
37	赵家山村	赵家山沟	赵家山村	1	13	0.55	25.5	0.53	34	0.52	49.5	0.48	68	0.47
38	东焉村	赵家山沟	东焉村	2.67	13	0.55	25.5	0.53	34	0.52	49.5	0.48	68	0.47
39	中焉村	中焉沟	中焉村	0.36	13	0.55	25.5	0.53	34	0.52	49.5	0.48	68	0.47
40	棋子山村	棋子山沟	棋子山村	0.65	13	0.55	24.5	0.54	34	0.53	48	0.47	68	0.47
41	北山头村	北山头沟	北山头村	4.36	13	0.55	24.5	0.54	34	0.53	48	0.47	68	0.47
42	河底村	杨兴河	堂儿上	57.86	13.4	0.55	27.3	0.5	38.5	0.49	57.4	0.44	76.2	0.42
			张北村	184.5	13.5	0.55	27.3	0.5	38	0.49	57.1	0.44	75.1	0.42
			峪庄	256.1	12.3	0.55	25	0.52	37.7	0.55	55.8	0.46	73	0.46
			刘家河	215.54	10.2	0.55	25.2	0.54	34	0.52	49	0.48	64	0.45
43	新兴村	杨兴河	堂儿上	57.86	13.4	0.55	27.3	0.5	38.5	0.49	57.4	0.44	76.2	0.42
			张北村	184.5	13.5	0.55	27.3	0.5	38	0.49	57.1	0.44	75.1	0.42
			峪庄	256.1	12.3	0.55	25	0.52	37.7	0.55	55.8	0.46	73	0.46
			刘家河	215.54	10.2	0.55	25.2	0.54	34	0.52	49	0.48	64	0.45
44	司徒洼村	司徒洼沟		0.3	13	0.55	25	0.54	34	0.53	49	0.47	66	0.47
45	岗底村	欢嘴沟		1.3	13	0.55	24.2	0.53	33.5	0.52	49.5	0.47	67	0.47
46	欢嘴村	欢嘴沟		0.46	13	0.55	25	0.54	34	0.53	49	0.47	66	0.47
47	风格梁村	风格梁沟		0.4	13	0.55	25	0.54	34	0.53	49	0.47	66	0.47
48	峰西村	峰西沟		0.65	13	0.55	25	0.54	34	0.53	49.5	0.47	66	0.47
49	蝎子寨村	蝎子寨沟		21.2	13	0.55	25	0.54	34	0.53	50	0.47	66	0.47
50	晋庄村	横河		25.83	12	0.55	25	0.55	33	0.55	46	0.46	65	0.46
51	西岗村	西岗沟		0.2	13	0.55	25	0.54	34	0.53	50	0.47	66	0.47
52	寨上村	寨上沟		2.6	13	0.55	25	0.54	34	0.53	51	0.47	66	0.47

续表 3-3-1

序号	计算单元	流域	定点	面积 (km^2)	不同历时定点暴雨参数									
					10 min		60 min		6 h		24 h		3 d	
					H(mm)	C_v	H(mm)	C_v	H(mm)	C_v	H(mm)	C_v	H(mm)	C_v
53	黄花园村	黄花园沟		3.6	13	0.55	25	0.54	34	0.53	51	0.47	66	0.47
54	土堂村	土堂沟	土堂村	2.65	12.5	0.55	23	0.54	37	0.51	54	0.48	69	0.48
55	大留村	大留沟	大留村	2	12.7	0.55	23.5	0.54	37	0.51	54.5	0.48	69	0.48
56	呼延村	呼延沟	呼延村	5.58	13	0.55	23.5	0.54	37	0.52	55	0.48	69	0.48
57	西张村	西张沟	西张村	9.15	13	0.55	24	0.54	37	0.52	55	0.48	69	0.48
58	营村	营村沟	营村	5.4	13	0.55	25	0.54	37	0.52	56.5	0.48	69	0.48
59	三给村	三给沟	三给村	2.8	13	0.55	25	0.54	37	0.52	57	0.48	69	0.48
60	寺头村	寺头沟	寺头村	3.6	13	0.55	25	0.54	37	0.52	55	0.48	69	0.48
61	下槐村	下槐沟	下槐村	1.4	13	0.55	25	0.54	37	0.52	55	0.48	69	0.48
62	柏崖头村	柏崖头沟	柏崖头村	1.4	13	0.55	25	0.54	37	0.52	55	0.48	69	0.48
63	下水峪沟	下水峪沟		0.15	13	0.55	23.8	0.54	37.5	0.51	57.5	0.48	71	0.48
64	小石河村	小石河		5.3	12.5	0.52	24	0.54	38	0.52	58	0.48	72.5	0.48
65	圪僚沟村	圪僚沟		4.518	12.5	0.54	24	0.52	37.5	0.52	58.8	0.48	73.6	0.48
66	北石槽村	石槽沟		0.1	13	0.55	23	0.54	38	0.51	54.5	0.48	69	0.48
67	南石槽村	石槽沟		0.15	13	0.55	23	0.54	38	0.51	54.5	0.48	69	0.48
68	甘草峁村	甘草峁沟		0.25	13	0.55	23.5	0.54	37.5	0.51	57	0.48	70	0.48
69	马角村	马角沟		0.3	13	0.55	23.2	0.54	38	0.51	58	0.49	73	0.48
70	银角村	银角沟		13.6	13	0.55	23.2	0.54	38	0.51	58	0.49	73	0.48
71	梁背后村	梁背后沟		0.9	13	0.55	23	0.54	38	0.51	57	0.48	72	0.48
72	珍珠峁村	珍珠峁沟		0.14	13	0.55	23	0.54	38	0.51	49	0.48	70	0.48
73	马吉掌村	马吉掌沟		0.15	13	0.55	23	0.54	38	0.51	49.5	0.48	70	0.48
74	大岩村	大岩沟		3.2	13	0.56	25	0.55	39	0.53	60	0.49	75	0.48

续表 3-3-1

序号	计算单元	流域	定点	面积(km²)	不同历时定点暴雨参数									
					10 min		60 min		6 h		24 h		3 d	
					H(mm)	C_v	H(mm)	C_v	H(mm)	C_v	H(mm)	C_v	H(mm)	C_v
75	风声河村	风声河		6	13	0.55	25	0.55	40	0.52	61.6	0.49	77.5	0.49
76	西铭村	玉门河		29.72	12.6	0.57	26.9	0.56	42.5	0.55	65	0.55	85	0.52
77	小西铭村	玉门河		18.56	12.6	0.57	26.9	0.56	42.5	0.55	65	0.55	85	0.52
78	小虎峪村	虎峪河		32.11	13	0.56	26	0.56	44	0.55	65	0.5	83	0.5
79	大虎峪村	虎峪河支流		3.38	13	0.56	26	0.56	44	0.55	65	0.5	83	0.5
		虎峪河		38.96	13	0.56	26	0.56	44	0.55	65	0.5	83	0.5
80	桃杏村	官地沟		13.12	12.6	0.54	24.6	0.56	47.5	0.56	70	0.54	88.8	0.52
81	白家庄村	官地沟		14.1	12.6	0.54	24.6	0.56	47.5	0.56	70	0.54	88.8	0.52
82	神堂沟社区	神堂沟		0.65	12.8	0.61	28	0.56	44	0.54	64	0.48	77.5	0.49
83	寨沟村	寨沟		2	12.8	0.61	28	0.56	44	0.54	64	0.48	77.5	0.49
84	西峪村	西峪沟		3.1	12.3	0.6	28	0.56	45	0.55	68	0.5	82	0.5
85	冶峪村	冶峪沟		15.34	13	0.62	28	0.57	45	0.56	65	0.49	80	0.49
86	要子庄村	风峪沟支沟		5.23	12.9	0.55	25.7	0.56	50	0.56	70	0.56	92	0.56
87	黄冶村	风峪沟		12.1	13	0.6	28	0.57	52	0.56	71	0.52	90	0.52
88	程家峪村	风峪沟		4.55	13	0.6	28	0.57	52	0.56	71	0.52	90	0.52
89	田家庄村	风峪沟		12.94	13	0.6	28	0.57	51	0.56	71	0.52	90	0.52
90	王家庄村	风峪沟		13.55	13	0.54	25.1	0.55	47.5	0.55	70	0.57	92	0.6
91	店头村	风峪沟	要子庄		12.9	0.55	25.7	0.56	50	0.56	70	0.56	92	0.56
92	王家坟村	风峪沟		41.05	13	0.63	28	0.57	45	0.55	65	0.5	80	0.51
93	罗城村	风峪沟		54.5	13	0.54	25.1	0.55	47.5	0.55	70	0.57	92	0.6
94	寺底村	寺底沟		3.75	13	0.62	29	0.57	47	0.55	67	0.5	85	0.51
95	开化	开化沟		8.6	12.5	0.6	28.5	0.56	50	0.56	70	0.5	89.8	0.52

续表 3-3-1

序号	计算单元	流域	定点	面积(km^2)	不同历时定点暴雨参数									
					10 min		60 min		6 h		24 h		3 d	
					H(mm)	C_v	H(mm)	C_v	H(mm)	C_v	H(mm)	C_v	H(mm)	C_v
96	赤桥村	赤桥沟		5.62	12.5	0.55	26	0.57	50	0.55	68	0.54	88	0.54
97	三泉头村	三泉头沟		5.2	13	0.62	26.5	0.57	47	0.56	67	0.52	85	0.52
98	窑头村	窑头沟		4.71	12.8	0.6	27	0.57	50	0.55	68	0.54	83	0.53
99	吴家峪村	吴家峪沟		4.11	12.6	0.55	26	0.57	50	0.55	68	0.54	88	0.54
100	下石村	下石沟		21.7	12.7	0.55	26	0.57	50	0.55	68	0.54	88	0.54
101	牛家口村	牛家口沟		25.4	12.8	0.55	26	0.57	50	0.55	68	0.54	88	0.54
102	青阳河村	青阳河		1.9	13	0.62	25.5	0.57	40	0.56	62	0.52	77	0.52
103	蚕石村	蚕石沟		2.9	13	0.61	25.5	0.57	40	0.56	62	0.52	77	0.52
104	圪垯村	南峪沟		9.698	12.5	0.55	25.2	0.57	47	0.54	67	0.55	87	0.54
105	槐树底村	南峪沟		12.24	12.5	0.55	25.2	0.57	47	0.54	67	0.55	87	0.54
106	南峪村	南峪沟		14.45	12.5	0.55	25.2	0.57	47	0.54	67	0.55	87	0.54
107	黄楼村	黄楼沟		11.92	12.5	0.55	25.2	0.57	47	0.54	67	0.55	87	0.54
108	洞儿沟村	洞儿沟		5.53	12.8	0.55	25.2	0.56	48	0.55	63	0.54	83	0.53
109	东峰社区	岗头沟		2.9	11.5	0.53	24.5	0.53	35.0	0.54	51.5	0.48	63.0	0.47
110	小山沟村	南沙河		1.0	11.8	0.55	25.0	0.52	32.0	0.55	49.0	0.47	62.5	0.46
111	大窑脑村	南沙河		0.6	11.9	0.55	25.0	0.54	34.1	0.53	49.0	0.48	63.0	0.46
112	赵北峰社区	南沙河		29.27	11.8	0.53	25	0.52	35	0.55	49	0.47	62.5	0.46
113	郝家沟村	南沙河		31.0	11.8	0.53	25.0	0.52	35.0	0.55	49.0	0.47	62.5	0.46
114	郝庄社区	南沙河		31.0	11.8	0.53	25.0	0.52	35.0	0.55	49.0	0.47	62.5	0.46
115	双塔社区	南沙河		34.0	11.8	0.53	25.0	0.52	35.0	0.55	49.0	0.47	62.5	0.46
116	枣园社区	新沟		5.4	11.8	0.53	25	0.52	35	0.54	52	0.48	63	0.47
117	东祁家山村	北涧河		0.1	11.5	0.53	25.0	0.52	33.0	0.56	48.0	0.47	63.5	0.46

续表 3-3-1

序号	计算单元	流域	定点	面积(km^2)	不同历时定点暴雨参数									
					10 min		60 min		6 h		24 h		3 d	
					H(mm)	C_v	H(mm)	C_v	H(mm)	C_v	H(mm)	C_v	H(mm)	C_v
118	东沟村	东沟		4.8	11.9	0.55	25.0	0.52	32.0	0.55	49.0	0.47	63.0	0.46
119	杨家村	杨家村沟		5.9	13.0	0.55	24.0	0.54	37.0	0.52	55.0	0.48	69.0	0.48
120	柴村	柴村沟		4.6	13.0	0.55	24.0	0.54	37.0	0.52	55.0	0.48	69.0	0.48
121	芮城村	芮城沟		2.7	13.0	0.55	24.0	0.54	37.0	0.52	55.0	0.48	69.0	0.48
122	摄乐村	摄乐沟		3.0	13.0	0.55	24.0	0.54	37.0	0.52	55.0	0.48	69.0	0.48
123	郭家窑村	杨兴河		57.86	13.4	0.55	27.3	0.5	38.5	0.49	57.4	0.44	76.2	0.42
				184.5	13.5	0.55	27.3	0.5	38	0.49	57.1	0.44	75.1	0.42
				256.1	12.3	0.55	25	0.52	37.7	0.55	55.8	0.46	73	0.46
				215.54	10.2	0.55	25.2	0.54	34	0.52	49	0.48	64	0.45
124	马头水村	马头水沟		0.5	13.0	0.55	23.2	0.54	38.0	0.51	58.0	0.49	73.0	0.48
125	上水峪村	上水峪沟		0.2	13.0	0.55	23.8	0.54	37.5	0.51	57.5	0.48	71.0	0.48
126	横岭村	横岭沟		0.2	13.0	0.55	23.0	0.54	38.0	0.51	54.5	0.48	69.0	0.48
127	庄头村	庄头沟		0.2	13.0	0.55	23.0	0.54	38.0	0.51	54.5	0.48	69.0	0.48
128	西高庄村	泥屯河	石家庄东头	249.3	11.8	0.52	24.6	0.53	41.2	0.54	60	0.47	76.2	0.48
			赤泥社		10.8	0.5	24	0.55	41.2	0.52	60.6	0.48	76.5	0.47
			杨家井		12.2	0.53	23.5	0.53	35.4	0.51	53	0.47	69	0.48
129	阎家坟村	风峪沟		41.05	13	0.63	28	0.57	45	0.55	65	0.5	80	0.51
130	上冶峪村	冶峪沟		3.2	13.0	0.62	28.0	0.57	45.0	0.56	65.0	0.49	80.0	0.49
131	石庄头村	石庄头沟		3.0	13.0	0.62	28.0	0.57	45.0	0.56	65.0	0.49	80.0	0.49
132	五坡村	下石沟		1.2	12.8	0.60	27.0	0.57	50.0	0.55	68.0	0.54	83.0	0.53
133	明马村	明马沟		2.0	13.0	0.62	26.5	0.57	47.0	0.56	67.0	0.52	85.0	0.52
134	杏坪村	杏坪沟		2.1	12.5	0.55	25.2	0.57	47.0	0.54	67.0	0.55	87.0	0.54

表 3-3-2　太原市区设计暴雨成果

序号	计算单元名称	历时	均值（mm）	变差系数	C_s/C_v	重现期雨量值 H_P(mm)				
						100 年（$H_{1\%}$）	50 年（$H_{2\%}$）	20 年（$H_{5\%}$）	10 年（$H_{10\%}$）	5 年（$H_{20\%}$）
1	西家凹	10 min	11.5	0.53	3.5	31.3	27.5	22.4	18.6	14.7
		60 min	24.6	0.53	3.5	61.9	54.2	44.0	36.3	28.5
		6 h	34	0.54	3.5	101.1	88.9	72.5	60.1	47.5
		24 h	50	0.48	3.5	126.8	112.4	93.0	78.2	62.9
		3 d	63	0.47	3.5	162.2	144.2	120.0	101.3	82.1
2	黑驼村	10 min	11.9	0.55	3.5	32.0	28.0	22.8	18.7	14.7
		60 min	25	0.53	3.5	61.1	53.6	43.6	36.0	28.4
		6 h	35	0.52	3.5	98.8	87.1	71.6	59.6	47.5
		24 h	51	0.47	3.5	125.8	111.8	93.0	78.5	63.6
		3 d	62.5	0.47	3.5	159.6	142.0	118.2	99.9	81.0
3	南坪头社区	10 min	11.8	0.53	3.5	30.1	26.5	21.7	18.0	14.2
		60 min	25	0.53	3.5	61.1	53.6	43.6	35.9	28.2
		6 h	36	0.54	3.5	102.6	90.3	73.8	61.2	48.4
		24 h	52.5	0.48	3.5	131.6	116.8	96.8	81.4	65.6
		3 d	63.5	0.47	3.5	161.6	143.7	119.7	101.2	82.1
4	岗头	10 min	11.5	0.53	3.5	31.5	27.7	22.6	18.8	14.8
		60 min	24.5	0.53	3.5	62.9	55.1	44.7	36.9	28.9
		6 h	35	0.54	3.5	103.8	91.3	74.5	61.7	48.7
		24 h	51.5	0.48	3.5	131.5	116.6	96.5	81.0	65.2
		3 d	63	0.47	3.5	162.5	144.5	120.2	101.5	82.2
5	窑子上	10 min	11.5	0.53	3.5	31.5	27.7	22.6	18.7	14.8
		60 min	24.8	0.53	3.5	64.0	56.1	45.5	37.5	29.4
		6 h	36	0.54	3.5	106.5	93.5	76.3	63.2	49.9
		24 h	52.5	0.48	3.5	134.4	119.1	98.6	82.8	66.6
		3 d	63	0.47	3.5	162.6	144.5	120.2	101.5	82.2
6	郑村社区	10 min	11.8	0.53	3.5	31.8	28.0	22.9	19.0	15.0
		60 min	25	0.53	3.5	63.7	55.8	45.3	37.3	29.3
		6 h	36	0.54	3.5	105.8	92.9	75.9	62.8	49.6
		24 h	53	0.48	3.5	135.0	119.7	99.1	83.2	67.0
		3 d	63	0.47	3.5	162.1	144.1	119.9	101.3	82.1

续表 3-3-2

序号	计算单元名称	历时	均值(mm)	变差系数	C_s/C_v	重现期雨量值 H_P(mm)				
						100 年($H_{1\%}$)	50 年($H_{2\%}$)	20 年($H_{5\%}$)	10 年($H_{10\%}$)	5 年($H_{20\%}$)
7	五龙沟村	10 min	11.5	0.54	3.5	32.5	28.5	23.2	19.1	15.1
		60 min	25	0.53	3.5	64.2	56.2	45.6	37.5	29.4
		6 h	34.5	0.54	3.5	103.7	91.1	74.3	61.5	48.6
		24 h	50	0.48	3.5	127.7	113.1	93.6	78.6	63.2
		3 d	62	0.47	3.5	160.3	142.5	118.5	100.0	81.0
8	新沟社区	10 min	11.8	0.53	3.5	31.6	27.8	22.8	18.9	14.9
		60 min	25	0.52	3.5	62.2	54.6	44.4	36.6	28.8
		6 h	35	0.54	3.5	102.7	90.4	73.9	61.3	48.5
		24 h	52	0.48	3.5	132.0	117.0	96.8	81.3	65.4
		3 d	63	0.47	3.5	161.9	144.0	119.8	101.2	82.0
9	马庄社区	10 min	11.8	0.53	3.5	31.2	27.5	22.5	18.6	14.8
		60 min	25	0.52	3.5	61.6	54.0	44.0	36.3	28.6
		6 h	35	0.54	3.5	102.0	89.8	73.4	60.9	48.2
		24 h	52	0.48	3.5	131.5	116.6	96.5	81.1	65.2
		3 d	63	0.47	3.5	161.5	143.6	119.6	101.0	81.9
10	店坡社区	10 min	11.8	0.53	3.5	31.1	27.4	22.4	18.6	14.7
		60 min	25	0.52	3.5	61.4	53.9	43.9	36.2	28.5
		6 h	35	0.54	3.5	101.9	89.6	73.3	60.8	48.1
		24 h	52	0.48	3.5	131.4	116.5	96.4	81.0	65.2
		3 d	63	0.47	3.5	161.4	143.5	119.5	100.9	81.8
11	董家庄村(小山沟)	10 min	11.8	0.55	3.5	32.9	28.8	23.4	19.3	15.2
		60 min	25	0.52	3.5	61.3	53.6	43.5	35.7	27.9
		6 h	32	0.55	3.5	96.9	85.2	69.6	57.6	45.5
		24 h	49	0.47	3.5	121.6	108.0	89.5	75.3	60.7
		3 d	62.5	0.46	3.5	158.1	140.8	117.6	99.7	81.1
	董家庄村(南沙河)	10 min	11.8	0.55	3.5	33.0	28.9	23.5	19.4	15.2
		60 min	25	0.52	3.5	61.5	53.7	43.5	35.8	28.0
		6 h	32	0.55	3.5	97.1	85.3	69.6	57.7	45.6
		24 h	49	0.47	3.5	121.8	108.0	89.5	75.3	60.7
		3 d	62.5	0.46	3.5	158.1	140.9	117.7	99.7	81.2

续表 3-3-2

序号	计算单元名称	历时	均值(mm)	变差系数	C_s/C_v	重现期雨量值 H_P(mm)				
						100 年($H_{1\%}$)	50 年($H_{2\%}$)	20 年($H_{5\%}$)	10 年($H_{10\%}$)	5 年($H_{20\%}$)
12	小山岩村	10 min	11.8	0.53	3.5	33.1	29.1	23.8	19.7	15.6
		60 min	25	0.52	3.5	65.1	57.0	46.2	38.0	29.7
		6 h	34	0.55	3.5	103.3	90.7	74.0	61.2	48.2
		24 h	49	0.47	3.5	124.3	110.3	91.4	76.9	61.9
		3 d	63	0.47	3.5	163.3	145.1	120.7	101.9	82.5
13	前麻地沟村	10 min	11.9	0.55	3.5	33.4	29.2	23.7	19.5	15.3
		60 min	25	0.54	3.5	63.5	55.6	45.1	37.1	29.1
		6 h	34.1	0.53	3.5	100.5	88.4	72.2	59.9	47.4
		24 h	49	0.48	3.5	124.0	109.9	91.0	76.5	61.7
		3 d	63	0.46	3.5	159.5	142.1	118.7	100.6	81.8
14	后麻地沟村	10 min	11.9	0.55	3.5	33.5	29.4	23.8	19.6	15.3
		60 min	25	0.54	3.5	63.7	55.8	45.2	37.2	29.1
		6 h	34.1	0.53	3.5	100.6	88.5	72.4	60.0	47.5
		24 h	49	0.48	3.5	124.0	110.0	91.1	76.6	61.7
		3 d	63	0.46	3.5	159.6	142.2	118.8	100.6	81.9
15	观家峪村	10 min	11.8	0.55	3.5	30.2	26.5	21.5	17.8	14.0
		60 min	25	0.52	3.5	57.3	50.2	40.7	33.5	26.3
		6 h	32	0.55	3.5	92.6	81.5	66.7	55.4	43.9
		24 h	49	0.47	3.5	118.5	105.3	87.5	73.7	59.6
		3 d	62.5	0.46	3.5	155.2	138.4	115.8	98.3	80.2
16	港道村	10 min	11.8	0.55	3.5	30.0	26.3	21.4	17.7	13.9
		60 min	25	0.52	3.5	57.0	49.9	40.5	33.4	26.1
		6 h	32	0.55	3.5	92.3	81.2	66.4	55.2	43.7
		24 h	49	0.47	3.5	118.2	105.1	87.3	73.6	59.5
		3 d	62.5	0.46	3.5	154.9	138.1	115.6	98.1	80.1
17	水峪村(南沙河支)	10 min	12.2	0.55	3.5	34.5	30.2	24.5	20.2	15.8
		60 min	25	0.53	3.5	63.7	55.8	45.4	37.4	29.4
		6 h	35	0.52	3.5	101.5	89.4	73.4	61.1	48.6
		24 h	52	0.47	3.5	130.0	115.5	96.0	80.9	65.5
		3 d	64	0.47	3.5	165.1	146.8	122.1	103.1	83.5

续表 3-3-2

序号	计算单元名称	历时	均值(mm)	变差系数	C_s/C_v	重现期雨量值 H_p(mm)				
						100 年($H_{1\%}$)	50 年($H_{2\%}$)	20 年($H_{5\%}$)	10 年($H_{10\%}$)	5 年($H_{20\%}$)
17	水峪村(南沙河)	10 min	12.2	0.55	3.5	30.6	26.8	21.8	18.0	14.1
		60 min	25	0.53	3.5	58.0	50.9	41.5	34.3	27.1
		6 h	35	0.52	3.5	95.3	84.1	69.2	57.8	46.1
		24 h	52	0.47	3.5	125.5	111.6	93.0	78.7	63.9
		3 d	64	0.47	3.5	161.0	143.3	119.5	101.1	82.1
18	松庄村	10 min	11.8	0.53	3.5	28.4	25.0	20.5	17.0	13.5
		60 min	25	0.52	3.5	58.8	51.5	41.9	34.6	27.2
		6 h	35	0.55	3.5	97.2	85.5	70.0	58.1	46.0
		24 h	49	0.47	3.5	119.6	106.3	88.4	74.6	60.4
		3 d	62.5	0.46	3.5	154.5	137.8	115.3	97.9	79.9
19	张家河村	10 min	11.9	0.55	3.5	33.8	29.6	24.0	19.7	15.5
		60 min	25	0.54	3.5	64.0	56.0	45.4	37.4	29.2
		6 h	34	0.53	3.5	100.9	88.7	72.5	60.1	47.6
		24 h	49	0.48	3.5	124.3	110.1	91.3	76.7	61.8
		3 d	62	0.45	3.5	154.7	138.1	115.7	98.4	80.4
20	占道村	10 min	11.5	0.53	3.5	31.7	27.9	22.9	19.0	15.0
		60 min	25	0.52	3.5	63.6	55.6	45.0	37.0	28.9
		6 h	33	0.56	3.5	101.4	89.0	72.4	59.8	47.0
		24 h	48	0.47	3.5	120.9	107.2	88.8	74.7	60.2
		3 d	63.5	0.46	3.5	161.3	143.7	120.0	101.6	82.7
21	沟北村	10 min	11.8	0.53	3.5	33.6	29.6	24.1	20.0	15.8
		60 min	25	0.52	3.5	64.9	56.8	46.1	37.9	29.6
		6 h	33	0.55	3.5	101.6	89.3	72.8	60.2	47.4
		24 h	48	0.47	3.5	121.6	107.9	89.4	75.1	60.6
		3 d	63.5	0.46	3.5	162.1	144.4	120.5	102.0	83.0
22	柳沟村	10 min	11.8	0.53	3.5	32.7	28.7	23.5	19.5	15.4
		60 min	25	0.52	3.5	63.5	55.6	45.1	37.1	29.0
		6 h	33	0.55	3.5	100.3	88.1	71.8	59.4	46.8
		24 h	48	0.47	3.5	120.7	107.2	88.9	74.7	60.2
		3 d	63.5	0.46	3.5	161.4	143.8	120.0	101.7	82.7

续表 3-3-2

序号	计算单元名称	历时	均值(mm)	变差系数	C_s/C_v	重现期雨量值 H_P(mm)				
						100 年($H_{1\%}$)	50 年($H_{2\%}$)	20 年($H_{5\%}$)	10 年($H_{10\%}$)	5 年($H_{20\%}$)
23	捐子沟村	10 min	11.8	0.53	3.5	32.5	28.6	23.4	19.4	15.4
		60 min	25	0.52	3.5	63.3	55.4	44.9	37.0	28.9
		6 h	33	0.55	3.5	100.0	87.9	71.7	59.3	46.8
		24 h	48	0.47	3.5	120.6	107.0	88.8	74.6	60.2
		3 d	63.5	0.46	3.5	161.3	143.6	119.9	101.6	82.7
24	孟家井村	10 min	11.9	0.55	3.5	33.6	29.4	23.9	19.7	15.5
		60 min	25	0.52	3.5	61.9	54.2	43.9	36.1	28.2
		6 h	32	0.55	3.5	97.3	85.7	69.9	57.9	45.7
		24 h	49	0.47	3.5	122.1	108.4	89.8	75.5	60.9
		3 d	63	0.46	3.5	159.7	142.2	118.8	100.6	81.9
25	大窑头村	10 min	12	0.53	3.5	31.1	27.4	22.4	18.6	14.7
		60 min	25	0.52	3.5	60.5	53.1	43.2	35.6	28.0
		6 h	34	0.54	3.5	98.1	86.4	70.7	58.7	46.5
		24 h	50	0.47	3.5	123.5	109.7	91.2	76.8	62.1
		3 d	64	0.47	3.5	163.4	145.3	121.0	102.3	82.9
26	小窑头村	10 min	11.9	0.55	3.5	31.6	27.8	22.6	18.6	14.6
		60 min	25	0.52	3.5	59.2	51.8	42.0	34.6	27.1
		6 h	32	0.55	3.5	94.5	83.1	67.9	56.4	44.6
		24 h	49	0.47	3.5	120.1	106.6	88.5	74.5	60.1
		3 d	63	0.46	3.5	157.8	140.7	117.6	99.7	81.3
27	响水湾社区	10 min	11.9	0.55	3.5	31.1	27.3	22.2	18.3	14.4
		60 min	25	0.52	3.5	58.4	51.2	41.5	34.1	26.7
		6 h	32	0.55	3.5	93.6	82.4	67.4	55.9	44.2
		24 h	49	0.47	3.5	119.4	106.1	88.1	74.2	59.9
		3 d	63	0.46	3.5	157.2	140.2	117.2	99.4	81.1
28	长江村	10 min	12.5	0.53	3.5	35.0	30.7	25.1	20.8	16.4
		60 min	25	0.52	3.5	64.7	56.8	46.3	38.2	30.0
		6 h	35	0.53	3.5	103.0	90.8	74.4	61.8	49.0
		24 h	52	0.47	3.5	131.6	116.8	96.9	81.6	65.9
		3 d	65	0.47	3.5	168.4	149.6	124.5	105.1	85.1

续表 3-3-2

序号	计算单元名称	历时	均值(mm)	变差系数	C_s/C_v	重现期雨量值 H_p(mm)				
						100 年($H_{1\%}$)	50 年($H_{2\%}$)	20 年($H_{5\%}$)	10 年($H_{10\%}$)	5 年($H_{20\%}$)
29	枣沟村	10 min	12.5	0.55	3.5	33.9	29.7	24.1	19.9	15.6
		60 min	25	0.54	3.5	62.1	54.3	44.1	36.3	28.4
		6 h	34	0.53	3.5	98.4	86.7	70.9	58.9	46.7
		24 h	51.2	0.47	3.5	126.1	112.1	93.2	78.7	63.7
		3 d	65	0.47	3.5	166.3	147.9	123.1	104.0	84.3
30	窑头村(窑头沟)	10 min	11.9	0.55	3.5	37.1	32.1	25.6	20.7	15.9
		60 min	25	0.54	3.5	77.3	67.4	54.2	44.3	34.4
		6 h	33	0.53	3.5	138.9	121.6	98.5	81.1	63.5
		24 h	49.5	0.46	3.5	194.9	170.9	138.8	114.5	90.0
		3 d	64.1	0.46	3.5	234.8	206.2	168.1	139.1	109.7
31	柏杨树村	10 min	12.5	0.53	3.5	34.4	30.3	24.7	20.5	16.2
		60 min	25	0.52	3.5	64.0	56.1	45.7	37.8	29.7
		6 h	35	0.53	3.5	102.3	90.1	73.8	61.4	48.7
		24 h	52	0.47	3.5	131.1	116.4	96.5	81.4	65.7
		3 d	66	0.47	3.5	170.5	151.6	126.1	106.4	86.2
32	东关口村(凌井河)	10 min	10.9	0.54	3.5	22.2	19.4	15.8	13.0	10.2
		60 min	23.1	0.54	3.5	46.4	41.0	33.8	28.2	22.6
		6 h	40.2	0.47	3.5	87.3	77.6	64.7	54.6	44.3
		24 h	57.9	0.49	3.5	131.1	117.0	98.2	83.6	68.3
		3 d	74.8	0.49	3.5	179.7	159.8	133.5	113.1	91.9
	东关口村(东关口沟)	10 min	12.2	0.55	3.5	33.5	29.3	23.7	19.5	15.3
		60 min	23.2	0.54	3.5	60.7	53.2	43.3	35.8	28.2
		6 h	36	0.51	3.5	98.7	87.1	71.5	59.6	47.5
		24 h	52	0.48	3.5	132.9	118.0	98.0	82.5	66.6
		3 d	69	0.48	3.5	180.2	159.9	132.6	111.6	90.1
33	西关口村	10 min	10.9	0.54	3.5	22.2	19.4	15.8	13.0	10.2
		60 min	23.1	0.54	3.5	46.4	41.0	33.8	28.2	22.5
		6 h	40.2	0.47	3.5	87.2	77.5	64.6	54.6	44.2
		24 h	57.9	0.49	3.5	131.0	116.9	98.1	83.5	68.3
		3 d	74.8	0.49	3.5	179.5	159.6	133.4	113.0	91.9

续表 3-3-2

序号	计算单元名称	历时	均值(mm)	变差系数	C_s/C_v	重现期雨量值 H_P(mm)				
						100 年($H_{1\%}$)	50 年($H_{2\%}$)	20 年($H_{5\%}$)	10 年($H_{10\%}$)	5 年($H_{20\%}$)
34	镇城村	10 min	10.9	0.54	3.5	22.0	19.3	15.7	13.0	10.2
		60 min	23.1	0.54	3.5	46.2	40.9	33.7	28.1	22.5
		6 h	40.2	0.47	3.5	87.0	77.4	64.5	54.5	44.2
		24 h	57.9	0.49	3.5	130.9	116.8	98.0	83.4	68.2
		3 d	74.8	0.49	3.5	179.4	159.5	133.3	112.9	91.8
35	岗北村	10 min	13	0.55	3.5	36.1	31.6	25.6	21.1	16.5
		60 min	25.5	0.53	3.5	64.4	56.5	46.0	37.9	29.8
		6 h	35	0.52	3.5	100.0	88.2	72.3	60.2	47.9
		24 h	50	0.48	3.5	126.8	112.5	93.2	78.4	63.2
		3 d	68	0.48	3.5	177.8	157.7	130.8	110.1	88.8
36	东高庄村	10 min	13	0.55	3.5	36.6	32.0	25.9	21.3	16.7
		60 min	25.5	0.53	3.5	64.0	56.1	45.7	37.7	29.6
		6 h	34	0.52	3.5	98.6	86.9	71.3	59.3	47.2
		24 h	49.5	0.48	3.5	125.2	111.0	92.0	77.3	62.3
		3 d	68	0.47	3.5	175.1	155.7	129.6	109.4	88.6
37	赵家山村	10 min	13	0.55	3.5	37.4	32.7	26.5	21.8	17.1
		60 min	25.5	0.53	3.5	65.2	57.1	46.5	38.4	30.2
		6 h	34	0.52	3.5	99.8	87.9	72.1	60.0	47.7
		24 h	49.5	0.48	3.5	126.0	111.7	92.5	77.7	62.6
		3 d	68	0.47	3.5	175.9	156.3	130.0	109.8	88.9
38	东焉村	10 min	13	0.55	3.5	36.5	32.0	25.9	21.3	16.7
		60 min	25.5	0.53	3.5	64.0	56.1	45.6	37.7	29.6
		6 h	34	0.52	3.5	98.6	86.9	71.3	59.3	47.2
		24 h	49.5	0.48	3.5	125.2	111.0	92.0	77.3	62.3
		3 d	68	0.47	3.5	175.1	155.7	129.6	109.4	88.6
39	中焉村	10 min	13	0.55	3.5	38.0	38.0	27.0	22.2	17.3
		60 min	25.5	0.53	3.5	66.0	66.0	47.1	38.8	30.5
		6 h	34	0.52	3.5	100.7	100.7	72.7	60.4	48.0
		24 h	49.5	0.48	3.5	126.5	126.5	92.8	78.0	62.8
		3 d	68	0.47	3.5	176.3	176.3	130.4	110.0	89.1

续表 3-3-2

序号	计算单元名称	历时	均值(mm)	变差系数	C_s/C_v	重现期雨量值 H_P(mm)				
						100 年($H_{1\%}$)	50 年($H_{2\%}$)	20 年($H_{5\%}$)	10 年($H_{10\%}$)	5 年($H_{20\%}$)
40	棋子山村	10 min	13	0.55	3.5	37.4	32.7	26.5	21.8	17.1
		60 min	24.5	0.54	3.5	65.9	57.6	46.7	38.4	30.0
		6 h	34	0.53	3.5	99.5	87.5	71.6	59.4	47.0
		24 h	48	0.47	3.5	121.8	108.1	89.8	75.7	61.2
		3 d	68	0.47	3.5	176.1	156.5	130.2	109.9	89.0
41	北山头村	10 min	13	0.55	3.5	35.7	31.2	25.3	20.9	16.3
		60 min	24.5	0.54	3.5	63.4	55.5	45.0	37.0	29.0
		6 h	34	0.53	3.5	97.0	85.4	69.9	58.1	46.1
		24 h	48	0.47	3.5	120.2	106.8	88.8	74.9	60.6
		3 d	68	0.47	3.5	174.6	155.2	129.2	109.1	88.5
42	河底村	10 min	12.4	0.55	3.5	20.7	18.2	14.8	12.3	9.7
		60 min	26.2	0.52	3.5	44.3	39.0	32.0	26.6	21.1
		6 h	37.1	0.51	3.5	80.0	71.0	59.1	49.8	40.3
		24 h	54.8	0.46	3.5	110.6	99.2	84.2	72.3	59.9
		3 d	72.1	0.44	3.5	151.3	136.0	116.2	100.4	83.8
43	新兴村	10 min	12.4	0.55	3.5	20.7	18.2	14.8	12.3	9.7
		60 min	26.2	0.52	3.5	44.3	39.0	32.0	26.6	21.1
		6 h	37.1	0.51	3.5	80.0	71.0	59.1	49.8	40.3
		24 h	54.8	0.46	3.5	110.6	99.2	84.2	72.3	59.9
		3 d	72.1	0.44	3.5	151.3	136.0	116.2	100.4	83.8
44	司徒洼村	10 min	13	0.55	3.5	38.0	33.2	26.9	22.2	17.3
		60 min	25	0.54	3.5	66.9	58.5	47.4	38.9	30.4
		6 h	34	0.53	3.5	101.2	89.0	72.8	60.3	47.7
		24 h	49	0.47	3.5	124.0	110.1	91.4	77.0	62.3
		3 d	66	0.47	3.5	171.2	152.2	126.6	106.8	86.5
45	岗底村	10 min	13	0.55	3.5	37.0	32.4	26.3	21.6	16.9
		60 min	24.2	0.53	3.5	62.9	55.1	44.8	37.0	29.0
		6 h	33.5	0.52	3.5	96.5	85.1	69.8	58.1	46.2
		24 h	49.5	0.47	3.5	124.7	110.7	92.0	77.6	62.7
		3 d	67	0.47	3.5	173.1	153.9	128.0	108.1	87.5

续表 3-3-2

序号	计算单元名称	历时	均值（mm）	变差系数	C_s/C_v	重现期雨量值 H_P(mm)				
						100 年（$H_{1\%}$）	50 年（$H_{2\%}$）	20 年（$H_{5\%}$）	10 年（$H_{10\%}$）	5 年（$H_{20\%}$）
46	欢嘴村	10 min	13	0.55	3.5	37.8	33.1	26.8	22.0	17.2
		60 min	25	0.54	3.5	66.6	58.3	47.2	38.8	30.3
		6 h	34	0.53	3.5	100.9	88.7	72.5	60.2	47.6
		24 h	49	0.47	3.5	123.8	110.0	91.3	77.0	62.2
		3 d	66	0.47	3.5	171.1	152.0	126.5	106.7	86.4
47	风格梁村	10 min	13	0.55	3.5	37.8	33.1	26.8	22.1	17.3
		60 min	25	0.54	3.5	66.7	58.3	47.3	38.8	30.3
		6 h	34	0.53	3.5	101.0	88.8	72.6	60.2	47.7
		24 h	49	0.47	3.5	123.9	110.0	91.4	77.0	62.2
		3 d	66	0.47	3.5	171.1	152.1	126.5	106.8	86.4
48	峰西村	10 min	13	0.55	3.5	37.6	32.9	26.7	21.9	17.2
		60 min	25	0.54	3.5	66.2	57.9	46.9	38.5	30.1
		6 h	34	0.53	3.5	100.7	88.6	72.5	60.1	47.6
		24 h	49.5	0.47	3.5	124.8	110.8	92.1	77.6	62.7
		3 d	66	0.47	3.5	170.9	151.9	126.4	106.7	86.4
49	蝎子寨村	10 min	13	0.55	3.5	33.2	29.1	23.7	19.5	15.3
		60 min	25	0.54	3.5	60.0	52.6	42.7	35.2	27.6
		6 h	34	0.53	3.5	94.7	83.4	68.4	56.9	45.3
		24 h	50	0.47	3.5	121.6	108.2	90.1	76.1	61.7
		3 d	66	0.47	3.5	166.8	148.4	123.7	104.6	84.9
50	晋庄村	10 min	12	0.55	3.5	30.3	26.6	21.6	17.8	14.0
		60 min	25	0.55	3.5	60.2	52.6	42.5	34.8	27.1
		6 h	33	0.55	3.5	94.1	82.8	67.6	55.9	44.1
		24 h	46	0.46	3.5	109.6	97.7	81.6	69.1	56.3
		3 d	65	0.46	3.5	161.0	143.6	120.2	102.0	83.2
51	西岗村	10 min	13	0.55	3.5	38.2	33.4	27.1	22.3	17.4
		60 min	25	0.54	3.5	66.9	58.5	47.4	38.9	30.4
		6 h	34	0.53	3.5	101.8	89.5	73.1	60.7	48.0
		24 h	50	0.47	3.5	126.5	112.3	93.3	78.6	63.5
		3 d	66	0.47	3.5	171.3	152.3	126.6	106.9	86.5

续表 3-3-2

序号	计算单元名称	历时	均值(mm)	变差系数	C_s/C_v	重现期雨量值 H_p(mm)				
						100年($H_{1\%}$)	50年($H_{2\%}$)	20年($H_{5\%}$)	10年($H_{10\%}$)	5年($H_{20\%}$)
52	寨上村	10 min	13	0.55	3.5	36.5	31.9	25.9	21.3	16.7
		60 min	25	0.54	3.5	64.2	56.2	45.6	37.4	29.3
		6 h	34	0.53	3.5	99.6	87.6	71.7	59.5	47.2
		24 h	51	0.47	3.5	127.3	113.1	93.9	79.2	64.1
		3 d	66	0.47	3.5	170.0	151.1	125.8	106.2	86.0
53	黄花园村	10 min	13	0.55	3.5	36.1	31.6	25.6	21.1	16.5
		60 min	25	0.54	3.5	63.7	55.7	45.2	37.2	29.1
		6 h	34	0.53	3.5	99.1	87.2	71.4	59.3	47.0
		24 h	51	0.47	3.5	126.9	112.8	93.7	79.0	63.9
		3 d	66	0.47	3.5	169.7	150.9	125.6	106.0	85.9
54	土堂村	10 min	12.5	0.55	3.5	34.6	30.3	24.5	20.2	15.8
		60 min	23	0.54	3.5	61.7	54.1	44.0	36.3	28.6
		6 h	37	0.51	3.5	101.1	89.1	73.2	61.0	48.5
		24 h	54	0.48	3.5	139.3	123.6	102.5	86.3	69.7
		3 d	69	0.48	3.5	180.7	160.3	132.9	111.9	90.2
55	大留村	10 min	12.7	0.55	3.5	35.5	31.1	25.2	20.7	16.2
		60 min	23.5	0.54	3.5	62.8	55.1	44.8	37.0	29.1
		6 h	37	0.51	3.5	102.3	90.2	74.0	61.7	49.1
		24 h	54.5	0.48	3.5	140.4	124.5	103.3	87.0	70.1
		3 d	69	0.48	3.5	180.9	160.5	133.1	112.0	90.3
56	呼延村	10 min	13	0.55	3.5	35.1	30.7	24.9	20.5	16.0
		60 min	23.5	0.54	3.5	61.8	54.2	44.0	36.3	28.5
		6 h	37	0.52	3.5	101.3	89.3	73.2	60.9	48.4
		24 h	55	0.48	3.5	140.9	125.0	103.7	87.3	70.4
		3 d	69	0.48	3.5	179.8	159.6	132.4	111.4	89.9
57	西张村	10 min	13	0.55	3.5	34.5	30.2	24.5	20.1	15.8
		60 min	24	0.54	3.5	61.5	53.9	43.9	36.2	28.4
		6 h	37	0.52	3.5	101.0	89.0	73.0	60.8	48.3
		24 h	55	0.48	3.5	139.5	123.8	102.7	86.6	69.8
		3 d	69	0.48	3.5	179.0	158.9	131.9	111.1	89.7

续表 3-3-2

序号	计算单元名称	历时	均值(mm)	变差系数	C_s/C_v	重现期雨量值 H_P(mm)				
						100 年($H_{1\%}$)	50 年($H_{2\%}$)	20 年($H_{5\%}$)	10 年($H_{10\%}$)	5 年($H_{20\%}$)
58	营村	10 min	13	0.55	3.5	35.5	31.0	25.2	20.7	16.2
		60 min	25	0.54	3.5	63.8	55.9	45.5	37.5	29.4
		6 h	37	0.52	3.5	104.5	92.1	75.5	62.8	49.9
		24 h	56.5	0.48	3.5	142.9	126.7	105.1	88.5	71.4
		3 d	69	0.48	3.5	179.9	159.6	132.4	111.5	89.9
59	三给村	10 min	13	0.55	3.5	36.3	31.7	25.7	21.2	16.6
		60 min	25	0.54	3.5	64.8	56.8	46.1	38.0	29.9
		6 h	37	0.52	3.5	105.9	93.3	76.4	63.5	50.4
		24 h	57	0.48	3.5	144.9	128.6	106.6	89.7	72.3
		3 d	69	0.48	3.5	180.6	160.2	132.9	111.8	90.2
60	寺头村	10 min	13	0.55	3.5	35.9	31.4	25.5	21.0	16.4
		60 min	25	0.54	3.5	64.8	56.8	46.2	38.1	29.9
		6 h	37	0.52	3.5	104.7	92.3	75.7	63.0	50.0
		24 h	55	0.48	3.5	140.0	124.2	102.9	86.6	69.8
		3 d	69	0.48	3.5	180.4	160.0	132.7	111.7	90.1
61	下槐村	10 min	13	0.55	3.5	36.9	32.3	26.2	21.5	16.8
		60 min	25	0.54	3.5	66.1	57.9	47.1	38.8	30.5
		6 h	37	0.52	3.5	106.1	93.5	76.6	63.7	50.6
		24 h	55	0.48	3.5	141.1	125.1	103.6	87.2	70.2
		3 d	69	0.48	3.5	181.2	160.7	133.3	112.1	90.4
62	柏崖头村	10 min	13	0.55	3.5	36.9	32.3	26.2	21.5	16.8
		60 min	25	0.54	3.5	66.1	57.9	47.1	38.8	30.5
		6 h	37	0.52	3.5	106.1	93.5	76.6	63.7	50.6
		24 h	55	0.48	3.5	141.1	125.1	103.6	87.2	70.2
		3 d	69	0.48	3.5	181.2	160.7	133.3	112.1	90.4
63	下水峪村	10 min	13	0.55	3.5	38.0	32.3	26.2	21.5	16.8
		60 min	23.8	0.54	3.5	65.5	57.9	47.1	38.8	30.5
		6 h	37.5	0.51	3.5	106.7	93.5	76.6	63.7	50.6
		24 h	57.5	0.48	3.5	149.3	125.1	103.6	87.2	70.2
		3 d	71	0.48	3.5	187.5	160.7	133.3	112.1	90.4

续表 3-3-2

序号	计算单元名称	历时	均值(mm)	变差系数	C_s/C_v	重现期雨量值 H_p(mm)				
						100 年($H_{1\%}$)	50 年($H_{2\%}$)	20 年($H_{5\%}$)	10 年($H_{10\%}$)	5 年($H_{20\%}$)
64	小石河村	10 min	12.5	0.52	3.5	32.4	28.5	23.4	19.4	15.4
		60 min	24	0.54	3.5	62.1	54.4	44.3	36.6	28.8
		6 h	38	0.52	3.5	106.0	93.4	76.4	63.5	50.4
		24 h	58	0.48	3.5	147.5	130.9	108.6	91.5	73.9
		3 d	72.5	0.48	3.5	189.0	167.7	139.1	117.1	94.5
65	圪僚沟村	10 min	12.5	0.54	3.5	33.5	29.4	24.0	19.8	15.6
		60 min	24	0.52	3.5	61.1	53.7	43.8	36.2	28.6
		6 h	37.5	0.52	3.5	104.2	91.9	75.5	62.9	50.1
		24 h	58.8	0.48	3.5	150.3	133.2	110.4	92.8	74.8
		3 d	73.6	0.48	3.5	192.1	170.4	141.4	119.0	96.0
66	北石槽村	10 min	13	0.55	3.5	37.8	33.0	26.8	22.0	17.2
		60 min	23	0.54	3.5	65.5	57.3	46.6	38.5	30.2
		6 h	38	0.51	3.5	105.1	92.6	76.0	63.2	50.2
		24 h	54.5	0.48	3.5	143.5	127.2	105.5	88.7	71.5
		3 d	69	0.48	3.5	182.3	161.6	134.0	112.7	90.8
67	南石槽村	10 min	13	0.55	3.5	37.7	32.9	26.7	21.9	17.1
		60 min	23	0.54	3.5	65.3	57.2	46.5	38.4	30.1
		6 h	38	0.51	3.5	104.9	92.4	75.8	63.1	50.1
		24 h	54.5	0.48	3.5	143.3	127.2	105.4	88.7	71.5
		3 d	69	0.48	3.5	182.2	161.6	133.9	112.6	90.8
68	甘草峁村	10 min	13	0.55	3.5	37.7	33.0	26.7	21.9	17.1
		60 min	23.5	0.54	3.5	64.9	56.9	46.2	38.1	30.0
		6 h	37.5	0.51	3.5	105.7	93.1	76.4	63.6	50.5
		24 h	57	0.48	3.5	148.2	131.5	109.0	91.7	73.9
		3 d	70	0.48	3.5	184.7	163.8	135.8	114.2	92.0
69	马角村	10 min	13	0.55	3.5	37.6	32.9	26.6	21.8	17.1
		60 min	23.2	0.54	3.5	64.3	56.4	45.9	37.8	29.8
		6 h	38	0.51	3.5	106.4	93.7	76.8	63.9	50.8
		24 h	58	0.49	3.5	153.6	136.0	112.3	94.2	75.6
		3 d	73	0.48	3.5	192.5	170.8	141.5	119.0	95.9

续表 3-3-2

序号	计算单元名称	历时	均值(mm)	变差系数	C_s/C_v	重现期雨量值 H_P(mm)				
						100 年($H_{1\%}$)	50 年($H_{2\%}$)	20 年($H_{5\%}$)	10 年($H_{10\%}$)	5 年($H_{20\%}$)
70	银角村	10 min	13	0.55	3.5	33.7	29.5	23.9	19.7	15.4
		60 min	23.2	0.54	3.5	59.0	51.8	42.2	34.9	27.5
		6 h	38	0.51	3.5	100.5	88.7	72.8	60.7	48.4
		24 h	58	0.49	3.5	149.1	132.1	109.4	91.9	74.0
		3 d	73	0.48	3.5	188.6	167.4	139.0	117.1	94.6
71	梁背后村	10 min	13	0.55	3.5	36.8	32.2	26.1	21.4	16.8
		60 min	23	0.54	3.5	63.5	55.7	45.3	37.3	29.3
		6 h	38	0.51	3.5	104.4	92.0	75.5	62.9	50.0
		24 h	57	0.48	3.5	148.5	131.7	109.2	91.9	74.1
		3 d	72	0.48	3.5	189.4	168.0	139.3	117.1	94.4
72	珍珠峁村	10 min	13	0.55	3.5	37.5	32.8	26.5	21.8	17.0
		60 min	23	0.54	3.5	66.5	58.3	47.4	39.1	30.7
		6 h	38	0.51	3.5	102.9	90.6	74.3	61.8	49.1
		24 h	49	0.48	3.5	129.9	115.2	95.5	80.3	64.7
		3 d	70	0.48	3.5	184.9	163.9	135.9	114.3	92.1
73	马吉掌村	10 min	13	0.55	3.5	37.5	32.8	26.5	21.8	17.0
		60 min	23	0.54	3.5	66.4	58.2	47.3	39.0	30.6
		6 h	38	0.51	3.5	103.0	90.8	74.4	61.9	49.2
		24 h	49.5	0.48	3.5	131.1	116.2	96.4	81.1	65.3
		3 d	70	0.48	3.5	184.8	163.9	135.9	114.2	92.1
74	大岩村	10 min	13	0.56	3.5	37.1	32.4	26.2	21.5	16.7
		60 min	25	0.55	3.5	67.6	59.1	47.8	39.3	30.7
		6 h	39	0.53	3.5	112.6	98.9	80.8	66.9	52.9
		24 h	60	0.49	3.5	156.5	138.6	114.5	95.9	77.0
		3 d	75	0.48	3.5	196.8	174.6	144.7	121.8	98.2
75	风声河村	10 min	13	0.55	3.5	35.2	30.8	25.0	20.5	16.1
		60 min	25	0.55	3.5	65.3	57.2	46.5	38.3	30.0
		6 h	40	0.52	3.5	111.6	98.2	80.4	66.7	52.9
		24 h	61.6	0.49	3.5	158.9	140.8	116.4	97.8	78.6
		3 d	77.5	0.49	3.5	205.2	181.7	150.2	126.0	101.3

续表 3-3-2

序号	计算单元名称	历时	均值(mm)	变差系数	C_s/C_v	重现期雨量值 H_P(mm)				
						100 年($H_{1\%}$)	50 年($H_{2\%}$)	20 年($H_{5\%}$)	10 年($H_{10\%}$)	5 年($H_{20\%}$)
76	西铭村	10 min	12.6	0.57	3.5	32.5	28.3	22.8	18.7	14.5
		60 min	26.9	0.56	3.5	65.7	57.5	46.6	38.3	29.9
		6 h	42.5	0.55	3.5	120.4	105.5	85.6	70.6	55.3
		24 h	65	0.55	3.5	178.5	156.5	127.1	104.7	82.2
		3 d	85	0.52	3.5	231.8	204.2	167.4	139.2	110.6
77	小西铭村	10 min	12.6	0.57	3.5	33.4	29.2	23.5	19.2	14.9
		60 min	26.9	0.56	3.5	67.3	58.8	47.6	39.1	30.5
		6 h	42.5	0.55	3.5	122.3	107.1	86.9	71.6	56.1
		24 h	65	0.55	3.5	180.3	158.0	128.2	105.6	82.7
		3 d	85	0.52	3.5	233.4	205.6	168.4	140.0	111.1
78	小虎峪村	10 min	13	0.56	3.5	32.3	28.3	22.9	18.8	14.7
		60 min	26	0.56	3.5	66.3	57.9	46.8	38.3	29.9
		6 h	44	0.55	3.5	118.7	104.2	84.8	70.0	55.1
		24 h	65	0.5	3.5	167.8	148.5	122.5	102.7	82.3
		3 d	83	0.5	3.5	218.9	193.6	159.8	133.9	107.3
79	大虎峪村(虎峪河支)	10 min	13	0.56	3.5	36.1	31.6	25.5	20.9	16.3
		60 min	26	0.56	3.5	72.3	63.1	50.9	41.6	32.3
		6 h	44	0.55	3.5	125.9	110.3	89.6	73.8	57.9
		24 h	65	0.5	3.5	173.8	153.5	126.3	105.6	84.3
		3 d	83	0.5	3.5	224.3	198.2	163.2	136.4	109.0
	大虎峪村(虎峪河)	10 min	13	0.56	3.5	31.9	27.9	22.6	18.5	14.5
		60 min	26	0.56	3.5	65.6	57.3	46.3	38.0	29.6
		6 h	44	0.55	3.5	117.8	103.4	84.2	69.6	54.8
		24 h	65	0.5	3.5	167.0	147.8	122.1	102.2	82.0
		3 d	83	0.5	3.5	218.1	192.9	159.3	133.5	107.1
80	桃杏村(高家河)	10 min	12.6	0.54	3.5	33.0	28.9	23.5	19.4	15.3
		60 min	24.6	0.56	3.5	69.5	60.7	49.0	40.2	31.3
		6 h	47.5	0.56	3.5	132.1	115.4	93.2	76.5	59.6
		24 h	70	0.54	3.5	201.0	176.2	143.2	118.2	92.8
		3 d	88.8	0.52	3.5	246.9	217.3	177.8	147.6	117.0

续表 3-3-2

序号	计算单元名称	历时	均值(mm)	变差系数	C_s/C_v	重现期雨量值 H_P(mm)				
						100 年($H_{1\%}$)	50 年($H_{2\%}$)	20 年($H_{5\%}$)	10 年($H_{10\%}$)	5 年($H_{20\%}$)
80	桃杏村（官地沟）	10 min	12.6	0.54	3.5	31.7	27.8	22.7	18.7	14.7
		60 min	24.6	0.56	3.5	67.4	58.9	47.7	39.1	30.5
		6 h	47.5	0.56	3.5	129.4	113.1	91.5	75.1	58.6
		24 h	70	0.54	3.5	198.6	174.3	141.8	117.1	92.1
		3 d	88.8	0.52	3.5	244.9	215.6	176.6	146.7	116.4
81	白家庄村	10 min	12.6	0.54	3.5	31.6	27.7	22.6	18.7	14.7
		60 min	24.6	0.56	3.5	67.2	58.7	47.5	39.0	30.4
		6 h	47.5	0.56	3.5	129.1	112.9	91.4	74.9	58.5
		24 h	70	0.54	3.5	198.4	174.1	141.7	117.0	92.1
		3 d	88.8	0.52	3.5	244.7	215.5	176.5	146.7	116.3
82	神堂沟社区	10 min	12.8	0.61	3.5	40.1	34.8	27.6	22.3	17.0
		60 min	28	0.56	3.5	78.7	68.5	55.0	44.9	34.7
		6 h	44	0.54	3.5	129.4	113.7	92.7	76.7	60.5
		24 h	64	0.48	3.5	165.8	147.0	121.6	102.1	82.2
		3 d	77.5	0.49	3.5	207.4	183.6	151.7	127.1	102.0
83	寨沟村	10 min	13	0.55	3.5	39.2	33.9	27.0	21.8	16.6
		60 min	25	0.54	3.5	77.2	67.2	54.1	44.1	34.1
		6 h	34	0.53	3.5	127.8	112.3	91.6	75.8	59.9
		24 h	51	0.47	3.5	164.8	146.1	121.0	101.6	81.8
		3 d	66	0.47	3.5	206.6	182.9	151.1	126.7	101.7
84	西峪村	10 min	12.3	0.6	3.5	36.8	31.9	25.4	20.6	15.8
		60 min	28	0.56	3.5	75.8	66.0	53.1	43.4	33.6
		6 h	45	0.55	3.5	132.7	116.3	94.6	78.1	61.4
		24 h	68	0.5	3.5	179.9	158.8	130.6	109.0	87.0
		3 d	82	0.5	3.5	221.7	195.9	161.3	134.8	107.8
85	要子庄村	10 min	12.9	0.55	3.5	34.3	30.0	24.4	20.0	15.7
		60 min	25.7	0.56	3.5	73.1	63.8	51.6	42.4	33.0
		6 h	50	0.56	3.5	138.5	120.9	97.6	80.0	62.2
		24 h	70	0.56	3.5	207.9	181.5	146.6	120.2	93.5
		3 d	92	0.56	3.5	272.4	237.9	192.0	157.3	122.4

续表 3-3-2

序号	计算单元名称	历时	均值(mm)	变差系数	C_s/C_v	重现期雨量值 H_p(mm)				
						100 年($H_{1\%}$)	50 年($H_{2\%}$)	20 年($H_{5\%}$)	10 年($H_{10\%}$)	5 年($H_{20\%}$)
86	黄冶村	10 min	13	0.6	3.5	36.0	31.2	24.9	20.2	15.5
		60 min	28	0.57	3.5	78.2	68.2	54.8	44.7	34.6
		6 h	52	0.56	3.5	142.1	124.5	101.0	83.1	65.0
		24 h	71	0.52	3.5	195.3	172.0	140.7	116.9	92.6
		3 d	90	0.52	3.5	248.5	218.8	179.1	148.8	118.0
87	程家峪村	10 min	13	0.6	3.5	37.6	32.6	26.0	21.0	16.1
		60 min	28	0.57	3.5	80.9	70.4	56.6	46.1	35.6
		6 h	52	0.56	3.5	145.3	127.2	103.1	84.7	66.3
		24 h	71	0.52	3.5	197.8	174.0	142.2	118.0	93.4
		3 d	90	0.52	3.5	250.6	220.6	180.5	149.8	118.7
88	田家庄村	10 min	13	0.6	3.5	36.0	31.2	24.9	20.2	15.5
		60 min	28	0.57	3.5	77.4	67.4	54.2	44.2	34.2
		6 h	51	0.56	3.5	140.4	123.0	99.7	82.1	64.3
		24 h	71	0.52	3.5	194.5	171.3	140.1	116.4	92.3
		3 d	90	0.52	3.5	248.3	218.6	179.0	148.7	118.0
89	王家庄村	10 min	13	0.54	3.5	32.9	28.8	23.4	19.4	15.2
		60 min	25.1	0.55	3.5	66.9	58.6	47.6	39.3	30.8
		6 h	47.5	0.55	3.5	129.2	113.0	91.5	75.2	58.8
		24 h	70	0.57	3.5	207.0	180.7	145.6	119.1	92.5
		3 d	92	0.6	3.5	286.7	248.5	198.2	160.3	122.6
90	王家坟村	10 min	13	0.63	3.5	35.3	30.5	24.2	19.4	14.7
		60 min	28	0.57	3.5	70.7	61.6	49.5	40.3	31.2
		6 h	45	0.55	3.5	122.0	107.2	87.4	72.3	57.1
		24 h	65	0.5	3.5	165.9	146.8	121.1	101.4	81.3
		3 d	80	0.51	3.5	213.4	188.4	155.1	129.5	103.4
91	罗城村	10 min	13	0.54	3.5	29.9	26.2	21.3	17.6	13.9
		60 min	25.1	0.55	3.5	62.1	54.5	44.4	36.6	28.8
		6 h	47.5	0.55	3.5	122.8	107.6	87.3	71.9	56.3
		24 h	70	0.57	3.5	200.6	175.2	141.6	116.1	90.5
		3 d	92	0.6	3.5	280.2	243.1	194.3	157.5	120.8

续表 3-3-2

序号	计算单元名称	历时	均值(mm)	变差系数	C_s/C_v	重现期雨量值 H_P(mm)				
						100 年($H_{1\%}$)	50 年($H_{2\%}$)	20 年($H_{5\%}$)	10 年($H_{10\%}$)	5 年($H_{20\%}$)
92	寺底村	10 min	13	0.62	3.5	39.6	34.2	27.1	21.8	16.6
		60 min	29	0.57	3.5	80.5	70.0	56.2	45.7	35.3
		6 h	47	0.55	3.5	136.5	119.7	97.3	80.3	63.1
		24 h	67	0.5	3.5	177.8	157.0	129.2	107.9	86.1
		3 d	85	0.51	3.5	233.2	205.7	168.8	140.6	111.9
93	开化村	10 min	12.5	0.6	3.5	35.4	30.7	24.6	19.9	15.3
		60 min	28.5	0.56	3.5	78.2	68.2	54.8	44.7	34.6
		6 h	50	0.56	3.5	140.4	123.2	100.1	82.5	64.8
		24 h	70	0.5	3.5	186.3	164.5	135.3	113.0	90.2
		3 d	89.8	0.52	3.5	248.8	219.0	179.3	148.9	118.0
94	赤桥村	10 min	12.5	0.55	3.5	33.3	29.1	23.6	19.4	15.2
		60 min	26	0.57	3.5	74.1	64.7	52.2	42.8	33.3
		6 h	50	0.55	3.5	138.2	120.8	97.7	80.1	62.5
		24 h	68	0.54	3.5	194.5	170.7	138.9	114.6	90.2
		3 d	88	0.54	3.5	252.5	221.4	179.9	148.4	116.5
95	吴家峪村	10 min	12.6	0.55	3.5	34.0	29.7	24.1	19.8	15.4
		60 min	26	0.57	3.5	74.8	65.3	52.7	43.2	33.6
		6 h	50	0.55	3.5	138.8	121.4	98.1	80.5	62.7
		24 h	68	0.54	3.5	195.4	171.3	139.3	115.1	90.5
		3 d	88	0.54	3.5	253.1	221.8	180.3	148.6	116.7
96	窑头村	10 min	12.8	0.6	3.5	37.1	32.1	25.6	20.7	15.9
		60 min	27	0.57	3.5	77.3	67.4	54.2	44.3	34.4
		6 h	50	0.55	3.5	138.9	121.6	98.5	81.1	63.5
		24 h	68	0.54	3.5	194.9	170.9	138.8	114.5	90.0
		3 d	83	0.53	3.5	234.8	206.2	168.1	139.1	109.7
97	三泉头村	10 min	13	0.62	3.5	38.6	33.4	26.5	21.3	16.2
		60 min	26.5	0.57	3.5	75.7	65.9	52.9	43.0	33.2
		6 h	47	0.56	3.5	132.0	115.7	93.8	77.2	60.5
		24 h	67	0.52	3.5	186.0	163.7	133.7	110.9	87.7
		3 d	85	0.52	3.5	236.5	208.1	170.3	141.4	112.1

续表 3-3-2

序号	计算单元名称	历时	均值(mm)	变差系数	C_s/C_v	重现期雨量值 H_P(mm)				
						100 年($H_{1\%}$)	50 年($H_{2\%}$)	20 年($H_{5\%}$)	10 年($H_{10\%}$)	5 年($H_{20\%}$)
98	下石村	10 min	12.7	0.55	3.5	31.6	27.7	22.4	18.4	14.4
		60 min	26	0.57	3.5	70.4	61.5	49.7	40.8	31.8
		6 h	50	0.55	3.5	133.0	116.3	94.2	77.4	60.5
		24 h	68	0.54	3.5	190.7	167.5	136.6	112.9	89.0
		3 d	88	0.54	3.5	248.8	218.3	177.7	146.7	115.4
99	牛家口村	10 min	12.8	0.55	3.5	31.5	27.6	22.4	18.4	14.4
		60 min	26	0.57	3.5	70.0	61.1	49.4	40.5	31.6
		6 h	50	0.55	3.5	132.2	115.6	93.6	76.9	60.1
		24 h	68	0.54	3.5	190.3	167.1	136.2	112.7	88.9
		3 d	88	0.54	3.5	248.3	217.8	177.3	146.5	115.2
100	青阳河村	10 min	13	0.62	3.5	40.4	34.9	27.7	22.2	16.9
		60 min	25.5	0.57	3.5	71.6	62.3	50.0	40.7	31.3
		6 h	40	0.56	3.5	119.6	104.8	84.9	69.8	54.6
		24 h	62	0.52	3.5	170.5	149.9	122.4	101.4	80.2
		3 d	77	0.52	3.5	215.5	189.6	155.1	128.7	101.9
101	蚕石村	10 min	13	0.61	3.5	39.4	34.1	27.1	21.9	16.7
		60 min	25.5	0.57	3.5	70.9	61.7	49.5	40.3	31.1
		6 h	40	0.56	3.5	119.3	104.4	84.5	69.5	54.3
		24 h	62	0.52	3.5	169.8	149.3	121.9	101.1	79.9
		3 d	77	0.52	3.5	215.0	189.2	154.8	128.5	101.8
102	圪垯村	10 min	12.5	0.55	3.5	32.8	28.7	23.2	19.1	14.9
		60 min	25.2	0.57	3.5	69.1	60.4	48.9	40.1	31.3
		6 h	47	0.54	3.5	129.2	113.1	91.6	75.3	58.9
		24 h	67	0.55	3.5	191.7	168.0	136.5	112.4	88.2
		3 d	87	0.54	3.5	248.4	217.8	177.1	146.2	114.8
103	槐树底村	10 min	12.5	0.55	3.5	32.4	28.4	23.0	18.9	14.8
		60 min	25.2	0.57	3.5	68.5	59.9	48.5	39.8	31.1
		6 h	47	0.54	3.5	128.5	112.5	91.1	74.9	58.6
		24 h	67	0.55	3.5	191.0	167.5	136.1	112.1	88.0
		3 d	87	0.54	3.5	247.8	217.3	176.8	145.9	114.6

续表 3-3-2

序号	计算单元名称	历时	均值(mm)	变差系数	C_s/C_v	重现期雨量值 H_P(mm)				
						100 年($H_{1\%}$)	50 年($H_{2\%}$)	20 年($H_{5\%}$)	10 年($H_{10\%}$)	5 年($H_{20\%}$)
104	南峪村	10 min	12.5	0.55	3.5	32.1	28.1	22.8	18.7	14.6
		60 min	25.2	0.57	3.5	68.0	59.5	48.2	39.5	30.9
		6 h	47	0.54	3.5	127.9	112.0	90.7	74.6	58.3
		24 h	67	0.55	3.5	190.5	167.1	135.8	111.9	87.8
		3 d	87	0.54	3.5	247.4	216.9	176.5	145.7	114.5
105	黄楼村	10 min	12.5	0.55	3.5	32.5	28.4	23.0	18.9	14.8
		60 min	25.2	0.57	3.5	68.6	60.0	48.5	39.8	31.1
		6 h	47	0.54	3.5	128.6	112.5	91.2	74.9	58.6
		24 h	67	0.55	3.5	191.1	167.6	136.1	112.2	88.0
		3 d	87	0.54	3.5	247.9	217.4	176.8	145.9	114.7
106	洞儿沟村	10 min	12.8	0.55	3.5	33.9	29.7	24.1	19.8	15.5
		60 min	25.2	0.56	3.5	71.9	62.8	50.8	41.7	32.5
		6 h	48	0.55	3.5	130.0	113.7	92.1	75.7	59.1
		24 h	63	0.54	3.5	181.5	159.2	129.4	106.8	83.9
		3 d	83	0.53	3.5	234.5	206.0	168.0	139.0	109.7
107	东峰社区	10 min	11.5	0.53	3.5	31.1	27.4	22.4	18.5	14.7
		60 min	24.5	0.53	3.5	62.3	54.6	44.3	36.5	28.6
		6 h	35.0	0.54	3.5	103.2	90.7	74.0	61.3	48.4
		24 h	51.5	0.48	3.5	131.1	116.2	96.2	80.8	65.0
		3 d	63.0	0.47	3.5	162.2	144.2	120.0	101.3	82.1
108	郝庄社区	10 min	11.8	0.53	3.5	28.3	24.9	20.4	17.0	13.5
		60 min	25.0	0.52	3.5	58.6	51.4	41.8	34.5	27.1
		6 h	35.0	0.55	3.5	97.0	85.4	69.8	58.0	45.9
		24 h	49.0	0.47	3.5	119.4	106.1	88.3	74.5	60.4
		3 d	62.5	0.46	3.5	154.4	137.7	115.2	97.9	79.9
109	枣园社区	10 min	11.8	0.53	3.5	33.9	29.7	24.2	20.0	15.8
		60 min	25	0.52	3.5	70.6	62.1	50.8	42.1	33.3
		6 h	35	0.54	3.5	102.1	89.4	72.6	59.8	46.9
		24 h	52	0.48	3.5	137.7	122.1	101.2	85.1	68.5
		3 d	63	0.47	3.5	164.1	145.8	121.2	102.3	82.8

续表 3-3-2

序号	计算单元名称	历时	均值(mm)	变差系数	C_s/C_v	重现期雨量值 H_P(mm)				
						100 年($H_{1\%}$)	50 年($H_{2\%}$)	20 年($H_{5\%}$)	10 年($H_{10\%}$)	5 年($H_{20\%}$)
110	赵北峰社区	10 min	11.8	0.53	3.5	33.9	29.7	24.2	20.0	15.8
		60 min	25	0.52	3.5	70.6	62.1	50.8	42.1	33.3
		6 h	35	0.55	3.5	103.6	90.6	73.3	60.2	47.0
		24 h	49	0.47	3.5	127.6	113.4	94.3	79.6	64.4
		3 d	62.5	0.46	3.5	160.1	142.5	118.9	100.7	81.9
111	双塔社区	10 min	11.8	0.53	3.5	28.1	24.7	20.3	16.9	13.4
		60 min	25.0	0.52	3.5	58.3	51.1	41.6	34.3	27.0
		6 h	35.0	0.55	3.5	96.7	85.1	69.6	57.8	45.8
		24 h	49.0	0.47	3.5	119.1	105.9	88.1	74.4	60.3
		3 d	62.5	0.46	3.5	154.1	137.5	115.1	97.8	79.8
112	郝家社区	10 min	11.8	0.53	3.5	28.3	24.9	20.4	17.0	13.5
		60 min	25.0	0.52	3.5	58.6	51.4	41.8	34.5	27.1
		6 h	35.0	0.55	3.5	97.0	85.4	69.8	58.0	45.9
		24 h	49.0	0.47	3.5	119.4	106.1	88.3	74.5	60.4
		3 d	62.5	0.46	3.5	154.4	137.7	115.2	97.9	79.9
113	小山沟村	10 min	11.8	0.55	3.5	34.0	29.8	24.2	19.9	15.6
		60 min	25.0	0.52	3.5	62.8	55.0	44.5	36.5	28.5
		6 h	32.0	0.55	3.5	98.4	86.6	70.6	58.4	46.1
		24 h	49.0	0.47	3.5	122.7	108.9	90.2	75.8	61.1
		3 d	62.5	0.46	3.5	159.0	141.6	118.2	100.1	81.4
114	大窑脑村	10 min	11.9	0.55	3.5	34.6	30.3	24.6	20.2	15.8
		60 min	25.0	0.54	3.5	65.3	57.2	46.3	38.1	29.8
		6 h	34.1	0.53	3.5	102.3	90.0	73.4	60.9	48.1
		24 h	49.0	0.48	3.5	125.1	110.9	91.8	77.1	62.0
		3 d	63.0	0.46	3.5	160.5	142.9	119.3	101.0	82.2
115	东祁家山村	10 min	11.5	0.53	3.5	33.0	29.0	23.7	19.6	15.5
		60 min	25.0	0.52	3.5	65.5	57.3	46.3	38.0	29.6
		6 h	33.0	0.56	3.5	103.4	90.7	73.7	60.8	47.7
		24 h	48.0	0.47	3.5	122.0	108.1	89.5	75.2	60.6
		3 d	63.5	0.46	3.5	162.3	144.5	120.6	102.1	83.0

续表 3-3-2

序号	计算单元名称	历时	均值(mm)	变差系数	C_s/C_v	重现期雨量值 H_P(mm)				
						100 年($H_{1\%}$)	50 年($H_{2\%}$)	20 年($H_{5\%}$)	10 年($H_{10\%}$)	5 年($H_{20\%}$)
116	东沟村	10 min	11.9	0.55	3.5	32.8	28.7	23.4	19.3	15.1
		60 min	25.0	0.52	3.5	60.9	53.3	43.1	35.5	27.7
		6 h	32.0	0.55	3.5	96.3	84.6	69.1	57.3	45.3
		24 h	49.0	0.47	3.5	121.3	107.6	89.2	75.1	60.6
		3 d	63.0	0.46	3.5	159.0	141.6	118.3	100.3	81.7
117	杨家村	10 min	13.0	0.55	3.5	35.1	30.7	24.9	20.5	16.1
		60 min	24.0	0.54	3.5	62.4	54.7	44.5	36.7	28.8
		6 h	37.0	0.52	3.5	102.1	89.9	73.7	61.3	48.7
		24 h	55.0	0.48	3.5	140.3	124.5	103.3	86.9	70.1
		3 d	69.0	0.48	3.5	179.7	159.5	132.3	111.4	89.9
118	柴家村	10 min	13.0	0.55	3.5	35.4	31.0	25.2	20.7	16.2
		60 min	24.0	0.54	3.5	62.9	55.1	44.8	36.9	29.0
		6 h	37.0	0.52	3.5	102.6	90.3	74.1	61.6	48.9
		24 h	55.0	0.48	3.5	140.6	124.8	103.5	87.1	70.2
		3 d	69.0	0.48	3.5	180.1	159.8	132.5	111.6	90.0
119	芮城村	10 min	13.0	0.55	3.5	36.1	31.6	25.6	21.0	16.5
		60 min	24.0	0.54	3.5	63.8	55.9	45.4	37.4	29.4
		6 h	37.0	0.52	3.5	103.5	91.2	74.7	62.1	49.3
		24 h	55.0	0.48	3.5	141.3	125.4	104.0	87.4	70.5
		3 d	69.0	0.48	3.5	180.7	160.3	132.9	111.9	90.2
120	摄乐村	10 min	13.0	0.55	3.5	36.0	31.5	25.5	21.0	16.4
		60 min	24.0	0.54	3.5	63.6	55.7	45.3	37.3	29.3
		6 h	37.0	0.52	3.5	103.3	91.0	74.6	62.0	49.2
		24 h	55.0	0.48	3.5	141.2	125.3	103.8	87.4	70.4
		3 d	69.0	0.48	3.5	180.6	160.2	132.8	111.8	90.2
121	郭家窑村	10 min	12.4	0.55	3.5	36.6	32.0	25.9	21.2	16.6
		60 min	26.2	0.52	3.5	73.4	64.6	52.9	44.0	34.9
		6 h	37.1	0.51	3.5	103.4	91.1	74.6	62.0	49.3
		24 h	54.8	0.46	3.5	139.0	123.9	103.6	87.9	71.7
		3 d	72.1	0.44	3.5	177.5	158.8	133.6	114.0	93.7

续表 3-3-2

序号	计算单元名称	历时	均值(mm)	变差系数	C_s/C_v	重现期雨量值 H_P(mm) 100 年($H_{1\%}$)	50 年($H_{2\%}$)	20 年($H_{5\%}$)	10 年($H_{10\%}$)	5 年($H_{20\%}$)
122	马头水村	10 min	13.0	0.55	3.5	37.4	32.7	26.4	21.7	17.0
		60 min	23.2	0.54	3.5	63.9	56.1	45.6	37.7	29.6
		6 h	38.0	0.51	3.5	106.0	93.4	76.6	63.7	50.6
		24 h	58.0	0.49	3.5	153.4	135.8	112.2	94.1	75.6
		3 d	73.0	0.48	3.5	192.4	170.6	141.4	118.9	95.9
123	上水峪村	10 min	13.0	0.55	3.5	37.9	33.1	26.8	22.0	17.2
		60 min	23.8	0.54	3.5	65.3	57.2	46.5	38.4	30.1
		6 h	37.5	0.51	3.5	106.4	93.8	76.9	64.0	50.9
		24 h	57.5	0.48	3.5	149.1	132.3	109.7	92.2	74.4
		3 d	71.0	0.48	3.5	187.4	166.2	137.7	115.8	93.3
124	横岭村	10 min	13.0	0.55	3.5	37.5	32.8	26.6	21.8	17.1
		60 min	23.0	0.54	3.5	65.1	57.0	46.4	38.3	30.0
		6 h	38.0	0.51	3.5	104.7	92.3	75.7	63.0	50.1
		24 h	54.5	0.48	3.5	143.2	127.1	105.3	88.6	71.4
		3 d	69.0	0.48	3.5	182.1	161.5	133.9	112.6	90.7
125	庄头村	10 min	13.0	0.55	3.5	37.7	32.9	26.7	21.9	17.1
		60 min	23.0	0.54	3.5	65.3	57.2	46.5	38.4	30.1
		6 h	38.0	0.51	3.5	104.9	92.4	75.8	63.1	50.1
		24 h	54.5	0.48	3.5	143.3	127.2	105.4	88.7	71.5
		3 d	69.0	0.48	3.5	182.2	161.6	133.9	112.6	90.8
126	西高庄村	10 min	11.6	0.52	3.5	32.6	28.7	23.5	19.5	15.4
		60 min	24	0.54	3.5	69.7	61.1	49.7	41.0	32.2
		6 h	39.3	0.52	3.5	111.7	98.1	80.1	66.3	52.4
		24 h	57.9	0.47	3.5	151.6	134.6	111.8	94.2	76.1
		3 d	73.9	0.48	3.5	194.6	172.6	143.2	120.6	97.3
127	阎家坟村	10 min	13.0	0.57	3.5	39.7	34.6	27.8	22.7	17.5
		60 min	28	0.57	3.5	85.5	74.5	59.8	48.8	37.7
		6 h	45	0.55	3.5	133.3	116.5	94.3	77.4	60.4
		24 h	65	0.5	3.5	177.8	157.0	129.2	107.9	86.2
		3 d	80	0.51	3.5	222.4	196.0	160.8	133.8	106.3

续表 3-3-2

序号	计算单元名称	历时	均值（mm）	变差系数	C_s/C_v	重现期雨量值 H_P(mm)				
						100 年（$H_{1\%}$）	50 年（$H_{2\%}$）	20 年（$H_{5\%}$）	10 年（$H_{10\%}$）	5 年（$H_{20\%}$）
128	上冶峪村	10 min	13.0	0.62	3.5	39.7	34.3	27.2	21.9	16.6
		60 min	28.0	0.57	3.5	78.8	68.5	54.9	44.6	34.3
		6 h	45.0	0.56	3.5	131.6	115.3	93.8	77.2	60.5
		24 h	65.0	0.49	3.5	170.7	151.0	124.4	104.2	83.4
		3 d	80.0	0.49	3.5	212.7	188.3	155.7	130.6	104.8
129	石庄头村	10 min	13.0	0.62	3.5	39.7	34.3	27.2	21.9	16.6
		60 min	28.0	0.57	3.5	78.9	68.6	55.0	44.6	34.3
		6 h	45.0	0.56	3.5	131.7	115.5	93.9	77.3	60.6
		24 h	65.0	0.49	3.5	170.8	151.1	124.5	104.2	83.5
		3 d	80.0	0.49	3.5	212.8	188.4	155.7	130.6	104.9
130	五坡村	10 min	12.8	0.60	3.5	38.5	33.4	26.6	21.5	16.4
		60 min	27.0	0.57	3.5	79.6	69.4	55.8	45.6	35.3
		6 h	50.0	0.55	3.5	141.7	123.9	100.4	82.5	64.5
		24 h	68.0	0.54	3.5	196.9	172.6	140.2	115.5	90.6
		3 d	83.0	0.53	3.5	236.4	207.6	169.2	139.9	110.3
131	明马村	10 min	13.0	0.62	3.5	39.8	34.4	27.3	21.9	16.6
		60 min	26.5	0.57	3.5	77.6	67.4	54.1	44.0	34.0
		6 h	47.0	0.56	3.5	134.2	117.4	95.2	78.4	61.3
		24 h	67.0	0.52	3.5	187.6	164.9	134.7	111.6	88.2
		3 d	85.0	0.52	3.5	237.8	209.3	171.2	142.0	112.5
132	杏坪村	10 min	12.5	0.55	3.5	34.7	30.3	24.5	20.1	15.7
		60 min	25.2	0.57	3.5	72.2	63.1	51.0	41.8	32.6
		6 h	47.0	0.54	3.5	133.0	116.4	94.2	77.3	60.3
		24 h	67.0	0.55	3.5	194.8	170.6	138.4	113.9	89.2
		3 d	87.0	0.54	3.5	251.2	220.1	178.8	147.4	115.7

表 3-3-3　太原市区设计暴雨时程分配

序号	计算单元名称	时段长(h)	时段序号	重现期时段雨量值(mm)					备注
				100 年($H_{1\%}$)	50 年($H_{2\%}$)	20 年($H_{5\%}$)	10 年($H_{10\%}$)	5 年($H_{20\%}$)	
1	西家凹	0.5	1	1.89	1.69	1.42	1.21	0.99	
			2	2.09	1.87	1.56	1.33	1.08	
			3	4.08	3.6	2.96	2.48	1.98	
			4	4.95	4.37	3.58	2.98	2.36	
			5	13.36	11.68	9.44	7.75	6.04	
			6	48.54	42.56	34.59	28.53	22.41	
			7	8.53	7.48	6.07	5.01	3.93	
			8	6.28	5.52	4.5	3.73	2.95	
			9	3.45	3.06	2.53	2.12	1.7	
			10	2.99	2.65	2.2	1.85	1.49	
			11	2.62	2.33	1.94	1.64	1.32	
			12	2.33	2.08	1.73	1.47	1.19	
2	黑驼村	0.5	1	1.87	1.68	1.42	1.22	1.01	
			2	2.05	1.85	1.56	1.34	1.1	
			3	3.91	3.48	2.9	2.46	1.99	
			4	4.73	4.2	3.49	2.94	2.38	
			5	12.63	11.13	9.12	7.58	6.02	
			6	48.48	42.49	34.52	28.45	22.34	
			7	8.07	7.13	5.88	4.91	3.93	
			8	5.96	5.29	4.37	3.67	2.96	
			9	3.33	2.97	2.48	2.11	1.72	
			10	2.89	2.58	2.17	1.84	1.51	
			11	2.55	2.28	1.92	1.64	1.35	
			12	2.28	2.04	1.72	1.47	1.21	
3	南坪头社区	0.5	1	2.06	1.84	1.55	1.32	1.08	
			2	2.27	2.02	1.69	1.44	1.17	
			3	4.32	3.82	3.15	2.63	2.1	
			4	5.22	4.6	3.77	3.14	2.5	
			5	13.66	11.96	9.68	7.96	6.22	
			6	47.46	41.64	33.89	27.99	22.02	
			7	8.83	7.75	6.3	5.21	4.1	
			8	6.56	5.77	4.72	3.91	3.1	
			9	3.68	3.26	2.69	2.26	1.82	
			10	3.2	2.84	2.35	1.98	1.6	
			11	2.82	2.51	2.09	1.76	1.43	
			12	2.52	2.24	1.87	1.58	1.29	

续表 3-3-3

序号	计算单元名称	时段长(h)	时段序号	重现期时段雨量值(mm)					备注
				100 年($H_{1\%}$)	50 年($H_{2\%}$)	20 年($H_{5\%}$)	10 年($H_{10\%}$)	5 年($H_{20\%}$)	
4	岗头	0.5	1	2	1.79	1.5	1.28	1.04	
			2	2.21	1.97	1.65	1.4	1.14	
			3	4.26	3.76	3.09	2.58	2.06	
			4	5.16	4.55	3.72	3.1	2.46	
			5	13.74	12.01	9.71	7.96	6.21	
			6	49.16	43.1	35.03	28.89	22.69	
			7	8.82	7.73	6.27	5.17	4.06	
			8	6.52	5.73	4.67	3.87	3.06	
			9	3.62	3.2	2.64	2.21	1.77	
			10	3.13	2.78	2.3	1.94	1.56	
			11	2.76	2.45	2.04	1.72	1.39	
			12	2.45	2.19	1.82	1.54	1.25	
5	窑子上	0.5	1	2.06	1.84	1.54	1.31	1.07	
			2	2.28	2.03	1.7	1.44	1.17	
			3	4.42	3.9	3.21	2.68	2.14	
			4	5.36	4.72	3.87	3.22	2.55	
			5	14.28	12.48	10.09	8.27	6.45	
			6	49.74	43.59	35.44	29.22	22.95	
			7	9.17	8.03	6.53	5.38	4.22	
			8	6.78	5.95	4.86	4.02	3.17	
			9	3.75	3.32	2.74	2.29	1.84	
			10	3.24	2.88	2.38	2	1.61	
			11	2.85	2.53	2.1	1.77	1.43	
			12	2.53	2.26	1.88	1.59	1.29	
6	郑村社区	0.5	1	2.08	1.86	1.56	1.33	1.08	
			2	2.29	2.04	1.71	1.45	1.18	
			3	4.38	3.87	3.18	2.66	2.12	
			4	5.29	4.66	3.82	3.18	2.52	
			5	13.98	12.22	9.88	8.11	6.32	
			6	49.73	43.59	35.45	29.23	22.97	
			7	9	7.89	6.41	5.28	4.15	
			8	6.67	5.86	4.78	3.96	3.13	
			9	3.72	3.3	2.72	2.28	1.83	
			10	3.23	2.87	2.38	2	1.61	
			11	2.85	2.53	2.1	1.77	1.44	
			12	2.54	2.26	1.89	1.6	1.3	

续表 3-3-3

序号	计算单元名称	时段长(h)	时段序号	重现期时段雨量值(mm)					备注
				100 年($H_{1\%}$)	50 年($H_{2\%}$)	20 年($H_{5\%}$)	10 年($H_{10\%}$)	5 年($H_{20\%}$)	
7	五龙沟村	0.5	1	1.86	1.66	1.4	1.19	0.98	
			2	2.06	1.84	1.54	1.31	1.07	
			3	4.1	3.63	2.99	2.5	2	
			4	5.01	4.42	3.63	3.02	2.41	
			5	13.78	12.05	9.76	8.02	6.27	
			6	50.41	44.13	35.81	29.48	23.1	
			7	8.72	7.65	6.23	5.14	4.05	
			8	6.38	5.61	4.59	3.81	3.02	
			9	3.46	3.06	2.54	2.13	1.71	
			10	2.98	2.64	2.19	1.85	1.49	
			11	2.6	2.31	1.93	1.63	1.32	
			12	2.3	2.05	1.72	1.46	1.19	
8	新沟社区	0.5	1	2.03	1.81	1.51	1.29	1.05	
			2	2.23	1.99	1.66	1.41	1.14	
			3	4.21	3.73	3.07	2.56	2.05	
			4	5.08	4.48	3.68	3.06	2.44	
			5	13.38	11.72	9.5	7.81	6.12	
			6	48.83	42.86	34.89	28.83	22.69	
			7	8.61	7.56	6.16	5.09	4.01	
			8	6.39	5.63	4.6	3.82	3.02	
			9	3.59	3.18	2.63	2.2	1.77	
			10	3.12	2.77	2.3	1.93	1.55	
			11	2.76	2.45	2.04	1.72	1.39	
			12	2.47	2.2	1.83	1.55	1.25	
9	马庄社区	0.5	1	2.03	1.81	1.52	1.29	1.05	
			2	2.23	1.99	1.66	1.41	1.15	
			3	4.21	3.72	3.06	2.56	2.05	
			4	5.07	4.48	3.67	3.06	2.44	
			5	13.3	11.65	9.45	7.78	6.09	
			6	48.29	42.39	34.53	28.52	22.46	
			7	8.57	7.53	6.14	5.07	4	
			8	6.37	5.61	4.59	3.81	3.02	
			9	3.59	3.18	2.63	2.2	1.77	
			10	3.12	2.77	2.3	1.93	1.56	
			11	2.76	2.46	2.04	1.72	1.39	
			12	2.47	2.2	1.83	1.55	1.26	

续表 3-3-3

序号	计算单元名称	时段长(h)	时段序号	重现期时段雨量值(mm) 100年($H_{1\%}$)	50年($H_{2\%}$)	20年($H_{5\%}$)	10年($H_{10\%}$)	5年($H_{20\%}$)	备注
10	店坡社区	0.5	1	2.03	1.81	1.52	1.29	1.05	
			2	2.23	1.99	1.66	1.41	1.15	
			3	4.21	3.72	3.06	2.56	2.05	
			4	5.07	4.47	3.67	3.06	2.44	
			5	13.28	11.63	9.44	7.77	6.08	
			6	48.15	42.25	34.42	28.44	22.4	
			7	8.57	7.52	6.13	5.07	3.99	
			8	6.37	5.61	4.59	3.81	3.02	
			9	3.59	3.18	2.63	2.2	1.77	
			10	3.13	2.77	2.3	1.93	1.56	
			11	2.76	2.46	2.04	1.72	1.39	
			12	2.47	2.2	1.83	1.55	1.26	
11	董家庄(小山沟)	0.5	1	1.74	1.56	1.32	1.13	0.94	
			2	1.92	1.72	1.45	1.24	1.02	
			3	3.69	3.28	2.71	2.28	1.83	
			4	4.48	3.97	3.27	2.73	2.18	
			5	12.23	10.7	8.66	7.12	5.56	
			6	49.07	42.93	34.79	28.59	22.35	
			7	7.74	6.8	5.54	4.58	3.61	
			8	5.68	5.01	4.1	3.41	2.71	
			9	3.13	2.79	2.32	1.95	1.58	
			10	2.71	2.42	2.02	1.71	1.39	
			11	2.39	2.14	1.79	1.52	1.24	
			12	2.13	1.91	1.6	1.36	1.12	
	董家庄(南沙河)	0.5	1	1.74	1.56	1.32	1.13	0.94	
			2	1.92	1.72	1.45	1.24	1.02	
			3	3.7	3.28	2.71	2.27	1.83	
			4	4.49	3.97	3.26	2.73	2.18	
			5	12.25	10.71	8.67	7.12	5.56	
			6	49.21	43.03	34.87	28.65	22.4	
			7	7.75	6.8	5.54	4.58	3.61	
			8	5.69	5.01	4.1	3.41	2.71	
			9	3.14	2.79	2.31	1.95	1.58	
			10	2.72	2.42	2.02	1.71	1.39	
			11	2.39	2.13	1.79	1.52	1.24	
			12	2.13	1.91	1.6	1.36	1.12	

续表 3-3-3

序号	计算单元名称	时段长(h)	时段序号	重现期时段雨量值(mm)					备注
				100 年($H_{1\%}$)	50 年($H_{2\%}$)	20 年($H_{5\%}$)	10 年($H_{10\%}$)	5 年($H_{20\%}$)	
12	小山岩村	0.5	1	1.74	1.56	1.32	1.13	0.93	
			2	1.94	1.74	1.46	1.25	1.03	
			3	4.05	3.58	2.95	2.46	1.97	
			4	5	4.41	3.61	3	2.38	
			5	14.21	12.42	10.03	8.21	6.37	
			6	51.66	45.3	36.83	30.36	23.81	
			7	8.89	7.79	6.33	5.21	4.07	
			8	6.43	5.66	4.62	3.82	3.01	
			9	3.38	3	2.48	2.08	1.67	
			10	2.88	2.56	2.13	1.79	1.45	
			11	2.5	2.23	1.86	1.57	1.28	
			12	2.19	1.96	1.64	1.39	1.14	
13	后麻地沟村	0.5	1	1.75	1.57	1.33	1.14	0.94	
			2	1.94	1.73	1.46	1.25	1.03	
			3	3.83	3.4	2.82	2.37	1.91	
			4	4.67	4.14	3.42	2.86	2.3	
			5	12.96	11.38	9.26	7.64	6.01	
			6	50.7	44.38	35.96	29.56	23.12	
			7	8.16	7.19	5.88	4.88	3.87	
			8	5.96	5.26	4.33	3.61	2.88	
			9	3.23	2.87	2.39	2.02	1.63	
			10	2.79	2.48	2.07	1.75	1.43	
			11	2.44	2.18	1.82	1.55	1.26	
			12	2.16	1.93	1.62	1.38	1.13	
14	前麻地沟村	0.5	1	1.75	1.57	1.33	1.14	0.94	
			2	1.94	1.74	1.46	1.25	1.03	
			3	3.83	3.4	2.82	2.37	1.91	
			4	4.68	4.14	3.42	2.86	2.3	
			5	12.96	11.36	9.24	7.64	6	
			6	50.56	44.23	35.85	29.48	23.05	
			7	8.16	7.18	5.87	4.88	3.87	
			8	5.96	5.26	4.32	3.61	2.88	
			9	3.24	2.87	2.39	2.02	1.63	
			10	2.79	2.48	2.07	1.76	1.43	
			11	2.44	2.18	1.82	1.55	1.27	
			12	2.17	1.94	1.63	1.39	1.14	

续表 3-3-3

序号	计算单元名称	时段长(h)	时段序号	重现期时段雨量值(mm)					备注
				100 年($H_{1\%}$)	50 年($H_{2\%}$)	20 年($H_{5\%}$)	10 年($H_{10\%}$)	5 年($H_{20\%}$)	
15	观家峪村	0.5	1	1.77	1.59	1.34	1.15	0.95	
			2	1.94	1.74	1.47	1.26	1.03	
			3	3.67	3.26	2.7	2.27	1.83	
			4	4.43	3.92	3.23	2.71	2.17	
			5	11.78	10.33	8.38	6.9	5.42	
			6	45.54	39.88	32.36	26.64	20.87	
			7	7.54	6.63	5.41	4.49	3.55	
			8	5.58	4.92	4.04	3.37	2.68	
			9	3.13	2.78	2.31	1.95	1.58	
			10	2.72	2.43	2.03	1.72	1.4	
			11	2.4	2.15	1.8	1.53	1.25	
			12	2.15	1.92	1.62	1.38	1.13	
16	港道村	0.5	1	1.77	1.59	1.34	1.15	0.95	
			2	1.94	1.74	1.47	1.26	1.03	
			3	3.67	3.25	2.7	2.27	1.83	
			4	4.42	3.92	3.23	2.71	2.17	
			5	11.74	10.29	8.35	6.89	5.4	
			6	45.25	39.62	32.16	26.48	20.75	
			7	7.52	6.61	5.4	4.48	3.54	
			8	5.57	4.91	4.04	3.37	2.68	
			9	3.12	2.78	2.31	1.95	1.58	
			10	2.72	2.42	2.02	1.72	1.4	
			11	2.4	2.15	1.8	1.53	1.25	
			12	2.15	1.92	1.62	1.38	1.13	
17	水峪村(南沙河支)	0.5	1	1.9	1.71	1.45	1.24	1.03	
			2	2.09	1.88	1.58	1.36	1.12	
			3	3.92	3.49	2.91	2.46	1.99	
			4	4.73	4.2	3.49	2.94	2.37	
			5	12.6	11.09	9.08	7.53	5.97	
			6	51.09	44.74	36.32	29.9	23.44	
			7	8.04	7.1	5.85	4.88	3.9	
			8	5.95	5.27	4.36	3.66	2.94	
			9	3.34	2.98	2.49	2.11	1.72	
			10	2.91	2.6	2.18	1.86	1.52	
			11	2.58	2.31	1.94	1.65	1.36	
			12	2.31	2.07	1.75	1.49	1.23	

续表 3-3-3

序号	计算单元名称	时段长(h)	时段序号	重现期时段雨量值(mm)					备注
				100 年($H_{1\%}$)	50 年($H_{2\%}$)	20 年($H_{5\%}$)	10 年($H_{10\%}$)	5 年($H_{20\%}$)	
17	水峪村(南沙河)	0.5	1	1.94	1.74	1.48	1.27	1.05	
			2	2.12	1.9	1.61	1.38	1.14	
			3	3.87	3.45	2.88	2.44	1.99	
			4	4.64	4.13	3.43	2.9	2.35	
			5	11.96	10.55	8.65	7.21	5.74	
			6	46.06	40.37	32.85	27.1	21.31	
			7	7.75	6.85	5.66	4.74	3.8	
			8	5.79	5.14	4.26	3.58	2.89	
			9	3.33	2.97	2.49	2.11	1.72	
			10	2.91	2.61	2.19	1.86	1.53	
			11	2.59	2.32	1.95	1.67	1.37	
			12	2.33	2.09	1.76	1.51	1.24	
18	松庄村	0.5	1	1.79	1.61	1.36	1.17	0.97	
			2	1.99	1.79	1.51	1.29	1.06	
			3	4.01	3.55	2.92	2.45	1.96	
			4	4.89	4.32	3.55	2.96	2.35	
			5	13.32	11.65	9.42	7.74	6.03	
			6	45.46	39.88	32.5	26.86	21.15	
			7	8.49	7.45	6.06	5	3.93	
			8	6.23	5.48	4.48	3.72	2.94	
			9	3.37	2.99	2.48	2.09	1.68	
			10	2.9	2.58	2.15	1.81	1.47	
			11	2.53	2.26	1.89	1.6	1.3	
			12	2.23	2	1.68	1.43	1.17	
19	张家河村	0.5	1	1.75	1.57	1.32	1.13	0.94	
			2	1.93	1.73	1.46	1.25	1.03	
			3	3.82	3.39	2.81	2.36	1.91	
			4	4.67	4.13	3.41	2.86	2.29	
			5	12.97	11.38	9.25	7.64	6.01	
			6	51.04	44.63	36.17	29.72	23.24	
			7	8.15	7.18	5.87	4.87	3.86	
			8	5.95	5.25	4.32	3.6	2.87	
			9	3.23	2.87	2.39	2.01	1.63	
			10	2.78	2.48	2.07	1.75	1.42	
			11	2.43	2.17	1.82	1.55	1.26	
			12	2.16	1.93	1.62	1.38	1.13	

续表 3-3-3

序号	计算单元名称	时段长(h)	时段序号	重现期时段雨量值(mm)					备注
				100 年($H_{1\%}$)	50 年($H_{2\%}$)	20 年($H_{5\%}$)	10 年($H_{10\%}$)	5 年($H_{20\%}$)	
20	占道村	0.5	1	1.69	1.51	1.28	1.1	0.91	
			2	1.89	1.69	1.42	1.21	1	
			3	3.93	3.47	2.84	2.37	1.88	
			4	4.85	4.26	3.47	2.88	2.27	
			5	13.76	11.98	9.61	7.82	6.03	
			6	49.8	43.64	35.41	29.16	22.84	
			7	8.62	7.53	6.07	4.97	3.86	
			8	6.24	5.47	4.43	3.65	2.86	
			9	3.28	2.9	2.39	2	1.6	
			10	2.8	2.48	2.06	1.73	1.4	
			11	2.42	2.16	1.8	1.52	1.23	
			12	2.13	1.9	1.59	1.35	1.1	
21	沟北村	0.5	1	1.67	1.5	1.26	1.09	0.9	
			2	1.86	1.67	1.4	1.2	0.99	
			3	3.88	3.43	2.82	2.35	1.88	
			4	4.79	4.22	3.45	2.87	2.27	
			5	13.68	11.95	9.61	7.85	6.08	
			6	50.9	44.62	36.22	29.83	23.38	
			7	8.53	7.48	6.05	4.97	3.88	
			8	6.17	5.42	4.41	3.64	2.87	
			9	3.24	2.87	2.37	1.99	1.6	
			10	2.76	2.46	2.04	1.72	1.39	
			11	2.39	2.13	1.78	1.51	1.22	
			12	2.1	1.88	1.57	1.34	1.09	
22	柳沟村	0.5	1	1.67	1.5	1.27	1.09	0.9	
			2	1.86	1.67	1.41	1.2	0.99	
			3	3.81	3.37	2.77	2.32	1.85	
			4	4.68	4.13	3.38	2.81	2.23	
			5	13.27	11.58	9.31	7.62	5.91	
			6	50.26	44.05	35.78	29.49	23.13	
			7	8.3	7.27	5.87	4.84	3.78	
			8	6.01	5.29	4.3	3.56	2.8	
			9	3.19	2.83	2.34	1.97	1.58	
			10	2.73	2.43	2.02	1.7	1.38	
			11	2.38	2.12	1.77	1.5	1.22	
			12	2.09	1.87	1.57	1.33	1.09	

续表 3-3-3

序号	计算单元名称	时段长(h)	时段序号	重现期时段雨量值(mm)					备注
				100 年($H_{1\%}$)	50 年($H_{2\%}$)	20 年($H_{5\%}$)	10 年($H_{10\%}$)	5 年($H_{20\%}$)	
23	捐子沟村	0.5	1	1.67	1.5	1.27	1.09	0.9	
			2	1.86	1.67	1.41	1.2	0.99	
			3	3.81	3.37	2.77	2.32	1.85	
			4	4.68	4.13	3.38	2.81	2.23	
			5	13.24	11.56	9.31	7.61	5.9	
			6	50.05	43.86	35.64	29.37	23.05	
			7	8.29	7.26	5.88	4.83	3.78	
			8	6.01	5.28	4.3	3.56	2.8	
			9	3.19	2.83	2.34	1.97	1.58	
			10	2.73	2.43	2.02	1.7	1.38	
			11	2.38	2.12	1.77	1.5	1.22	
			12	2.09	1.87	1.57	1.33	1.09	
24	孟家井村	0.5	1	1.73	1.56	1.32	1.13	0.93	
			2	1.91	1.71	1.44	1.23	1.01	
			3	3.67	3.26	2.7	2.26	1.82	
			4	4.46	3.95	3.25	2.71	2.17	
			5	12.17	10.68	8.65	7.1	5.54	
			6	49.75	43.55	35.28	28.98	22.65	
			7	7.69	6.77	5.52	4.56	3.59	
			8	5.65	4.99	4.09	3.4	2.7	
			9	3.12	2.77	2.3	1.94	1.57	
			10	2.7	2.41	2.01	1.7	1.38	
			11	2.38	2.12	1.78	1.51	1.23	
			12	2.12	1.9	1.59	1.36	1.11	
25	大窑头村	0.5	1	1.83	1.64	1.39	1.19	0.98	
			2	2.02	1.81	1.52	1.3	1.07	
			3	3.91	3.46	2.86	2.4	1.93	
			4	4.74	4.19	3.45	2.88	2.3	
			5	12.79	11.2	9.07	7.46	5.84	
			6	47.74	41.89	34.11	28.18	22.19	
			7	8.15	7.16	5.83	4.82	3.8	
			8	6	5.29	4.33	3.6	2.86	
			9	3.32	2.94	2.44	2.06	1.66	
			10	2.87	2.55	2.13	1.8	1.46	
			11	2.52	2.25	1.88	1.6	1.3	
			12	2.25	2.01	1.68	1.43	1.17	

续表 3-3-3

序号	计算单元名称	时段长(h)	时段序号	重现期时段雨量值(mm)					备注
				100 年($H_{1\%}$)	50 年($H_{2\%}$)	20 年($H_{5\%}$)	10 年($H_{10\%}$)	5 年($H_{20\%}$)	
26	小窑头村	0.5	1	1.75	1.58	1.33	1.14	0.94	
			2	1.93	1.73	1.46	1.25	1.03	
			3	3.67	3.25	2.69	2.26	1.82	
			4	4.43	3.92	3.23	2.7	2.16	
			5	11.91	10.43	8.45	6.96	5.45	
			6	47.3	41.41	33.58	27.62	21.62	
			7	7.58	6.66	5.44	4.5	3.56	
			8	5.59	4.93	4.05	3.37	2.68	
			9	3.12	2.77	2.31	1.95	1.57	
			10	2.71	2.41	2.02	1.71	1.39	
			11	2.39	2.14	1.79	1.52	1.24	
			12	2.14	1.91	1.61	1.37	1.12	
27	响水湾社区	0.5	1	1.76	1.58	1.34	1.15	0.95	
			2	1.93	1.73	1.46	1.25	1.03	
			3	3.66	3.25	2.69	2.26	1.82	
			4	4.42	3.91	3.23	2.7	2.16	
			5	11.82	10.35	8.4	6.91	5.42	
			6	46.59	40.8	33.1	27.23	21.32	
			7	7.54	6.63	5.41	4.48	3.54	
			8	5.57	4.92	4.03	3.36	2.68	
			9	3.11	2.77	2.31	1.95	1.57	
			10	2.71	2.42	2.02	1.71	1.39	
			11	2.39	2.14	1.79	1.52	1.24	
			12	2.14	1.92	1.61	1.37	1.12	
28	长江村	0.5	1	1.92	1.72	1.45	1.24	1.02	
			2	2.11	1.89	1.59	1.35	1.11	
			3	3.98	3.53	2.92	2.46	1.98	
			4	4.8	4.25	3.51	2.94	2.35	
			5	12.84	11.27	9.18	7.57	5.94	
			6	51.89	45.53	37.08	30.63	24.09	
			7	8.18	7.2	5.9	4.89	3.87	
			8	6.05	5.34	4.39	3.66	2.91	
			9	3.39	3.01	2.5	2.11	1.71	
			10	2.95	2.63	2.19	1.85	1.5	
			11	2.61	2.33	1.94	1.65	1.34	
			12	2.33	2.09	1.75	1.49	1.22	

续表 3-3-3

序号	计算单元名称	时段长(h)	时段序号	重现期时段雨量值(mm)					备注
				100 年($H_{1\%}$)	50 年($H_{2\%}$)	20 年($H_{5\%}$)	10 年($H_{10\%}$)	5 年($H_{20\%}$)	
29	枣沟村	0.5	1	1.84	1.66	1.4	1.21	1	
			2	2.01	1.81	1.53	1.32	1.09	
			3	3.77	3.36	2.79	2.36	1.91	
			4	4.55	4.04	3.34	2.81	2.26	
			5	12.14	10.65	8.66	7.15	5.62	
			6	49.93	43.69	35.4	29.1	22.76	
			7	7.74	6.82	5.58	4.64	3.68	
			8	5.72	5.06	4.17	3.49	2.79	
			9	3.22	2.87	2.4	2.03	1.65	
			10	2.81	2.51	2.1	1.79	1.46	
			11	2.48	2.23	1.87	1.6	1.31	
			12	2.22	2	1.68	1.44	1.19	
30	窑头村	0.5	1	3.39	2.99	2.45	2.03	1.61	
			2	3.68	3.24	2.65	2.21	1.75	
			3	6.43	5.66	4.63	3.84	3.04	
			4	7.6	6.68	5.46	4.53	3.59	
			5	18.14	15.92	12.96	10.71	8.43	
			6	59.13	51.43	41.27	33.6	25.93	
			7	12.17	10.7	8.73	7.23	5.71	
			8	9.32	8.19	6.69	5.55	4.39	
			9	5.59	4.92	4.02	3.34	2.65	
			10	4.95	4.35	3.56	2.96	2.34	
			11	4.44	3.91	3.2	2.66	2.11	
			12	4.02	3.54	2.9	2.41	1.91	
31	柏杨树村	0.5	1	1.93	1.73	1.46	1.25	1.02	
			2	2.12	1.9	1.59	1.36	1.11	
			3	3.98	3.53	2.92	2.45	1.97	
			4	4.79	4.25	3.5	2.93	2.35	
			5	12.77	11.21	9.12	7.53	5.91	
			6	51.2	44.94	36.6	30.24	23.79	
			7	8.15	7.18	5.87	4.87	3.85	
			8	6.03	5.33	4.38	3.65	2.91	
			9	3.39	3.02	2.5	2.11	1.71	
			10	2.95	2.63	2.19	1.85	1.5	
			11	2.61	2.33	1.95	1.65	1.35	
			12	2.34	2.09	1.75	1.49	1.22	

续表 3-3-3

序号	计算单元名称	时段长（h）	时段序号	重现期时段雨量值(mm)					备注
				100 年（$H_{1\%}$）	50 年（$H_{2\%}$）	20 年（$H_{5\%}$）	10 年（$H_{10\%}$）	5 年（$H_{20\%}$）	
32	东关口村（凌井河）	0.5	1	2.41	2.16	1.83	1.57	1.3	
			2	2.59	2.32	1.97	1.69	1.4	
			3	4.27	3.82	3.23	2.76	2.27	
			4	4.96	4.44	3.74	3.2	2.63	
			5	11.12	9.92	8.29	7.03	5.72	
			6	35.32	31.11	25.5	21.2	16.83	
			7	7.66	6.84	5.74	4.89	4	
			8	5.98	5.35	4.5	3.84	3.15	
			9	3.76	3.37	2.84	2.44	2.01	
			10	3.37	3.02	2.55	2.19	1.81	
			11	3.05	2.74	2.32	1.99	1.64	
			12	2.8	2.51	2.13	1.83	1.51	
	东关口村（东关口沟）	0.5	1	2.06	1.84	1.55	1.32	1.09	
			2	2.23	2	1.68	1.43	1.18	
			3	3.96	3.52	2.93	2.48	2.01	
			4	4.7	4.18	3.47	2.93	2.37	
			5	11.87	10.48	8.6	7.17	5.71	
			6	48.78	42.74	34.72	28.61	22.45	
			7	7.74	6.84	5.65	4.73	3.79	
			8	5.83	5.17	4.28	3.6	2.9	
			9	3.42	3.05	2.55	2.16	1.75	
			10	3.02	2.69	2.25	1.91	1.56	
			11	2.7	2.41	2.02	1.72	1.4	
			12	2.44	2.18	1.84	1.56	1.28	
33	西关口村	0.5	1	2.41	2.16	1.83	1.57	1.3	
			2	2.59	2.32	1.97	1.69	1.4	
			3	4.26	3.82	3.22	2.76	2.27	
			4	4.96	4.44	3.74	3.2	2.63	
			5	11.1	9.9	8.28	7.02	5.72	
			6	35.28	31.07	25.48	21.18	16.82	
			7	7.65	6.83	5.74	4.88	3.99	
			8	5.97	5.34	4.5	3.84	3.15	
			9	3.75	3.36	2.84	2.43	2.01	
			10	3.36	3.02	2.55	2.19	1.8	
			11	3.05	2.74	2.32	1.99	1.64	
			12	2.8	2.51	2.13	1.82	1.51	

续表 3-3-3

序号	计算单元名称	时段长(h)	时段序号	重现期时段雨量值(mm)					备注
				100 年($H_{1\%}$)	50 年($H_{2\%}$)	20 年($H_{5\%}$)	10 年($H_{10\%}$)	5 年($H_{20\%}$)	
34	镇城村	0.5	1	2.41	2.16	1.83	1.57	1.3	
			2	2.59	2.32	1.97	1.69	1.4	
			3	4.26	3.82	3.22	2.76	2.27	
			4	4.96	4.44	3.74	3.2	2.63	
			5	11.1	9.89	8.28	7.01	5.71	
			6	35.15	30.96	25.38	21.1	16.76	
			7	7.64	6.83	5.74	4.88	3.99	
			8	5.97	5.34	4.5	3.84	3.15	
			9	3.75	3.36	2.84	2.43	2.01	
			10	3.36	3.02	2.55	2.19	1.8	
			11	3.05	2.74	2.32	1.99	1.64	
			12	2.8	2.51	2.13	1.83	1.51	
35	岗北村	0.5	1	1.79	1.6	1.35	1.15	0.95	
			2	1.96	1.76	1.48	1.26	1.04	
			3	3.69	3.29	2.74	2.31	1.87	
			4	4.46	3.96	3.29	2.77	2.24	
			5	12.09	10.66	8.74	7.27	5.78	
			6	52.27	45.81	37.21	30.68	24.07	
			7	7.65	6.76	5.57	4.66	3.73	
			8	5.63	4.99	4.13	3.47	2.79	
			9	3.15	2.8	2.34	1.98	1.61	
			10	2.74	2.44	2.04	1.73	1.41	
			11	2.42	2.16	1.81	1.54	1.26	
			12	2.17	1.94	1.63	1.39	1.14	
36	东高庄村	0.5	1	1.75	1.57	1.32	1.13	0.93	
			2	1.91	1.71	1.44	1.23	1.01	
			3	3.59	3.19	2.66	2.24	1.82	
			4	4.33	3.84	3.19	2.69	2.17	
			5	11.72	10.32	8.47	7.05	5.6	
			6	52.28	45.79	37.2	30.66	24.05	
			7	7.4	6.55	5.4	4.52	3.61	
			8	5.46	4.84	4	3.36	2.7	
			9	3.06	2.73	2.27	1.93	1.57	
			10	2.66	2.38	1.99	1.69	1.38	
			11	2.36	2.11	1.77	1.5	1.23	
			12	2.11	1.89	1.59	1.35	1.11	

续表 3-3-3

序号	计算单元名称	时段长(h)	时段序号	重现期时段雨量值(mm)					备注
				100 年($H_{1\%}$)	50 年($H_{2\%}$)	20 年($H_{5\%}$)	10 年($H_{10\%}$)	5 年($H_{20\%}$)	
37	赵家山村	0.5	1	1.73	1.56	1.31	1.12	0.92	
			2	1.9	1.7	1.43	1.22	1	
			3	3.58	3.19	2.65	2.24	1.82	
			4	4.33	3.85	3.19	2.69	2.17	
			5	11.82	10.41	8.53	7.11	5.65	
			6	53.35	46.73	37.93	31.25	24.51	
			7	7.45	6.58	5.42	4.54	3.63	
			8	5.47	4.85	4.01	3.37	2.71	
			9	3.05	2.72	2.27	1.92	1.56	
			10	2.66	2.37	1.98	1.68	1.37	
			11	2.35	2.1	1.76	1.5	1.22	
			12	2.1	1.88	1.58	1.35	1.1	
38	东焉村	0.5	1	1.75	1.57	1.32	1.13	0.93	
			2	1.91	1.71	1.44	1.23	1.01	
			3	3.59	3.19	2.66	2.24	1.82	
			4	4.33	3.84	3.19	2.69	2.17	
			5	11.71	10.32	8.46	7.05	5.6	
			6	52.24	45.76	37.17	30.64	24.04	
			7	7.4	6.55	5.39	4.52	3.61	
			8	5.46	4.84	4	3.36	2.7	
			9	3.06	2.73	2.27	1.93	1.57	
			10	2.66	2.38	1.99	1.69	1.38	
			11	2.36	2.11	1.77	1.5	1.23	
			12	2.11	1.89	1.59	1.35	1.11	
39	中焉村	0.5	1	1.72	1.55	1.3	1.11	0.92	
			2	1.89	1.69	1.43	1.22	1	
			3	3.59	3.19	2.65	2.24	1.81	
			4	4.34	3.85	3.2	2.69	2.17	
			5	11.91	10.48	8.59	7.14	5.68	
			6	54.14	47.42	38.48	31.68	24.84	
			7	7.48	6.61	5.44	4.55	3.64	
			8	5.49	4.86	4.02	3.37	2.71	
			9	3.05	2.72	2.27	1.92	1.56	
			10	2.65	2.36	1.98	1.68	1.37	
			11	2.34	2.09	1.75	1.49	1.22	
			12	2.09	1.87	1.57	1.34	1.1	

续表 3-3-3

序号	计算单元名称	时段长(h)	时段序号	重现期时段雨量值(mm)					备注
				100 年($H_{1\%}$)	50 年($H_{2\%}$)	20 年($H_{5\%}$)	10 年($H_{10\%}$)	5 年($H_{20\%}$)	
40	棋子山村	0.5	1	1.6	1.45	1.23	1.07	0.89	
			2	1.77	1.59	1.35	1.17	0.97	
			3	3.47	3.09	2.58	2.18	1.76	
			4	4.24	3.77	3.12	2.62	2.11	
			5	12.03	10.54	8.57	7.07	5.55	
			6	53.84	47.08	38.11	31.29	24.43	
			7	7.47	6.58	5.39	4.48	3.55	
			8	5.42	4.79	3.95	3.3	2.64	
			9	2.93	2.62	2.19	1.86	1.51	
			10	2.53	2.26	1.9	1.62	1.33	
			11	2.22	1.99	1.68	1.44	1.18	
			12	1.97	1.77	1.5	1.29	1.06	
41	北山头村	0.5	1	1.63	1.47	1.25	1.08	0.9	
			2	1.79	1.62	1.37	1.18	0.98	
			3	3.48	3.1	2.58	2.18	1.77	
			4	4.23	3.76	3.11	2.62	2.11	
			5	11.8	10.35	8.42	6.95	5.48	
			6	51.63	45.17	36.6	30.08	23.53	
			7	7.38	6.5	5.33	4.43	3.53	
			8	5.38	4.76	3.93	3.29	2.64	
			9	2.94	2.63	2.2	1.87	1.52	
			10	2.55	2.28	1.91	1.63	1.34	
			11	2.24	2.01	1.69	1.45	1.19	
			12	1.99	1.79	1.52	1.3	1.08	
42	河底村	0.5	1	1.93	1.75	1.51	1.32	1.11	
			2	2.1	1.9	1.64	1.43	1.2	
			3	3.73	3.35	2.84	2.43	2.01	
			4	4.42	3.96	3.34	2.85	2.34	
			5	10.66	9.45	7.82	6.56	5.28	
			6	33.62	29.55	24.17	20.03	15.86	
			7	7.14	6.35	5.3	4.48	3.64	
			8	5.45	4.86	4.08	3.47	2.83	
			9	3.23	2.9	2.47	2.13	1.76	
			10	2.85	2.56	2.19	1.89	1.58	
			11	2.55	2.3	1.97	1.7	1.43	
			12	2.3	2.08	1.79	1.55	1.3	

续表 3-3-3

序号	计算单元名称	时段长(h)	时段序号	重现期时段雨量值(mm)					备注
				100 年($H_{1\%}$)	50 年($H_{2\%}$)	20 年($H_{5\%}$)	10 年($H_{10\%}$)	5 年($H_{20\%}$)	
43	新兴村	0.5	1	1.93	1.75	1.51	1.32	1.11	
			2	2.1	1.9	1.64	1.43	1.2	
			3	3.73	3.35	2.84	2.43	2.01	
			4	4.42	3.96	3.34	2.85	2.34	
			5	10.66	9.45	7.82	6.56	5.28	
			6	33.62	29.55	24.17	20.03	15.86	
			7	7.14	6.35	5.3	4.48	3.64	
			8	5.45	4.86	4.08	3.47	2.83	
			9	3.23	2.9	2.47	2.13	1.76	
			10	2.85	2.56	2.19	1.89	1.58	
			11	2.55	2.3	1.97	1.7	1.43	
			12	2.3	2.08	1.79	1.55	1.3	
44	司徒洼村	0.5	1	1.63	1.48	1.26	1.09	0.91	
			2	1.8	1.63	1.38	1.19	0.99	
			3	3.54	3.15	2.62	2.22	1.8	
			4	4.32	3.84	3.18	2.67	2.15	
			5	12.23	10.72	8.71	7.18	5.63	
			6	54.68	47.8	38.69	31.74	24.78	
			7	7.6	6.69	5.48	4.55	3.61	
			8	5.52	4.88	4.02	3.36	2.69	
			9	2.99	2.67	2.23	1.89	1.54	
			10	2.58	2.31	1.94	1.65	1.35	
			11	2.26	2.03	1.71	1.46	1.2	
			12	2.01	1.81	1.53	1.31	1.09	
45	岗底村	0.5	1	1.75	1.58	1.34	1.15	0.95	
			2	1.91	1.72	1.45	1.24	1.03	
			3	3.48	3.1	2.59	2.19	1.78	
			4	4.18	3.71	3.09	2.61	2.11	
			5	11.07	9.75	7.99	6.65	5.28	
			6	51.81	45.37	36.83	30.32	23.76	
			7	7.05	6.23	5.14	4.3	3.44	
			8	5.23	4.64	3.84	3.23	2.6	
			9	2.99	2.67	2.23	1.9	1.55	
			10	2.62	2.34	1.97	1.68	1.37	
			11	2.33	2.09	1.76	1.5	1.23	
			12	2.1	1.88	1.59	1.36	1.12	

续表 3-3-3

序号	计算单元名称	时段长（h）	时段序号	重现期时段雨量值（mm）					备注
				100 年（$H_{1\%}$）	50 年（$H_{2\%}$）	20 年（$H_{5\%}$）	10 年（$H_{10\%}$）	5 年（$H_{20\%}$）	
46	欢嘴村	0.5	1	1.64	1.48	1.26	1.09	0.91	
			2	1.81	1.63	1.38	1.19	0.99	
			3	3.54	3.15	2.63	2.22	1.8	
			4	4.32	3.83	3.18	2.67	2.15	
			5	12.2	10.69	8.69	7.16	5.62	
			6	54.4	47.56	38.49	31.6	24.67	
			7	7.59	6.68	5.47	4.55	3.6	
			8	5.52	4.88	4.02	3.36	2.69	
			9	2.99	2.67	2.23	1.89	1.54	
			10	2.58	2.31	1.94	1.65	1.35	
			11	2.27	2.03	1.71	1.47	1.21	
			12	2.01	1.81	1.53	1.32	1.09	
47	风格梁村	0.5	1	1.64	1.48	1.26	1.09	0.91	
			2	1.81	1.63	1.38	1.19	0.99	
			3	3.54	3.15	2.62	2.22	1.8	
			4	4.32	3.83	3.18	2.67	2.15	
			5	12.21	10.7	8.7	7.17	5.63	
			6	54.5	47.64	38.56	31.65	24.71	
			7	7.59	6.69	5.47	4.55	3.61	
			8	5.52	4.88	4.02	3.36	2.69	
			9	2.99	2.67	2.23	1.89	1.54	
			10	2.58	2.31	1.94	1.65	1.35	
			11	2.27	2.03	1.71	1.47	1.21	
			12	2.01	1.81	1.53	1.31	1.09	
48	峰西村	0.5	1	1.68	1.51	1.29	1.11	0.93	
			2	1.85	1.66	1.41	1.22	1.01	
			3	3.57	3.18	2.65	2.24	1.81	
			4	4.35	3.86	3.2	2.69	2.16	
			5	12.13	10.64	8.64	7.12	5.6	
			6	54.05	47.25	38.25	31.4	24.51	
			7	7.58	6.68	5.46	4.54	3.6	
			8	5.53	4.89	4.03	3.37	2.69	
			9	3.03	2.7	2.26	1.92	1.56	
			10	2.62	2.34	1.97	1.68	1.37	
			11	2.3	2.07	1.74	1.49	1.22	
			12	2.05	1.85	1.56	1.34	1.11	

续表 3-3-3

序号	计算单元名称	时段长(h)	时段序号	重现期时段雨量值(mm)					备注
				100 年($H_{1\%}$)	50 年($H_{2\%}$)	20 年($H_{5\%}$)	10 年($H_{10\%}$)	5 年($H_{20\%}$)	
49	蝎子寨村	0.5	1	1.76	1.59	1.35	1.16	0.97	
			2	1.93	1.74	1.47	1.27	1.05	
			3	3.59	3.2	2.67	2.26	1.83	
			4	4.33	3.84	3.19	2.69	2.17	
			5	11.53	10.12	8.25	6.84	5.4	
			6	48.49	42.43	34.43	28.34	22.21	
			7	7.35	6.48	5.32	4.44	3.54	
			8	5.44	4.81	3.98	3.34	2.68	
			9	3.07	2.74	2.29	1.95	1.59	
			10	2.68	2.4	2.01	1.72	1.41	
			11	2.37	2.13	1.8	1.53	1.26	
			12	2.13	1.91	1.62	1.39	1.14	
50	晋庄村	0.5	1	1.45	1.32	1.14	1	0.85	
			2	1.64	1.48	1.27	1.11	0.93	
			3	3.52	3.13	2.6	2.19	1.77	
			4	4.38	3.88	3.2	2.68	2.14	
			5	12.8	11.18	9.01	7.36	5.7	
			6	47.37	41.39	33.47	27.44	21.38	
			7	7.92	6.96	5.65	4.66	3.65	
			8	5.68	5.01	4.1	3.41	2.7	
			9	2.92	2.61	2.18	1.85	1.51	
			10	2.47	2.22	1.87	1.6	1.31	
			11	2.13	1.92	1.62	1.4	1.16	
			12	1.86	1.68	1.43	1.24	1.03	
51	西岗村	0.5	1	1.7	1.53	1.31	1.13	0.94	
			2	1.87	1.69	1.43	1.23	1.02	
			3	3.6	3.21	2.67	2.25	1.82	
			4	4.38	3.88	3.22	2.7	2.18	
			5	12.18	10.67	8.66	7.14	5.6	
			6	54.74	47.84	38.71	31.77	24.79	
			7	7.61	6.71	5.49	4.56	3.61	
			8	5.56	4.92	4.05	3.39	2.71	
			9	3.06	2.73	2.28	1.93	1.57	
			10	2.65	2.37	1.99	1.69	1.38	
			11	2.33	2.09	1.76	1.5	1.24	
			12	2.08	1.87	1.58	1.35	1.12	

续表 3-3-3

序号	计算单元名称	时段长(h)	时段序号	重现期时段雨量值(mm)					备注
				100 年($H_{1\%}$)	50 年($H_{2\%}$)	20 年($H_{5\%}$)	10 年($H_{10\%}$)	5 年($H_{20\%}$)	
52	寨上村	0.5	1	1.8	1.62	1.38	1.19	0.98	
			2	1.97	1.77	1.5	1.29	1.06	
			3	3.67	3.26	2.72	2.29	1.86	
			4	4.42	3.92	3.25	2.73	2.2	
			5	11.87	10.41	8.48	6.99	5.5	
			6	52.34	45.76	37.08	30.45	23.8	
			7	7.53	6.63	5.44	4.52	3.59	
			8	5.56	4.92	4.06	3.39	2.71	
			9	3.13	2.79	2.33	1.98	1.61	
			10	2.73	2.44	2.05	1.74	1.43	
			11	2.42	2.17	1.83	1.56	1.28	
			12	2.17	1.95	1.65	1.41	1.16	
53	黄花园村	0.5	1	1.8	1.62	1.38	1.19	0.99	
			2	1.97	1.77	1.5	1.29	1.07	
			3	3.67	3.26	2.72	2.29	1.86	
			4	4.41	3.92	3.25	2.73	2.2	
			5	11.82	10.37	8.43	6.96	5.48	
			6	51.87	45.38	36.75	30.2	23.61	
			7	7.51	6.62	5.42	4.51	3.58	
			8	5.55	4.91	4.05	3.39	2.71	
			9	3.13	2.8	2.34	1.98	1.61	
			10	2.73	2.45	2.05	1.75	1.43	
			11	2.42	2.17	1.83	1.56	1.28	
			12	2.18	1.95	1.65	1.41	1.16	
54	土堂村	0.5	1	2.2	1.97	1.65	1.41	1.16	
			2	2.37	2.12	1.78	1.52	1.24	
			3	4.09	3.64	3.03	2.56	2.07	
			4	4.83	4.29	3.56	3	2.42	
			5	11.87	10.47	8.6	7.17	5.7	
			6	49.79	43.62	35.42	29.18	22.88	
			7	7.81	6.91	5.7	4.78	3.83	
			8	5.94	5.27	4.36	3.66	2.95	
			9	3.56	3.17	2.64	2.24	1.82	
			10	3.16	2.82	2.35	1.99	1.62	
			11	2.84	2.54	2.12	1.8	1.47	
			12	2.58	2.31	1.94	1.65	1.35	

续表 3-3-3

序号	计算单元名称	时段长(h)	时段序号	重现期时段雨量值(mm)					备注
				100 年($H_{1\%}$)	50 年($H_{2\%}$)	20 年($H_{5\%}$)	10 年($H_{10\%}$)	5 年($H_{20\%}$)	
55	大留村	0.5	1	2.19	1.96	1.65	1.41	1.15	
			2	2.37	2.12	1.78	1.52	1.24	
			3	4.1	3.65	3.03	2.56	2.08	
			4	4.84	4.3	3.57	3.01	2.43	
			5	11.95	10.55	8.66	7.21	5.74	
			6	50.89	44.57	36.19	29.81	23.37	
			7	7.85	6.95	5.73	4.8	3.84	
			8	5.96	5.28	4.37	3.68	2.96	
			9	3.56	3.17	2.65	2.24	1.82	
			10	3.16	2.82	2.35	2	1.62	
			11	2.84	2.53	2.12	1.8	1.47	
			12	2.58	2.31	1.93	1.65	1.35	
56	呼延村	0.5	1	2.23	2	1.68	1.43	1.17	
			2	2.41	2.15	1.8	1.54	1.26	
			3	4.1	3.65	3.03	2.55	2.06	
			4	4.83	4.29	3.55	2.99	2.41	
			5	11.75	10.34	8.46	7.03	5.57	
			6	50.07	43.85	35.59	29.3	22.96	
			7	7.76	6.86	5.64	4.71	3.76	
			8	5.92	5.24	4.33	3.63	2.91	
			9	3.58	3.18	2.65	2.24	1.82	
			10	3.18	2.83	2.37	2	1.63	
			11	2.87	2.56	2.14	1.82	1.48	
			12	2.61	2.34	1.96	1.66	1.36	
57	西张村	0.5	1	2.2	1.97	1.66	1.42	1.16	
			2	2.38	2.13	1.79	1.53	1.25	
			3	4.1	3.65	3.03	2.56	2.07	
			4	4.84	4.3	3.56	3	2.42	
			5	11.88	10.46	8.56	7.11	5.64	
			6	49.63	43.47	35.3	29.07	22.79	
			7	7.83	6.92	5.69	4.75	3.79	
			8	5.95	5.27	4.36	3.65	2.93	
			9	3.57	3.18	2.65	2.24	1.82	
			10	3.17	2.83	2.36	2	1.63	
			11	2.85	2.55	2.13	1.81	1.47	
			12	2.6	2.32	1.94	1.65	1.35	

续表 3-3-3

序号	计算单元名称	时段长(h)	时段序号	重现期时段雨量值(mm)					备注
				100 年($H_{1\%}$)	50 年($H_{2\%}$)	20 年($H_{5\%}$)	10 年($H_{10\%}$)	5 年($H_{20\%}$)	
58	营村	0.5	1	2.24	2.01	1.69	1.44	1.18	
			2	2.43	2.17	1.82	1.55	1.27	
			3	4.23	3.76	3.12	2.63	2.13	
			4	5.01	4.44	3.68	3.09	2.49	
			5	12.42	10.94	8.94	7.42	5.88	
			6	51.4	44.99	36.52	30.07	23.56	
			7	8.15	7.2	5.92	4.94	3.94	
			8	6.17	5.46	4.51	3.78	3.03	
			9	3.67	3.27	2.72	2.3	1.86	
			10	3.25	2.89	2.42	2.05	1.66	
			11	2.92	2.6	2.18	1.85	1.51	
			12	2.65	2.36	1.98	1.69	1.38	
59	三给村	0.5	1	2.27	2.03	1.71	1.46	1.19	
			2	2.45	2.2	1.84	1.57	1.28	
			3	4.26	3.79	3.15	2.65	2.14	
			4	5.05	4.48	3.71	3.11	2.51	
			5	12.5	11	8.99	7.46	5.91	
			6	52.31	45.8	37.16	30.58	23.95	
			7	8.2	7.24	5.95	4.97	3.96	
			8	6.22	5.5	4.54	3.8	3.05	
			9	3.7	3.3	2.74	2.32	1.88	
			10	3.28	2.92	2.44	2.06	1.68	
			11	2.95	2.63	2.2	1.86	1.52	
			12	2.68	2.39	2	1.7	1.39	
60	寺头村	0.5	1	2.14	1.92	1.61	1.38	1.13	
			2	2.33	2.08	1.75	1.49	1.22	
			3	4.15	3.69	3.06	2.58	2.09	
			4	4.94	4.38	3.63	3.06	2.46	
			5	12.57	11.08	9.07	7.53	5.96	
			6	52.23	45.74	37.13	30.56	23.94	
			7	8.16	7.21	5.93	4.95	3.95	
			8	6.13	5.43	4.49	3.76	3.01	
			9	3.58	3.19	2.66	2.25	1.82	
			10	3.15	2.81	2.35	1.99	1.62	
			11	2.82	2.52	2.1	1.79	1.46	
			12	2.55	2.28	1.91	1.62	1.33	

续表 3-3-3

序号	计算单元名称	时段长（h）	时段序号	重现期时段雨量值(mm)					备注
				100 年（$H_{1\%}$）	50 年（$H_{2\%}$）	20 年（$H_{5\%}$）	10 年（$H_{10\%}$）	5 年（$H_{20\%}$）	
61	下槐村	0.5	1	2.13	1.91	1.61	1.37	1.12	
			2	2.32	2.07	1.74	1.49	1.22	
			3	4.15	3.69	3.07	2.59	2.09	
			4	4.95	4.39	3.64	3.06	2.46	
			5	12.68	11.16	9.13	7.58	6.01	
			6	53.42	46.76	37.93	31.22	24.44	
			7	8.2	7.25	5.96	4.98	3.97	
			8	6.15	5.45	4.5	3.77	3.02	
			9	3.58	3.19	2.65	2.25	1.82	
			10	3.15	2.81	2.34	1.99	1.61	
			11	2.82	2.51	2.1	1.78	1.45	
			12	2.54	2.27	1.9	1.62	1.32	
62	柏崖头村	0.5	1	2.13	1.91	1.61	1.37	1.12	
			2	2.32	2.07	1.74	1.49	1.22	
			3	4.15	3.69	3.07	2.59	2.09	
			4	4.95	4.39	3.64	3.06	2.46	
			5	12.68	11.16	9.13	7.58	6.01	
			6	53.42	46.76	37.93	31.22	24.44	
			7	8.2	7.25	5.96	4.98	3.97	
			8	6.15	5.45	4.5	3.77	3.02	
			9	3.58	3.19	2.65	2.25	1.82	
			10	3.15	2.81	2.34	1.99	1.61	
			11	2.82	2.51	2.1	1.78	1.45	
			12	2.54	2.27	1.9	1.62	1.32	
63	下水峪村	0.5	1	2.35	2.1	1.77	1.51	1.23	
			2	2.53	2.26	1.9	1.62	1.32	
			3	4.27	3.8	3.16	2.67	2.16	
			4	5.02	4.45	3.69	3.11	2.51	
			5	12.09	10.65	8.74	7.27	5.78	
			6	53.44	46.78	37.94	31.22	24.45	
			7	8.01	7.08	5.84	4.88	3.91	
			8	6.13	5.43	4.49	3.77	3.03	
			9	3.74	3.33	2.77	2.34	1.9	
			10	3.33	2.97	2.48	2.1	1.71	
			11	3.01	2.68	2.25	1.91	1.55	
			12	2.75	2.45	2.06	1.75	1.43	

续表 3-3-3

序号	计算单元名称	时段长(h)	时段序号	重现期时段雨量值(mm)					备注
				100 年($H_{1\%}$)	50 年($H_{2\%}$)	20 年($H_{5\%}$)	10 年($H_{10\%}$)	5 年($H_{20\%}$)	
64	小石河村	0.5	1	2.44	2.18	1.82	1.55	1.27	
			2	2.64	2.35	1.97	1.67	1.36	
			3	4.58	4.05	3.34	2.8	2.24	
			4	5.41	4.78	3.93	3.28	2.62	
			5	13.15	11.52	9.34	7.69	6.03	
			6	48.91	42.93	34.99	28.93	22.8	
			7	8.72	7.66	6.25	5.17	4.08	
			8	6.65	5.86	4.8	3.99	3.17	
			9	3.98	3.53	2.92	2.45	1.97	
			10	3.53	3.13	2.6	2.19	1.77	
			11	3.17	2.82	2.35	1.98	1.6	
			12	2.88	2.56	2.14	1.81	1.47	
65	圪僚沟村	0.5	1	2.51	2.24	1.87	1.59	1.29	
			2	2.7	2.4	2.01	1.7	1.38	
			3	4.48	3.98	3.3	2.78	2.24	
			4	5.24	4.64	3.84	3.23	2.6	
			5	12.27	10.81	8.87	7.38	5.87	
			6	48.8	42.84	34.93	28.86	22.76	
			7	8.25	7.29	6	5.01	4.01	
			8	6.36	5.63	4.65	3.9	3.13	
			9	3.94	3.5	2.9	2.45	1.98	
			10	3.52	3.13	2.6	2.2	1.78	
			11	3.19	2.84	2.36	2	1.62	
			12	2.92	2.6	2.17	1.83	1.49	
66	北石槽村	0.5	1	2.2	1.97	1.66	1.41	1.16	
			2	2.38	2.13	1.79	1.52	1.25	
			3	4.11	3.66	3.04	2.57	2.08	
			4	4.86	4.31	3.58	3.02	2.44	
			5	12.06	10.62	8.72	7.26	5.77	
			6	53.4	46.73	37.92	31.2	24.43	
			7	7.9	6.98	5.76	4.82	3.86	
			8	5.98	5.3	4.39	3.69	2.96	
			9	3.57	3.18	2.66	2.25	1.82	
			10	3.17	2.83	2.36	2	1.63	
			11	2.85	2.54	2.13	1.81	1.48	
			12	2.59	2.32	1.94	1.65	1.35	

续表 3-3-3

序号	计算单元名称	时段长(h)	时段序号	重现期时段雨量值(mm)					备注
				100 年($H_{1\%}$)	50 年($H_{2\%}$)	20 年($H_{5\%}$)	10 年($H_{10\%}$)	5 年($H_{20\%}$)	
67	南石槽村	0.5	1	2.2	1.97	1.66	1.41	1.16	
			2	2.38	2.13	1.79	1.52	1.25	
			3	4.11	3.66	3.04	2.57	2.08	
			4	4.86	4.32	3.58	3.02	2.44	
			5	12.03	10.61	8.71	7.25	5.76	
			6	53.23	46.59	37.8	31.1	24.35	
			7	7.88	6.97	5.75	4.81	3.85	
			8	5.98	5.3	4.39	3.68	2.96	
			9	3.57	3.19	2.66	2.25	1.82	
			10	3.17	2.83	2.36	2	1.63	
			11	2.85	2.55	2.13	1.81	1.48	
			12	2.59	2.32	1.94	1.65	1.35	
68	甘草峁村	0.5	1	2.34	2.09	1.76	1.5	1.23	
			2	2.52	2.25	1.89	1.61	1.31	
			3	4.24	3.77	3.13	2.64	2.14	
			4	4.97	4.41	3.66	3.08	2.49	
			5	11.94	10.52	8.63	7.19	5.72	
			6	52.95	46.35	37.6	30.94	24.24	
			7	7.92	7	5.77	4.83	3.87	
			8	6.07	5.38	4.45	3.74	3	
			9	3.71	3.3	2.75	2.33	1.89	
			10	3.3	2.94	2.46	2.08	1.69	
			11	2.99	2.67	2.23	1.89	1.54	
			12	2.73	2.44	2.04	1.74	1.42	
69	马角村	0.5	1	2.49	2.22	1.85	1.57	1.28	
			2	2.67	2.38	1.98	1.68	1.36	
			3	4.38	3.88	3.22	2.71	2.19	
			4	5.1	4.52	3.74	3.14	2.53	
			5	11.85	10.45	8.59	7.16	5.7	
			6	52.43	45.92	37.27	30.69	24.06	
			7	7.97	7.05	5.81	4.86	3.89	
			8	6.17	5.46	4.52	3.79	3.04	
			9	3.85	3.42	2.84	2.4	1.94	
			10	3.46	3.07	2.55	2.16	1.74	
			11	3.14	2.79	2.33	1.96	1.59	
			12	2.89	2.57	2.14	1.81	1.47	

续表 3-3-3

序号	计算单元名称	时段长(h)	时段序号	重现期时段雨量值(mm)					备注
				100年($H_{1\%}$)	50年($H_{2\%}$)	20年($H_{5\%}$)	10年($H_{10\%}$)	5年($H_{20\%}$)	
70	银角村	0.5	1	2.51	2.24	1.87	1.58	1.29	
			2	2.68	2.39	2	1.69	1.37	
			3	4.32	3.84	3.19	2.69	2.17	
			4	5	4.44	3.68	3.1	2.5	
			5	11.32	10.01	8.23	6.88	5.49	
			6	47.65	41.76	33.98	28.04	22.04	
			7	7.71	6.83	5.64	4.73	3.79	
			8	6.02	5.34	4.42	3.71	2.99	
			9	3.82	3.4	2.82	2.38	1.93	
			10	3.44	3.06	2.55	2.15	1.74	
			11	3.13	2.79	2.33	1.97	1.6	
			12	2.89	2.57	2.15	1.82	1.48	
71	梁背后村	0.5	1	2.38	2.13	1.79	1.52	1.25	
			2	2.56	2.29	1.92	1.63	1.33	
			3	4.25	3.78	3.15	2.66	2.15	
			4	4.97	4.42	3.67	3.09	2.49	
			5	11.77	10.38	8.52	7.09	5.64	
			6	51.7	45.27	36.74	30.25	23.7	
			7	7.86	6.95	5.73	4.8	3.84	
			8	6.05	5.36	4.44	3.73	3	
			9	3.73	3.32	2.77	2.34	1.9	
			10	3.34	2.97	2.48	2.1	1.71	
			11	3.02	2.7	2.26	1.91	1.56	
			12	2.77	2.47	2.07	1.76	1.44	
72	珍珠峁村	0.5	1	1.81	1.63	1.37	1.18	0.97	
			2	1.99	1.78	1.5	1.29	1.06	
			3	3.77	3.35	2.79	2.36	1.92	
			4	4.56	4.05	3.36	2.83	2.29	
			5	12.41	10.94	8.97	7.45	5.92	
			6	54.08	47.35	38.41	31.61	24.75	
			7	7.83	6.92	5.71	4.77	3.82	
			8	5.76	5.1	4.23	3.55	2.85	
			9	3.21	2.86	2.39	2.02	1.65	
			10	2.79	2.49	2.08	1.77	1.45	
			11	2.46	2.2	1.85	1.57	1.29	
			12	2.2	1.97	1.66	1.42	1.16	

续表 3-3-3

序号	计算单元名称	时段长(h)	时段序号	重现期时段雨量值(mm)					备注
				100 年($H_{1\%}$)	50 年($H_{2\%}$)	20 年($H_{5\%}$)	10 年($H_{10\%}$)	5 年($H_{20\%}$)	
73	马吉掌村	0.5	1	1.85	1.66	1.4	1.2	0.99	
			2	2.03	1.82	1.53	1.31	1.08	
			3	3.8	3.38	2.82	2.38	1.93	
			4	4.58	4.07	3.38	2.85	2.3	
			5	12.37	10.9	8.94	7.44	5.91	
			6	53.99	47.26	38.34	31.54	24.69	
			7	7.83	6.93	5.71	4.78	3.82	
			8	5.78	5.12	4.24	3.56	2.87	
			9	3.24	2.89	2.41	2.05	1.67	
			10	2.82	2.52	2.11	1.79	1.46	
			11	2.5	2.23	1.87	1.6	1.31	
			12	2.24	2	1.69	1.44	1.18	
74	大岩村	0.5	1	2.52	2.25	1.88	1.6	1.3	
			2	2.72	2.43	2.03	1.72	1.4	
			3	4.68	4.14	3.43	2.87	2.31	
			4	5.52	4.88	4.02	3.36	2.69	
			5	13.43	11.78	9.6	7.93	6.24	
			6	54.15	47.3	38.25	31.35	24.43	
			7	8.88	7.82	6.4	5.32	4.21	
			8	6.77	5.97	4.91	4.09	3.26	
			9	4.07	3.61	3	2.52	2.03	
			10	3.62	3.21	2.67	2.25	1.82	
			11	3.26	2.9	2.41	2.04	1.65	
			12	2.96	2.64	2.2	1.86	1.51	
75	风声河村	0.5	1	2.65	2.36	1.97	1.67	1.36	
			2	2.85	2.54	2.12	1.8	1.46	
			3	4.81	4.27	3.53	2.96	2.38	
			4	5.65	5	4.12	3.45	2.77	
			5	13.4	11.78	9.61	7.96	6.29	
			6	51.93	45.43	36.84	30.3	23.73	
			7	8.97	7.9	6.48	5.39	4.29	
			8	6.89	6.08	5	4.18	3.34	
			9	4.21	3.74	3.1	2.61	2.1	
			10	3.75	3.33	2.77	2.33	1.89	
			11	3.39	3.01	2.51	2.12	1.72	
			12	3.09	2.76	2.3	1.94	1.58	

续表 3-3-3

序号	计算单元名称	时段长(h)	时段序号	重现期时段雨量值(mm)					备注
				100年($H_{1\%}$)	50年($H_{2\%}$)	20年($H_{5\%}$)	10年($H_{10\%}$)	5年($H_{20\%}$)	
76	西铭村	0.5	1	3.2	2.81	2.29	1.89	1.49	
			2	3.44	3.02	2.46	2.03	1.6	
			3	5.71	5.01	4.08	3.37	2.66	
			4	6.65	5.84	4.76	3.93	3.1	
			5	15.12	13.27	10.8	8.92	7.02	
			6	50.58	44.2	35.75	29.33	22.88	
			7	10.34	9.07	7.39	6.11	4.81	
			8	8.04	7.06	5.75	4.75	3.74	
			9	5.02	4.41	3.59	2.97	2.34	
			10	4.49	3.94	3.21	2.65	2.09	
			11	4.07	3.57	2.91	2.4	1.89	
			12	3.73	3.27	2.66	2.2	1.73	
77	小西铭村	0.5	1	3.21	2.82	2.29	1.89	1.49	
			2	3.45	3.03	2.46	2.03	1.6	
			3	5.74	5.04	4.1	3.39	2.67	
			4	6.7	5.88	4.79	3.95	3.11	
			5	15.34	13.46	10.95	9.04	7.11	
			6	51.92	45.36	36.67	30.07	23.44	
			7	10.45	9.17	7.46	6.17	4.85	
			8	8.11	7.12	5.8	4.79	3.77	
			9	5.05	4.43	3.6	2.98	2.34	
			10	4.51	3.96	3.22	2.66	2.09	
			11	4.09	3.59	2.92	2.41	1.89	
			12	3.74	3.28	2.67	2.2	1.73	
78	小虎峪村	0.5	1	2.92	2.6	2.17	1.83	1.49	
			2	3.16	2.81	2.34	1.97	1.6	
			3	5.47	4.83	3.97	3.31	2.63	
			4	6.45	5.68	4.65	3.87	3.07	
			5	15.32	13.4	10.83	8.88	6.93	
			6	50.99	44.53	35.97	29.47	22.96	
			7	10.3	9.03	7.34	6.05	4.75	
			8	7.89	6.94	5.66	4.69	3.7	
			9	4.76	4.21	3.47	2.9	2.32	
			10	4.22	3.74	3.09	2.59	2.08	
			11	3.79	3.37	2.79	2.34	1.88	
			12	3.45	3.06	2.54	2.14	1.73	

续表 3-3-3

序号	计算单元名称	时段长(h)	时段序号	重现期时段雨量值(mm) 100年($H_{1\%}$)	50年($H_{2\%}$)	20年($H_{5\%}$)	10年($H_{10\%}$)	5年($H_{20\%}$)	备注
79	大虎峪村(虎峪河支)	0.5	1	2.92	2.6	2.16	1.82	1.48	
			2	3.17	2.82	2.34	1.97	1.59	
			3	5.59	4.93	4.03	3.36	2.67	
			4	6.62	5.82	4.75	3.94	3.12	
			5	16.15	14.09	11.36	9.3	7.24	
			6	56.16	48.99	39.51	32.31	25.11	
			7	10.72	9.39	7.6	6.26	4.9	
			8	8.15	7.16	5.82	4.81	3.79	
			9	4.84	4.28	3.51	2.93	2.34	
			10	4.28	3.78	3.12	2.61	2.09	
			11	3.83	3.39	2.8	2.35	1.89	
			12	3.47	3.08	2.55	2.14	1.72	
	大虎峪村(虎峪河)	0.5	1	2.91	2.6	2.17	1.83	1.49	
			2	3.16	2.81	2.34	1.97	1.6	
			3	5.45	4.82	3.96	3.3	2.63	
			4	6.42	5.66	4.64	3.85	3.06	
			5	15.22	13.31	10.76	8.83	6.9	
			6	50.36	43.98	35.53	29.13	22.7	
			7	10.24	8.98	7.3	6.02	4.73	
			8	7.86	6.91	5.64	4.67	3.69	
			9	4.75	4.2	3.46	2.89	2.32	
			10	4.21	3.73	3.08	2.58	2.08	
			11	3.79	3.36	2.78	2.34	1.88	
			12	3.44	3.06	2.54	2.14	1.73	
80	桃杏村(高家河)	0.5	1	3.73	3.27	2.66	2.2	1.73	
			2	4.01	3.51	2.85	2.35	1.85	
			3	6.54	5.71	4.62	3.79	2.95	
			4	7.59	6.62	5.34	4.38	3.4	
			5	16.79	14.61	11.74	9.57	7.39	
			6	52.68	46.06	37.3	30.63	23.92	
			7	11.63	10.13	8.15	6.65	5.15	
			8	9.12	7.95	6.4	5.24	4.07	
			9	5.77	5.05	4.08	3.35	2.62	
			10	5.18	4.53	3.67	3.02	2.36	
			11	4.71	4.12	3.34	2.75	2.16	
			12	4.33	3.79	3.08	2.54	1.99	

续表 3-3-3

序号	计算单元名称	时段长(h)	时段序号	重现期时段雨量值(mm)					备注
				100 年($H_{1\%}$)	50 年($H_{2\%}$)	20 年($H_{5\%}$)	10 年($H_{10\%}$)	5 年($H_{20\%}$)	
80	桃杏村(官地沟)	0.5	1	3.72	3.27	2.66	2.2	1.73	
			2	3.99	3.5	2.85	2.35	1.85	
			3	6.48	5.66	4.58	3.76	2.93	
			4	7.5	6.55	5.3	4.34	3.38	
			5	16.46	14.34	11.54	9.4	7.27	
			6	50.96	44.58	36.12	29.68	23.2	
			7	11.44	9.98	8.04	6.56	5.09	
			8	8.99	7.85	6.34	5.18	4.03	
			9	5.72	5.01	4.06	3.33	2.61	
			10	5.15	4.51	3.65	3.01	2.35	
			11	4.68	4.1	3.33	2.74	2.15	
			12	4.31	3.78	3.07	2.53	1.99	
81	白家庄村	0.5	1	3.72	3.27	2.66	2.2	1.73	
			2	3.99	3.5	2.85	2.35	1.85	
			3	6.47	5.66	4.58	3.76	2.93	
			4	7.49	6.55	5.29	4.33	3.38	
			5	16.43	14.31	11.51	9.39	7.26	
			6	50.79	44.43	36	29.58	23.13	
			7	11.42	9.96	8.03	6.55	5.08	
			8	8.98	7.84	6.33	5.18	4.02	
			9	5.72	5.01	4.06	3.33	2.61	
			10	5.14	4.5	3.65	3	2.35	
			11	4.68	4.1	3.33	2.74	2.15	
			12	4.3	3.77	3.07	2.53	1.99	
82	神堂沟社区	0.5	1	2.53	2.28	1.93	1.66	1.37	
			2	2.78	2.5	2.11	1.81	1.5	
			3	5.28	4.7	3.92	3.32	2.69	
			4	6.37	5.66	4.7	3.96	3.2	
			5	16.84	14.8	12.09	10.02	7.91	
			6	61.84	53.71	42.96	34.86	26.78	
			7	10.82	9.55	7.86	6.56	5.23	
			8	8.02	7.11	5.88	4.93	3.96	
			9	4.5	4.01	3.36	2.85	2.32	
			10	3.91	3.5	2.93	2.5	2.04	
			11	3.45	3.09	2.6	2.22	1.82	
			12	3.08	2.77	2.33	2	1.64	

续表 3-3-3

序号	计算单元名称	时段长(h)	时段序号	重现期时段雨量值(mm)					备注
				100 年($H_{1\%}$)	50 年($H_{2\%}$)	20 年($H_{5\%}$)	10 年($H_{10\%}$)	5 年($H_{20\%}$)	
83	寨沟村	0.5	1	2.54	2.29	1.94	1.67	1.38	
			2	2.79	2.51	2.12	1.82	1.5	
			3	5.27	4.69	3.91	3.31	2.69	
			4	6.35	5.64	4.69	3.95	3.19	
			5	16.65	14.64	11.96	9.91	7.84	
			6	60.54	52.59	42.1	34.17	26.28	
			7	10.73	9.48	7.8	6.51	5.2	
			8	7.97	7.07	5.85	4.91	3.94	
			9	4.49	4.01	3.36	2.85	2.32	
			10	3.91	3.5	2.94	2.5	2.04	
			11	3.46	3.1	2.61	2.22	1.83	
			12	3.09	2.77	2.34	2	1.65	
84	西峪村	0.5	1	3.02	2.69	2.24	1.9	1.54	
			2	3.29	2.93	2.44	2.06	1.67	
			3	5.94	5.25	4.33	3.63	2.91	
			4	7.07	6.24	5.14	4.29	3.43	
			5	17.46	15.31	12.46	10.28	8.08	
			6	58.35	50.73	40.68	33.08	25.5	
			7	11.55	10.16	8.31	6.9	5.46	
			8	8.75	7.71	6.33	5.27	4.19	
			9	5.12	4.54	3.75	3.15	2.53	
			10	4.5	3.99	3.31	2.78	2.24	
			11	4.01	3.56	2.96	2.49	2.01	
			12	3.62	3.22	2.68	2.26	1.83	
85	要子庄村	0.5	1	3.84	3.36	2.71	2.22	1.72	
			2	4.13	3.61	2.91	2.38	1.85	
			3	6.84	5.96	4.81	3.93	3.05	
			4	7.95	6.94	5.59	4.58	3.55	
			5	17.81	15.53	12.52	10.25	7.95	
			6	55.28	48.32	39.11	32.1	25.06	
			7	12.28	10.71	8.63	7.06	5.48	
			8	9.59	8.36	6.74	5.52	4.28	
			9	6.02	5.25	4.23	3.46	2.69	
			10	5.39	4.7	3.79	3.1	2.41	
			11	4.89	4.26	3.44	2.81	2.19	
			12	4.48	3.91	3.15	2.58	2	

续表 3-3-3

序号	计算单元名称	时段长(h)	时段序号	重现期时段雨量值(mm)					备注
				100年($H_{1\%}$)	50年($H_{2\%}$)	20年($H_{5\%}$)	10年($H_{10\%}$)	5年($H_{20\%}$)	
86	黄冶村	0.5	1	3.42	3.03	2.51	2.1	1.69	
			2	3.73	3.3	2.73	2.29	1.83	
			3	6.68	5.89	4.83	4.02	3.19	
			4	7.93	6.99	5.72	4.75	3.76	
			5	19.15	16.78	13.6	11.19	8.75	
			6	59.1	51.39	41.21	33.51	25.82	
			7	12.83	11.27	9.17	7.58	5.96	
			8	9.78	8.6	7.02	5.82	4.59	
			9	5.77	5.1	4.19	3.49	2.78	
			10	5.08	4.49	3.7	3.09	2.46	
			11	4.54	4.01	3.31	2.76	2.21	
			12	4.09	3.63	2.99	2.5	2	
87	程家峪村	0.5	1	3.41	3.03	2.5	2.1	1.68	
			2	3.73	3.3	2.72	2.28	1.83	
			3	6.73	5.94	4.86	4.04	3.21	
			4	8.01	7.05	5.77	4.79	3.79	
			5	19.56	17.12	13.87	11.41	8.91	
			6	61.34	53.3	42.71	34.7	26.71	
			7	13.04	11.44	9.31	7.69	6.04	
			8	9.9	8.71	7.1	5.88	4.64	
			9	5.81	5.13	4.21	3.5	2.79	
			10	5.1	4.51	3.71	3.09	2.46	
			11	4.55	4.02	3.31	2.77	2.21	
			12	4.1	3.63	2.99	2.5	2	
88	田家庄村	0.5	1	3.41	3.02	2.5	2.1	1.68	
			2	3.71	3.29	2.71	2.27	1.82	
			3	6.59	5.81	4.76	3.96	3.15	
			4	7.81	6.88	5.63	4.67	3.7	
			5	18.76	16.43	13.32	10.96	8.58	
			6	58.66	51	40.89	33.25	25.63	
			7	12.59	11.05	8.99	7.43	5.85	
			8	9.61	8.45	6.9	5.71	4.51	
			9	5.71	5.04	4.14	3.45	2.75	
			10	5.03	4.45	3.66	3.05	2.44	
			11	4.5	3.98	3.28	2.74	2.19	
			12	4.07	3.6	2.97	2.49	1.99	

续表 3-3-3

序号	计算单元名称	时段长(h)	时段序号	重现期时段雨量值(mm)					备注
				100 年($H_{1\%}$)	50 年($H_{2\%}$)	20 年($H_{5\%}$)	10 年($H_{10\%}$)	5 年($H_{20\%}$)	
89	王家庄村	0.5	1	3.91	3.4	2.73	2.23	1.73	
			2	4.16	3.63	2.92	2.38	1.84	
			3	6.5	5.67	4.57	3.75	2.91	
			4	7.45	6.51	5.25	4.3	3.35	
			5	15.77	13.8	11.19	9.21	7.21	
			6	51.12	44.82	36.44	30.07	23.64	
			7	11.11	9.71	7.86	6.46	5.04	
			8	8.84	7.72	6.24	5.12	3.99	
			9	5.79	5.06	4.08	3.33	2.59	
			10	5.25	4.58	3.69	3.02	2.34	
			11	4.82	4.2	3.38	2.76	2.14	
			12	4.46	3.89	3.13	2.55	1.98	
90	王家坟村	0.5	1	2.75	2.46	2.07	1.76	1.45	
			2	2.99	2.67	2.25	1.91	1.57	
			3	5.35	4.76	3.96	3.34	2.71	
			4	6.36	5.65	4.69	3.95	3.19	
			5	15.74	13.86	11.35	9.44	7.49	
			6	54.95	47.69	38.11	30.88	23.69	
			7	10.39	9.18	7.57	6.33	5.06	
			8	7.86	6.97	5.77	4.84	3.9	
			9	4.62	4.11	3.43	2.9	2.36	
			10	4.06	3.63	3.03	2.57	2.09	
			11	3.63	3.24	2.71	2.31	1.88	
			12	3.28	2.93	2.46	2.09	1.71	
91	罗城村	0.5	1	3.85	3.36	2.71	2.22	1.72	
			2	4.1	3.58	2.89	2.36	1.84	
			3	6.33	5.54	4.48	3.68	2.87	
			4	7.23	6.33	5.12	4.21	3.29	
			5	15.05	13.2	10.72	8.84	6.94	
			6	47.09	41.31	33.64	27.79	21.89	
			7	10.68	9.36	7.59	6.25	4.9	
			8	8.55	7.49	6.06	4.99	3.9	
			9	5.66	4.95	4	3.28	2.56	
			10	5.14	4.49	3.63	2.98	2.32	
			11	4.73	4.13	3.33	2.73	2.13	
			12	4.38	3.83	3.09	2.53	1.97	

续表 3-3-3

序号	计算单元名称	时段长(h)	时段序号	重现期时段雨量值(mm)					备注
				100 年($H_{1\%}$)	50 年($H_{2\%}$)	20 年($H_{5\%}$)	10 年($H_{10\%}$)	5 年($H_{20\%}$)	
92	寺底村	0.5	1	2.84	2.54	2.13	1.81	1.48	
			2	3.11	2.78	2.33	1.98	1.62	
			3	5.84	5.18	4.29	3.61	2.91	
			4	7.02	6.22	5.14	4.31	3.46	
			5	18.1	15.89	12.94	10.7	8.43	
			6	62.42	54.12	43.22	35	26.83	
			7	11.77	10.37	8.5	7.07	5.62	
			8	8.79	7.77	6.39	5.34	4.27	
			9	4.99	4.43	3.68	3.11	2.51	
			10	4.35	3.87	3.22	2.72	2.21	
			11	3.85	3.43	2.86	2.42	1.97	
			12	3.44	3.07	2.57	2.18	1.78	
93	开化村	0.5	1	3.19	2.84	2.37	2.01	1.63	
			2	3.5	3.12	2.6	2.19	1.78	
			3	6.51	5.76	4.74	3.96	3.17	
			4	7.79	6.88	5.65	4.71	3.75	
			5	19.35	16.96	13.76	11.32	8.87	
			6	58.88	51.22	41.08	33.41	25.76	
			7	12.84	11.29	9.21	7.62	6.01	
			8	9.69	8.54	6.99	5.81	4.6	
			9	5.58	4.94	4.08	3.42	2.74	
			10	4.88	4.32	3.58	3.01	2.42	
			11	4.32	3.84	3.18	2.68	2.16	
			12	3.87	3.44	2.86	2.41	1.95	
94	赤桥村	0.5	1	3.51	3.09	2.52	2.09	1.65	
			2	3.82	3.36	2.73	2.26	1.78	
			3	6.72	5.88	4.76	3.91	3.06	
			4	7.93	6.94	5.61	4.6	3.59	
			5	18.66	16.27	13.09	10.69	8.29	
			6	55.46	48.43	39.12	32.06	24.97	
			7	12.65	11.04	8.89	7.28	5.66	
			8	9.71	8.49	6.85	5.61	4.37	
			9	5.83	5.11	4.14	3.41	2.67	
			10	5.15	4.52	3.67	3.02	2.37	
			11	4.62	4.05	3.29	2.72	2.14	
			12	4.18	3.67	2.99	2.47	1.94	

续表 3-3-3

序号	计算单元名称	时段长(h)	时段序号	重现期时段雨量值(mm)					备注
				100 年($H_{1\%}$)	50 年($H_{2\%}$)	20 年($H_{5\%}$)	10 年($H_{10\%}$)	5 年($H_{20\%}$)	
95	吴家峪村	0.5	1	3.51	3.08	2.51	2.08	1.64	
			2	3.82	3.35	2.73	2.26	1.78	
			3	6.7	5.86	4.75	3.9	3.05	
			4	7.91	6.92	5.59	4.59	3.58	
			5	18.65	16.27	13.09	10.7	8.29	
			6	56.17	49.07	39.63	32.47	25.28	
			7	12.63	11.02	8.88	7.27	5.65	
			8	9.69	8.47	6.84	5.61	4.36	
			9	5.82	5.09	4.13	3.4	2.66	
			10	5.14	4.51	3.66	3.02	2.37	
			11	4.61	4.04	3.28	2.71	2.13	
			12	4.18	3.66	2.98	2.46	1.94	
96	窑头村	0.5	1	3.39	2.99	2.45	2.03	1.61	
			2	3.68	3.24	2.65	2.21	1.75	
			3	6.43	5.66	4.63	3.84	3.04	
			4	7.6	6.68	5.46	4.53	3.59	
			5	18.14	15.92	12.96	10.71	8.43	
			6	59.13	51.43	41.27	33.6	25.93	
			7	12.17	10.7	8.73	7.23	5.71	
			8	9.32	8.19	6.69	5.55	4.39	
			9	5.59	4.92	4.02	3.34	2.65	
			10	4.95	4.35	3.56	2.96	2.34	
			11	4.44	3.91	3.2	2.66	2.11	
			12	4.02	3.54	2.9	2.41	1.91	
97	三泉头村	0.5	1	3.15	2.79	2.31	1.94	1.56	
			2	3.41	3.02	2.5	2.09	1.68	
			3	5.87	5.19	4.27	3.57	2.85	
			4	6.92	6.11	5.02	4.19	3.34	
			5	16.58	14.56	11.87	9.82	7.74	
			6	59.12	51.31	41.01	33.22	25.49	
			7	11.08	9.75	7.98	6.63	5.25	
			8	8.47	7.47	6.13	5.1	4.06	
			9	5.11	4.52	3.73	3.12	2.49	
			10	4.54	4.02	3.31	2.77	2.22	
			11	4.08	3.61	2.98	2.5	2	
			12	3.71	3.29	2.72	2.28	1.83	

续表 3-3-3

序号	计算单元名称	时段长(h)	时段序号	重现期时段雨量值(mm)					备注
				100 年($H_{1\%}$)	50 年($H_{2\%}$)	20 年($H_{5\%}$)	10 年($H_{10\%}$)	5 年($H_{20\%}$)	
98	下石村	0.5	1	3.49	3.08	2.51	2.08	1.65	
			2	3.79	3.33	2.72	2.25	1.78	
			3	6.55	5.74	4.66	3.83	3.01	
			4	7.7	6.74	5.47	4.49	3.51	
			5	17.82	15.56	12.55	10.26	7.97	
			6	52.61	45.98	37.19	30.51	23.79	
			7	12.16	10.63	8.59	7.03	5.48	
			8	9.39	8.21	6.65	5.45	4.26	
			9	5.71	5.01	4.07	3.35	2.63	
			10	5.06	4.44	3.62	2.98	2.35	
			11	4.55	4	3.26	2.69	2.12	
			12	4.13	3.63	2.96	2.45	1.94	
99	牛家口村	0.5	1	3.49	3.07	2.51	2.08	1.65	
			2	3.78	3.32	2.71	2.25	1.78	
			3	6.51	5.71	4.63	3.81	2.99	
			4	7.65	6.7	5.42	4.46	3.49	
			5	17.65	15.41	12.41	10.16	7.89	
			6	52.32	45.72	36.99	30.35	23.67	
			7	12.05	10.53	8.5	6.97	5.43	
			8	9.32	8.15	6.59	5.41	4.23	
			9	5.68	4.98	4.04	3.34	2.62	
			10	5.04	4.42	3.6	2.97	2.34	
			11	4.54	3.98	3.24	2.68	2.11	
			12	4.12	3.62	2.95	2.45	1.93	
100	青阳河村	0.5	1	2.78	2.46	2.03	1.71	1.37	
			2	2.99	2.65	2.19	1.83	1.47	
			3	4.99	4.41	3.63	3.03	2.42	
			4	5.84	5.16	4.25	3.54	2.82	
			5	13.83	12.19	9.95	8.23	6.49	
			6	57.8	50.16	40.06	32.43	24.84	
			7	9.24	8.16	6.68	5.55	4.4	
			8	7.11	6.28	5.16	4.29	3.41	
			9	4.37	3.87	3.19	2.67	2.13	
			10	3.91	3.46	2.85	2.39	1.91	
			11	3.54	3.13	2.58	2.16	1.73	
			12	3.24	2.87	2.37	1.98	1.59	

续表 3-3-3

序号	计算单元名称	时段长(h)	时段序号	重现期时段雨量值(mm)					备注
				100 年($H_{1\%}$)	50 年($H_{2\%}$)	20 年($H_{5\%}$)	10 年($H_{10\%}$)	5 年($H_{20\%}$)	
101	蚕石村	0.5	1	2.78	2.47	2.04	1.71	1.37	
			2	3	2.65	2.19	1.84	1.47	
			3	5.03	4.44	3.65	3.04	2.42	
			4	5.89	5.2	4.26	3.55	2.82	
			5	13.98	12.27	9.98	8.23	6.47	
			6	56.93	49.42	39.5	32.03	24.59	
			7	9.34	8.22	6.71	5.56	4.39	
			8	7.18	6.32	5.17	4.3	3.41	
			9	4.4	3.89	3.2	2.67	2.13	
			10	3.93	3.47	2.86	2.39	1.91	
			11	3.55	3.14	2.59	2.17	1.74	
			12	3.25	2.88	2.37	1.99	1.59	
102	圪垯村	0.5	1	3.5	3.07	2.5	2.06	1.62	
			2	3.77	3.31	2.69	2.22	1.74	
			3	6.28	5.51	4.47	3.67	2.88	
			4	7.33	6.42	5.2	4.28	3.35	
			5	16.61	14.53	11.75	9.64	7.51	
			6	52.5	45.9	37.15	30.49	23.8	
			7	11.39	9.97	8.07	6.62	5.17	
			8	8.86	7.76	6.29	5.17	4.04	
			9	5.52	4.84	3.93	3.23	2.53	
			10	4.93	4.33	3.51	2.89	2.27	
			11	4.47	3.92	3.18	2.62	2.06	
			12	4.09	3.58	2.91	2.4	1.88	
103	槐树底村	0.5	1	3.5	3.07	2.5	2.06	1.62	
			2	3.77	3.3	2.69	2.22	1.74	
			3	6.27	5.49	4.46	3.67	2.87	
			4	7.31	6.4	5.19	4.27	3.34	
			5	16.52	14.45	11.68	9.59	7.48	
			6	51.98	45.45	36.79	30.2	23.59	
			7	11.34	9.93	8.03	6.6	5.15	
			8	8.83	7.73	6.27	5.15	4.03	
			9	5.51	4.83	3.92	3.23	2.53	
			10	4.92	4.32	3.51	2.89	2.27	
			11	4.46	3.91	3.18	2.62	2.06	
			12	4.08	3.58	2.91	2.4	1.88	

续表 3-3-3

序号	计算单元名称	时段长(h)	时段序号	重现期时段雨量值(mm)					备注
				100 年($H_{1\%}$)	50 年($H_{2\%}$)	20 年($H_{5\%}$)	10 年($H_{10\%}$)	5 年($H_{20\%}$)	
104	南峪村	0.5	1	3.5	3.07	2.5	2.06	1.62	
			2	3.76	3.3	2.69	2.22	1.74	
			3	6.26	5.48	4.45	3.66	2.87	
			4	7.29	6.39	5.18	4.26	3.33	
			5	16.45	14.39	11.63	9.55	7.45	
			6	51.59	45.11	36.52	29.98	23.41	
			7	11.3	9.89	8.01	6.58	5.14	
			8	8.81	7.71	6.25	5.14	4.02	
			9	5.5	4.82	3.91	3.22	2.53	
			10	4.92	4.31	3.5	2.89	2.26	
			11	4.45	3.91	3.18	2.62	2.06	
			12	4.08	3.58	2.91	2.4	1.88	
105	黄楼村	0.5	1	3.5	3.07	2.5	2.06	1.62	
			2	3.77	3.3	2.69	2.22	1.74	
			3	6.27	5.49	4.46	3.67	2.87	
			4	7.31	6.4	5.19	4.27	3.34	
			5	16.53	14.46	11.69	9.59	7.48	
			6	52.04	45.5	36.83	30.23	23.61	
			7	11.35	9.93	8.04	6.6	5.16	
			8	8.84	7.74	6.27	5.15	4.03	
			9	5.51	4.83	3.92	3.23	2.53	
			10	4.92	4.32	3.51	2.89	2.27	
			11	4.46	3.91	3.18	2.62	2.06	
			12	4.08	3.58	2.91	2.4	1.88	
106	洞儿沟村	0.5	1	3.18	2.79	2.27	1.88	1.48	
			2	3.45	3.03	2.47	2.04	1.61	
			3	6.07	5.32	4.31	3.55	2.78	
			4	7.18	6.29	5.09	4.19	3.27	
			5	17.18	15	12.11	9.93	7.72	
			6	54.72	47.84	38.71	31.77	24.8	
			7	11.53	10.08	8.15	6.69	5.21	
			8	8.82	7.71	6.24	5.13	4	
			9	5.27	4.62	3.75	3.09	2.42	
			10	4.65	4.08	3.32	2.73	2.15	
			11	4.17	3.66	2.97	2.45	1.93	
			12	3.78	3.31	2.7	2.23	1.75	

续表 3-3-3

序号	计算单元名称	时段长(h)	时段序号	重现期时段雨量值(mm)					备注
				100 年($H_{1\%}$)	50 年($H_{2\%}$)	20 年($H_{5\%}$)	10 年($H_{10\%}$)	5 年($H_{20\%}$)	
107	东峰社区	0.5	1	2.01	1.79	1.51	1.28	1.05	
			2	2.21	1.97	1.65	1.40	1.14	
			3	4.26	3.76	3.09	2.58	2.06	
			4	5.15	4.54	3.72	3.09	2.46	
			5	13.67	11.95	9.66	7.92	6.18	
			6	48.64	42.63	34.67	28.59	22.47	
			7	8.78	7.70	6.25	5.16	4.05	
			8	6.50	5.71	4.66	3.86	3.05	
			9	3.62	3.20	2.64	2.21	1.78	
			10	3.13	2.78	2.30	1.94	1.56	
			11	2.76	2.45	2.04	1.72	1.39	
			12	2.46	2.19	1.83	1.54	1.25	
108	郝庄社区	0.5	1	1.79	1.61	1.36	1.17	0.97	
			2	1.99	1.79	1.51	1.29	1.06	
			3	4.00	3.54	2.92	2.45	1.96	
			4	4.89	4.32	3.54	2.96	2.35	
			5	13.29	11.62	9.40	7.72	6.03	
			6	45.30	39.74	32.38	26.77	21.08	
			7	8.48	7.44	6.05	5.00	3.93	
			8	6.22	5.48	4.48	3.71	2.94	
			9	3.37	2.99	2.48	2.09	1.68	
			10	2.90	2.58	2.15	1.81	1.47	
			11	2.53	2.26	1.89	1.60	1.30	
			12	2.24	2.00	1.68	1.43	1.17	
109	枣园社区	0.5	1	2.03	1.81	1.52	1.29	1.05	
			2	2.23	1.99	1.66	1.41	1.15	
			3	4.21	3.72	3.06	2.56	2.05	
			4	5.07	4.48	3.67	3.06	2.44	
			5	13.30	11.65	9.45	7.78	6.09	
			6	48.29	42.39	34.53	28.52	22.46	
			7	8.57	7.53	6.14	5.07	4.00	
			8	6.37	5.61	4.59	3.81	3.02	
			9	3.59	3.18	2.63	2.20	1.77	
			10	3.12	2.77	2.30	1.93	1.56	
			11	2.76	2.46	2.04	1.72	1.39	
			12	2.47	2.20	1.83	1.55	1.26	

续表 3-3-3

序号	计算单元名称	时段长(h)	时段序号	重现期时段雨量值(mm)					备注
				100年($H_{1\%}$)	50年($H_{2\%}$)	20年($H_{5\%}$)	10年($H_{10\%}$)	5年($H_{20\%}$)	
110	赵北峰社区	0.5	1	1.79	1.61	1.36	1.17	0.97	
			2	1.99	1.79	1.51	1.29	1.06	
			3	4.01	3.55	2.92	2.45	1.96	
			4	4.89	4.32	3.55	2.96	2.35	
			5	13.32	11.65	9.42	7.74	6.03	
			6	45.46	39.88	32.50	26.86	21.15	
			7	8.49	7.45	6.06	5.00	3.93	
			8	6.23	5.48	4.48	3.72	2.94	
			9	3.37	2.99	2.48	2.09	1.68	
			10	2.90	2.58	2.15	1.81	1.47	
			11	2.53	2.26	1.89	1.60	1.30	
			12	2.23	2.00	1.68	1.43	1.17	
111	双塔社区	0.5	1	1.80	1.61	1.36	1.17	0.97	
			2	2.00	1.79	1.51	1.29	1.06	
			3	4.00	3.54	2.92	2.45	1.96	
			4	4.88	4.31	3.54	2.95	2.35	
			5	13.25	11.58	9.38	7.70	6.01	
			6	45.04	39.52	32.22	26.62	20.97	
			7	8.46	7.42	6.04	4.99	3.92	
			8	6.21	5.47	4.47	3.71	2.94	
			9	3.37	2.99	2.48	2.09	1.68	
			10	2.90	2.58	2.15	1.81	1.47	
			11	2.53	2.26	1.89	1.60	1.30	
			12	2.24	2.00	1.68	1.43	1.17	
112	郝家沟村	0.5	1	1.79	1.61	1.36	1.17	0.97	
			2	1.99	1.79	1.51	1.29	1.06	
			3	4.00	3.54	2.92	2.45	1.96	
			4	4.89	4.32	3.54	2.96	2.35	
			5	13.29	11.62	9.40	7.72	6.03	
			6	45.30	39.74	32.38	26.77	21.08	
			7	8.48	7.44	6.05	5.00	3.93	
			8	6.22	5.48	4.48	3.71	2.94	
			9	3.37	2.99	2.48	2.09	1.68	
			10	2.90	2.58	2.15	1.81	1.47	
			11	2.53	2.26	1.89	1.60	1.30	
			12	2.24	2.00	1.68	1.43	1.17	

续表 3-3-3

序号	计算单元名称	时段长(h)	时段序号	重现期时段雨量值(mm)					备注
				100 年($H_{1\%}$)	50 年($H_{2\%}$)	20 年($H_{5\%}$)	10 年($H_{10\%}$)	5 年($H_{20\%}$)	
113	小山沟村	0.5	1	1.73	1.55	1.31	1.12	0.93	
			2	1.90	1.71	1.44	1.23	1.01	
			3	3.69	3.28	2.71	2.27	1.83	
			4	4.49	3.98	3.27	2.73	2.18	
			5	12.36	10.84	8.77	7.20	5.61	
			6	50.43	44.13	35.73	29.34	22.91	
			7	7.79	6.86	5.58	4.61	3.63	
			8	5.70	5.04	4.13	3.43	2.72	
			9	3.13	2.78	2.31	1.95	1.57	
			10	2.71	2.41	2.01	1.70	1.38	
			11	2.38	2.13	1.78	1.51	1.23	
			12	2.12	1.90	1.59	1.36	1.11	
114	大窑脑村	0.5	1	1.73	1.56	1.32	1.13	0.93	
			2	1.92	1.72	1.45	1.24	1.02	
			3	3.84	3.40	2.82	2.37	1.91	
			4	4.69	4.16	3.42	2.87	2.30	
			5	13.15	11.55	9.36	7.74	6.07	
			6	52.13	45.61	36.92	30.34	23.70	
			7	8.24	7.26	5.92	4.92	3.89	
			8	6.00	5.30	4.34	3.63	2.89	
			9	3.23	2.87	2.39	2.02	1.63	
			10	2.78	2.48	2.07	1.75	1.42	
			11	2.43	2.17	1.81	1.54	1.26	
			12	2.15	1.92	1.62	1.38	1.13	
115	东祁家山村	0.5	1	1.66	1.49	1.26	1.08	0.90	
			2	1.86	1.67	1.40	1.20	0.98	
			3	3.93	3.47	2.84	2.37	1.88	
			4	4.87	4.27	3.49	2.88	2.28	
			5	14.01	12.18	9.76	7.93	6.11	
			6	51.48	45.07	36.54	30.05	23.51	
			7	8.72	7.61	6.13	5.02	3.89	
			8	6.29	5.50	4.46	3.67	2.87	
			9	3.27	2.90	2.39	2.00	1.60	
			10	2.78	2.47	2.05	1.72	1.39	
			11	2.41	2.14	1.78	1.51	1.22	
			12	2.10	1.88	1.57	1.34	1.09	

续表 3-3-3

序号	计算单元名称	时段长(h)	时段序号	重现期时段雨量值(mm)					备注
				100 年($H_{1\%}$)	50 年($H_{2\%}$)	20 年($H_{5\%}$)	10 年($H_{10\%}$)	5 年($H_{20\%}$)	
116	东沟村	0.5	1	1.74	1.56	1.32	1.13	0.94	
			2	1.92	1.72	1.45	1.24	1.02	
			3	3.67	3.26	2.69	2.26	1.82	
			4	4.45	3.94	3.24	2.71	2.17	
			5	12.09	10.58	8.57	7.04	5.50	
			6	48.77	42.67	34.58	28.43	22.23	
			7	7.66	6.73	5.48	4.54	3.58	
			8	5.63	4.96	4.07	3.39	2.69	
			9	3.12	2.77	2.30	1.94	1.57	
			10	2.70	2.41	2.01	1.70	1.38	
			11	2.38	2.13	1.78	1.51	1.24	
			12	2.13	1.90	1.60	1.36	1.12	
117	杨家村	0.5	1	2.20	1.97	1.66	1.41	1.16	
			2	2.38	2.13	1.79	1.52	1.25	
			3	4.11	3.66	3.04	2.56	2.07	
			4	4.86	4.31	3.57	3.00	2.42	
			5	11.98	10.54	8.62	7.16	5.68	
			6	50.47	44.19	35.87	29.53	23.14	
			7	7.87	6.95	5.72	4.77	3.81	
			8	5.98	5.29	4.37	3.66	2.94	
			9	3.58	3.18	2.65	2.24	1.82	
			10	3.17	2.83	2.36	2.00	1.63	
			11	2.85	2.55	2.13	1.81	1.47	
			12	2.59	2.32	1.94	1.65	1.35	
118	柴家村	0.5	1	2.20	1.97	1.66	1.41	1.16	
			2	2.38	2.13	1.79	1.52	1.25	
			3	4.12	3.66	3.04	2.56	2.07	
			4	4.87	4.32	3.58	3.01	2.42	
			5	12.03	10.58	8.66	7.19	5.69	
			6	50.88	44.54	36.14	29.75	23.32	
			7	7.90	6.97	5.73	4.79	3.82	
			8	5.99	5.30	4.38	3.67	2.94	
			9	3.58	3.19	2.65	2.24	1.82	
			10	3.17	2.83	2.36	2.00	1.62	
			11	2.85	2.54	2.13	1.81	1.47	
			12	2.59	2.32	1.94	1.65	1.35	

续表 3-3-3

序号	计算单元名称	时段长(h)	时段序号	重现期时段雨量值(mm)					备注
				100 年($H_{1\%}$)	50 年($H_{2\%}$)	20 年($H_{5\%}$)	10 年($H_{10\%}$)	5 年($H_{20\%}$)	
119	芮城村	0.5	1	2.19	1.97	1.65	1.41	1.16	
			2	2.37	2.12	1.78	1.52	1.24	
			3	4.12	3.66	3.04	2.57	2.07	
			4	4.88	4.33	3.58	3.01	2.43	
			5	12.12	10.66	8.71	7.23	5.73	
			6	51.66	45.23	36.69	30.19	23.65	
			7	7.94	7.01	5.76	4.81	3.83	
			8	6.01	5.32	4.39	3.68	2.95	
			9	3.58	3.19	2.65	2.24	1.82	
			10	3.17	2.83	2.36	2.00	1.62	
			11	2.85	2.54	2.13	1.80	1.47	
			12	2.59	2.31	1.94	1.65	1.35	
120	摄乐村	0.5	1	2.20	1.97	1.65	1.41	1.16	
			2	2.38	2.13	1.78	1.52	1.24	
			3	4.12	3.66	3.04	2.57	2.07	
			4	4.88	4.33	3.58	3.01	2.43	
			5	12.10	10.64	8.71	7.23	5.72	
			6	51.52	45.10	36.59	30.11	23.58	
			7	7.93	7.00	5.76	4.80	3.83	
			8	6.01	5.32	4.39	3.68	2.95	
			9	3.58	3.19	2.65	2.24	1.82	
			10	3.17	2.83	2.36	2.00	1.62	
			11	2.85	2.54	2.13	1.80	1.47	
			12	2.59	2.31	1.94	1.65	1.35	
121	郭家窑村	0.5	1	1.93	1.75	1.51	1.32	1.11	
			2	2.10	1.90	1.64	1.43	1.20	
			3	3.73	3.35	2.84	2.43	2.01	
			4	4.42	3.96	3.34	2.85	2.34	
			5	10.66	9.45	7.82	6.56	5.28	
			6	33.62	29.55	24.17	20.03	15.86	
			7	7.14	6.35	5.30	4.48	3.64	
			8	5.45	4.86	4.08	3.47	2.83	
			9	3.23	2.90	2.47	2.13	1.76	
			10	2.85	2.56	2.19	1.89	1.58	
			11	2.55	2.30	1.97	1.70	1.43	
			12	2.30	2.08	1.79	1.55	1.30	

续表 3-3-3

序号	计算单元名称	时段长(h)	时段序号	重现期时段雨量值(mm)					备注
				100 年($H_{1\%}$)	50 年($H_{2\%}$)	20 年($H_{5\%}$)	10 年($H_{10\%}$)	5 年($H_{20\%}$)	
122	马头水村	0.5	1	2.50	2.22	1.86	1.57	1.28	
			2	2.68	2.38	1.99	1.68	1.37	
			3	4.37	3.88	3.22	2.71	2.19	
			4	5.09	4.52	3.74	3.14	2.53	
			5	11.81	10.42	8.56	7.14	5.68	
			6	52.13	45.66	37.06	30.52	23.93	
			7	7.95	7.04	5.80	4.85	3.88	
			8	6.16	5.46	4.51	3.78	3.04	
			9	3.85	3.42	2.84	2.40	1.94	
			10	3.46	3.07	2.55	2.16	1.74	
			11	3.14	2.80	2.33	1.97	1.59	
			12	2.89	2.57	2.14	1.81	1.47	
123	上水峪村	0.5	1	2.36	2.11	1.77	1.51	1.24	
			2	2.54	2.27	1.90	1.62	1.32	
			3	4.27	3.80	3.16	2.67	2.16	
			4	5.01	4.45	3.69	3.11	2.51	
			5	12.06	10.63	8.72	7.26	5.77	
			6	53.23	46.60	37.80	31.10	24.36	
			7	8.00	7.07	5.83	4.88	3.90	
			8	6.12	5.42	4.49	3.77	3.03	
			9	3.74	3.33	2.77	2.34	1.90	
			10	3.33	2.97	2.48	2.10	1.71	
			11	3.01	2.69	2.25	1.91	1.55	
			12	2.75	2.46	2.06	1.75	1.43	
124	横岭村	0.5	1	2.20	1.98	1.66	1.42	1.16	
			2	2.38	2.13	1.79	1.52	1.25	
			3	4.11	3.66	3.04	2.57	2.08	
			4	4.86	4.31	3.58	3.02	2.43	
			5	12.03	10.59	8.69	7.24	5.75	
			6	53.07	46.44	37.68	31.01	24.29	
			7	7.88	6.97	5.74	4.81	3.85	
			8	5.98	5.30	4.38	3.68	2.96	
			9	3.58	3.19	2.66	2.25	1.83	
			10	3.17	2.83	2.36	2.00	1.63	
			11	2.85	2.55	2.13	1.81	1.48	
			12	2.60	2.32	1.94	1.65	1.35	

续表 3-3-3

序号	计算单元名称	时段长(h)	时段序号	重现期时段雨量值(mm)					备注
				100 年($H_{1\%}$)	50 年($H_{2\%}$)	20 年($H_{5\%}$)	10 年($H_{10\%}$)	5 年($H_{20\%}$)	
125	庄头村	0.5	1	2.20	1.97	1.66	1.41	1.16	
			2	2.38	2.13	1.79	1.52	1.25	
			3	4.11	3.66	3.04	2.57	2.08	
			4	4.86	4.32	3.58	3.02	2.44	
			5	12.03	10.61	8.71	7.25	5.76	
			6	53.23	46.59	37.80	31.10	24.35	
			7	7.88	6.97	5.75	4.81	3.85	
			8	5.98	5.30	4.39	3.68	2.96	
			9	3.57	3.19	2.66	2.25	1.82	
			10	3.17	2.83	2.36	2.00	1.63	
			11	2.85	2.55	2.13	1.81	1.48	
			12	2.59	2.32	1.94	1.65	1.35	
126	西高庄村	0.5	1	2.39	2.14	1.82	1.56	1.29	
			2	2.59	2.32	1.96	1.68	1.39	
			3	4.52	4.02	3.34	2.82	2.28	
			4	5.33	4.73	3.91	3.29	2.65	
			5	12.45	10.94	8.93	7.39	5.84	
			6	36.64	32.25	26.40	21.93	17.39	
			7	8.47	7.46	6.12	5.10	4.06	
			8	6.52	5.76	4.75	3.97	3.18	
			9	3.93	3.50	2.92	2.47	2.01	
			10	3.48	3.11	2.60	2.21	1.80	
			11	3.12	2.79	2.35	2.00	1.64	
			12	2.83	2.54	2.14	1.83	1.50	
127	阎家坟村	0.5	1	2.75	2.46	2.07	1.76	1.45	
			2	2.99	2.67	2.25	1.91	1.57	
			3	5.35	4.76	3.96	3.34	2.71	
			4	6.36	5.65	4.69	3.95	3.19	
			5	15.74	13.86	11.35	9.44	7.49	
			6	54.95	47.69	38.11	30.88	23.69	
			7	10.39	9.18	7.57	6.33	5.06	
			8	7.86	6.97	5.77	4.84	3.90	
			9	4.62	4.11	3.43	2.90	2.36	
			10	4.06	3.63	3.03	2.57	2.09	
			11	3.63	3.24	2.71	2.31	1.88	
			12	3.28	2.93	2.46	2.09	1.71	

续表 3-3-3

序号	计算单元名称	时段长(h)	时段序号	重现期时段雨量值(mm)					备注
				100 年($H_{1\%}$)	50 年($H_{2\%}$)	20 年($H_{5\%}$)	10 年($H_{10\%}$)	5 年($H_{20\%}$)	
128	上冶峪村	0.5	1	2.67	2.40	2.02	1.73	1.42	
			2	2.93	2.63	2.21	1.88	1.55	
			3	5.50	4.88	4.05	3.41	2.74	
			4	6.62	5.86	4.85	4.06	3.25	
			5	17.21	15.09	12.29	10.11	7.92	
			6	61.60	53.38	42.61	34.45	26.34	
			7	11.14	9.81	8.04	6.66	5.27	
			8	8.29	7.33	6.04	5.03	4.01	
			9	4.70	4.18	3.48	2.94	2.38	
			10	4.09	3.65	3.05	2.58	2.09	
			11	3.62	3.23	2.71	2.30	1.87	
			12	3.24	2.90	2.43	2.07	1.69	
129	石庄头村	0.5	1	2.67	2.39	2.02	1.73	1.42	
			2	2.93	2.62	2.21	1.88	1.55	
			3	5.50	4.88	4.05	3.41	2.74	
			4	6.62	5.86	4.85	4.06	3.25	
			5	17.22	15.10	12.30	10.12	7.92	
			6	61.71	53.47	42.68	34.51	26.38	
			7	11.14	9.81	8.05	6.67	5.27	
			8	8.30	7.33	6.04	5.04	4.01	
			9	4.70	4.18	3.48	2.94	2.38	
			10	4.09	3.65	3.05	2.58	2.09	
			11	3.62	3.23	2.71	2.30	1.87	
			12	3.24	2.90	2.43	2.07	1.69	
130	五坡村	0.5	1	3.39	2.98	2.44	2.03	1.60	
			2	3.68	3.24	2.65	2.20	1.74	
			3	6.48	5.70	4.66	3.86	3.06	
			4	7.67	6.74	5.51	4.57	3.61	
			5	18.50	16.22	13.20	10.90	8.57	
			6	61.13	53.15	42.64	34.67	26.72	
			7	12.36	10.85	8.85	7.32	5.78	
			8	9.43	8.29	6.76	5.60	4.43	
			9	5.62	4.94	4.04	3.35	2.65	
			10	4.96	4.37	3.57	2.96	2.35	
			11	4.44	3.91	3.20	2.66	2.10	
			12	4.03	3.54	2.90	2.41	1.91	

续表 3-3-3

序号	计算单元名称	时段长(h)	时段序号	重现期时段雨量值(mm)					备注
				100 年($H_{1\%}$)	50 年($H_{2\%}$)	20 年($H_{5\%}$)	10 年($H_{10\%}$)	5 年($H_{20\%}$)	
131	明马村	0.5	1	3.14	2.79	2.30	1.93	1.55	
			2	3.40	3.02	2.49	2.09	1.68	
			3	5.90	5.21	4.29	3.58	2.86	
			4	6.97	6.15	5.05	4.21	3.35	
			5	16.83	14.77	12.04	9.95	7.84	
			6	60.73	52.67	42.07	34.08	26.12	
			7	11.20	9.85	8.06	6.69	5.30	
			8	8.55	7.53	6.18	5.14	4.08	
			9	5.13	4.54	3.74	3.12	2.50	
			10	4.55	4.02	3.32	2.77	2.22	
			11	4.09	3.62	2.98	2.50	2.00	
			12	3.71	3.29	2.71	2.28	1.82	
132	杏坪村	0.5	1	3.50	3.07	2.50	2.06	1.61	
			2	3.78	3.31	2.69	2.22	1.74	
			3	6.36	5.57	4.51	3.71	2.90	
			4	7.43	6.51	5.27	4.33	3.38	
			5	17.06	14.92	12.06	9.88	7.69	
			6	55.09	48.15	38.93	31.92	24.89	
			7	11.63	10.18	8.23	6.75	5.26	
			8	9.02	7.89	6.39	5.24	4.09	
			9	5.57	4.88	3.96	3.25	2.54	
			10	4.97	4.35	3.53	2.90	2.27	
			11	4.49	3.93	3.19	2.63	2.06	
			12	4.10	3.59	2.92	2.40	1.88	

第4章 设计洪水

采用《山西省水文计算手册》中的流域模型法,134个村落为重点防治区,作为分析评价对象,其中针对26个村做了外业危险区的描绘,采用 $P=1\%$ 设计洪峰流量及相应水位与居民户高程做比较;对太原市108个重点防治区进行设计洪水的分析计算。

4.1 洪水计算方法

太原市134个重点防治区均采用由设计暴雨推求设计洪水的方法计算,采用《山西省水文计算手册》中的流域模型法与经验公式法计算。流域模型法分产流计算和汇流计算两部分。产流计算包括设计净雨深和设计净雨过程计算两部分,前者采用双曲正切模型计算,后者采用变损失率推理扣损法计算;汇流计算采用综合瞬时单位线计算;计算过程方法见第1篇第6章内容。

4.2 流域特征值

流域特征值包括各计算单元的面积、主沟道长度、主沟道比降以及产汇流地类面积。各计算单元的面积主要采用水利部统一下发的小流域合并成果,主沟道长度与比降采用山西省测绘院提供数据,水文下垫面产流地类和汇流地类采用《山西省水文计算手册》中水文下垫面图件,结合实地查勘综合分析确定计算单元产、汇流地类,结果见表3-2-2。

4.3 设计洪水计算成果

太原市设计洪水计算成果:设计净雨深计算成果见表3-4-1;设计净雨过程计算成果见表3-4-2。控制断面设计洪水成果(见表3-4-3),内容包括太原市134个重点防治区控制断面各频率(重现期)设计洪水的洪峰、洪量、洪水历时等洪水要素以及控制断面各频率洪峰水位。太原市区防灾对象汇流时间见附图3-2、附图3-3。

表 3-4-1　设计净雨深计算成果

序号	计算单元	重现期 (a)	参数			主雨历时 (h)	主雨雨量 (mm)	净雨深 (mm)
			μ	S_r	K_S			
1	西家凹	100	6	18	1.2	8.3	107.9	68.25
		50	6.73	18	1.2	7.6	93.3	55.03
		20	8.09	18	1.2	6.5	73.8	38.42
		10	9.88	18	1.2	5.6	59.1	26.65
		5	11.47	18	1.2	4.5	44.2	17.24
2	黑驼村	100	6.35	18.47	1.23	8.3	105.7	64.89
		50	7.16	18.47	1.23	7.6	91.7	52.38
		20	8.64	18.47	1.23	6.5	73	36.72
		10	10.54	18.47	1.23	5.6	58.7	25.57
		5	12.07	18.47	1.23	4.6	44.4	16.7
3	南坪头社区	100	6.71	19.53	1.31	9	112	66.26
		50	7.54	19.53	1.31	8.2	96.9	52.98
		20	9.09	19.53	1.31	7.1	76.7	36.47
		10	11.09	19.53	1.31	6.1	61.3	24.95
		5	12.81	19.53	1.31	4.9	45.9	15.95
4	岗头	100	7.7	21	1.4	8.7	112.2	64.55
		50	8.74	21	1.4	8	97	51.31
		20	10.67	21	1.4	6.8	76.7	35
		10	13.18	21	1.4	5.9	61.4	23.71
		5	15.4	21	1.4	4.8	45.9	15.02
5	窑子上	100	13.03	27	1.9	8.9	115.4	54.01
		50	14.96	27	1.9	8.1	99.8	41.76
		20	18.46	27	1.9	7	79.1	27.36
		10	22.81	27	1.9	6	63.3	17.83
		5	26.47	27	1.9	4.9	47.4	10.93
6	郑村社区	100	13.21	27	1.9	9.1	115.4	53.13
		50	15.22	27	1.9	8.3	99.8	41.06
		20	18.88	27	1.9	7.1	78.9	26.89
		10	23.53	27	1.9	6.1	63.1	17.52
		5	27.57	27	1.9	4.9	47.2	10.76

续表 3-4-1

序号	计算单元	重现期(a)	参数			主雨历时(h)	主雨雨量(mm)	净雨深(mm)
			μ	S_r	K_S			
7	五龙沟村	100	6.53	19	1.25	8	109.6	69.02
		50	7.35	19	1.25	7.4	94.9	55.54
		20	8.87	19	1.25	6.4	75.2	38.72
		10	10.84	19	1.25	5.5	60.3	26.77
		5	12.52	19	1.25	4.5	45.4	17.27
8	新沟社区	100	5.96	18.18	1.21	9	111.9	69.38
		50	6.69	18.18	1.21	8.2	96.7	55.9
		20	8.07	18.18	1.21	7	76.4	39.01
		10	9.87	18.18	1.21	5.9	61.1	27.07
		5	11.47	18.18	1.21	4.8	45.7	17.56
9	马庄社区	100	6.82	19.56	1.31	9	111.4	65.54
		50	7.71	19.56	1.31	8.2	96.2	52.41
		20	9.37	19.56	1.31	7	76	36.16
		10	11.54	19.56	1.31	5.9	60.7	24.78
		5	13.47	19.56	1.31	4.8	45.5	15.9
10	店坡社区	100	7.28	20.22	1.37	9	111.3	63.84
		50	8.26	20.22	1.37	8.2	96.1	50.84
		20	10.07	20.22	1.37	7	75.9	34.88
		10	12.44	20.22	1.37	5.9	60.7	23.77
		5	14.54	20.22	1.37	4.8	45.4	15.19
11	董家庄村(小山沟)	100	6.27	18	1.2	7.8	102	64.16
		50	7.09	18	1.2	7.1	88.2	51.67
		20	8.66	18	1.2	6.1	69.8	36.05
		10	10.78	18	1.2	5.2	55.8	24.94
		5	12.73	18	1.2	4.2	41.7	16.09
	董家庄村(南沙河)	100	6.26	18	1.2	7.8	102.2	64.34
		50	7.09	18	1.2	7.1	88.3	51.79
		20	8.67	18	1.2	6.1	69.8	36.11
		10	10.79	18	1.2	5.2	55.8	24.99
		5	12.74	18	1.2	4.2	41.8	16.14

续表 3-4-1

序号	计算单元	重现期(a)	参数			主雨历时(h)	主雨雨量(mm)	净雨深(mm)
			μ	S_r	K_S			
12	小山岩村	100	6.11	18	1.2	7.4	108.9	72.23
		50	6.84	18	1.2	6.9	94.5	58.67
		20	8.17	18	1.2	6	75.3	41.48
		10	9.91	18	1.2	5.2	60.5	29.02
		5	11.44	18	1.2	4.3	45.6	18.9
13	后麻地沟村	100	6.2	18	1.2	7.7	105.5	67.82
		50	6.98	18	1.2	7	91.4	54.94
		20	8.43	18	1.2	6.1	72.5	38.65
		10	10.32	18	1.2	5.2	58.3	26.99
		5	11.9	18	1.2	4.3	43.9	17.62
14	前麻地沟村	100	6.2	18	1.2	7.7	105.4	67.71
		50	6.98	18	1.2	7	91.2	54.77
		20	8.43	18	1.2	6.1	72.4	38.52
		10	10.31	18	1.2	5.3	58.2	26.91
		5	11.9	18	1.2	4.3	43.8	17.54
15	观家峪村	100	6.23	18	1.2	8	98.3	59.91
		50	7.05	18	1.2	7.2	85	48.06
		20	8.59	18	1.2	6.2	67.2	33.29
		10	10.65	18	1.2	5.3	53.7	22.89
		5	12.5	18	1.2	4.2	40.1	14.71
16	港道村	100	6.26	18.05	1.2	8	98	59.44
		50	7.08	18.05	1.2	7.3	84.7	47.65
		20	8.64	18.05	1.2	6.2	66.9	32.98
		10	10.7	18.05	1.2	5.3	53.5	22.66
		5	12.57	18.05	1.2	4.2	40	14.54
17	水峪村（南沙河支）	100	7.47	20.15	1.34	8.6	109.3	63.91
		50	8.53	20.15	1.34	7.8	94.6	51.21
		20	10.5	20.15	1.34	6.7	75.2	35.53
		10	13.08	20.15	1.34	5.7	60.4	24.46
		5	15.25	20.15	1.34	4.6	45.6	15.83

续表 3-4-1

序号	计算单元	重现期(a)	参数			主雨历时(h)	主雨雨量(mm)	净雨深(mm)
			μ	S_r	K_S			
17	水峪村(南沙河)	100	6.22	18.35	1.22	8.9	104.1	61.63
		50	7.02	18.35	1.22	8.1	90.1	49.52
		20	8.51	18.35	1.22	6.9	71.5	34.52
		10	10.43	18.35	1.22	5.8	57.4	23.92
		5	12.02	18.35	1.22	4.7	43.3	15.57
18	松庄村	100	6.41	18.59	1.24	7.7	102.3	63.35
		50	7.18	18.59	1.24	7.1	88.7	50.89
		20	8.59	18.59	1.24	6.2	70.5	35.33
		10	10.4	18.59	1.24	5.4	56.7	24.33
		5	11.93	18.59	1.24	4.4	42.6	15.62
19	张家河村	100	6.21	18	1.2	7.7	105.7	68.13
		50	6.99	18	1.2	7	91.5	55.12
		20	8.45	18	1.2	6.1	72.7	38.82
		10	10.35	18	1.2	5.2	58.3	27.1
		5	11.96	18	1.2	4.3	44	17.69
20	占道村	100	7.71	5.41	2.46	7.2	104.9	64.1
		50	8.07	5.41	2.46	6.7	90.9	52.72
		20	8.67	5.41	2.46	5.9	72	38.28
		10	9.35	5.41	2.46	5.1	57.7	28.02
		5	9.96	5.41	2.46	4.2	43.2	18.94
21	沟北村	100	8.12	21	1.4	7.2	105.3	63.79
		50	9.25	21	1.4	6.6	91.3	50.97
		20	11.36	21	1.4	5.8	72.5	34.94
		10	14.13	21	1.4	5.1	58.2	23.75
		5	16.63	21	1.4	4.2	43.8	15.07
22	柳沟村	100	8.2	21	1.4	7.3	103.8	62.03
		50	9.36	21	1.4	6.7	90	49.47
		20	11.57	21	1.4	5.8	71.4	33.82
		10	14.47	21	1.4	5	57.3	23
		5	17.16	21	1.4	4.1	43	14.58

续表 3-4-1

序号	计算单元	重现期 (a)	参数			主雨历时 (h)	主雨雨量 (mm)	净雨深 (mm)
			μ	S_r	K_S			
23	捐子沟村	100	8.2	21	1.4	7.3	103.6	61.79
		50	9.36	21	1.4	6.7	89.8	49.24
		20	11.55	21	1.4	5.8	71.3	33.71
		10	14.46	21	1.4	5.1	57.1	22.87
		5	17.15	21	1.4	4.1	42.9	14.5
24	孟家井村	100	6.29	18	1.2	7.8	102.4	64.57
		50	7.12	18	1.2	7.1	88.6	52.13
		20	8.72	18	1.2	6	70	36.4
		10	10.88	18	1.2	5.2	55.9	25.19
		5	12.9	18	1.2	4.2	41.9	16.29
25	大窑头村	100	6.53	18.73	1.25	8.1	104.3	63.81
		50	7.38	18.73	1.25	7.4	90.3	51.28
		20	8.96	18.73	1.25	6.4	71.6	35.65
		10	11.05	18.73	1.25	5.5	57.4	24.6
		5	12.93	18.73	1.25	4.4	43.1	15.89
26	小窑头村	100	6.86	18.94	1.26	7.9	100	59.91
		50	7.82	18.94	1.26	7.2	86.4	47.91
		20	9.63	18.94	1.26	6.1	68.3	33.04
		10	12.06	18.94	1.26	5.2	54.6	22.61
		5	14.32	18.94	1.26	4.2	40.8	14.46
27	响水湾社区	100	7.1	19.3	1.29	7.9	99.2	58.31
		50	8.1	19.3	1.29	7.2	85.7	46.54
		20	10	19.3	1.29	6.2	67.8	31.97
		10	12.55	19.3	1.29	5.2	54.1	21.77
		5	14.88	19.3	1.29	4.2	40.5	13.89
28	长江村	100	8.04	21	1.4	8.6	111	63.7
		50	9.23	21	1.4	7.9	96.1	50.88
		20	11.49	21	1.4	6.7	76.2	35.1
		10	14.52	21	1.4	5.7	61.1	24.04
		5	17.34	21	1.4	4.6	46	15.46

续表 3-4-1

序号	计算单元	重现期(a)	参数			主雨历时(h)	主雨雨量(mm)	净雨深(mm)
			μ	S_r	K_S			
29	枣沟村	100	8.27	21	1.4	8.3	105.3	59.4
		50	9.51	21	1.4	7.6	91.2	47.24
		20	11.9	21	1.4	6.5	72.2	32.26
		10	15.09	21	1.4	5.5	57.9	21.89
		5	18.04	21	1.4	4.5	43.4	13.91
30	窑头村(窑头沟)	100	4.74	18	1.2	16.3	179.3	112.4
		50	5.22	18	1.2	14.4	152.7	90.4
		20	6.09	18	1.2	11.8	118	63.11
		10	7.17	18	1.2	9.7	92.6	43.95
		5	8.04	18	1.2	7.6	67.9	28.38
31	柏杨树村	100	8.03	21	1.4	8.7	110.4	62.93
		50	9.21	21	1.4	7.9	95.6	50.25
		20	11.46	21	1.4	6.7	75.7	34.58
		10	14.48	21	1.4	5.7	60.7	23.65
		5	17.3	21	1.4	4.6	45.6	15.18
32	东关口村(凌井河)	100	25.09	31.6	2.98	12.8	110.1	22.96
		50	27.35	31.6	2.98	11.3	94.5	17.48
		20	30.72	31.6	2.98	9.3	74.3	11.3
		10	34.17	31.6	2.98	7.7	59.3	7.35
		5	35	31.6	2.98	6.1	44.4	4.55
	东关口村(东关口沟)	100	31.88	30.5	2.9	9.8	110.7	32.84
		50	36.82	30.5	2.9	8.8	95.4	25.07
		20	45.66	30.5	2.9	7.3	75.2	16.21
		10	56.34	30.5	2.9	6.1	60	10.54
		5	64.5	30.5	2.9	4.9	44.9	6.5
33	西关口村	100	25.1	31.59	2.98	12.8	110	22.92
		50	27.36	31.59	2.98	11.3	94.4	17.44
		20	30.74	31.59	2.98	9.3	74.2	11.28
		10	34.19	31.59	2.98	7.7	59.2	7.33
		5	35.03	31.59	2.98	6.1	44.4	4.54

续表 3-4-1

序号	计算单元	重现期(a)	参数			主雨历时(h)	主雨雨量(mm)	净雨深(mm)
			μ	S_r	K_S			
34	镇城村	100	24.94	31.56	2.98	12.8	109.8	22.88
		50	27.18	31.56	2.98	11.3	94.2	17.41
		20	30.51	31.56	2.98	9.3	74.1	11.26
		10	33.92	31.56	2.98	7.7	59.2	7.32
		5	34.73	31.56	2.98	6.1	44.3	4.53
35	岗北村	100	8.43	21	1.4	8.1	106.1	61.07
		50	9.73	21	1.4	7.3	91.8	48.86
		20	12.21	21	1.4	6.2	72.9	33.8
		10	15.48	21	1.4	5.3	58.6	23.26
		5	18.27	21	1.4	4.3	44.2	15.07
36	东高庄村	100	8.6	21	1.4	8	104.3	59.78
		50	9.98	21	1.4	7.2	90.2	47.79
		20	12.62	21	1.4	6.1	71.5	33.04
		10	16.16	21	1.4	5.2	57.4	22.74
		5	19.28	21	1.4	4.2	43.3	14.72
37	赵家山村	100	8.62	21	1.4	7.9	105.2	60.98
		50	10	21	1.4	7.1	91	48.82
		20	12.66	21	1.4	6	72.2	33.81
		10	16.21	21	1.4	5.1	58	23.31
		5	19.33	21	1.4	4.1	43.8	15.13
38	东焉村	100	8.6	21	1.4	8	104.3	59.74
		50	9.98	21	1.4	7.2	90.1	47.76
		20	12.62	21	1.4	6.1	71.5	33.02
		10	16.15	21	1.4	5.2	57.4	22.72
		5	19.27	21	1.4	4.2	43.3	14.71
39	中焉村	100	8.62	21	1.4	7.8	105.9	61.91
		50	10.01	21	1.4	7.1	91.6	49.59
		20	12.68	21	1.4	6	72.7	34.4
		10	16.26	21	1.4	5.1	58.4	23.73
		5	19.39	21	1.4	4.1	44.1	15.43

续表 3-4-1

序号	计算单元	重现期(a)	参数			主雨历时(h)	主雨雨量(mm)	净雨深(mm)
			μ	S_r	K_S			
40	棋子山村	100	8.74	21	1.4	7.2	102.7	61.35
		50	10.12	21	1.4	6.6	89	49.08
		20	12.8	21	1.4	5.7	70.8	33.87
		10	16.46	21	1.4	4.9	56.9	23.19
		5	19.87	21	1.4	4	42.9	14.89
41	北山头村	100	8.71	21	1.4	7.3	100.7	58.83
		50	10.09	21	1.4	6.7	87.3	46.95
		20	12.75	21	1.4	5.8	69.3	32.27
		10	16.36	21	1.4	4.9	55.7	22.01
		5	19.62	21	1.4	4	42	14.12
42	河底村	100	17.52	29.04	2.29	9	89	26.78
		50	19.52	29.04	2.29	8.2	77.4	20.25
		20	22.66	29.04	2.29	7.1	62	12.93
		10	26.06	29.04	2.29	6.1	50.1	8.27
		5	27.8	29.04	2.29	5	38	5.04
43	新兴村	100	17.52	29.04	2.29	9	89	26.78
		50	19.52	29.04	2.29	8.2	77.4	20.25
		20	22.66	29.04	2.29	7.1	62	12.93
		10	26.06	29.04	2.29	6.1	50.1	8.27
		5	27.8	29.04	2.29	5	38	5.04
44	司徒洼村	100	8.65	21	1.4	7.3	104.8	62.85
		50	10.01	21	1.4	6.7	90.8	50.3
		20	12.64	21	1.4	5.8	72.2	34.77
		10	16.24	21	1.4	5	58	23.82
		5	19.61	21	1.4	4.1	43.7	15.3
45	岗底村	100	8.8	21	1.4	8.2	102.7	57.59
		50	10.29	21	1.4	7.3	88.8	45.93
		20	13.24	21	1.4	6.2	70.3	31.63
		10	17.34	21	1.4	5.2	56.3	21.66
		5	21.23	21	1.4	4.2	42.4	13.98

续表 3-4-1

序号	计算单元	重现期 (a)	参数			主雨历时 (h)	主雨雨量 (mm)	净雨深 (mm)
			μ	S_r	K_S			
46	欢嘴村	100	8.65	21	1.4	7.3	104.6	62.52
		50	10.01	21	1.4	6.7	90.6	50.03
		20	12.64	21	1.4	5.8	72	34.56
		10	16.23	21	1.4	5	57.9	23.67
		5	19.6	21	1.4	4.1	43.6	15.2
47	风格梁村	100	8.65	21	1.4	7.3	104.7	62.63
		50	10.01	21	1.4	6.7	90.7	50.12
		20	12.64	21	1.4	5.8	72.1	34.63
		10	16.23	21	1.4	5	57.9	23.72
		5	19.57	21	1.4	4.1	43.7	15.25
48	峰西村	100	8.61	21	1.4	7.5	105.1	62.2
		50	9.97	21	1.4	6.9	91	49.73
		20	12.61	21	1.4	5.9	72.3	34.29
		10	16.23	21	1.4	5.1	58	23.46
		5	19.63	21	1.4	4.1	43.7	15.05
49	蝎子寨村	100	8.51	21	1.4	8	100.6	55.94
		50	9.83	21	1.4	7.3	87	44.4
		20	12.39	21	1.4	6.2	69	30.29
		10	15.81	21	1.4	5.3	55.3	20.56
		5	18.95	21	1.4	4.3	41.6	13.12
50	晋庄村	100	14.42	27	1.9	6.4	95.3	46.54
		50	16.69	27	1.9	6	82.8	35.89
		20	20.83	27	1.9	5.3	66	23.24
		10	26	27	1.9	4.7	53.1	14.92
		5	30.5	27	1.9	3.9	40	8.98
51	西岗村	100	8.59	21	1.4	7.7	106.5	63.07
		50	9.95	21	1.4	7	92.2	50.44
		20	12.6	21	1.4	6	73.2	34.78
		10	16.26	21	1.4	5.2	58.7	23.81
		5	19.77	21	1.4	4.2	44.2	15.27

续表 3-4-1

序号	计算单元	重现期(a)	参数			主雨历时(h)	主雨雨量(mm)	净雨深(mm)
			μ	S_r	K_S			
52	寨上村	100	8.48	21	1.4	8.2	106.1	60.55
		50	9.83	21	1.4	7.5	91.8	48.21
		20	12.46	21	1.4	6.4	72.7	33.11
		10	16.11	21	1.4	5.4	58.2	22.53
		5	19.64	21	1.4	4.4	43.6	14.41
53	黄花园村	100	8.47	21	1.4	8.3	105.7	60.04
		50	9.82	21	1.4	7.5	91.4	47.79
		20	12.45	21	1.4	6.4	72.3	32.74
		10	16.09	21	1.4	5.4	57.9	22.29
		5	19.59	21	1.4	4.4	43.4	14.25
54	土堂村	100	8.29	21.4	1.46	11	117	59.58
		50	9.58	21.4	1.46	9.7	100.5	47.12
		20	12.06	21.4	1.46	8	78.8	32.05
		10	15.41	21.4	1.46	6.6	62.6	21.73
		5	18.49	21.4	1.46	5.2	46.6	13.87
55	大留村	100	9.38	22.5	1.55	10.9	118.1	58.1
		50	10.9	22.5	1.55	9.7	101.4	45.8
		20	13.85	22.5	1.55	8	79.6	31.01
		10	17.84	22.5	1.55	6.6	63.3	20.92
		5	21.48	22.5	1.55	5.2	47.2	13.31
56	呼延村	100	8.98	22.16	1.52	11.3	118.6	57.9
		50	10.45	22.16	1.52	10	101.7	45.54
		20	13.34	22.16	1.52	8.2	79.5	30.71
		10	17.37	22.16	1.52	6.8	63	20.64
		5	21.41	22.16	1.52	5.3	46.7	13.06
57	西张村	100	8.9	22.08	1.52	11	117.2	57.9
		50	10.31	22.08	1.52	9.8	100.7	45.59
		20	13.07	22.08	1.52	8.1	78.9	30.79
		10	16.85	22.08	1.52	6.7	62.7	20.72
		5	20.47	22.08	1.52	5.2	46.5	13.13

续表 3-4-1

序号	计算单元	重现期(a)	参数			主雨历时(h)	主雨雨量(mm)	净雨深(mm)
			μ	S_r	K_S			
58	营村	100	14.46	27	1.9	11	120.8	50.31
		50	16.98	27	1.9	9.8	103.9	38.95
		20	21.84	27	1.9	8.2	81.6	25.65
		10	28.35	27	1.9	6.8	64.9	16.87
		5	34.39	27	1.9	5.4	48.4	10.48
59	三给村	100	14.46	27	1.9	11.2	122.9	51.33
		50	17.01	27	1.9	10	105.7	39.79
		20	21.96	27	1.9	8.3	83	26.23
		10	28.66	27	1.9	6.9	65.9	17.26
		5	34.99	27	1.9	5.4	49.1	10.73
60	寺头村	100	8.88	22	1.51	10.2	118	61.85
		50	10.24	22	1.51	9.1	101.7	49.02
		20	12.85	22	1.51	7.6	80.2	33.42
		10	16.32	22	1.51	6.4	64	22.67
		5	19.44	22	1.51	5.1	47.9	14.46
61	下槐村	100	14.71	27	1.9	10.1	119.2	52.27
		50	17.28	27	1.9	9.1	102.7	40.63
		20	22.18	27	1.9	7.6	81	26.91
		10	28.62	27	1.9	6.4	64.7	17.78
		5	34.26	27	1.9	5.1	48.4	11.11
62	柏崖头村	100	14.71	27	1.9	10.1	119.2	52.27
		50	17.28	27	1.9	9.1	102.7	40.63
		20	22.18	27	1.9	7.6	81	26.91
		10	28.62	27	1.9	6.4	64.7	17.78
		5	34.26	27	1.9	5.1	48.4	11.11
63	下水峪村	100	5.5	18	1.2	12.4	127.7	74.31
		50	6.24	18	1.2	10.9	109.4	59.68
		20	7.69	18	1.2	8.9	85.5	41.65
		10	9.71	18	1.2	7.3	67.7	28.99
		5	11.7	18	1.2	5.7	50.1	18.93

续表 3-4-1

序号	计算单元	重现期 (a)	参数			主雨历时 (h)	主雨雨量 (mm)	净雨深 (mm)
			μ	S_r	K_S			
64	小石河村	100	31.08	32.49	3.04	12	126.4	33.51
		50	35.75	32.49	3.04	10.8	108.7	25.34
		20	44.57	32.49	3.04	9	85.2	16.16
		10	56.36	32.49	3.04	7.5	67.5	10.38
		5	69.3	32.49	3.04	5.9	50	6.31
65	圪僚沟村	100	12.21	23.71	1.94	13.6	130	51.32
		50	14.07	23.71	1.94	11.9	111	39.99
		20	17.66	23.71	1.94	9.6	86.3	26.67
		10	22.5	23.71	1.94	7.8	68	17.78
		5	27.12	23.71	1.94	6	50.1	11.22
66	北石槽村	100	5.72	18	1.2	11	121.1	72.21
		50	6.5	18	1.2	9.8	104.1	58.13
		20	8.01	18	1.2	8	81.7	40.77
		10	10.09	18	1.2	6.7	65	28.46
		5	12.08	18	1.2	5.2	48.4	18.65
67	南石槽村	100	5.72	18	1.2	11	121	72
		50	6.49	18	1.2	9.8	104	57.99
		20	8.01	18	1.2	8.1	81.6	40.64
		10	10.09	18	1.2	6.7	64.9	28.36
		5	12.07	18	1.2	5.2	48.3	18.58
68	甘草峁村	100	7.53	21	1.4	12.3	126.6	65.52
		50	8.73	21	1.4	10.9	108.4	51.92
		20	11.1	21	1.4	8.8	84.6	35.47
		10	14.45	21	1.4	7.3	66.9	24.16
		5	17.8	21	1.4	5.6	49.6	15.49
69	马角村	100	7.19	21	1.4	14.1	133.7	66.57
		50	8.35	21	1.4	12.2	113.7	52.53
		20	10.68	21	1.4	9.7	87.8	35.68
		10	14.01	21	1.4	7.8	68.9	24.2
		5	17.48	21	1.4	5.9	50.6	15.46

续表 3-4-1

序号	计算单元	重现期(a)	参数			主雨历时(h)	主雨雨量(mm)	净雨深(mm)
			μ	S_r	K_S			
70	银角村	100	8.24	21.88	1.54	14.7	129.9	57.32
		50	9.57	21.88	1.54	12.7	110.1	44.79
		20	12.27	21.88	1.54	10	84.7	29.99
		10	16.07	21.88	1.54	8	66.2	20.07
		5	20.02	21.88	1.54	6	48.4	12.67
71	梁背后村	100	5.43	18	1.2	12.9	127.2	72.32
		50	6.17	18	1.2	11.3	108.8	57.91
		20	7.62	18	1.2	9.1	84.7	40.21
		10	9.65	18	1.2	7.5	66.8	27.86
		5	11.7	18	1.2	5.7	49.3	18.11
72	珍珠峁村	100	8.36	21	1.4	8.2	109.3	63.74
		50	9.64	21	1.4	7.4	94.6	51.09
		20	12.06	21	1.4	6.3	75.1	35.44
		10	15.27	21	1.4	5.4	60.4	24.42
		5	17.96	21	1.4	4.4	45.7	15.84
73	马吉掌村	100	8.31	21	1.4	8.4	110.1	63.77
		50	9.59	21	1.4	7.6	95.3	51.06
		20	12.02	21	1.4	6.5	75.6	35.38
		10	15.22	21	1.4	5.5	60.7	24.38
		5	17.96	21	1.4	4.5	45.9	15.79
74	大岩村	100	7.39	20.14	1.49	12.8	135.8	71.65
		50	8.39	20.14	1.49	11.4	116.4	56.84
		20	10.3	20.14	1.49	9.4	90.9	38.85
		10	12.86	20.14	1.49	7.8	71.8	26.42
		5	15.29	20.14	1.49	6	53	16.81
75	风声河村	100	8.79	21.92	1.66	14	139.3	65.26
		50	10.01	21.92	1.66	12.3	119.2	51.29
		20	12.32	21.92	1.66	10.1	92.9	34.56
		10	15.39	21.92	1.66	8.3	73.3	23.23
		5	18.27	21.92	1.66	6.4	54	14.66

续表 3-4-1

序号	计算单元	重现期(a)	参数			主雨历时(h)	主雨雨量(mm)	净雨深(mm)
			μ	S_r	K_S			
76	西铭村	100	6.41	20.71	1.48	17.9	165.1	81.97
		50	7.19	20.71	1.48	15.3	138.8	64.09
		20	8.65	20.71	1.48	12	105.2	42.82
		10	10.52	20.71	1.48	9.5	81.2	28.59
		5	12.18	20.71	1.48	7.1	58.3	17.78
77	小西铭村	100	5.46	19.1	1.34	17.7	166.7	89.93
		50	6.09	19.1	1.34	15.2	140.1	70.85
		20	7.29	19.1	1.34	11.9	106.3	47.93
		10	8.83	19.1	1.34	9.5	82	32.4
		5	10.24	19.1	1.34	7.1	59	20.38
78	小虎峪村	100	4.98	18	1.2	14.4	149.3	89.12
		50	5.49	18	1.2	12.9	128.2	71.4
		20	6.43	18	1.2	10.8	100.2	49.39
		10	7.63	18	1.2	9.1	79.2	33.94
		5	8.7	18	1.2	7.1	58.2	21.61
79	大虎峪村(虎峪河支)	100	5.03	18	1.2	14	155	95.96
		50	5.55	18	1.2	12.6	133.2	77.21
		20	6.53	18	1.2	10.6	104.2	53.76
		10	7.79	18	1.2	8.9	82.4	37.22
		5	8.92	18	1.2	7	60.7	23.88
		100	4.97	18	1.2	14.4	148.6	88.25
		50	5.48	18	1.2	13	127.6	70.67
		20	6.41	18	1.2	10.9	99.8	48.85
		10	7.62	18	1.2	9.1	78.7	33.52
		5	8.67	18	1.2	7.1	57.9	21.35
80	桃杏村(高家河)	100	4.35	18	1.2	22	196.2	112.19
		50	4.77	18	1.2	19.1	165.1	88.57
		20	5.56	18	1.2	15.1	125	59.97
		10	6.62	18	1.2	12	95.8	40.48
		5	7.7	18	1.2	8.9	67.9	25.16

续表 3-4-1

序号	计算单元	重现期(a)	参数			主雨历时(h)	主雨雨量(mm)	净雨深(mm)
			μ	S_r	K_S			
80	桃杏村(官地沟)	100	4.33	18	1.2	22.3	194.5	109.78
		50	4.74	18	1.2	19.3	163.6	86.58
		20	5.52	18	1.2	15.3	123.8	58.49
		10	6.56	18	1.2	12.1	94.7	39.32
		5	7.61	18	1.2	9	67.1	24.37
81	白家庄村	100	4.33	18	1.2	22.3	194.4	109.54
		50	4.74	18	1.2	19.4	163.5	86.38
		20	5.52	18	1.2	15.3	123.7	58.34
		10	6.55	18	1.2	12.1	94.6	39.2
		5	7.61	18	1.2	9	67	24.29
82	神堂沟社区	100	6.11	19.38	1.29	10.9	146.1	93.6
		50	6.78	19.38	1.29	10	126.8	75.93
		20	7.98	19.38	1.29	8.7	100.9	53.58
		10	9.45	19.38	1.29	7.6	81.3	37.52
		5	10.5	19.38	1.29	6.3	61.4	24.41
83	寨沟村	100	4.59	16	1.1	11	145	100.3
		50	5.02	16	1.1	10.1	125.8	82.44
		20	5.77	16	1.1	8.8	100.2	59.56
		10	6.7	16	1.1	7.7	80.6	42.74
		5	7.39	16	1.1	6.4	60.8	28.5
84	西峪村	100	5.4	19	1.25	13.7	161.3	100.37
		50	5.96	19	1.25	12.4	139	80.95
		20	6.96	19	1.25	10.5	109.4	56.64
		10	8.19	19	1.25	9	87	39.36
		5	9.12	19	1.25	7.3	64.8	25.37
85	要子庄村	100	4.37	18	1.2	21.7	202.4	119.04
		50	4.8	18	1.2	18.7	169.6	94.11
		20	5.62	18	1.2	14.6	127.9	64.01
		10	6.69	18	1.2	11.6	97.9	43.52
		5	7.74	18	1.2	8.5	69.6	27.3

续表 3-4-1

序号	计算单元	重现期(a)	参数			主雨历时(h)	主雨雨量(mm)	净雨深(mm)
			μ	S_r	K_S			
86	黄冶村	100	4.79	18	1.2	15.2	178.6	115.16
		50	5.24	18	1.2	13.8	153.6	93.26
		20	6.03	18	1.2	11.7	120.3	65.64
		10	7	18	1.2	9.9	95.4	45.93
		5	7.73	18	1.2	8	70.6	29.69
87	程家峪村	100	4.81	18	1.2	15	180.8	118.12
		50	5.26	18	1.2	13.6	155.5	95.79
		20	6.06	18	1.2	11.5	121.9	67.6
		10	7.04	18	1.2	9.8	96.7	47.43
		5	7.8	18	1.2	7.9	71.7	30.75
88	田家庄村	100	4.78	18	1.2	15.5	178.1	113.62
		50	5.23	18	1.2	14	152.9	91.82
		20	6.03	18	1.2	11.8	119.6	64.45
		10	7.01	18	1.2	10	94.6	44.99
		5	7.77	18	1.2	8	69.9	29.05
89	王家庄村	100	4	18	1.2	24	207	117.02
		50	4.46	18	1.2	23.4	179.2	90.26
		20	5.3	18	1.2	17.1	130.5	59.66
		10	6.45	18	1.2	12.9	97.3	39.68
		5	7.71	18	1.2	9	67.3	24.5
90	王家坟村	100	5.17	18	1.2	12.8	146.2	90.96
		50	5.7	18	1.2	11.6	126	73.5
		20	6.66	18	1.2	9.8	99.3	51.58
		10	7.82	18	1.2	8.4	79.2	35.97
		5	8.64	18	1.2	6.8	59.1	23.29
91	罗城村	100	4.44	19.57	1.3	24	200.6	104.42
		50	5.02	19.57	1.3	23.7	174.5	79.28
		20	6.01	19.57	1.3	17.4	127	51.62
		10	7.35	19.57	1.3	13	94.4	33.75
		5	8.82	19.57	1.3	9.1	65.1	20.5

续表 3-4-1

序号	计算单元	重现期(a)	参数			主雨历时(h)	主雨雨量(mm)	净雨深(mm)
			μ	S_r	K_S			
92	寺底村	100	5.17	18	1.2	12.1	158.7	105.53
		50	5.68	18	1.2	11.1	137.2	85.95
		20	6.59	18	1.2	9.6	108.6	61.12
		10	7.7	18	1.2	8.3	87	43.18
		5	8.49	18	1.2	6.8	65.3	28.28
93	开化村	100	5.34	19	1.25	13.2	168.2	108.7
		50	5.84	19	1.25	12.2	145.6	88.17
		20	6.73	19	1.25	10.5	115.3	62.16
		10	7.8	19	1.25	9.2	92.3	43.47
		5	8.55	19	1.25	7.6	69.2	28.16
94	赤桥村	100	4.71	18	1.2	16.2	178.9	112.49
		50	5.15	18	1.2	14.5	152.8	90.31
		20	5.96	18	1.2	12	118.4	62.61
		10	6.99	18	1.2	10	92.7	43.2
		5	7.87	18	1.2	7.8	67.7	27.54
95	吴家峪村	100	4.7	18	1.2	16.3	179.9	113.14
		50	5.16	18	1.2	14.5	153.4	90.77
		20	5.98	18	1.2	12	118.8	62.99
		10	7.01	18	1.2	10	93.1	43.51
		5	7.92	18	1.2	7.8	67.9	27.73
96	窑头村	100	4.74	18	1.2	16.3	179.3	112.4
		50	5.22	18	1.2	14.4	152.7	90.4
		20	6.09	18	1.2	11.8	118	63.11
		10	7.17	18	1.2	9.7	92.6	43.95
		5	8.04	18	1.2	7.6	67.9	28.38
97	三泉头村	100	4.84	18	1.2	16	169.5	104
		50	5.35	18	1.2	14.1	144.6	83.57
		20	6.28	18	1.2	11.5	112	58.19
		10	7.46	18	1.2	9.5	87.9	40.33
		5	8.42	18	1.2	7.4	64.5	25.92

续表 3-4-1

序号	计算单元	重现期(a)	参数			主雨历时(h)	主雨雨量(mm)	净雨深(mm)
			μ	S_r	K_S			
98	下石村	100	4.67	18	1.2	16.8	175.9	107.64
		50	5.11	18	1.2	15	149.9	86.09
		20	5.92	18	1.2	12.3	116	59.46
		10	6.94	18	1.2	10.2	90.6	40.78
		5	7.82	18	1.2	7.9	65.9	25.86
99	牛家口村	100	4.66	18	1.2	17	175.6	106.91
		50	5.1	18	1.2	15.1	149.7	85.44
		20	5.91	18	1.2	12.4	115.5	58.85
		10	6.93	18	1.2	10.3	90.3	40.39
		5	7.83	18	1.2	8	65.6	25.57
100	青阳河村	100	5.03	18	1.2	15.3	152.6	89.52
		50	5.66	18	1.2	13.2	129.1	71.38
		20	6.87	18	1.2	10.5	99	49.12
		10	8.48	18	1.2	8.5	77	33.64
		5	9.97	18	1.2	6.5	55.8	21.36
101	蚕石村	100	5.03	18	1.2	15.1	151.7	89.15
		50	5.65	18	1.2	13.2	128.6	71.01
		20	6.84	18	1.2	10.5	98.6	48.75
		10	8.42	18	1.2	8.5	76.7	33.35
		5	9.93	18	1.2	6.5	55.6	21.13
102	圪垯村	100	4.54	18	1.2	19.1	180.6	105.49
		50	5	18	1.2	16.6	152.4	83.72
		20	5.87	18	1.2	13.2	116	57.15
		10	6.99	18	1.2	10.6	89.5	38.89
		5	8.06	18	1.2	7.9	64.2	24.51
103	槐树底村	100	4.54	18	1.2	19.2	180.1	104.79
		50	4.99	18	1.2	16.6	151.9	83.11
		20	5.86	18	1.2	13.2	115.6	56.69
		10	6.98	18	1.2	10.6	89.2	38.54
		5	8.04	18	1.2	7.9	64	24.27

续表 3-4-1

序号	计算单元	重现期 (a)	参数			主雨历时 (h)	主雨雨量 (mm)	净雨深 (mm)
			μ	S_r	K_S			
104	南峪村	100	4.53	18	1.2	19.2	179.7	104.26
		50	4.99	18	1.2	16.7	151.5	82.65
		20	5.85	18	1.2	13.2	115.3	56.34
		10	6.97	18	1.2	10.6	88.9	38.27
		5	8.02	18	1.2	7.9	63.7	24.08
105	黄楼村	100	4.54	18	1.2	19.1	180.2	104.87
		50	5	18	1.2	16.6	152	83.19
		20	5.86	18	1.2	13.2	115.7	56.74
		10	6.98	18	1.2	10.6	89.2	38.58
		5	8.04	18	1.2	7.9	64	24.3
106	洞儿沟村	100	4.87	18	1.2	14.9	164.1	101.75
		50	5.37	18	1.2	13.3	139.8	81.51
		20	6.3	18	1.2	10.9	108	56.46
		10	7.5	18	1.2	9	84.5	38.95
		5	8.57	18	1.2	7	61.7	24.91
107	东峰社区	100	7.69	21.00	1.40	8.8	111.7	63.92
		50	8.73	21.00	1.40	8.0	96.5	50.74
		20	10.65	21.00	1.40	6.9	76.4	34.61
		10	13.15	21.00	1.40	5.9	61.0	23.40
		5	15.35	21.00	1.40	4.8	45.7	14.81
108	郝庄社区	100	6.71	19.06	1.28	7.7	102.1	62.15
		50	7.53	19.06	1.28	7.1	88.5	49.79
		20	9.04	19.06	1.28	6.2	70.4	34.41
		10	10.95	19.06	1.28	5.4	56.6	23.59
		5	12.58	19.06	1.28	4.4	42.6	15.09
109	枣园社区	100	6.82	19.56	1.31	9	111.4	65.54
		50	7.71	19.56	1.31	8.2	96.2	52.41
		20	9.37	19.56	1.31	7	76	36.16
		10	11.54	19.56	1.31	5.9	60.7	24.78
		5	13.47	19.56	1.31	4.8	45.5	15.9

续表 3-4-1

序号	计算单元	重现期 (a)	参数			主雨历时 (h)	主雨雨量 (mm)	净雨深 (mm)
			μ	S_r	K_S			
110	赵北峰社区	100	6.41	18.59	1.24	7.7	102.3	63.35
		50	7.18	18.59	1.24	7.1	88.7	50.89
		20	8.59	18.59	1.24	6.2	70.5	35.33
		10	10.4	18.59	1.24	5.4	56.7	24.33
		5	11.93	18.59	1.24	4.4	42.6	15.62
111	双塔社区	100	7.17	19.76	1.33	7.7	101.8	60.33
		50	8.08	19.76	1.33	7.1	88.2	48.12
		20	9.72	19.76	1.33	6.2	70.2	33.07
		10	11.82	19.76	1.33	5.4	56.4	22.51
		5	13.58	19.76	1.33	4.4	42.4	14.32
112	郝家社区	100	6.71	19.06	1.28	7.7	102.1	62.15
		50	7.53	19.06	1.28	7.1	88.5	49.79
		20	9.04	19.06	1.28	6.2	70.4	34.41
		10	10.95	19.06	1.28	5.4	56.6	23.59
		5	12.58	19.06	1.28	4.4	42.6	15.09
113	小山沟村	100	6.28	18.00	1.20	7.7	103.3	65.68
		50	7.11	18.00	1.20	7.0	89.4	53.07
		20	8.69	18.00	1.20	6.0	70.7	37.10
		10	10.83	18.00	1.20	5.2	56.5	25.71
		5	12.81	18.00	1.20	4.2	42.3	16.63
114	大窑脑村	100	6.21	18.00	1.20	7.6	106.9	69.55
		50	7.00	18.00	1.20	7.0	92.6	56.42
		20	8.46	18.00	1.20	6.0	73.5	39.72
		10	10.35	18.00	1.20	5.2	59.1	27.84
		5	11.96	18.00	1.20	4.3	44.5	18.18
115	东祁家山村	100	8.07	21.00	1.40	7.1	106.5	65.25
		50	9.18	21.00	1.40	6.6	92.3	52.01
		20	11.27	21.00	1.40	5.8	73.2	35.60
		10	14.04	21.00	1.40	5.1	58.6	24.12
		5	16.61	21.00	1.40	4.2	43.9	15.21

续表 3-4-1

序号	计算单元	重现期(a)	参数			主雨历时(h)	主雨雨量(mm)	净雨深(mm)
			μ	S_r	K_S			
116	东沟村	100	8.38	21.00	1.40	7.8	101.4	57.67
		50	9.65	21.00	1.40	7.1	87.7	45.75
		20	12.08	21.00	1.40	6.1	69.3	31.12
		10	15.36	21.00	1.40	5.2	55.4	21.00
		5	18.41	21.00	1.40	4.2	41.4	13.27
117	杨家村	100	15.64	24.91	2.09	11.0	118.0	47.16
		50	18.22	24.91	2.09	9.8	101.4	36.63
		20	23.18	24.91	2.09	8.1	79.5	24.28
		10	29.83	24.91	2.09	6.7	63.1	16.09
		5	36.10	24.91	2.09	5.2	46.9	10.07
118	柴家村	100	29.15	29.89	2.73	10.9	118.3	36.40
		50	34.15	29.89	2.73	9.7	101.7	27.83
		20	43.65	29.89	2.73	8.0	79.8	18.04
		10	56.19	29.89	2.73	6.7	63.3	11.74
		5	68.01	29.89	2.73	5.2	47.1	7.24
119	芮城村	100	29.08	29.86	2.72	10.8	119.0	37.24
		50	34.14	29.86	2.72	9.7	102.4	28.49
		20	43.77	29.86	2.72	8.0	80.3	18.48
		10	56.33	29.86	2.72	6.6	63.8	12.04
		5	68.31	29.86	2.72	5.2	47.4	7.43
120	摄乐村	100	18.18	27.08	2.17	10.9	119.0	45.46
		50	21.38	27.08	2.17	9.7	102.3	35.10
		20	27.53	27.08	2.17	8.0	80.2	23.07
		10	35.84	27.08	2.17	6.6	63.7	15.15
		5	43.76	27.08	2.17	5.2	47.4	9.42
121	郭家窑村	100	17.52	29.04	2.29	9	89	26.78
		50	19.52	29.04	2.29	8.2	77.4	20.25
		20	22.66	29.04	2.29	7.1	62	12.93
		10	26.06	29.04	2.29	6.1	50.1	8.27
		5	27.8	29.04	2.29	5	38	5.04

续表 3-4-1

序号	计算单元	重现期(a)	参数			主雨历时(h)	主雨雨量(mm)	净雨深(mm)
			μ	S_r	K_S			
122	马头水村	100	7.18	21.00	1.40	14.1	133.5	66.24
		50	8.33	21.00	1.40	12.2	113.5	52.25
		20	10.66	21.00	1.40	9.7	87.6	35.47
		10	13.99	21.00	1.40	7.8	68.7	24.04
		5	17.45	21.00	1.40	5.9	50.4	15.35
123	上水峪村	100	7.50	21.00	1.40	12.4	127.6	66.26
		50	8.67	21.00	1.40	10.9	109.3	52.53
		20	11.01	21.00	1.40	8.9	85.3	35.91
		10	14.29	21.00	1.40	7.3	67.5	24.48
		5	17.55	21.00	1.40	5.7	50.1	15.70
124	横岭村	100	35.02	30.50	2.90	11.0	120.9	35.64
		50	41.27	30.50	2.90	9.8	103.9	27.27
		20	52.86	30.50	2.90	8.1	81.5	17.77
		10	68.07	30.50	2.90	6.7	64.8	11.63
		5	81.96	30.50	2.90	5.2	48.3	7.21
125	庄头村	100	7.79	21.00	1.40	11.0	121.0	64.72
		50	9.02	21.00	1.40	9.8	104.0	51.45
		20	11.44	21.00	1.40	8.1	81.6	35.31
		10	14.77	21.00	1.40	6.7	64.9	24.13
		5	17.96	21.00	1.40	5.2	48.3	15.52
126	西高庄村	100	15.4	27.0	2.3	11.1	107.7	34.3
		50	17.1	27.0	2.3	10.1	93.1	26.1
		20	20.0	27.0	2.3	8.6	73.7	16.8
		10	23.4	27.0	2.3	7.3	58.9	10.8
		5	26.1	27.0	2.3	5.8	43.9	6.6
127	阎家坟村	100	5.17	18	1.2	12.8	146.2	90.96
		50	5.7	18	1.2	11.6	126	73.5
		20	6.66	18	1.2	9.8	99.3	51.58
		10	7.82	18	1.2	8.4	79.2	35.97
		5	8.64	18	1.2	6.8	59.1	23.29

续表 3-4-1

序号	计算单元	重现期(a)	参数			主雨历时(h)	主雨雨量(mm)	净雨深(mm)
			μ	S_r	K_S			
128	上冶峪村	100	5.28	18.00	1.20	11.5	151.1	99.91
		50	5.82	18.00	1.20	10.6	130.8	81.25
		20	6.79	18.00	1.20	9.2	103.6	57.62
		10	7.98	18.00	1.20	8.0	82.9	40.44
		5	8.86	18.00	1.20	6.6	62.1	26.24
129	石庄头村	100	5.28	18.00	1.20	11.5	151.2	100.04
		50	5.82	18.00	1.20	10.6	130.9	81.37
		20	6.79	18.00	1.20	9.2	103.7	57.71
		10	7.98	18.00	1.20	8.0	83.0	40.50
		5	8.87	18.00	1.20	6.6	62.1	26.28
130	五坡村	100	4.77	18.00	1.20	16.0	180.9	114.92
		50	5.25	18.00	1.20	14.2	154.1	92.58
		20	6.13	18.00	1.20	11.6	119.3	64.86
		10	7.22	18.00	1.20	9.6	93.7	45.27
		5	8.10	18.00	1.20	7.5	68.7	29.30
131	明马村	100	4.86	18.00	1.20	15.7	170.9	105.98
		50	5.37	18.00	1.20	13.9	145.8	85.22
		20	6.32	18.00	1.20	11.4	113.0	59.48
		10	7.50	18.00	1.20	9.4	88.8	41.34
		5	8.47	18.00	1.20	7.4	65.1	26.60
132	杏坪村	100	4.57	18.00	1.20	18.7	183.0	108.89
		50	5.04	18.00	1.20	16.2	154.4	86.62
		20	5.93	18.00	1.20	12.9	117.8	59.41
		10	7.08	18.00	1.20	10.4	91.0	40.60
		5	8.16	18.00	1.20	7.8	65.5	25.70

表 3-4-2　设计净雨过程计算成果

序号	计算单元	时段长(h)	时段序号	重现期净雨过程(mm)				
				100 年	50 年	20 年	10 年	5 年
1	西家凹	0.5	1	1.08				
			2	1.96	1			
			3	10.37	8.32	5.39	2.81	
			4	45.54	39.19	30.55	23.59	16.68
			5	5.53	4.11	2.02		
			6	3.28	2.16			
2	黑驼村	0.5	1	1.55				
			2	9.46	7.55	4.8	2.31	
			3	45.31	38.91	30.2	23.19	16.3
			4	4.89	3.56			
			5	2.79				
3	南坪头社区	0.5	1	1.86				
			2	10.31	8.19	5.13	2.41	
			3	44.11	37.87	29.34	22.44	15.61
			4	5.48	3.98			
			5	3.21				
4	岗头	0.5	1	1.31				
			2	9.89	7.64	4.37	1.41	
			3	45.31	38.73	29.69	22.3	14.99
			4	4.96	3.36			
			5	2.66				
5	窑子上	0.5	1	7.76	4.99	1.15		
			2	43.22	36.1	26.21	17.83	10.93
			3	2.66				
6	郑村社区	0.5	1	7.38	4.61			
			2	43.12	35.98	26	17.52	10.76
			3	2.39				
7	五龙沟村	0.5	1	1.74				
			2	10.51	8.37	5.32	2.6	
			3	47.15	40.45	31.37	24.06	16.84
			4	5.46	3.98			
			5	3.12				

续表 3-4-2

序号	计算单元	时段长(h)	时段序号	重现期净雨过程(mm)				
				100 年	50 年	20 年	10 年	5 年
8	新沟社区	0.5	1	1.23				
			2	2.1	1.14			
			3	10.4	8.37	5.46	2.88	
			4	45.85	39.51	30.86	23.89	16.96
			5	5.63	4.22	2.12		
			6	3.41	2.28			
9	马庄社区	0.5	1	1.66				
			2	9.89	7.79	4.77	2.01	
			3	44.88	38.53	29.84	22.75	15.73
			4	5.16	3.68			
			5	2.96				
10	店坡社区	0.5	1	1.43				
			2	9.64	7.5	4.4	1.55	
			3	44.51	38.12	29.38	22.22	15.13
			4	4.93	3.39			
			5	2.73				
11	董家庄(小山沟)	0.5	1	1.35				
			2	9.1	7.15	4.33	1.73	
			3	45.94	39.38	30.46	23.2	15.98
			4	4.6	3.25			
			5	2.55				
	董家庄(南沙河)	0.5	1	1.36				
			2	9.12	7.17	4.33	1.73	
			3	46.07	39.49	30.53	23.26	16.03
			4	4,61	3.26			
			5	2.55				

续表 3-4-2

序号	计算单元	时段长(h)	时段序号	重现期净雨过程(mm)				
				100年	50年	20年	10年	5年
12	小山岩村	0.5	1	1				
			2	1.94				
			3	11.15	9	5.95	3.25	
			4	48.6	41.88	32.75	25.4	18.09
			5	5.83	4.37	2.25		
			6	3.38	2.24			
13	后麻地沟村	0.5	1	1.57				
			2	9.86	7.89	5.04	2.48	
			3	47.6	40.89	31.75	24.4	17.17
			4	5.06	3.7			
			5	2.86				
14	前麻地沟村	0.5	1	1.58				
			2	9.86	7.88	5.03	2.48	
			3	47.46	40.74	31.63	24.32	17.1
			4	5.06	3.69			
			5	2.86				
15	观家峪村	0.5	1	1.31				
			2	8.67	6.8	4.08	1.58	
			3	42.43	36.35	28.06	21.31	14.62
			4	4.42	3.11			
			5	2.46				
16	港道村	0.5	1	1.29				
			2	8.61	6.75	4.03	1.54	
			3	42.12	36.08	27.84	21.13	14.46
			4	4.39	3.07			
			5	2.44				

续表 3-4-2

序号	计算单元	时段长(h)	时段序号	重现期净雨过程(mm)				
				100 年	50 年	20 年	10 年	5 年
17	水峪村（南沙河支）	0.5	1	8.86	6.82	3.83	1.1	
			2	47.35	40.47	31.07	23.36	15.82
			3	4.3	2.83			
			4	2.21				
	水峪村（南沙河）	0.5	1	1.53				
			2	8.86	7.04	4.4	1.99	
			3	42.95	36.86	28.59	21.89	15.3
			4	4.64	3.34			
			5	2.68				
18	松庄村	0.5	1	1.69				
			2	10.11	8.05	5.12	2.54	
			3	42.26	36.29	28.2	21.66	15.19
			4	5.29	3.86			
			5	3.03				
19	张家河村	0.5	1	1.56				
			2	9.87	7.88	5.03	2.46	
			3	47.94	41.13	31.95	24.55	17.27
			4	5.05	3.68			
			5	2.85				
20	占道村	0.5	1	9.9	7.94	5.27	3.15	
			2	45.94	39.61	31.08	24.49	17.86
			3	4.76	3.49			
			4	2.38				
21	沟北村	0.5	1	9.62	7.32	3.93		
			2	46.84	39.99	30.54	22.77	15.07
			3	4.47				
			4	2.11				
22	柳沟村	0.5	1	9.17	6.9	3.52		
			2	46.16	39.37	29.99	22.26	14.58
			3	4.2	2.59			
			4	1.91				

续表 3-4-2

序号	计算单元	时段长(h)	时段序号	重现期净雨过程(mm)				
				100年	50年	20年	10年	5年
23	捐子沟村	0.5	1	9.14	6.88	3.53		
			2	45.95	39.18	29.86	22.14	14.5
			3	4.19	2.58			
			4	1.91				
24	孟家井村	0.5	1	1.31				
			2	9.03	7.12	4.29	1.66	
			3	46.61	39.98	30.92	23.54	16.19
			4	4.55	3.21			
			5	2.5				
25	大窑头村	0.5	1	1.48				
			2	9.52	7.51	4.59	1.94	
			3	44.47	38.2	29.63	22.65	15.72
			4	4.88	3.47			
			5	2.74				
26	小窑头村	0.5	1	1				
			2	8.48	6.52	3.64	1.02	
			3	43.87	37.5	28.77	21.59	14.46
			4	4.15	2.76			
			5	2.16				
27	响水湾社区	0.5	1	8.27	6.31	3.4		
			2	43.04	36.75	28.1	20.95	13.89
			3	3.99	2.58			
			4	2.02				
28	长江村	0.5	1	8.82	6.65	3.43		
			2	47.87	40.92	31.33	23.37	15.46
			3	4.16	2.59			
			4	2.02				
29	枣沟村	0.5	1	8	5.9	2.71		
			2	45.8	38.94	29.45	21.56	13.91
			3	3.6	2.06			
			4	1.59				

续表 3-4-2

序号	计算单元	时段长(h)	时段序号	重现期净雨过程(mm)				
				100 年	50 年	20 年	10 年	5 年
30	窑头村	0.5	1	4.06				
			2	5.23	4.07			
			3	15.77	13.31	9.91	7.13	
			4	56.76	48.82	38.22	30.01	21.91
			5	9.8	8.09	5.68		
			6	6.95	5.58			
31	柏杨树村	0.5	1	8.75	6.61	3.39		
			2	47.18	40.33	30.86	23	15.18
			3	4.14	2.58			
			4	2.02				
32	东关口村(凌井河)	0.5	1	22.78	17.48	11.3	7.35	4.55
		0.5	1	32.84	25.07	16.21	10.54	6.5
33	西关口村	0.5	1	22.74	17.44	11.28	7.33	4.54
34	镇城村	0.5	1	22.68	17.41	11.26	7.32	4.53
35	岗北村	0.5	1	7.88	5.79	2.64		
			2	48.06	40.94	31.11	22.94	15.07
			3	3.44	1.9			
			4	1.42				
36	东高庄村	0.5	1	7.42	5.34	2.15		
			2	47.98	40.8	30.89	22.58	14.72
			3	3.11	1.56			
			4	1.16				
37	赵家山村	0.5	1	7.51	5.42	2.2		
			2	49.04	41.73	31.6	23.14	15.13
			3	3.14	1.58			
			4	1.17				
38	东焉村	0.5	1	7.41	5.33	2.15		
			2	47.94	40.77	30.86	22.57	14.71
			3	3.1	1.56			
			4	1.16				

续表 3-4-2

序号	计算单元	时段长(h)	时段序号	重现期净雨过程(mm)				
				100 年	50 年	20 年	10 年	5 年
39	中焉村	0.5	1	7.6	5.48	2.25		
			2	49.82	42.41	32.14	23.55	15.43
			3	3.17	1.6			
			4	1.18				
40	棋子山村	0.5	1	7.66	5.48	2.17		
			2	49.47	42.02	31.71	23.06	14.89
			3	3.1	1.52			
			4	1.05				
41	北山头村	0.5	1	7.44	5.31	2.05		
			2	47.28	40.12	30.23	21.9	14.12
			3	3.02	1.46			
			4	1.03				
42	河底村	0.5	1	1.92				
			2	24.86	19.79	12.93	8.27	5.04
43	新兴村	0.5	1	1.92				
			2	24.86	19.79	12.93	8.27	5.04
44	司徒洼村	0.5	1	7.9	5.71	2.39		
			2	50.36	42.79	32.36	23.62	15.3
			3	3.27	1.69			
			4	1.19				
45	岗底村	0.5	1	47.42	40.23	30.21	21.65	13.98
			2	2.65				
46	欢嘴村	0.5	1	7.88	5.69	2.37		
			2	50.08	42.55	32.17	23.48	15.2
			3	3.26	1.68			
			4	1.19				
47	风格梁村	0.5	1	7.89	5.7	2.38		
			2	50.17	42.64	32.24	23.54	15.25
			3	3.27	1.68			
			4	1.19				

续表 3-4-2

序号	计算单元	时段长(h)	时段序号	重现期净雨过程(mm)				
				100 年	50 年	20 年	10 年	5 年
48	峰西村	0.5	1	7.83	5.65	2.33		
			2	49.74	42.27	31.94	23.29	15.05
			3	3.27	1.69			
			4	1.23				
49	蝎子寨村	0.5	1	7.28	5.21	2.05		
			2	44.23	37.52	28.24	20.44	13.12
			3	3.09	1.56			
			4	1.19				
50	晋庄村	0.5	1	5.59	2.84			
			2	40.16	33.05	23.05	14.92	8.98
51	西岗村	0.5	1	7.88	5.7	2.36		
			2	50.44	42.87	32.41	23.64	15.27
			3	3.32	1.73			
			4	1.27				
52	寨上村	0.5	1	7.63	5.49	2.25		
			2	48.1	40.85	30.85	22.39	14.41
			3	3.29	1.72			
			4	1.32				
53	黄花园村	0.5	1	7.59	5.46	2.21		
			2	47.64	40.47	30.52	22.16	14.25
			3	3.27	1.71			
			4	1.32				
54	土堂村	0.5	1	7.73	5.68	2.57		
			2	45.65	38.83	29.38	21.47	13.87
			3	3.67	2.12			
			4	1.79				
55	大留村	0.5	1	7.27	5.1	1.74		
			2	46.2	39.12	29.26	20.89	13.31
			3	3.16	1.5			
			4	1.27				

续表 3-4-2

序号	计算单元	时段长(h)	时段序号	重现期净雨过程(mm)				
				100 年	50 年	20 年	10 年	5 年
56	呼延村	0.5	1	7.26	5.12	1.79		
			2	45.59	38.62	28.92	20.61	13.06
			3	3.27	1.63			
			4	1.43				
57	西张村	0.5	1	7.44	5.31	2.03		
			2	45.19	38.31	28.76	20.65	13.13
			3	3.38	1.76			
			4	1.5				
58	营村	0.5	1	5.2	2.45			
			2	44.17	36.5	25.6	16.87	10.48
59	三给村	0.5	1	5.27	2.5			
			2	45.08	37.29	26.17	17.26	10.73
60	寺头村	0.5	1	8.13	5.95	2.64		
			2	47.8	40.62	30.7	22.41	14.46
			3	3.72	2.09			
			4	1.69				
61	下槐村	0.5	1	5.32	2.52			
			2	46.06	38.11	26.84	17.78	11.11
62	柏崖头村	0.5	1	5.32	2.52			
			2	46.06	38.11	26.84	17.78	11.11
63	下水峪村	0.5	1	1.52				
			2	2.27	1.33			
			3	9.34	7.53	4.89	2.42	
			4	50.69	43.66	34.1	26.37	18.6
			5	5.26	3.96	1.99		
			6	3.38	2.31			
64	小石河村	0.5	1	33.37	25.34	16.16	10.38	6.31
65	圪僚沟村	0.5	1	6.16	3.78			
			2	42.7	35.8	26.1	17.78	11.22
			3	2.14				

续表 3-4-2

序号	计算单元	时段长(h)	时段序号	重现期净雨过程(mm)				
				100 年	50 年	20 年	10 年	5 年
66	北石槽村	0.5	1	1.25				
			2	2	1.07			
			3	9.2	7.37	4.72	2.21	
			4	50.54	43.48	33.91	26.15	18.39
			5	5.04	3.73	1.75		
			6	3.12	2.05			
67	南石槽村	0.5	1	1.25				
			2	2	1.07			
			3	9.18	7.36	4.71	2.21	
			4	50.37	43.34	33.79	26.06	18.32
			5	5.03	3.73	1.75		
			6	3.12	2.05			
68	甘草峁村	0.5	1	1.2				
			2	8.17	6.16	3.08		
			3	49.18	41.99	32.05	23.72	15.49
			4	4.16	2.64			
			5	2.3				
69	马角村	0.5	1	1.5				
			2	8.25	6.28	3.25		
			3	48.84	41.75	31.93	23.68	15.46
			4	4.38	2.87			
			5	2.57				
70	银角村	0.5	1	7.2	5.22	2.1		
			2	43.53	36.98	27.85	20	12.67
			3	3.59	2.04			
			4	1.9				
71	梁背后村	0.5	1	1.54				
			2	2.26	1.33			
			3	9.06	7.3	4.71	2.27	
			4	48.99	42.19	32.93	25.42	17.85
			5	5.15	3.87	1.92		
			6	3.33	2.28			

续表 3-4-2

序号	计算单元	时段长(h)	时段序号	重现期净雨过程(mm)				
				100年	50年	20年	10年	5年
72	珍珠峁村	0.5	1	8.23	6.12	2.94		
			2	49.91	42.54	32.38	23.97	15.84
			3	3.65	2.11			
			4	1.58				
73	马吉掌村	0.5	1	8.21	6.1	2.93		
			2	49.83	42.46	32.33	23.93	15.79
			3	3.68	2.13			
			4	1.62				
74	大岩村	0.5	1	1.82				
			2	9.73	7.59	4.45		
			3	50.45	43.11	33.1	24.92	16.79
			4	5.19	3.62			
			5	3.07				
75	风声河村	0.5	1	1.25				
			2	9.01	6.78	3.45		
			3	47.53	40.43	30.68	22.61	14.66
			4	4.57	2.9			
			5	2.49				
76	西铭村	0.5	1	2.5				
			2	3.45	2.25			
			3	11.92	9.68	6.48	3.67	
			4	47.38	40.61	31.43	24.07	16.79
			5	7.13	5.48	3.06		
			6	4.83	3.47			
77	小西铭村	0.5	1	3.02				
			2	3.97	2.84			
			3	12.61	10.41	7.3	4.62	
			4	49.19	42.31	33.03	25.65	18.32
			5	7.72	6.13	3.82		
			6	5.39	4.08			

续表 3-4-2

序号	计算单元	时段长(h)	时段序号	重现期净雨过程(mm)				
				100 年	50 年	20 年	10 年	5 年
78	小虎峪村	0.5	1	2.98				
			2	3.96	2.94			
			3	12.83	10.65	7.62	5.07	
			4	48.5	41.78	32.76	25.65	18.61
			5	7.81	6.28	4.12		
			6	5.4	4.19			
79	大虎峪村(虎峪河支)	0.5	1	3.08				
			2	4.11	3.05			
			3	13.64	11.32	8.1	5.41	
			4	53.65	46.22	36.25	28.42	20.65
			5	8.21	6.61	4.34		
			6	5.64	4.38			
	大虎峪村(虎峪河)	0.5	1	2.97				
			2	3.94	2.92			
			3	12.74	10.57	7.55	5.02	
			4	47.88	41.24	32.33	25.32	18.36
			5	7.75	6.24	4.09		
			6	5.37	4.17			
80	桃杏村(高家河)	0.5	1	4.36				
			2	5.41	4.24			
			3	14.62	12.23	8.95	6.26	
			4	50.5	43.67	34.52	27.32	20.08
			5	9.45	7.74	5.37		
			6	6.94	5.56			
	桃杏村(官地沟)	0.5	1	4.31				
			2	5.33	4.18			
			3	14.3	11.97	8.77	6.12	
			4	48.79	42.21	33.36	26.4	19.39
			5	9.28	7.61	5.28		
			6	6.83	5.48			

续表 3-4-2

序号	计算单元	时段长(h)	时段序号	重现期净雨过程(mm)				
				100年	50年	20年	10年	5年
81	白家庄村	0.5	1	4.3				
			2	5.33	4.18			
			3	14.26	11.94	8.75	6.11	
			4	48.62	42.06	33.24	26.31	19.32
			5	9.26	7.59	5.27		
			6	6.82	5.47			
82	神堂沟社区	0.5	1	2.22				
			2	3.32	2.27			
			3	13.79	11.41	8.1	5.29	
			4	58.78	50.32	38.96	30.13	21.54
			5	7.77	6.16	3.87		
			6	4.97	3.72			
83	寨沟村	0.5	1	2.97				
			2	4.05	3.13			
			3	14.35	12.13	9.08	6.56	
			4	58.24	50.08	39.22	30.82	22.58
			5	8.44	6.97	4.92		
			6	5.68	4.56			
84	西峪村	0.5	1	3.24				
			2	4.37	3.26			
			3	14.76	12.33	8.98	6.19	
			4	55.65	47.75	37.2	28.99	20.94
			5	8.86	7.19	4.83		
			6	6.05	4.73			
85	要子庄村	0.5	1	4.65				
			2	5.77	4.54			
			3	15.62	13.13	9.71	6.91	
			4	53.1	45.92	36.3	28.76	21.19
			5	10.1	8.31	5.82		
			6	7.41	5.96			

续表 3-4-2

序号	计算单元	时段长(h)	时段序号	重现期净雨过程(mm)				
				100 年	50 年	20 年	10 年	5 年
86	黄冶村	0.5	1	4.29				
			2	5.53	4.37			
			3	16.75	14.16	10.59	7.69	
			4	56.7	48.77	38.19	30.01	21.95
			5	10.43	8.65	6.16		
			6	7.38	5.98			
87	程家峪村	0.5	1	4.33				
			2	5.61	4.42			
			3	17.15	14.49	10.84	7.88	
			4	58.93	50.67	39.68	31.18	22.82
			5	10.63	8.81	6.28		
			6	7.5	6.08			
88	田家庄村	0.5	1	4.2				
			2	5.42	4.26			
			3	16.38	13.82	10.31	7.45	
			4	56.27	48.39	37.88	29.74	21.75
			5	10.2	8.43	5.98		
			6	7.22	5.84			
89	王家庄村	0.5	1	4.49				
			2	5.45	4.28			
			3	13.77	11.57	8.54	5.98	
			4	49.12	42.58	33.79	26.85	19.78
			5	9.1	7.48	5.21		
			6	6.84	5.49			
90	王家坟村	0.5	1	2.76				
			2	3.77	2.79			
			3	13.15	11.01	8.02	5.53	
			4	52.36	44.84	34.78	26.97	19.37
			5	7.8	6.33	4.24		
			6	5.28	4.12			

续表 3-4-2

序号	计算单元	时段长(h)	时段序号	重现期净雨过程(mm)				
				100 年	50 年	20 年	10 年	5 年
91	罗城村	0.5	1	4.11				
			2	5.02	3.82			
			3	12.83	10.69	7.71	5.16	
			4	44.87	38.8	30.63	24.11	17.48
			5	8.47	6.85	4.59		
			6	6.33	4.97			
92	寺底村	0.5	1	3.25				
			2	4.43	3.38			
			3	15.51	13.05	9.65	6.85	
			4	59.84	51.28	39.92	31.15	22.58
			5	9.18	7.53	5.21		
			6	6.2	4.93			
93	开化村	0.5	1	3.84				
			2	5.13	3.96			
			3	16.69	14.04	10.39	7.42	
			4	56.21	48.3	37.71	29.51	21.49
			5	10.18	8.37	5.84		
			6	7.03	5.62			
94	赤桥村	0.5	1	4.36				
			2	5.58	4.36			
			3	16.3	13.7	10.1	7.2	
			4	53.11	45.86	36.14	28.56	21.03
			5	10.29	8.46	5.91		
			6	7.36	5.91			
95	吴家峪村	0.5	1	4.35				
			2	5.56	4.34			
			3	16.3	13.69	10.11	7.19	
			4	53.82	46.49	36.64	28.96	21.32
			5	10.27	8.44	5.9		
			6	7.34	5.89			

续表 3-4-2

序号	计算单元	时段长(h)	时段序号	重现期净雨过程(mm)				
				100 年	50 年	20 年	10 年	5 年
96	窑头村	0.5	1	4.06				
			2	5.23	4.07			
			3	15.77	13.31	9.91	7.13	
			4	56.76	48.82	38.22	30.01	21.91
			5	9.8	8.09	5.68		
			6	6.95	5.58			
97	三泉头村	0.5	1	3.45				
			2	4.5	3.44			
			3	14.16	11.89	8.73	6.09	
			4	56.7	48.64	37.86	29.49	21.29
			5	8.66	7.08	4.84		
			6	6.06	4.8			
98	下石村	0.5	1	4.22				
			2	5.37	4.19			
			3	15.49	13	9.59	6.79	
			4	50.28	43.42	34.23	27.04	19.88
			5	9.83	8.07	5.63		
			6	7.06	5.66			
99	牛家口村	0.5	1	4.18				
			2	5.32	4.15			
			3	15.32	12.86	9.46	6.7	
			4	49.99	43.17	34.03	26.88	19.76
			5	9.73	7.98	5.54		
			6	6.99	5.6			
100	青阳河村	0.5	1	2.47				
			2	3.32	2.33			
			3	11.31	9.35	6.51	3.99	
			4	55.28	47.33	36.63	28.19	19.85
			5	6.73	5.33	3.25		
			6	4.59	3.45			

续表 3-4-2

序号	计算单元	时段长(h)	时段序号	重现期净雨过程(mm)				
				100 年	50 年	20 年	10 年	5 年
101	蚕石村	0.5	1	2.51				
			2	3.38	2.37			
			3	11.47	9.44	6.56	4.02	
			4	54.42	46.59	36.08	27.82	19.62
			5	6.83	5.39	3.29		
			6	4.66	3.5			
102	圪垯村	0.5	1	4.01				
			2	5.06	3.92			
			3	14.34	12.03	8.81	6.14	
			4	50.23	43.4	34.22	26.99	19.78
			5	9.12	7.47	5.13		
			6	6.59	5.26			
103	槐树底村	0.5	1	4				
			2	5.04	3.9			
			3	14.25	11.95	8.75	6.1	
			4	49.71	42.95	33.86	26.71	19.57
			5	9.07	7.43	5.11		
			6	6.57	5.24			
104	南峪村	0.5	1	3.99				
			2	5.03	3.89			
			3	14.18	11.89	8.71	6.07	
			4	49.32	42.62	33.6	26.5	19.4
			5	9.04	7.4	5.08		
			6	6.54	5.22			
105	黄楼村	0.5	1	4				
			2	5.04	3.91			
			3	14.26	11.96	8.76	6.1	
			4	49.77	43	33.91	26.74	19.59
			5	9.08	7.43	5.11		
			6	6.57	5.24			

续表 3-4-2

序号	计算单元	时段长(h)	时段序号	重现期净雨过程(mm)				
				100 年	50 年	20 年	10 年	5 年
106	洞儿沟村	0.5	1	3.64				
			2	4.75	3.6			
			3	14.75	12.32	8.96	6.17	
			4	52.29	45.15	35.56	28.02	20.52
			5	9.1	7.4	5		
			6	6.39	5.03			
107	东峰社区	0.5	1	0.41				
			2	1.30	0.22			
			3	9.82	7.58	4.33	1.39	0.03
			4	44.80	38.27	29.34	22.02	14.79
			5	4.93	3.33	0.93		
			6	2.65	1.35			
108	郝庄社区	0.5	1	0.65	0.01			
			2	1.54	0.55	4.88		
			3	9.94	7.86	27.87	2.25	
			4	41.95	35.98	1.53	21.29	0.30
			5	5.13	3.68	0.13	0.05	14.79
			6	2.87	1.71			
109	枣园社区	0.5	1	1.66				
			2	9.89	7.79	4.77	2.01	
			3	44.88	38.53	29.84	22.75	15.73
			4	5.16	3.68			
			5					
			6					
110	赵北峰社区	0.5	1	1.69				
			2	10.11	8.05	5.12	2.54	
			3	42.26	36.29	28.20	21.66	15.19
			4	5.29	3.86			
			5	3.03				
			6					

续表 3-4-2

序号	计算单元	时段长(h)	时段序号	重现期净雨过程(mm)				
				100年	50年	20年	10年	5年
111	双塔社区	0.5	1	0.41				
			2	1.30	0.29			
			3	9.66	7.55	4.52	1.79	0.14
			4	41.46	35.48	27.36	20.71	14.18
			5	4.87	3.38	1.18	0.00	
			6	2.63	1.43	0.02		
112	郝家沟村	0.5	1	0.65	0.01			
			2	1.54	0.55	4.88		
			3	9.94	7.86	27.87	2.25	
			4	41.95	35.98	1.53	21.29	0.30
			5	5.13	3.68	0.13	0.05	14.79
			6	2.87	1.71			
113	小山沟村	0.5	1	0.55				
			2	1.35	0.42			
			3	9.22	7.29	4.43	1.78	0.12
			4	47.29	40.58	31.39	23.93	16.51
			5	4.65	3.30	1.24	0.00	
			6	2.56	1.48	0.05		
114	大窑脑村	0.5	1	0.73	0.04			
			2	1.59	0.66			
			3	10.05	8.05	5.13	2.57	0.47
			4	49.02	42.11	32.69	25.16	17.72
			5	5.13	3.76	1.69	0.12	
			6	2.89	1.80	0.21		
115	东祁家山村	0.5	1	0.05				
			2	0.83	0.02			
			3	9.98	7.59	4.13	1.08	
			4	47.45	40.48	30.90	23.04	15.21
			5	4.69	3.02	0.57		
			6	2.25	0.91			

续表 3-4-2

序号	计算单元	时段长(h)	时段序号	重现期净雨过程(mm)				
				100 年	50 年	20 年	10 年	5 年
116	东沟村	0.5	1					
			2	0.28				
			3	7.90	5.76	2.53	0.25	
			4	44.58	37.85	28.54	20.75	13.27
			5	3.47	1.90	0.05		
			6	1.44	0.24			
117	杨家村	0.5	1					
			2					
			3	4.16	1.55			
			4	42.65	35.08	24.28	16.09	10.07
			5	0.34				
			6					
118	柴家村	0.5	1					
			2					
			3	0.09				
			4	36.30	27.83	18.04	11.74	7.24
			5					
			6					
119	芮城村	0.5	1					
			2					
			3	0.12				
			4	37.12	28.49	18.48	12.04	7.43
			5					
			6					
120	摄乐村	0.5	1					
			2					
			3	3.01	0.69			
			4	42.44	34.41	23.07	15.15	9.42
			5	0.01				
			6					

续表 3-4-2

序号	计算单元	时段长(h)	时段序号	重现期净雨过程(mm)				
				100 年	50 年	20 年	10 年	5 年
121	郭家窑村	0.5	1	1.92				
			2	24.86	19.79	12.93	8.27	5.04
			3					
			4					
			5					
			6					
122	马头水村	0.5	1	0.78				
			2	1.50	0.35			
			3	8.22	6.26	3.23	0.51	
			4	48.54	41.49	31.73	23.53	15.35
			5	4.36	2.87	0.51		
			6	2.57	1.29			
123	上水峪村	0.5	1	0.52				
			2	1.26	0.16			
			3	8.31	6.29	3.21	0.52	
			4	49.48	42.26	32.29	23.96	15.70
			5	4.25	2.73	0.41		
			6	2.37	1.09			
124	横岭村	0.5	1					
			2					
			3					
			4	35.64	27.27	17.77	11.63	7.21
			5					
			6					
125	庄头村	0.5	1	0.22				
			2	0.96	0.03			
			3	8.14	6.10	2.99	0.42	
			4	49.34	42.08	32.08	23.72	15.52
			5	3.99	2.46	0.24		
			6	2.08	0.79			
126	西高庄村	0.5	1	4.4	2.1			
			2	29.3	24.0	16.6	10.8	6.6
			3					
			4					
			5					
			6					

续表 3-4-2

序号	计算单元	时段长(h)	时段序号	重现期净雨过程(mm)				
				100 年	50 年	20 年	10 年	5 年
127	阎家坟村	0.5	1	2.76				
			2	3.77	2.79			
			3	13.15	11.01	8.02	5.53	
			4	52.36	44.84	34.78	26.97	19.37
			5	7.80	6.33	4.24		
			6	5.28	4.12			
128	上冶峪村	0.5	1	4.11				
			2	3.97	2.95	1.46	0.14	
			3	14.57	12.18	8.89	6.12	3.48
			4	58.96	50.47	39.21	30.46	21.91
			5	8.49	6.90	4.65	2.68	0.84
			6	5.65	4.42	2.65	1.05	
129	石庄头村	0.5	1	2.86	1.97	0.66		
			2	3.98	2.95	1.46	0.14	
			3	14.58	12.19	8.90	6.13	3.49
			4	59.07	50.56	39.28	30.52	21.95
			5	8.50	6.90	4.65	2.68	0.84
			6	5.66	4.42	2.65	1.05	
130	五坡村	0.5	1	4.09	3.07	1.59	0.25	
			2	5.28	4.12	2.44	0.96	
			3	16.11	13.60	10.14	7.29	4.52
			4	58.75	50.53	39.57	31.06	22.67
			5	9.97	8.23	5.79	3.71	1.73
			6	7.04	5.66	3.70	1.99	0.38
131	明马村	0.5	1	3.47	2.53	1.13	0.01	
			2	4.54	3.46	1.89	0.46	3.60
			3	14.40	12.08	8.88	6.20	21.89
			4	58.30	49.99	38.92	30.33	1.06
			5	8.77	7.17	4.91	2.94	0.05
			6	6.12	4.85	3.02	1.39	
132	杏坪村	0.5	1	4.07	3.04	1.55	0.18	
			2	5.15	3.98	2.31	0.79	
			3	14.77	12.40	9.09	6.34	3.61
			4	52.81	45.63	35.97	28.39	20.81
			5	9.34	7.66	5.27	3.21	1.18
			6	6.73	5.37	3.42	1.70	0.11

表 3-4-3　太原市区控制断面设计洪水成果

序号	行政区划名称	行政区划代码	小流域名称	控制断面代码	洪水要素($Q_{1\%}$)	重现期洪水要素值				
						100 年($Q_{1\%}$)	50 年($Q_{2\%}$)	20 年($Q_{5\%}$)	10 年($Q_{10\%}$)	5 年($Q_{20\%}$)
1	西家凹	140105003207000	黑驼沟	黑驼沟 32	洪峰流量(m^3/s)	62	52	40	30	20
					* 洪量(m^3)	191 000	154 000	108 000	75 000	48 000
					* 涨洪历时(h)					
					* 洪水历时(h)	1	1	0.5	0.5	0.5
					洪峰水位(m)					
2	黑驼村	140105003205000	黑驼沟	黑驼沟_19_黑驼村_7	洪峰流量(m^3/s)	101	83	60	42	26
					* 洪量(m^3)	543 000	438 000	307 000	214 000	140 000
					* 涨洪历时(h)					
					* 洪水历时(h)	3	2	1	1	1
					洪峰水位(m)					
3	南坪头社区	140105003012000	黑驼沟	南坪头 9 南坪头村 4	洪峰流量(m^3/s)	210	176	130	94	60
					* 洪量(m^3)	803 000	642 000	442 000	302 000	193 000
					* 涨洪历时(h)					
					* 洪水历时(h)	2	2	2	1	1
					洪峰水位(m)	833.654	833.494	833.265	833.06	832.829
4	岗头	140105003208000	岗头沟	岗头沟 31 岗头村 9	洪峰流量(m^3/s)	45	38	29	22	14
					* 洪量(m^3)	119 000	95 000	65 000	44 000	28 000
					* 涨洪历时(h)					
					* 洪水历时(h)	1	0.5	0.5	0.5	0.5
					洪峰水位(m)					

续表 3-4-3

序号	行政区划名称	行政区划代码	小流域名称	控制断面代码	洪水要素 ($Q_{1\%}$)	重现期洪水要素值				
						100 年 ($Q_{1\%}$)	50 年 ($Q_{2\%}$)	20 年 ($Q_{5\%}$)	10 年 ($Q_{10\%}$)	5 年 ($Q_{20\%}$)
5	窑子上	140000000000000	郑村排洪渠	郑村沟 37 窑子上村 6	洪峰流量(m^3/s)	39	32	23	15	9
					*洪量(m^3)	97 000	75 000	49 000	32 000	20 000
					*涨洪历时(h)					
					*洪水历时(h)	1	0.5	0.5	0.5	0.5
					洪峰水位(m)					
6	郑村社区	140105005011000	郑村排洪渠	郑村沟 29 郑村 18	洪峰流量(m^3/s)	64	52	36	24	14
					*洪量(m^3)	165 000	127 000	83 000	54 000	33 000
					*涨洪历时(h)					
					*洪水历时(h)	1	1	0.5	0.5	0.5
					洪峰水位(m)	805.864	805.8	805.71	805.612	805.522
7	五龙沟村	140105005212000	五龙沟	五龙沟 27 五龙沟村 22	洪峰流量(m^3/s)	24	21	15	11	8
					*洪量(m^3)	79 000	64 000	45 000	31 000	20 000
					*涨洪历时(h)					
					*洪水历时(h)	2	2	1	0.5	0.5
					洪峰水位(m)	847.565	847.494	847.386	847.284	847.168
8	新沟社区	140106100010000	新沟	新沟_42_ 新沟社区_10	洪峰流量(m^3/s)	82	70	53	40	27
					*洪量(m^3)	262 000	211 000	147 000	102 000	66 000
					*涨洪历时(h)					
					*洪水历时(h)	2	2	1	1	0.5
					洪峰水位(m)					

续表 3-4-3

序号	行政区划名称	行政区划代码	小流域名称	控制断面代码	洪水要素 ($Q_{1\%}$)	重现期洪水要素值				
						100年 ($Q_{1\%}$)	50年 ($Q_{2\%}$)	20年 ($Q_{5\%}$)	10年 ($Q_{10\%}$)	5年 ($Q_{20\%}$)
9	马庄社区	140106100005000	新沟	新沟27店坡社区26	洪峰流量(m^3/s)	110	93	69	51	33
					*洪量(m^3)	354 000	283 000	195 000	134 000	86 000
					*涨洪历时(h)					
					*洪水历时(h)	2	2	1	0.5	0.5
					洪峰水位(m)	863.867	863.787	863.662	863.541	863.395
10	店坡社区	140106100006000	新沟	新沟_17_店坡社区_16	洪峰流量(m^3/s)	115	96	71	51	33
					*洪量(m^3)	379 000	301 000	207 000	141 000	90 000
					*涨洪历时(h)					
					*洪水历时(h)	2	2	1	0.5	0.5
					洪峰水位(m)					
11	董家庄村(小山沟)	140106100214000	小山沟	南沙河_241_董家庄村_8	洪峰流量(m^3/s)	59	49	36	26	16
					*洪量(m^3)	221 000	178 000	124 000	86 000	56 000
					*涨洪历时(h)					
					*洪水历时(h)	2	1	0.5	0.5	0.5
					洪峰水位(m)	1 123.49	1 123.39	1 123.25	1 123.14	1 123.01
	董家庄村(南沙河)	140106100216000	南沙河	南沙河_257_董家庄村_20	洪峰流量(m^3/s)	49	41	30	21	13
					*洪量(m^3)	202 000	163 000	113 000	78 000	51 000
					*涨洪历时(h)					
					*洪水历时(h)	1	1	0.5	0.5	0.5
					洪峰水位(m)					

续表 3-4-3

序号	行政区划名称	行政区划代码	小流域名称	控制断面代码	洪水要素($Q_{1\%}$)	重现期洪水要素值				
						100 年($Q_{1\%}$)	50 年($Q_{2\%}$)	20 年($Q_{5\%}$)	10 年($Q_{10\%}$)	5 年($Q_{20\%}$)
12	小山岩村	140106100216000	小山岩沟	南沙河_217_小山岩村_10	洪峰流量(m^3/s)	13	11	8	6	5
					*洪量(m^3)	36 000	29 000	21 000	15 000	9 000
					*涨洪历时(h)					
					*洪水历时(h)	1	1	0.5	0.5	0.5
					洪峰水位(m)					
13	前麻地沟村	140106100217000	麻地沟	麻地沟 35 后麻地沟村 15	洪峰流量(m^3/s)	51	44	33	24	16
					*洪量(m^3)	165 000	134 000	94 000	66 000	43 000
					*涨洪历时(h)					
					*洪水历时(h)	2	1	1	0.5	0.5
					洪峰水位(m)	1 109.46	1 109.40	1 109.32	1 109.25	1 109.17
14	后麻地沟	140106100218000	麻地沟	麻地沟_14_前麻地沟_8	洪峰流量(m^3/s)	57	48	36	26	17
					*洪量(m^3)	188 000	152 000	107 000	75 000	49 000
					*涨洪历时(h)					
					*洪水历时(h)	1	0.5	0.5	0.5	0.5
					洪峰水位(m)	1 135.75	1 135.69	1 135.59	1 135.50	1 135.40
15	观家峪村	140106100213000	南沙河	南沙河 196 观家峪村 23	洪峰流量(m^3/s)	290	239	173	120	74
					*洪量(m^3)	1 333 000	1 069 000	741 000	509 000	327 000
					*涨洪历时(h)					
					*洪水历时(h)	3	3	2	1	1
					洪峰水位(m)	953.41	953.21	952.93	952.67	952.41

续表 3-4-3

序号	行政区划名称	行政区划代码	小流域名称	控制断面代码	洪水要素($Q_{1\%}$)	重现期洪水要素值 100 年($Q_{1\%}$)	50 年($Q_{2\%}$)	20 年($Q_{5\%}$)	10 年($Q_{10\%}$)	5 年($Q_{20\%}$)
16	港道村	140106100212000	南沙河	南沙河_160_港道村_5	洪峰流量(m^3/s)	312	257	185	128	78
					*洪量(m^3)	1 484 000	1 189 000	823 000	566 000	363 000
					*涨洪历时(h)					
					*洪水历时(h)	3	3	2	2	1
					洪峰水位(m)	909.62	909.34	908.94	908.56	908.14
17	水峪村(南沙河支)	140106100211000	南沙河	南沙河支 113 水峪村 8	洪峰流量(m^3/s)	41	34	26	18	12
					*洪量(m^3)	120 000	96 000	67 000	46 000	30 000
					*涨洪历时(h)					
					*洪水历时(h)	2	2	1	0.5	0.5
					洪峰水位(m)					
	水峪村(南沙河)	140106100210000		南沙河 115 水峪村 9	洪峰流量(m^3/s)	361	298	216	152	95
					*洪量(m^3)	1 740 000	1 398 000	974 000	675 000	439 000
					*涨洪历时(h)					
					*洪水历时(h)	3	3	2	2	1
					洪峰水位(m)					
18	松庄村	140106100210000	南沙河	南沙河 94 松庄村 17	洪峰流量(m^3/s)	438	364	268	192	121
					*洪量(m^3)	1 854 000	1 489 000	1 034 000	712 000	457 000
					*涨洪历时(h)					
					*洪水历时(h)	3	3	2	2	1
					洪峰水位(m)	873.019	872.698	872.234	871.821	871.375

续表 3-4-3

序号	行政区划名称	行政区划代码	小流域名称	控制断面代码	洪水要素（$Q_{1\%}$）	重现期洪水要素值				
						100 年（$Q_{1\%}$）	50 年（$Q_{2\%}$）	20 年（$Q_{5\%}$）	10 年（$Q_{10\%}$）	5 年（$Q_{20\%}$）
19	张家河村	140106100227000	北涧河	张家河 31 张家河村 20	洪峰流量(m^3/s)	32	27	20	14	9
					*洪量(m^3)	124 000	100 000	71 000	49 000	32 000
					*涨洪历时(h)					
					*洪水历时(h)	2	2	1	0.5	0.5
					洪峰水位(m)	1 391.61	1 391.46	1 391.26	1 391.08	1 390.88
20	占道村	140106100226000	占道沟	北涧河_95_占道村_12	洪峰流量(m^3/s)	23	19	14	11	7
					*洪量(m^3)	87 000	71 000	52 000	38 000	26 000
					*涨洪历时(h)					
					*洪水历时(h)	1	1	0.5	0.5	0.5
					洪峰水位(m)					
21	沟北村	140106100223000	沟北	捐子沟_37_沟北村_9	洪峰流量(m^3/s)	5	4	3	3	2
					*洪量(m^3)	13 000	10 000	7 000	5 000	3 000
					*涨洪历时(h)					
					*洪水历时(h)	0.5	0.5	0.5	0.5	0.5
					洪峰水位(m)					
22	柳沟村	140106100221000	柳沟	北涧河_28_柳沟村_14	洪峰流量(m^3/s)	29	25	18	13	9
					*洪量(m^3)	74 000	59 000	41 000	28 000	17 000
					*涨洪历时(h)					
					*洪水历时(h)	1	0.5	0.5	0.5	0.5
					洪峰水位(m)					

续表 3-4-3

序号	行政区划名称	行政区划代码	小流域名称	控制断面代码	洪水要素($Q_{1\%}$)	重现期洪水要素值				
						100年($Q_{1\%}$)	50年($Q_{2\%}$)	20年($Q_{5\%}$)	10年($Q_{10\%}$)	5年($Q_{20\%}$)
23	捐子沟村	140106100222000	捐子沟	捐子沟_17_捐子沟村_8	洪峰流量(m^3/s)	37	31	24	17	11
					*洪量(m^3)	91 000	73 000	50 000	34 000	21 000
					*涨洪历时(h)					
					*洪水历时(h)	1	1	0.5	0.5	0.5
					洪峰水位(m)					
24	孟家井村	140106100220000	北沙河	北沙河156孟家井村19	洪峰流量(m^3/s)	46	39	29	21	14
					*洪量(m^3)	149 000	120 000	84 000	58 000	37 000
					*涨洪历时(h)					
					*洪水历时(h)	2	1	1	0.5	0.5
					洪峰水位(m)	1 164.675	1 164.624	1 164.543	1 164.422	1 164.13
25	大窑头村	140107010201000	北沙河	北沙河_109_大窑头村_27	洪峰流量(m^3/s)	154	129	95	68	44
					*洪量(m^3)	574 000	462 000	321 000	221 000	143 000
					*涨洪历时(h)					
					*洪水历时(h)	2	2	1	0.5	0.5
					洪峰水位(m)					
26	小窑头村	140107010202000	北沙河	北沙河_42_小窑头村_15	洪峰流量(m^3/s)	79	63	43	28	16
					*洪量(m^3)	656 000	525 000	362 000	248 000	158 000
					*涨洪历时(h)					
					*洪水历时(h)	2	2	1	0.5	0.5
					洪峰水位(m)					

续表 3-4-3

序号	行政区划名称	行政区划代码	小流域名称	控制断面代码	洪水要素（$Q_{1\%}$）	重现期洪水要素值				
						100 年（$Q_{1\%}$）	50 年（$Q_{2\%}$）	20 年（$Q_{5\%}$）	10 年（$Q_{10\%}$）	5 年（$Q_{20\%}$）
27	响水湾社区	140107007002000	北沙河	北沙河 32 小窑头村 5	洪峰流量（m^3/s）	114	91	63	40	23
					* 洪量（m^3）	890 000	711 000	488 000	332 000	212 000
					* 涨洪历时（h）					
					* 洪水历时（h）	3	2	1	0.5	0.5
					洪峰水位（m）	934.009	933.92	933.795	933.679	933.572
28	长江村	140107010210000	长江沟	长江沟 6 长江村 1	洪峰流量（m^3/s）	15	13	10	7	5
					* 洪量（m^3）	38 000	31 000	21 000	14 000	9 000
					* 涨洪历时（h）					
					* 洪水历时（h）	1	0.5	0.5	0.5	0.5
					洪峰水位（m）					
29	枣沟村	140107200208000	枣沟	枣沟 33 枣沟村 29	洪峰流量（m^3/s）	143	120	87	61	37
					* 洪量（m^3）	416 000	331 000	226 000	153 000	98 000
					* 涨洪历时（h）					
					* 洪水历时（h）	2	1	1	0.5	0.5
					洪峰水位（m）	839.964	839.838	839.651	839.462	839.246
30	窑头村（窑头沟）	140107201206000	窑头沟	窑头沟 33 窑头村 14	洪峰流量（m^3/s）	133	97	56	33	18
					* 洪量（m^3）	733 000	557 000	358 000	230 000	139 000
					* 涨洪历时（h）					
					* 洪水历时（h）	2	1	1	0.5	0.5
					洪峰水位（m）	966.516	966.237	965.877	965.587	965.299

续表 3-4-3

序号	行政区划名称	行政区划代码	小流域名称	控制断面代码	洪水要素 ($Q_{1\%}$)	重现期洪水要素值 100 年 ($Q_{1\%}$)	50 年 ($Q_{2\%}$)	20 年 ($Q_{5\%}$)	10 年 ($Q_{10\%}$)	5 年 ($Q_{20\%}$)
31	柏杨树村	140107200204000	柏杨树沟	柏杨树沟_39_柏杨树村_36	洪峰流量(m^3/s)	32	28	21	15	10
					*洪量(m^3)	84 000	67 000	46 000	32 000	20 000
					*涨洪历时(h)					
					*洪水历时(h)	1	1	1	0.5	0.5
					洪峰水位(m)					
32	东关口村(凌井河)	140108201200000	凌井河	凌井河_119_东关口村_19	洪峰流量(m^3/s)	395	283	167	99	55
					*洪量(m^3)	5 995 000	4 562 000	2 950 000	1 917 000	1 187 000
					*涨洪历时(h)					
					*洪水历时(h)	5	4	3	2	1
					洪峰水位(m)					
32	东关口村(东关口沟)	140108201200000	东关口沟	凌井河 94 东关口村 7	洪峰流量(m^3/s)	65	49	31	19	12
					*洪量(m^3)	135 000	103 000	66 000	43 000	27 000
					*涨洪历时(h)					
					*洪水历时(h)	1	0.5	0.5	0.5	0.5
					洪峰水位(m)	928.321	928.127	927.848	927.585	927.354
33	西关口村	140108201201000	凌井河	凌井河 73 西关口村 9	洪峰流量(m^3/s)	389	280	165	97	54
					*洪量(m^3)	6 042 000	4 598 000	2 973 000	1 932 000	1 197 000
					*涨洪历时(h)					
					*洪水历时(h)	5	4	3	2	1
					洪峰水位(m)	905.22	905.03	904.80	904.61	904.44

续表 3-4-3

序号	行政区划名称	行政区划代码	小流域名称	控制断面代码	洪水要素（$Q_{1\%}$）	重现期洪水要素值				
						100 年（$Q_{1\%}$）	50 年（$Q_{2\%}$）	20 年（$Q_{5\%}$）	10 年（$Q_{10\%}$）	5 年（$Q_{20\%}$）
34	镇城村	140108201202000	凌井河	凌井河_41_镇城村_16	洪峰流量（m^3/s）	386	278	163	96	54
					* 洪量（m^3）	6 217 000	4 731 000	3 059 000	1 987 000	1 230 000
					* 涨洪历时（h）					
					* 洪水历时（h）	5	4	3	2	1
					洪峰水位（m）					
35	岗北村	140108201206000	岗北沟	泥屯河_24_岗北村_14	洪峰流量（m^3/s）	79	66	49	35	22
					* 洪量（m^3）	211 000	169 000	117 000	80 000	52 000
					* 涨洪历时（h）					
					* 洪水历时（h）	1	0.5	0.5	0.5	0.5
					洪峰水位（m）					
36	东高庄村	140108202201000	东高庄沟	东高庄沟_13_东高庄村_10	洪峰流量（m^3/s）	60	50	37	26	16
					* 洪量（m^3）	155 000	124 000	86 000	59 000	38 000
					* 涨洪历时（h）					
					* 洪水历时（h）	1	0.5	0.5	0.5	0.5
					洪峰水位（m）					
37	赵家山村	140108202203000	赵家山沟	赵家山沟_36_赵家山村_19	洪峰流量（m^3/s）	26	22	16	12	8
					* 洪量（m^3）	61 000	49 000	34 000	23 000	15 000
					* 涨洪历时（h）					
					* 洪水历时（h）	1	0.5	0.5	0.5	0.5
					洪峰水位（m）					

续表 3-4-3

序号	行政区划名称	行政区划代码	小流域名称	控制断面代码	洪水要素($Q_{1\%}$)	重现期洪水要素值				
						100 年($Q_{1\%}$)	50 年($Q_{2\%}$)	20 年($Q_{5\%}$)	10 年($Q_{10\%}$)	5 年($Q_{20\%}$)
38	东焉村	140108202205000	赵家山沟	东焉沟_36_东焉村_18	洪峰流量(m^3/s)	63	53	39	28	17
					* 洪量(m^3)	160 000	128 000	88 000	61 000	39 000
					* 涨洪历时(h)					
					* 洪水历时(h)	1	0.5	0.5	0.5	0.5
					洪峰水位(m)					
39	中焉村	140108202204000	中焉沟	东焉沟_17_中焉村_6	洪峰流量(m^3/s)	10	8	6	4	3
					* 洪量(m^3)	22 000	18 000	12 000	9 000	6 000
					* 涨洪历时(h)					
					* 洪水历时(h)	0.5	0.5	0.5	0.5	0.5
					洪峰水位(m)					
40	棋子山村	140108101204000	棋子山沟	棋子山沟_15_棋子山村_6	洪峰流量(m^3/s)	18	15	11	8	5
					* 洪量(m^3)	40 000	32 000	22 000	15 000	10 000
					* 涨洪历时(h)					
					* 洪水历时(h)	0.5	0.5	0.5	0.5	0.5
					洪峰水位(m)					
41	北山头村	140108101203000	北山头沟	杨兴河_62_北山头村_14	洪峰流量(m^3/s)	93	78	56	39	24
					* 洪量(m^3)	256 000	205 000	141 000	96 000	62 000
					* 涨洪历时(h)					
					* 洪水历时(h)	1	0.5	0.5	0.5	0.5
					洪峰水位(m)					

续表 3-4-3

序号	行政区划名称	行政区划代码	小流域名称	控制断面代码	洪水要素（$Q_{1\%}$）	重现期洪水要素值				
						100 年（$Q_{1\%}$）	50 年（$Q_{2\%}$）	20 年（$Q_{5\%}$）	10 年（$Q_{10\%}$）	5 年（$Q_{20\%}$）
42	河底村	140108101202000	杨兴河	杨兴河 110 河底村 5	洪峰流量（m^3/s）	1 489	1 062	612	351	190
					*洪量（m^3）	19 123 000	14 456 000	9 228 000	5 903 000	3 597 000
					*涨洪历时（h）					
					*洪水历时（h）	7	6	5	4	3
					洪峰水位（m）	832.338	831.561	830.496	829.654	828.922
43	新兴村	140108101217000	杨兴河	杨兴河 97 新兴村 6	洪峰流量（m^3/s）	1 469	1 048	603	346	187
					*洪量（m^3）	19 123 000	14 456 000	9 228 000	5 902 000	3 597 000
					*涨洪历时（h）					
					*洪水历时（h）	7	6	5	4	3
					洪峰水位（m）	832.535	832.274	828.29	826.696	825.59
44	司徒洼村	140108101218000	岗底河	杨兴河_86_司徒洼村_5	洪峰流量（m^3/s）	8	7	5	4	3
					*洪量（m^3）	19 000	15 000	10 000	7 000	5 000
					*涨洪历时（h）					
					*洪水历时（h）	0.5	0.5	0.5	0.5	0.5
					洪峰水位（m）					
45	岗底村	140108101214000	岗底河	欢嘴沟_53_岗底村_10	洪峰流量（m^3/s）	31	26	19	14	9
					*洪量（m^3）	75 000	40 000	41 000	28 000	18 000
					*涨洪历时（h）	1	0.5	0.5	0.5	0.5
					*洪水历时（h）					
					洪峰水位（m）					

续表 3-4-3

序号	行政区划名称	行政区划代码	小流域名称	控制断面代码	洪水要素（$Q_{1\%}$）	重现期洪水要素值				
						100 年（$Q_{1\%}$）	50 年（$Q_{2\%}$）	20 年（$Q_{5\%}$）	10 年（$Q_{10\%}$）	5 年（$Q_{20\%}$）
46	欢嘴村	140108101213000	欢嘴沟	欢嘴沟_41	洪峰流量(m^3/s)	12	11	8	6	4
					*洪量(m^3)	29 000	23 000	16 000	11 000	7 000
					*涨洪历时(h)					
					*洪水历时(h)	0.5	0.5	0.5	0.5	0.5
					洪峰水位(m)					
47	风格梁村	140108101211000	横河	风格梁沟_14_风格梁村_10	洪峰流量(m^3/s)	11	9	7	5	6
					*洪量(m^3)	25 000	20 000	14 000	9 000	6 000
					*涨洪历时(h)					
					*洪水历时(h)	0.5	0.5	0.5	0.5	0.5
					洪峰水位(m)					
48	峰西村	140108101210000	横河	西岗沟_71_峰西村_12	洪峰流量(m^3/s)	17	15	11	8	5
					*洪量(m^3)	40 000	32 000	22 000	15 000	10 000
					*涨洪历时(h)					
					*洪水历时(h)	0.5	0.5	0.5	0.5	0.5
					洪峰水位(m)					
49	蝎子寨村	140108101209000	横河	西岗沟_40_蝎子寨村_18	洪峰流量(m^3/s)	347	285	202	135	81
					*洪量(m^3)	1 186 000	941 000	642 000	436 000	278 000
					*涨洪历时(h)					
					*洪水历时(h)	2	2	2	1	1
					洪峰水位(m)					

续表 3-4-3

序号	行政区划名称	行政区划代码	小流域名称	控制断面代码	洪水要素（$Q_{1\%}$）	重现期洪水要素值				
						100 年（$Q_{1\%}$）	50 年（$Q_{2\%}$）	20 年（$Q_{5\%}$）	10 年（$Q_{10\%}$）	5 年（$Q_{20\%}$）
50	晋庄村	140108101216000	横河	西岗沟 13 晋庄村 11	洪峰流量（m^3/s）	354	277	177	107	59
					*洪量（m^3）	1 202 000	927 000	600 000	385 000	232 000
					*涨洪历时（h）					
					*洪水历时（h）	3	2	1	1	1
					洪峰水位（m）	824.314	823.987	823.502	823.135	822.809
51	西岗村	140108101212000	寨上沟	西岗沟_94_西岗村_12	洪峰流量（m^3/s）	6	5	4	3	2
					*洪量（m^3）	13 000	10 000	7 000	5 000	3 000
					*涨洪历时（h）					
					*洪水历时（h）	0.5	0.5	0.5	0.5	0.5
					洪峰水位（m）					
52	寨上村	140108101208000	寨上沟	寨上沟_28_寨上村_9	洪峰流量（m^3/s）	62	52	39	27	17
					*洪量（m^3）	157 000	125 000	86 000	59 000	37 000
					*涨洪历时（h）					
					*洪水历时（h）	1	0.5	0.5	0.5	0.5
					洪峰水位（m）					
53	黄花园村	140108101206000	寨上沟	寨上沟_10_黄花园_9	洪峰流量（m^3/s）	84	70	51	36	22
					*洪量（m^3）	216 000	172 000	118 000	80 000	51 000
					*涨洪历时（h）					
					*洪水历时（h）	1	0.5	0.5	0.5	0.5
					洪峰水位（m）					

续表 3-4-3

序号	行政区划名称	行政区划代码	小流域名称	控制断面代码	洪水要素($Q_{1\%}$)	重现期洪水要素值				
						100年($Q_{1\%}$)	50年($Q_{2\%}$)	20年($Q_{5\%}$)	10年($Q_{10\%}$)	5年($Q_{20\%}$)
54	土堂村	140108003201000	土塘沟	排洪渠一_53_土堂村_10	洪峰流量(m^3/s)	62	52	39	28	17
					*洪量(m^3)	158 000	125 000	85 000	58 000	37 000
					*涨洪历时(h)					
					*洪水历时(h)	1	0.5	0.5	0.5	0.5
					洪峰水位(m)					
55	大留村	140108008200000	大留沟	排洪渠一_35_大留村_7	洪峰流量(m^3/s)	47	39	29	20	12
					*洪量(m^3)	116 000	92 000	62 000	42 000	27 000
					*涨洪历时(h)					
					*洪水历时(h)	1	0.5	0.5	0.5	0.5
					洪峰水位(m)					
56	呼延村	140108008201000	呼延沟	排洪渠二_191_呼延村_19	洪峰流量(m^3/s)	124	104	75	52	32
					*洪量(m^3)	323 000	254 000	171 000	115 000	73 000
					*涨洪历时(h)					
					*洪水历时(h)	1	0.5	0.5	0.5	0.5
					洪峰水位(m)					
57	西张村	140108008202000	西张沟	排洪渠二_157_西张村_11	洪峰流量(m^3/s)	192	160	116	79	48
					*洪量(m^3)	530 000	417 000	282 000	190 000	120 000
					*涨洪历时(h)					
					*洪水历时(h)	2	1	0.5	0.5	0.5
					洪峰水位(m)					

续表 3-4-3

序号	行政区划名称	行政区划代码	小流域名称	控制断面代码	洪水要素（$Q_{1\%}$）	重现期洪水要素值				
						100 年（$Q_{1\%}$）	50 年（$Q_{2\%}$）	20 年（$Q_{5\%}$）	10 年（$Q_{10\%}$）	5 年（$Q_{20\%}$）
58	营村	140108008206000	营村沟	排洪渠二_60_营村_5	洪峰流量（m^3/s）	115	93	63	40	24
					*洪量（m^3）	272 000	210 000	139 000	91 000	57 000
					*涨洪历时（h）					
					*洪水历时（h）	1	0.5	0.5	0.5	0.5
					洪峰水位（m）					
59	三给村	140108008208000	营村沟	排洪渠二_26_三给村_18	洪峰流量（m^3/s）	66	54	37	24	15
					*洪量（m^3）	144 000	111 000	73 000	48 000	30 000
					*涨洪历时（h）					
					*洪水历时（h）	0.5	0.5	0.5	0.5	0.5
					洪峰水位（m）					
60	寺头村	140108008210000	西张沟	寺头沟 4 寺头村 2	洪峰流量（m^3/s）	79	66	48	34	21
					*洪量（m^3）	223 000	176 000	120 000	82 000	52 000
					*涨洪历时（h）					
					*洪水历时（h）	1	0.5	0.5	0.5	0.5
					洪峰水位（m）					
61	下槐村	140108008212000	西张沟	下槐沟 5 下槐村 3	洪峰流量（m^3/s）	33	27	19	12	7
					*洪量（m^3）	73 000	57 000	38 000	25 000	16 000
					*涨洪历时（h）					
					*洪水历时（h）	0.5	0.5	0.5	0.5	0.5
					洪峰水位（m）					

续表 3-4-3

序号	行政区划名称	行政区划代码	小流域名称	控制断面代码	洪水要素（$Q_{1\%}$）	重现期洪水要素值				
						100 年（$Q_{1\%}$）	50 年（$Q_{2\%}$）	20 年（$Q_{5\%}$）	10 年（$Q_{10\%}$）	5 年（$Q_{20\%}$）
62	柏崖头村	140108008213000	西张沟	排洪渠二_140_柏崖头村_7	洪峰流量(m^3/s)	33	27	19	12	7
					*洪量(m^3)	73 000	57 000	38 000	25 000	16 000
					*涨洪历时(h)					
					*洪水历时(h)	0.5	0.5	0.5	0.5	0.5
					洪峰水位(m)					
63	下水峪村	140108200203000	柴村沟	水峪沟_24_下水峪村_10	洪峰流量(m^3/s)	4	4	3	2	2
					*洪量(m^3)	11 000	9 000	6 000	4 000	3 000
					*涨洪历时(h)					
					*洪水历时(h)	0.5	0.5	0.5	0.5	0.5
					洪峰水位(m)					
64	小石河村	140108008209000	小石河	小石河沟 20 小石河村 17	洪峰流量(m^3/s)	74	55	33	20	12
					*洪量(m^3)	178 000	134 000	86 000	55 000	33 000
					*涨洪历时(h)					
					*洪水历时(h)	1	0.5	0.5	0.5	0.5
					洪峰水位(m)	870.76	870.68	870.58	870.50	870.44
65	圪僚沟村	140109009202000	圪僚沟	圪僚沟 17 圪僚沟村 9	洪峰流量(m^3/s)	88	72	50	33	20
					*洪量(m^3)	232 000	181 000	120 000	80 000	51 000
					*涨洪历时(h)					
					*洪水历时(h)	1	0.5	0.5	0.5	0.5
					洪峰水位(m)					

续表 3-4-3

序号	行政区划名称	行政区划代码	小流域名称	控制断面代码	洪水要素（$Q_{1\%}$）	重现期洪水要素值				
						100 年（$Q_{1\%}$）	50 年（$Q_{2\%}$）	20 年（$Q_{5\%}$）	10 年（$Q_{10\%}$）	5 年（$Q_{20\%}$）
66	北石槽村	140108200211000	石槽沟	北石槽村_19_北石槽村_7	洪峰流量（m^3/s）	3	2	2	1	1
					*洪量（m^3）	7 000	6 000	4 000	3 000	2 000
					*涨洪历时（h）					
					*洪水历时（h）	0.5	0.5	0.5	0.5	0.5
					洪峰水位（m）					
67	南石槽村	140108200210000	石槽沟	南石槽沟_12_南石槽村_4	洪峰流量（m^3/s）	4	4	3	2	2
					*洪量（m^3）	11 000	9 000	6 000	4 000	3 000
					*涨洪历时（h）					
					*洪水历时（h）	0.5	0.5	0.5	0.5	0.5
					洪峰水位（m）					
68	甘草峁村	140108200201000	石槽沟	马头水_60_甘草峁村_11	洪峰流量（m^3/s）	7	6	4	3	2
					*洪量（m^3）	16 000	13 000	9 000	6 000	4 000
					*涨洪历时（h）					
					*洪水历时（h）	0.5	0.5	0.5	0.5	0.5
					洪峰水位（m）					
69	马角村	140108200204000	石槽沟	银角河_36_马角村_4	洪峰流量（m^3/s）	8	7	5	4	3
					*洪量（m^3）	20 000	16 000	11 000	7 000	5 000
					*涨洪历时（h）					
					*洪水历时（h）	0.5	0.5	0.5	0.5	0.5
					洪峰水位（m）					

续表 3-4-3

序号	行政区划名称	行政区划代码	小流域名称	控制断面代码	洪水要素($Q_{1\%}$)	重现期洪水要素值				
						100 年($Q_{1\%}$)	50 年($Q_{2\%}$)	20 年($Q_{5\%}$)	10 年($Q_{10\%}$)	5 年($Q_{20\%}$)
70	银角村	140108200205000	石槽沟	银角河_24_银角村_8	洪峰流量(m^3/s)	230	190	135	90	54
					* 洪量(m^3)	780 000	609 000	408 000	273 000	172 000
					* 涨洪历时(h)					
					* 洪水历时(h)	2	2	1	1	1
					洪峰水位(m)					
71	梁背后村	140108200207000	石槽沟	梁背后沟_12_梁背后村_6	洪峰流量(m^3/s)	23	19	15	11	8
					* 洪量(m^3)	65 000	52 000	36 000	25 000	16 000
					* 涨洪历时(h)					
					* 洪水历时(h)	0.5	0.5	0.5	0.5	0.5
					洪峰水位(m)					
72	珍珠峁村	140108200209000	石槽沟	珍珠峁沟_33_珍珠峁村_8	洪峰流量(m^3/s)	4	7	3	2	1
					* 洪量(m^3)	9 000	7 000	5 000	3 000	2 000
					* 涨洪历时(h)					
					* 洪水历时(h)	0.5	0.5	0.5	0.5	0.5
					洪峰水位(m)					
73	马吉掌村	140108200208000	石槽沟	珍珠峁沟_12_马吉掌村_9	洪峰流量(m^3/s)	4	4	3	2	1
					* 洪量(m^3)	10 000	8 000	5 000	4 000	2 000
					* 涨洪历时(h)					
					* 洪水历时(h)	0.5	0.5	0.5	0.5	0.5
					洪峰水位(m)					

续表 3-4-3

序号	行政区划名称	行政区划代码	小流域名称	控制断面代码	洪水要素 ($Q_{1\%}$)	重现期洪水要素值				
						100 年 ($Q_{1\%}$)	50 年 ($Q_{2\%}$)	20 年 ($Q_{5\%}$)	10 年 ($Q_{10\%}$)	5 年 ($Q_{20\%}$)
74	大岩村	140109009208000	大岩沟	大岩沟 12 大岩村 2	洪峰流量(m^3/s)	45	38	29	21	14
					*洪量(m^3)	125 000	99 000	68 000	46 000	29 000
					*涨洪历时(h)					
					*洪水历时(h)	1	0.5	0.5	0.5	0.5
					洪峰水位(m)					
75	风声河村	140109012203000	风声河	风声河_24_ 风声河村_5	洪峰流量(m^3/s)	137	115	85	60	37
					*洪量(m^3)	392 000	308 000	207 000	139 000	88 000
					*涨洪历时(h)					
					*洪水历时(h)	2	1	0.5	0.5	0.5
					洪峰水位(m)	915.97	915.83	915.61	915.40	915.14
76	西铭村	140109012201000	玉门河	玉门河 44 西铭村 20	洪峰流量(m^3/s)	466	386	279	199	123
					*洪量(m^3)	2 438 000	1 907 000	1 274 000	850 000	529 000
					*涨洪历时(h)					
					*洪水历时(h)	3	3	2	2	1
					洪峰水位(m)	919.38	919.09	918.55	918.06	917.53
77	小西铭村	140109012202000	玉门河	玉门河 61 小西铭村 17	洪峰流量(m^3/s)	292	243	178	128	83
					*洪量(m^3)	1 669 000	1 315 000	890 000	601 000	378 000
					*涨洪历时(h)					
					*洪水历时(h)	3	3	2	2	1
					洪峰水位(m)	941.27	941.22	941.12	941.03	940.82

续表 3-4-3

序号	行政区划名称	行政区划代码	小流域名称	控制断面代码	洪水要素（$Q_{1\%}$）	重现期洪水要素值				
						100 年（$Q_{1\%}$）	50 年（$Q_{2\%}$）	20 年（$Q_{5\%}$）	10 年（$Q_{10\%}$）	5 年（$Q_{20\%}$）
78	小虎峪村	140109006203000	虎峪河	虎峪河 95 小虎峪村 11	洪峰流量（m^3/s）	377	311	225	158	102
					＊洪量（m^3）	2 862 000	2 293 000	1 586 000	1 090 000	694 000
					＊涨洪历时（h）					
					＊洪水历时（h）	4	3	3	2	1
					洪峰水位（m）	1 010.715	1 010.52	1 010.243	1 009.991	1 009.698
79	大虎峪村（虎峪河支）	140109006202000	虎峪河	虎峪河_29_大虎峪村_7	洪峰流量（m^3/s）	64	54	40	30	20
					＊洪量（m^3）	324 000	261 000	182 000	126 000	81 000
					＊涨洪历时（h）					
					＊洪水历时（h）	2	2	1	0.5	0.5
					洪峰水位（m）					
79	大虎峪村（虎峪河）			虎峪河_61_大虎峪村_39	洪峰流量（m^3/s）	373	305	217	149	94
					＊洪量（m^3）	3 438 000	2 753 000	1 903 000	1 306 000	832 000
					＊涨洪历时（h）					
					＊洪水历时（h）	4	3	3	2	1
					洪峰水位（m）	984.35	984.23	984.04	983.35	982.89
80	桃杏村（高家河）	140109007201000	高家河	白家庄沟 32 桃杏村 10	洪峰流量（m^3/s）	122	104	79	61	42
					＊洪量（m^3）	639 000	505 000	342 000	231 000	143 000
					＊涨洪历时（h）					
					＊洪水历时（h）	2	2	1	1	0.5
					洪峰水位（m）	937.182	936.976	936.847	936.692	936.587

续表 3-4-3

序号	行政区划名称	行政区划代码	小流域名称	控制断面代码	洪水要素（$Q_{1\%}$）	重现期洪水要素值				
						100 年（$Q_{1\%}$）	50 年（$Q_{2\%}$）	20 年（$Q_{5\%}$）	10 年（$Q_{10\%}$）	5 年（$Q_{20\%}$）
80	桃杏村（官地沟）	140109007201000	官地沟	白家庄沟 92 桃杏村 28	洪峰流量(m^3/s)	238	202	153	114	78
					＊洪量(m^3)	1 440 000	1 136 000	767 000	516 000	320 000
					＊涨洪历时(h)					
					＊洪水历时(h)	2	2	1	1	0.5
					洪峰水位(m)	932.589	932.436	932.207	931.991	931.721
81	白家庄村	140109007202000	官地沟	白家庄沟_137_白家庄村_44	洪峰流量(m^3/s)	259	219	166	125	85
					＊洪量(m^3)	1 544 000	1 218 000	823 000	553 000	343 000
					＊涨洪历时(h)					
					＊洪水历时(h)	2	2	2	1	1
					洪峰水位(m)	1 001.45	1 001.29	1 001.07	1 000.88	1 000.66
82	神堂沟社区	140109014001000	神堂沟	神堂沟_10_神堂沟社区_7	洪峰流量(m^3/s)	20	17	13	10	7
					＊洪量(m^3)	61 000	49 000	35 000	24 000	16 000
					＊涨洪历时(h)					
					＊洪水历时(h)	0.5	0.5	0.5	0.5	0.5
					洪峰水位(m)					
83	寨沟村	140109014201000	寨沟	寨沟_28_寨沟村_15	洪峰流量(m^3/s)	56	48	37	29	20
					＊洪量(m^3)	201 000	165 000	119 000	85 000	57 000
					＊涨洪历时(h)					
					＊洪水历时(h)	1	1	0.5	0.5	0.5
					洪峰水位(m)					

续表 3-4-3

序号	行政区划名称	行政区划代码	小流域名称	控制断面代码	洪水要素（$Q_{1\%}$）	重现期洪水要素值				
						100 年（$Q_{1\%}$）	50 年（$Q_{2\%}$）	20 年（$Q_{5\%}$）	10 年（$Q_{10\%}$）	5 年（$Q_{20\%}$）
84	西峪村	140110100207000	西峪沟	西峪沟_20_西峪村_12	洪峰流量(m^3/s)	83	71	54	41	29
					* 洪量(m^3)	311 000	251 000	176 000	122 000	79 000
					* 涨洪历时(h)					
					* 洪水历时(h)	2	2	1	0.5	0.5
					洪峰水位(m)					
85	冶峪村	140110100209000	冶峪沟	冶峪河 29 冶峪村 21	洪峰流量(m^3/s)	256	192	115	65.3	40.3
					* 洪量(m^3)					
					* 涨洪历时(h)					
					* 洪水历时(h)	2	2	1	1	1
					洪峰水位(m)	855.891	855.699	855.571	855.181	855.039
86	要子庄村	140110003224000	风峪沟支	要子庄沟_58_要子庄村_6	洪峰流量(m^3/s)	117	99	76	58	40
					* 洪量(m^3)	623 000	492 000	335 000	228 000	143 000
					* 涨洪历时(h)					
					* 洪水历时(h)	2	2	1	1	1
					洪峰水位(m)					
87	黄冶村	140110003220000	风峪沟	要子庄沟 18 黄冶村 13	洪峰流量(m^3/s)	212	178	132	97	65
					* 洪量(m^3)	1 393 000	1 128 000	794 000	556 000	359 000
					* 涨洪历时(h)					
					* 洪水历时(h)	3	2	1	1	0.5
					洪峰水位(m)	1 007.244	1 007.161	1 006.703	1 006.362	1 005.998

续表 3-4-3

序号	行政区划名称	行政区划代码	小流域名称	控制断面代码	洪水要素($Q_{1\%}$)	重现期洪水要素值				
						100 年($Q_{1\%}$)	50 年($Q_{2\%}$)	20 年($Q_{5\%}$)	10 年($Q_{10\%}$)	5 年($Q_{20\%}$)
88	程家峪村	140110003225000	风峪沟	程家峪沟_14_程家峪村_14	洪峰流量(m^3/s)	117	99	75	57	32
					*洪量(m^3)	537 000	436 000	308 000	216 000	140 000
					*涨洪历时(h)					
					*洪水历时(h)	2	2	1	1	0.5
					洪峰水位(m)					
89	田家庄村	140110003226000	风峪沟	风峪河 119 田家庄村 5	洪峰流量(m^3/s)	234	198	145	72	33.6
					*洪量(m^3)	1 470 000	1 188 000	834 000	582 000	376 000
					*涨洪历时(h)					
					*洪水历时(h)	3	2	2	1	1
					洪峰水位(m)	1 006.426	1 006.249	1 005.986	1 005.738	1 005.445
90	王家庄村	140110003223000	风峪沟	风峪河 104 王家庄村 9	洪峰流量(m^3/s)	264	223	147	76	35.0
					*洪量(m^3)	1 586 000	1 223 000	808 000	538 000	332 000
					*涨洪历时(h)					
					*洪水历时(h)	2	2	2	1	1
					洪峰水位(m)	976.442	976.262	975.988	975.745	975.441
91	店头村	140110003221000	风峪沟	风峪河 78 店头村 8	洪峰流量(m^3/s)	337.0	252.0	151.0	86.3	39.0
					*洪量(m^3)					
					*涨洪历时(h)					
					*洪水历时(h)					
					洪峰水位(m)	920.208	919.973	919.635	919.312	918.974

续表 3-4-3

序号	行政区划名称	行政区划代码	小流域名称	控制断面代码	洪水要素 ($Q_{1\%}$)	重现期洪水要素值				
						100 年 ($Q_{1\%}$)	50 年 ($Q_{2\%}$)	20 年 ($Q_{5\%}$)	10 年 ($Q_{10\%}$)	5 年 ($Q_{20\%}$)
92	王家坟村	140110002202000	风峪沟	风峪河 47 王家坟村 16	洪峰流量(m^3/s)	608	504	367	263	173
					* 洪量(m^3)	3 734 000	3 017 000	2 118 000	1 476 000	956 000
					* 涨洪历时(h)					
					* 洪水历时(h)	3	3	3	2	1
					洪峰水位(m)	822.368	822.113	821.735	821.397	821.034
93	罗城村	140110002201000	风峪沟	风峪河 22 罗城村 6	洪峰流量(m^3/s)	720	601	442	317	204
					* 洪量(m^3)	5 691 000	4 321 000	2 813 000	1 840 000	1 117 000
					* 涨洪历时(h)					
					* 洪水历时(h)	5	4	3	2	1
					洪峰水位(m)	799.826	799.572	799.195	798.853	798.473
94	寺底村	140110002205000	寺底沟	寺底沟_37_ 寺底村_6	洪峰流量(m^3/s)	107	91	70	53	37
					* 洪量(m^3)	396 000	322 000	229 000	162 000	106 000
					* 涨洪历时(h)					
					* 洪水历时(h)	2	2	1	1	0.5
					洪峰水位(m)					
95	开化村	140110002204000	开化沟	寺底沟 15 开化村 10	洪峰流量(m^3/s)	215	182	138	105	73
					* 洪量(m^3)	935 000	758 000	535 000	374 000	242 000
					* 涨洪历时(h)					
					* 洪水历时(h)	2	2	2	1	1
					洪峰水位(m)	845.283	845.145	844.939	844.75	844.532

续表 3-4-3

序号	行政区划名称	行政区划代码	小流域名称	控制断面代码	洪水要素（$Q_{1\%}$）	重现期洪水要素值				
						100 年（$Q_{1\%}$）	50 年（$Q_{2\%}$）	20 年（$Q_{5\%}$）	10 年（$Q_{10\%}$）	5 年（$Q_{20\%}$）
96	赤桥村	140110101207000	赤桥沟	赤桥沟_27_赤桥村_14	洪峰流量(m^3/s)	85	71	52	38	25
					*洪量(m^3)	632 000	508 000	352 000	243 000	155 000
					*涨洪历时(h)					
					*洪水历时(h)	2	1	1	0.5	0.5
					洪峰水位(m)					
97	吴家峪村	140110101226000	下石沟	吴家峪沟_15_吴家峪村_11	洪峰流量(m^3/s)	74	62	47	35	23
					*洪量(m^3)	465 000	373 000	259 000	179 000	114 000
					*涨洪历时(h)					
					*洪水历时(h)	2	2	1	1	0.5
					洪峰水位(m)					
98	窑头村	140110101222000	下石沟	五坡沟 13 窑头村 11	洪峰流量(m^3/s)	81	68	50	37	25
					*洪量(m^3)	529 000	426 000	297 000	207 000	134 000
					*涨洪历时(h)					
					*洪水历时(h)	2	2	1	1	0.5
					洪峰水位(m)	1 015.027	1 014.876	1 014.65	1 014.376	1 014.213
99	三泉头村	140110101224000	下石沟	三泉头沟_64_三泉头村_6	洪峰流量(m^3/s)	140	119	91	69	48
					*洪量(m^3)	541 000	435 000	303 000	210 000	135 000
					*涨洪历时(h)					
					*洪水历时(h)	2	1	1	0.5	0.5
					洪峰水位(m)					

续表3-4-3

序号	行政区划名称	行政区划代码	小流域名称	控制断面代码	洪水要素（$Q_{1\%}$）	重现期洪水要素值				
						100年（$Q_{1\%}$）	50年（$Q_{2\%}$）	20年（$Q_{5\%}$）	10年（$Q_{10\%}$）	5年（$Q_{20\%}$）
100	下石村	140110101223000	下石沟	三泉头沟_50_下石村_8	洪峰流量(m^3/s)	380	320	240	178	120
					*洪量(m^3)	2 336 000	1 868 000	1 290 000	885 000	561 000
					*涨洪历时(h)					
					*洪水历时(h)	3	2	2	2	1
					洪峰水位(m)					
101	牛家口村	140110101220000	下石沟	三泉头沟_26_牛家口村_19	洪峰流量(m^3/s)	401	336	250	184	122
					*洪量(m^3)	2 715 000	2 170 000	1 495 000	1 026 000	649 000
					*涨洪历时(h)					
					*洪水历时(h)	3	3	2	1	1
					洪峰水位(m)					
102	青阳河村	140110101221000	青阳沟	青阳河16青阳河村6	洪峰流量(m^3/s)	54	46	35	26	18
					*洪量(m^3)	170 000	136 000	93 000	64 000	41 000
					*涨洪历时(h)					
					*洪水历时(h)	1	0.5	0.5	0.5	0.5
					洪峰水位(m)	834.19	834.138	834.061	833.99	833.908
103	蚕石村	140110102211000	蚕石沟	青阳河39蚕石村6	洪峰流量(m^3/s)	73	62	47	35	24
					*洪量(m^3)	259 000	206 000	141 000	97 000	61 000
					*涨洪历时(h)					
					*洪水历时(h)	2	1	0.5	0.5	0.5
					洪峰水位(m)	838.023	837.943	837.823	837.714	837.584

续表 3-4-3

序号	行政区划名称	行政区划代码	小流域名称	控制断面代码	洪水要素（$Q_{1\%}$）	重现期洪水要素值				
						100 年（$Q_{1\%}$）	50 年（$Q_{2\%}$）	20 年（$Q_{5\%}$）	10 年（$Q_{10\%}$）	5 年（$Q_{20\%}$）
104	圪垯村	140110102214000	南峪河	圪垯沟_111_圪垯村_26	洪峰流量（m^3/s）	142	119	88	64	42
					*洪量（m^3）	1 023 000	812 000	554 000	377 000	238 000
					*涨洪历时（h）					
					*洪水历时（h）	3	2	2	1	1
					洪峰水位（m）					
105	槐树底村	140110102212000	南峪河	圪垯沟_68_槐树底村_17	洪峰流量（m^3/s）	177	148	109	79	52
					*洪量（m^3）	1 283 000	1 017 000	694 000	472 000	297 000
					*涨洪历时（h）					
					*洪水历时（h）	2	2	1	1	0.5
					洪峰水位（m）					
106	南峪村	140110102209000	南峪河	圪垯沟_24_南峪村_18	洪峰流量（m^3/s）	201	168	124	90	59
					*洪量（m^3）	1 506 000	1 194 000	814 000	553 000	348 000
					*涨洪历时（h）					
					*洪水历时（h）	3	2	1	1	0.5
					洪峰水位（m）					
107	黄楼村	140110102210000	黄楼沟	杏坪沟_22_黄楼村_20	洪峰流量（m^3/s）	160	133	98	71	46
					*洪量（m^3）	1 250 000	992 000	676 000	460 000	290 000
					*涨洪历时（h）					
					*洪水历时（h）	2	2	1	1	0.5
					洪峰水位（m）					

续表 3-4-3

序号	行政区划名称	行政区划代码	小流域名称	控制断面代码	洪水要素($Q_{1\%}$)	重现期洪水要素值				
						100年($Q_{1\%}$)	50年($Q_{2\%}$)	20年($Q_{5\%}$)	10年($Q_{10\%}$)	5年($Q_{20\%}$)
108	洞儿沟村	140110102208000	洞儿沟	洞儿沟_26_洞儿沟村_15	洪峰流量(m^3/s)	137	117	90	69	49
					*洪量(m^3)	563 000	451 000	312 000	215 000	138 000
					*涨洪历时(h)					
					*洪水历时(h)	2	1	1	0.5	0.5
					洪峰水位(m)					
109	东峰社区	140105005012000	岗头沟		洪峰流量(m^3/s)	66.4	5.3	7.6	10	13
					*洪量(m^3)	185 370	10 546	16 150	23 038	32 721
					*涨洪历时(h)					
					*洪水历时(h)	4	2	2	2	2
					洪峰水位(m)					
110	郝庄社区	140106100215000	南沙河	南沙河_49_郝庄村_18	洪峰流量(m^3/s)	449.5	372.9	272.4	193	120.5
					*洪量(m^3)	1 926 556	1 543 441.8	1 066 630.7	731 260.5	467 781.5
					*涨洪历时(h)					
					*洪水历时(h)	6	9	8	8	8
					洪峰水位(m)					
111	枣园社区	140106100219000	新沟		洪峰流量(m^3/s)	110	93	69	51	33
					*洪量(m^3)	354 000	283 000	195 000	134 000	86 000
					*涨洪历时(h)					
					*洪水历时(h)	2	2	1	0.5	0.5
					洪峰水位(m)	863.867	863.787	863.662	863.541	863.395

续表 3-4-3

序号	行政区划名称	行政区划代码	小流域名称	控制断面代码	洪水要素（$Q_{1\%}$）	重现期洪水要素值				
						100 年（$Q_{1\%}$）	50 年（$Q_{2\%}$）	20 年（$Q_{5\%}$）	10 年（$Q_{10\%}$）	5 年（$Q_{20\%}$）
112	赵北峰社区	140106100219000	南沙河		洪峰流量(m^3/s)	438	364	268	192	121
					* 洪量(m^3)	1 854 000	1 489 000	1 034 000	712 000	457 000
					* 涨洪历时(h)					
					* 洪水历时(h)	3	3	2	2	1
					洪峰水位(m)	873.019	872.698	872.234	871.821	871.375
113	双塔社区	140106100004000	南沙河	南沙河_23_双塔村_8	洪峰流量(m^3/s)	467.7	385.8	279.3	194.1	119
					* 洪量(m^3)	2 051 310.1	1 636 182.6	1 124 446.7	765 244.3	486 822.2
					* 涨洪历时(h)					
					* 洪水历时(h)	8	8	8	8	9
					洪峰水位(m)					
114	郝家沟	140106100209000	南沙河	南沙河_69_郝庄村_38	洪峰流量(m^3/s)	449.5	372.9	272.4	193	120.5
					* 洪量(m^3)	1 926 556	1 543 441.8	1 066 630.7	731 260.5	467 781.5
					* 涨洪历时(h)					
					* 洪水历时(h)	6	9	8	8	8
					洪峰水位(m)					
115	小山沟村	140106100012000	南沙河	南沙河_278_小山沟村_5	洪峰流量(m^3/s)	23.1	19.6	14.8	10.9	7.2
					* 洪量(m^3)	65 680.3	53 068.3	37 101.5	25 709.6	16 630.8
					* 涨洪历时(h)					
					* 洪水历时(h)	4	4	4	3	3
					洪峰水位(m)					

续表 3-4-3

序号	行政区划名称	行政区划代码	小流域名称	控制断面代码	洪水要素（$Q_{1\%}$）	重现期洪水要素值				
						100 年（$Q_{1\%}$）	50 年（$Q_{2\%}$）	20 年（$Q_{5\%}$）	10 年（$Q_{10\%}$）	5 年（$Q_{20\%}$）
116	大窑脑村	140106100007000	南沙河	麻地沟_59_大窑脑村_8	洪峰流量(m^3/s)	15.2	13	10	7.6	5.3
					*洪量(m^3)	40 337.7	32 721	23 037.7	16 150	10 546.2
					*涨洪历时(h)					
					*洪水历时(h)	3	3	2	2	2
					洪峰水位(m)					
117	东祁家山村	140106100225000	北涧河		洪峰流量(m^3/s)	2.6	2.2	1.7	1.3	0.8
					*洪量(m^3)	6 524.9	5 201.4	3 560.3	2 411.5	1 521
					*涨洪历时(h)					
					*洪水历时(h)	3	2	1	1	1
					洪峰水位(m)					
118	东沟村	140107010207000	东沟	东沟_21_东沟村_21	洪峰流量(m^3/s)	101.9	85.3	62.3	43.5	26.7
					*洪量(m^3)	276 827.4	219 578.9	149 370.6	100 789.8	63 716.9
					*涨洪历时(h)					
					*洪水历时(h)	5	4	4	4	4
					洪峰水位(m)					
119	杨家村	140108008203000	杨家村沟		洪峰流量(m^3/s)	107.6	85.7	56.5	35.8	21.3
					*洪量(m^3)	278 213	216 104.4	143 239.9	94 939	59 424
					*涨洪历时(h)					
					*洪水历时(h)	4	4	4	5	5
					洪峰水位(m)					

续表 3-4-3

序号	行政区划名称	行政区划代码	小流域名称	控制断面代码	洪水要素（$Q_{1\%}$）	重现期洪水要素值				
						100 年（$Q_{1\%}$）	50 年（$Q_{2\%}$）	20 年（$Q_{5\%}$）	10 年（$Q_{10\%}$）	5 年（$Q_{20\%}$）
120	柴家村	140108008204000	柴村沟		洪峰流量(m^3/s)	73.5	55	34.3	21.4	12.6
					*洪量(m^3)	167 428.6	127 996.2	82 984.5	53 990.3	33 317.6
					*涨洪历时(h)					
					*洪水历时(h)	4	4	4	4	4
					洪峰水位(m)					
121	芮城村	140108008205000	芮城沟		洪峰流量(m^3/s)	48.1	36.3	22.8	14.4	8.6
					*洪量(m^3)	100 179.3	76 638.7	49 716.7	32 387.3	19 993
					*涨洪历时(h)					
					*洪水历时(h)	3	3	3	3	3
					洪峰水位(m)					
122	摄乐村	140108008207000	摄乐沟		洪峰流量(m^3/s)	59.9	47.5	30.8	19.5	11.6
					*洪量(m^3)	136 386.9	105 301.6	69 197.7	45 454.6	28 259.6
					*涨洪历时(h)					
					*洪水历时(h)	3	3	3	3	4
					洪峰水位(m)					
123	郭家窑村	140108101215000	杨兴河		洪峰流量(m^3/s)	1 469	1 048	603	346	187
					*洪量(m^3)	19 123 000	14 456 000	9 228 000	5 902 000	3 597 000
					*涨洪历时(h)					
					*洪水历时(h)	7	6	5	4	3
					洪峰水位(m)	832.535	832.274	828.29	826.696	825.59

续表 3-4-3

序号	行政区划名称	行政区划代码	小流域名称	控制断面代码	洪水要素 ($Q_{1\%}$)	重现期洪水要素值				
						100 年 ($Q_{1\%}$)	50 年 ($Q_{2\%}$)	20 年 ($Q_{5\%}$)	10 年 ($Q_{10\%}$)	5 年 ($Q_{20\%}$)
124	马头水村	140108101215000	马头水沟		洪峰流量(m^3/s)	12.5	10.7	8.1	5.9	3.8
					* 洪量(m^3)	31 796.6	25 080.9	17 023.3	11 541	7 368.1
					* 涨洪历时(h)					
					* 洪水历时(h)	3	3	2	2	2
					洪峰水位(m)					
125	上水峪村	140108200202000	上水峪沟		洪峰流量(m^3/s)	6.2	5.3	4	3	1.9
					* 洪量(m^3)	15 238.7	12 082.6	8 260.2	5 629.3	3 611.4
					* 涨洪历时(h)					
					* 洪水历时(h)	4	3	4	1	1
					洪峰水位(m)					
126	横岭村	140108200212000	横岭沟		洪峰流量(m^3/s)	3.9	3	1.9	1.2	0.7
					* 洪量(m^3)	7 483.5	5 727	3 732.2	2 441.4	1 514.9
					* 涨洪历时(h)					
					* 洪水历时(h)	2	2	2	2	2
					洪峰水位(m)					
127	庄头村	140108200213000	庄头沟		洪峰流量(m^3/s)	4	3.4	2.6	1.9	1.2
					* 洪量(m^3)	9 707.7	7 718	5 297.2	3 619.5	2 328.1
					* 涨洪历时(h)					
					* 洪水历时(h)	3	2	1	1	1
					洪峰水位(m)					

续表 3-4-3

序号	行政区划名称	行政区划代码	小流域名称	控制断面代码	洪水要素($Q_{1\%}$)	重现期洪水要素值				
						100 年($Q_{1\%}$)	50 年($Q_{2\%}$)	20 年($Q_{5\%}$)	10 年($Q_{10\%}$)	5 年($Q_{20\%}$)
128	西高庄村	140108202200000	泥屯河	泥屯河_53_西高庄村_10	洪峰流量(m^3/s)	1 253	925	545	327	182
					*洪量(m^3)	9 274 000	7 044 000	4 517 000	2 902 000	1 759 000
					*涨洪历时(h)					
					*洪水历时(h)	5	4	4	3	2
					洪峰水位(m)					
129	阎家坟村	140110002203000	风峪沟	风峪河_56_阎家坟村_4	洪峰流量(m^3/s)	234	198	150	112	76
					*洪量(m^3)	1 586 000	1 223 000	808 000	538 000	332 000
					*涨洪历时(h)					
					*洪水历时(h)	2	2	2	1	1
					洪峰水位(m)	976.442	976.262	975.988	975.745	975.441
130	上冶峪村	140110100208000	冶峪沟	冶峪河_64_上冶峪村_14	洪峰流量(m^3/s)	92.1	78.1	59.7	45.3	31.6
					*洪量(m^3)	319 712.8	260 012.6	184 395.8	129 398	83 953.2
					*涨洪历时(h)					
					*洪水历时(h)	7	6	5	5	4
					洪峰水位(m)					
131	石庄头村	140110100214000	石庄头沟		洪峰流量(m^3/s)	93.2	79.3	61.1	46.9	33.1
					*洪量(m^3)	300 126.6	244 099.3	173 135.5	121 513.6	78 845.9
					*涨洪历时(h)					
					*洪水历时(h)	7	5	4	4	3
					洪峰水位(m)					

续表 3-4-3

序号	行政区划名称	行政区划代码	小流域名称	控制断面代码	洪水要素($Q_{1\%}$)	重现期洪水要素值				
						100年($Q_{1\%}$)	50年($Q_{2\%}$)	20年($Q_{5\%}$)	10年($Q_{10\%}$)	5年($Q_{20\%}$)
132	五坡村	140110101225000	下石沟	五坡沟_33_五坡村_8	洪峰流量(m^3/s)	31.2	26.4	20.1	15.3	10.6
					*洪量(m^3)	142 497.682 9	114 800.174	80 425.569 63	56 133.688 5	36 326.781 57
					*涨洪历时(h)					
					*洪水历时(h)	11	9	6	5	4
					洪峰水位(m)					
133	明马村	140110101227000	明马沟	明马沟_5_明马村_4	洪峰流量(m^3/s)	57.7	49	37.6	28.8	20.2
					*洪量(m^3)	209 845.6	168 728.8	117 769.1	81 855.5	52 677
					*涨洪历时(h)					
					*洪水历时(h)	8	7	5	4	3
					洪峰水位(m)					
134	杏坪村	140110102213000	杏坪沟	杏坪沟_70_杏坪村_8	洪峰流量(m^3/s)	41.4	35	26.4	19.8	13.4
					*洪量(m^3)	227 588.3	181 024.4	124 171.6	84 861.1	53 720.1
					*涨洪历时(h)					
					*洪水历时(h)	12	10	5	5	6
					洪峰水位(m)					

第5章 防洪现状评价

5.1 重点防治区防洪能力现状评价

对134个重点防治区进行防洪现状评价，首先选取合适的控制断面，根据设计的百年洪水成果，利用曼宁公式推算出相应的洪水位，分析计算后，确定26个重点防治区位于历史最大洪水位（百年洪水位）以上，具体名录见表3-5-1。

表3-5-1 频率 $P=1\%$ 设计洪峰流量和相应水位

序号	村名	流域名称	面积 (m^2)	比降 (‰)	河长 (km)	流量 ($P=1\%$) (m^3/s)	相应水位 (m)	最低居民户高程 (m)	备注
1	东峰社区	岗头沟	2.9	25.63	1.6	66.4	821.53	825.942	地势高
2	小山沟村	南沙河	1	61.63	0.38	23.1	1 262.05	1 264.555	河源
3	大窑脑村	南沙河	0.58	62.12	0.7	15.2	1 216.349	1 231.128	河源
4	赵北峰社区	南沙河	29.27	28.84	12.9	437	873.02	901.25	搬迁
5	郝家沟村	南沙河	31	27.13	13.93	449.5	842.43	845.468	地势高
6	郝庄社区	南沙河	31	27.13	13.93	449.5	831.4	838.468	地势高
7	双塔社区	南沙河	34	24.55	15.82	467.7	815.354	817.824	地势高
8	枣园社区	新沟	5.4	27.7	3.84	109.7	875.43	881.574	搬迁
9	东祁家山村	北涧河	0.1	68.55	0.28	2.8	1 375.3	1 406.129	山梁
10	东沟村	东沟	4.8	23.81	3	101.9	876.418	883.632	地势高
11	杨家村	杨家村沟	5.9	46.5	4.8	107.6	792.35	795.28	地势高
12	柴村	柴村沟	4.6	42	3.3	73.6	787.96	793.439	地势高
13	芮城村	芮城沟	2.69	41.5	1.8	48.1	786.53	792.77	地势高
14	摄乐村	摄乐沟	3	38.5	2.7	59.9	783.47	790.637	沟源
15	郭家窑村	杨兴河	714	10.51	48.01	1 469.2	872.69	886.42	沟源
16	马头水村	马头水沟	0.48	45.36	0.75	12.5	1 320.63	1 332.68	山上
17	上水峪村	上水峪沟	0.23	53.23	0.48	6.2	1 283.59	1 304.60	山顶
18	横岭村	横岭沟	0.21	56.48	0.7	3.9	1 403.21	1 415.46	沟源
19	庄头村	庄头沟	0.15	42.15	0.41	4	1 295.88	1 310.77	山上

续表 3-5-1

序号	村名	流域名称	面积(m^2)	比降(‰)	河长(km)	流量($P=1\%$)(m^3/s)	相应水位(m)	最低居民户高程(m)	备注
20	西高庄村	泥屯河	262	8.45	9.18	1 280	825.74	832.62	分水岭
21	阎家坟村	风峪沟	41.05	36.89	14.46	607.9	827.63	833.05	地势高
22	上冶峪村	冶峪沟	3.2	66.17	3	92.1	1 291.25	1 304.60	河源
23	石庄头村	石庄头沟	3	45.83	1.1	93.2	812.93	825.96	地势高
24	五坡村	下石沟	1.24	64.88	1.23	31.2	1 273.55	1 282.76	分水岭
25	明马村	明马沟	1.98	41.3	2.04	57.7	1 048.34	1 055.75	沟源
26	杏坪村	杏坪沟	2.09	60.5	2.29	41.4	1 198.63	1 207.48	沟源

5.2　重点危险区范围确定

太原市坡面流影响村庄和历史最大洪水位(100 年一遇)淹没范围即为危险区范围。坡面流是地表坡面水流汇集运动的过程,是径流形成的一个阶段。调查过程中,部分村庄距河道较远,在河道汇流过程中受地表坡面水流汇集影响,对受坡面流影响的危险村的雨量预警指标根据暴雨成灾访问情况采用某一频率的设计暴雨值。

根据实地调查,采用成灾降水同频率,确定了坡面流影响 64 个村庄成灾降水量的重现期,太原市受坡面流影响的危险区统计见表 3-5-2。

根据一维水力学模型计算得到的河道横断面左右岸淹没位置,利用 GIS 工具生成 43 个重点防治区历史最大洪水(100 年一遇)设计洪水的淹没范围。结合重点防治区地形及居民户高程,结果显示,太原市有 43 个重点防治区有居民户位于历史最大洪水(100 年一遇)设计洪水淹没范围,需进行成灾水位及其对应频率计算,太原市受河道洪水影响的重点危险区统计见表 3-5-3。

表 3-5-2　太原市受坡面流影响的危险区统计

序号	行政区划代码	村落名称	河流名称	成灾雨量重现期(a)
1	140105003207000	西家凹	黑驼沟	20
2	140105003208000	岗头	岗头沟	20
3	140105005210000	窑子上	郑村排洪渠	20
4	140106100010000	新沟社区	新沟	20
5	140106100006000	店坡社区	新沟	10
6	140106100216000	小山岩村	小山岩沟	20

续表 3-5-2

序号	行政区划代码	村落名称	河流名称	成灾雨量重现期(a)
7	140106100226000	占道村	占道沟	20
8	140106100223000	沟北村	沟北	50
9	140106100221000	柳沟村	柳沟	20
10	140106100222000	捐子沟村	捐子沟	20
11	140107010201000	大窑头村	北沙河	20
12	140107010202000	小窑头村	北沙河	20
13	140107010210000	长江村	长江沟	20
14	140107200204000	柏杨树村	柏杨树沟	20
15	140108201202000	镇城村	凌井河	10
16	140108201206000	岗北村	岗北沟	10
17	140108202201000	东高庄村	东高庄沟	5
18	140108202203000	赵家山村	赵家山沟	10
19	140108202205000	东焉村	赵家山沟	20
20	140108202204000	中焉村	中焉沟	20
21	140108101204000	棋子山村	棋子山沟	10
22	140108101203000	北山头村	北山头沟	10
23	140108101218000	司徒洼村	司徒洼沟	5
24	140108101214000	岗底村	岗底沟	5
25	140108101213000	欢嘴村	欢嘴沟	5
26	140108101211000	风格梁村	风格梁沟	10
27	140108101210000	峰西村	峰西沟	10
28	140108101209000	蝎子寨村	蝎子寨沟	20
29	140108101212000	西岗村	西岗沟	10
30	140108101208000	寨上村	寨上沟	10
31	140108101206000	黄花园村	黄花园沟	10
32	140108003201000	土堂村	土堂沟	20
33	140108008200000	大留村	大留沟	20
34	140108008201000	呼延村	呼延沟	20
35	140108008202000	西张村	西张沟	20
36	140108008206000	营村	营村沟	20

续表 3-5-2

序号	行政区划代码	村落名称	河流名称	成灾雨量重现期(a)
37	140108008208000	三给村	三给沟	20
38	140108008210000	寺头村	寺头沟	20
39	140108008212000	下槐村	下槐沟	20
40	140108008213000	柏崖头村	柏崖头沟	20
41	140108200203000	下水峪沟	下水峪沟	10
42	140108200211000	北石槽村	石槽沟	10
43	140108200210000	南石槽村	石槽沟	10
44	140108200201000	甘草峁村	甘草峁沟	10
45	140108200204000	马角村	马角沟	10
46	140108200205000	银角村	银角沟	10
47	140108200207000	梁背后村	梁背后沟	20
48	140108200209000	珍珠峁村	珍珠峁沟	10
49	140108200208000	马吉掌村	马吉掌沟	10
50	140109009208000	大岩村	大岩沟	20
51	140109014001000	神堂沟社区	神堂沟	20
52	140109014201000	寨沟村	寨沟	20
53	140110100207000	西峪村	西峪沟	20
54	140110003224000	要子庄村	风峪沟支沟	20
55	140110003225000	程家峪村	风峪沟	20
56	140110002205000	寺底村	寺底沟	20
57	140110101207000	赤桥村	赤桥沟	20
58	140110101224000	三泉头村	三泉头沟	20
59	140110101226000	吴家峪村	吴家峪沟	20
60	140110101223000	下石村	下石沟	20
61	140110101220000	牛家口村	牛家口沟	20
62	140110102214000	圪垯村	南峪沟	20
63	140110102212000	槐树底村	南峪沟	20
64	140110102208000	洞儿沟村	洞儿沟	20

表 3-5-3　太原市受河道洪水影响的重点危险区统计

序号	行政区划代码	村落名称	河流名称	是否有居民户位于 100 年一遇设计洪水淹没范围内
1	140105003205000	黑驼村	黑驼沟	是
2	140105003012000	南坪头村	黑驼沟	是
3	140105005011000	郑村社区	郑村排洪渠	是
4	140105005212000	五龙沟村	五龙沟	是
5	140106100005000	马庄社区	新沟	是
6	140106100214000	董家庄村	南沙河	是
7	140106100218000	后麻地沟村	麻地沟	是
8	140106100217000	前麻地沟村	麻地沟	是
9	140106100213000	观家峪村	南沙河	是
10	140106100212000	港道村	南沙河	是
11	140106100211000	水峪村	南沙河	是
12	140106100210000	松庄村	南沙河	是
13	140106100227000	张家河村	北涧河	是
14	140106100220000	孟家井村	北沙河	是
15	140107007002000	响水湾社区	北沙河	是
16	140107200208000	枣沟村	枣沟	是
17	140107201206000	窑头村	窑头沟	是
18	140108201200000	东关口村	东关口沟	是
19	140108201201000	西关口村	凌井河	是
20	140108101202000	河底村	杨兴河	是
21	140108101217000	新兴村	杨兴河	是
22	140108101216000	晋庄村	横河	是
23	140108008209000	小石河村	小石河	是
24	140109009202000	圪僚沟村	圪僚沟	是
25	140109012203000	风声河村	风声河	是
26	140109012201000	西铭村	玉门河	是
27	140109012202000	小西铭村	玉门河	是
28	140109006203000	小虎峪村	虎峪河	是
29	140109006202000	大虎峪村	虎峪河	是
30	140109007201000	桃杏村	高家河	是
			官地沟	是
31	140109007202000	白家庄村	官地沟	是
32	140110100209000	冶峪村	冶峪沟	是

续表 3-5-3

序号	行政区划代码	村落名称	河流名称	是否有居民户位于 100 年一遇设计洪水淹没范围内
33	140110003220000	黄冶村	要子庄沟	是
34	140110003226000	田家庄村	风峪沟	是
35	140110003223000	王家庄村	风峪沟	是
36	140110003221000	店头村	风峪沟	是
37	140110002202000	王家坟村	风峪沟	是
38	140110002201000	罗城村	风峪沟	是
39	140110002204000	开化	开化沟	是
40	140110101222000	窑头村	窑头沟	是
41	140110101221000	青阳河村	青阳河	是
42	140110102211000	蚕石村	蚕石沟	是
43	140110102209000	南峪村	南峪沟	是
44	140110102210000	黄楼村	黄楼沟	是

5.2.1　涵管过水能力计算

本次评价中黑驼村上游有直径 1.5 m 涵管两个并排,因此涵管过水能力的大小决定了黑驼村是否会被淹(设计计算洪水见表 3-5-4)。

表 3-5-4　黑驼村设计计算洪水

洪水频率(%)	1	2	5	10	20
设计洪峰流量(m^3/s)	101	83.0	59.7	41.8	25.8

黑驼沟过水能力利用曼宁公式计算:

$$\overline{V} = \left(\frac{1}{n}\right)R^{\frac{2}{3}}S^{\frac{1}{2}} \tag{3-5-1}$$

$$Q = A\overline{V} \tag{3-5-2}$$

式中　n——河床糙率;

R——水力半径,用圆的平均弦长代替;

S——水面比降。

黑驼沟涵管过水能力计算结果:

$$Q_{过水} = 19.7 \times 2 = 39.4(m^3/s)$$

当 $Q_{来水} > 39.4\ m^3/s$ 时,黑驼村排水涵管来不及排水,洪水溢过排水管道,对居民户形成威胁。

本次评价将距离排洪涵管距离最近的下游居民户高程作为成灾水位,将 $Q_{过水}$ 作为成灾水位对应的流量,在流量—频率曲线上采用流量插值法确定该流量对应的频率,换算成重现期作为该沿河村落的防洪能力。

黑驼村成灾水位及其对应洪水频率见表 3-5-5、图 3-5-1。

表 3-5-5 黑驼村成灾水位及其对应洪水频率

村名	行政区划代码	成灾水位(m)	洪峰流量(m^3/s)	致灾频率(%)	重现期(a)
黑驼村	140105003205000	890.00	39.4	11.1	9

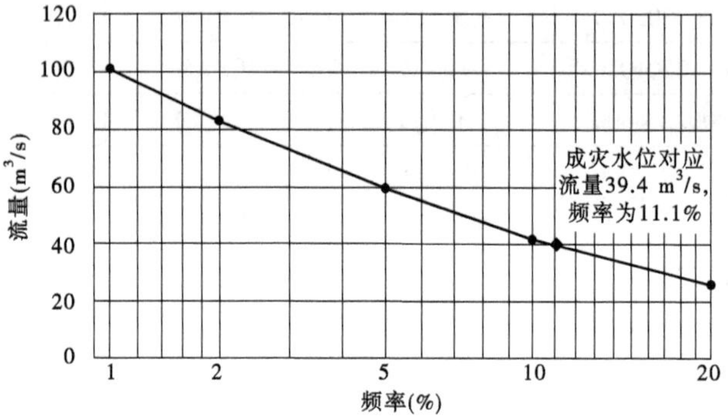

图 3-5-1 黑驼村成灾水位及其对应洪水频率

5.2.2 水面线推求

本次分析评价的水面线计算采用的基本方程是一维圣维南方程组建立模块进行模拟计算。

连续性方程:

$$\frac{\partial A}{\partial t}+\frac{\partial Q}{\partial L}=0 \qquad (3\text{-}5\text{-}3)$$

式中 Q——过水断面流量,m^2;

L——沿河道的距离,m;

A——过水断面面积,m^2;

t——时间。

动量方程:

$$-\frac{\partial Z}{\partial L}=S_f+\frac{1}{g}\frac{\partial v}{\partial t}+\frac{v}{g}\frac{\partial v}{\partial L} \qquad (3\text{-}5\text{-}4)$$

式中 Z——水位,m;

v——断面平均流速,m/s;

g——重力加速度, m/s^2;

S_f——摩阻比降,用曼宁公式计算,通常表示为 Q^2/K^2;

K——流量模数。

采用数值解法求解上述方程组。离散时采用 6 点 Abbott – lonescu 格式,将河网离散为如图 3-5-2 所示交替网格离散图。

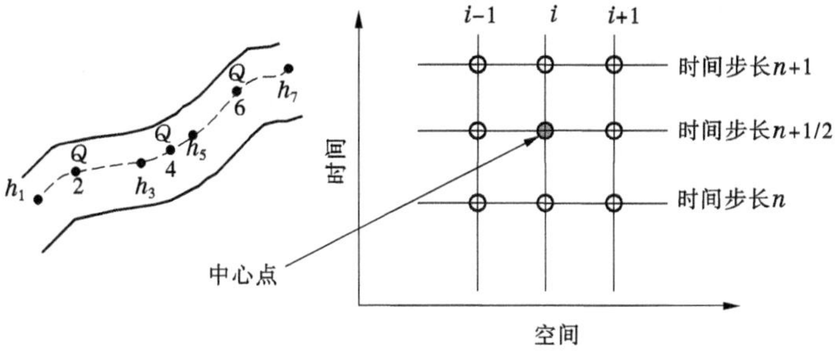

图 3-5-2 河网离散图

计算时首先计算初始上下游断面和有实测资料断面处的水位,根据设定的最大断面要求,自动插值断面间水位点,然后在每两个水位点间自动插值流量点,采用追赶法求数值解,直接得到沿程各断面的水面线成果。

5.2.3 成灾水位及其对应频率

5.2.3.1 各频率设计洪水水面线推求

对表3-5-3确定的43个危险重点防治区,推求100年、50年、20年、10年和5年一遇设计洪水水面线。

5.2.3.2 各频率设计洪水淹没范围确定

根据一维水力学模型计算得到的河道横断面左右岸淹没位置,利用GIS工具生成43个重点防治区100年、20年、5年一遇设计洪水的淹没范围。

5.2.3.3 成灾水位及控制断面的确定

根据河道设计洪水计算结果,采用水面线软件推求出各分析评价对象重现期为5年、10年、20年、50年和100年的洪水水面线(见图3-5-3~图3-5-46)。根据各测点经纬度和居民点位置,将居民点位置投影到纵断面上,对比重点防治区居民点房屋与水面线关系,

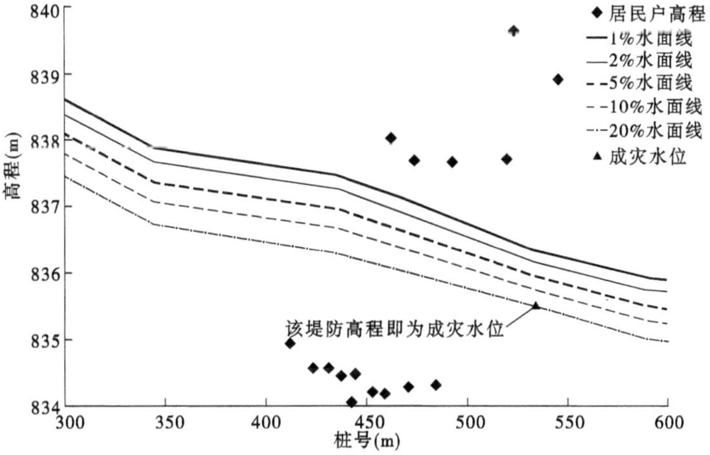

图 3-5-3 南坪头村水面线图

注:南坪头起始断面编号是南坪头_23_南坪头村_18,终止断面是南坪头_6_南坪头村_1,最低居民户高程即为成灾水位。

选择离最低频率淹没线距离最远的房屋作为最危险房屋，该住户的宅基高程作为成灾水位，距离最危险房屋最近的断面为控制断面，控制断面的确定要结合外业调查人员共同完成。同时在分析评价中发现，存在部分村落居民点宅基高程低于深泓点，这种情况则不宜以居民点高程为成灾水位，而是采取村落上游断面为控制断面，其断面堤顶为成灾水位。

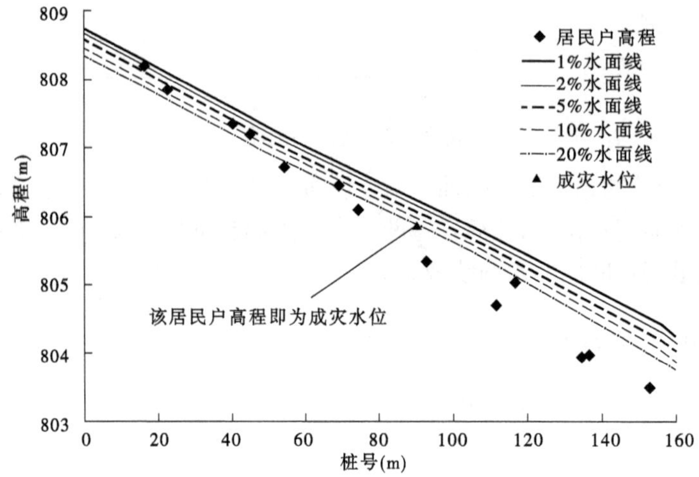

图 3-5-4 郑村水面线图

注：郑村起始断面编号是郑村沟_31_郑村_20，终止断面是郑村沟_12_郑村_1，最靠近水面线的最低居民户高程即为成灾水位。

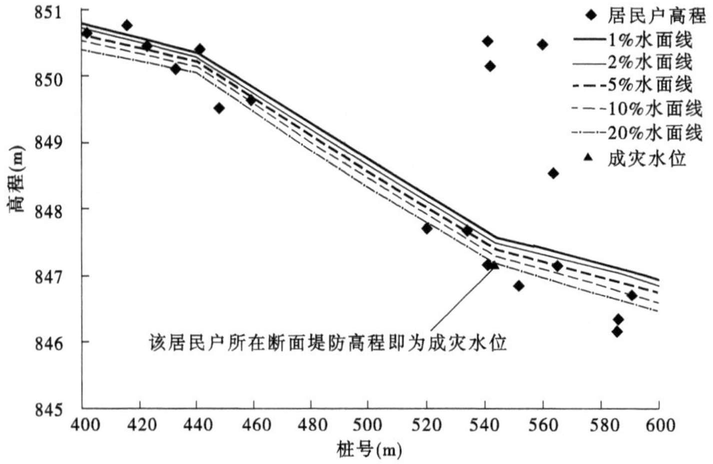

图 3-5-5 五龙沟村水面线图

注：五龙沟村起始断面编号是五龙沟_38_五龙沟村_33，终止断面是五龙沟_6_五龙沟村_1，居民户所在断面堤防高程即为成灾水位。

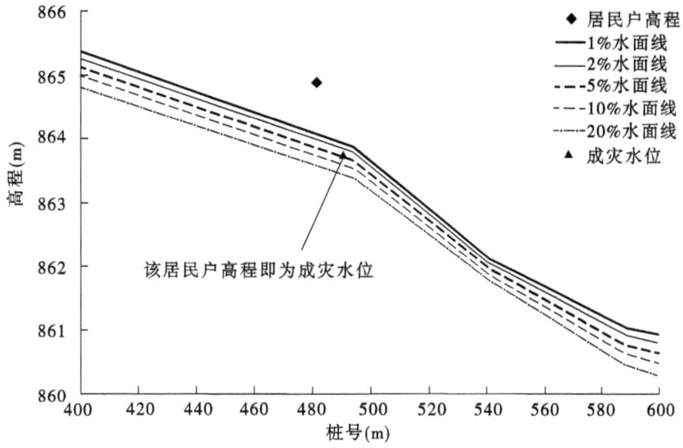

图 3-5-6　马庄社区水面线图

注:马庄社区起始断面编号是新沟_37_新沟社区_5,终止断面是新沟_20_店坡社区_19,距离河道最近的最低居民户高程即为成灾水位。

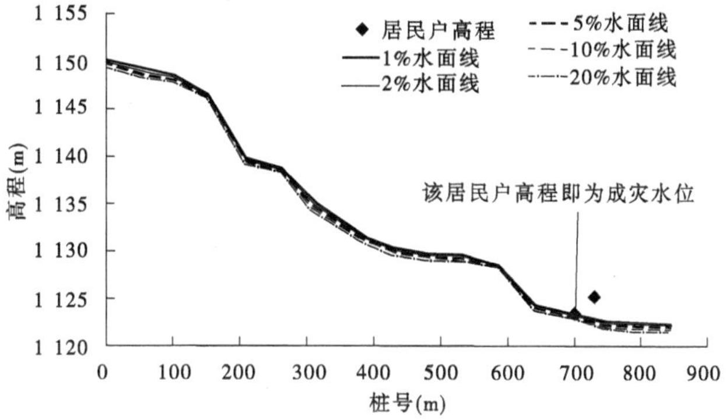

图 3-5-7　董家庄(南沙河)水面线图

注:董家庄起始断面编号是南沙河_267_董家庄村_30,终止断面是南沙河_247_董家庄村_10, 距离河道最近的最低居民户高程即为成灾水位。

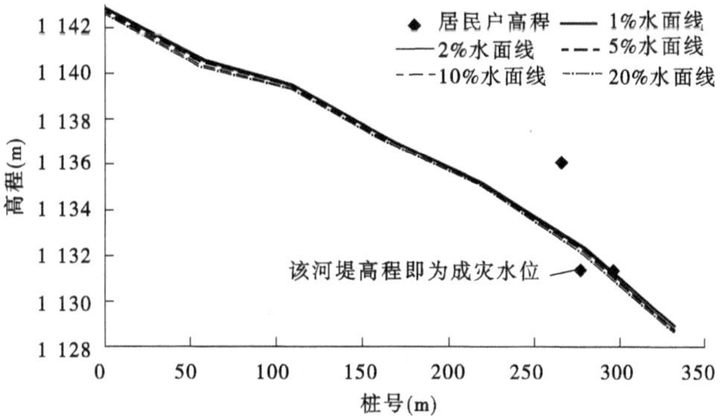

图 3-5-8　后麻地沟水面线图

注:后麻地沟起始断面编号是麻地沟 50 后麻地沟村 30,终止断面是麻地沟 30 后麻地沟村 10,河堤高程为成灾水位。

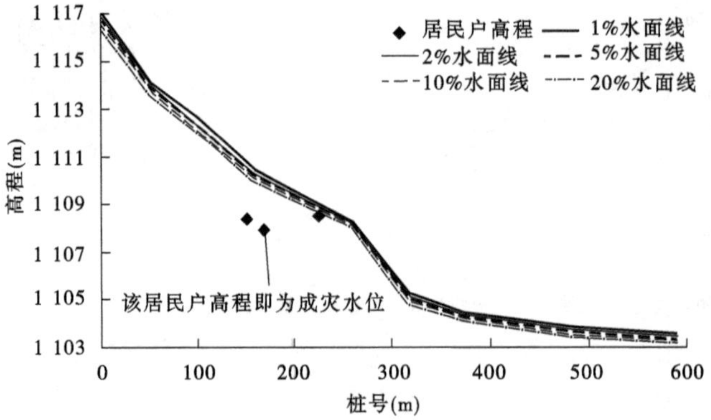

图 3-5-9　前麻地沟水面线图

注:前麻地沟村起始断面编号是麻地沟_24_前麻地沟村_18,终止断面是麻地沟_10_前麻地沟村_4,距离河道最近的最低居民户高程即为成灾水位。

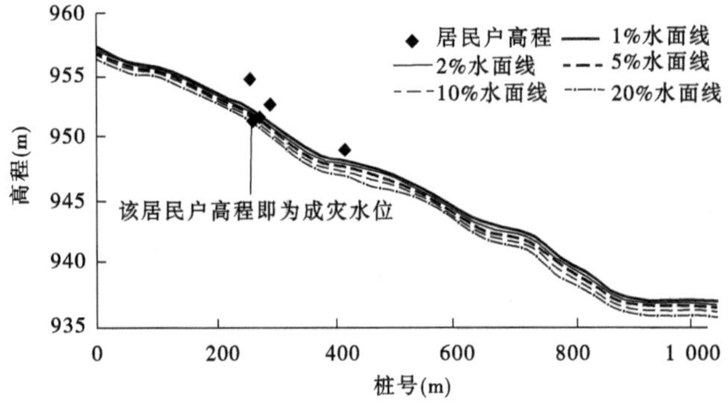

图 3-5-10　观家峪水面线图

注:观家峪起始断面编号是南沙河 200 观家峪村 27,终止断面是南沙河 186 观家峪村 13,距离河道最近的最低居民户高程即为成灾水位。

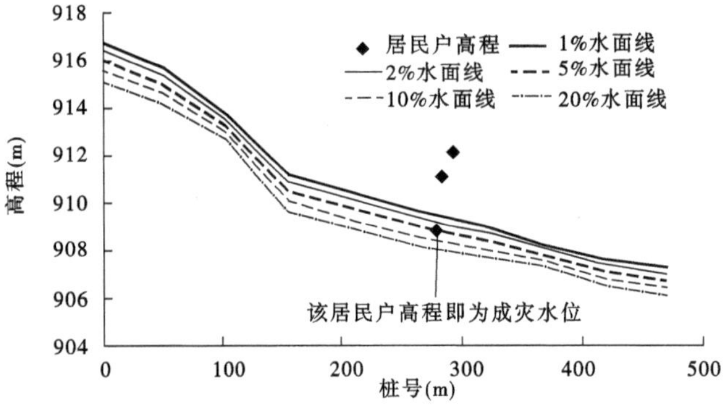

图 3-5-11　港道水面线图

注:港道村起始断面编号是南沙河_170_港道村_15,终止断面是南沙河_156_港道村_1,最低居民户高程即为成灾水位。

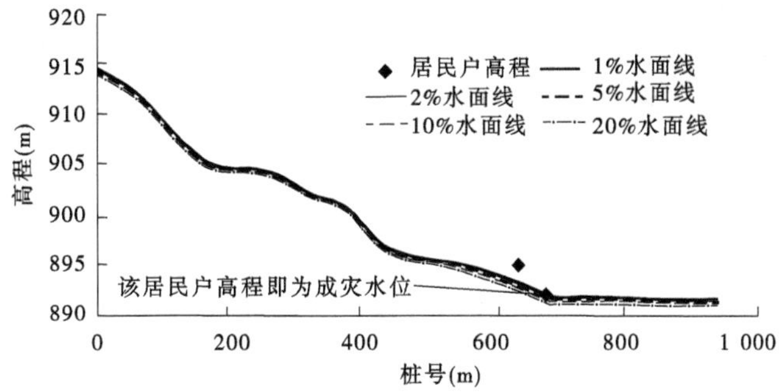

图 3-5-12　水峪南沙河水面线图

注:水峪村起始断面编号是南沙河 106 水峪 1,终止断面是泥南沙河 120 水峪 15,最低居民户高程即为成灾水位。

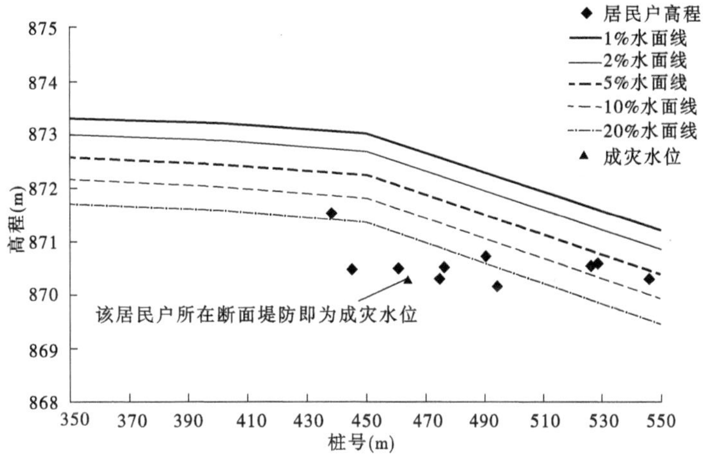

图 3-5-13　松庄水面线图

注:松庄起始断面编号是南沙河_133_松庄村_32,终止断面是南沙河_78_松庄村_1,距离河道最近的最低居民户高程即为成灾水位。

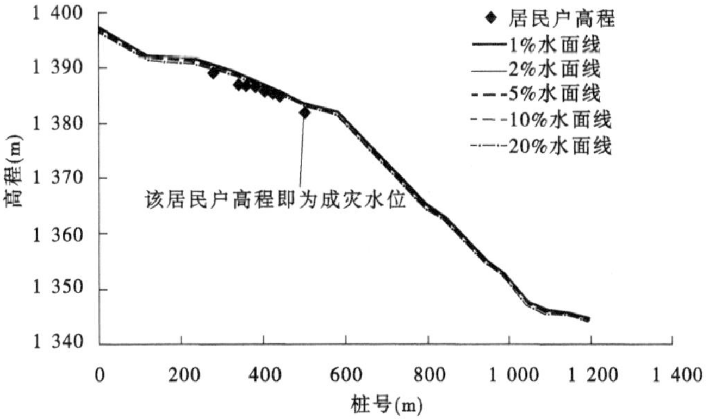

图 3-5-14　张家河水面线图

注:张家河村起始断面编号是张家河 35 张家河村 24,终止断面是张家河 21 张家河村 10,距离河道最近的最低居民户高程即为成灾水位。

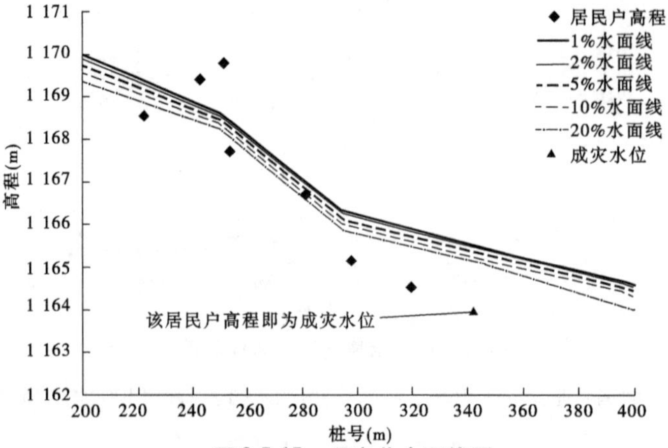

图 3-5-15　孟家井水面线图

注:杨兴(八里岔)起始断面编号是温川河 261 杨兴 15,终止断面是温川河 247 杨兴 1,距离河道最近的最低居民户高程即为成灾水位。

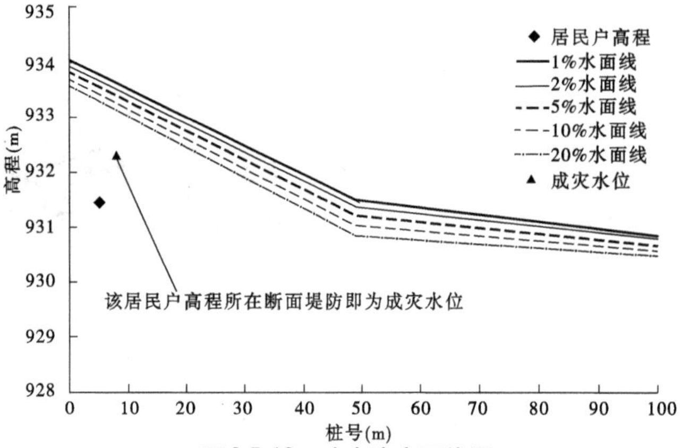

图 3-5-16　响水湾水面线图

注:响水湾起始断面编号是北沙河_32_小窑头村_5,终止断面是北沙河_23,堤防的高程即为成灾水位。

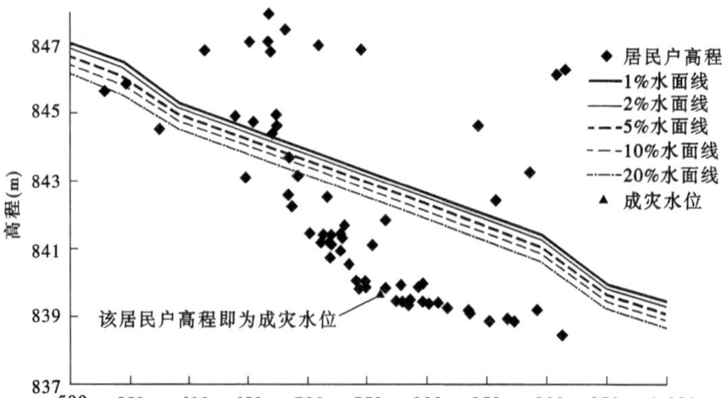

图 3-5-17　枣沟水面线图

注:枣沟起始断面编号是枣沟_52_枣沟村_48,终止断面是枣沟_5_枣沟村_1,距离河道最近的最低居民户高程即为成灾水位。

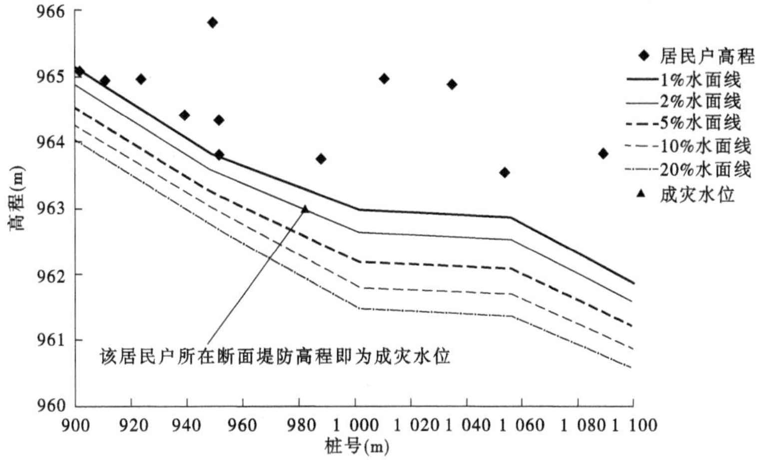

图 3-5-18 窑头村窑头沟水面线图

注:窑头村起始断面编号是窑头沟_61_窑头村_40,终止断面是窑头沟_20_窑头村_1,堤防高程即为成灾水位。

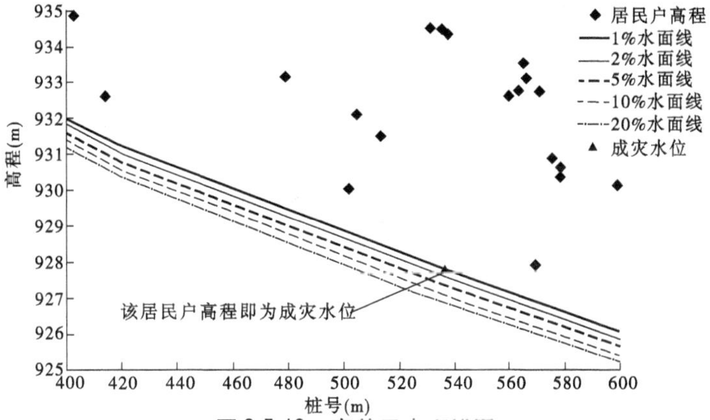

图 3-5-19 东关口水面线图

注:东关口起始断面编号是凌井河_104_东关口村_17,终止断面是凌井河_88_东关口村_1,距离河道最近的最低居民户高程即为成灾水位。

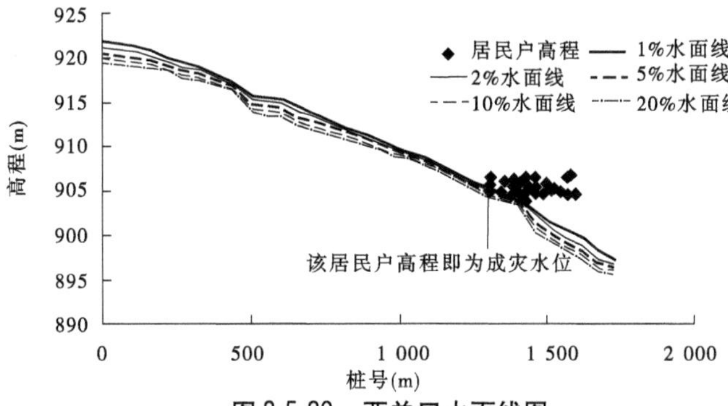

图 3-5-20 西关口水面线图

注:西关口起始断面编号是凌井河_88_西关口村_24,终止断面是凌井河_70_西关口村6,最低居民户高程即为成灾水位。

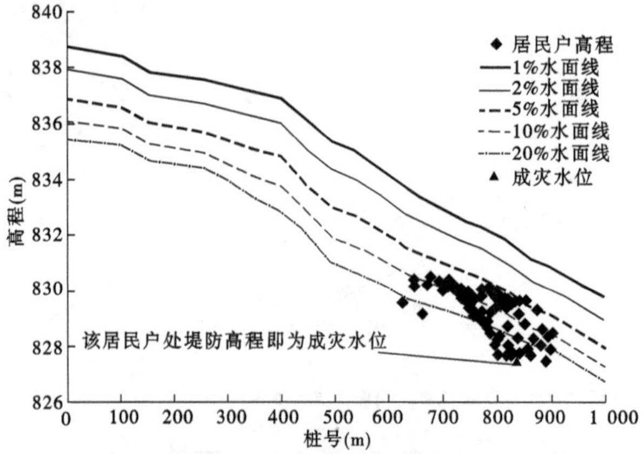

图 3-5-21　河底村水面线图

注:河底村起始断面编号是杨兴河_126_河底村_21,杨兴河_106_河底村_1,该居民户处的堤防高程即为成灾水位。

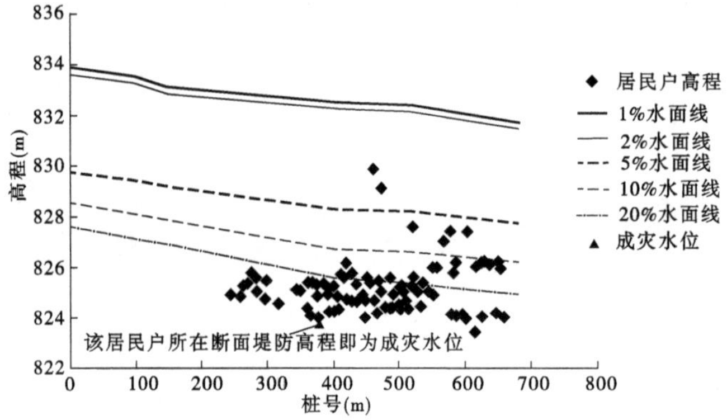

图 3-5-22　新兴村水面线图

注:新兴村起始断面编号是杨兴河_105_新兴村_14,终止断面是杨兴河_92_新兴村_1,该居民户所在堤防高程即为成灾水位。

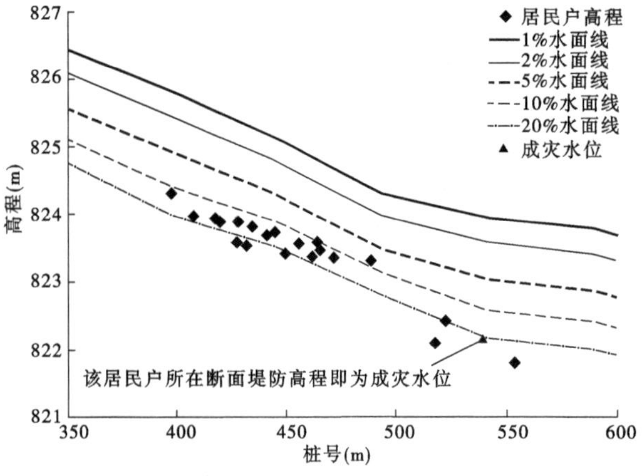

图 3-5-23　晋庄水面线图

注:晋庄起始断面编号是西岗沟_22_晋庄村_20,终止断面是西岗沟_3_晋庄村_1,该居民户所在堤防高程即为成灾水位。

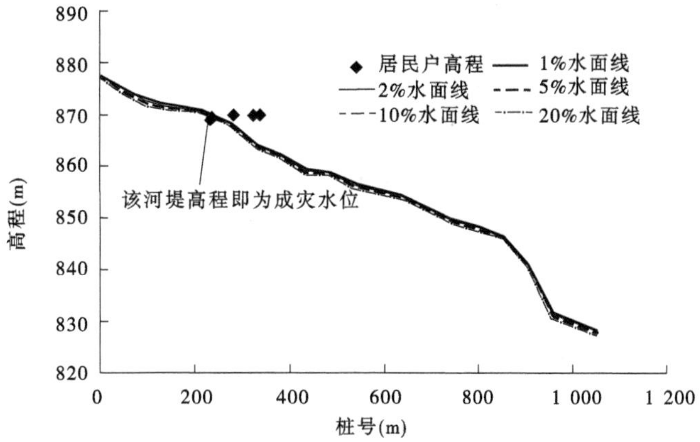

图 3-5-24 小石河村水面线图

注:小石河村起始断面编号是小石河沟_25_小石河村_22,终止断面是小石河沟_10_小石河村_7,河堤的高程即为成灾水位。

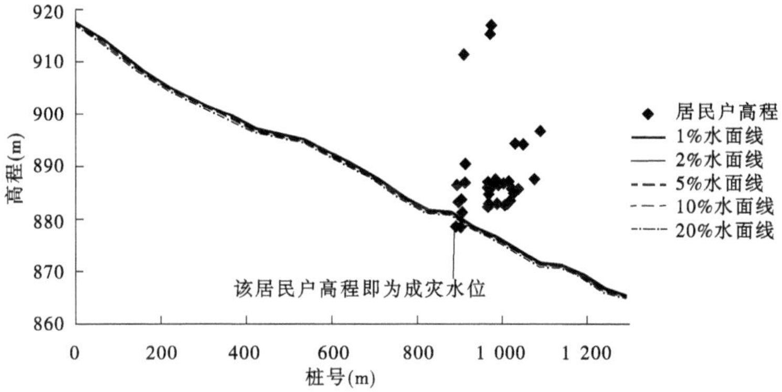

图 3-5-25 圪僚沟水面线图

注:圪僚沟起始断面编号是圪僚沟_17_圪僚沟村_9,终止断面是圪僚沟_17_圪僚沟村_9,最低居民户高程即为成灾水位。

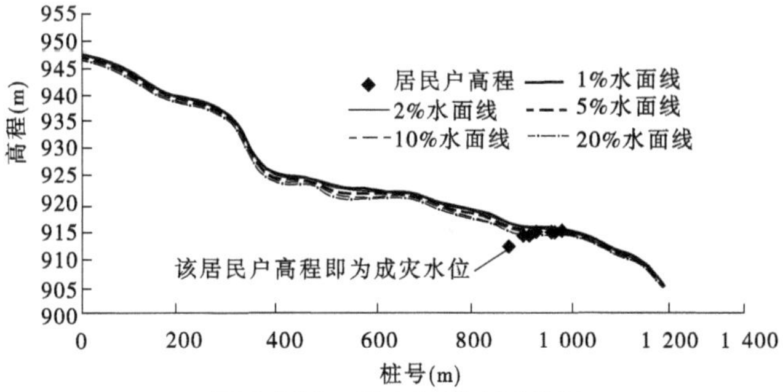

图 3-5-26 风声河村水面线图

注:风声河村起始断面编号是风声河_34_风声河村_15,终止断面是风声河_20_风声河村_1,最低居民户高程即为成灾水位。

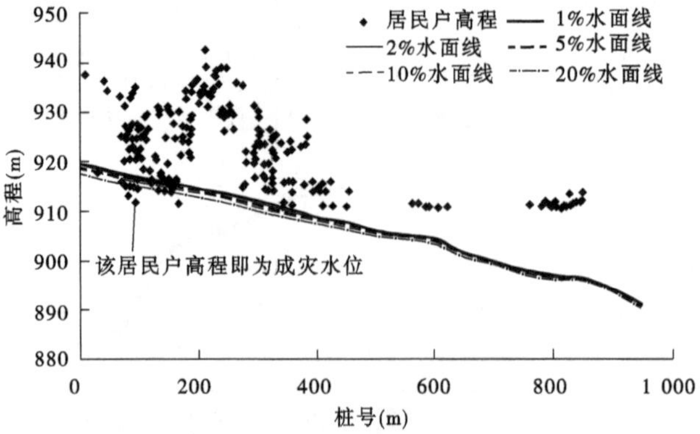

图 3-5-27　西铭村水面线图

注:西铭起始断面编号是玉门河 50 西铭村 26,终止断面是玉门河 34 西铭村 10,距离河道最近的最低居民户高程即为成灾水位。

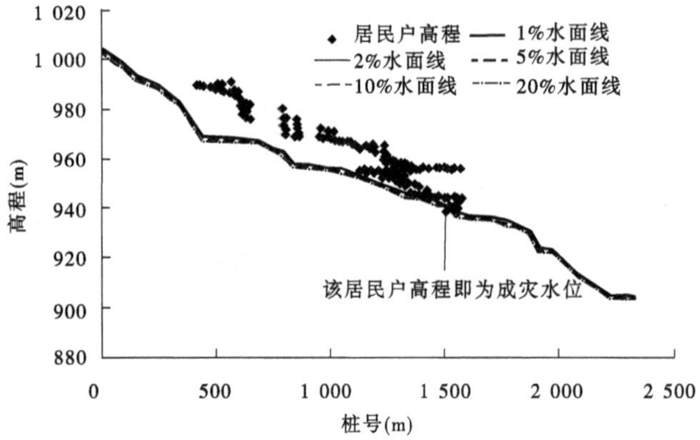

图 3-5-28　小西铭水面线图

注:小西铭起始断面编号是玉门河 61 小西铭村 17,终止断面是玉门河 61 小西铭村 17,最低居民户高程即为成灾水位。

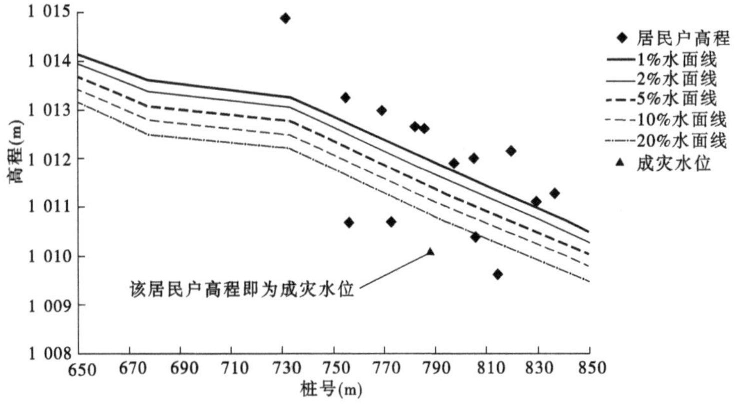

图 3-5-29　小虎峪水面线图

注:小虎峪起始断面编号是虎峪河_111_小虎峪村_27,终止断面是虎峪河_85_小虎峪村_1,距离河道最近的最低居民户高程即为成灾水位。

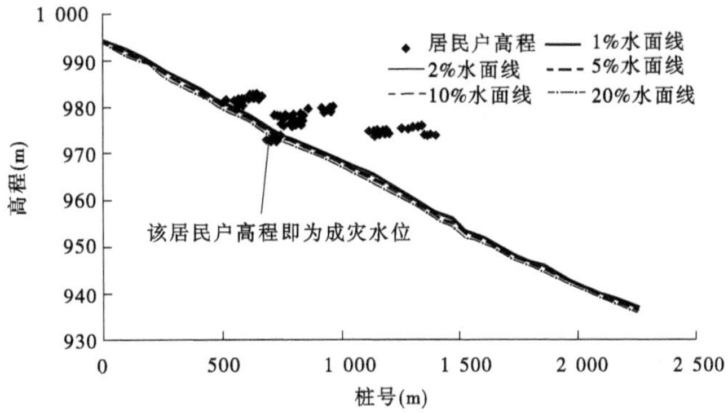

图 3-5-30 大虎峪村水面线图

注:大虎峪起始断面编号是虎峪河_90_大虎峪村_68,终止断面是虎峪河_41_大虎峪村_19,距离河道最近的最低居民户高程即为成灾水位。

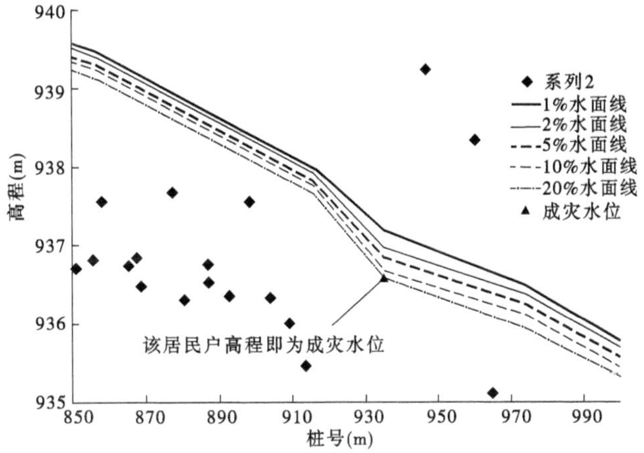

图 3-5-31 桃杏(高家河)水面线图

注:桃杏(高家河)起始断面编号是白家庄沟_49_桃杏村_27,终止断面是白家庄沟_29_桃杏村_7,最低居民户高程即为成灾水位。

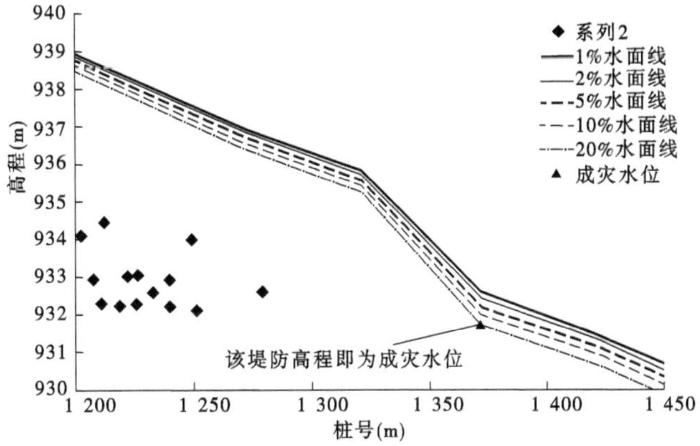

图 3-5-32 桃杏(官地沟)水面线图

注:桃杏(官地沟)起始断面编号是白家庄沟_117_桃杏村_53,终止断面是白家庄沟_23_桃杏村_1,最低居民户高程即为成灾水位。

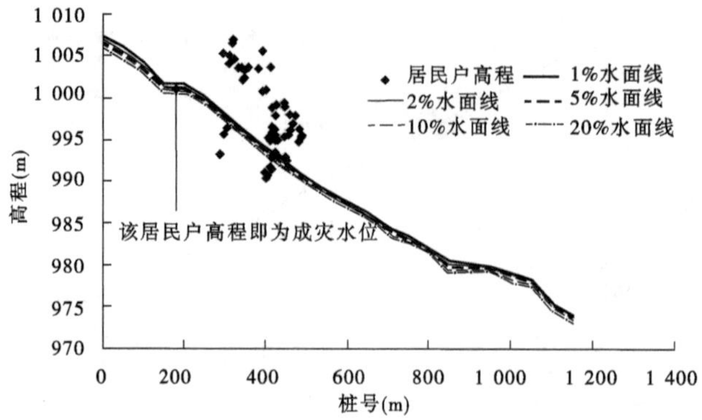

图 3-5-33　白家庄水面线图

注:白家庄起始断面编号是白家庄沟_142_白家庄村_49,终止断面是白家庄沟_127_白家庄村_34,最低居民户高程即为成灾水位。

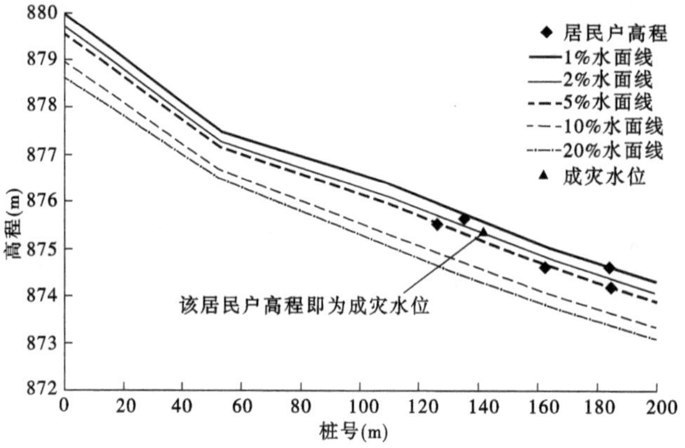

图 3-5-34　冶峪村水面线图

注:冶峪村起始断面编号是冶峪河_28_冶峪村_20,终止断面是冶峪河_9_冶峪村_1,距离河道最近的最低居民户高程即为成灾水位。

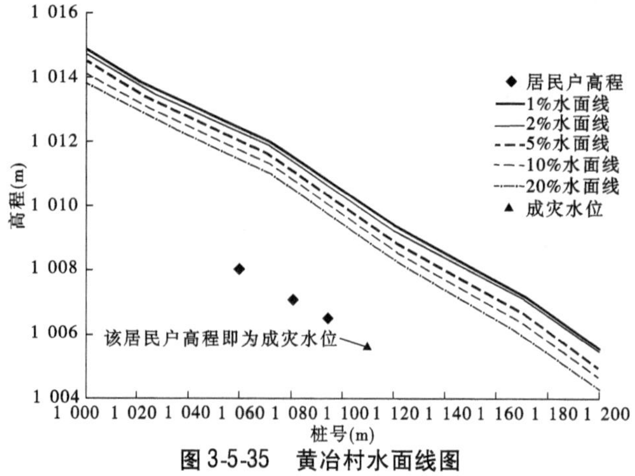

图 3-5-35　黄冶村水面线图

注:黄冶村起始断面编号是要子庄沟_41_黄冶村_36,终止断面是要子庄沟_6_黄冶村_1,距离河道最近的最低居民户高程即为成灾水位。

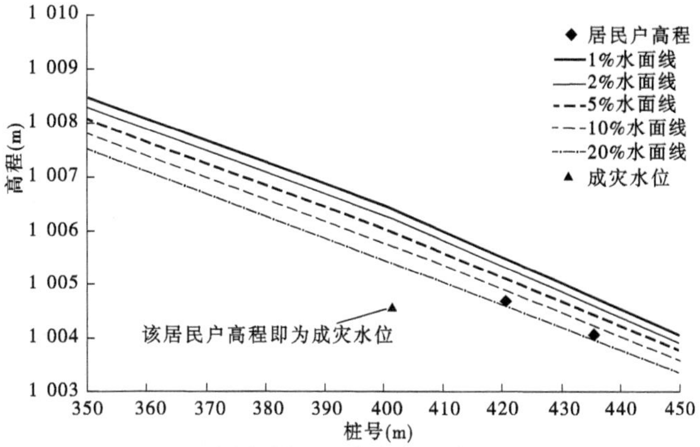

图 3-5-36　田家庄水面线图

注:田家庄起始断面编号是风峪河_126_田家庄村_12,终止断面是风峪河_115_田家庄村_1,距离河道最近的最低居民户高程即为成灾水位。

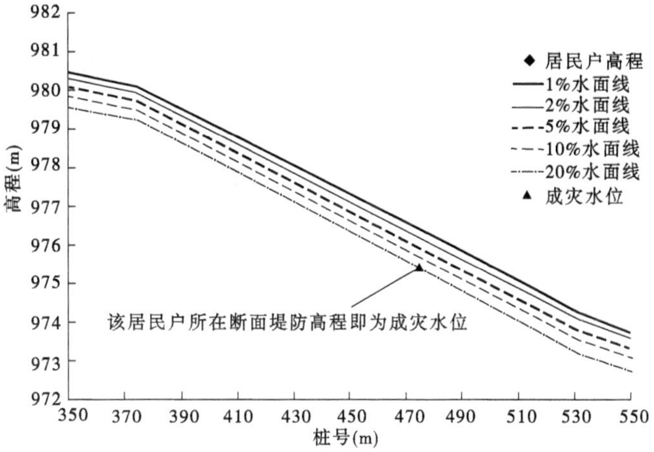

图 3-5-37　王家庄水面线图

注:王家庄起始断面编号是风峪河_112_王家庄村_17,终止断面是风峪河_96_王家庄村_1,该居民户所在断面堤防高程即为成灾水位。

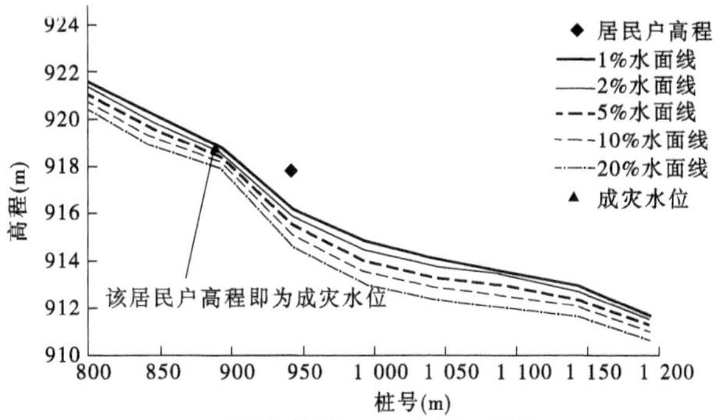

图 3-5-38　店头水面线图

注:店头起始断面编号是风峪河_94_店头村_24,终止断面是风峪河_71_店头村_1,距离河道最近的最低居民户高程即为成灾水位。

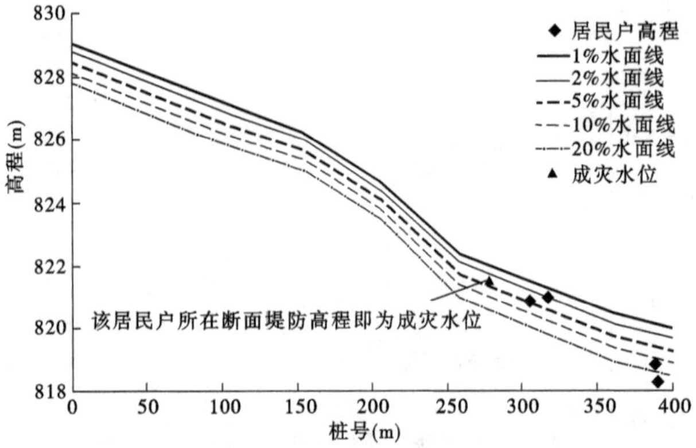

图 3-5-39　王家坟水面线图

注:王家坟起始断面编号是风峪河_52_王家坟村_21,终止断面是风峪河_32_王家坟村_1,该居民户所在断面堤防高程即为成灾水位。

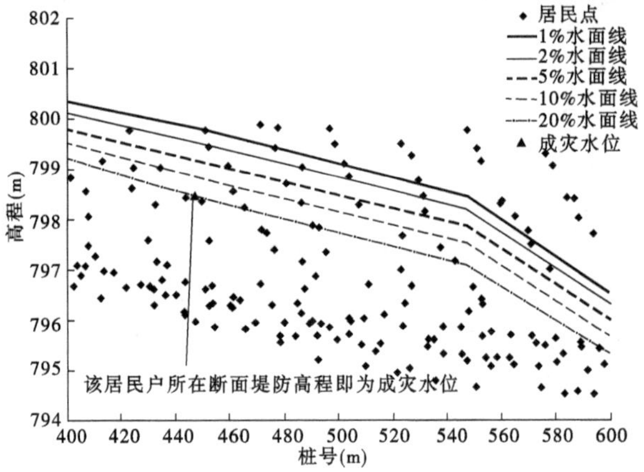

图 3-5-40　罗城村水面线图

注:罗城起始断面编号是风峪河_31_罗城村_15,终止断面是风峪河_17_罗城村_1,该居民户所在断面堤防高程即为成灾水位。

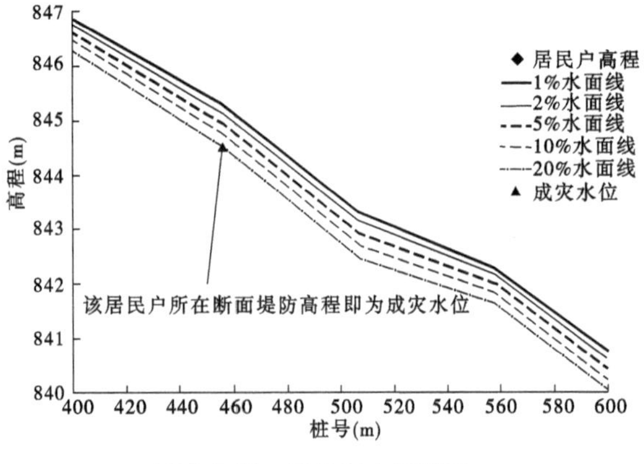

图 3-5-41　开化村水面线图

注:开化村起始断面编号是寺底沟_24_开化村_19,终止断面是寺底沟_6_开化村_1,该居民户所在断面堤防高程即为成灾水位。

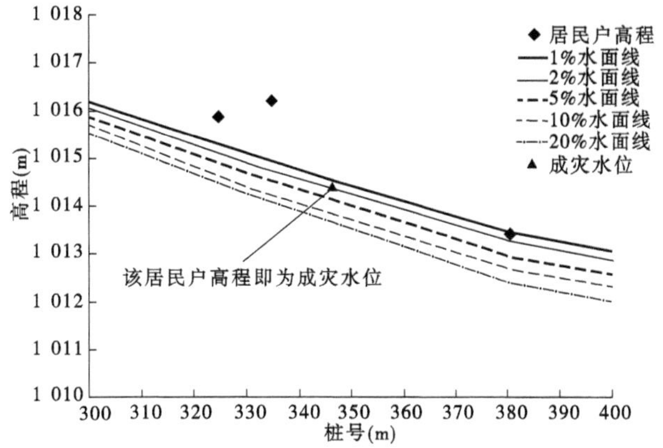

图 3-5-42 窑头村水面线图

注:窑头村起始断面编号是五坡沟_19_窑头村_17,终止断面是五坡沟_3_窑头村_1,距离河道最近的最低居民户高程即为成灾水位。

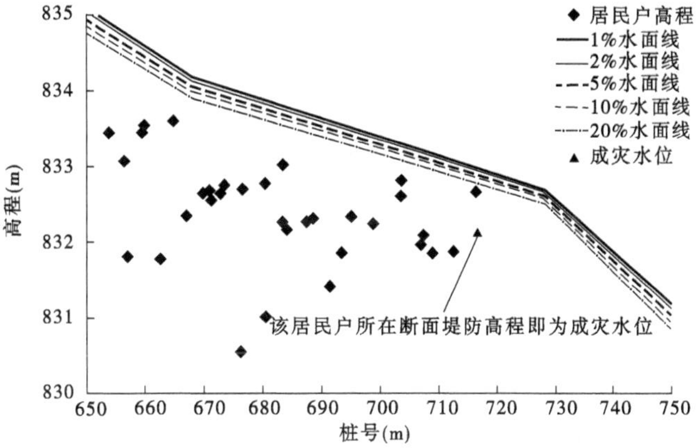

图 3-5-43 青阳河村水面线图

注:青阳河村起始断面编号是青阳河_29_青阳河村_19,终止断面是青阳河_11_青阳河村_1,该居民户所在断面堤防高程即为成灾水位。

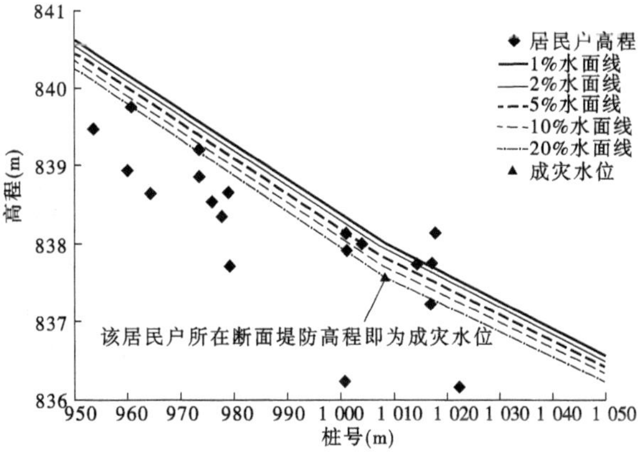

图 3-5-44 蚕石村水面线图

注:蚕石村起始断面编号是青阳河_58_蚕石村_25,终止断面是青阳河_34_蚕石村_1,该居民户所在

断面堤防高程即为成灾水位。

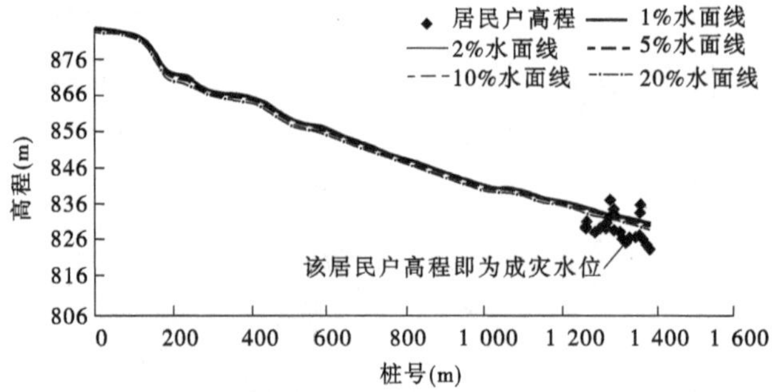

图 3-5-45　南峪村水面线图

注:南峪村起始断面编号是圪垯沟_40_南峪村_34,终止断面是圪垯沟_14 南峪村_8,距离河道最近的最低居民户高程即为成灾水位。

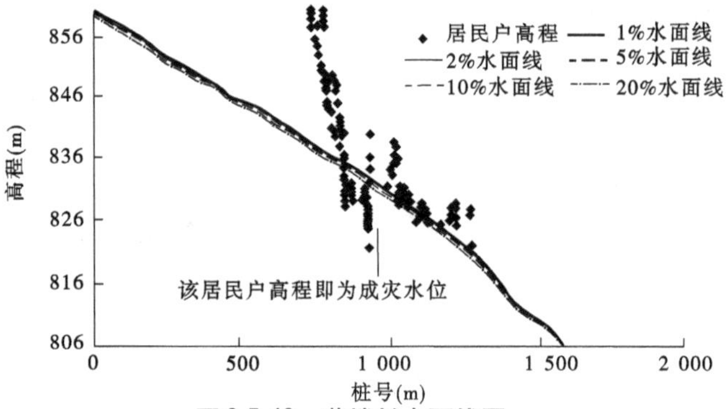

图 3-5-46　黄楼村水面线图

注:黄楼村起始断面编号是杏坪沟_32_黄楼村_30,终止断面是杏坪沟_12_黄楼村_10,距离河道最近的最低居民户高程即为成灾水位。

5.2.3.4　水位—流量关系计算

根据控制断面的糙率、比降及控制断面的横断面数据,利用大断面计算水位—流量关系软件计算出控制断面的水位—流量关系。成果见图 3-5-47 ~ 图 3-5-132。

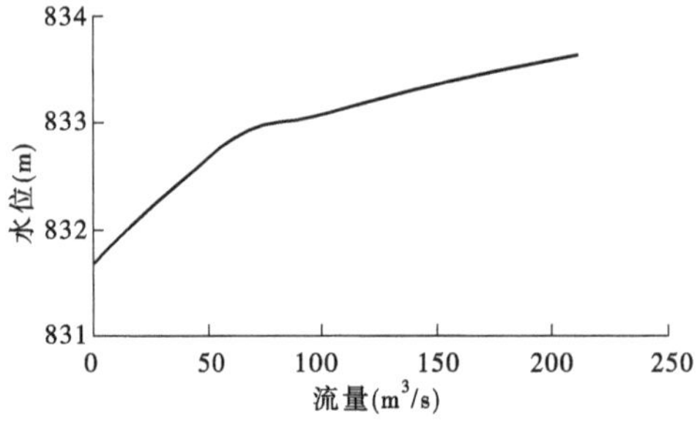

图 3-5-47　南坪头村控制断面水位—流量关系曲线

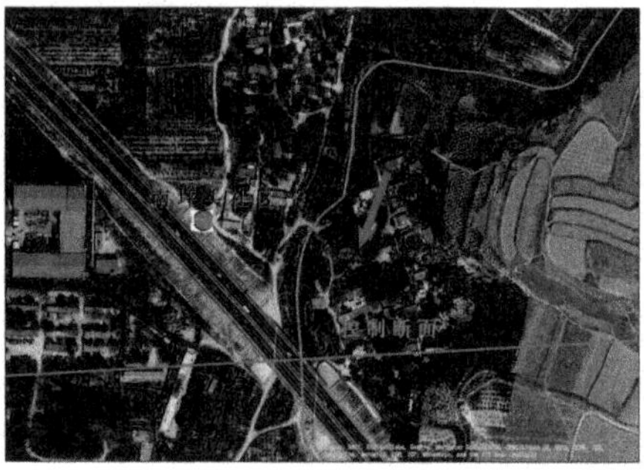

图 3-5-48　南坪头村控制断面附近河谷地貌

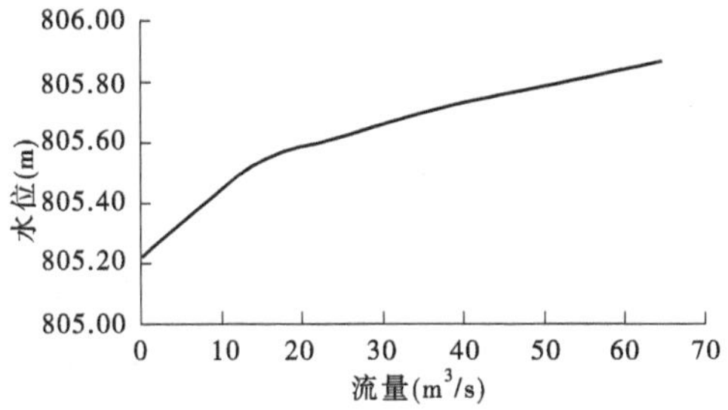

图 3-5-49　郑村控制断面水位—流量关系曲线

图 3-5-50　郑村控制断面附近河谷地貌

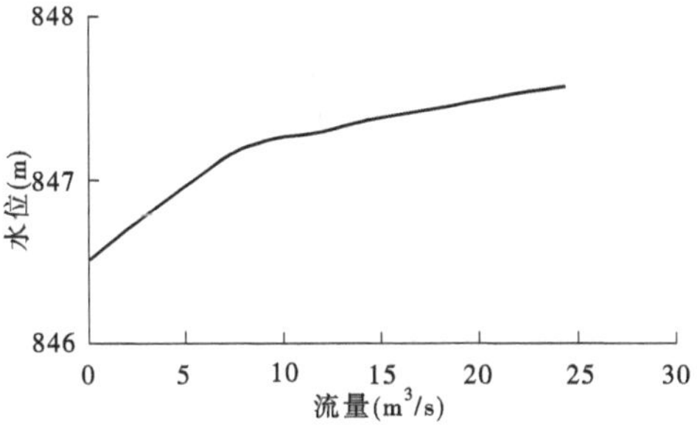

图 3-5-51　五龙沟控制断面水位—流量关系曲线

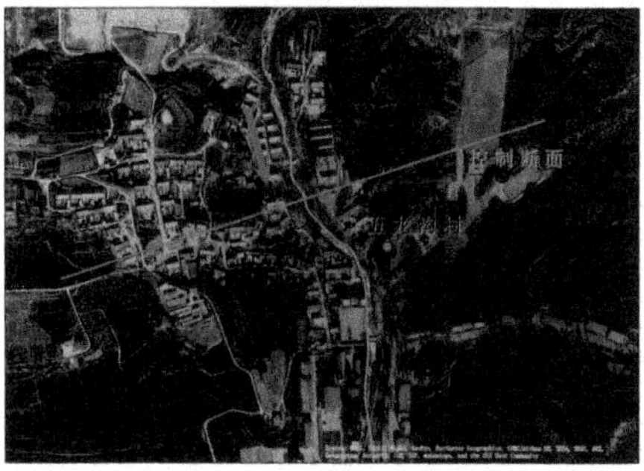

图 3-5-52　五龙沟控制断面附近河谷地貌

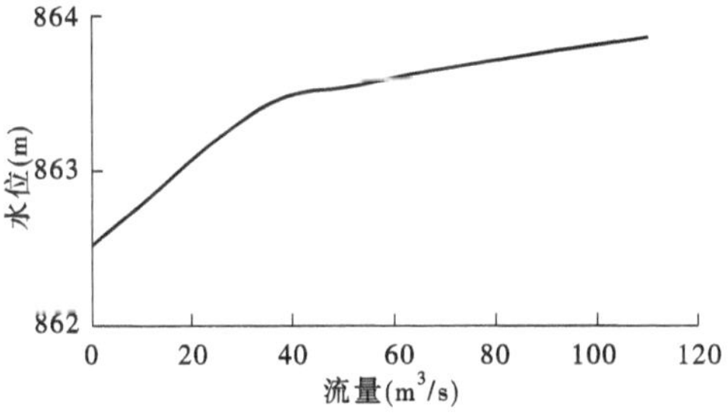

图 3-5-53　马庄控制断面水位—流量关系曲线

图 3-5-54　马庄控制断面附近河谷地貌

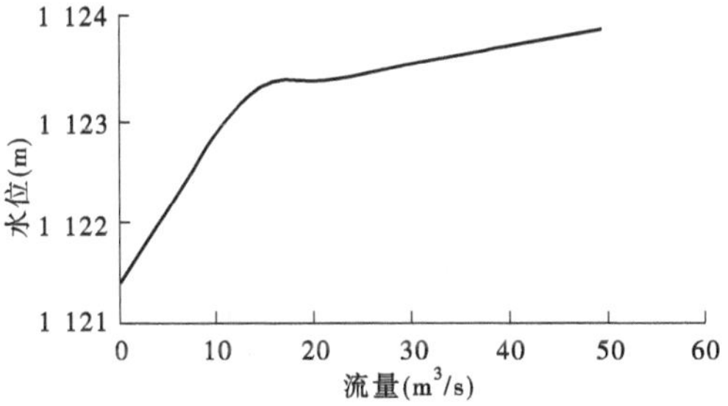

图 3-5-55　董家庄控制断面水位—流量关系曲线

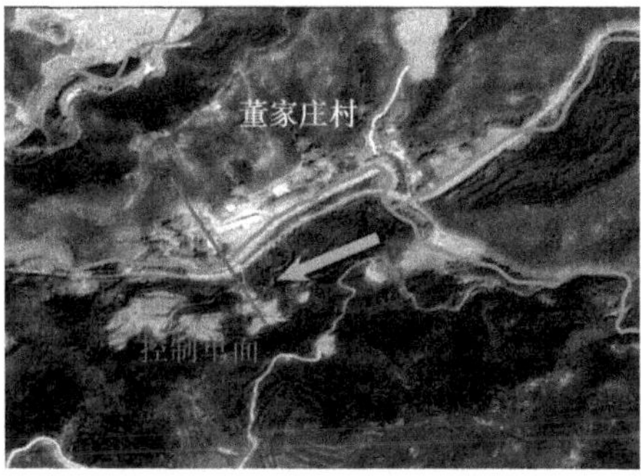

图 3-5-56　董家庄控制断面附近河谷地貌

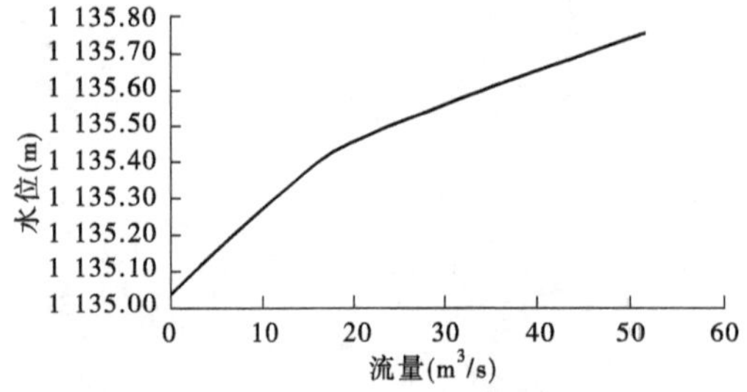

图 3-5-57　后麻地沟控制断面水位—流量关系曲线

图 3-5-58　后麻地沟控制断面附近河谷地貌

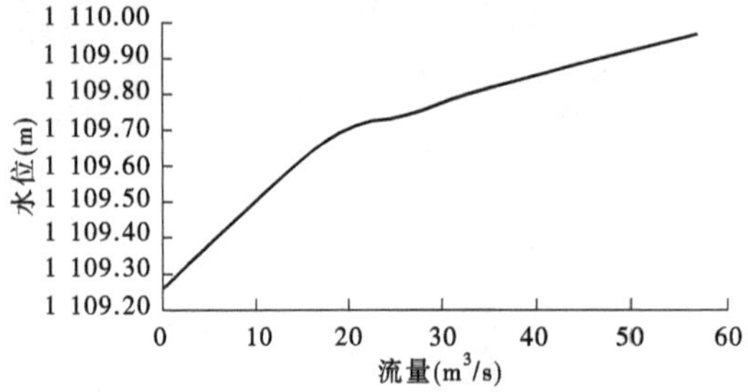

图 3-5-59　前麻地沟村控制断面水位—流量关系曲线

图 3-5-60　前麻地沟控制断面附近河谷地貌

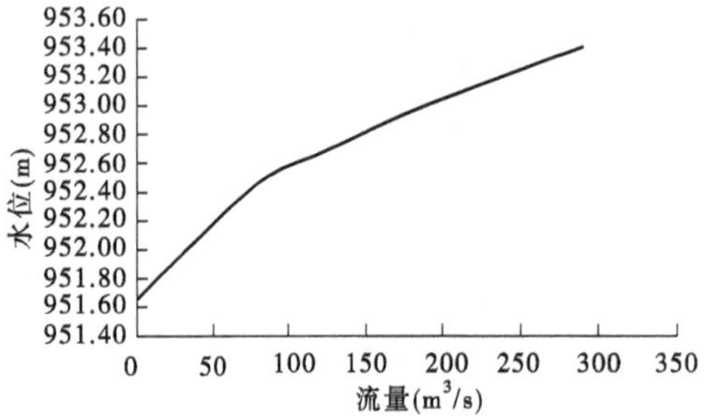

图 3-5-61　观家峪控制断面水位—流量关系曲线

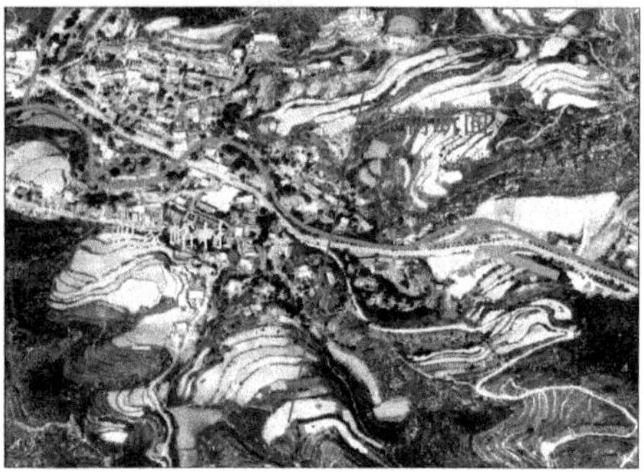

图 3-5-62　观家峪控制断面附近河谷地貌

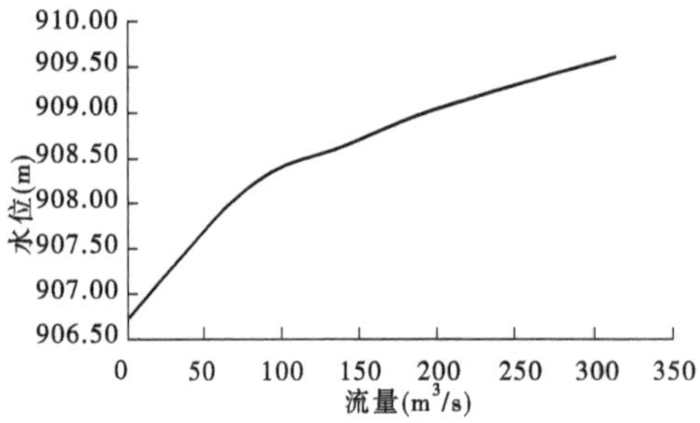

图 3-5-63　港道村控制断面水位—流量关系曲线

图 3-5-64　港道村控制断面附近河谷地貌

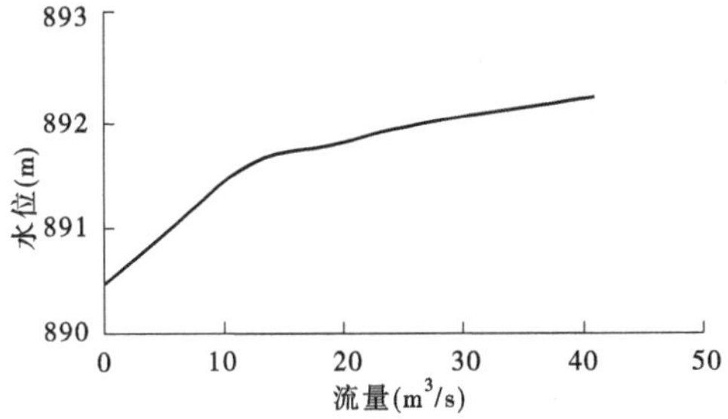

图 3-5-65　水峪控制断面水位—流量关系曲线

图 3-5-66　水峪控制断面附近河谷地貌

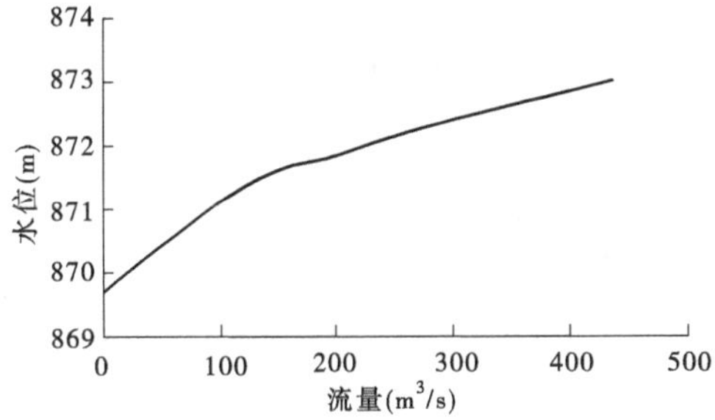

图 3-5-67　松庄控制断面水位—流量关系曲线

图 3-5-68　松庄控制断面附近河谷地貌

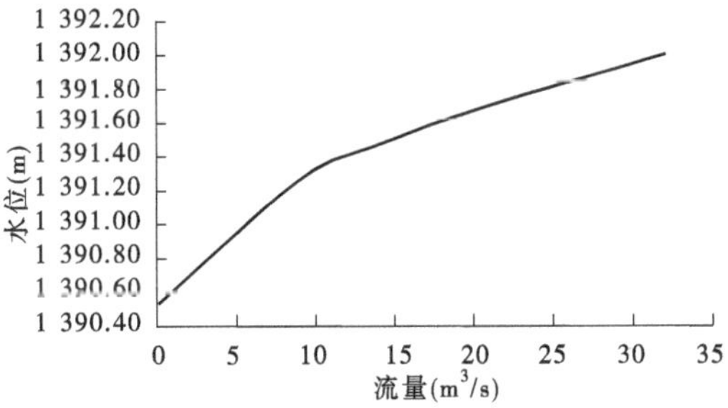

图 3-5-69　张家河村控制断面水位—流量关系曲线

图 3-5-70　张家河控制断面附近河谷地貌

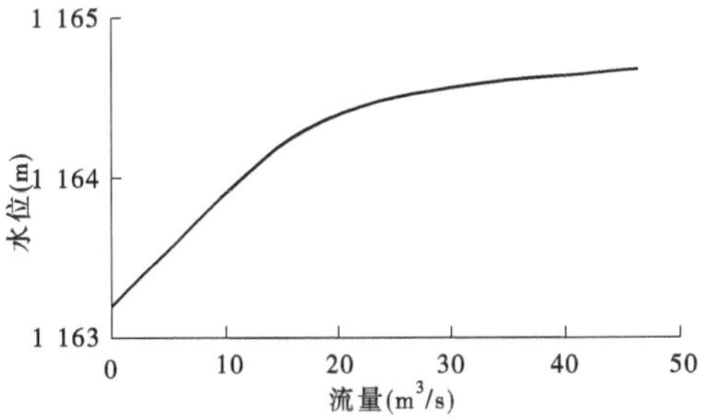

图 3-5-71　孟家井控制断面水位—流量关系曲线

图 3-5-72　孟家井控制断面附近河谷地貌

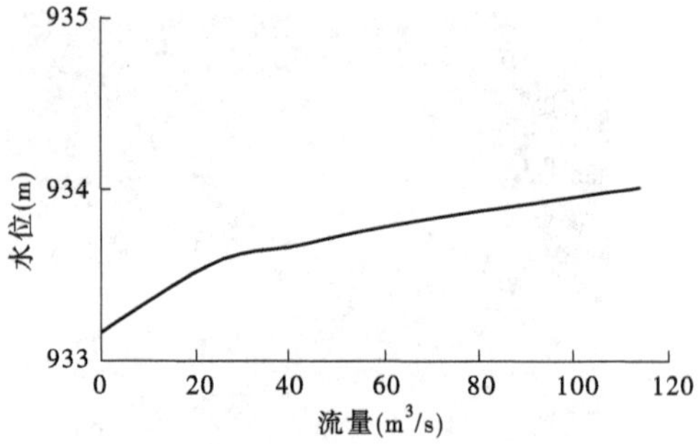

图 3-5-73　响水湾控制断面水位—流量关系曲线

图 3-5-74　响水湾控制断面附近河谷地貌

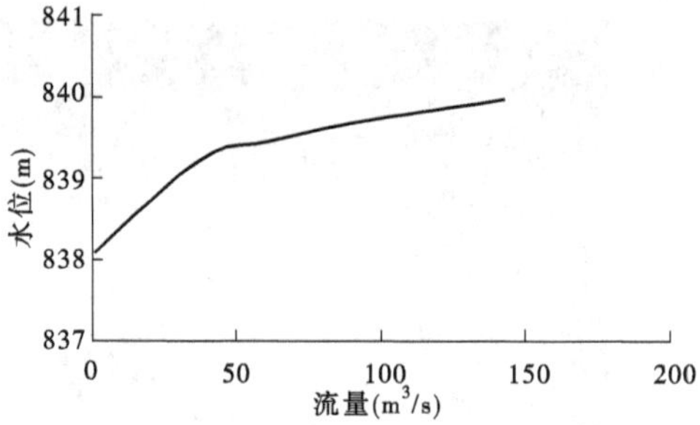

图 3-5-75　枣沟控制断面水位—流量关系曲线

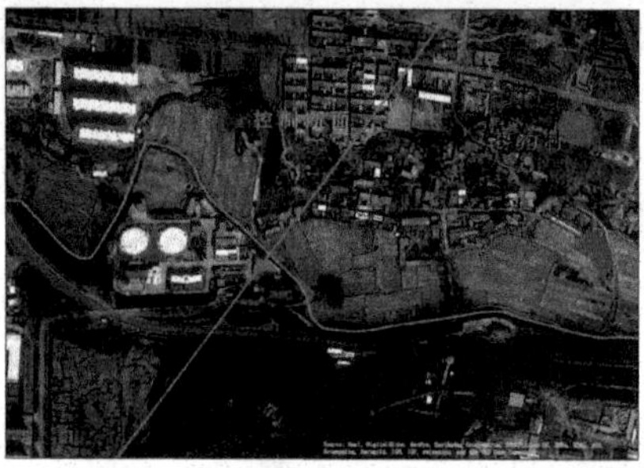

图 3-5-76　枣沟控制断面附近河谷地貌

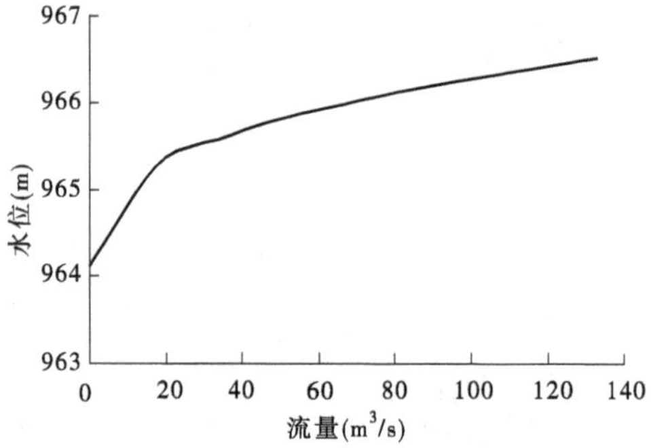

图 3-5-77　窑头村(窑头沟)控制断面水位—流量关系曲线

图 3-5-78　窑头村(窑头沟)控制断面附近河谷地貌

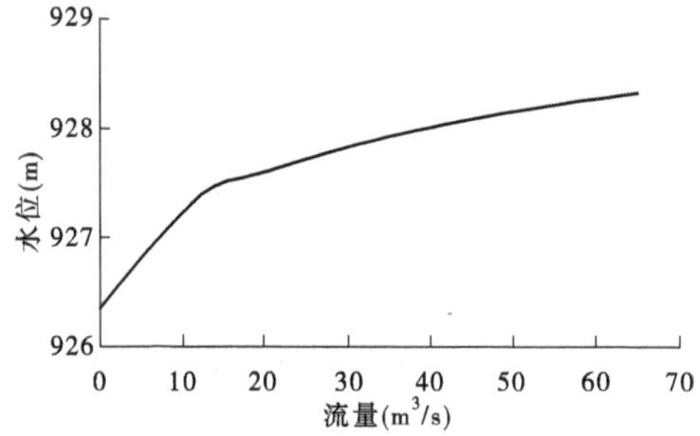

图 3-5-79　东关口控制断面水位—流量关系曲线

图 3-5-80　东关口控制断面附近河谷地貌

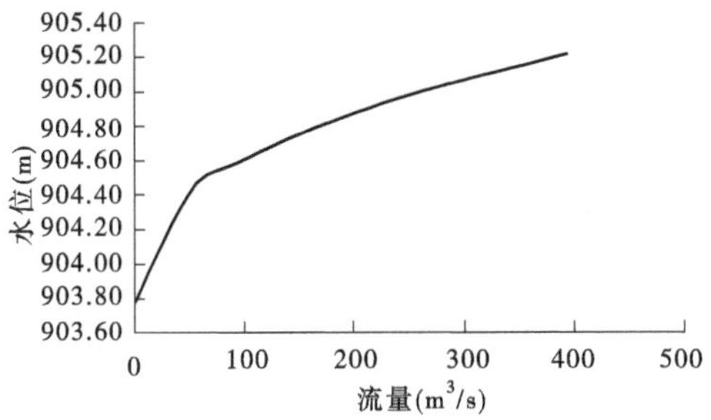

图 3-5-81 西关口控制断面水位—流量关系曲线

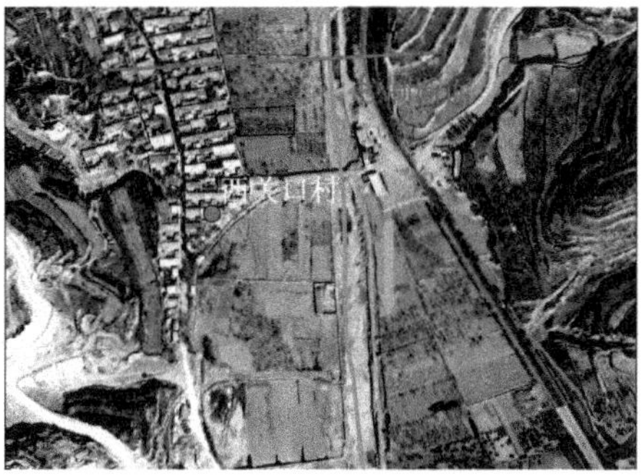

图 3-5-82 西关口控制断面附近河谷地貌

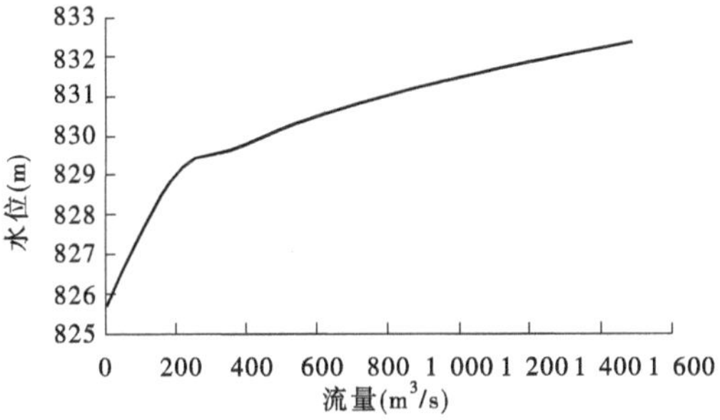

图 3-5-83 河底村控制断面水位—流量关系曲线

图 3-5-84 河底村控制断面附近河谷地貌

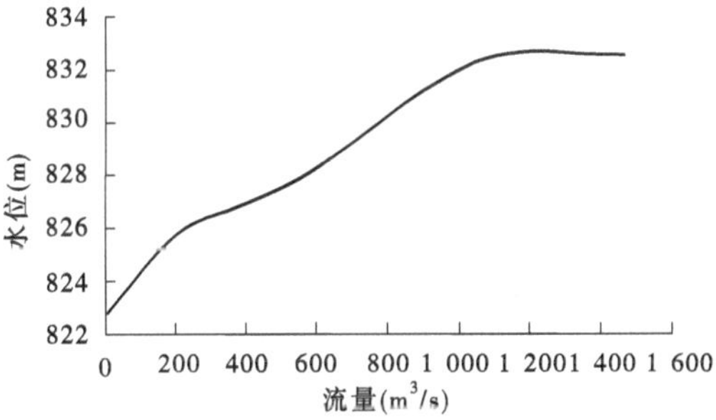

图 3-5-85 新兴村控制断面水位—流量关系曲线

图 3-5-86 新兴村控制断面附近河谷地貌

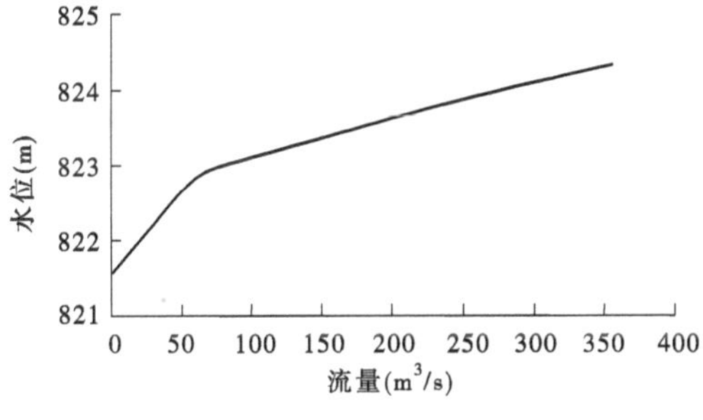

图 3-5-87 晋庄控制断面水位—流量关系曲线

图 3-5-88 晋庄控制断面附近河谷地貌

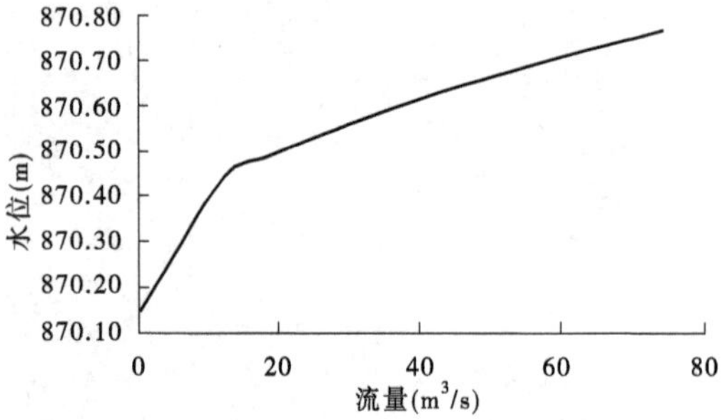

图 3-5-89　小石河控制断面水位—流量关系曲线

图 3-5-90　小石河控制断面附近河谷地貌

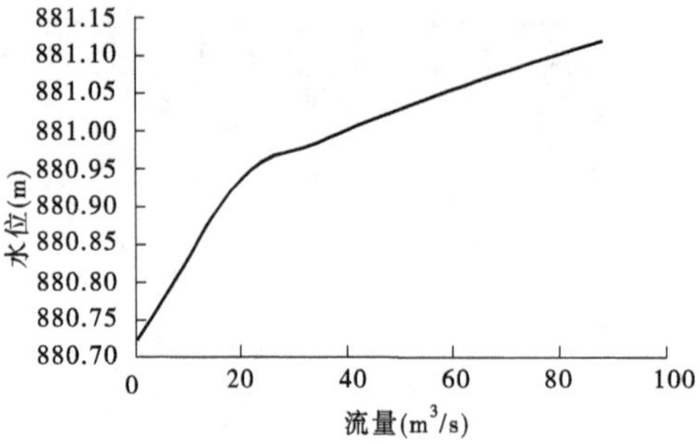

图 3-5-91　圪僚沟控制断面水位—流量关系曲线

图 3-5-92　圪僚沟控制断面附近河谷地貌

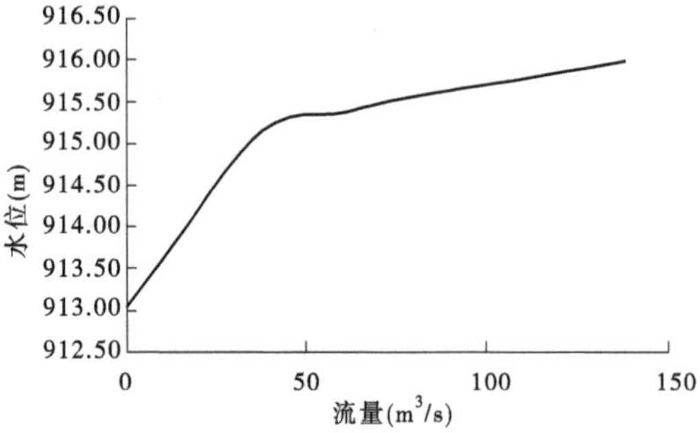

图 3-5-93　风声河控制断面水位—流量关系曲线

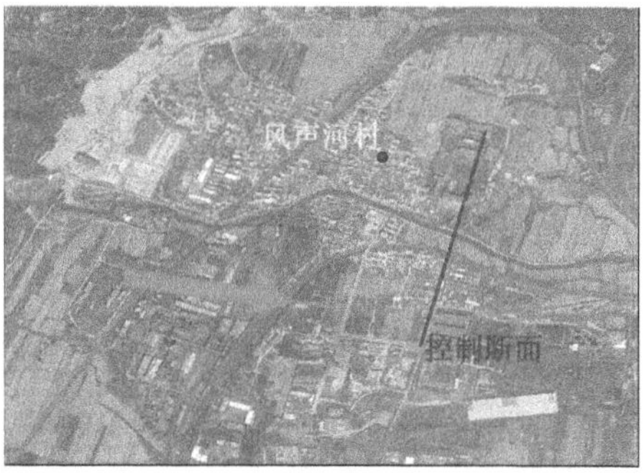

图 3-5-94　风声河控制断面附近河谷地貌

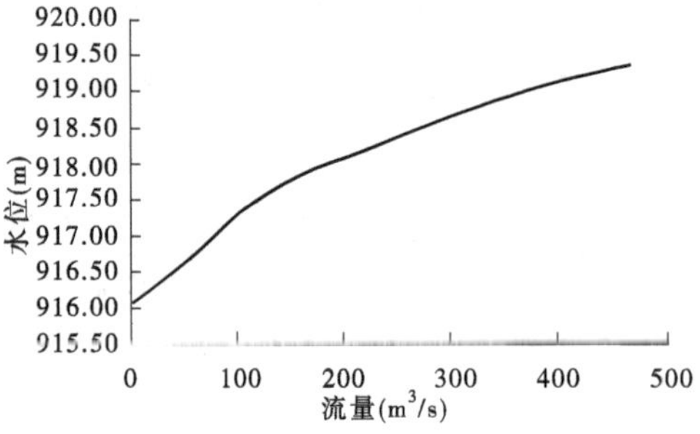

图 3-5-95　西铭控制断面水位—流量关系曲线

图 3-5-96　西铭控制断面附近河谷地貌

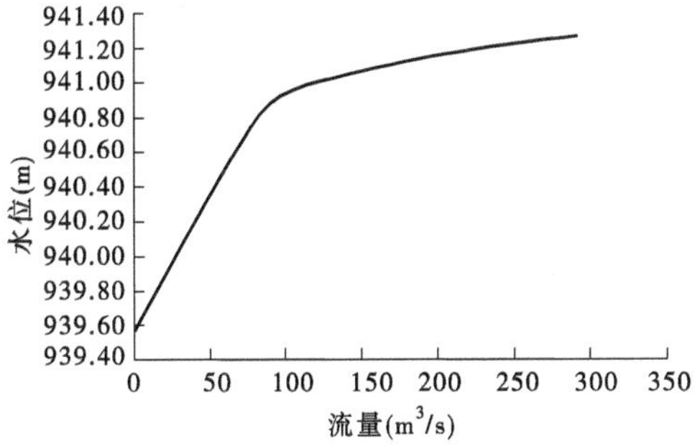

图 3-5-97 小西铭控制断面水位—流量关系曲线

图 3-5-98 小西铭控制断面附近河谷地貌

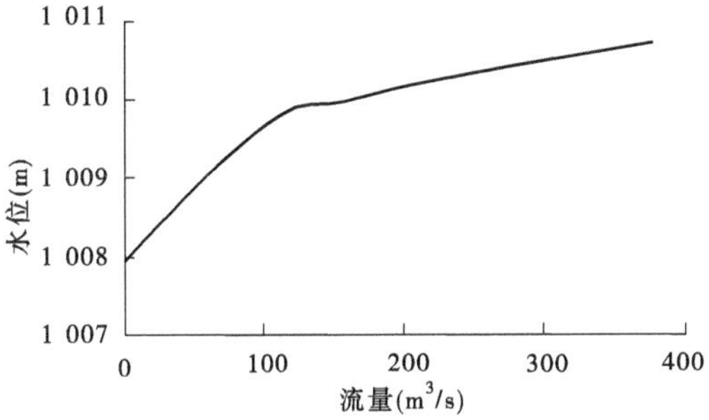

图 3-5-99 小虎峪控制断面水位—流量关系曲线

图 3-5-100 小虎峪控制断面附近河谷地貌

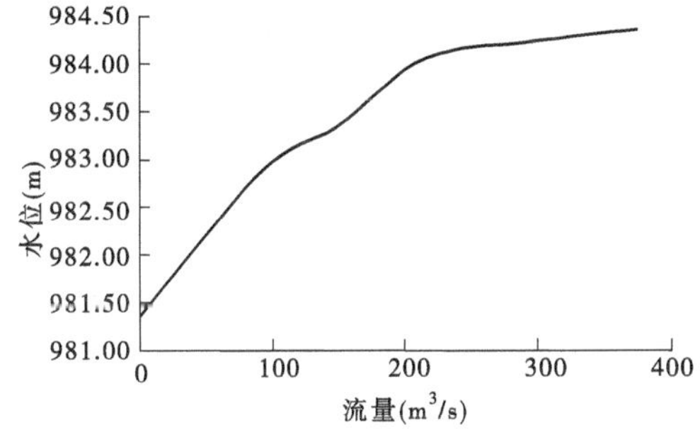

图 3-5-101 大虎峪控制断面水位—流量关系曲线

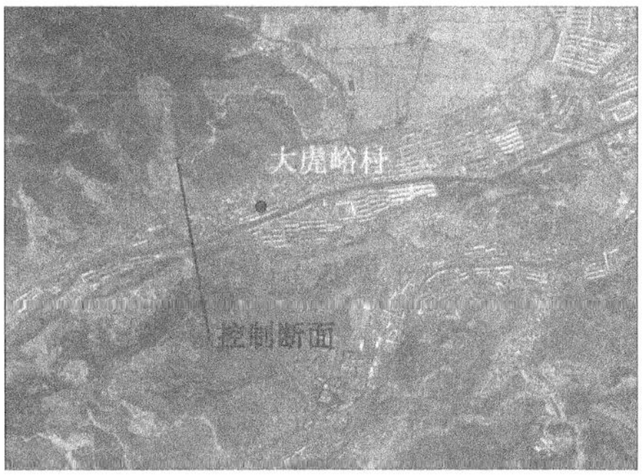

图 3-5-102 大虎峪控制断面附近河谷地貌

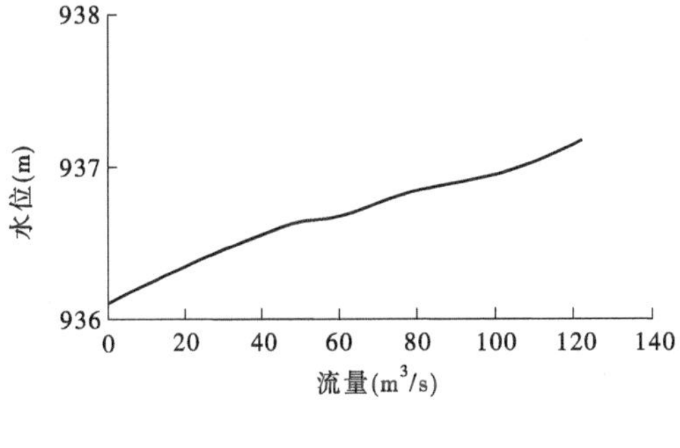

图 3-5-103 桃杏(高家河)控制断面水位—流量关系曲线

图 3-5-104 桃杏(高家河)控制断面附近河谷地貌

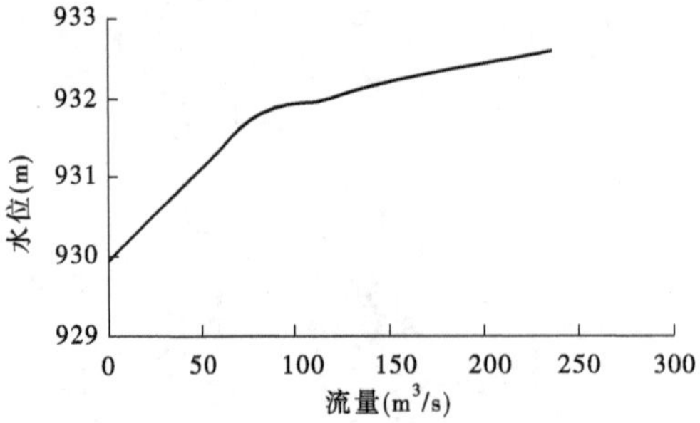

图 3-5-105　桃杏(官地沟)控制断面水位—流量关系曲线

图 3-5-106　桃杏(官地沟)控制断面附近河谷地貌

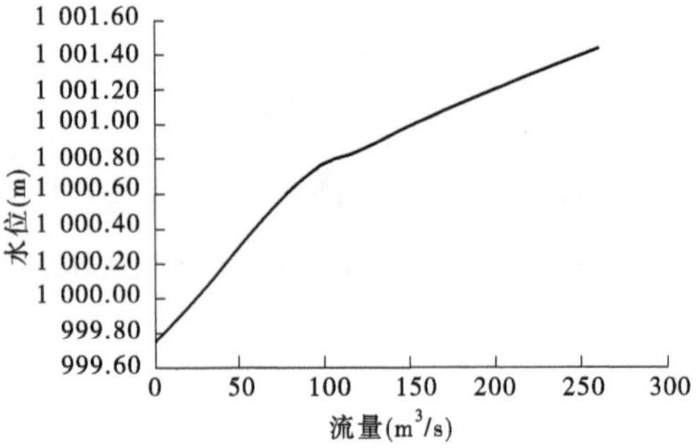

图 3-5-107　白家庄控制断面水位—流量关系曲线

图 3-5-108　白家庄控制断面附近河谷地貌

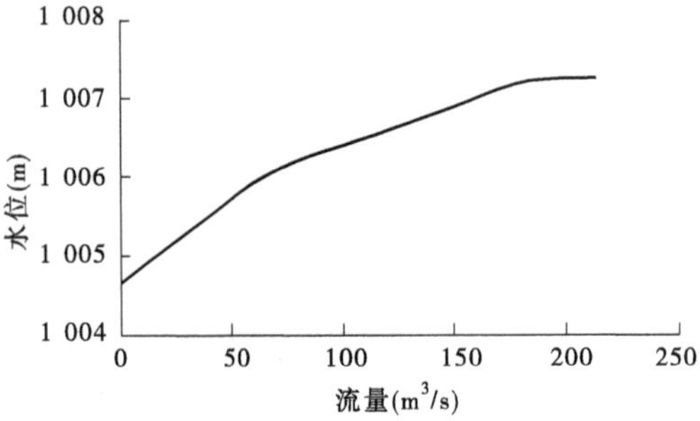

图 3-5-109　黄冶控制断面水位—流量关系曲线

图 3-5-110　黄冶控制断面附近河谷地貌

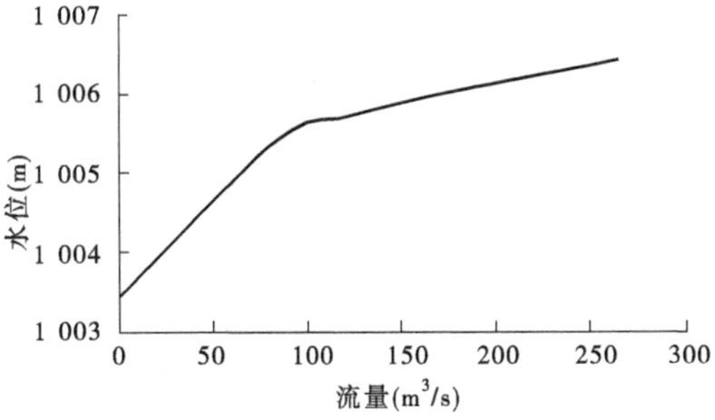

图 3-5-111　田家庄控制断面水位—流量关系曲线

图 3-5-112　田家庄控制断面附近河谷地貌

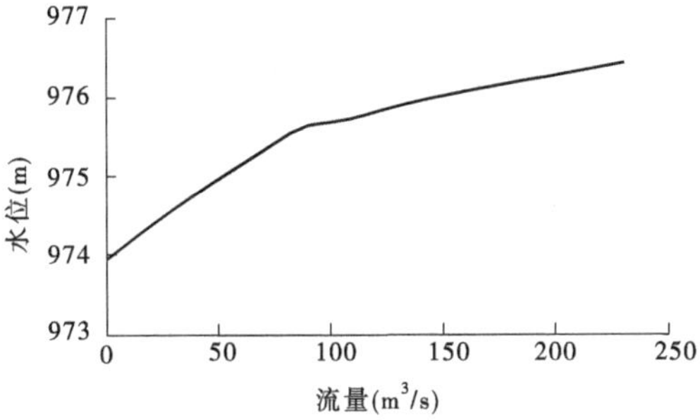

图 3-5-113　王家庄控制断面水位—流量关系曲线

图 3-5-114　王家庄控制断面附近河谷地貌

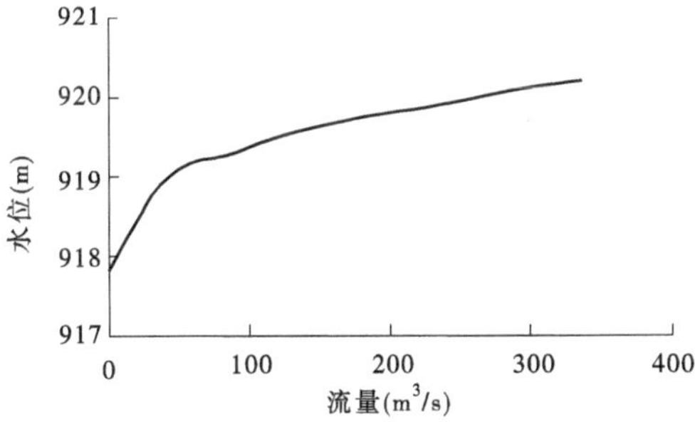

图 3-5-115　店头控制断面水位—流量关系曲线

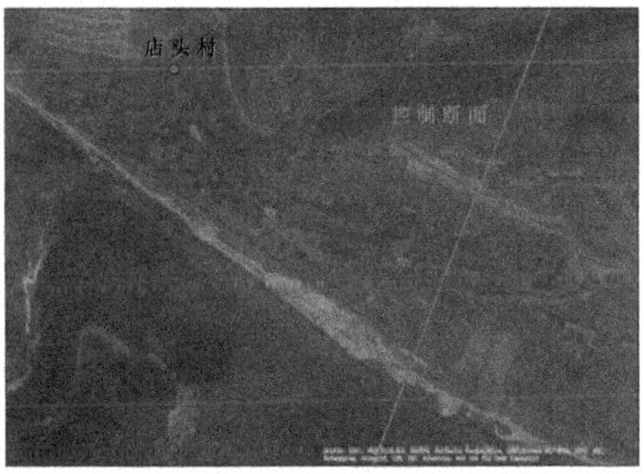

图 3-5-116　店头控制断面附近河谷地貌

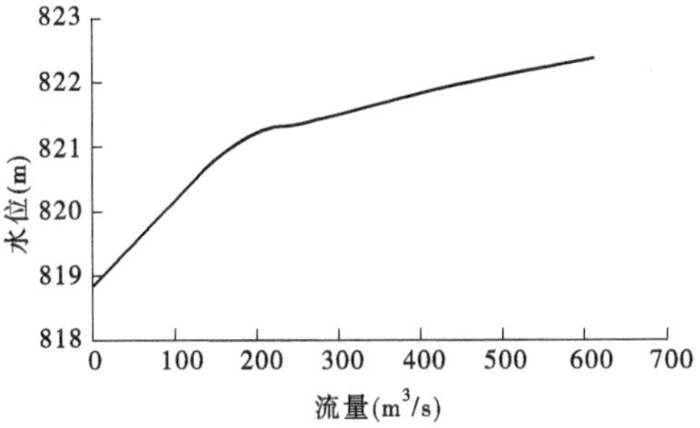

图 3-5-117　王家坟控制断面水位—流量关系曲线

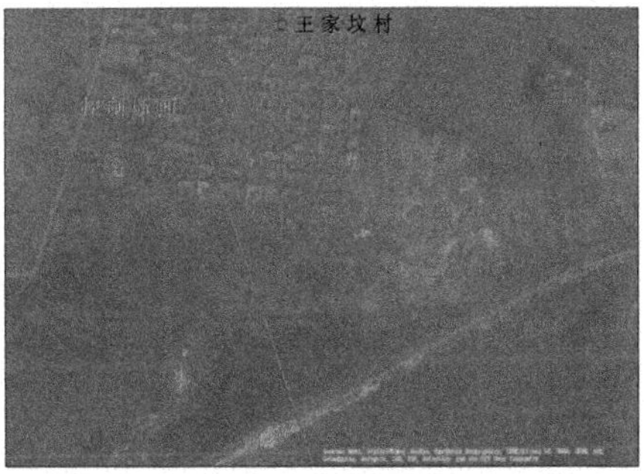

图 3-5-118　王家坟控制断面附近河谷地貌

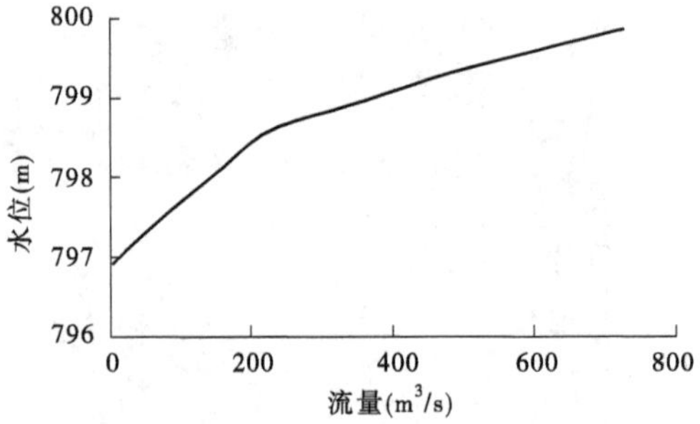

图 3-5-119　罗城控制断面水位—流量关系曲线

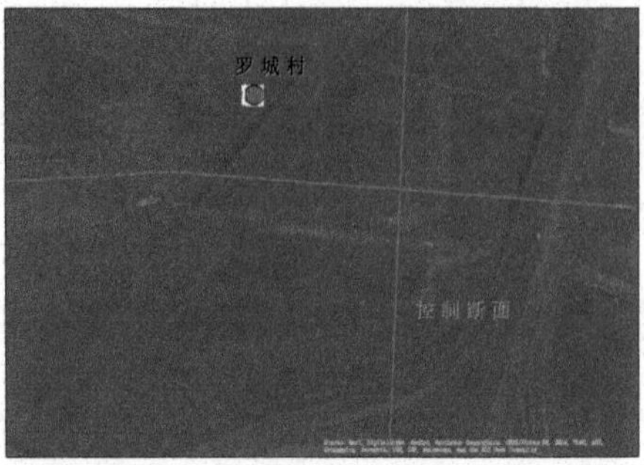

图 3-5-120　罗城控制断面附近河谷地貌

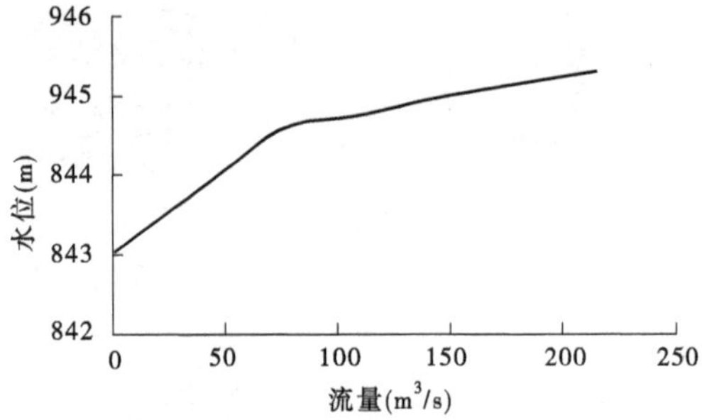

图 3-5-121　开化控制断面水位—流量关系曲线

图 3-5-122　开化控制断面附近河谷地貌

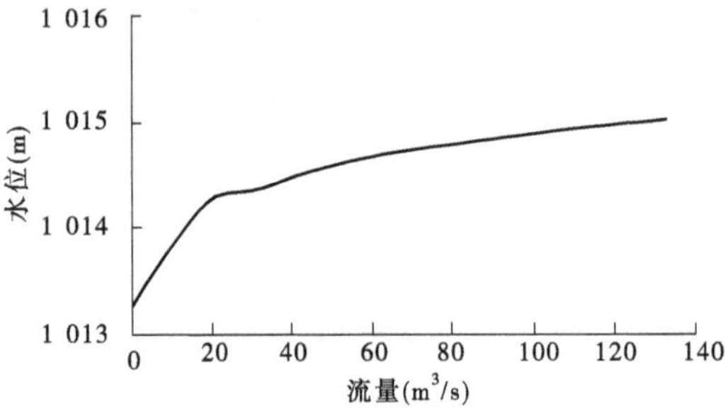

图 3-5-123　窑头控制断面水位—流量关系曲线

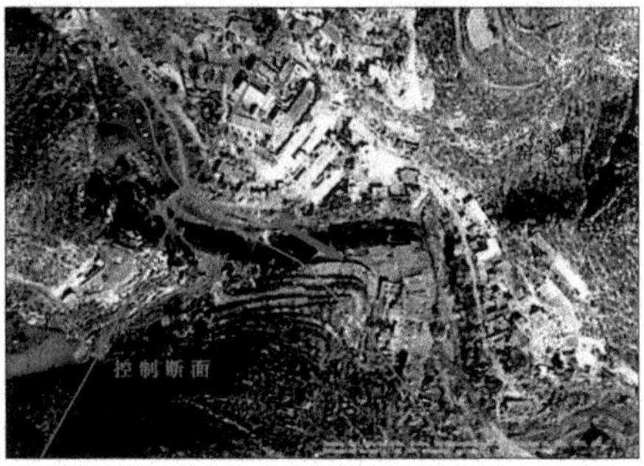

图 3-5-124　窑头控制断面附近河谷地貌

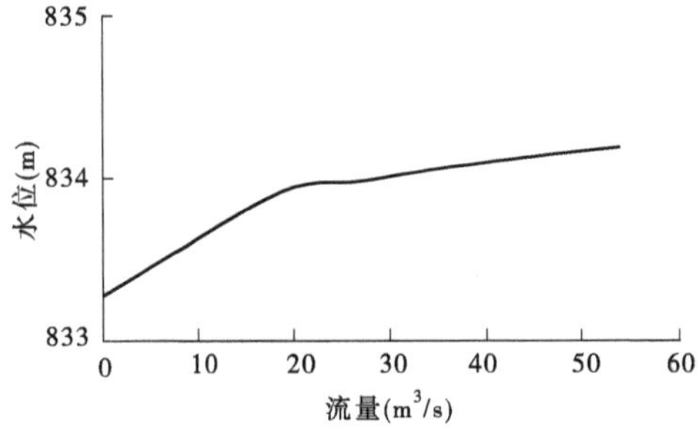

图 3-5-125　青阳河控制断面水位—流量关系曲线

图 3-5-126　青阳河控制断面附近河谷地貌

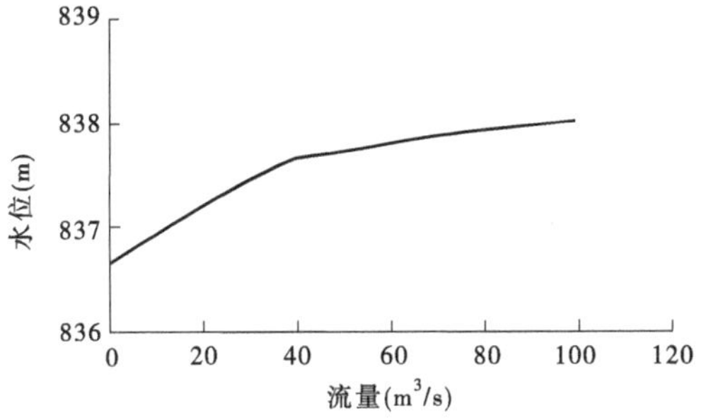

图 3-5-127 蚕石控制断面水位—流量关系曲线

图 3-5-128 蚕石控制断面附近河谷地貌

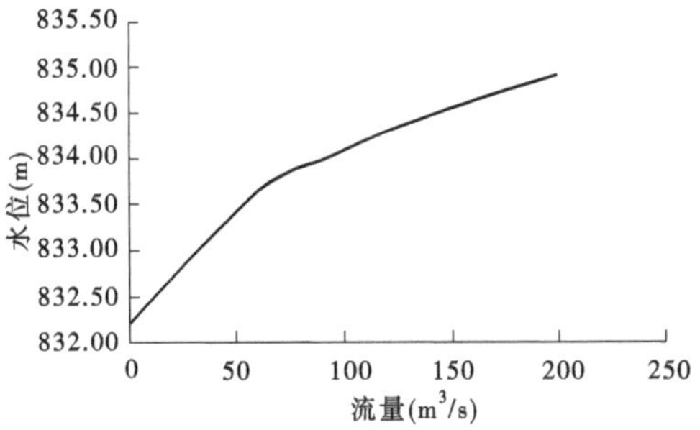

图 3-5-129 南峪控制断面水位—流量关系曲线

图 3-5-130 南峪控制断面附近河谷地貌

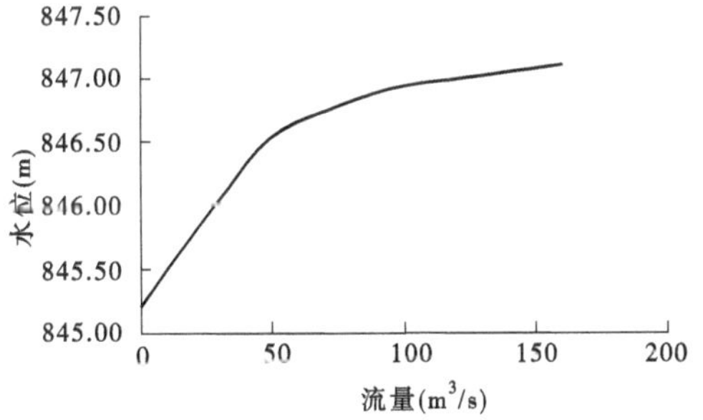

图 3-5-131 黄楼控制断面水位—流量关系曲线

图 3-5-132 黄楼控制断面附近河谷地貌

5.2.3.5 成灾水位对应频率

根据水位—流量关系推求成灾水位对应的洪峰流量,再在流量—频率曲线上采用插值法确定该流量对应的频率,换算成重现期,作为该重点防治区的防洪能力,成果见表3-5-6。成灾水位及其对应的洪水频率见表3-5-7、图3-5-133～图3-5-176。

表 3-5-6　太原市区防洪现状评价成果

序号	行政区划名称	行政区划代码	流域代码	断面代码	防洪能力（a）	极高危险区（小于5年一遇）		高危险区（5~20年一遇）		危险区（大于20年一遇）	
						人口（人）	*房屋（座）	人口（人）	*房屋（座）	人口（人）	*房屋（座）
1	黑驼村	140105003205000	WDB00001021VGB00	黑驼沟_19_黑驼村_7	9	0	0	818	347	0	0
2	南坪头村	140105003012001	WDB00001021VGB01	南坪头 9 南坪头村 5	2.5	74	22	0	0	0	0
3	郑村社区	140105005011000	WDB00001021VGBA0	郑村沟 29 郑村 18	83	0	0	0	0	90	34
4	五龙沟村	140105005212000	WDB00001022VG000	五龙沟 27 五龙沟村 22	22	0	0	0	0	266	70
5	马庄社区	140106100006000	WDB00001021VGC00	新沟 27 店坡社区 26	48	0	0	0	0	2	1
6	董家庄村（南沙河）	140106100214000	WDB00001021M0000	南沙河_257_董家庄村_20	29	0	0	0	0	1	1
7	后麻地沟村	140106100218000	WDB00001022M0000	麻地沟 35 后麻地沟村 15	22	0	0	0	0	3	3
8	前麻地沟村	140106100217000	WDB00001022M0000	麻地沟_14_前麻地沟村_8	12	0	0	4	2	3	1
9	观家峪村	140106100213000	WDB00001022M0000	南沙河 196 观家峪村 23	7	0	0	4	1	20	4
10	港道村	140106100212000	WDB00001022M0000	南沙河_160_港道村_5	16	0	0	1	1	0	0
11	水峪村	140106100211000	WDB00001022M0000	南沙河 113 水峪村 8	83	0	0	0	0	4	1

续表 3-5-6

序号	行政区划名称	行政区划代码	流域代码	断面代码	防洪能力(a)	极高危险区(小于5年一遇)		高危险区(5~20年一遇)		危险区(大于20年一遇)	
						人口(人)	*房屋(座)	人口(人)	*房屋(座)	人口(人)	*房屋(座)
12	松庄村	140106100210000	WDB00001022M0000	南沙河94松庄村17	5	0	0	50	17	30	12
13	张家河村	140106100227000	WDB00001022H0000	张家河31张家河村20	16	0	0	22	8	0	0
14	孟家井村	140106100220000	WDB00001021I0000	北沙河156 孟家井村19	4	42	7	5	1	4	1
15	响水湾社区	140107010202000	WDB00001021I0000	北沙河32小窑头村5	3	172	47	38	10	15	4
16	枣沟村	140107200208000	WDB00001021G0000	枣沟33枣沟村29	28	0	0	0	0	106	45
17	窑头村窑头沟	140107201206000	WDB23002Q0000000	窑头沟33窑头村14	12	0	0	13	3	13	4
18	东关口村 (东关口沟)	140108201200000	WDB2300AP0000000	凌井河94东关口村7	15	0	0	6	1	0	0
19	西关口村	140108201201000	WDB2300AP0000000	凌井河73西关口村9	40	0	0	0	0	55	19
20	河底村	140108101202000	WDB2300D00000000	杨兴河110河底村5	77	0	0	0	0	198	59
21	新兴村	140108101217000	WDB230CD00000000	杨兴河97新兴村6	4.35	232	72	57	16	5	2
22	晋庄村	140108101216000	WDB230C2N0000000	西岗沟13晋庄村11	6	0	0	37	16	10	5
23	小石河村	140108008209000	WDB000C1021JA000	小石河沟20 小石河村17	56	0	0	0	0	16	5
24	圪僚沟村	140109009202000	WDB00001021JA000	圪僚沟17圪僚沟村9	13	0	0	6	2	2 360	702

续表 3-5-6

序号	行政区划名称	行政区划代码	流域代码	断面代码	防洪能力（a）	极高危险区（小于 5 年一遇）		高危险区（5～20 年一遇）		危险区（大于 20 年一遇）	
						人口（人）	＊房屋（座）	人口（人）	＊房屋（座）	人口（人）	＊房屋（座）
25	风声河村	140109012203000	WDB00001021J0000	风声河_24_风声河村_5	25	0	0	0	0	60	14
26	西铭村	140109012201000	WDB00001022K0000	玉门河 44 西铭村 20	10	0	0	1 825	694	55	28
27	小西铭村	140109012202000	WDB00001022K0000	玉门河 61 小西铭村 17	5	0	0	2	1	34	14
28	小虎峪村	140109006203000	WDB00001022L0000	虎峪河 95 小虎峪村 11	12	0	0	19	7	6	2
29	大虎峪村（虎峪河）	140109006202000	WDB00001022L0000	虎峪河_61_大虎峪村_39	5	0	0	2	1	1 070	382
30	桃杏村高家河	140109007201000	WDB00001021N0000	白家庄沟 32 桃杏村 10	11	0	0	24	10	720	223
	桃杏村官地沟	140109007201001		白家庄沟 92 桃杏村 28	25	0	0	0	0	706	222
31	白家庄村	140109007202000	WDB00001021N0000	白家庄沟_137_白家庄村_44	30	0	0	0	0	564	266
32	冶峪村	140110100209000	WDB00001021QB000	冶峪河 29 冶峪村 21	5	0	0	34	16	88	38
33	黄冶村	140110003220000	WDB00001021RA000	要子庄沟 18 黄冶村 13	3	16	5	0	0	0	0
34	田家庄村	140110003226000	WDB00001021R0000	风峪河 119 田家庄村 5	2	2	1	3	1	0	0
35	王家庄村	140110003223000	WDB00001021R0000	风峪河 104 王家庄村 9	4	3	1	0	0	0	0
36	店头村	140110003221000	WDB00001022R0000	风峪河 78 店头村 8	5	0	0	2	1	0	0
37	王家坟村	140110002202000	WDB00001022R0000	风峪河 47 王家坟村 16	36	0	0	0	0	156	40

续表 3-5-6

序号	行政区划名称	行政区划代码	流域代码	断面代码	防洪能力(a)	极高危险区(小于 5 年一遇)		高危险区(5～20 年一遇)		危险区(大于 20 年一遇)	
						人口(人)	*房屋(座)	人口(人)	*房屋(座)	人口(人)	*房屋(座)
38	罗城村	140110002201000	WDB00001021RB000	风峪河 22 罗城村 6	19	0	0	16	6	771	261
39	开化村	140110002204000	WDB00001022R0000	寺底沟 15 开化村 10	48	0	0	0	0	947	205
40	窑头村	140110101222000	WDB00001021U0000	五坡沟 13 窑头村 11	11	0	0	4	1	4	1
41	青阳河村	140110101221000	WDB00001021UA000	青阳河 16 青阳河村 6	11	0	0	17	4	269	85
42	蚕石村	140110102211000	WDB00001021UA000	青阳河 39 蚕石村 6	33	0	0	0	0	86	29
43	南峪村	140110102209000	WDB00001021K0000	圪跶沟_24_南峪村_18	18	0	0	92	32	499	132
44	黄楼村	140110102210000	WDB00001021WA000	杏坪沟_22_黄楼村_20	14	0	0	38	17	260	136

表 3-5-7　太原市成灾水位及其对应的洪水频率成果

序号	行政区划代码	行政区划名称	成灾水位(m)	洪峰流量(m^3/s)	频率(%)	成灾水位标准	重现期(a)
1	140105003205000	黑驼村	890.00	39.4	11.1	最低居民户的高程	9
2	140105003012000	南坪头村	832.31	30.00	40.0	最低居民户的高程	3
3	140105005011000	郑村	805.85	61.00	1.2	最低居民户的高程	83
4	140105005212000	五龙沟村	847.39	15.80	4.7	堤防高程	21
5	140106100006000	马庄	863.78	90.00	2.2	最低居民户的高程	45
6	140106100214000	董家庄	1 123.30	34	3.4	最低居民户的高程	29
7	140106100218000	后麻地沟村	1 135.60	34.1	4.5	堤防高程	22
8	140106100217000	前麻地沟村	1 109.28	29	8.3	最低居民户的高程	12
9	140106100213000	观家峪村	952.56	95	14.3	最低居民户的高程	7
10	140106100212000	港道村	908.84	166	6.3	最低居民户的高程	16
11	140106100211000	水峪	892.21	39	1.2	最低居民户的高程	83
12	140106100210000	松庄村	871.36	118.00	20.0	堤防高程	5
13	140106100227000	张家河村	1 391.20	18	6.1	最低居民户的高程	16
14	140106100220000	孟家井村	1 164.00	11.50	25.0	最低居民户的高程	4
15	140107007002000	响水湾社区	933.44	15.00	33.3	最低居民户的高程	3
16	140107200208000	枣沟村	839.74	100.00	3.6	最低居民户的高程	28
17	140107201206000	窑头村窑头沟	965.65	37.00	8.7	堤防高程	12
18	140108201200000	东关口村	927.76	26.00	6.7	最低居民户的高程	15
19	140108201201000	西关口村	904.98	253	2.5	最低居民户的高程	40
20	140108101202000	河底村	832.12	1 330.00	1.3	堤防高程	80
21	140108101217000	新兴村	825.26	164.00	23.0	堤防高程	4

续表 3-5-7

序号	行政区划代码	行政区划名称	成灾水位(m)	洪峰流量(m^3/s)	频率(%)	成灾水位标准	重现期(a)
22	140108101216000	晋庄村	822.97	72.00	16.7	堤防高程	6
23	140108008209000	小石河村	870.38	57	1.8	堤防高程	56
24	140109009202000	圪僚沟村	881.00	39	7.7	最低居民户的高程	13
25	140109012203000	风声河村	915.67	92	4	最低居民户的高程	25
26	140109012201000	西铭村	918.07	200	9.8	最低居民户的高程	10
27	140109012202000	小西铭村	940.67	70	20	最低居民户的高程	5
28	140109006203000	小虎峪村	1 010.08	174.00	8.3	最低居民户的高程	12
29	140109006202000	大虎峪	982.93	96	19.2	最低居民户的高程	5
30	140109007201000	桃杏村高家河	936.71	63.00	9.1	最低居民户的高程	11
	140109007201001	桃杏村官地沟	932.27	164.00	4.0	最低居民户的高程	25
31	140109007202000	白家庄村	1 001.17	189	3.3	最低居民户的高程	30
32	140110100209000	冶峪村	855.07	43.00	20.0	最低居民户的高程	5
33	140110003220000	黄冶村	1 005.68	49.00	33.3	最低居民户的高程	3
34	140110003226000	田家庄村	1 004.57	46.00	33.3	最低居民户的高程	3
35	140110003223000	王家庄村	975.35	69.00	25.0	堤防高程	4
36	140110003221000	店头村	918.84	33.00	22.2	最低居民户的高程	5
37	140110002202000	王家坟村	822.00	460.00	2.8	堤防高程	36
38	140110002201000	罗城村	799.20	440.00	5.3	堤防高程	19
39	140110002204000	开化村	845.15	180.00	2.1	堤防高程	48
40	140110101222000	窑头村	1 014.40	35.00	9.1	最低居民户的高程	11
41	140110101221000	青阳河村	834.00	27.00	9.5	堤防高程	11
42	140110102211000	蚕石村	837.90	56.00	3.0	堤防高程	33
43	140110102209000	南峪村	834.29	117	5.6	最低居民户的高程	18
44	140110102210000	黄楼村	846.86	82	7.1	最低居民户的高程	14

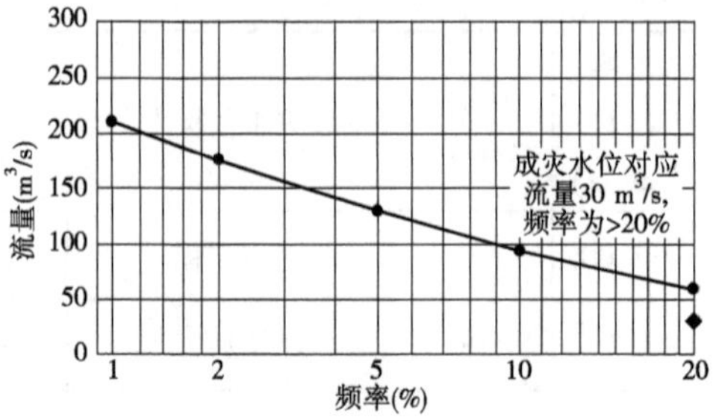

图 3-5-133 南坪头频率曲线图

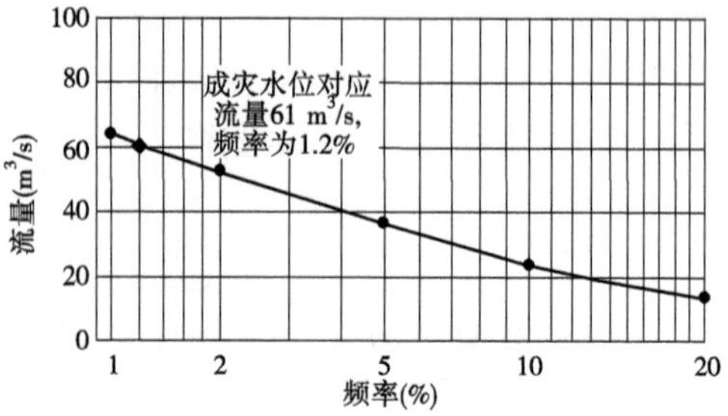

图 3-5-134 郑村频率曲线图

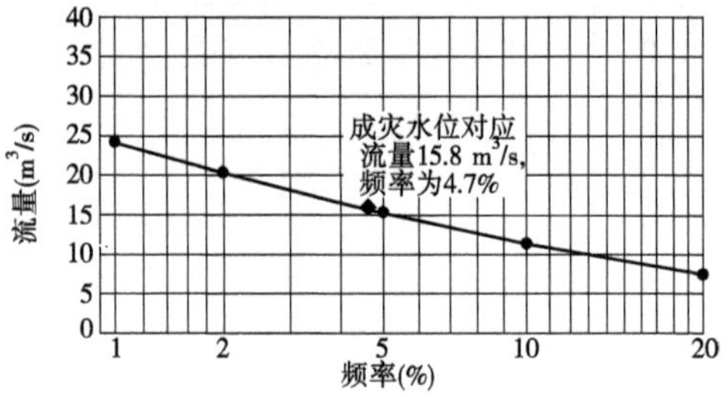

图 3-5-135 五龙沟频率曲线图

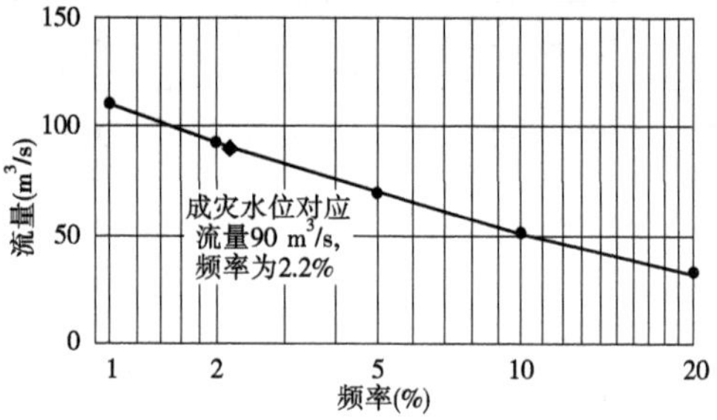

图 3-5-136 马庄频率曲线图

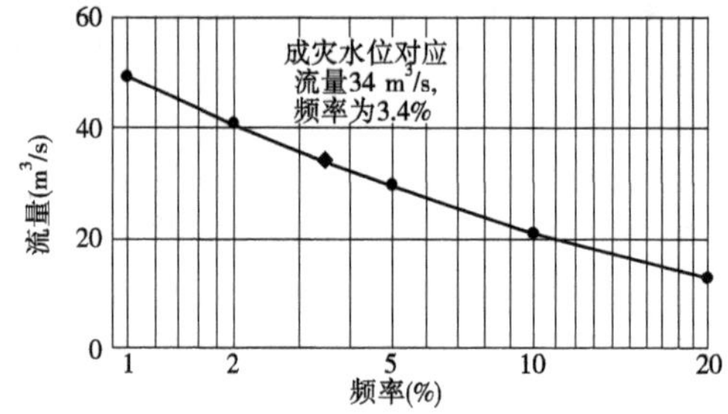

图 3-5-137 董家庄频率曲线图

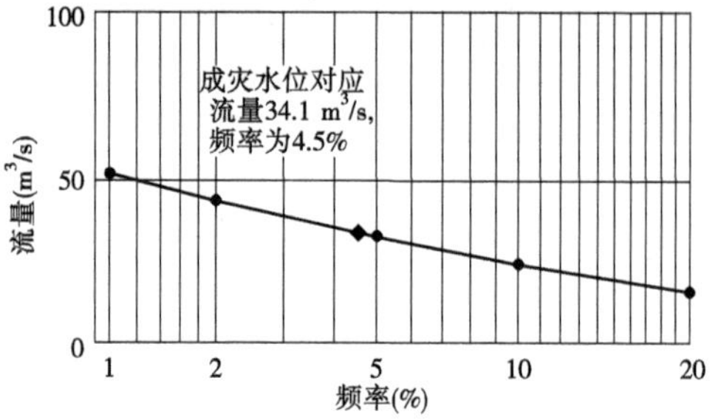

图 3-5-138 后麻地沟频率曲线图

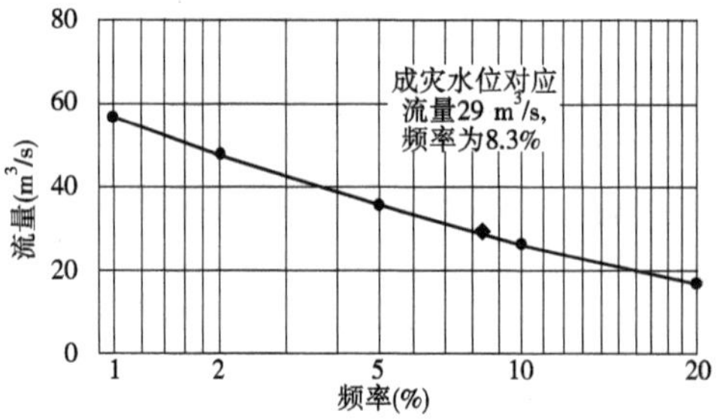

图 3-5-139 前麻地沟频率曲线图

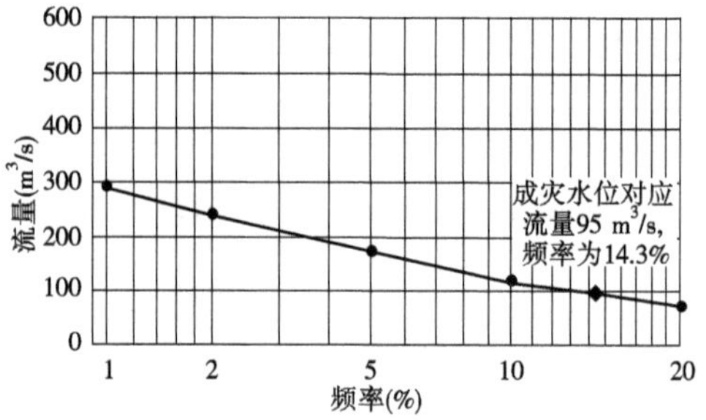

图 3-5-140 观家峪频率曲线图

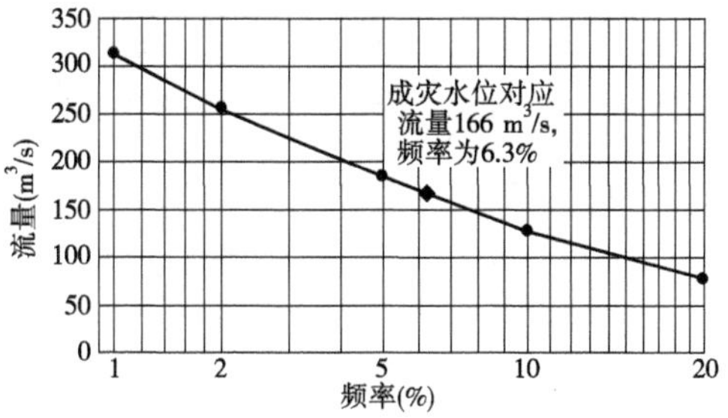

图 3-5-141　港道频率曲线图

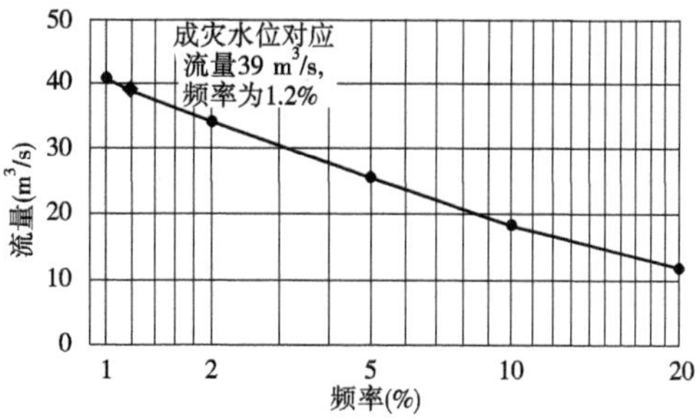

图 3-5-142　水峪频率曲线图

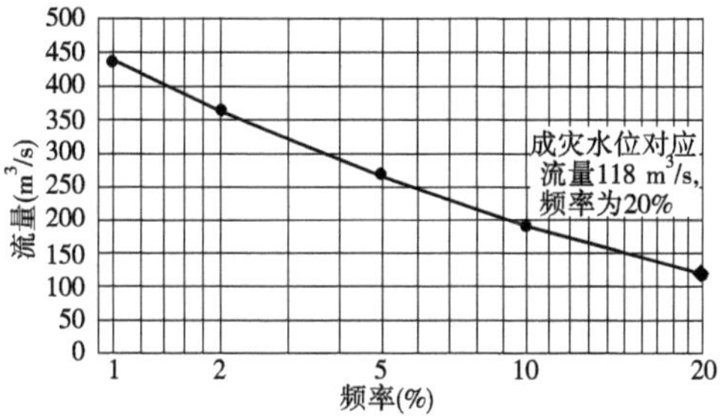

图 3-5-143　松庄频率曲线图

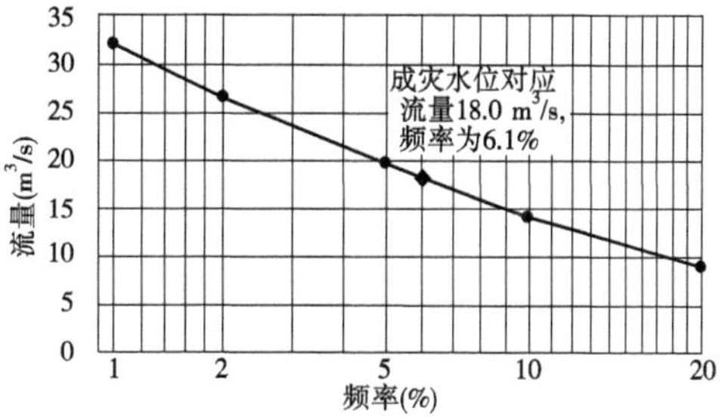

图 3-5-144　张家河频率曲线图

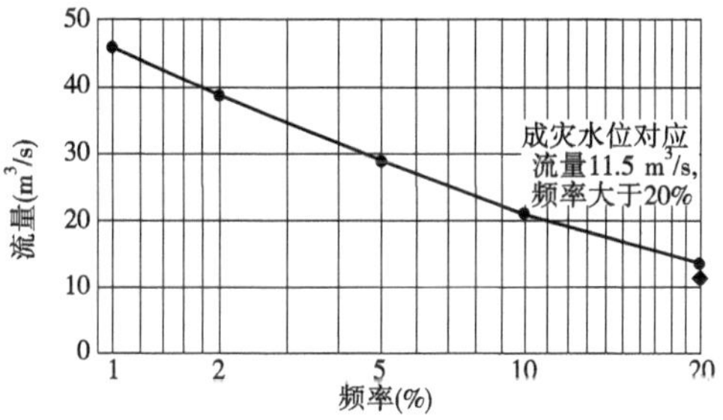

图 3-5-145　孟家井频率曲线图

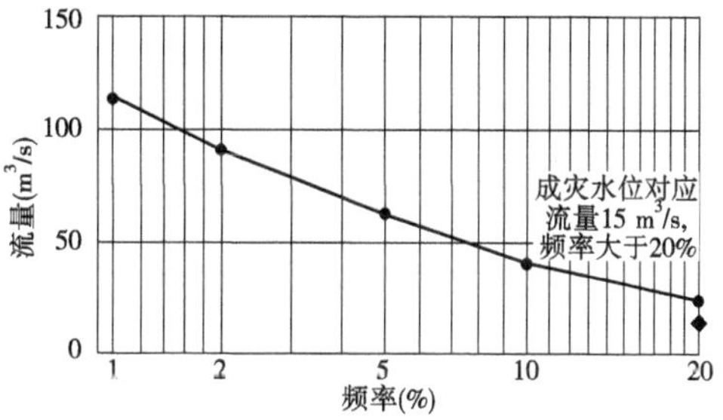

图 3-5-146　响水湾社区频率曲线图

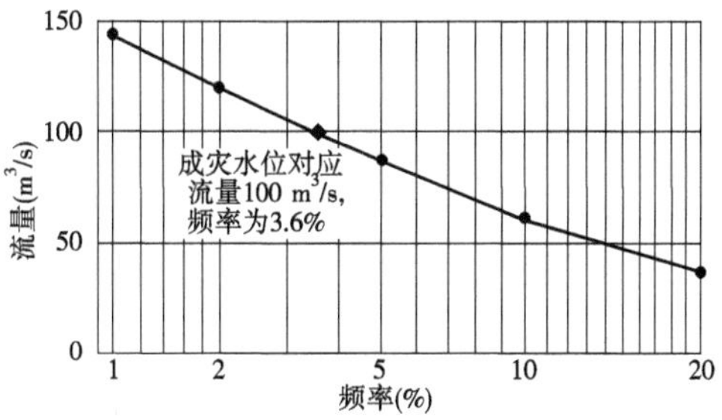

图 3-5-147　枣沟频率曲线图

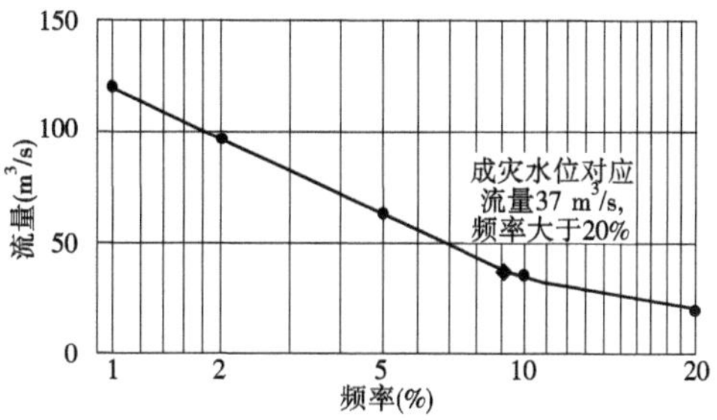

图 3-5-148　窑头村频率曲线图

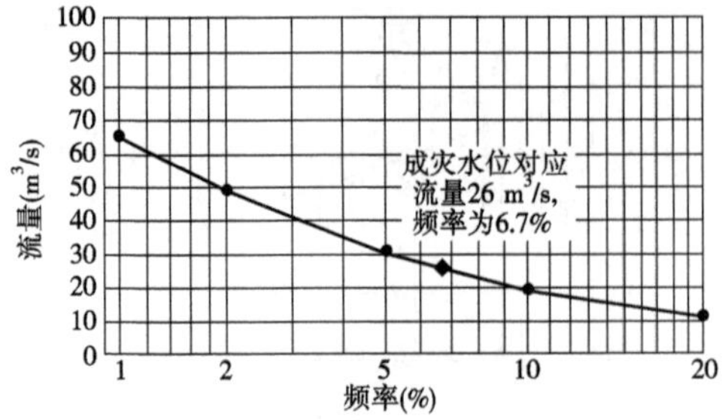

图 3-5-149　东关口频率曲线图

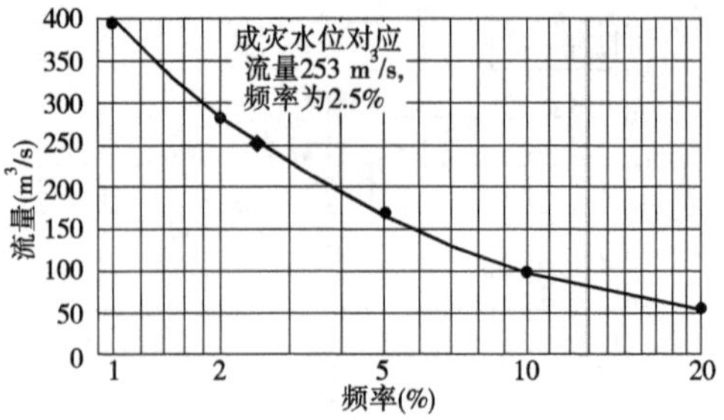

图 3-5-150　西关口频率曲线图

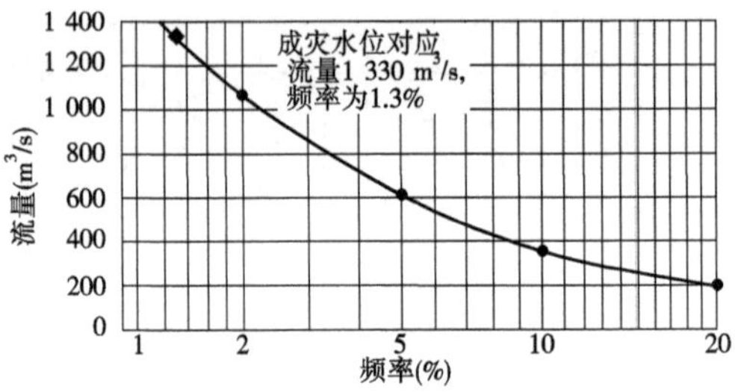

图 3-5-151　河底频率曲线图

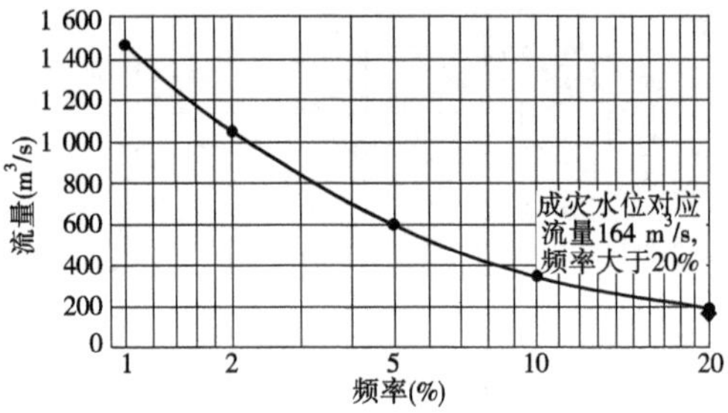

图 3-5-152　新兴频率曲线图

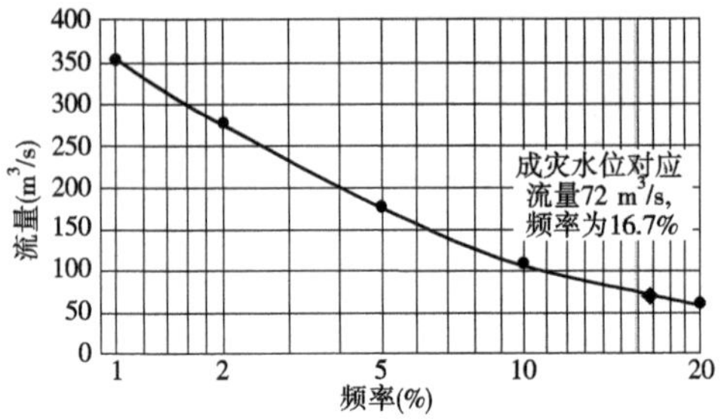

图 3-5-153　晋庄频率曲线图

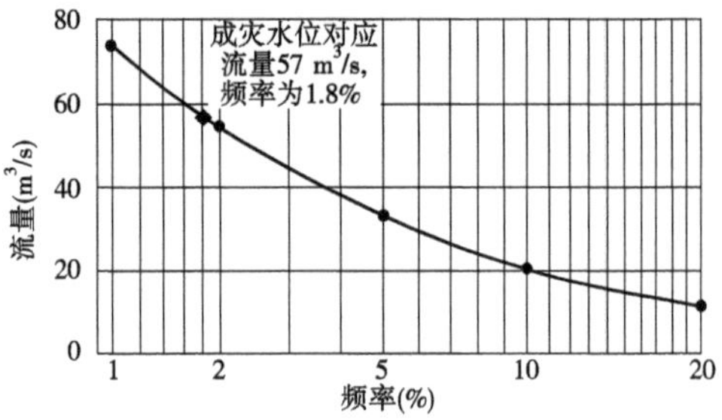

图 3-5-154　小石河频率曲线图

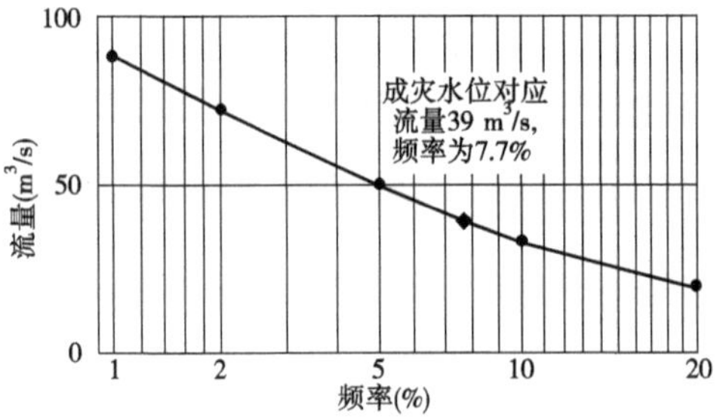

图 3-5-155　圪僚沟频率曲线图

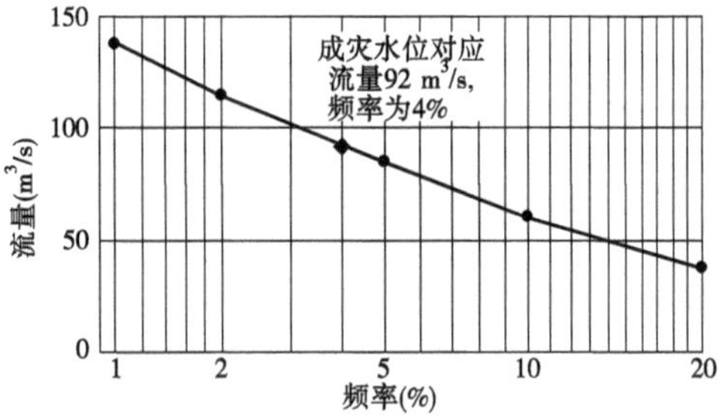

图 3-5-156　风声河频率曲线图

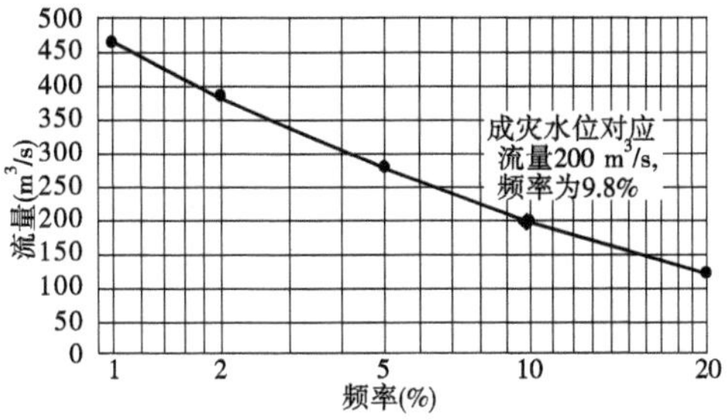

图 3-5-157　西铭频率曲线图

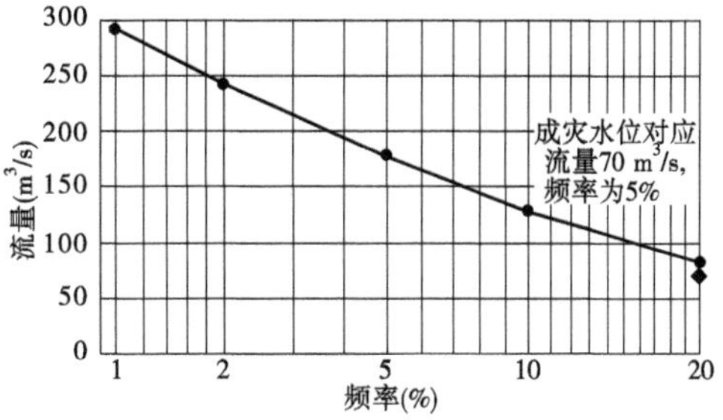

图 3-5-158　小西铭频率曲线图

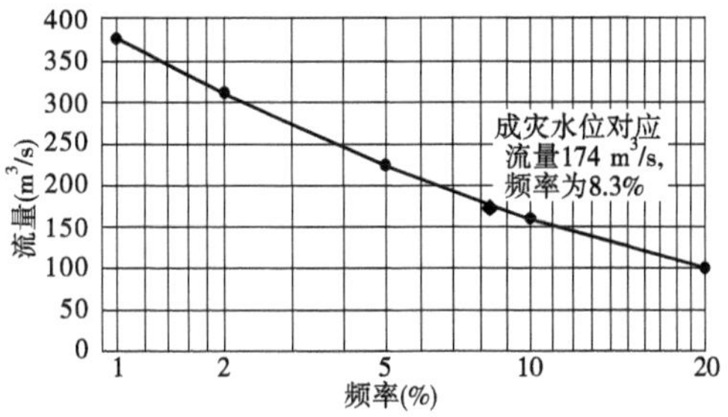

图 3-5-159　小虎峪频率曲线图

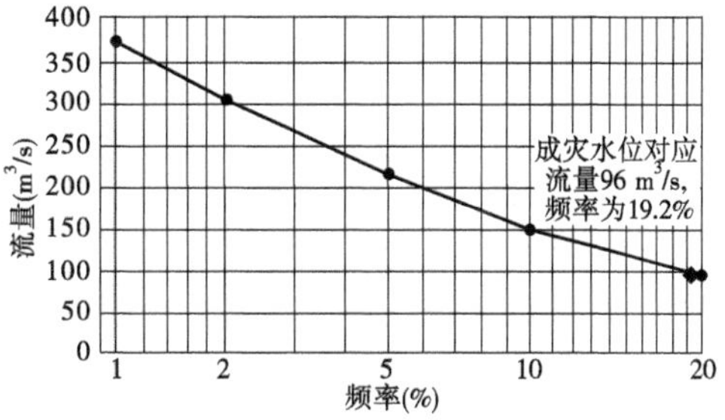

图 3-5-160　大虎峪频率曲线图

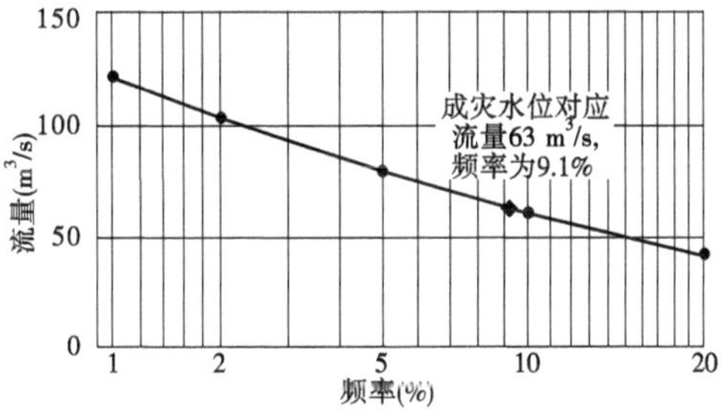

图 3-5-161　桃杏(高家河)频率曲线图

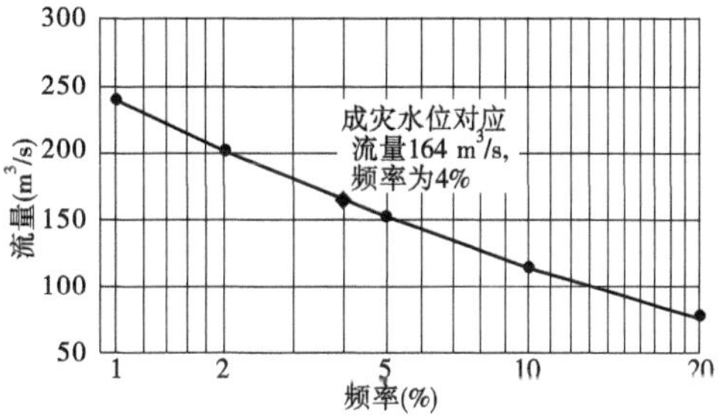

图 3-5-162　桃杏(官地沟)频率曲线图

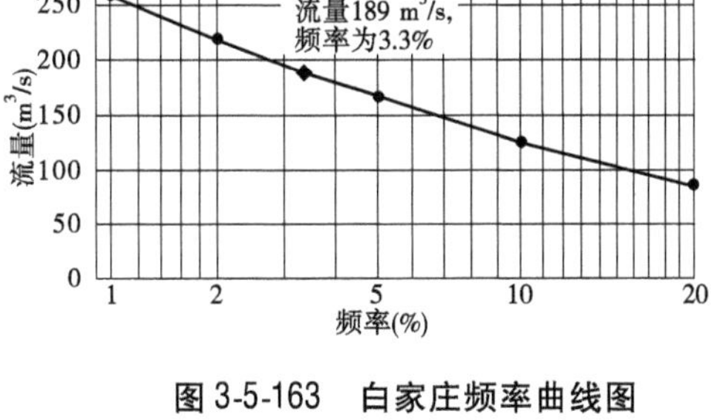

图 3-5-163　白家庄频率曲线图

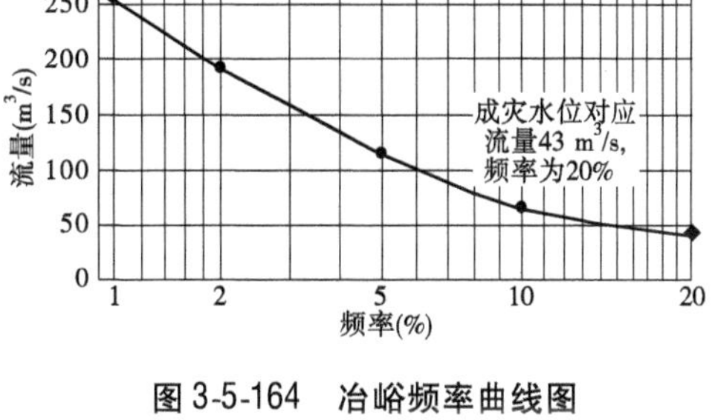

图 3-5-164　冶峪频率曲线图

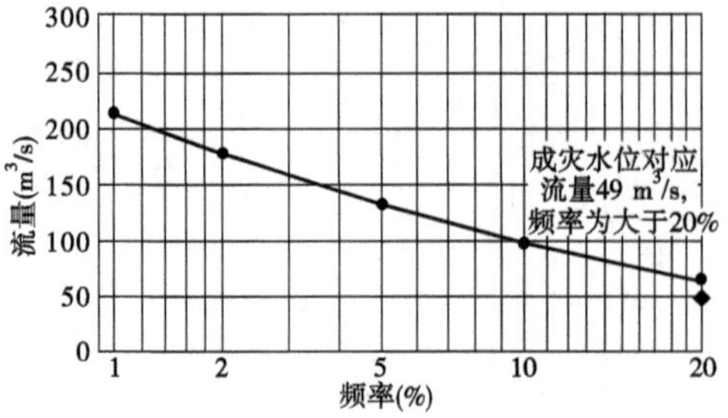

图 3-5-165　黄冶频率曲线图

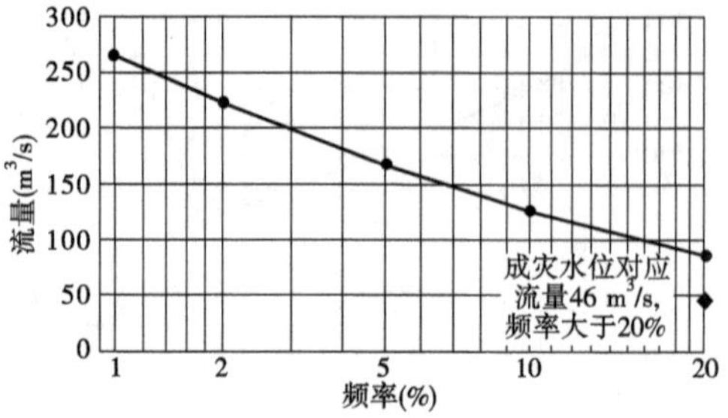

图 3-5-166　田家庄频率曲线图

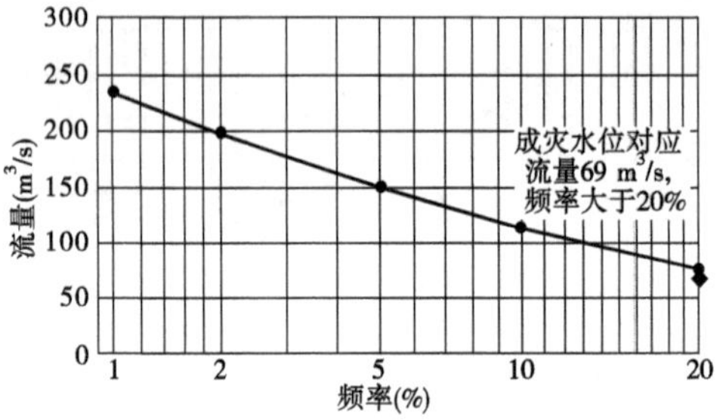

图 3-5-167　王家庄频率曲线图

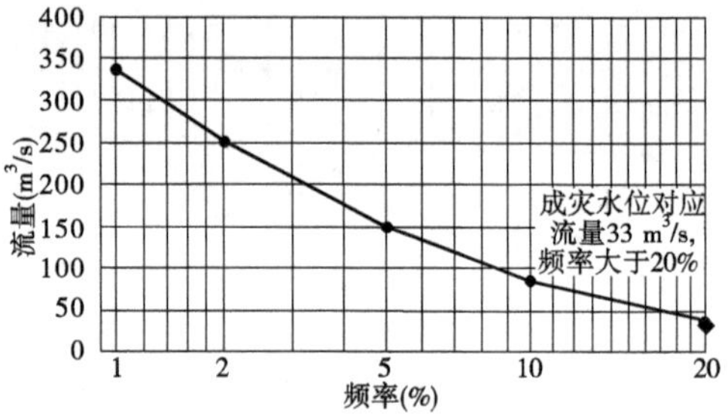

图 3-5-168　店头频率曲线图

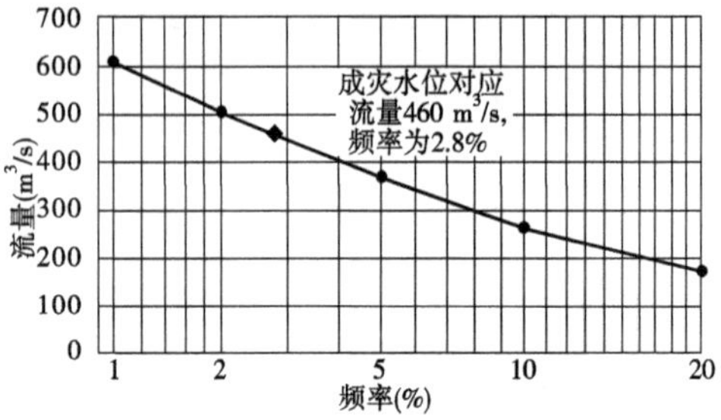

图 3-5-169　王家坟频率曲线图

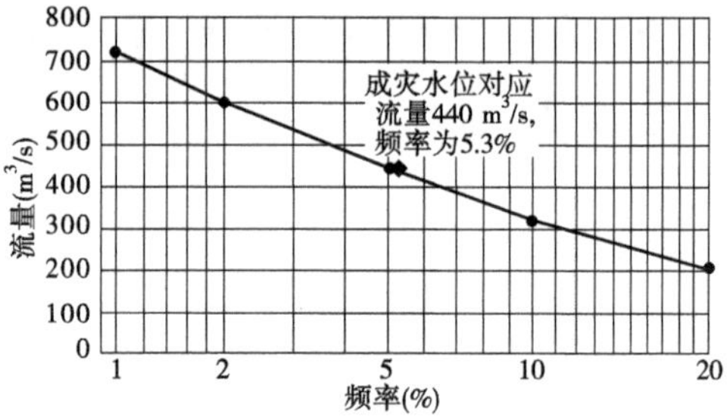

图 3-5-170　罗城频率曲线图

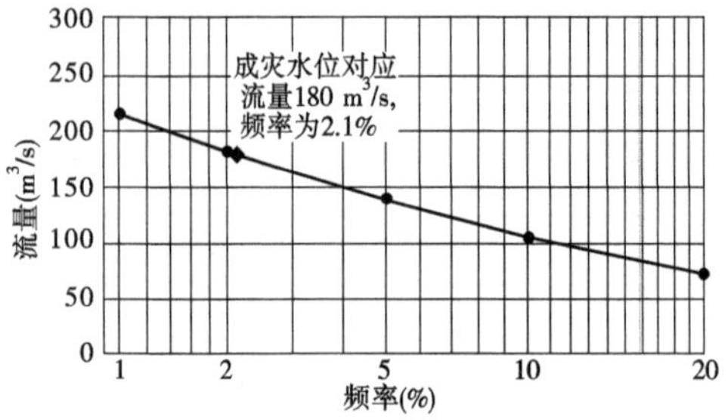

图 3-5-171　开化频率曲线图

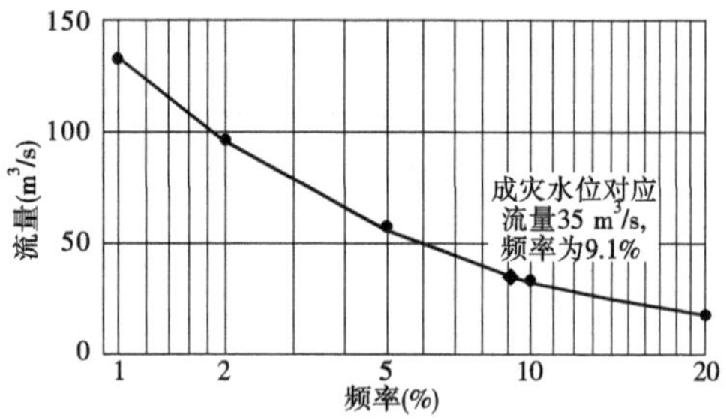

图 3-5-172　窑头村频率曲线图

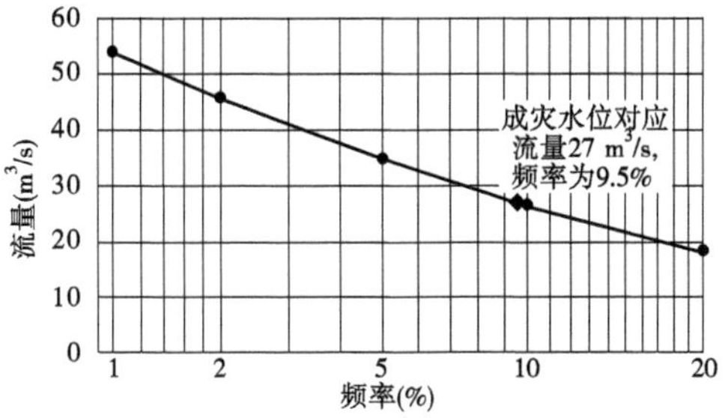

图 3-5-173　青阳河频率曲线图

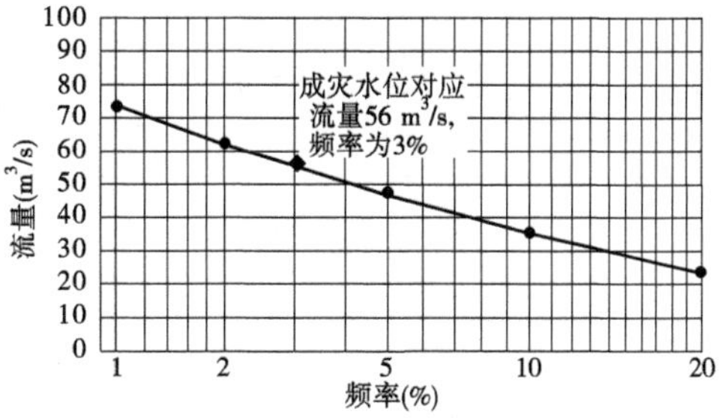

图 3-5-174　蚕石频率曲线图

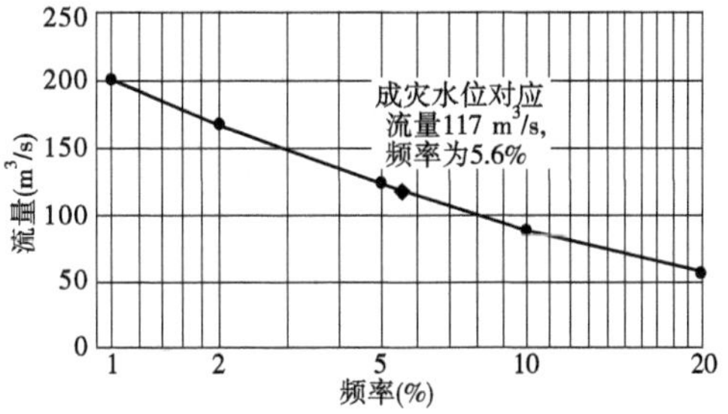

图 3-5-175　南峪频率曲线图

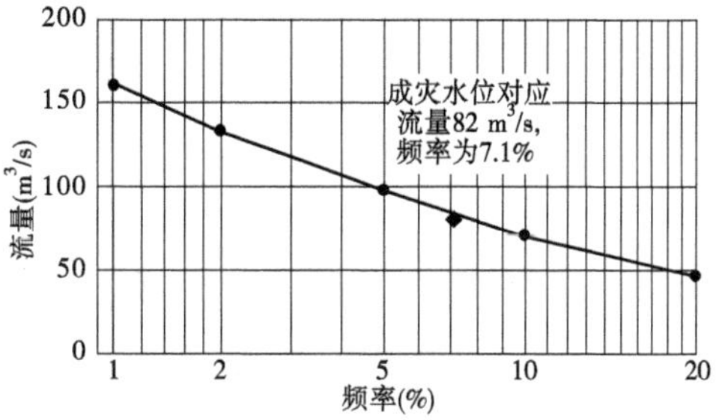

图 3-5-176　黄楼频率曲线图

5.2.4　水位—流量—人口关系

统计不同频率设计洪水淹没范围内的累积人口和户数,成果见“太原市控制断面水位　流量—人口关系表”(见表 3-5-8)、“太原市防灾对象水位—流量—人口对照图”(见图 3-5-177 ~ 图 3-5-220)。

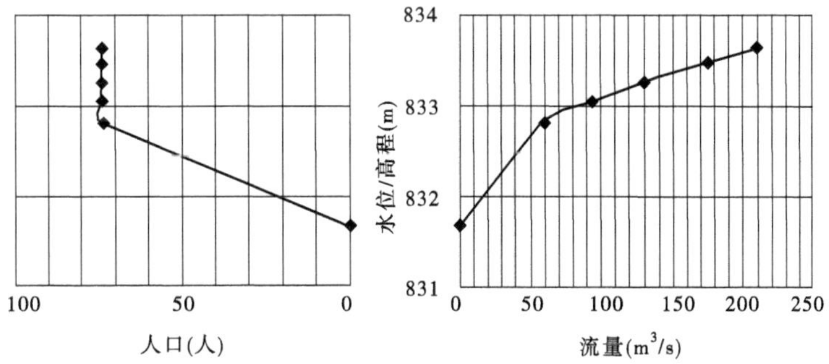

图 3-5-177　南坪头村水位—流量—人口对照图

表 3-5-8　太原市区控制断面水位—流量—人口关系

序号	行政区划名称	行政区划代码	流域代码	控制断面代码	重现期（a）	流量（m^3/s）	水位（m）	人口（人）	*户数（户）	*房屋数（座）	备注
1	黑驼村	140105003205000	WDB00001021VGB00	1401050032050006B03Y	5	26	887.50	0	0	0	建筑物推算，超过涵管水过能力，全村淹没。没有划分危险区等级
					10	42	890.00	818	347	347	
					20	60		818	347	347	
					50	83		818	347	347	
					100	101		818	347	347	
2	南坛头村	140105003012000	WDB00001021VGB00	1401050030120007D0dS	5	60	832.83	74	22	22	
					10	94	833.06	74	22	22	
					20	130	833.27	74	22	22	
					50	176	833.49	74	22	22	
					100	210	833.65	74	22	22	
3	郑村社区	140105005011000	WDB00001021VGBA0	1401050050110007D0kA	5	14	805.52	0	0	0	
					10	24	805.61	0	0	0	
					20	36	805.71	0	0	0	
					50	52	805.80	0	0	0	
					100	64	805.86	90	34	34	
4	五龙沟村	140105005212000	WDB00001022VG000	1401050052120007D0nU	5	8	847.17	0	0	0	
					10	11	847.28	0	0	0	
					20	15	847.39	0	0	0	
					50	21	847.49	31	8	8	
					100	24	847.57	235	62	62	

续表 3-5-8

序号	行政区划名称	行政区划代码	流域代码	控制断面代码	重现期(a)	流量(m^3/s)	水位(m)	人口(人)	*户数(户)	*房屋数(座)	备注
5	马庄社区	140106100006000	WDB00001021VGC00	1401061000060007D0dc	5	33	863.40	0	0	0	
					10	51	863.54	0	0	0	
					20	69	863.66	0	0	0	
					50	93	863.79	2	1	1	
					100	110	863.87	2	1	1	
6	董家庄村	140106100214000	WDB00001021M0000	1401061002140006B01M	5	13	1 123.01	0	0	0	
					10	21	1 123.14	0	0	0	
					20	30	1 123.25	0	0	0	
					50	41	1 123.39	1	1	1	
					100	49	1 123.49	1	1	1	
7	后麻地沟村	140106100218000	WDB00001022M0000	1401061002180006B049	5	16	1 135.40	0	0	0	
					10	24	1 135.50	0	0	0	
					20	33	1 135.59	0	0	0	
					50	44	1 135.69	0	0	0	
					100	51	1 135.75	3	3	3	
8	前麻地沟村	140106100217000	WDB00001022M0000	1401061002170006B066	5	17	1 109.17	0	0	0	
					10	26	1 109.25	0	0	0	
					20	36	1 109.32	4	2	2	
					50	48	1 109.40	4	2	2	
					100	57	1 109.46	7	3	3	

续表 3-5-8

序号	行政区划名称	行政区划代码	流域代码	控制断面代码	重现期(a)	流量(m^3/s)	水位(m)	人口(人)	*户数(户)	*房屋数(座)	备注
9	观家峪村	140106100213000	WDB00001022M0000	1401061002130006B03O	5	74	952.41	0	0	0	
					10	120	952.67	4	1	1	
					20	173	952.93	4	1	1	
					50	239	953.21	4	1	1	
					100	290	953.41	24	5	5	
10	港道村	140106100212000	WDB00001022M0000	1401061002120006B02G	5	78	908.14	0	0	0	
					10	128	908.56	0	0	0	
					20	185	908.94	1	1	1	
					50	257	909.34	1	1	1	
					100	312	909.62	1	1	1	
11	水峪村	140106100211000	WDB00001022M0000	1401061002110006B06q	5	95	891.59	0	0	0	
					10	152	891.78	0	0	0	
					20	216	891.95	0	0	0	
					50	298	892.13	0	0	0	
					100	361	892.24	4	1	1	
12	松庄村	140106100210000	WDB00001022M0000	1401061002100007D0eI	5	121	871.38	0	0	0	
					10	192	871.82	32	11	11	
					20	268	872.23	50	16	17	
					50	364	872.70	58	19	20	
					100	438	873.02	80	28	29	

续表 3-5-8

序号	行政区划名称	行政区划代码	流域代码	控制断面代码	重现期(a)	流量(m^3/s)	水位(m)	人口(人)	*户数(户)	*房屋数(座)	备注
13	张家河村	140106100227000	WDB00001022H0000	1401061002270006B098	5	9	1 390.88	0	0	0	
					10	14	1 391.08	0	0	0	
					20	20	1 391.26	22	8	8	
					50	27	1 391.46	22	8	8	
					100	32	1 391.61	22	8	8	
14	孟家井村	140106100220000	WDB00001021I0000	1401061002200007D0dF	5	14	1 164.13	42	7	7	
					10	21	1 164.42	47	8	8	
					20	29	1 164.54	47	8	8	
					50	39	1 164.62	51	9	9	
					100	46	1 164.68	51	9	9	
15	响水湾社区	140107007002000	WDB00001021I0000	1401070102020007D0hg	5	23	933.57	172	47	47	
					10	40	933.68	191	52	52	
					20	63	933.80	210	57	57	
					50	91	933.92	217	59	59	
					100	114	934.01	225	61	61	
16	枣沟村	140107200208000	WDB00001021G0000	1401072002080007D0IM	5	37	839.25	0	0	0	
					10	61	839.46	0	0	0	
					20	87	839.65	0	0	0	
					50	120	839.84	0	0	0	
					100	143	839.96	106	45	45	

续表 3-5-8

序号	行政区划名称	行政区划代码	流域代码	控制断面代码	重现期(a)	流量(m^3/s)	水位(m)	人口(人)	*户数(户)	*房屋数(座)	备注
17	窑头村	140107201206000	WDB23002Q0000000	1401072012060007D0ok	5	18	965.30	0	0	0	
					10	33	965.59	0	0	0	
					20	56	965.88	13	3	3	
					50	97	966.24	13	3	3	
					100	133	966.52	26	7	7	
18	东关口村	140108201200000	WDB2300AP0000000	1401082012000007D0aY	5	12	927.35	0	0	0	
					10	19	927.59	0	0	0	
					20	31	927.85	6	1	1	
					50	49	928.13	6	1	1	
					100	65	928.32	6	1	1	
19	西关口村	140108201201000	WDB2300AP0000000	1401082012010006B070	5	54	904.44	0	0	0	
					10	97	904.61	0	0	0	
					20	165	904.80	0	0	0	
					50	280	905.03	55	19	19	
					100	389	905.22	55	19	19	
20	河底村	140108101202000	WDB2300D00000000	1401081012020007D0be	5	190	828.92	0	0	0	
					10	351	829.65	0	0	0	
					20	612	830.50	0	0	0	
					50	1062	831.56	0	0	0	
					100	1489	832.34	198	59	59	

续表 3-5-8

序号	行政区划名称	行政区划代码	流域代码	控制断面代码	重现期(a)	流量(m^3/s)	水位(m)	人口(人)	*户数(户)	*房屋数(座)	备注
21	新兴村	140108101217000	WDB2300D0000000	1401081012170007D0hN	5	187	825.59	232	72	72	
					10	346	826.70	274	84	84	
					20	603	828.29	289	88	88	
					50	1 048	832.27	294	90	90	
					100	1 469	832.54	294	90	90	
22	晋庄村	140108101216000	WDB23002N0000000	1401081012160007D0ch	5	59	822.81	0	0	0	
					10	107	823.14	33	15	15	
					20	177	823.50	37	16	16	
					50	277	823.99	47	21	21	
					100	354	824.31	47	21	21	
23	小石河村	140108008209000	WDB00001021JA000	1401080082090006B07Z	5	12	870.44	0	0	0	
					10	20	870.50	0	0	0	
					20	33	870.58	0	0	0	
					50	55	870.68	0	0	0	
					100	74	870.76	16	5	5	
24	圪僚沟村	140109009202000	WDB00001021JA000	1401090092020006B03j	5	20	880.94	0	0	0	
					10	33	880.98	0	0	0	
					20	50	881.03	6	2	2	
					50	72	881.09	6	2	2	
					100	88	881.12	2 366	704	704	

续表 3-5-8

序号	行政区划名称	行政区划代码	流域代码	控制断面代码	重现期(a)	流量(m^3/s)	水位(m)	人口(人)	*户数(户)	*房屋数(座)	备注
25	风声河村	140109012203000	WDB00001021J0000	1401090122030006B02i	5	37	915.14	0	0	0	
					10	60	915.40	0	0	0	
					20	85	915.61	0	0	0	
					50	115	915.83	7	2	2	
					100	137	915.97	60	14	14	
26	西铭村	140109012201000	WDB00001022K0000	1401090122010006B07I	5	123	917.53	0	0	0	
					10	199	918.06	1 806	683	683	
					20	279	918.55	1 825	694	694	
					50	386	919.09	1 855	711	711	
					100	466	919.38	1 880	722	722	
27	小西铭村	140109012202000	WDB00001022K0000	1401090122020006B08k	5	83	940.82	0	0	0	
					10	128	941.03	2	1	1	
					20	178	941.12	0	0	0	
					50	243	941.22	0	0	0	
					100	292	941.27	34	14	14	
28	小虎峪村	140109006203000	WDB00001022L0000	1401090062030007D0hr	5	102	1 009.70	0	0	0	
					10	158	1 009.99	0	0	0	
					20	225	1 010.24	19	7	7	
					50	311	1 010.52	22	8	8	
					100	377	1 010.72	25	9	9	

续表 3-5-8

序号	行政区划名称	行政区划代码	流域代码	控制断面代码	重现期(a)	流量(m^3/s)	水位(m)	人口(人)	*户数(户)	*房屋数(座)	备注
29	大虎峪村	140109006202000	WDB00001022L0000	1401090062020006B00Z	5	94	982.89	0	0	0	
					10	149	983.35	0	0	0	
					20	217	984.04	2	1	1	
					50	305	984.23	2	1	1	
					100	373	984.35	1 072	383	383	
30	桃杏村(高家河)	140109007201000	WDB00001021N0000	1401090072010007D0eV	5	42	936.59	0	0	0	
					10	61	936.69	0	0	0	
					20	79	936.85	11	4	4	
					50	104	936.98	25	11	11	
					100	122	937.18	744	233	233	
	桃杏村(官地沟)			1401090072010007D0fm	5	78	931.72	0	0	0	
					10	114	931.99	0	0	0	
					20	153	932.21	0	0	0	
					50	202	932.44	17	6	6	
					100	238	932.59	706	222	222	
31	白家庄村	140109007202000	WDB00001021N0000	1401090072020006B00i	5	85	1 000.66	0	0	0	
					10	125	1 000.88	0	0	0	
					20	166	1 001.07	0	0	0	
					50	219	1 001.29	2	1	1	
					100	259	1 001.45	564	266	266	

续表 3-5-8

序号	行政区划名称	行政区划代码	流域代码	控制断面代码	重现期（a）	流量（m^3/s）	水位（m）	人口（人）	*户数（户）	*房屋数（座）	备注
32	冶峪村	140110100209000	WDB00001021QB000	14011010020900007D0mL	5	125	855.04	0	0	0	
					10	183	855.18	28	13	13	
					20	245	855.57	34	16	16	
					50	325	855.70	40	19	19	
					100	386	855.89	112	54	54	
33	黄冶村	140110003220000	WDB00001021RA000	14011000322000007D0bI	5	65	1 006.00	16	5	5	
					10	97	1 006.36	16	5	5	
					20	132	1 006.70	16	5	5	
					50	178	1 007.16	16	5	5	
					100	212	1 007.24	16	5	5	
34	田家庄村	140110003226000	WDB00001021R0000	14011000322600007D0fQ	5	85	1 005.45	2	1	1	
					10	125	1 005.74	5	2	2	
					20	167	1 005.99	5	2	2	
					50	223	1 006.25	5	2	2	
					100	264	1 006.43	5	2	2	
35	王家庄村	140110003223000	WDB00001021R0000	14011000322300007D0gr	5	76	975.44	3	1	1	
					10	112	975.75	3	1	1	
					20	150	975.99	3	1	1	
					50	198	976.26	3	1	1	
					100	234	976.44	3	1	1	

续表 3-5-8

序号	行政区划名称	行政区划代码	流域代码	控制断面代码	重现期(a)	流量(m^3/s)	水位(m)	人口(人)	*户数(户)	*房屋数(座)	备注
36	店头村	140110003221000	WDB00001022R0000	1401100032210007D0av	5	39	918.97	2	1	1	
					10	86	919.31	2	1	1	
					20	151	919.64	2	1	1	
					50	252	919.97	2	1	1	
					100	337	920.21	2	1	1	
37	王家坟村	140110002202000	WDB00001022R0000	1401100022020007D0gd	5	173	821.03	0	0	0	
					10	263	821.40	0	0	0	
					20	367	821.74	0	0	0	
					50	504	822.11	0	0	0	
					100	608	822.37	156	40	40	
38	罗城村	140110002201000	WDB00001021RE000	1401100022010007D0cS	5	204	798.47	0	0	0	
					10	317	798.85	0	0	0	
					20	442	799.20	16	6	6	
					50	601	799.57	37	12	12	
					100	720	799.83	787	55	55	
39	开化村	140110002204000	WDB00001022R0000	1401100022040007D0cA	5	73	844.53	0	0	0	
					10	105	844.75	0	0	0	
					20	138	844.94	0	0	0	
					50	182	845.15	0	0	0	
					100	215	845.28	947	205	205	

续表 3-5-8

序号	行政区划名称	行政区划代码	流域代码	控制断面代码	重现期(a)	流量(m^3/s)	水位(m)	人口(人)	*户数(户)	*房屋数(座)	备注
40	窑头村	140110101222000	WDB00001021U0000	1401101012220007D0mk	5	25	1 014.21	0	0	0	
					10	37	1 014.38	0	0	0	
					20	50	1 014.65	4	1	1	
					50	68	1 014.88	8	2	2	
					100	81	1 015.03	8	2	2	
41	青阳河村	140110101221000	WDB00001021UA000	1401101012210007D0ed	5	18	833.91	0	0	0	
					10	26	833.99	12	3	3	
					20	35	834.06	17	4	4	
					50	46	834.14	21	6	6	
					100	54	834.19	286	89	89	
42	蚕石村	140110102211000	WDB00001021UA000	1401101022110007D0a3	5	24	837.58	0	0	0	
					10	35	837.71	0	0	0	
					20	47	837.82	0	0	0	
					50	62	837.94	0	0	0	
					100	73	838.02	86	29	29	

续表 3-5-8

序号	行政区划名称	行政区划代码	流域代码	控制断面代码	重现期(a)	流量(m^3/s)	水位(m)	人口(人)	* 户数(户)	* 房屋数(座)	备注
43	南峪村	140110102209000	WDB00001021K0000	1401101022090006B05x	5	59	833.62	0	0	0	
					10	90	834.00	0	0	0	
					20	124	834.35	92	32	32	
					50	168	834.69	92	32	32	
					100	201	834.90	591	164	164	
44	黄楼村	140110102210000	WDB00001021WA000	1401101022100006B055	5	46	846.47	0	0	0	
					10	71	846.74	0	0	0	
					20	98	846.93	38	17	17	
					50	133	847.03	38	17	17	
					100	160	847.10	298	153	153	

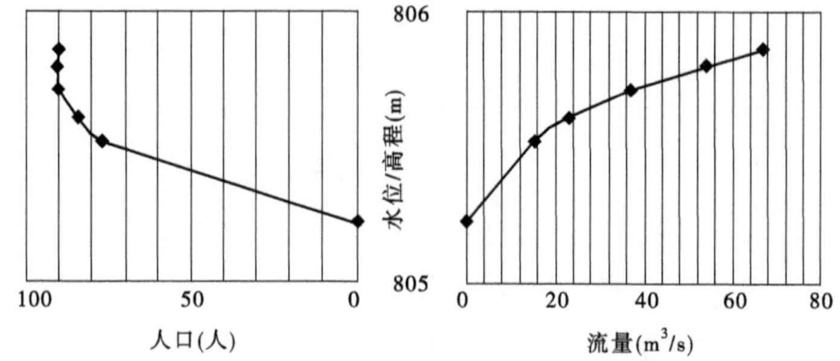

图 3-5-178　郑村水位—流量—人口对照图

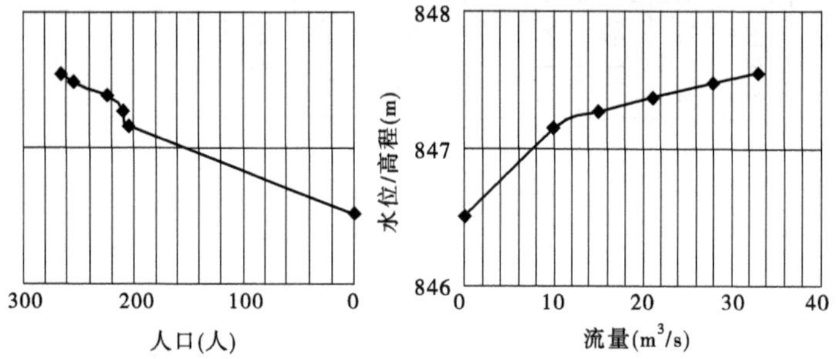

图 3-5-179　五龙沟水位—流量—人口对照图

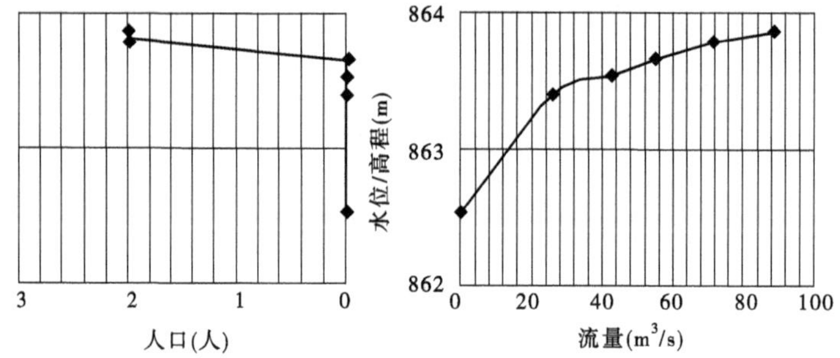

图 3-5-180　马庄水位—流量—人口对照图

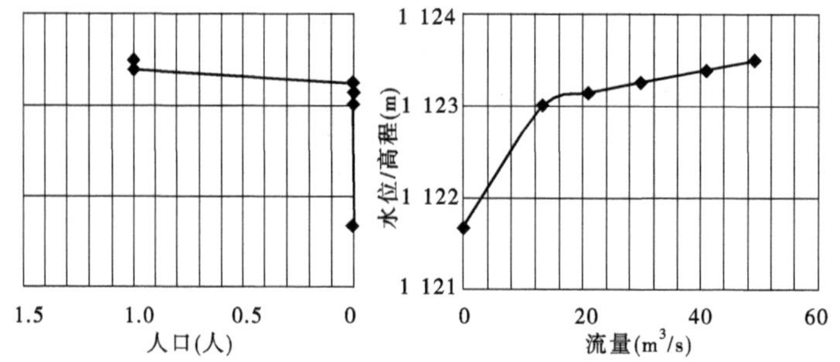

图 3-5-181　董家庄水位—流量—人口对照图

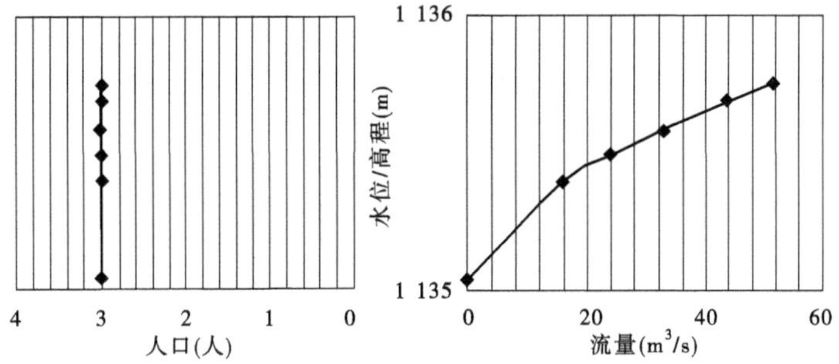

图 3-5-182　后麻地沟水位—流量—人口对照图

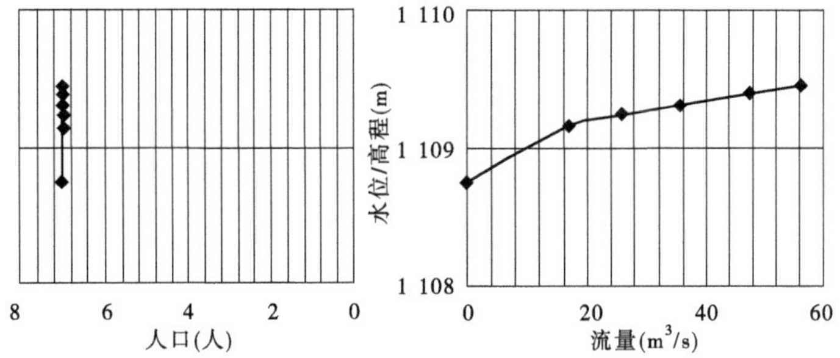

图 3-5-183　前麻地沟水位—流量—人口对照图

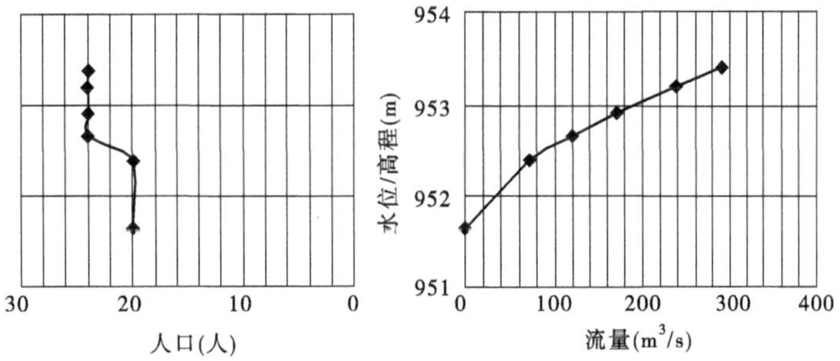

图 3-5-184　观家峪村水位—流量—人口对照图

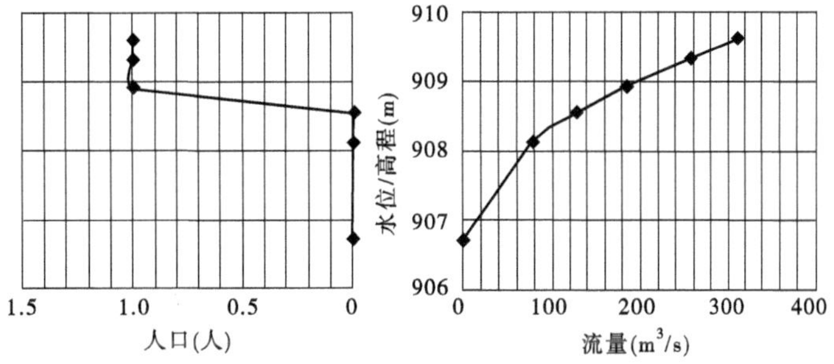

图 3-5-185　港道村水位—流量—人口对照图

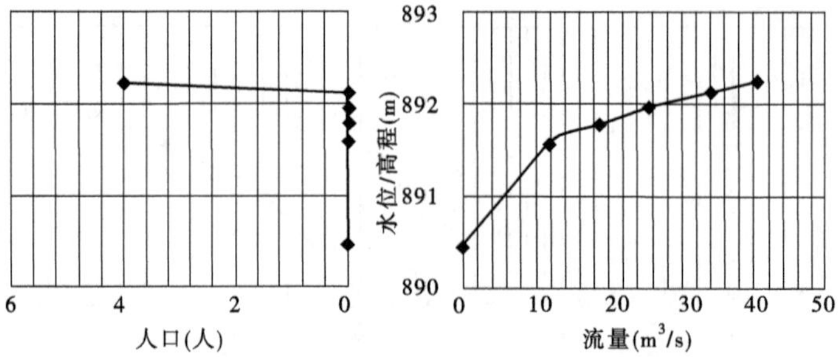

图 3-5-186　水峪村水位—流量—人口对照图

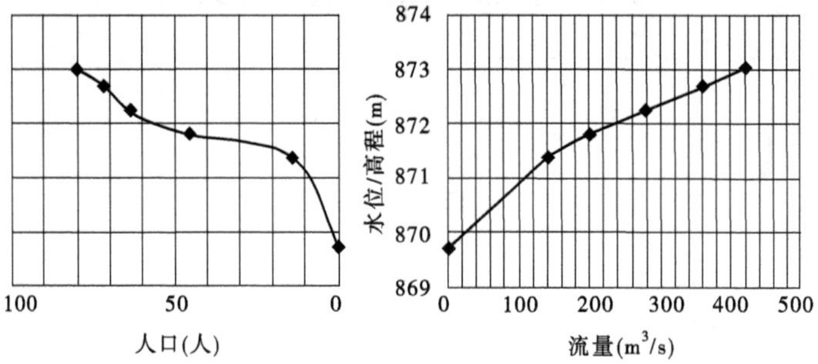

图 3-5-187　松庄村水位—流量—人口对照图

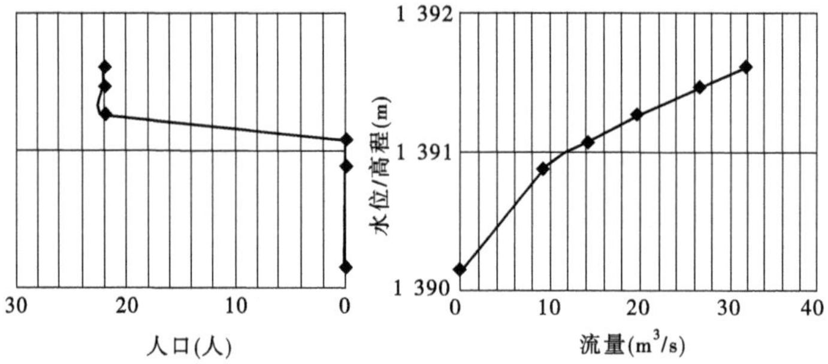

图 3-5-188　张家河村水位—流量—人口对照图

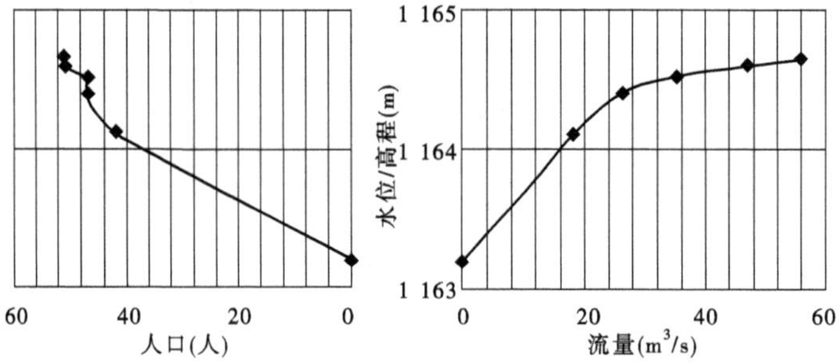

图 3-5-189　张家河村水位—流量—人口对照图

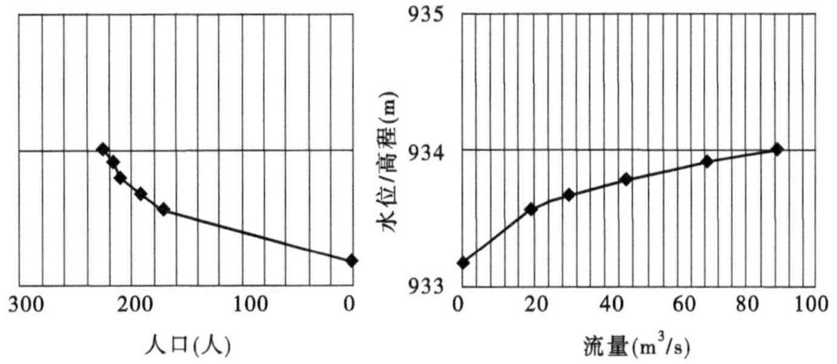

图 3-5-190　响水湾水位—流量—人口对照图

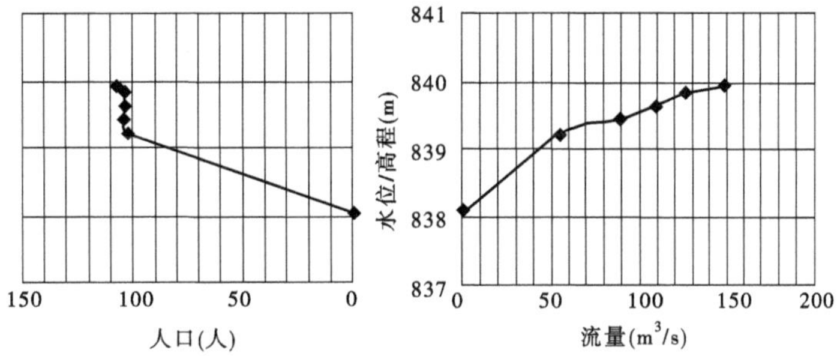

图 3-5-191　枣沟村水位—流量—人口对照图

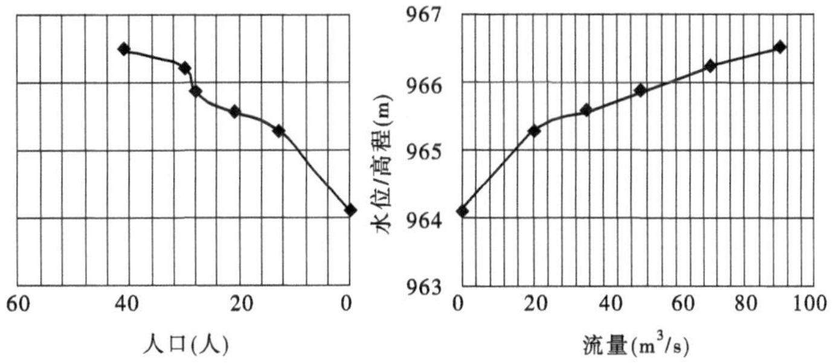

图 3-5-192　窑头村(窑头沟)水位—流量—人口对照图

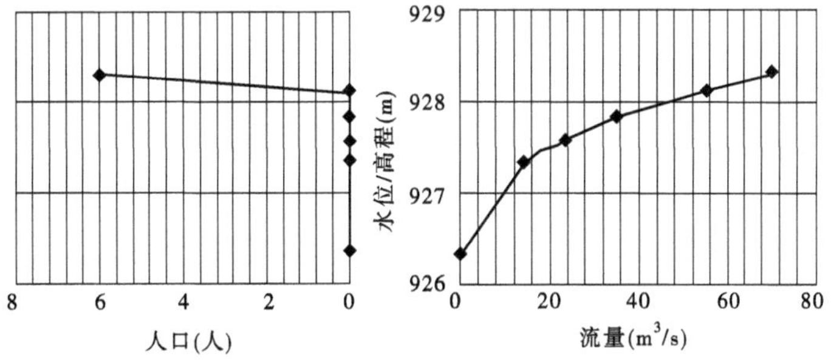

图 3-5-193　东关口村水位—流量—人口对照图

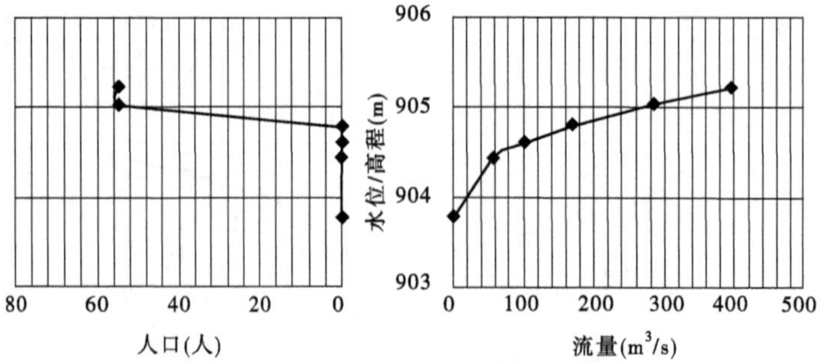

图 3-5-194 西关口村水位—流量—人口对照图

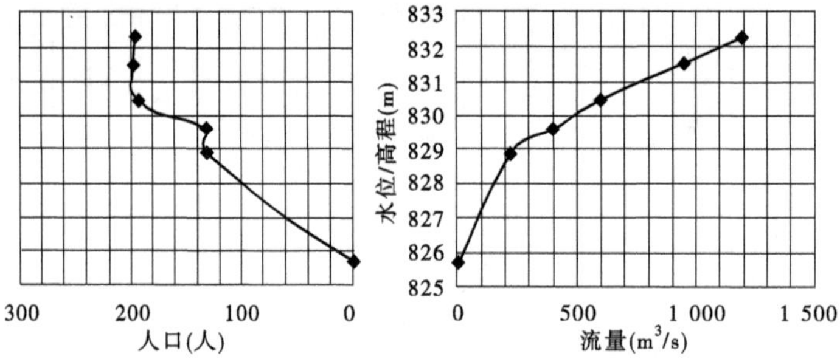

图 3-5-195 河底村水位—流量—人口对照图

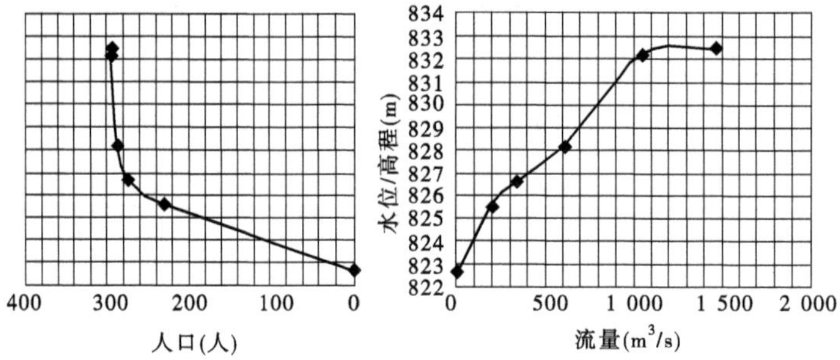

图 3-5-196 新兴村水位—流量—人口对照图

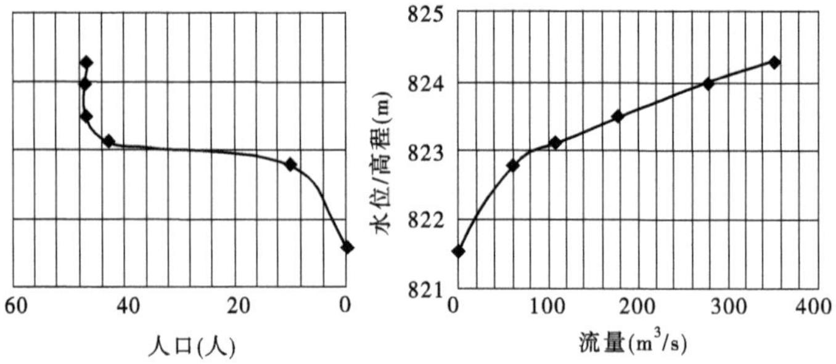

图 3-5-197 晋庄村水位—流量—人口对照图

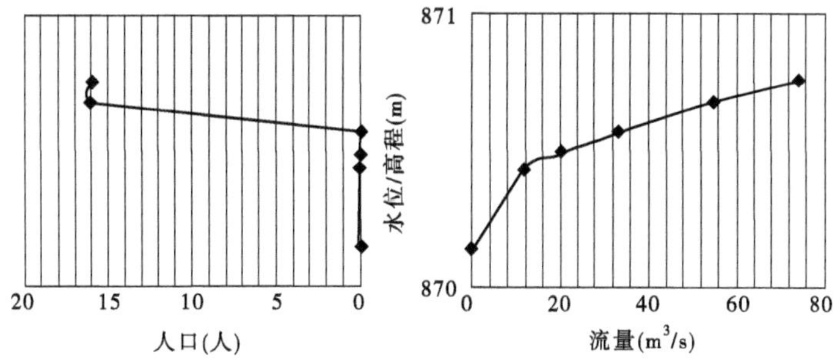

图 3-5-198　小石河水位—流量—人口对照图

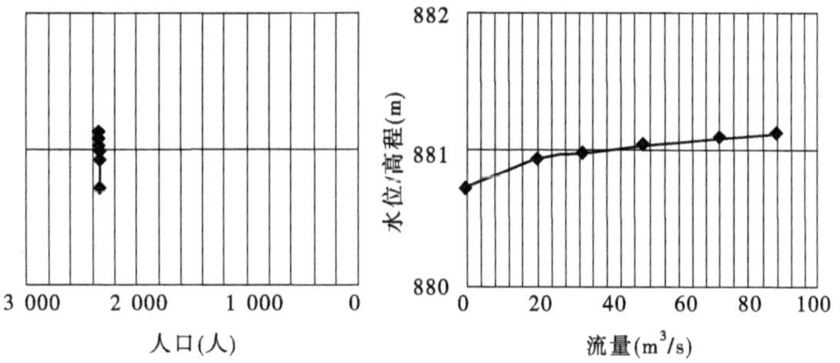

图 3-5-199　圪僚沟村水位—流量—人口对照图

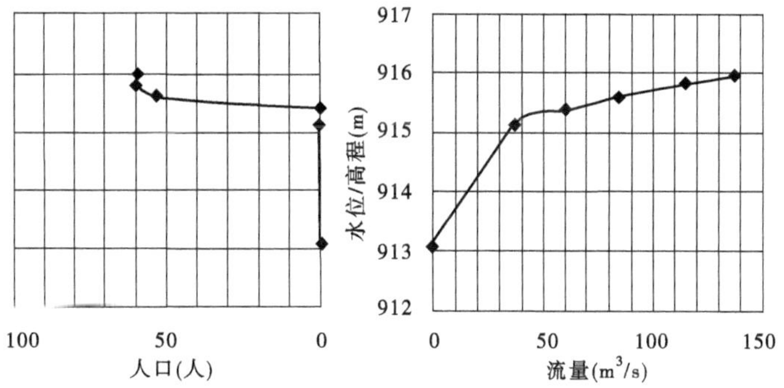

图 3-5-200　风声河村水位—流量—人口对照图

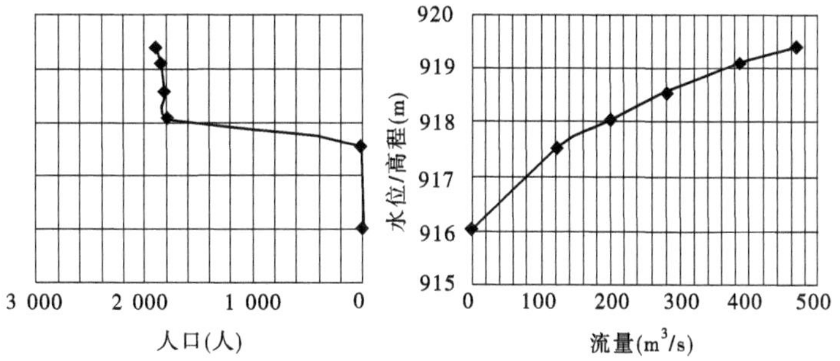

图 3-5-201　西铭村水位—流量—人口对照图

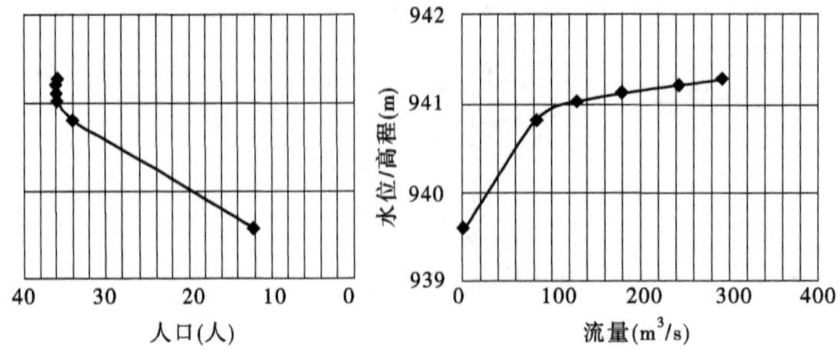

图 3-5-202　小西铭村水位—流量—人口对照图

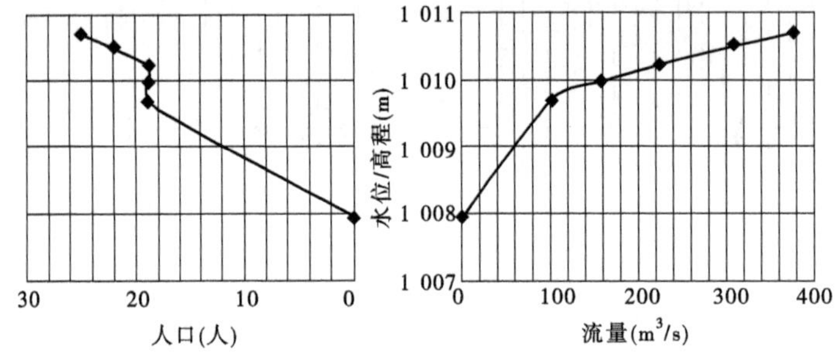

图 3-5-203　小虎峪水位—流量—人口对照图

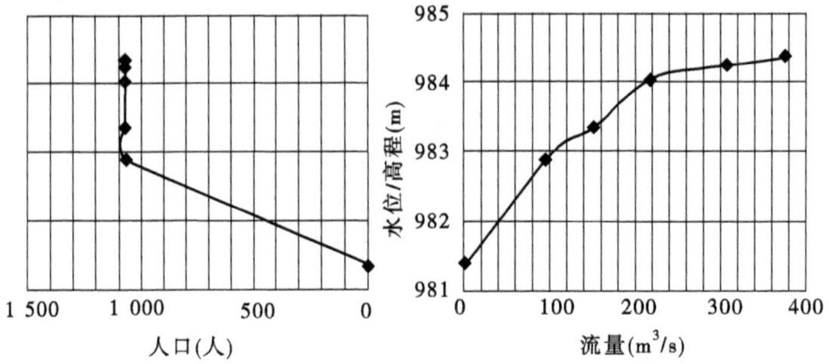

图 3-5-204　大虎峪村水位—流量—人口对照图

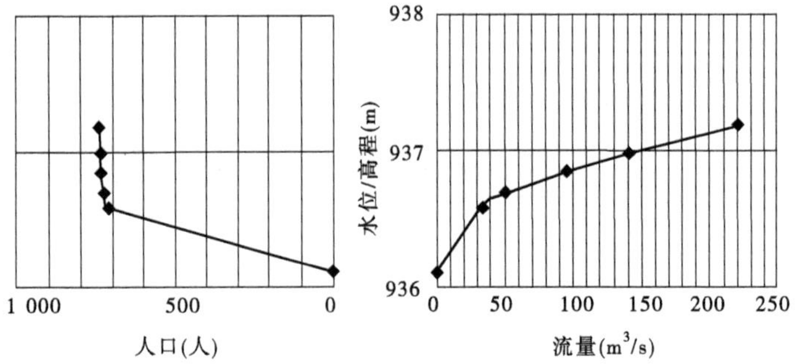

图 3-5-205　桃杏(高家河)村水位—流量—人口对照图

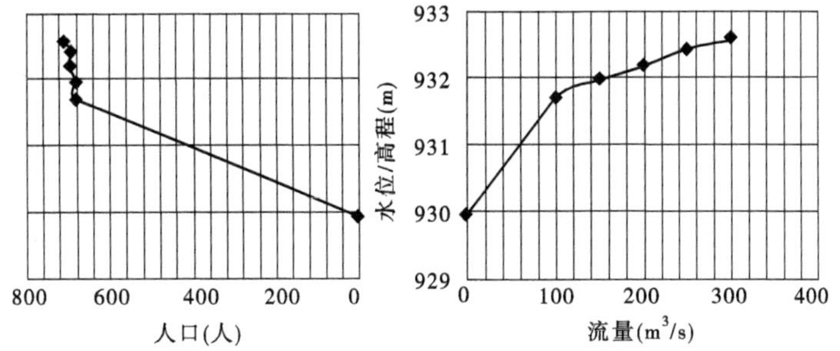

图 3-5-206　桃杏(官地沟)村水位—流量—人口对照图

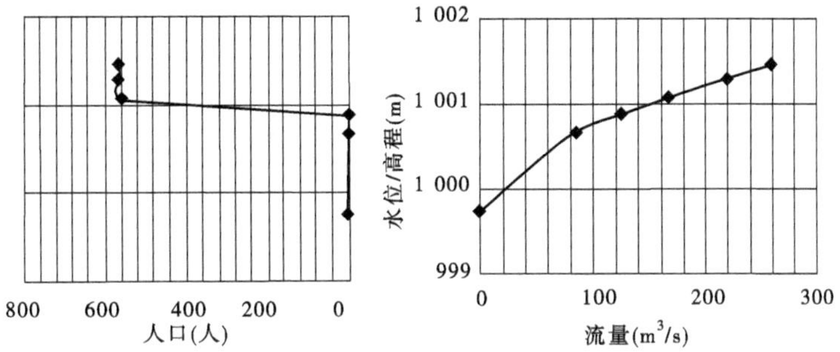

图 3-5-207　白家庄水位—流量—人口对照图

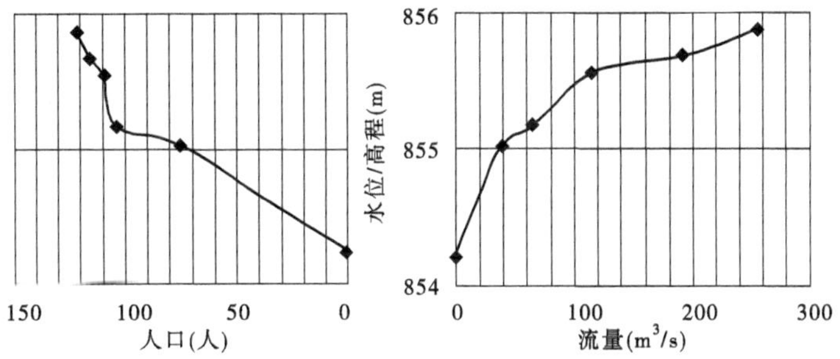

图 3-5-208　冶峪村水位—流量—人口对照图

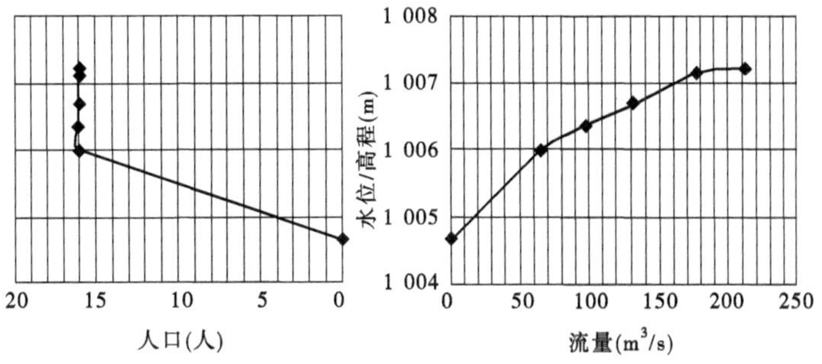

图 3-5-209　黄冶村水位—流量—人口对照图

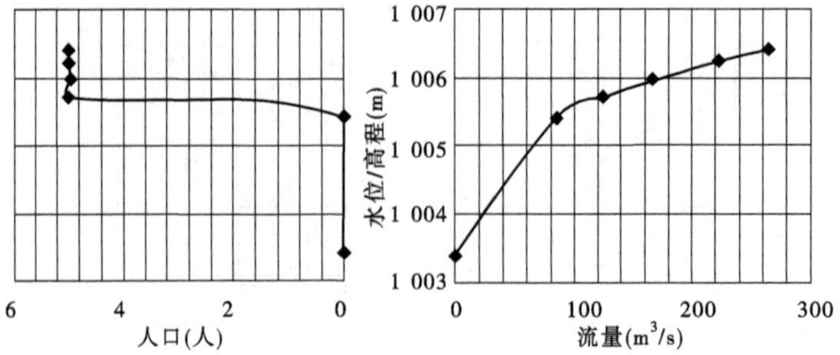

图 3-5-210　田家庄村水位—流量—人口对照图

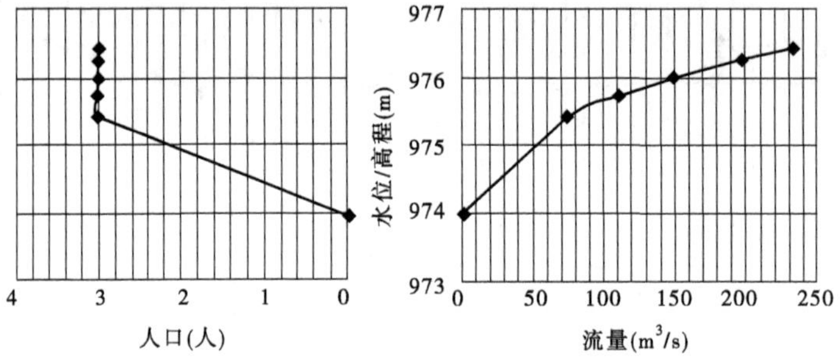

图 3-5-211　王家庄村水位—流量—人口对照图

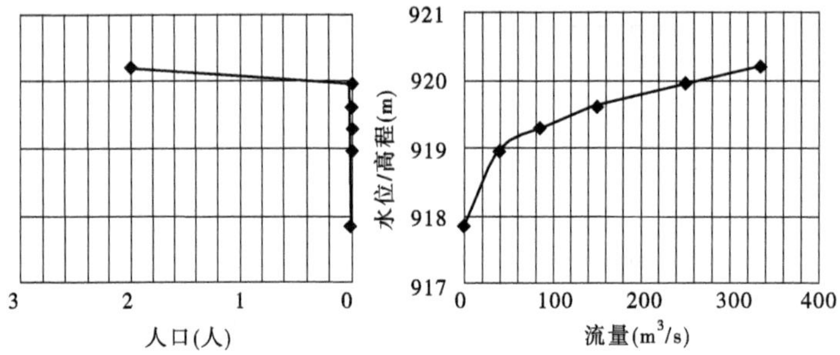

图 3-5-212　店头村水位—流量—人口对照图

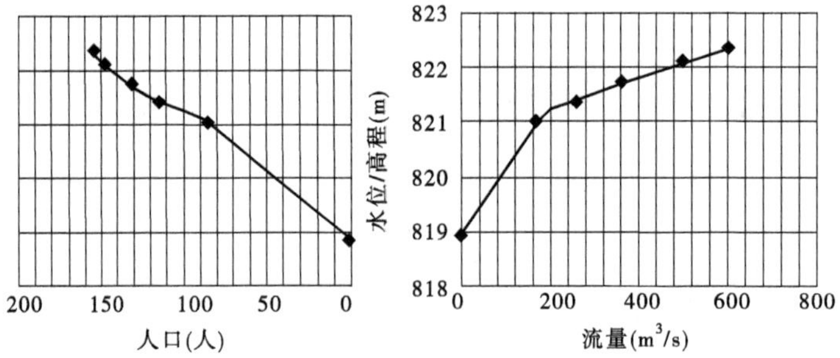

图 3-5-213　王家坟水位—流量—人口对照图

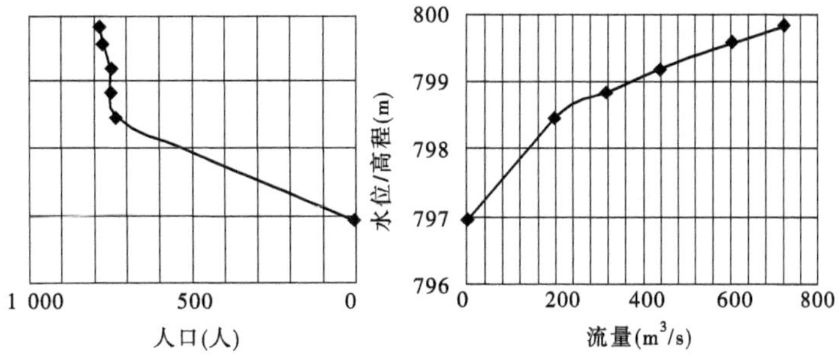

图 3-5-214 罗城村水位—流量—人口对照图

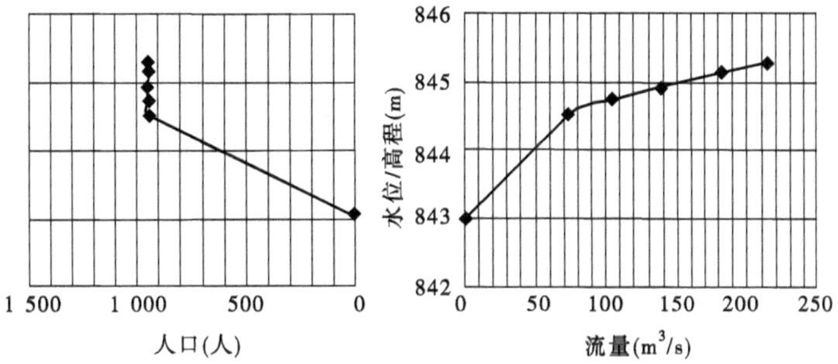

图 3-5-215 开化村水位—流量—人口对照图

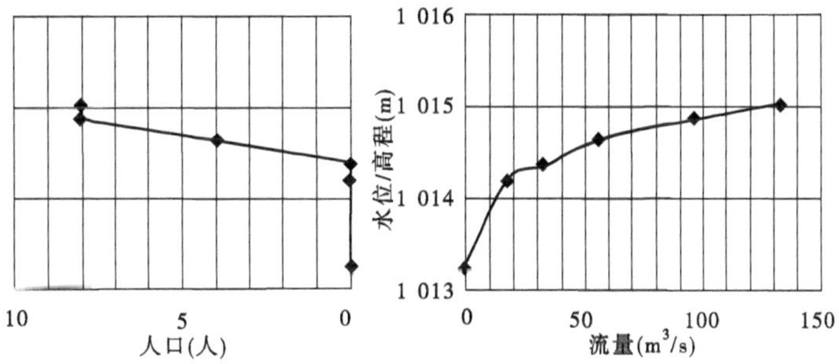

图 3-5-216 窑头村水位—流量—人口对照图

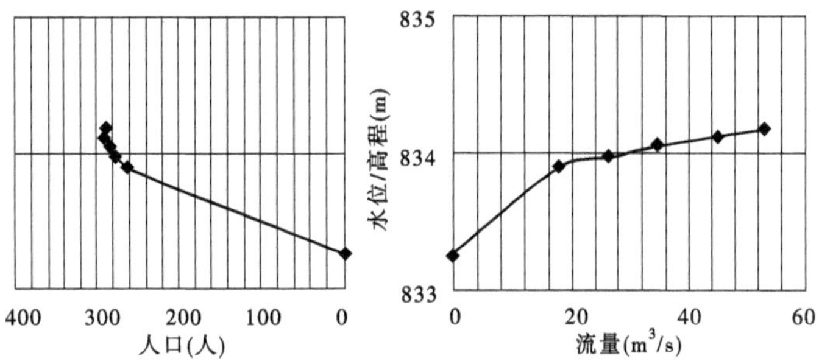

图 3-5-217 青阳河村水位—流量—人口对照图

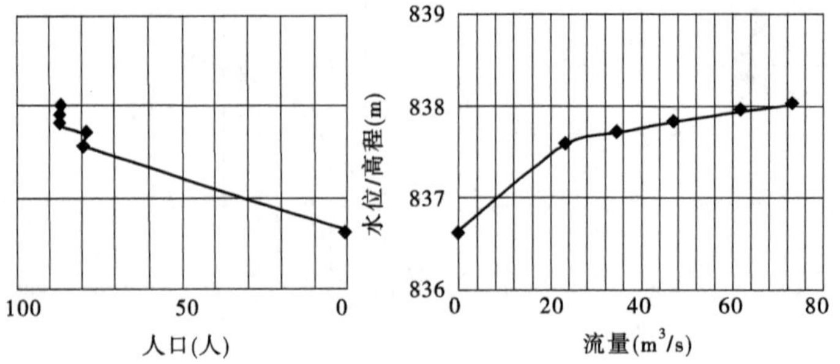

图 3-5-218　蚕石村水位—流量—人口对照图

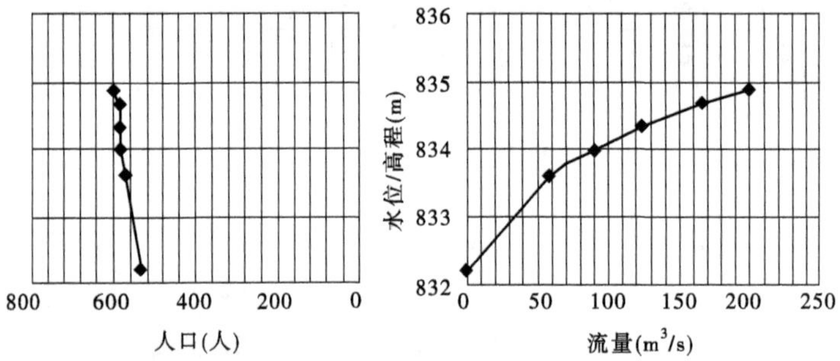

图 3-5-219　南峪村水位—流量—人口对照图

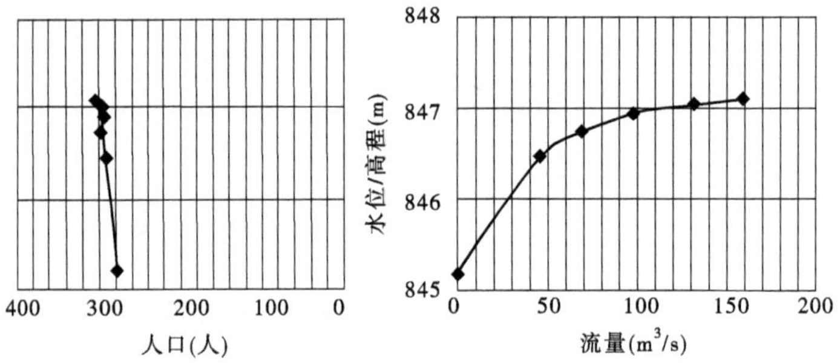

图 3-5-220　黄楼村水位—流量—人口对照图

5.3　危险区等级划分

5.3.1　危险区等级划分

按照危险区等级划分标准(见表 3-5-9),初步划定各级危险区。

表 3-5-9　危险区等级划分标准

危险区等级	洪水重现期	说明
极高危险区	小于5年一遇	属较高发生频次
高危险区	大于等于5年一遇,小于20年一遇	属中等发生频次
危险区	大于等于20年一遇至100年一遇或历史最高	属稀遇发生频次 不受特殊工况影响
特殊工况危险区	100年一遇或历史最高至叠加洪水淹没范围	属稀遇发生频次 受特殊工况影响

5.3.2　各级危险区人口统计

根据水位—流量—人口关系成果获得44个危险重点防治区各级危险区对应的人口、户数等信息,成果见表3-5-6。

5.3.3　转移路线和临时安置地点确定

结合防治区的地形地貌和实地调查的交通条件等信息,确定最佳的转移路线和临时安置地点,成果见附图3-27～附图3-70。

5.4　防洪现状评价图

根据水位流量关系曲线,以及成灾水位、各频率设计洪水位下的人口、户数统计信息,绘制44个危险重点防治区的防洪现状评价图,成果见图3-5-221～图3-5-264。

5.5　成果整理

(1)控制断面水位—流量—人口关系成果(见图3-5-177～图3-5-220、表3-5-8)。

(2)现状防洪能力评价表(见表3-5-6),内容包括重点防治区现状防洪能力以及各级危险区人口、户数。

(3)防洪现状评价图(见图3-5-221～图3-5-264),内容包括:水位流量关系曲线,成灾水位、特征水位及其对应的洪峰流量和频率,以及各频率洪水位以下的累计人口、户数。

太原市现状防洪能力统计见表3-5-10。

根据《山洪分析评价技术要求》,防洪现状评价的目标是基于设计洪水计算成果,分析重点防治区、集镇和城镇等防灾对象的现状防洪能力,进行山洪灾害危险区等级划分以及各级危险区人口和房屋统计分析,绘制现状防洪能力图,为山洪灾害防御预案编制、人员转移、临时安置等提供支撑。

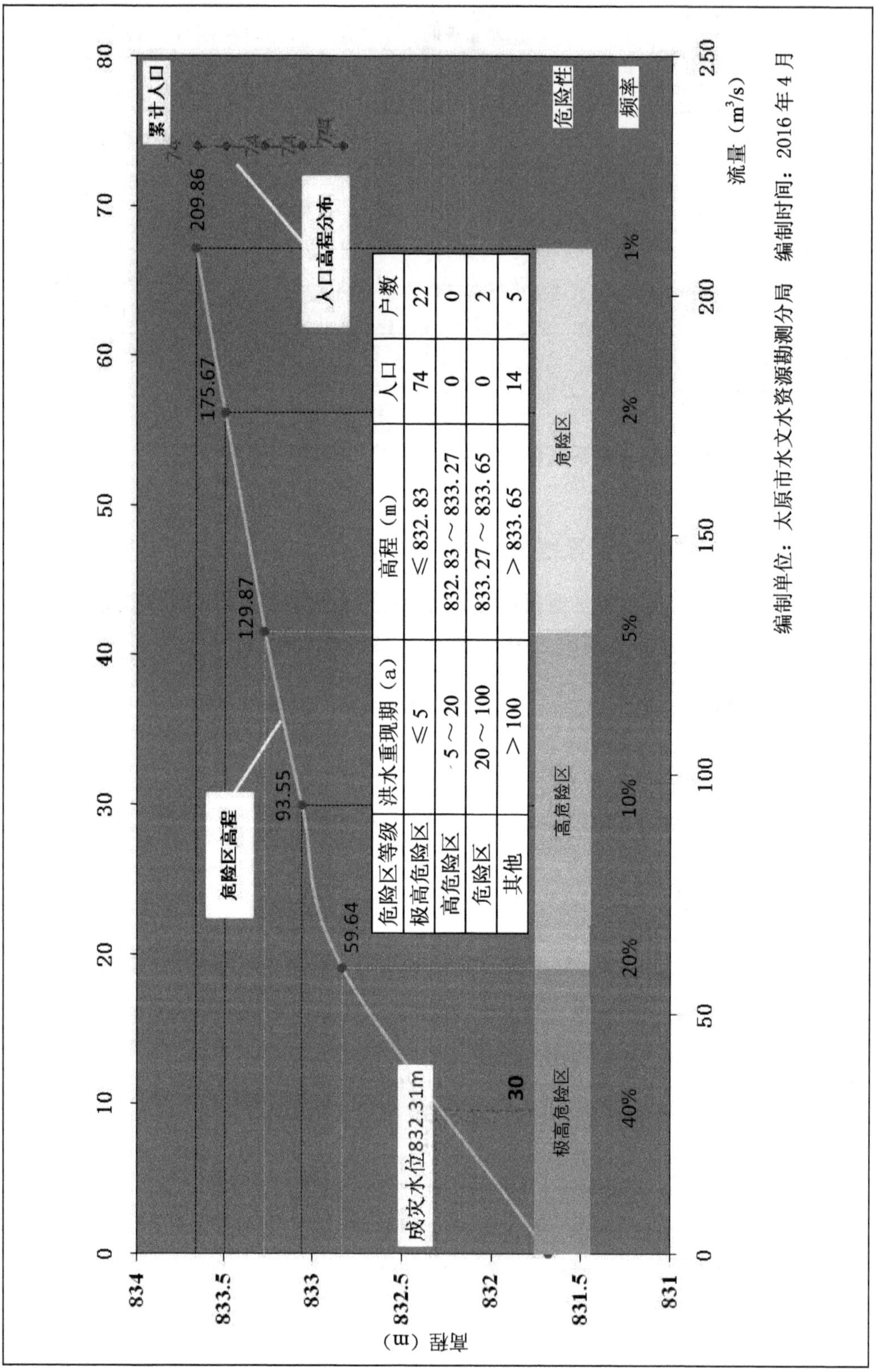

危险区等级	洪水重现期（a）	高程（m）	人口	户数
极高危险区	≤5	≤832.83	74	22
高危险区	5～20	832.83～833.27	0	0
危险区	20～100	833.27～833.65	0	2
其他	>100	>833.65	14	5

图3-5-221　南坪头防洪现状评价图

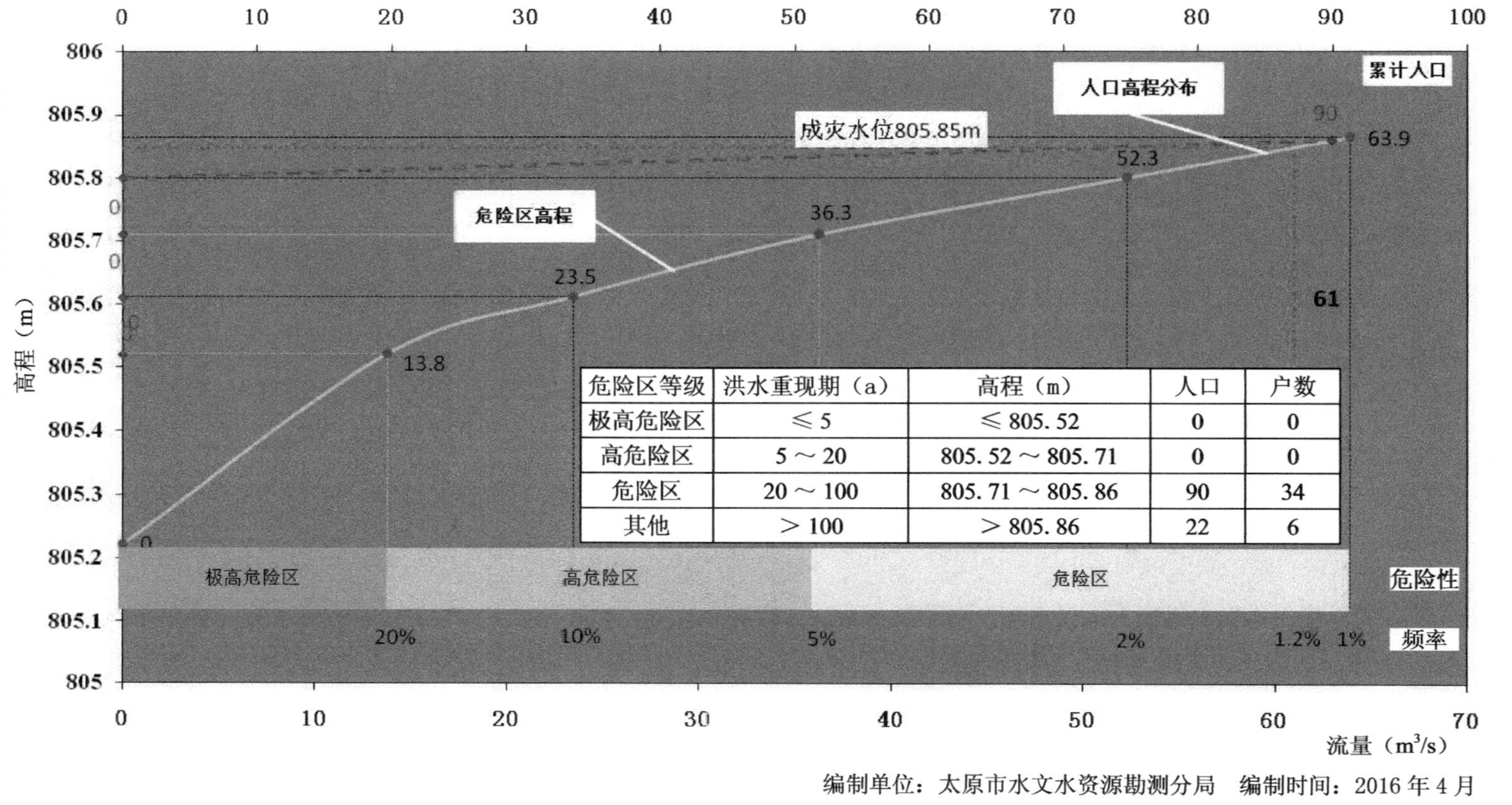

危险区等级	洪水重现期（a）	高程（m）	人口	户数
极高危险区	≤5	≤805.52	0	0
高危险区	5～20	805.52～805.71	0	0
危险区	20～100	805.71～805.86	90	34
其他	＞100	＞805.86	22	6

图3-5-222　郑村防洪现状评价图

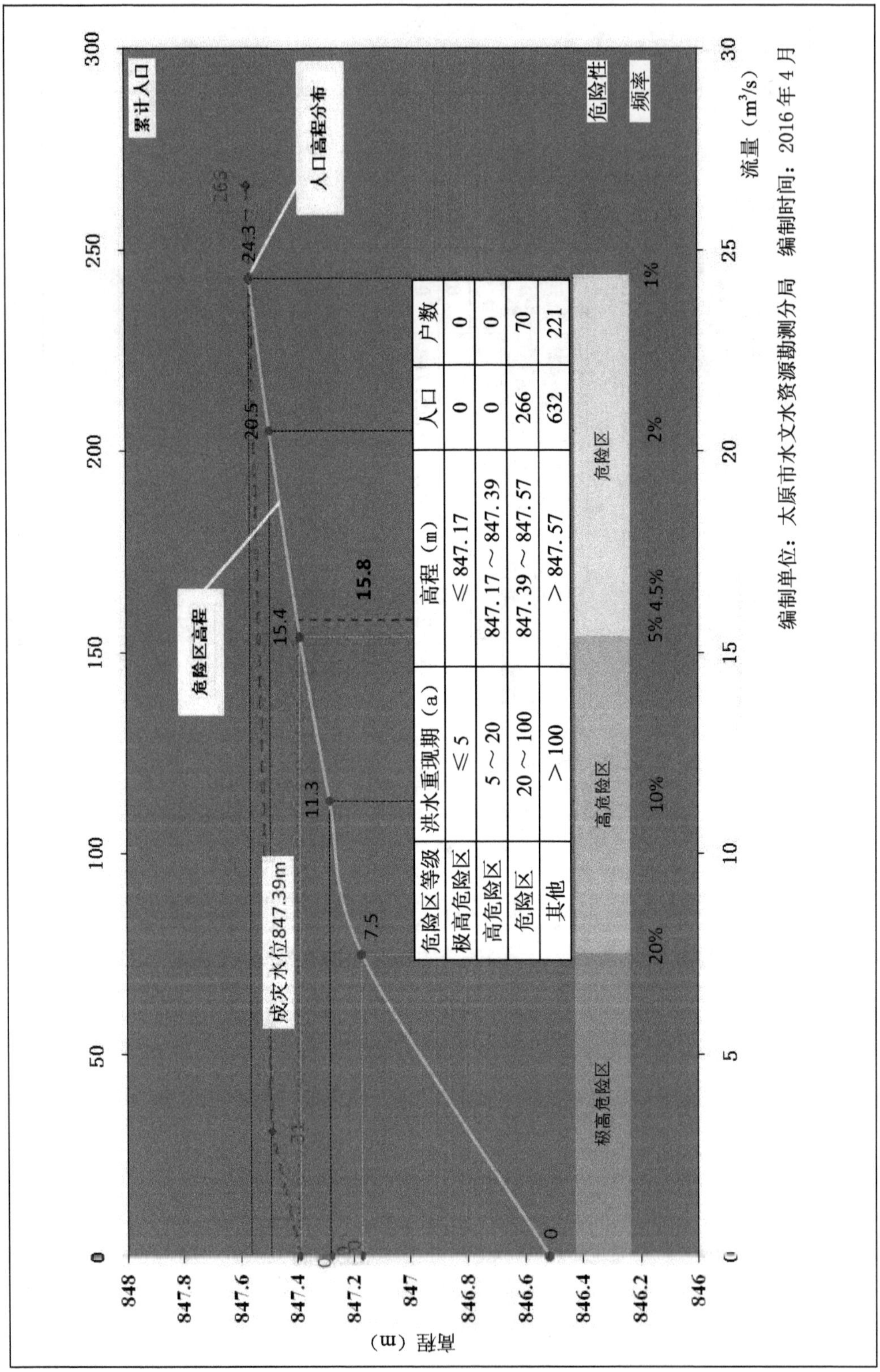

危险区等级	洪水重现期（a）	高程（m）	人口	户数
极高危险区	≤5	≤847.17	0	0
高危险区	5～20	847.17～847.39	0	0
危险区	20～100	847.39～847.57	266	70
其他	＞100	＞847.57	632	221

图 3-5-223　五龙沟防洪现状评价图

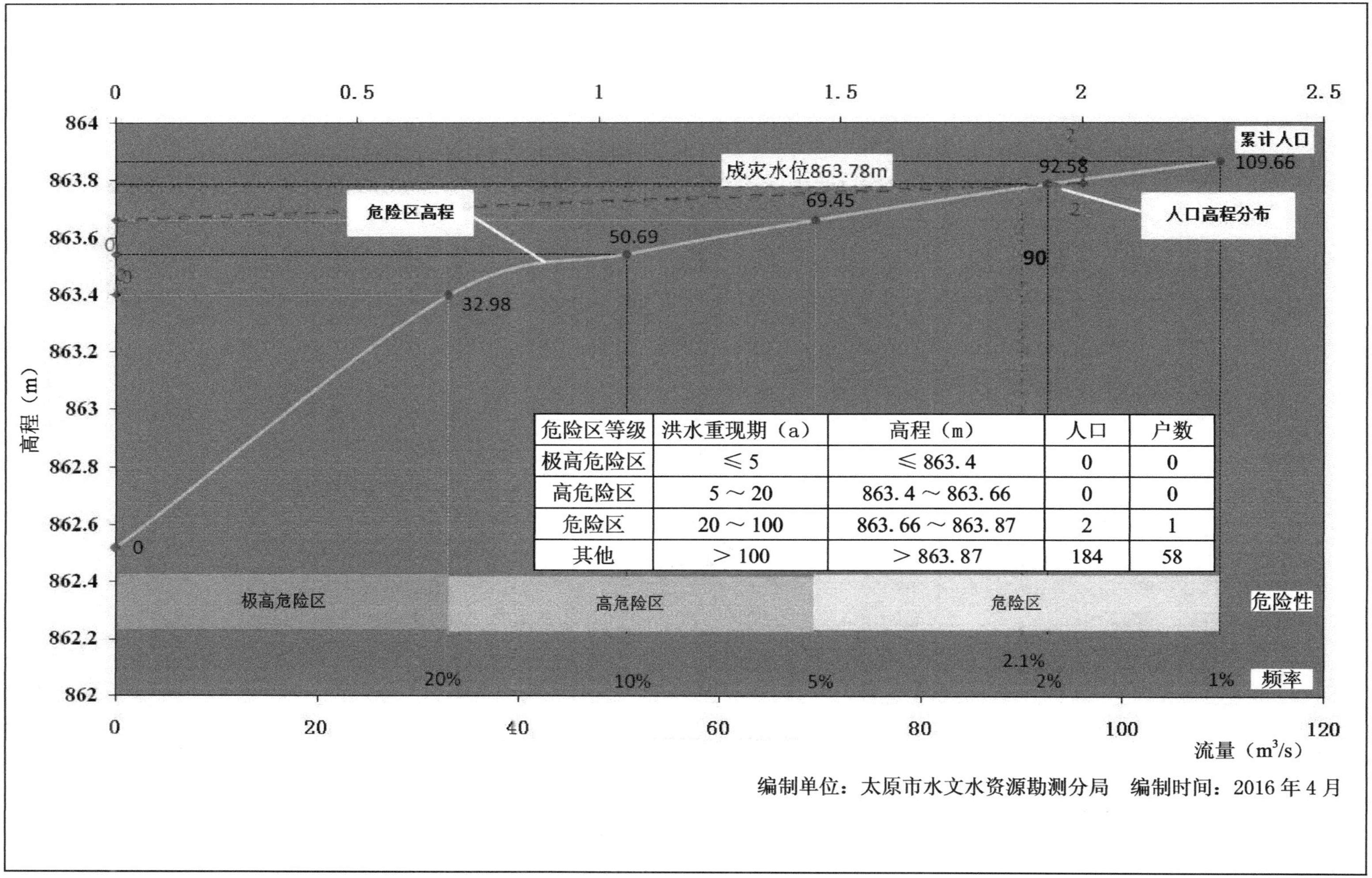

危险区等级	洪水重现期（a）	高程（m）	人口	户数
极高危险区	≤ 5	≤ 863.4	0	0
高危险区	5 ～ 20	863.4 ～ 863.66	0	0
危险区	20 ～ 100	863.66 ～ 863.87	2	1
其他	＞ 100	＞ 863.87	184	58

图 3-5-224　马庄防洪现状评价图

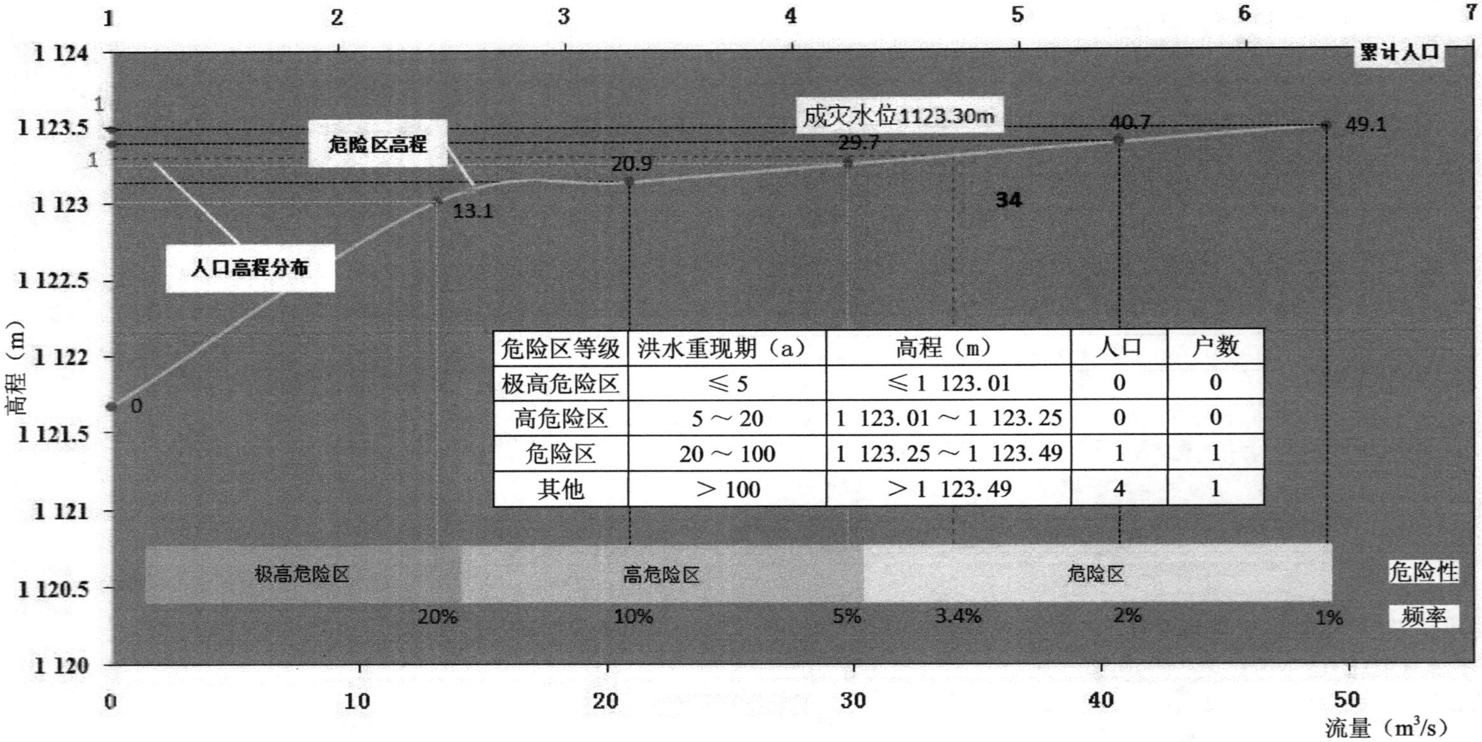

危险区等级	洪水重现期（a）	高程（m）	人口	户数
极高危险区	≤5	≤1 123.01	0	0
高危险区	5～20	1 123.01～1 123.25	0	0
危险区	20～100	1 123.25～1 123.49	1	1
其他	>100	>1 123.49	4	1

编制单位：山西省水文水资源勘测局　编制时间：2016年1月

图 3-5-225　董家庄防洪现状评价图

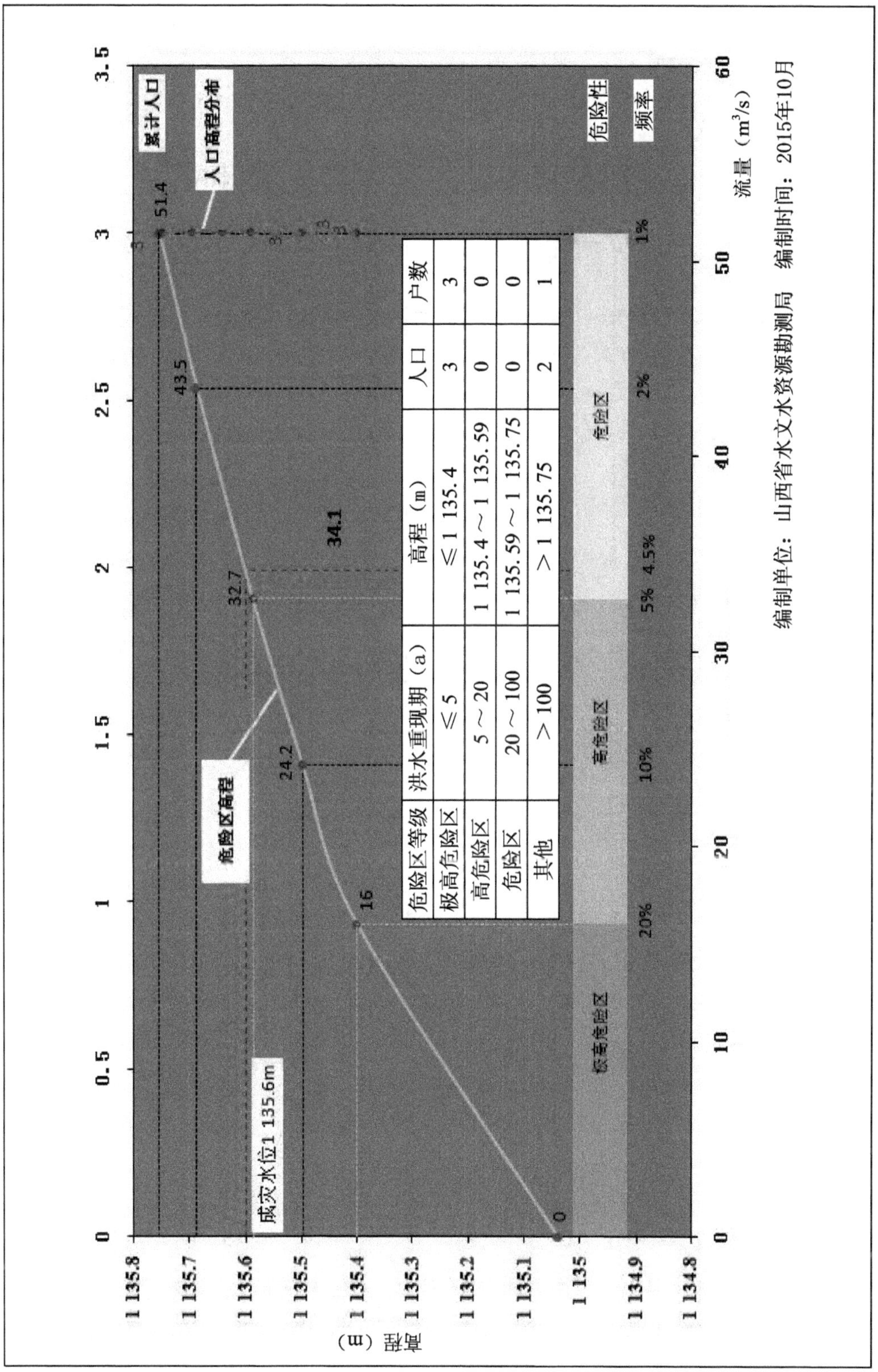

危险区等级	洪水重现期（a）	高程（m）	人口	户数
极高危险区	≤5	≤1 135.4	3	3
高危险区	5～20	1 135.4～1 135.59	0	0
危险区	20～100	1 135.59～1 135.75	0	0
其他	＞100	＞1 135.75	2	1

图 3-5-226　后麻地沟防洪现状评价图

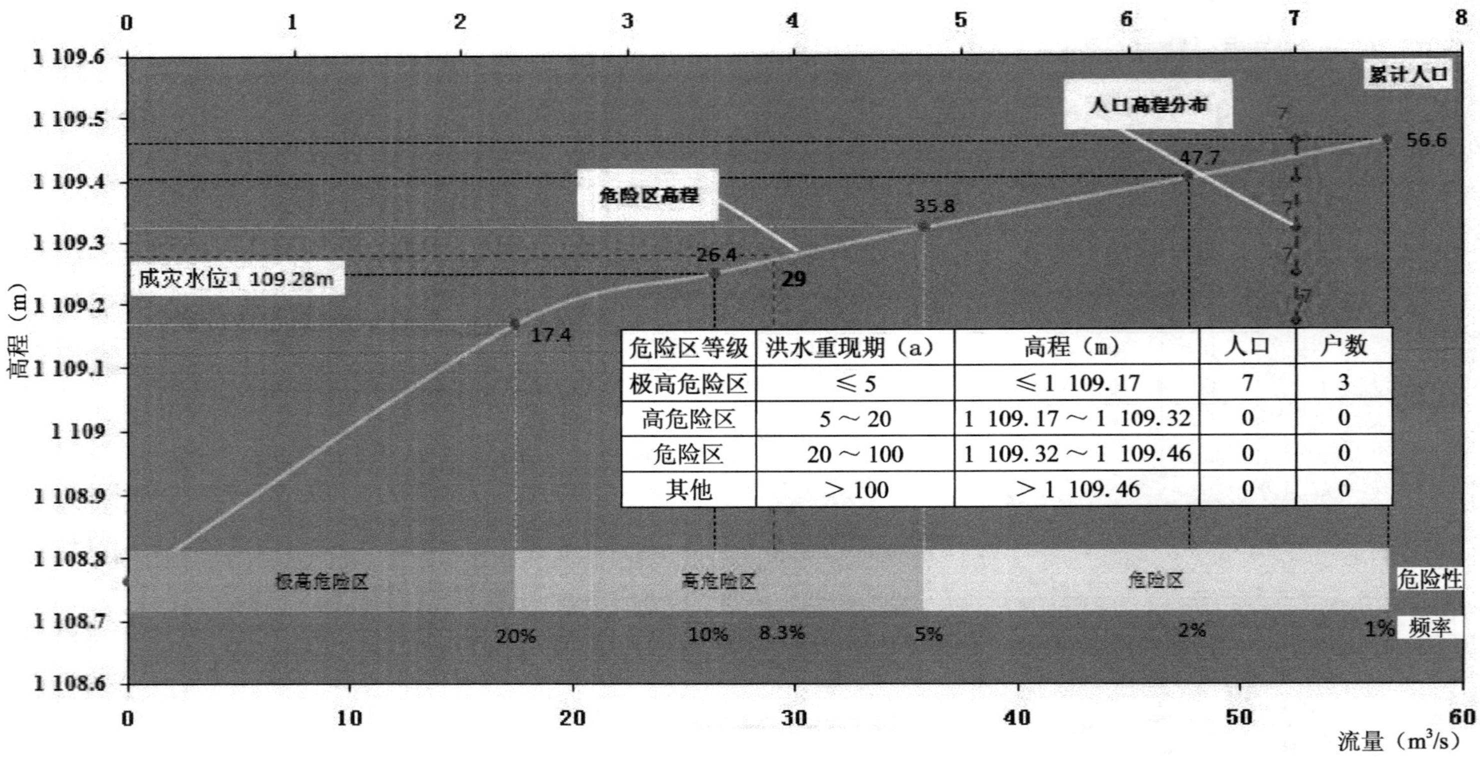

危险区等级	洪水重现期（a）	高程（m）	人口	户数
极高危险区	≤5	≤1 109.17	7	3
高危险区	5～20	1 109.17～1 109.32	0	0
危险区	20～100	1 109.32～1 109.46	0	0
其他	＞100	＞1 109.46	0	0

编制单位：山西省水文水资源勘测局　编制时间：2016年1月

图 3-5-227　前麻地沟防洪现状评价图

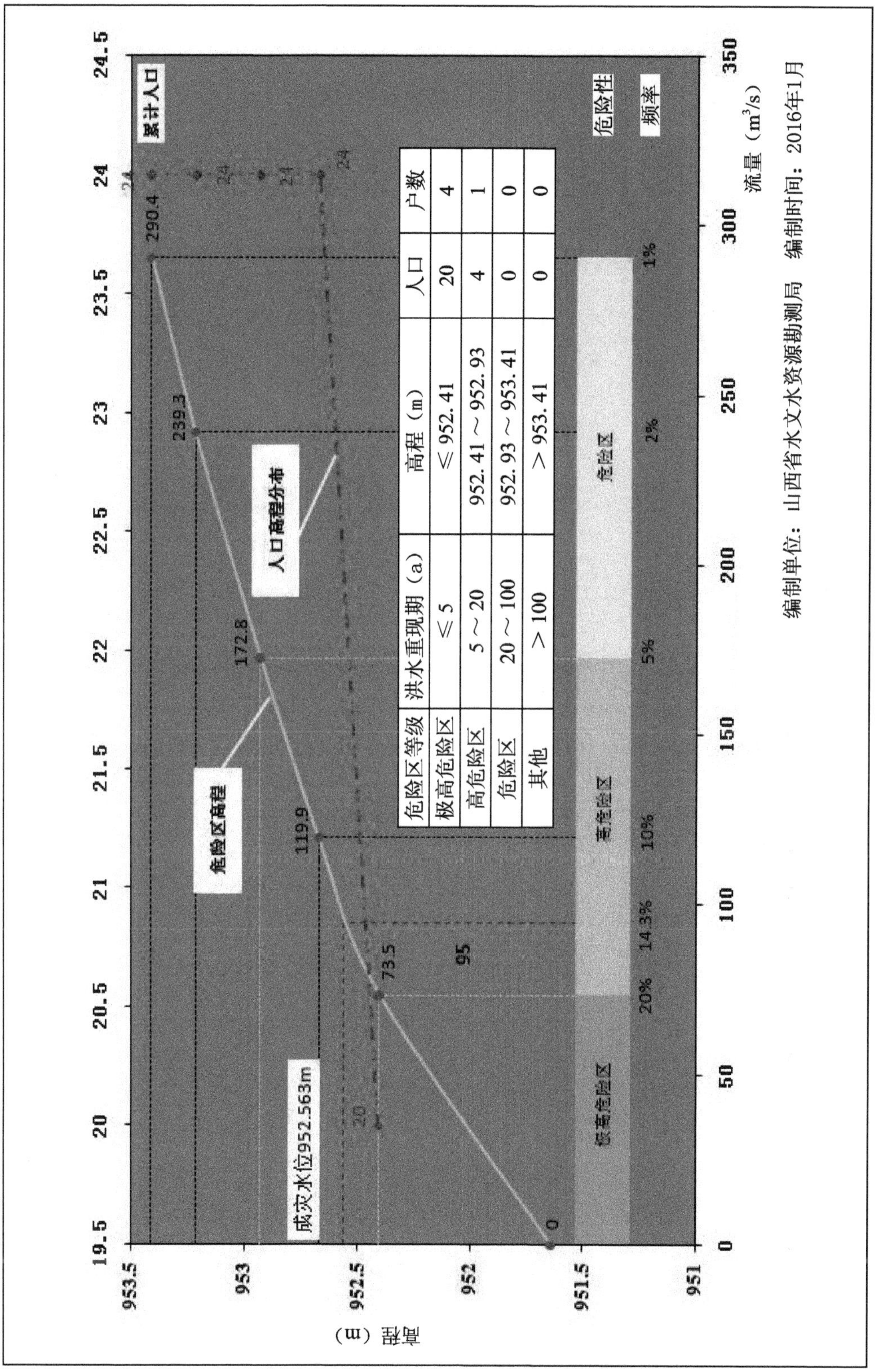

图3-5-228　观家峪防洪现状评价图

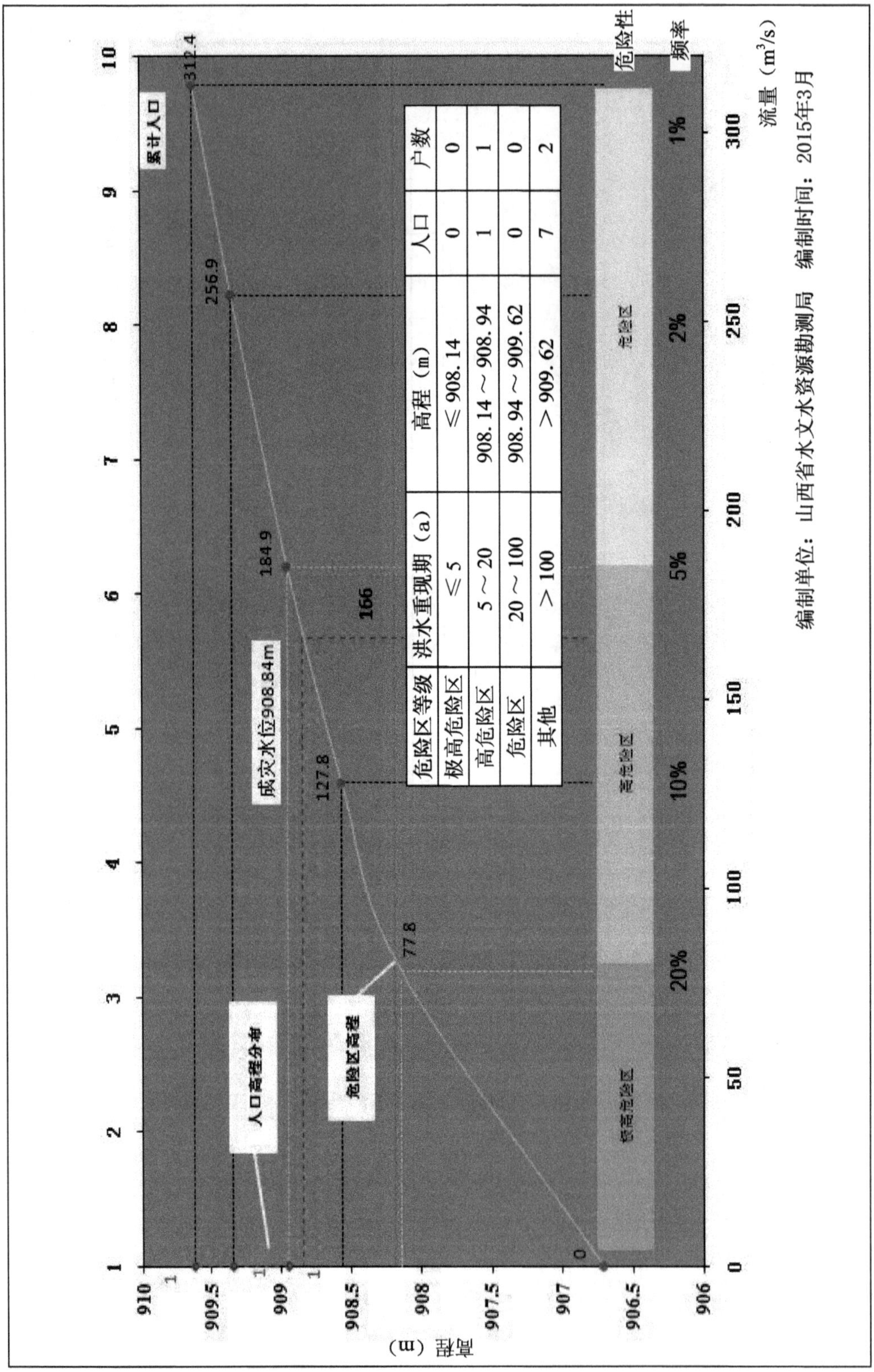

危险区等级	洪水重现期（a）	高程（m）	人口	户数
极高危险区	≤5	≤908.14	0	0
高危险区	5～20	908.14～908.94	1	1
危险区	20～100	908.94～909.62	0	0
其他	>100	>909.62	7	2

图 3-5-229　港道防洪现状评价图

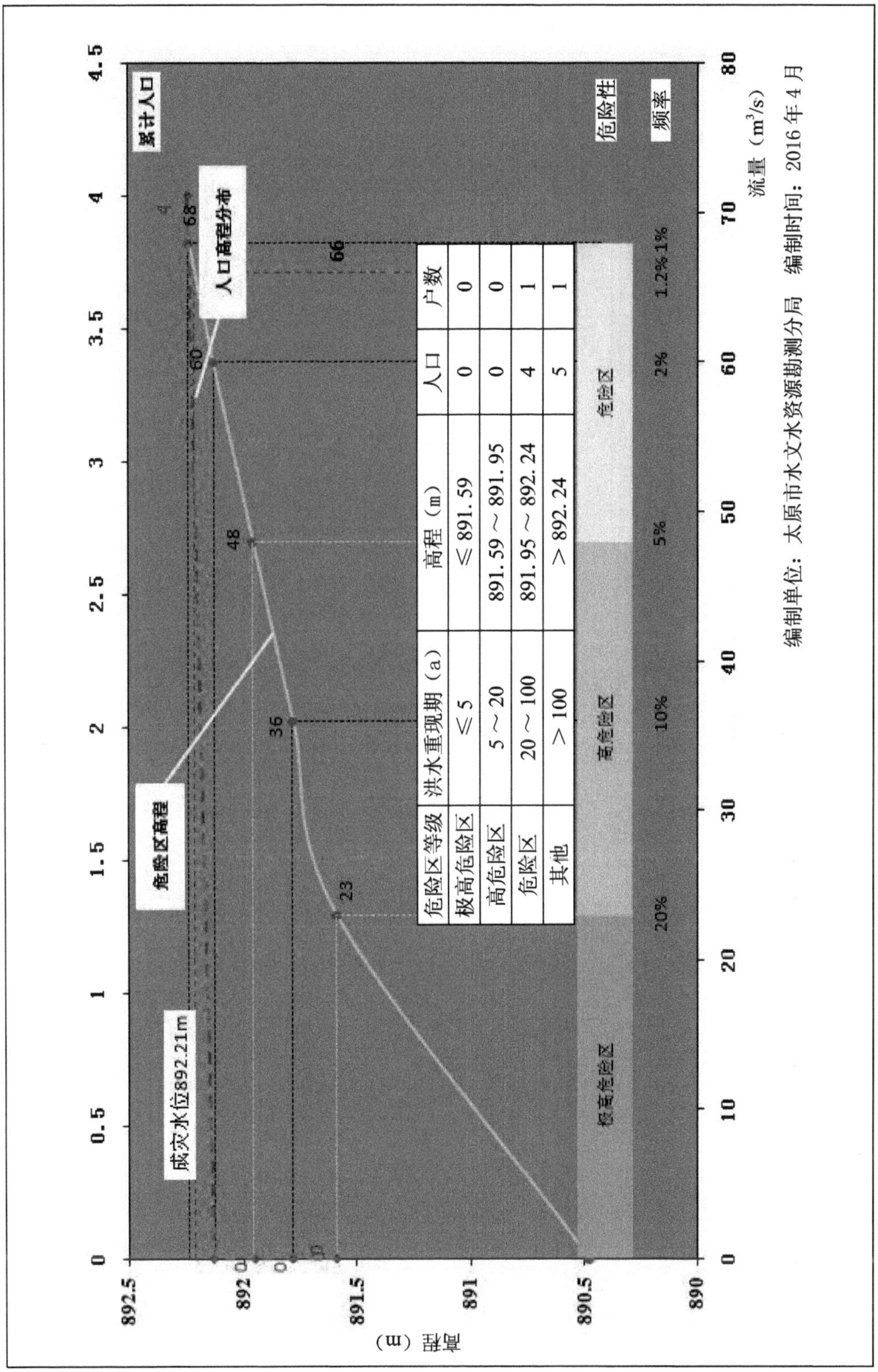

危险区等级	洪水重现期（a）	高程（m）	人口	户数
极高危险区	≤5	≤891.59	0	0
高危险区	5～20	891.59～891.95	0	0
危险区	20～100	891.95～892.24	4	1
其他	＞100	＞892.24	5	1

图 3-5-230　水峪防洪现状评价图

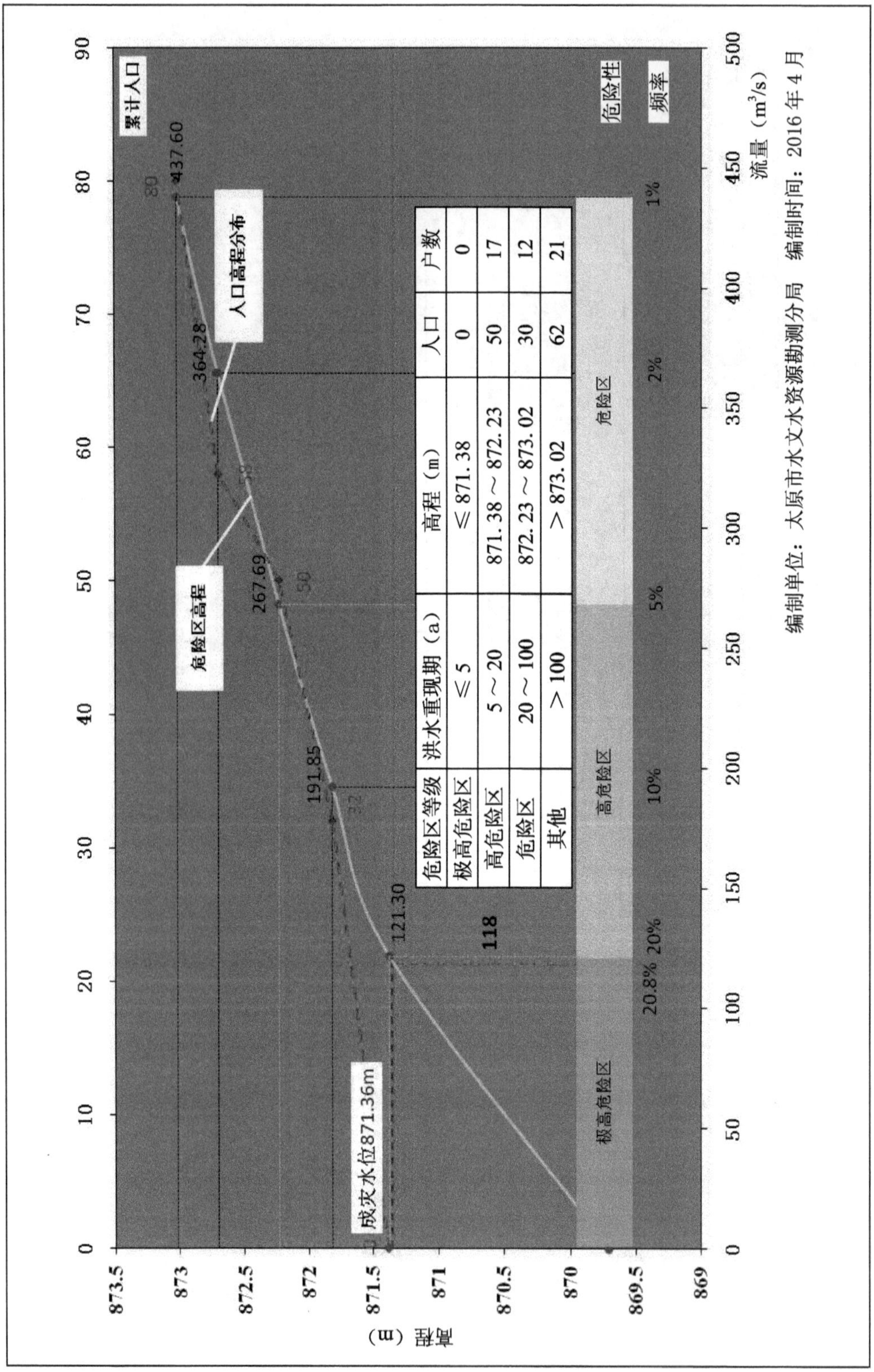

危险区等级	洪水重现期（a）	高程（m）	人口	户数
极高危险区	≤5	≤871.38	0	0
高危险区	5～20	871.38～872.23	50	17
危险区	20～100	872.23～873.02	30	12
其他	＞100	＞873.02	62	21

图 3-5-231　松庄防洪现状评价图

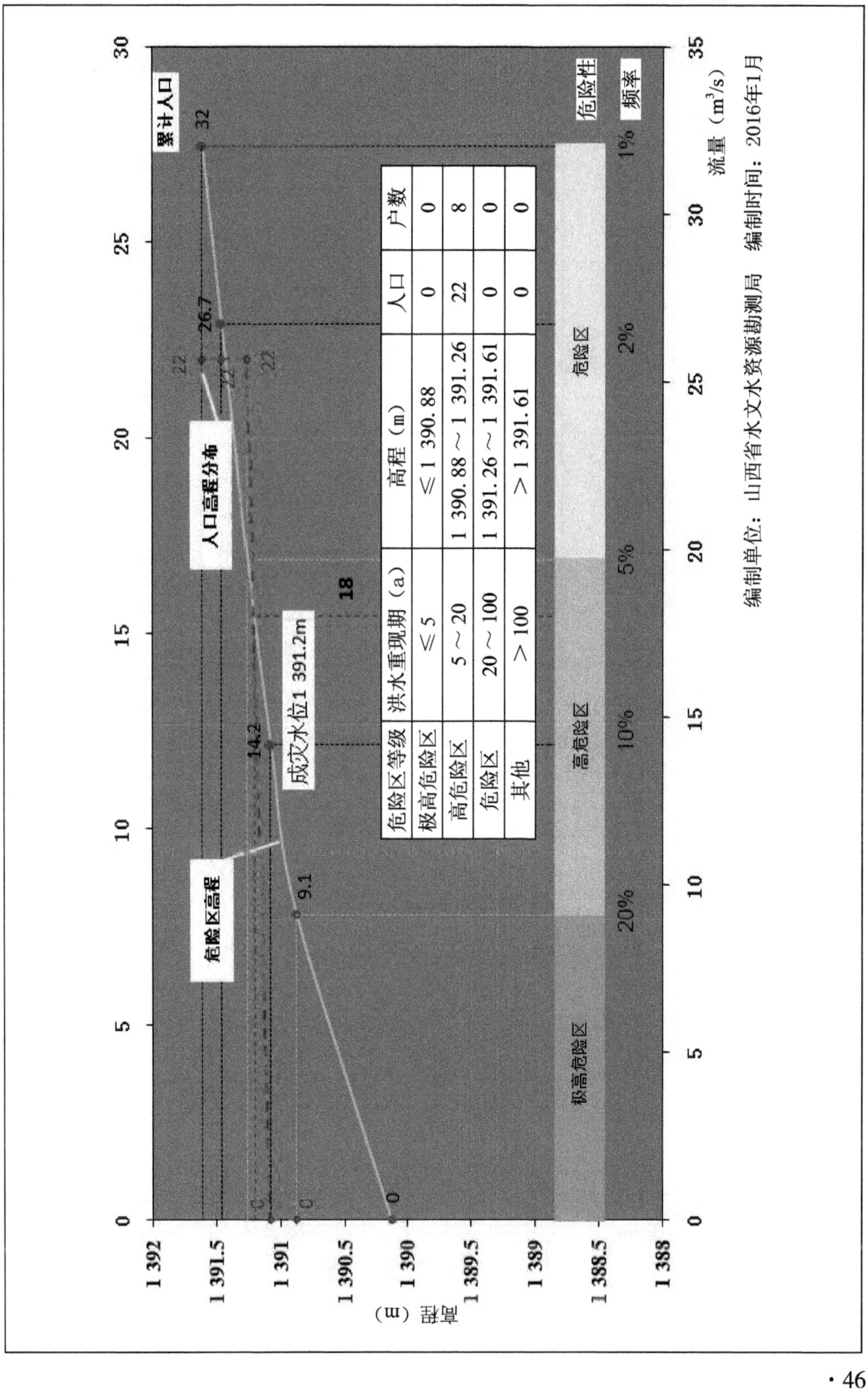

危险区等级	洪水重现期（a）	高程（m）	人口	户数
极高危险区	≤5	≤1 390.88	0	0
高危险区	5～20	1 390.88～1 391.26	22	8
危险区	20～100	1 391.26～1 391.61	0	0
其他	＞100	＞1 391.61	0	0

图 3-5-232 张家河防洪现状评价图

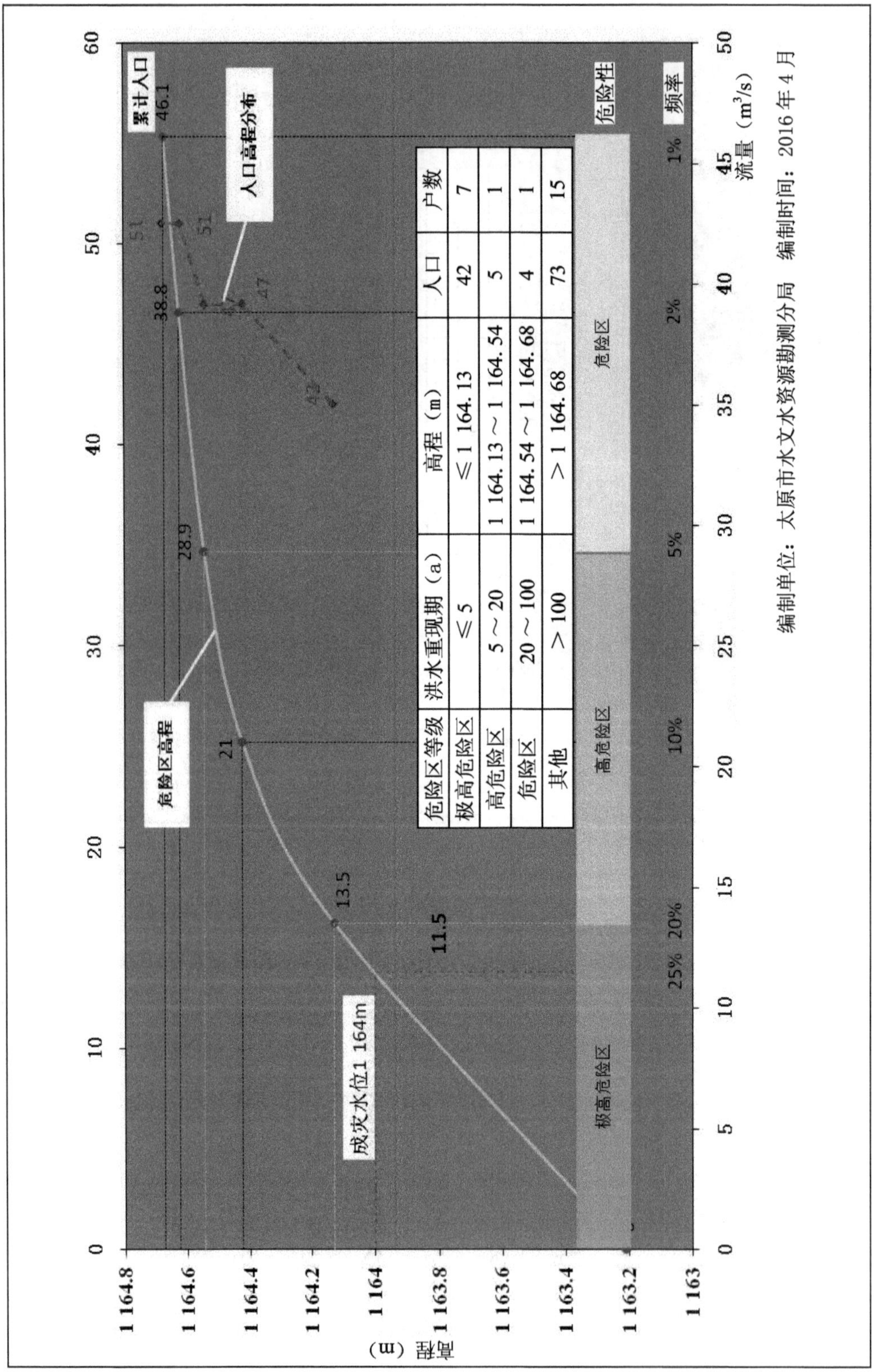

危险区等级	洪水重现期（a）	高程（m）	人口	户数
极高危险区	≤5	≤1 164.13	42	7
高危险区	5～20	1 164.13～1 164.54	5	1
危险区	20～100	1 164.54～1 164.68	4	1
其他	＞100	＞1 164.68	73	15

图 3-5-233　孟家井防洪现状评价图

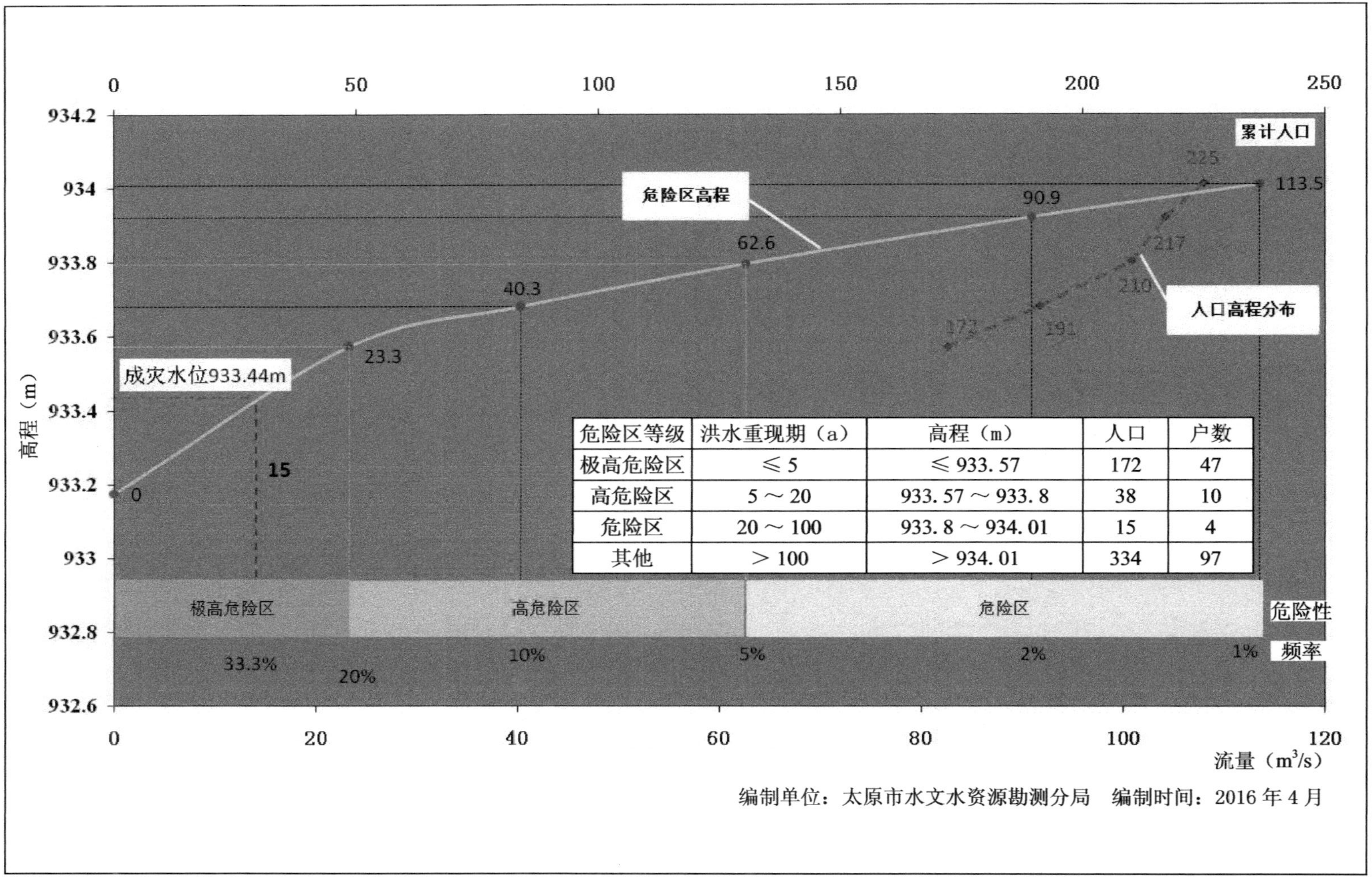

危险区等级	洪水重现期（a）	高程（m）	人口	户数
极高危险区	≤ 5	≤ 933.57	172	47
高危险区	5 ～ 20	933.57 ～ 933.8	38	10
危险区	20 ～ 100	933.8 ～ 934.01	15	4
其他	＞ 100	＞ 934.01	334	97

图 3-5-234　响水湾防洪现状评价图

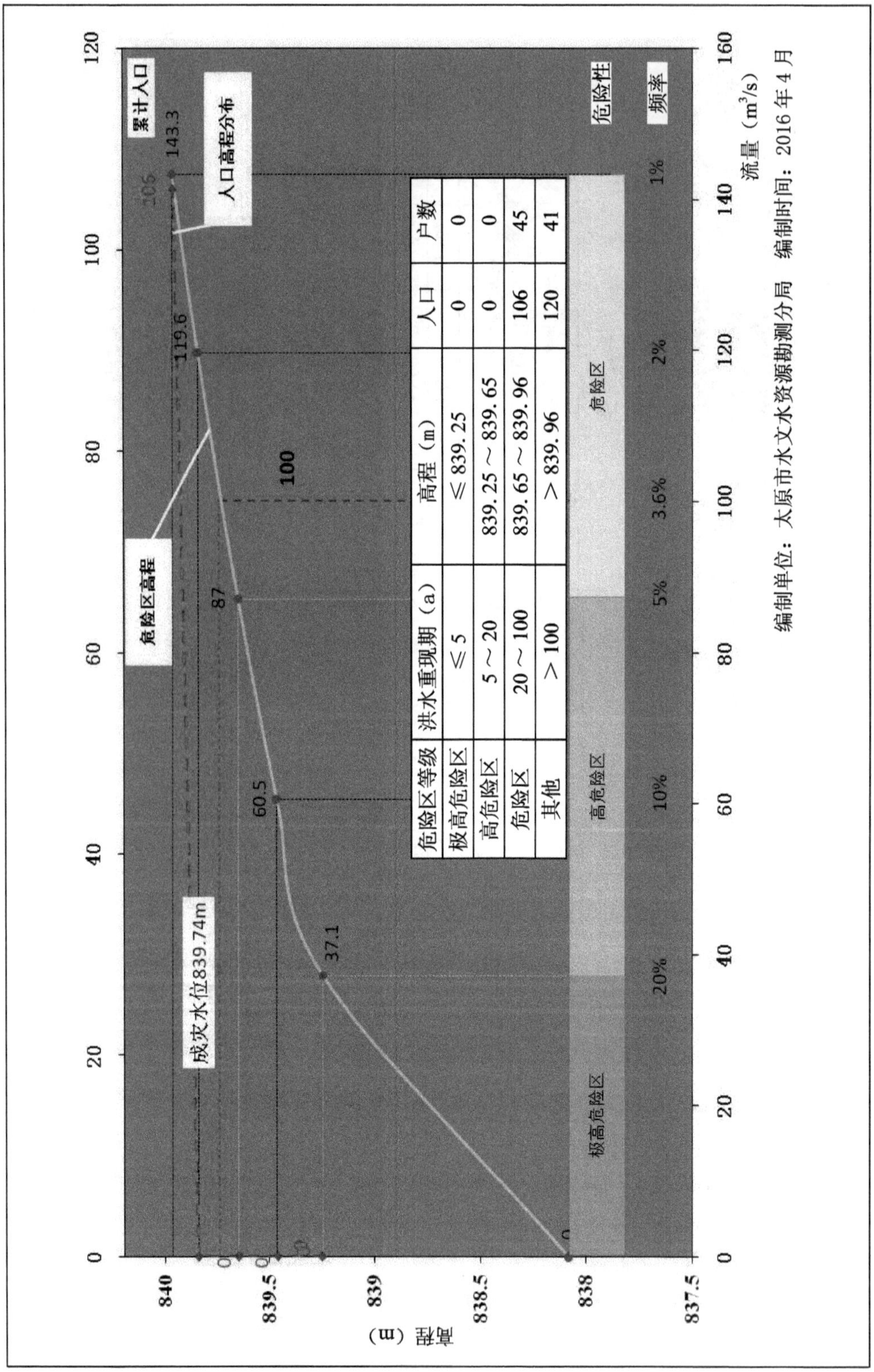

危险区等级	洪水重现期（a）	高程（m）	人口	户数
极高危险区	≤5	≤839.25	0	0
高危险区	5～20	839.25～839.65	0	0
危险区	20～100	839.65～839.96	106	45
其他	＞100	＞839.96	120	41

图 3-5-235　枣沟防洪现状评价图

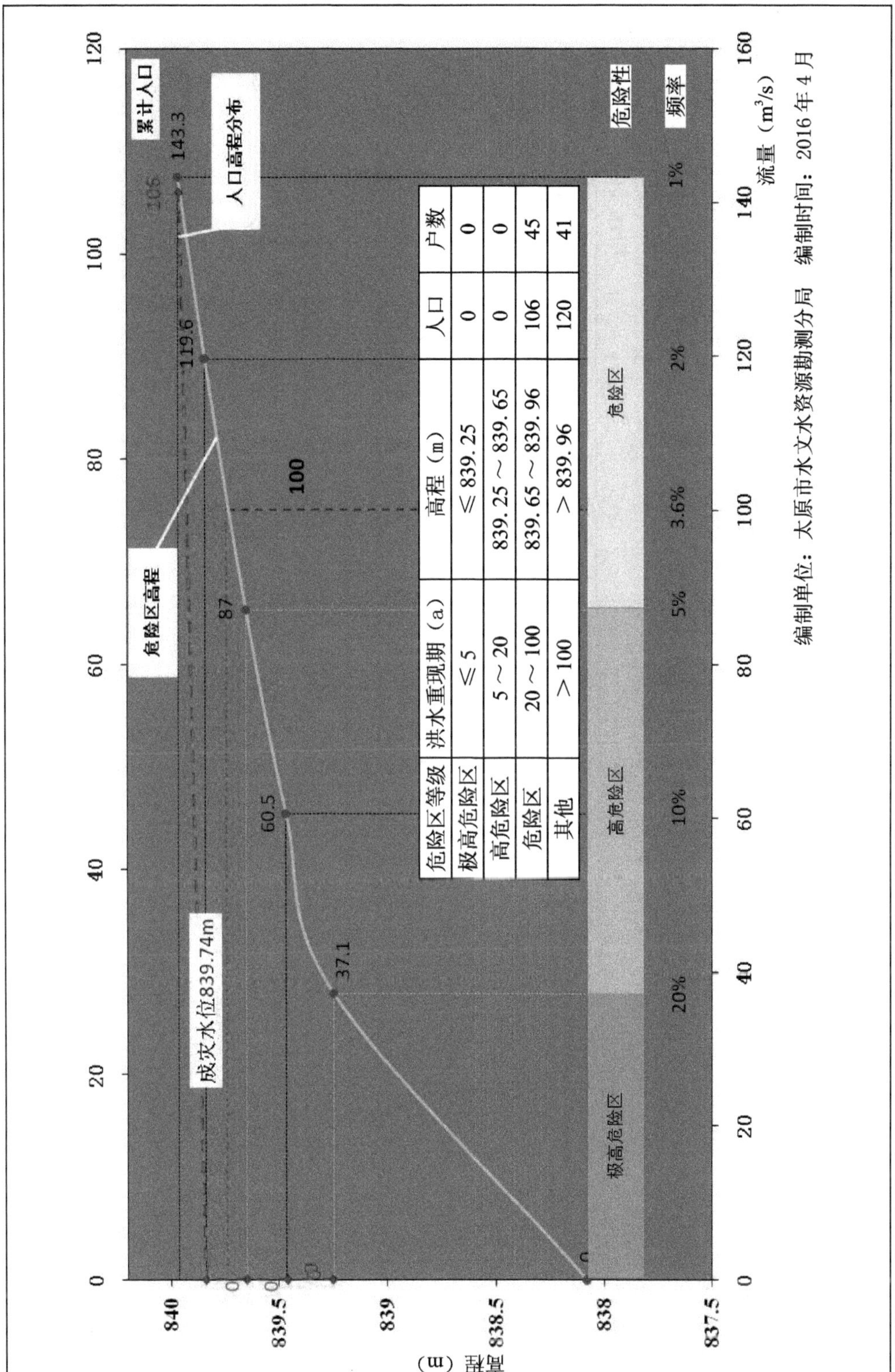

危险区等级	洪水重现期（a）	高程（m）	人口	户数
极高危险区	≤5	≤839.25	0	0
高危险区	5～20	839.25～839.65	0	0
危险区	20～100	839.65～839.96	106	45
其他	>100	>839.96	120	41

图 3-5-236　窑头防洪现状评价图

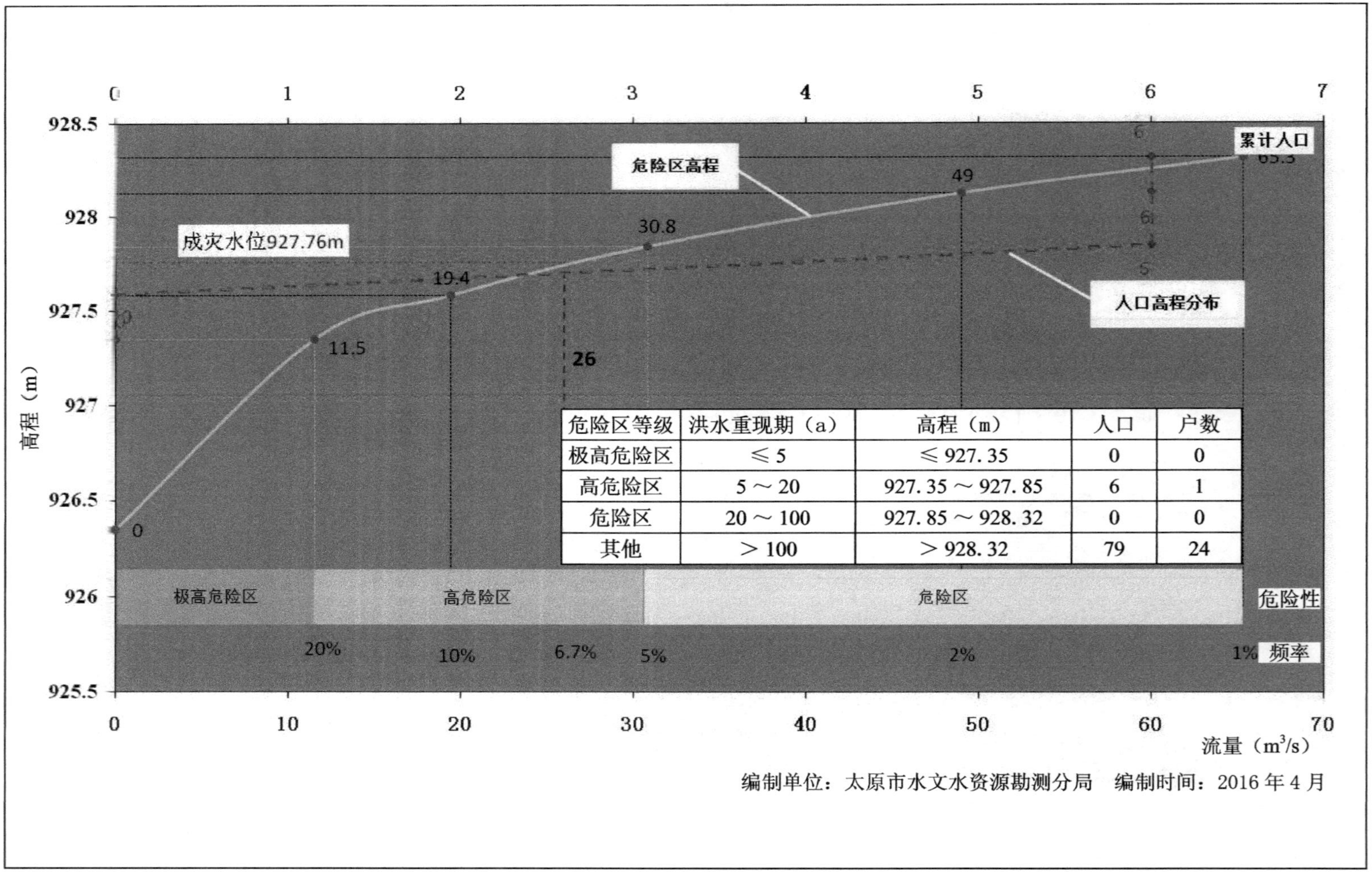

危险区等级	洪水重现期（a）	高程（m）	人口	户数
极高危险区	≤ 5	≤ 927.35	0	0
高危险区	5 ～ 20	927.35 ～ 927.85	6	1
危险区	20 ～ 100	927.85 ～ 928.32	0	0
其他	＞ 100	＞ 928.32	79	24

图 3-5-237　东关口防洪现状评价图

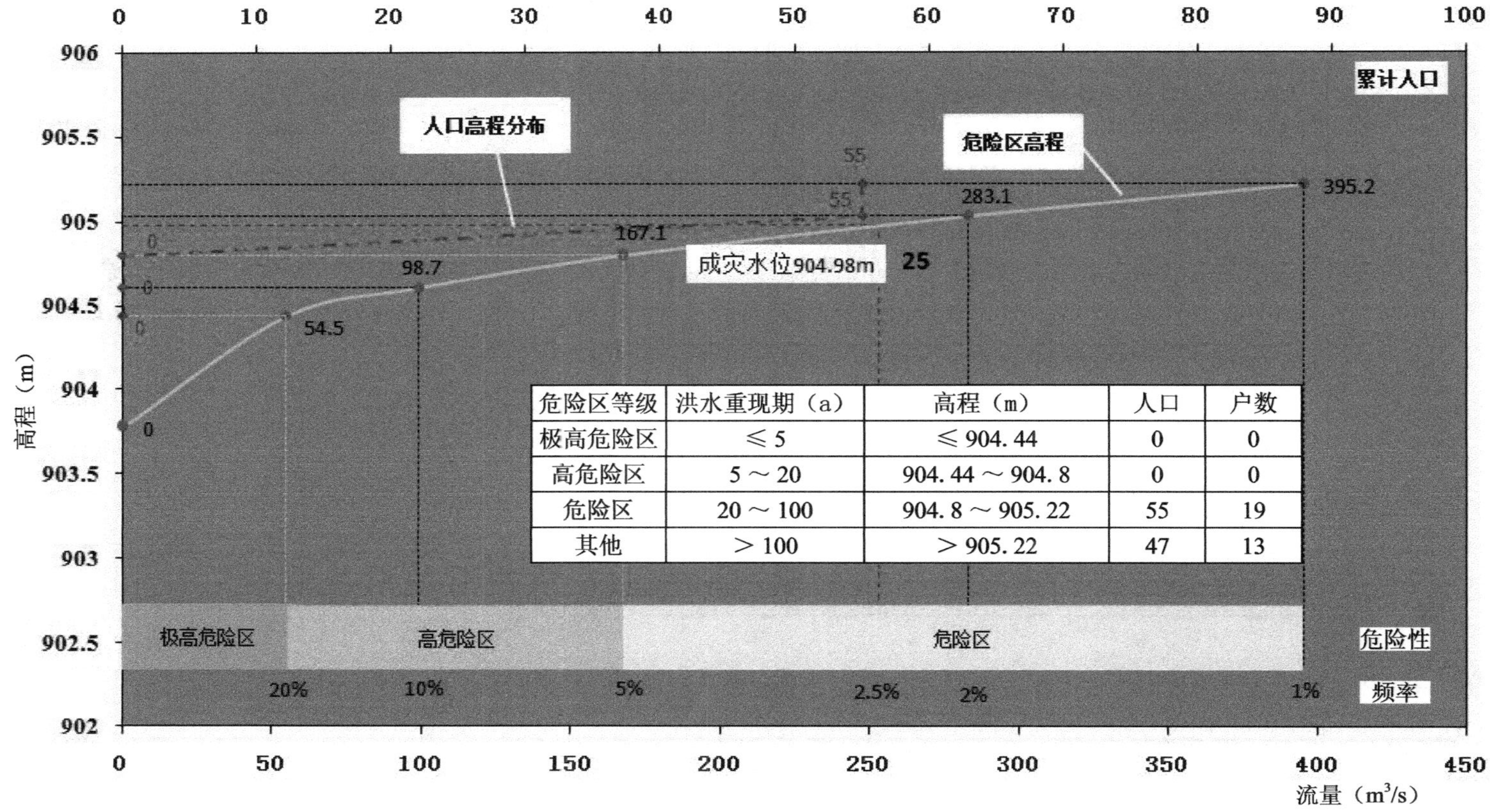

危险区等级	洪水重现期（a）	高程（m）	人口	户数
极高危险区	≤ 5	≤ 904.44	0	0
高危险区	5 ～ 20	904.44 ～ 904.8	0	0
危险区	20 ～ 100	904.8 ～ 905.22	55	19
其他	＞ 100	＞ 905.22	47	13

图 3-5-238　西关口防洪现状评价图

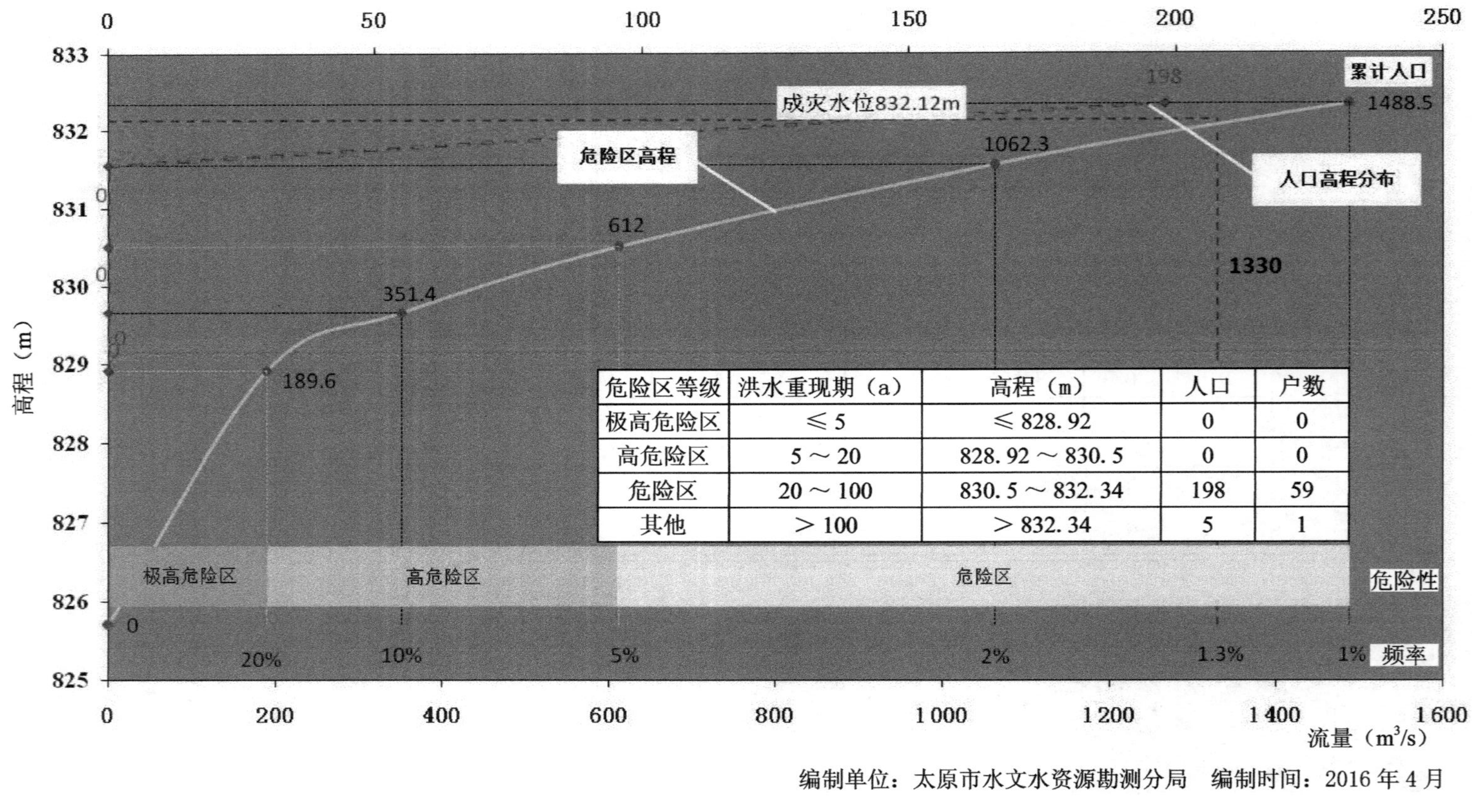

危险区等级	洪水重现期（a）	高程（m）	人口	户数
极高危险区	≤ 5	≤ 828.92	0	0
高危险区	5 ～ 20	828.92 ～ 830.5	0	0
危险区	20 ～ 100	830.5 ～ 832.34	198	59
其他	＞ 100	＞ 832.34	5	1

图 3-5-239　河底防洪现状评价图

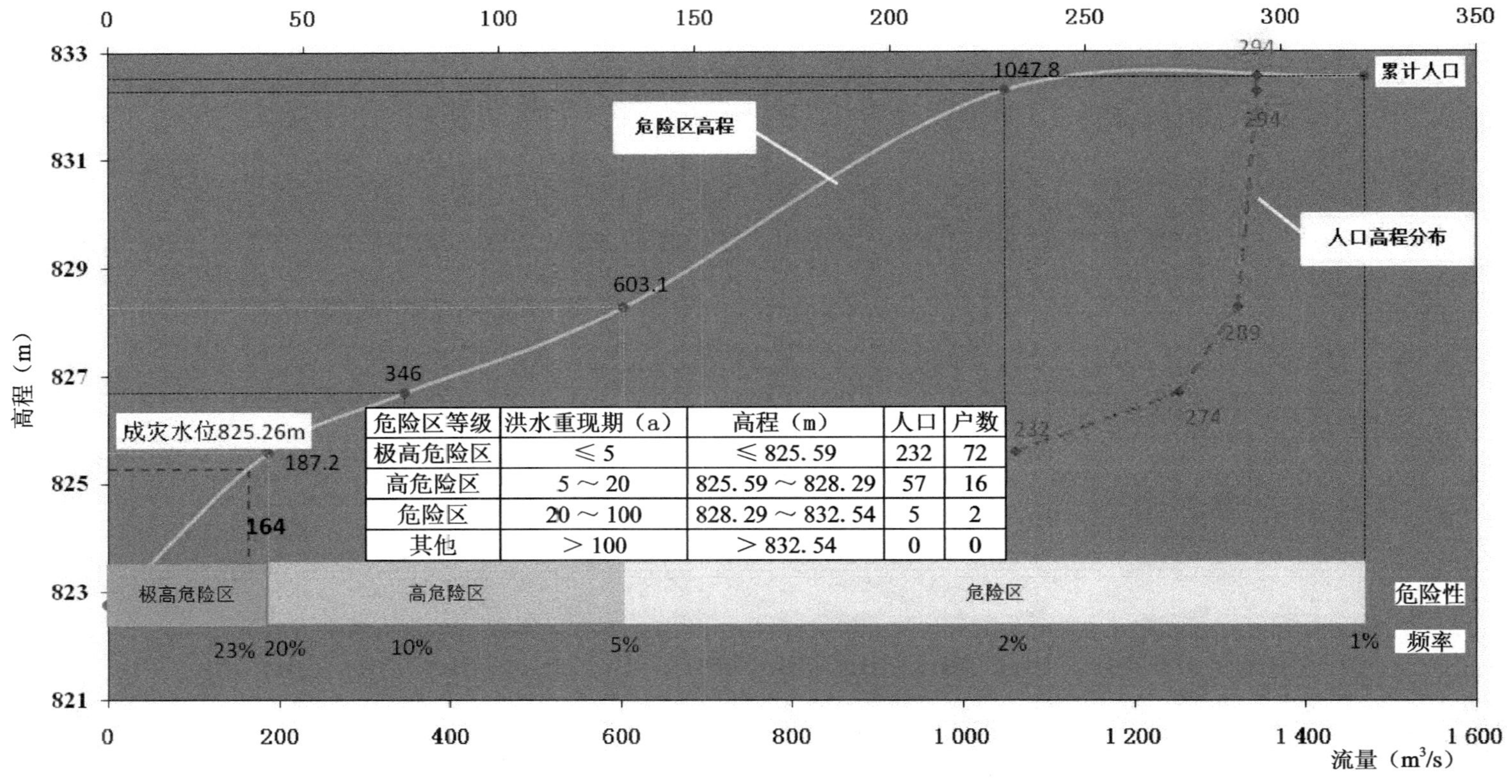

危险区等级	洪水重现期（a）	高程（m）	人口	户数
极高危险区	≤ 5	≤ 825. 59	232	72
高危险区	5 ～ 20	825. 59 ～ 828. 29	57	16
危险区	20 ～ 100	828. 29 ～ 832. 54	5	2
其他	＞ 100	＞ 832. 54	0	0

编制单位：太原市水文水资源勘测分局　编制时间：2016 年 4 月

图 3-5-240　新兴防洪现状评价图

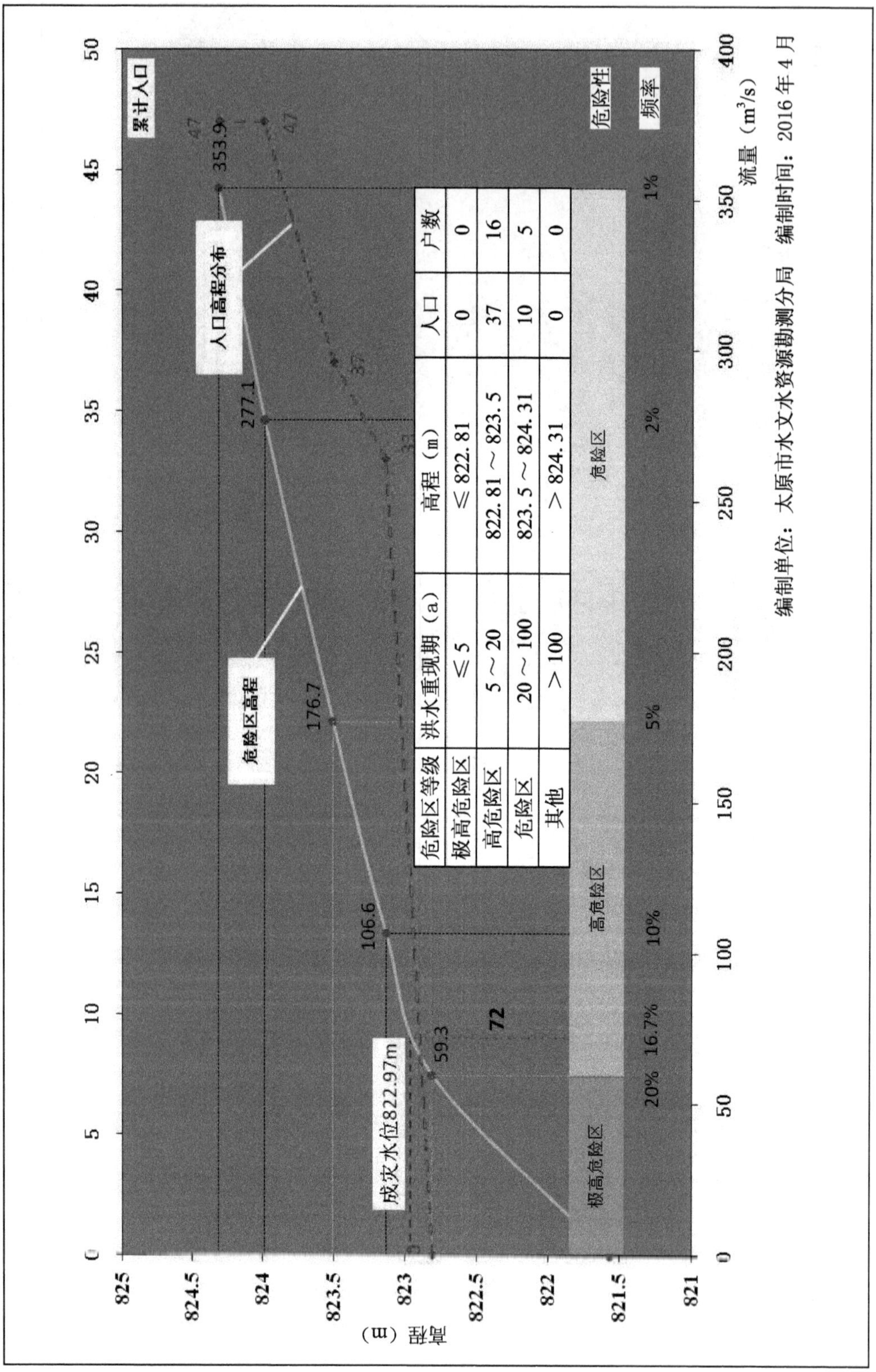

危险区等级	洪水重现期（a）	高程（m）	人口	户数
极高危险区	≤5	≤822.81	0	0
高危险区	5～20	822.81～823.5	37	16
危险区	20～100	823.5～824.31	10	5
其他	>100	>824.31	0	0

图 3-5-241　晋庄防洪现状评价图

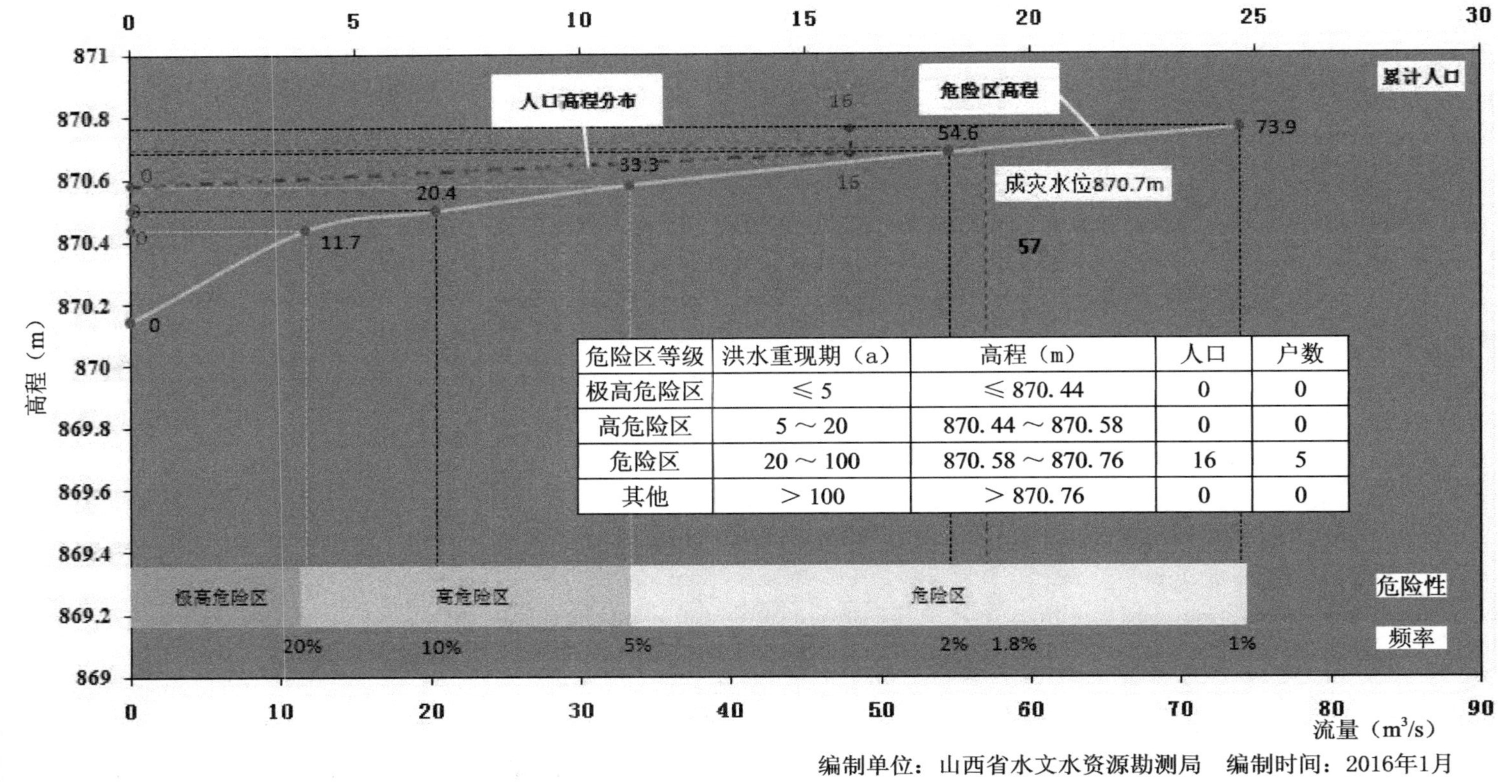

危险区等级	洪水重现期（a）	高程（m）	人口	户数
极高危险区	≤ 5	≤ 870. 44	0	0
高危险区	5 ～ 20	870. 44 ～ 870. 58	0	0
危险区	20 ～ 100	870. 58 ～ 870. 76	16	5
其他	＞ 100	＞ 870. 76	0	0

图 3-5-242　小石河村防洪现状评价图

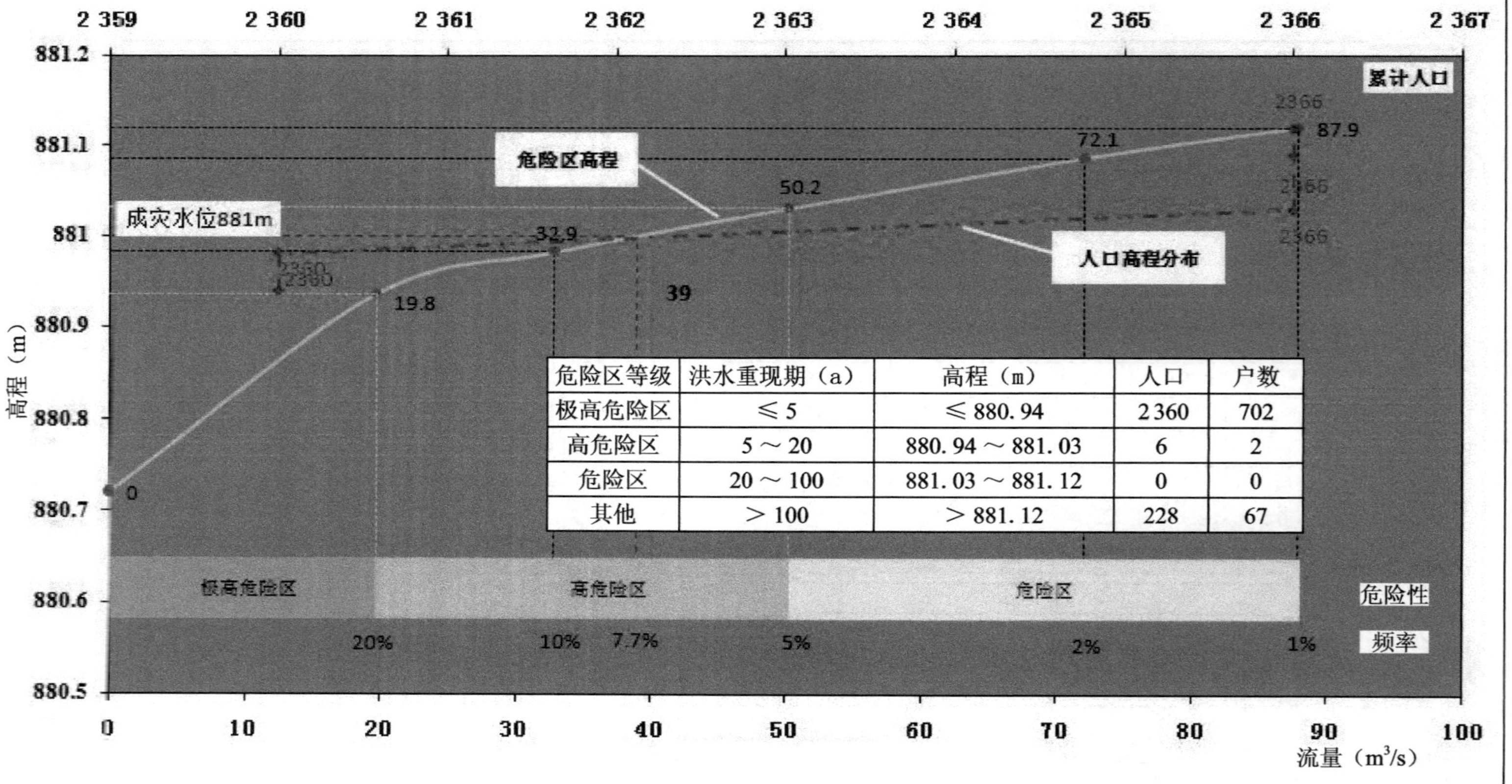

危险区等级	洪水重现期（a）	高程（m）	人口	户数
极高危险区	≤5	≤880.94	2 360	702
高危险区	5～20	880.94～881.03	6	2
危险区	20～100	881.03～881.12	0	0
其他	＞100	＞881.12	228	67

编制单位：山西省水文水资源勘测局　编制时间：2016年1月

图 3-5-243　圪僚沟村防洪现状评价图

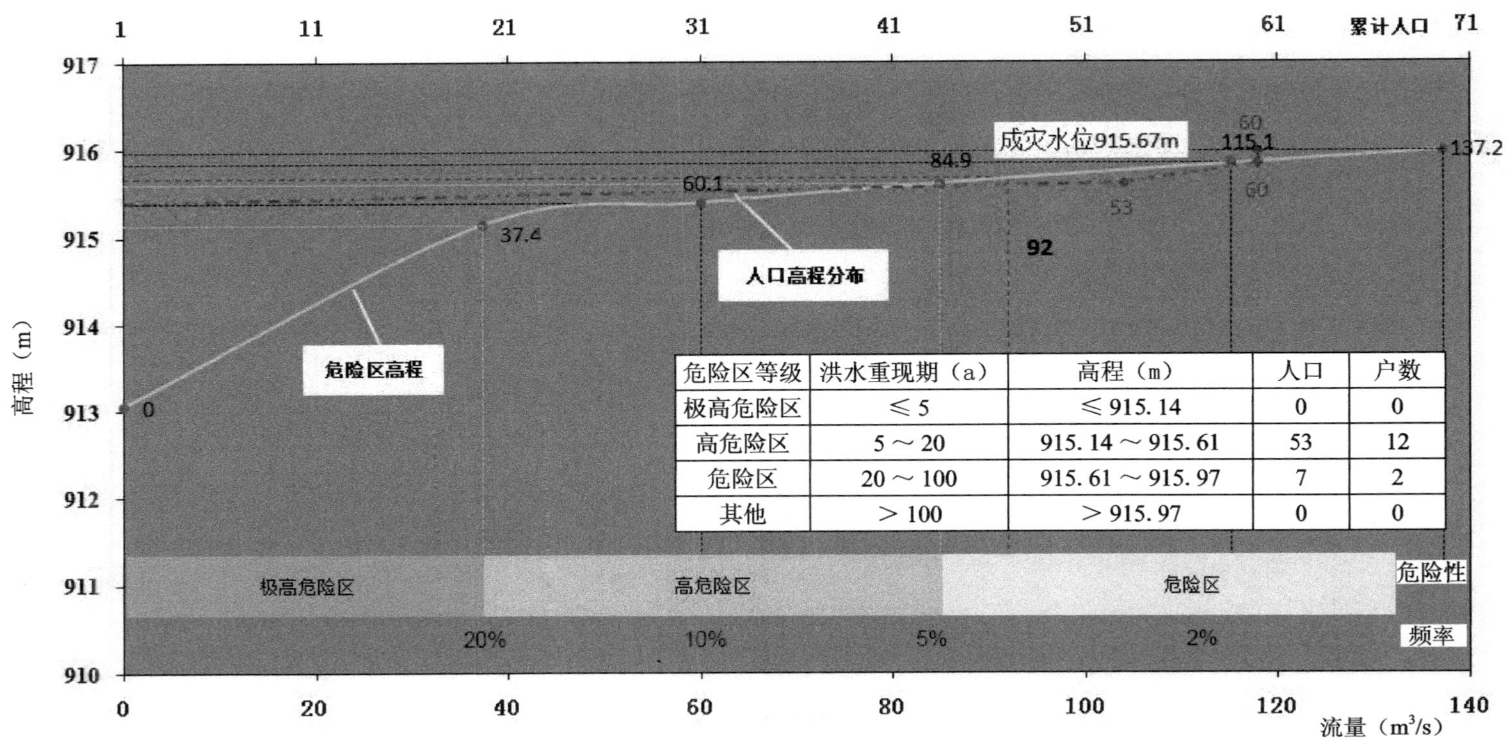

危险区等级	洪水重现期（a）	高程（m）	人口	户数
极高危险区	≤5	≤915.14	0	0
高危险区	5～20	915.14～915.61	53	12
危险区	20～100	915.61～915.97	7	2
其他	＞100	＞915.97	0	0

编制单位：山西省水文水资源勘测局　编制时间：2016年1月

图 3-5-244 风声河村防洪现状评价图

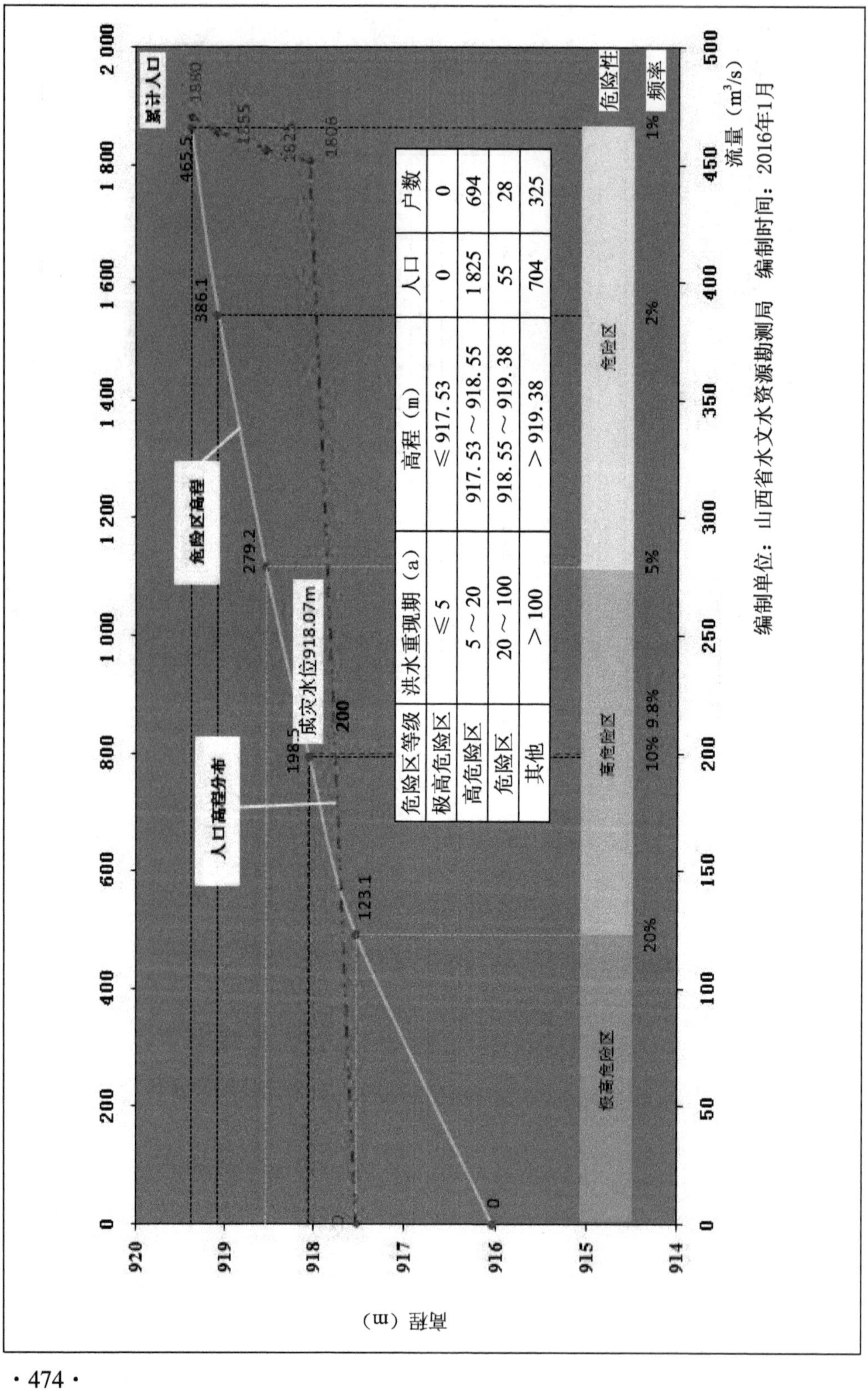

危险区等级	洪水重现期（a）	高程（m）	人口	户数
极高危险区	≤5	≤917.53	0	0
高危险区	5～20	917.53～918.55	1 825	694
危险区	20～100	918.55～919.38	55	28
其他	＞100	＞919.38	704	325

图 3-5-245　西铭村防洪现状评价图

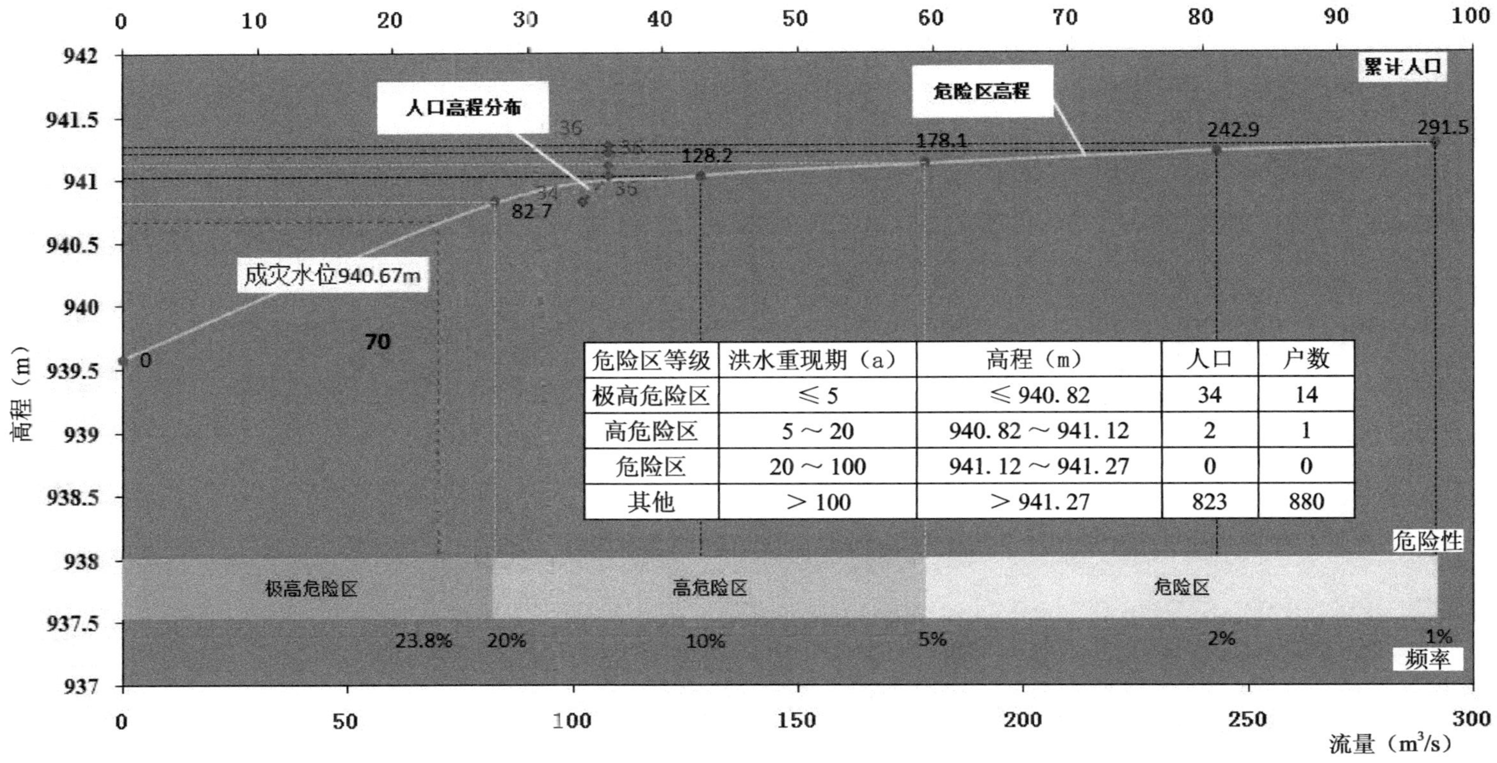

危险区等级	洪水重现期（a）	高程（m）	人口	户数
极高危险区	≤ 5	≤ 940.82	34	14
高危险区	5 ~ 20	940.82 ~ 941.12	2	1
危险区	20 ~ 100	941.12 ~ 941.27	0	0
其他	> 100	> 941.27	823	880

编制单位：山西省水文水资源勘测局　编制时间：2016年1月

图 3-5-246　小西铭村防洪现状评价图

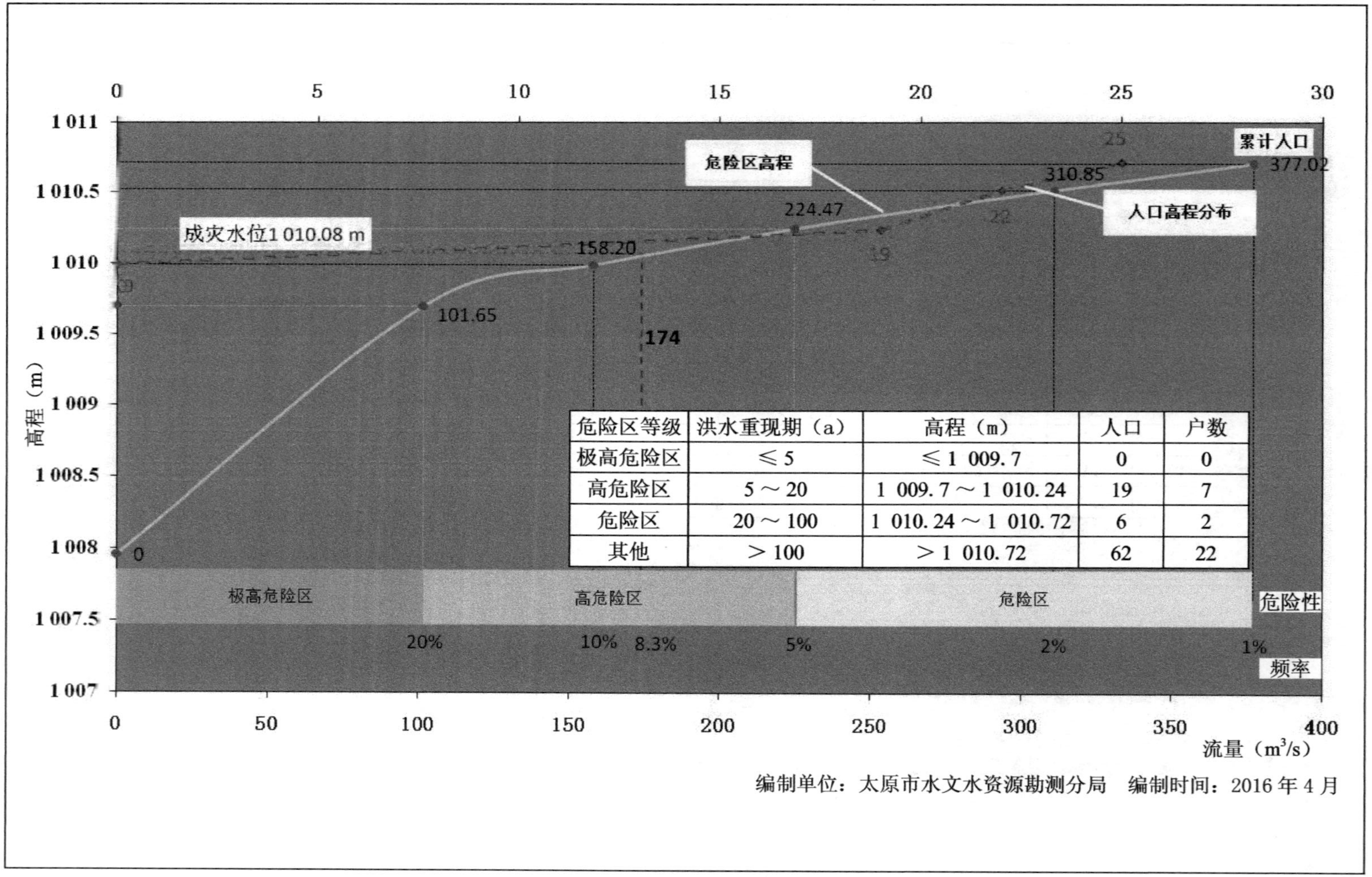

危险区等级	洪水重现期（a）	高程（m）	人口	户数
极高危险区	≤ 5	≤ 1 009. 7	0	0
高危险区	5 ～ 20	1 009. 7 ～ 1 010. 24	19	7
危险区	20 ～ 100	1 010. 24 ～ 1 010. 72	6	2
其他	＞ 100	＞ 1 010. 72	62	22

图 3-5-247　小虎峪村防洪现状评价图

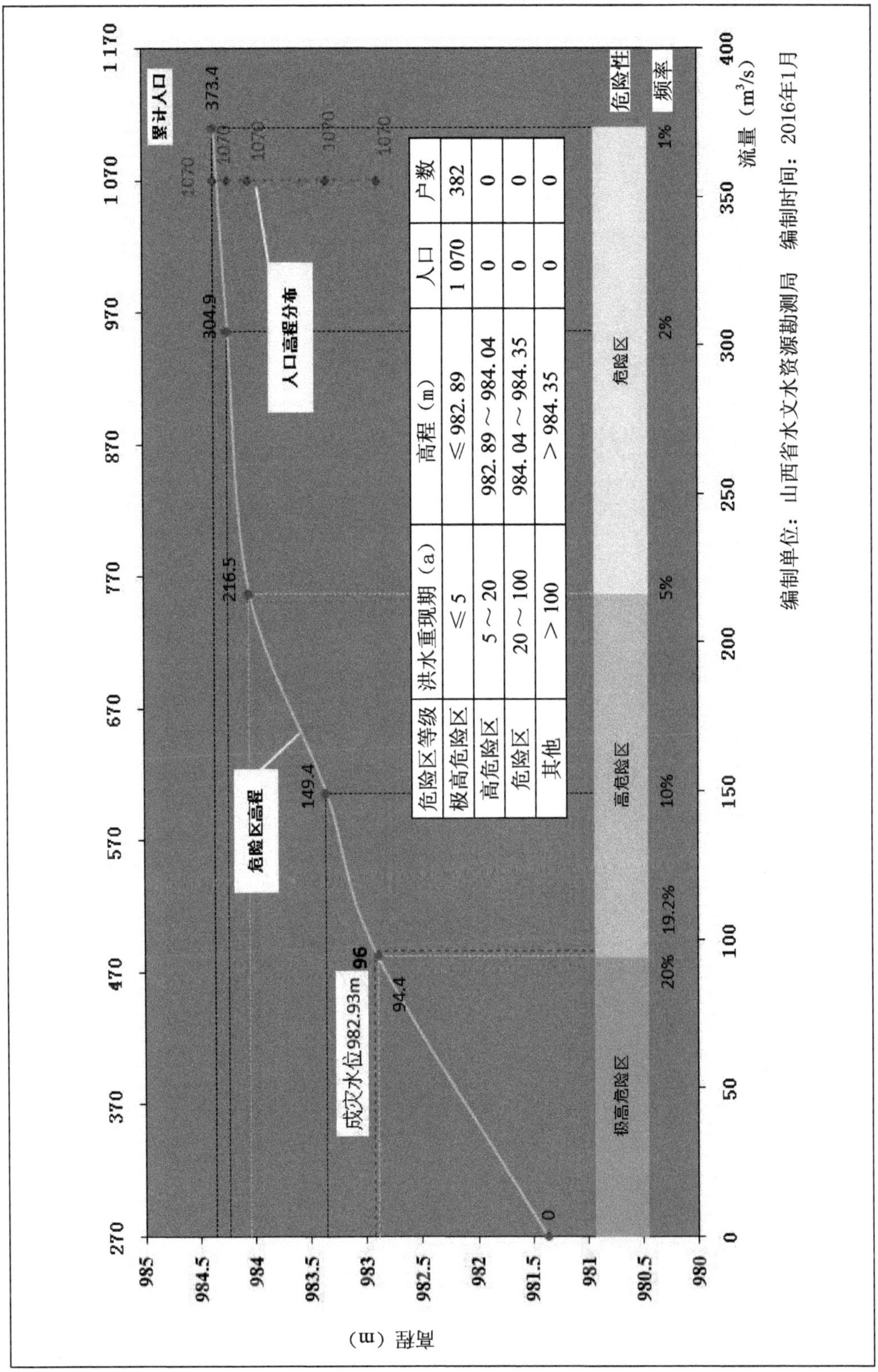

危险区等级	洪水重现期（a）	高程（m）	人口	户数
极高危险区	≤5	≤982.89	1 070	382
高危险区	5～20	982.89～984.04	0	0
危险区	20～100	984.04～984.35	0	0
其他	＞100	＞984.35	0	0

图 3-5-248　大虎峪村防洪现状评价图

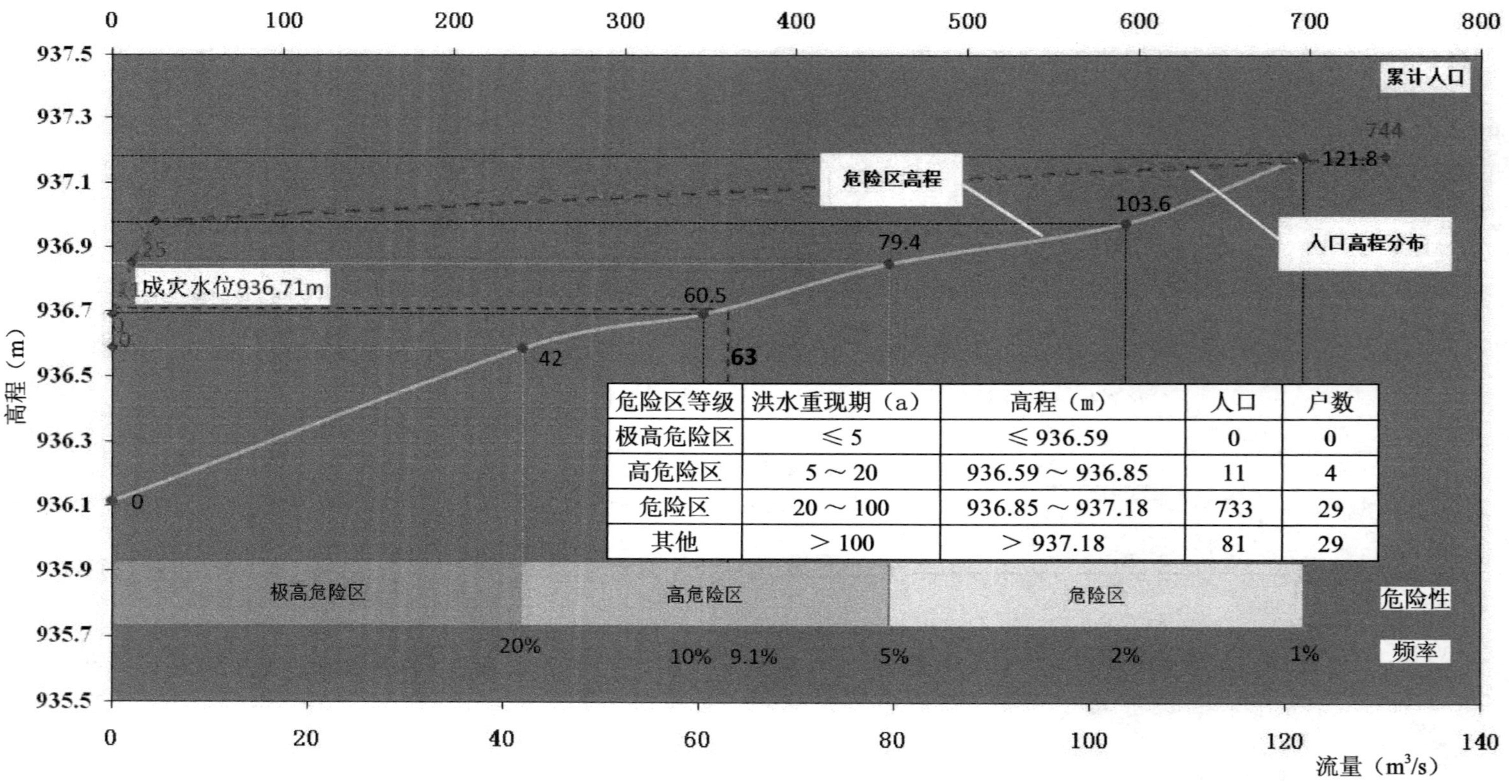

危险区等级	洪水重现期（a）	高程（m）	人口	户数
极高危险区	≤ 5	≤ 936.59	0	0
高危险区	5 ～ 20	936.59 ～ 936.85	11	4
危险区	20 ～ 100	936.85 ～ 937.18	733	29
其他	＞ 100	＞ 937.18	81	29

编制单位：太原市水文水资源勘测分局　编制时间：2016 年 4 月

图 3-5-249　桃杏（高家河）村防洪现状评价图

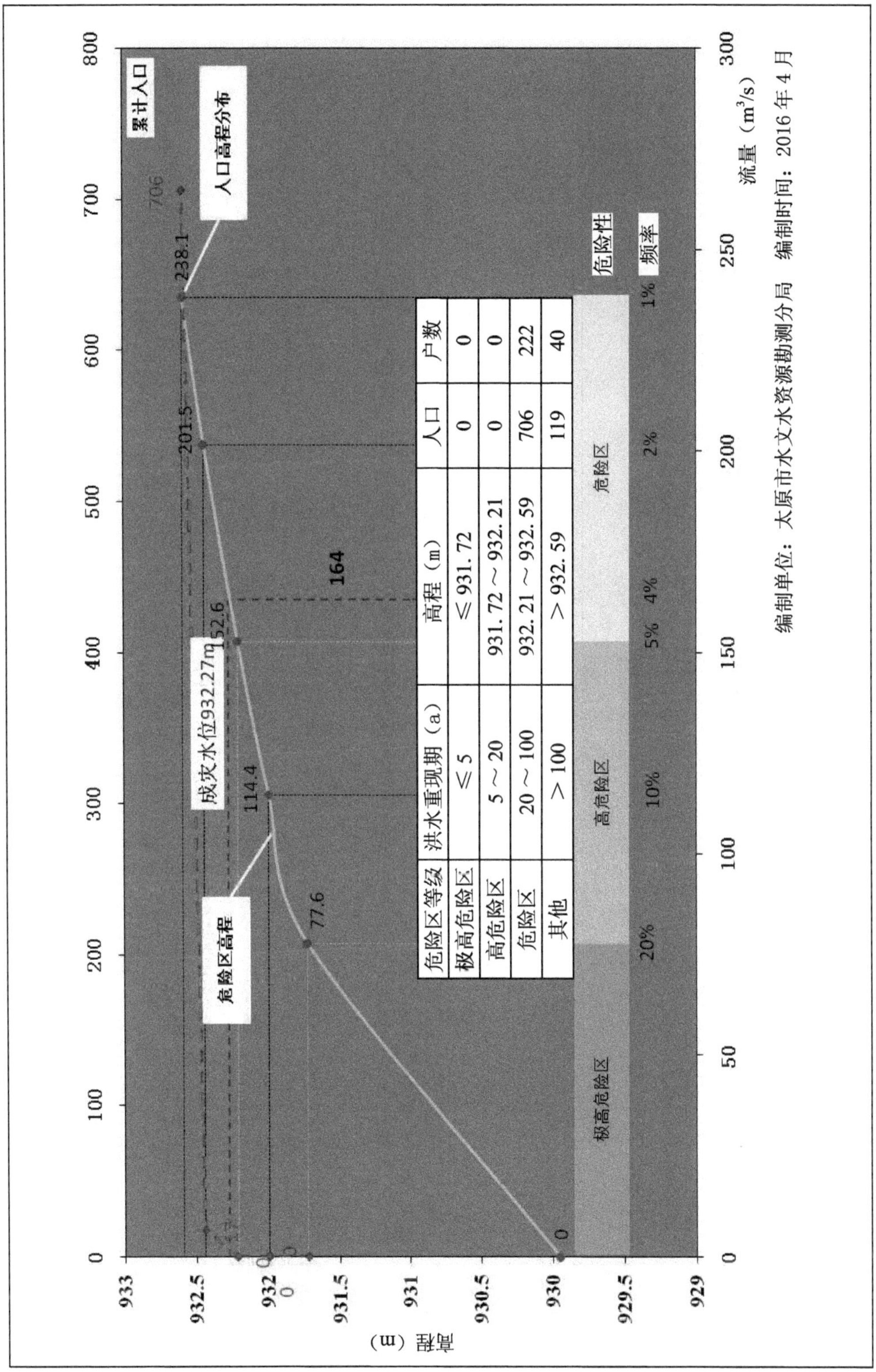

图 3-5-250　桃杏（官地沟）村防洪现状评价图

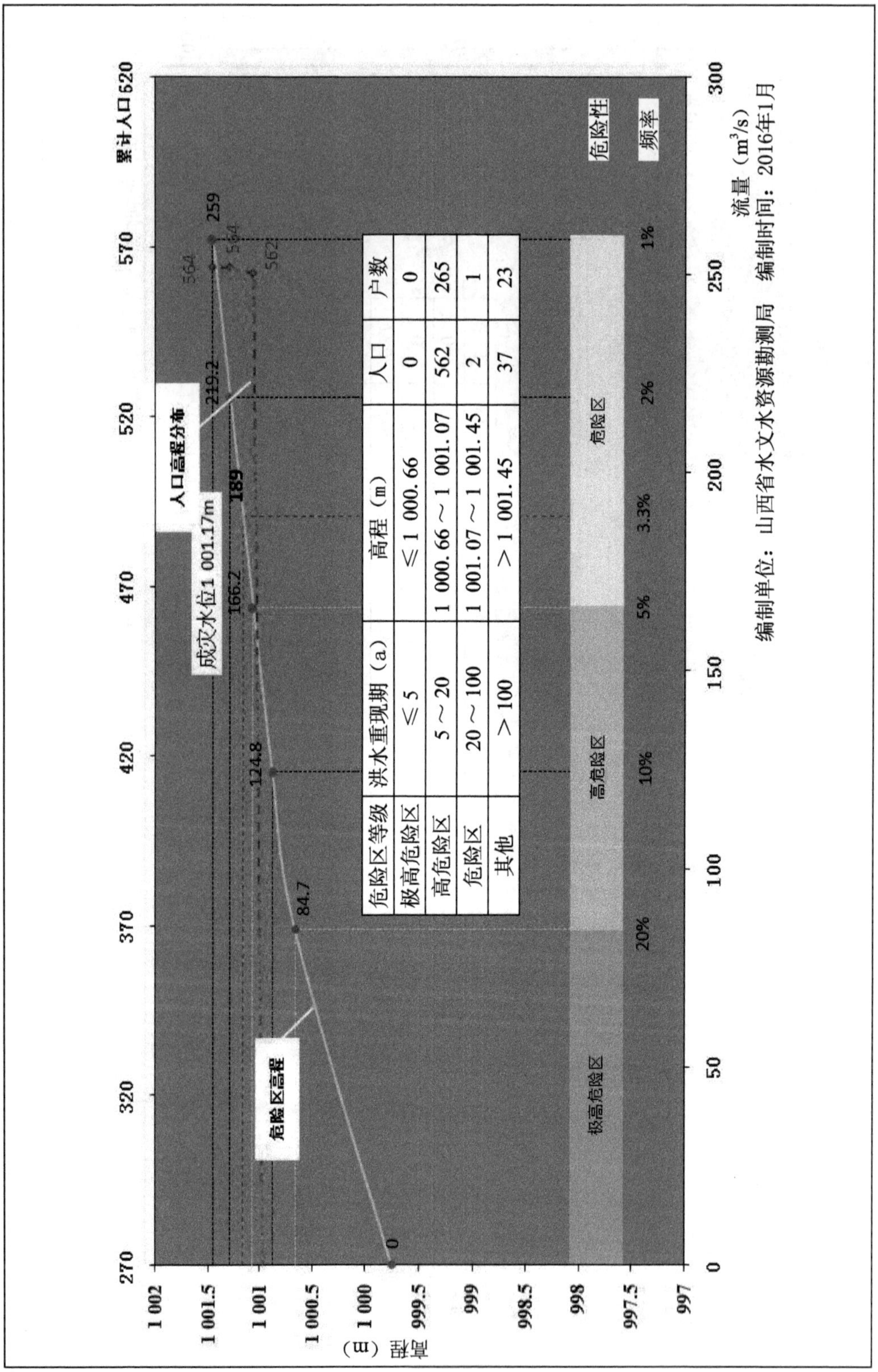

危险区等级	洪水重现期（a）	高程（m）	人口	户数
极高危险区	≤5	≤1 000.66	0	0
高危险区	5～20	1 000.66～1 001.07	562	265
危险区	20～100	1 001.07～1 001.45	2	1
其他	＞100	＞1 001.45	37	23

图 3-5-251　白家庄村防洪现状评价图

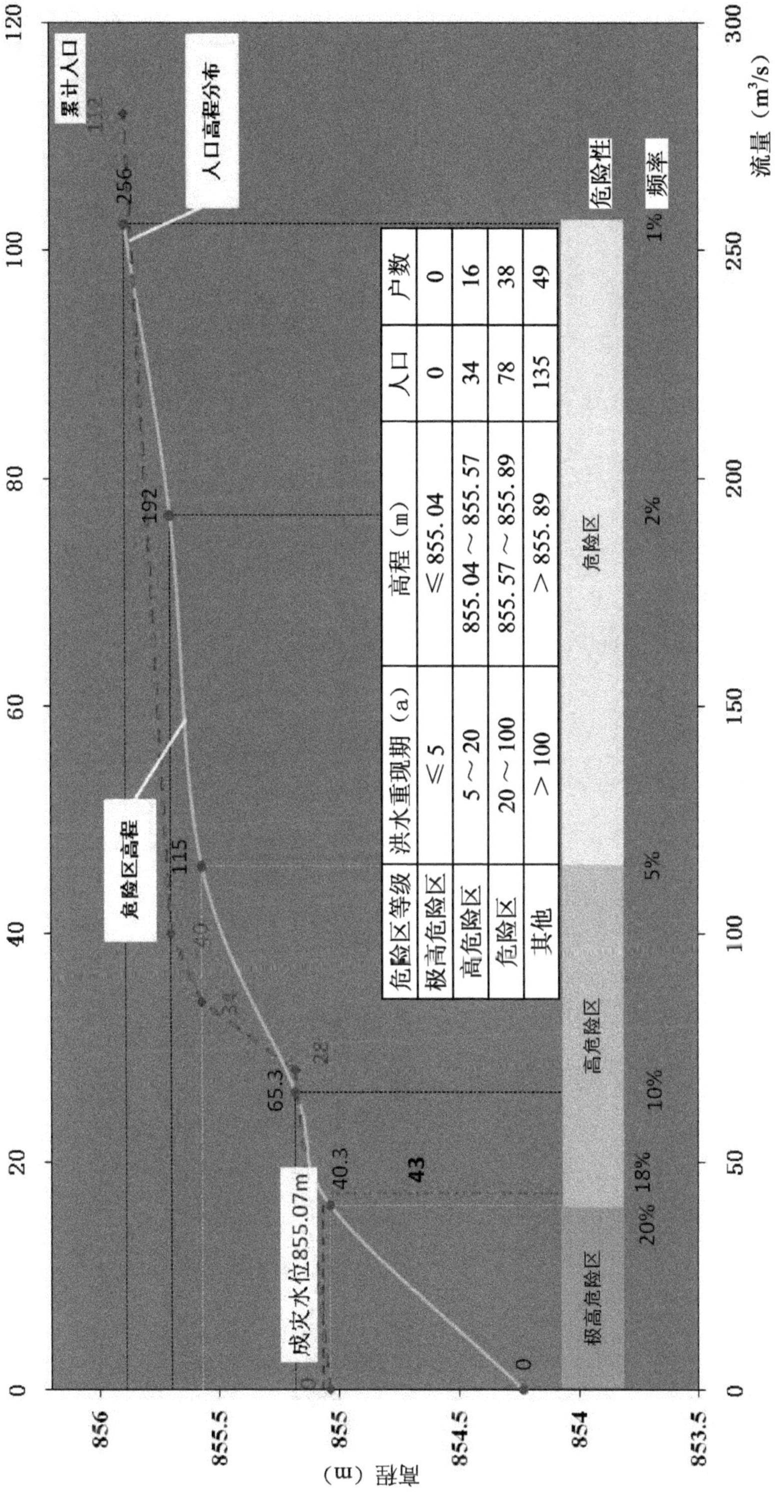

危险区等级	洪水重现期（a）	高程（m）	人口	户数
极高危险区	≤5	≤855.04	0	0
高危险区	5～20	855.04～855.57	34	16
危险区	20～100	855.57～855.89	78	38
其他	＞100	＞855.89	135	49

编制单位：太原市水文水资源勘测分局　编制时间：2016 年 4 月

图 3-5-252　冶峪村防洪现状评价图

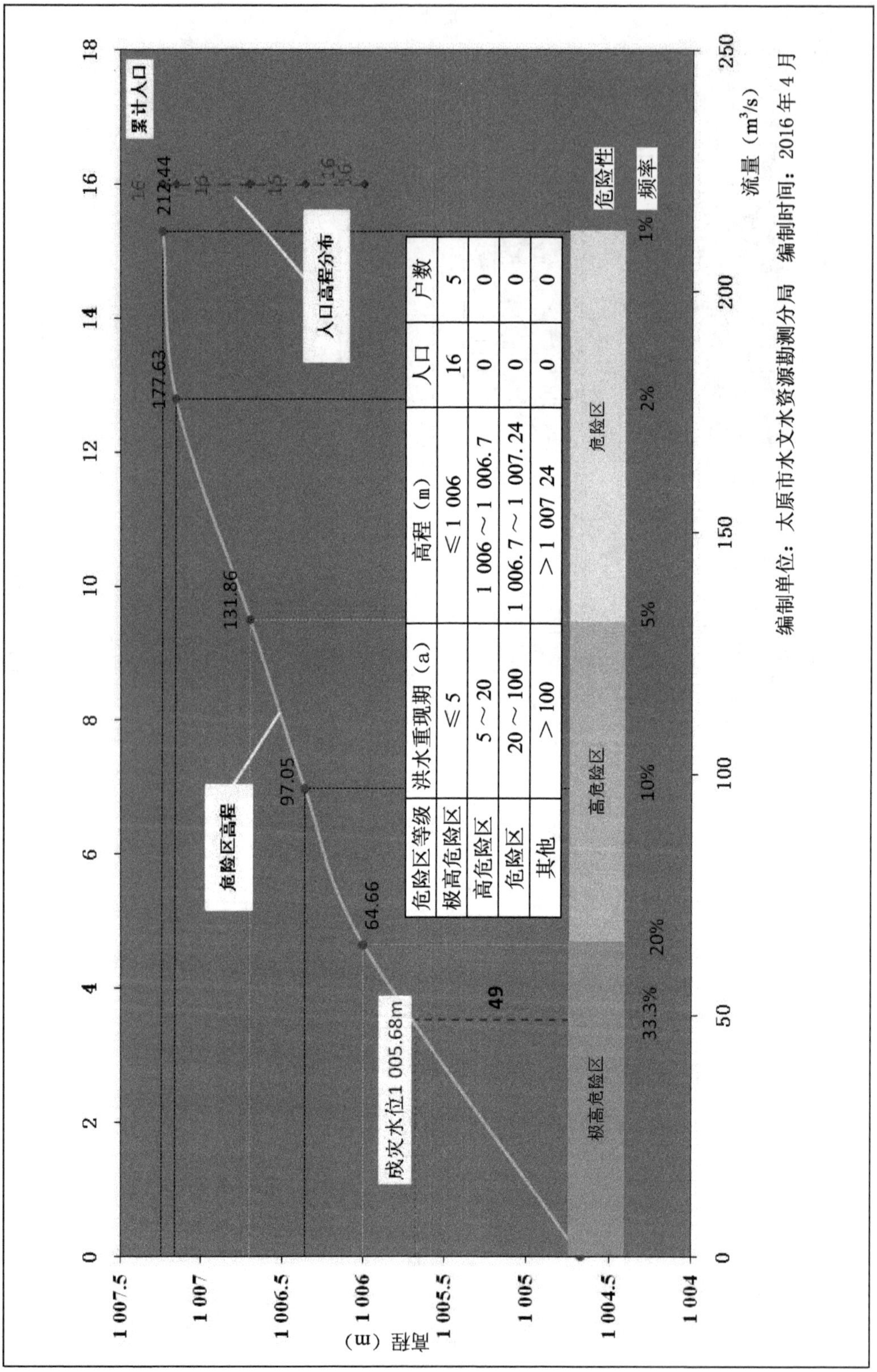

危险区等级	洪水重现期（a）	高程（m）	人口	户数
极高危险区	≤5	≤1 006	16	5
高危险区	5～20	1 006～1 006.7	0	0
危险区	20～100	1 006.7～1 007.24	0	0
其他	＞100	＞1 007 24	0	0

图 3-5-253　黄冶村防洪现状评价图

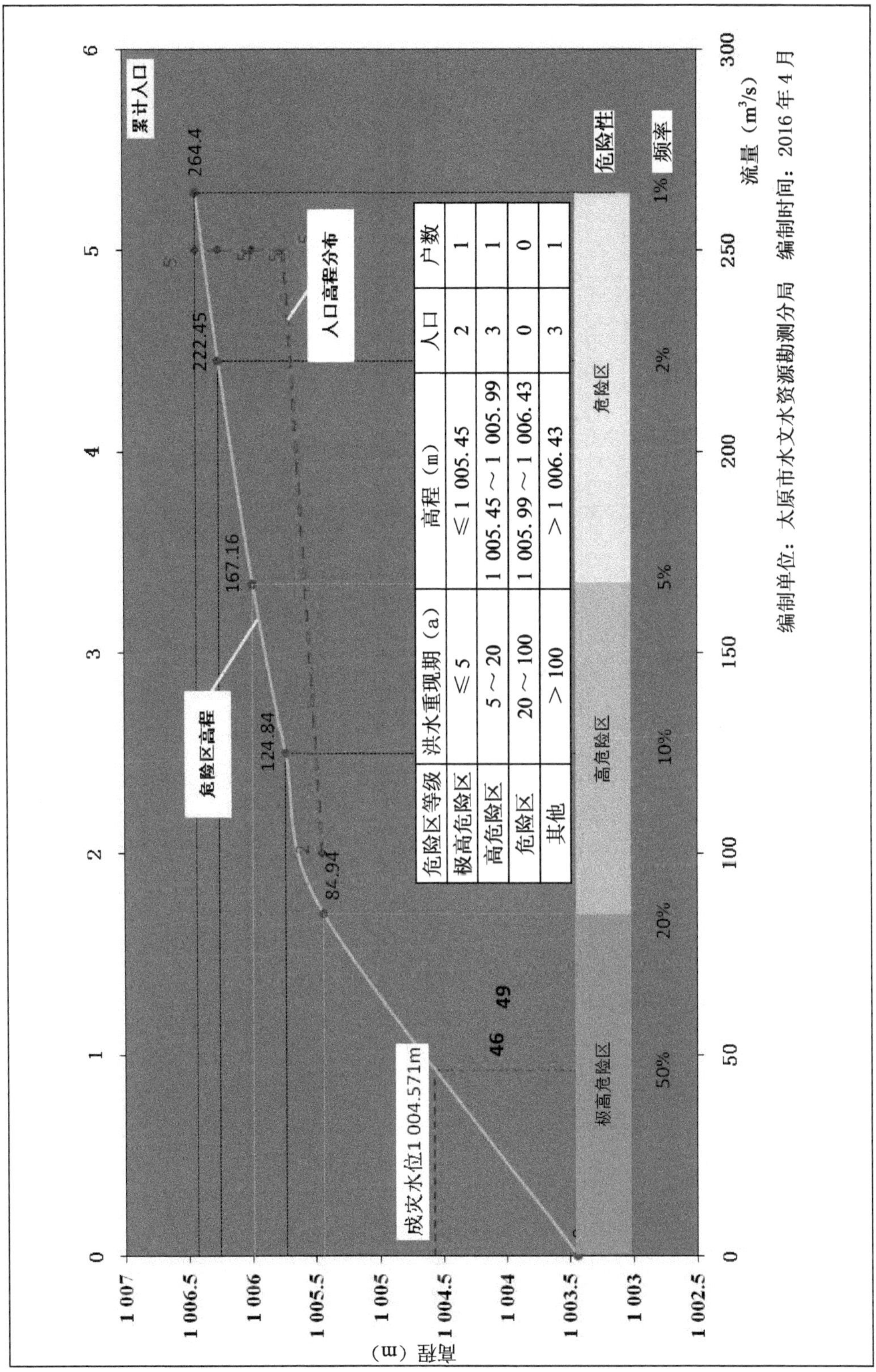

危险区等级	洪水重现期（a）	高程（m）	人口	户数
极高危险区	≤5	≤1 005.45	2	1
高危险区	5～20	1 005.45～1 005.99	3	1
危险区	20～100	1 005.99～1 006.43	0	0
其他	>100	>1 006.43	3	1

图 3-5-254　田家庄村防洪现状评价图

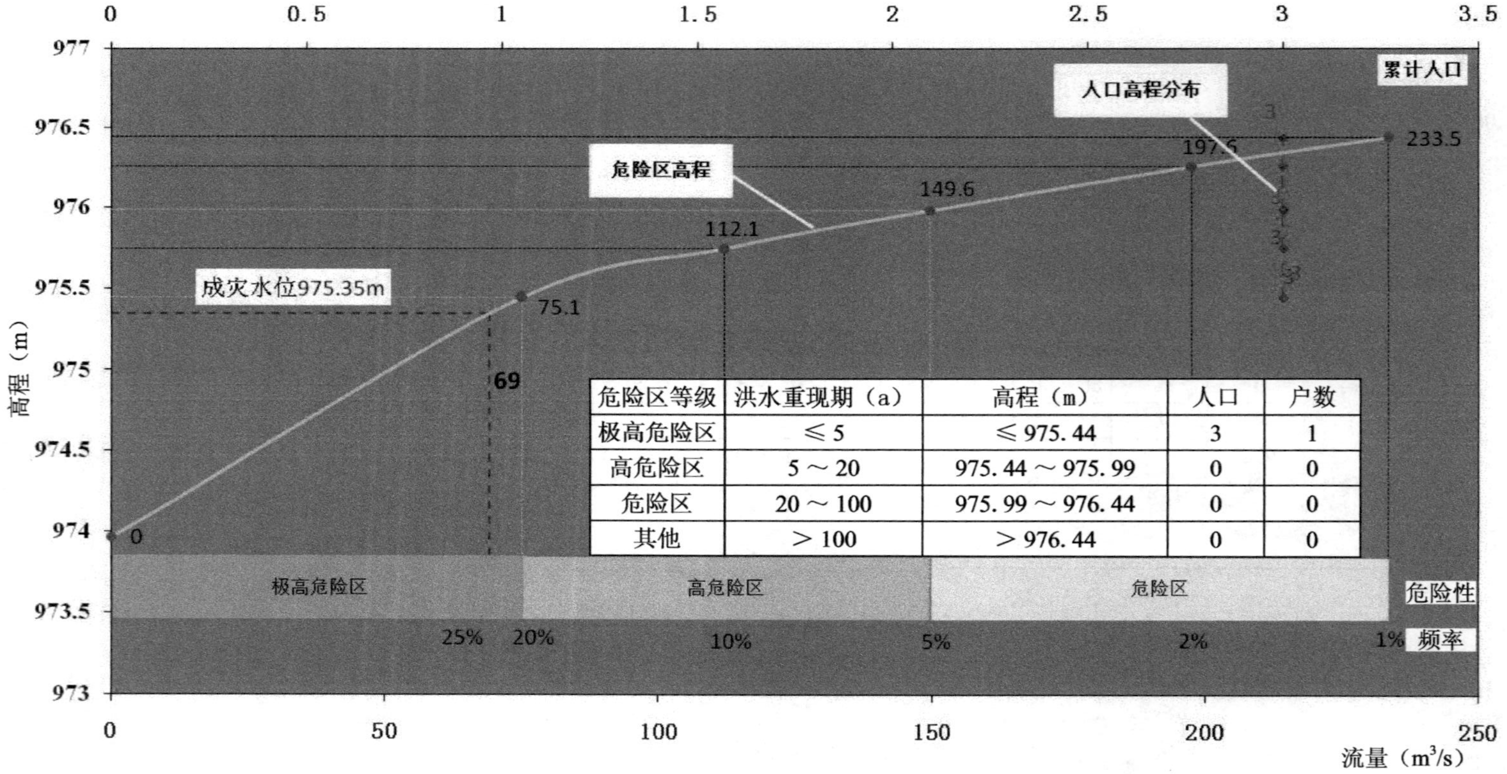

危险区等级	洪水重现期（a）	高程（m）	人口	户数
极高危险区	≤5	≤975.44	3	1
高危险区	5～20	975.44～975.99	0	0
危险区	20～100	975.99～976.44	0	0
其他	>100	>976.44	0	0

编制单位：太原市水文水资源勘测分局　编制时间：2016年4月

图 3-5-255　王家庄村防洪现状评价图

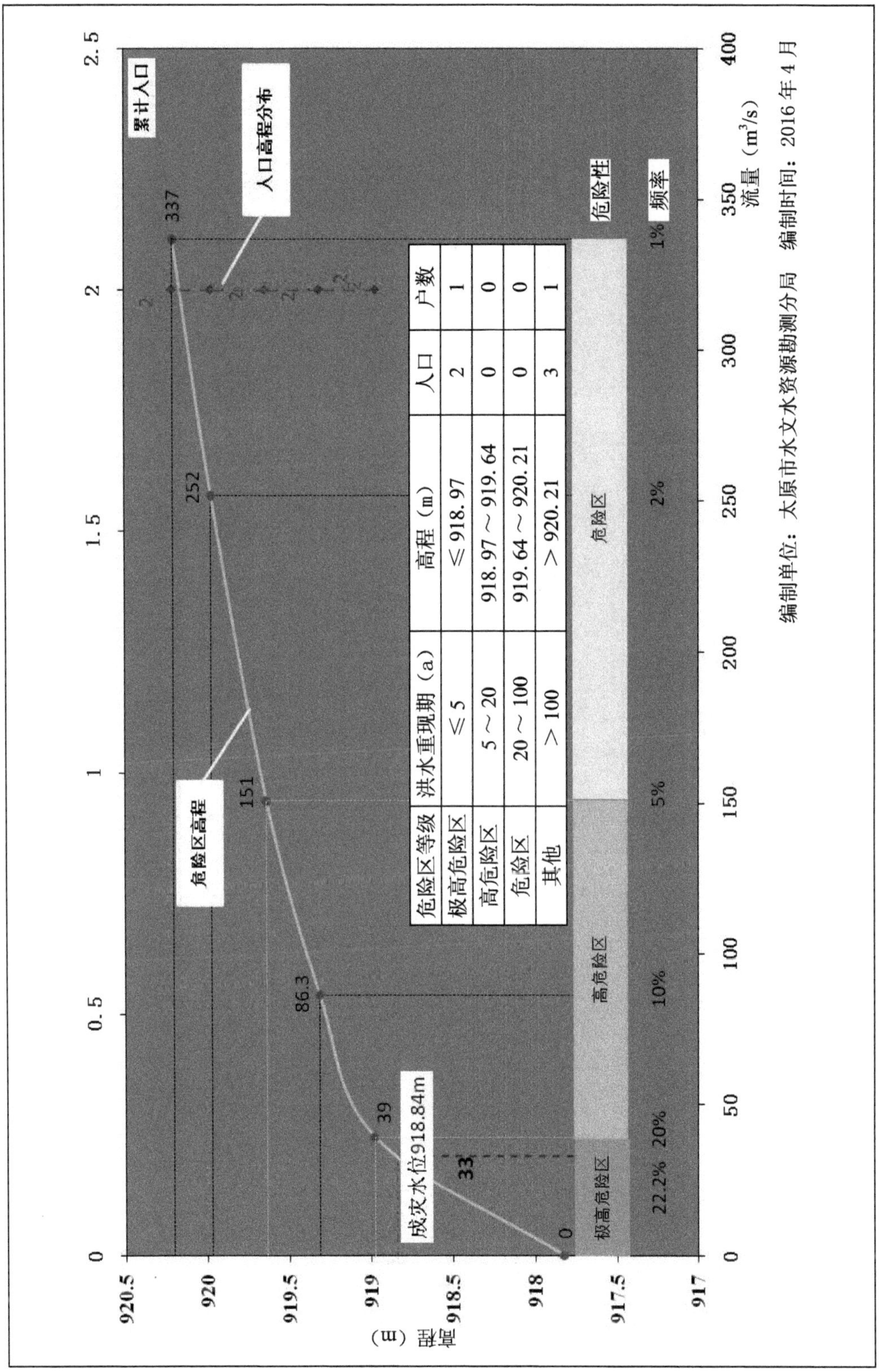

危险区等级	洪水重现期（a）	高程（m）	人口	户数
极高危险区	≤5	≤918.97	2	1
高危险区	5～20	918.97～919.64	0	0
危险区	20～100	919.64～920.21	0	0
其他	＞100	＞920.21	3	1

图 3-5-256　店头村防洪现状评价图

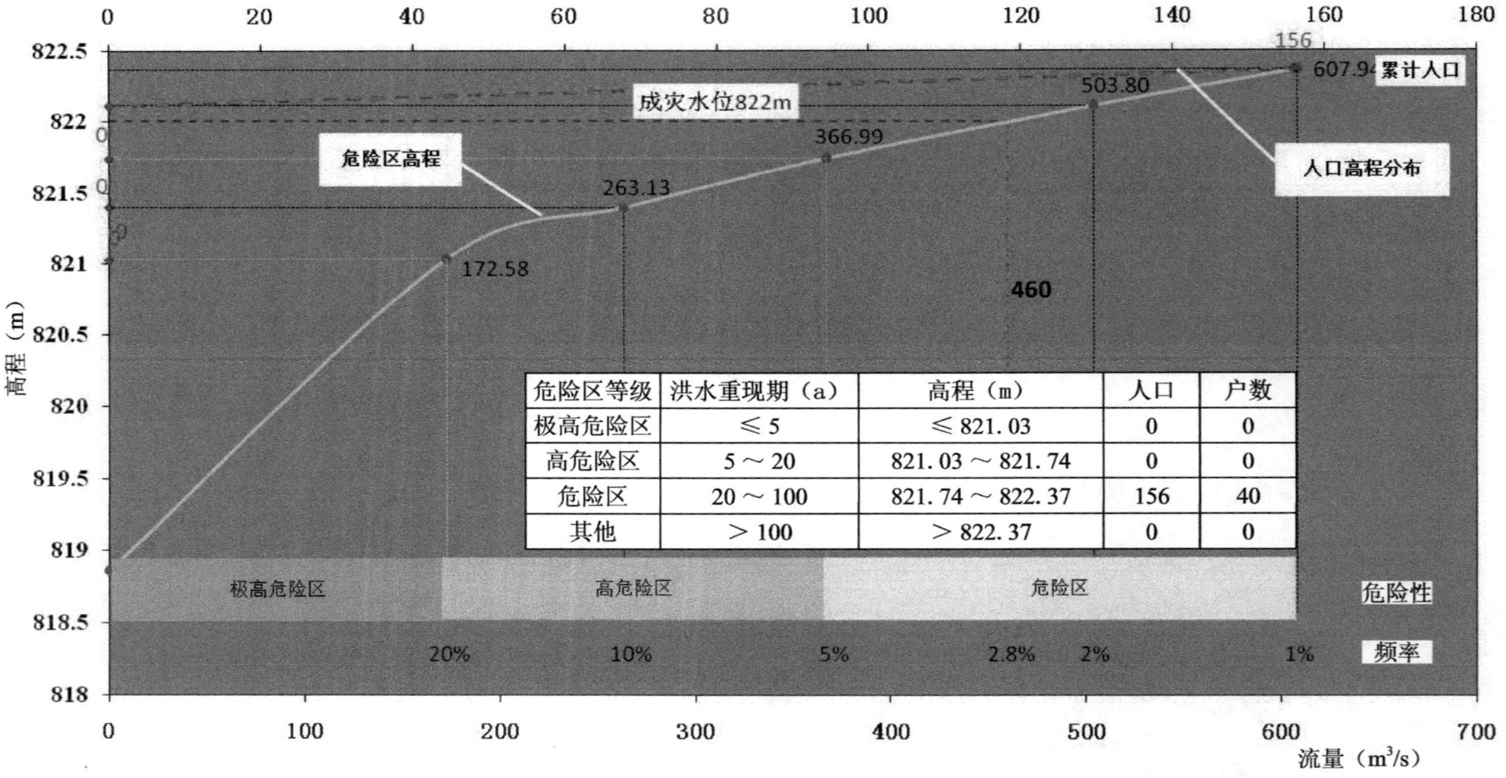

危险区等级	洪水重现期（a）	高程（m）	人口	户数
极高危险区	≤ 5	≤ 821. 03	0	0
高危险区	5 ~ 20	821. 03 ~ 821. 74	0	0
危险区	20 ~ 100	821. 74 ~ 822. 37	156	40
其他	> 100	> 822. 37	0	0

编制单位：太原市水文水资源勘测分局　编制时间：2016 年 4 月

图 3-5-257　王家坟村防洪现状评价图

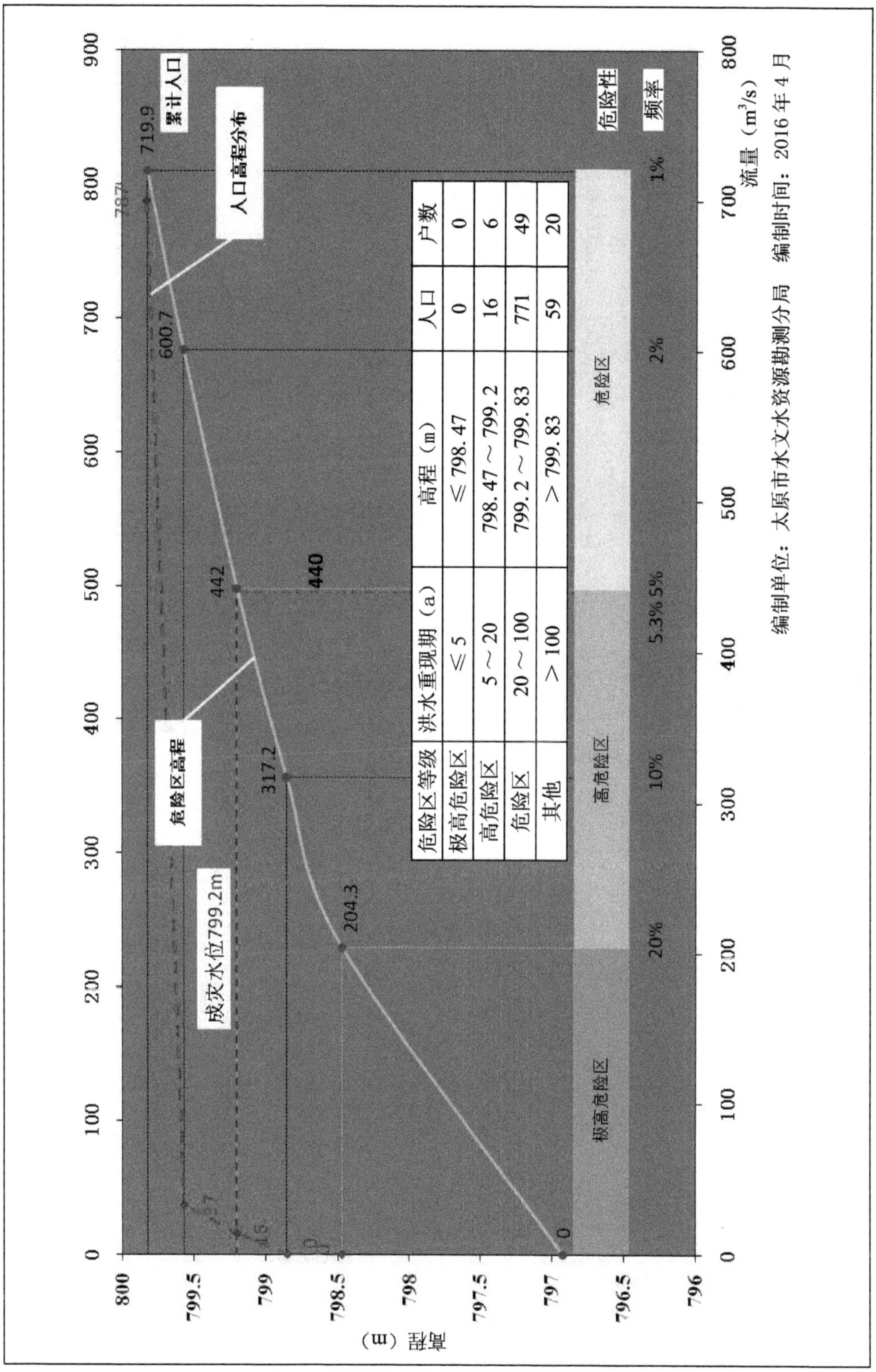

危险区等级	洪水重现期（a）	高程（m）	人口	户数
极高危险区	≤5	≤798.47	0	0
高危险区	5～20	798.47～799.2	16	6
危险区	20～100	799.2～799.83	771	49
其他	>100	>799.83	59	20

图 3-5-258　罗城村防洪现状评价图

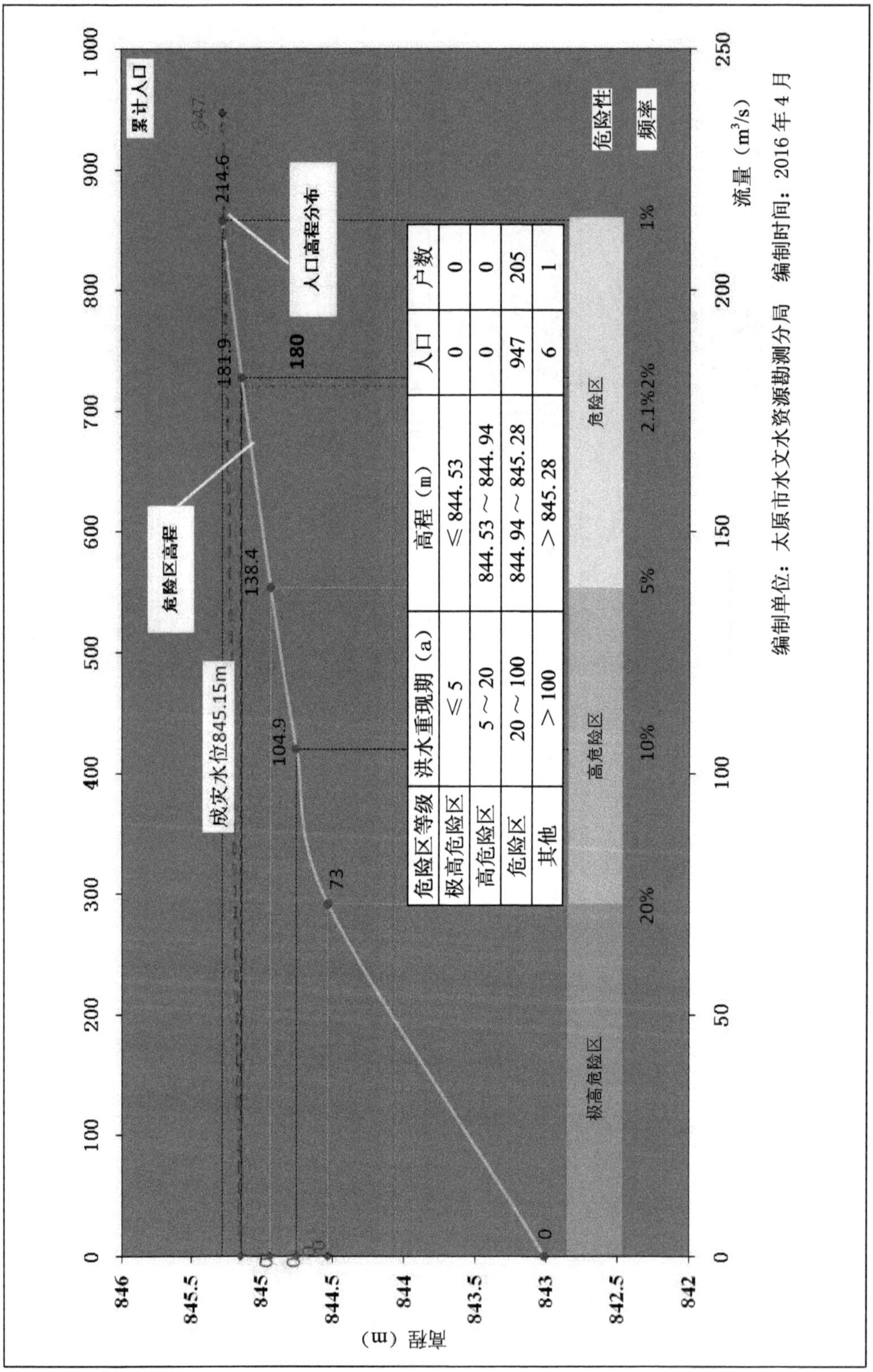

危险区等级	洪水重现期（a）	高程（m）	人口	户数
极高危险区	≤5	≤844.53	0	0
高危险区	5～20	844.53～844.94	0	0
危险区	20～100	844.94～845.28	947	205
其他	＞100	＞845.28	6	1

图3-5-259　开化村防洪现状评价图

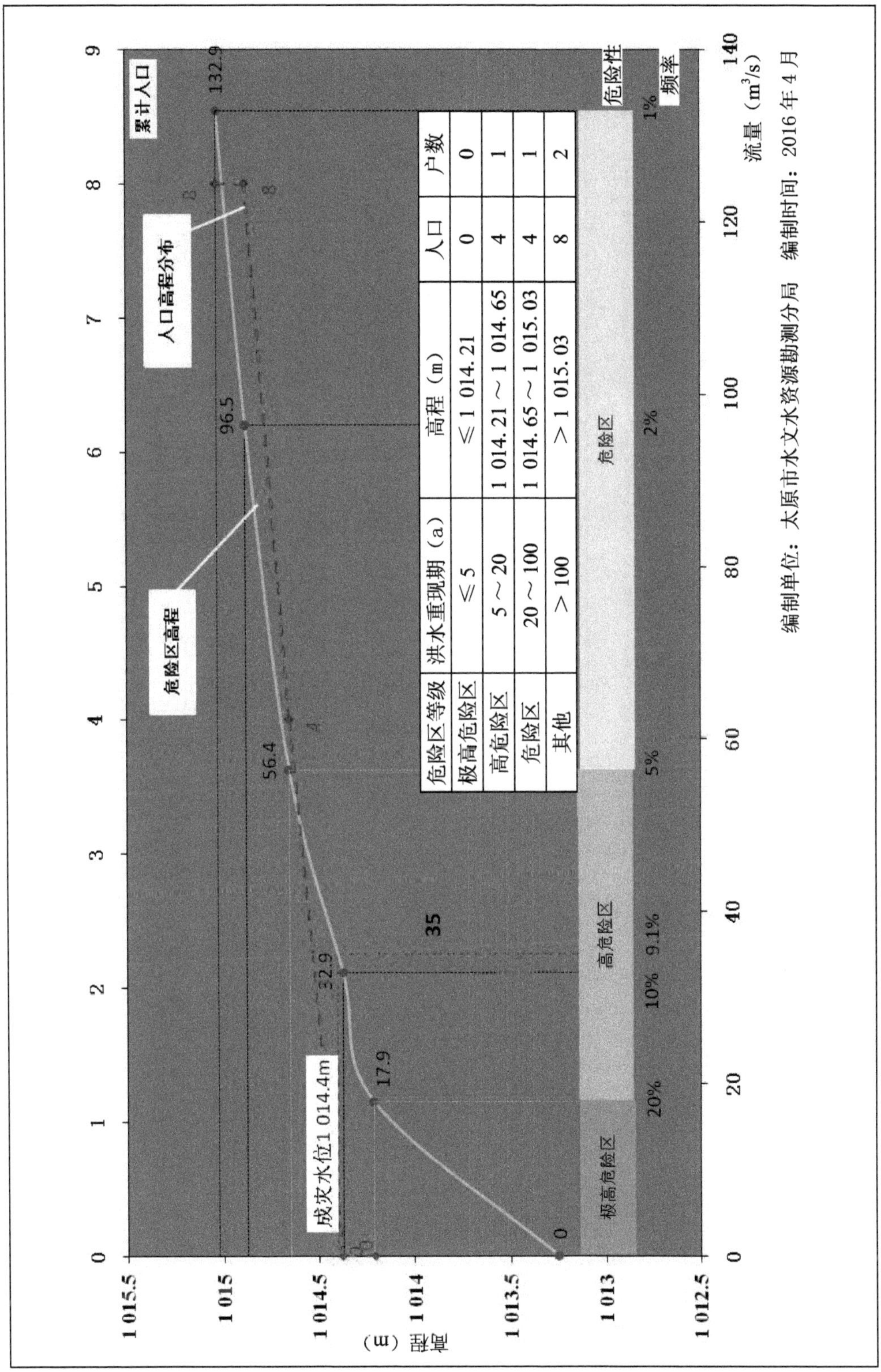

危险区等级	洪水重现期（a）	高程（m）	人口	户数
极高危险区	≤5	≤1 014.21	0	0
高危险区	5～20	1 014.21～1 014.65	4	1
危险区	20～100	1 014.65～1 015.03	4	1
其他	＞100	＞1 015.03	8	2

图 3-5-260　窑头村防洪现状评价图

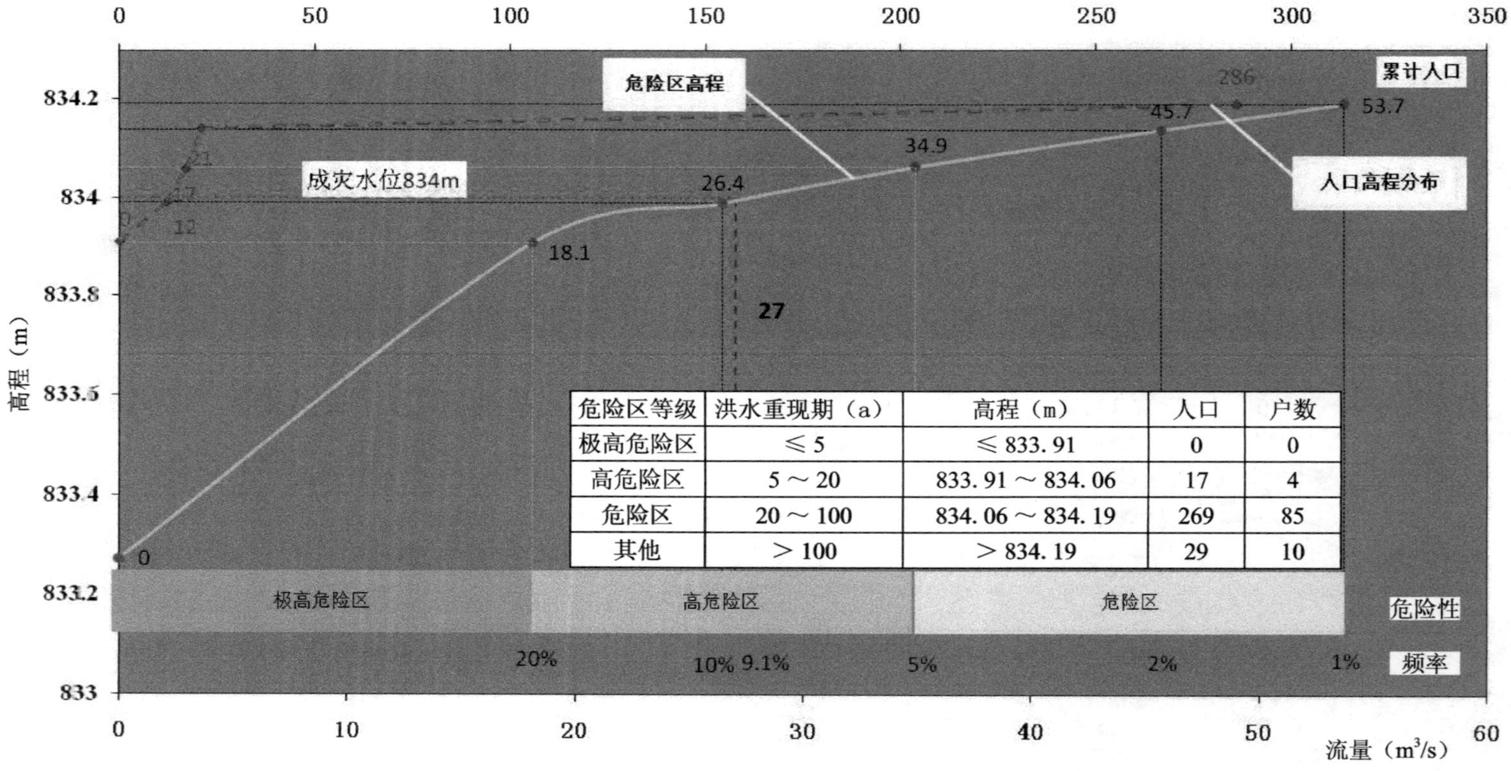

危险区等级	洪水重现期（a）	高程（m）	人口	户数
极高危险区	≤5	≤833.91	0	0
高危险区	5～20	833.91～834.06	17	4
危险区	20～100	834.06～834.19	269	85
其他	＞100	＞834.19	29	10

编制单位：太原市水文水资源勘测分局　编制时间：2016年4月

图3-5-261　青阳河村防洪现状评价图

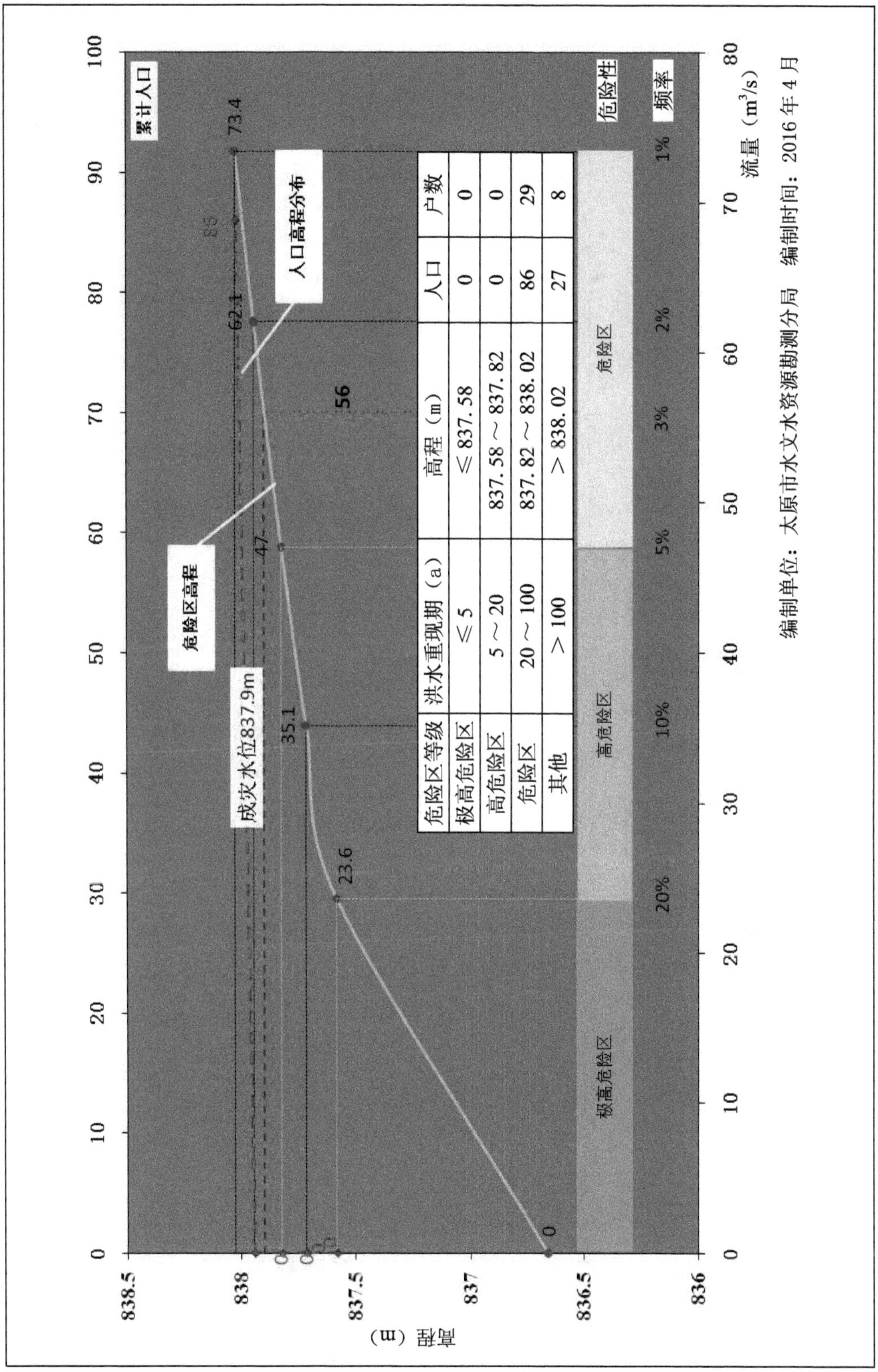

图3-5-262　蚕石村防洪现状评价图

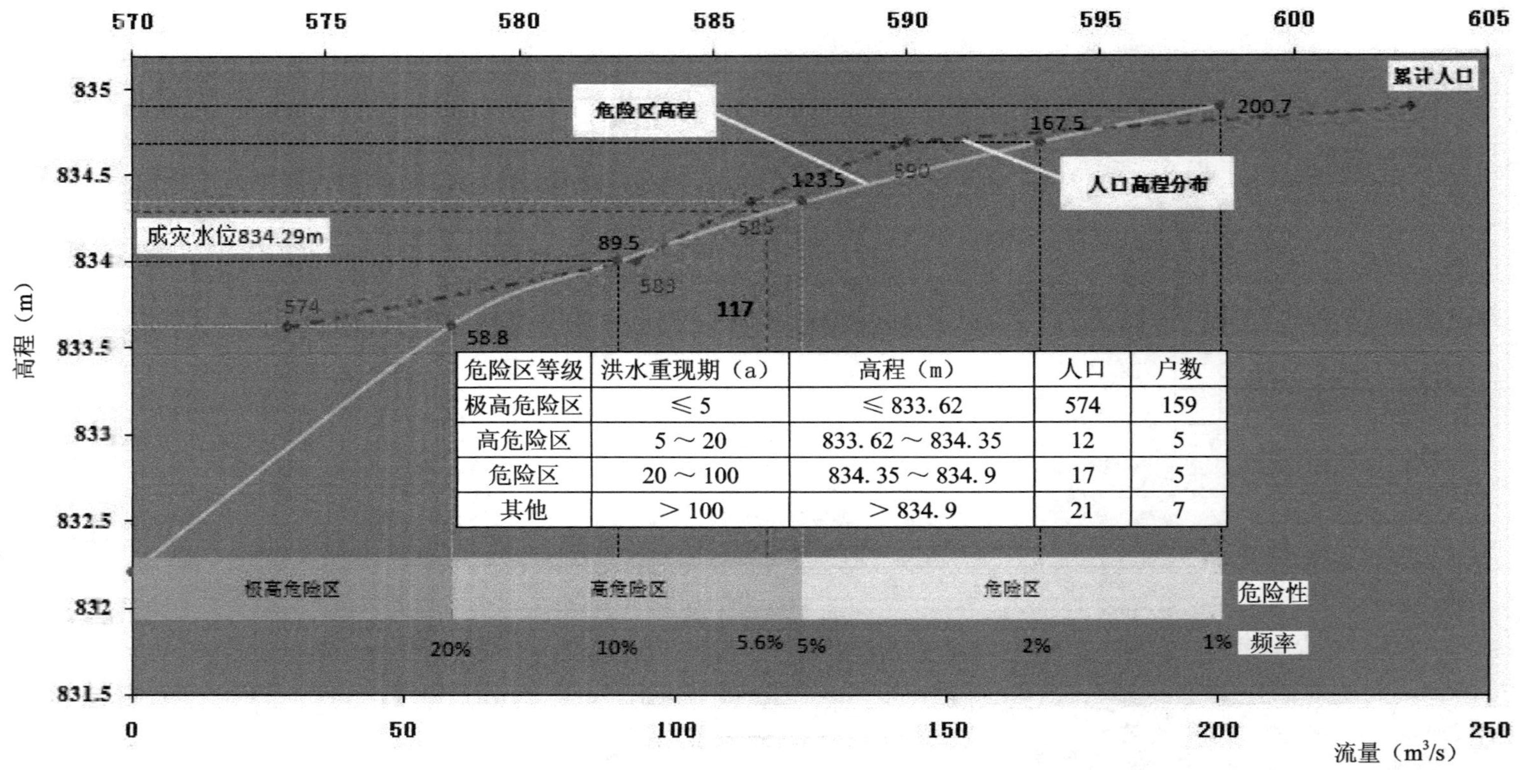

危险区等级	洪水重现期（a）	高程（m）	人口	户数
极高危险区	≤ 5	≤ 833.62	574	159
高危险区	5 ～ 20	833.62 ～ 834.35	12	5
危险区	20 ～ 100	834.35 ～ 834.9	17	5
其他	＞ 100	＞ 834.9	21	7

编制单位：山西省水文水资源勘测局　编制时间：2016年1月

图 3-5-263　南峪村防洪现状评价图

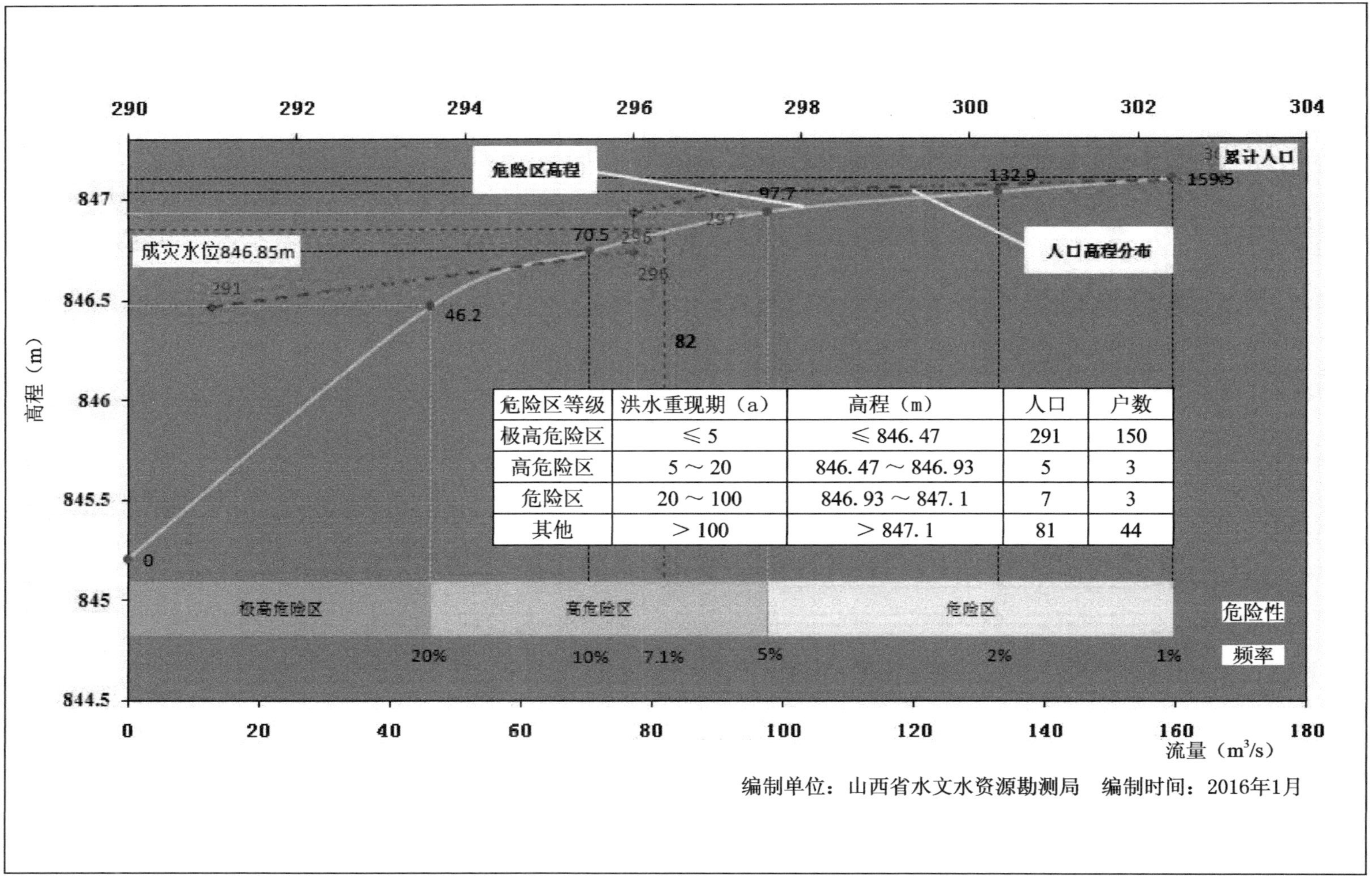

危险区等级	洪水重现期（a）	高程（m）	人口	户数
极高危险区	≤5	≤846.47	291	150
高危险区	5～20	846.47～846.93	5	3
危险区	20～100	846.93～847.1	7	3
其他	＞100	＞847.1	81	44

图3-5-264　黄楼村防洪现状评价图

表 3-5-10　太原市现状防洪能力统计

序号	危险重点防治区名称	所属小流域名称	防洪能力（a）	危险区登记		
				极高危险区（小于5年一遇）	高危险区（5～20年一遇）	危险区（20～100年一遇）
1	黑驼村	黑驼沟	9.0		√	
2	南坪头村	黑驼沟	2.5	√		√
3	郑村	郑村排洪渠	83.3			
4	五龙沟村	五龙沟	21.3			√
5	马庄	马庄河	45.5			√
6	董家庄	南沙河	29.4			√
7	后麻地沟村	麻地沟	22.2			√
8	前麻地沟村	麻地沟	12.0		√	
9	观家峪村	南沙河	7.0		√	
10	港道村	南沙河	15.9		√	
11	水峪	南沙河	83.3			√
12	松庄村	南沙河	5.0		√	
13	张家河村	北涧河	16.4		√	
14	孟家井村	北沙河	4.0	√		
15	响水湾社区	北沙河	3.0	√		
16	枣沟村	枣沟	28.0			√
17	窑头村窑头沟	窑头沟	11.5		√	
18	东关口村	凌井河	14.9		√	
19	西关口村	凌井河	40.0			√
20	河底村	杨兴河	80.0			√
21	新兴村	杨兴河	4.3	√		
22	晋庄村	横河	6.0		√	
23	小石河村	小石河	55.6			√
24	圪僚沟村	圪僚沟	13.0		√	
25	风声河村	风声河	25.0			√
26	西铭村	玉门河	10.2		√	
27	小西铭村	玉门河	5.0		√	
28	小虎峪村	虎峪河	12.0		√	

续表 3-5-10

序号	危险重点防治区名称	所属小流域名称	防洪能力(a)	危险区登记		
				极高危险区（小于 5 年一遇）	高危险区（5～20 年一遇）	危险区（20～100 年一遇）
29	大虎峪	虎峪河	5.2		√	
30	桃杏村高家河	高家河	11.0		√	
	桃杏村官地沟	官地沟	25.0			√
31	白家庄村	官地沟	30.3			√
32	冶峪村	冶峪沟	5.0		√	
33	黄冶村	风峪河	3.0	√		
34	田家庄村	风峪河	3.0	√		
35	王家庄村	风峪河	4.0	√		
36	店头村	风峪河	4.5	√		
37	王家坟村	风峪河	36.0			√
38	罗城村	风峪河	19.0		√	
39	开化村	寺底沟	48.0			√
40	窑头村	下石沟	11.0		√	
41	青阳河村	青阳河	10.5		√	
42	蚕石村	蚕石沟	33.0			√
43	南峪村	南峪河	17.9		√	
44	黄楼村	黄楼沟	14.1		√	

第6章 预警指标分析

根据防洪现状评价成果，对重点防治区进行预警指标计算，预警指标分为雨量和水位两类，包括准备转移和立即转移两级指标，其中水位预警指标只针对适用水位预警条件的预警对象进行分析计算。雨量预警与水位预警计算方法均采用第1篇第8章中所提到的方法进行计算。

6.1 雨量预警指标

雨量预警指标采用流域模型法和降雨频率。对于受河道洪水影响的重点防治区，雨量预警指标采用流域模型法进行分析，对于受坡面水流影响或没有明显河道无法进行水面线计算的评价对象，雨量预警指标采用同频率法进行分析。

由动态临界雨量绘制“预警雨量临界曲线图”，见图3-6-1～图3-6-28（郑村社区、五龙沟村、马庄社区、后麻地沟村、前麻地沟村、水峪村、孟家井村、枣沟村、东关口村、小石河村、圪僚沟村、风声河村、桃杏村（高家河、官地沟）、开化村、青阳河村、蚕石村因只有一个预警时段0.5 h，故没有预警雨量临界曲线成果图）。

对汇流时间小于1 h的12个重点防治区，用降雨频率来确定预警指标。

6.1.1 综合确定预警指标

各重点防治区的预警指标成果见表3-6-1，并绘制“防灾对象预警指标分布图”，见附图3-5～附图3-26。

6.1.2 合理性分析

由于分析评价的各个重点防治区内没有实测雨量资料，没有收集到当地山洪灾害事件实际资料，也未收集到与流域大小、气候条件、地形地貌、植被覆盖、土壤类型、行洪能力等因素相近或相同防灾对象的预警指标成果，因此将雨量预警指标与设计暴雨成果进行比较分析。通过比较发现，雨量预警指标与同频率的设计暴雨量相接近，量级相同。由于合理性分析还做得不够，因此确定的预警指标在下一步的工作中还需进行复核、检验，根据实际情况进行修正，在工作中运用和改进。

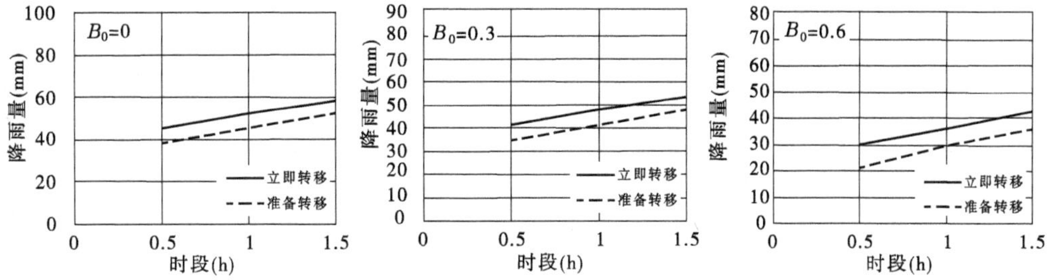

图 3-6-1　黑驼村预警雨量临界雨量图

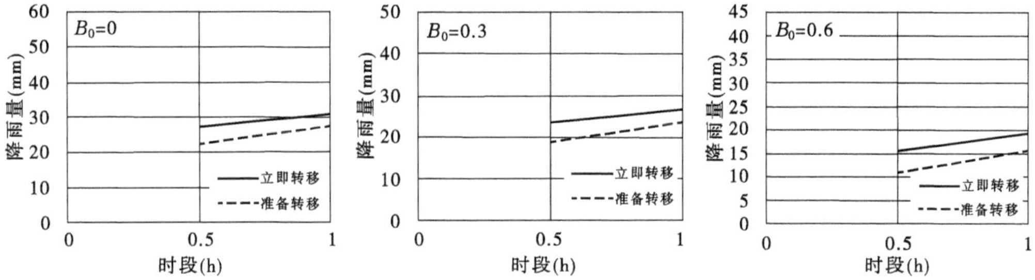

图 3-6-2　南坪头社区预警雨量临界雨量图

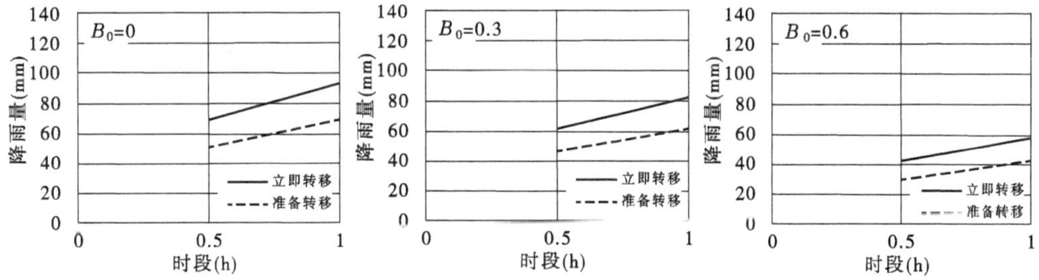

图 3-6-3　董家庄村(南沙河)预警雨量临界雨量图

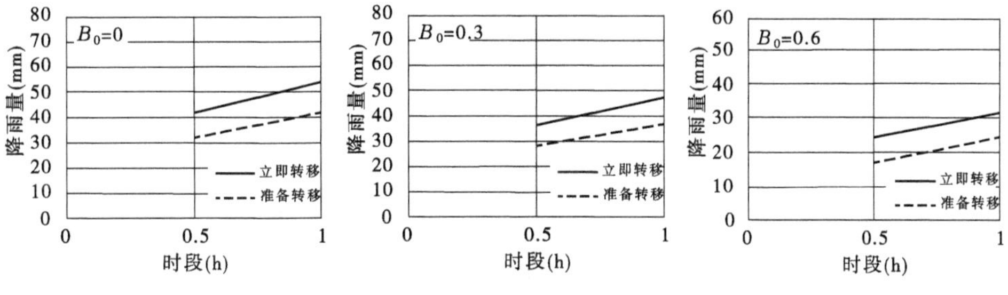

图 3-6-4　观家峪村预警雨量临界雨量图

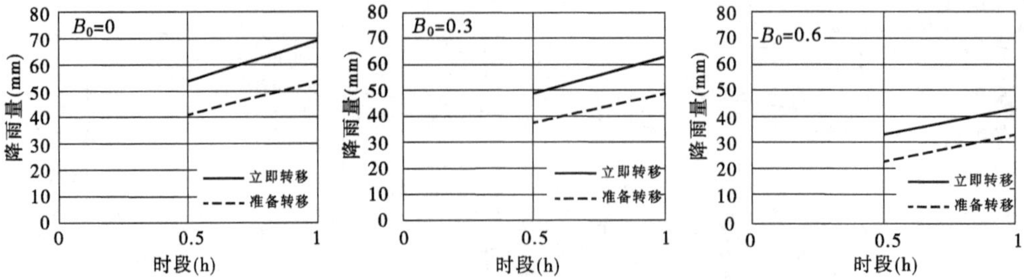

图 3-6-5　港道村预警雨量临界雨量图

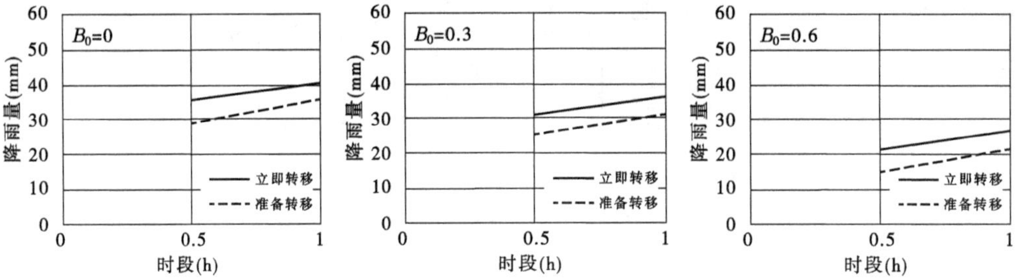

图 3-6-6　松庄村预警雨量临界雨量图

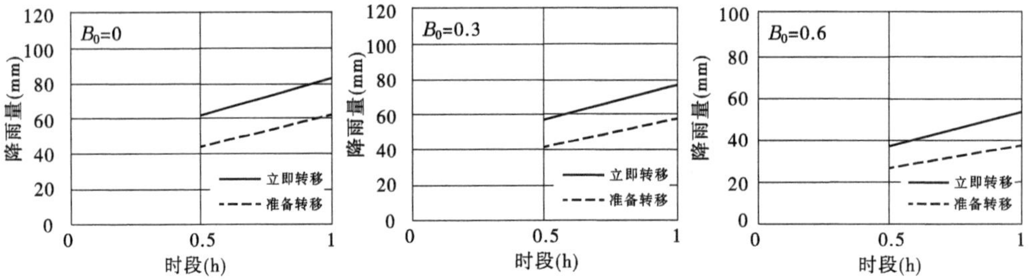

图 3-6-7　张家河村预警雨量临界雨量图

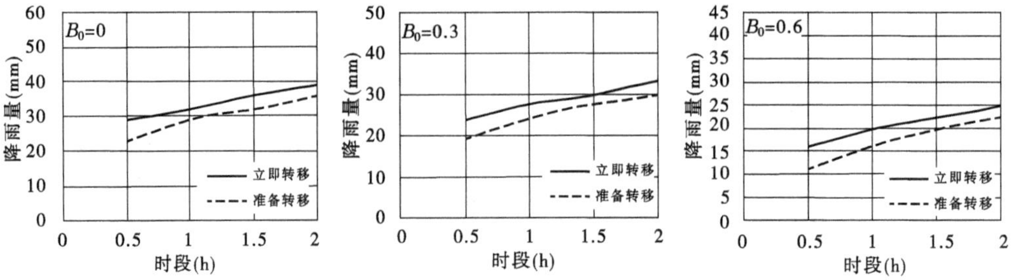

图 3-6-8　响水湾社区预警雨量临界雨量图

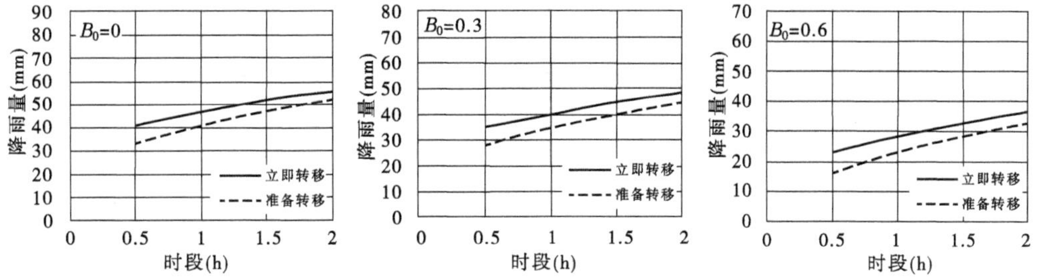

图 3-6-9 窑头村(窑头沟)预警雨量临界雨量图

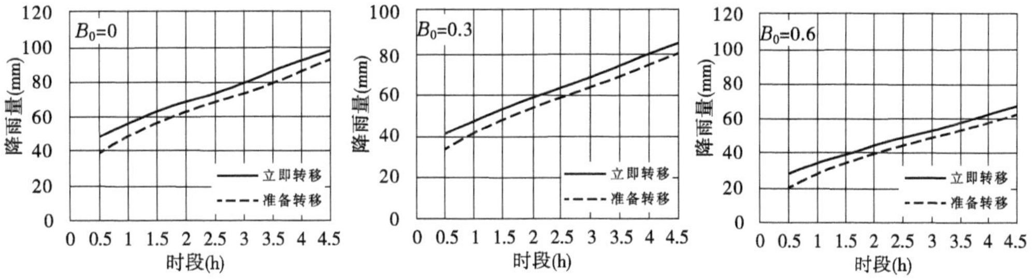

图 3-6-10 西关口村预警雨量临界雨量图

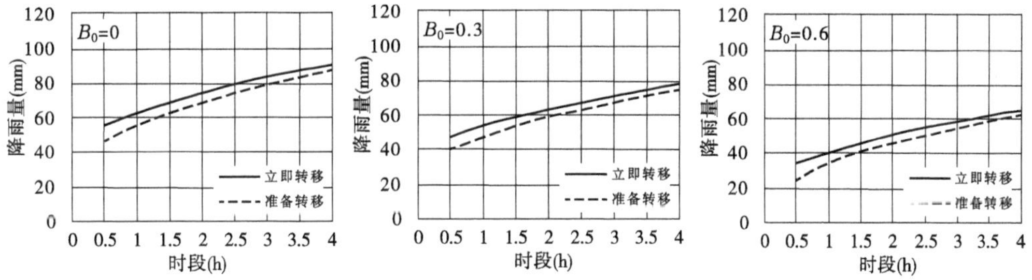

图 3-6-11 河底村预警雨量临界雨量图

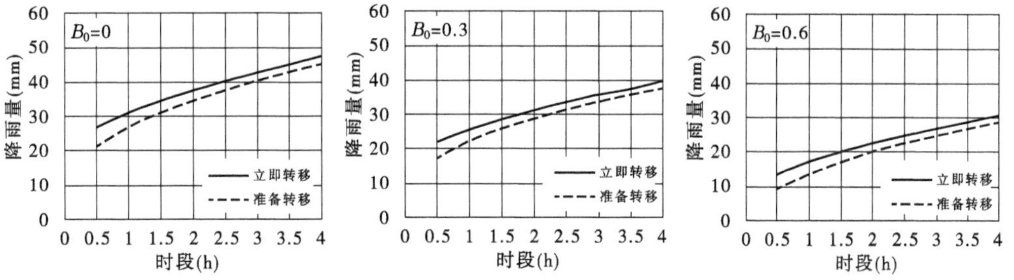

图 3-6-12 新兴村预警雨量临界雨量图

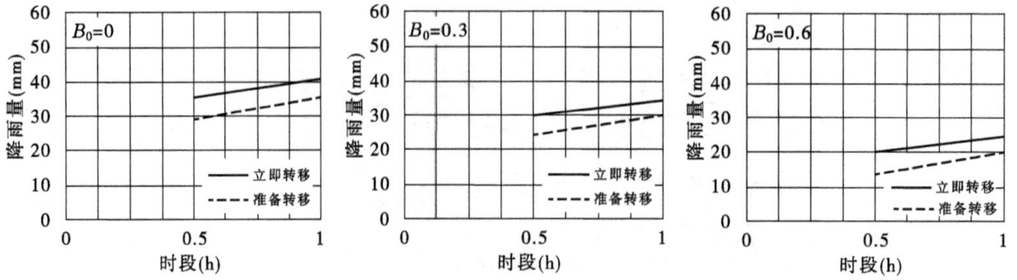

图 3-6-13　晋庄村预警雨量临界雨量图

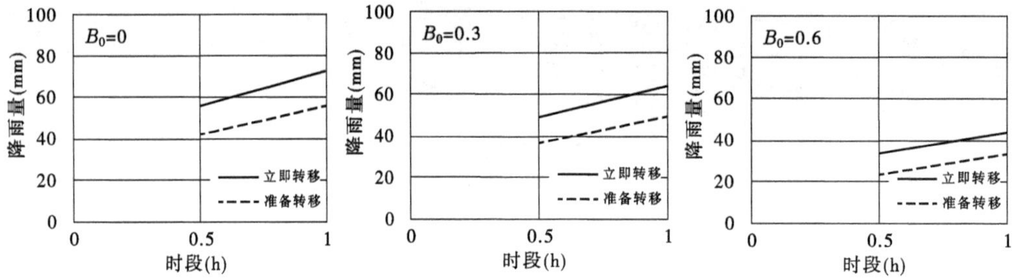

图 3-6-14　西铭村预警雨量临界雨量图

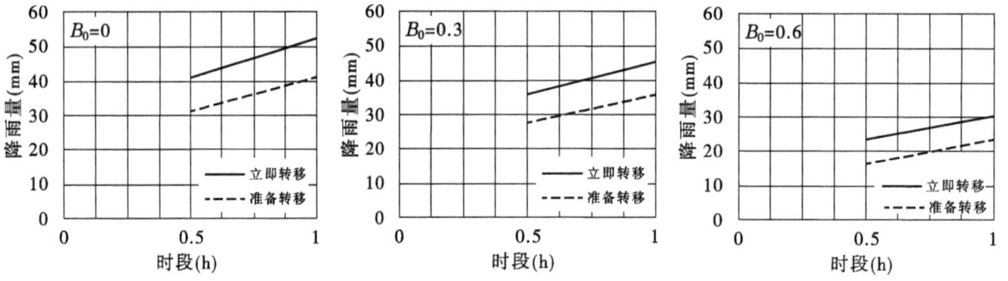

图 3-6-15　小西铭村预警雨量临界雨量图

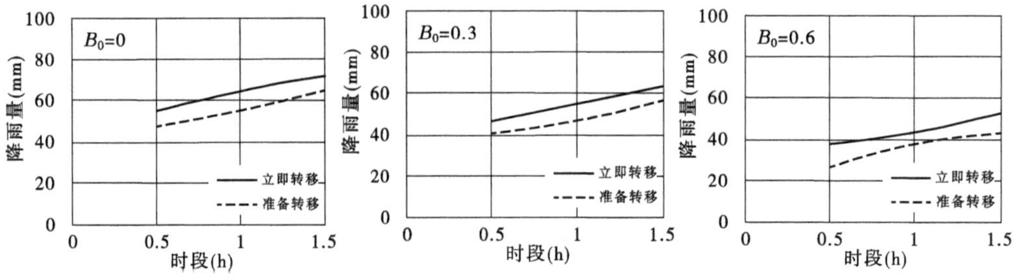

图 3-6-16　小虎峪村预警雨量临界雨量图

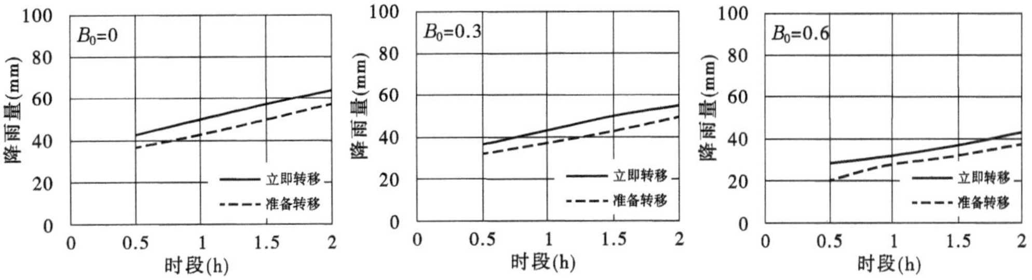

图 3-6-17　大虎峪村(虎峪河)预警雨量临界雨量图

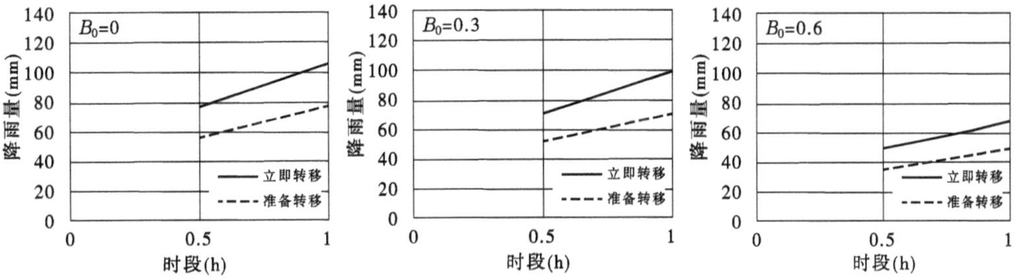

图 3-6-18　白家庄村预警雨量临界雨量图

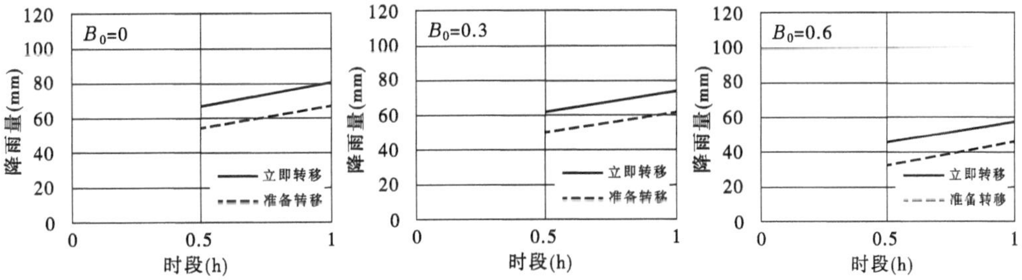

图 3-6-19　冶峪村预警雨量临界雨量图

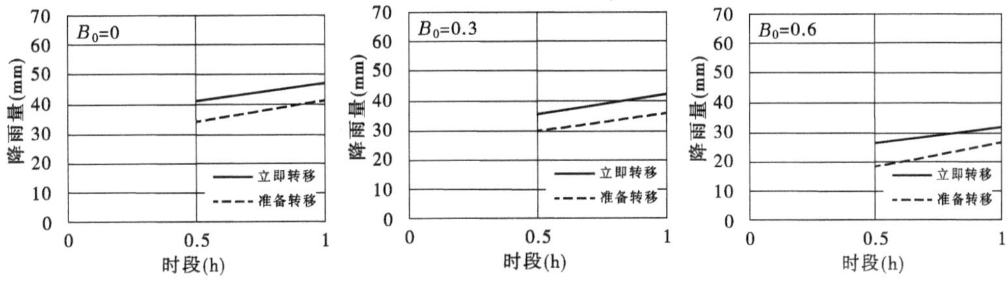

图 3-6-20　黄冶村预警雨量临界雨量图

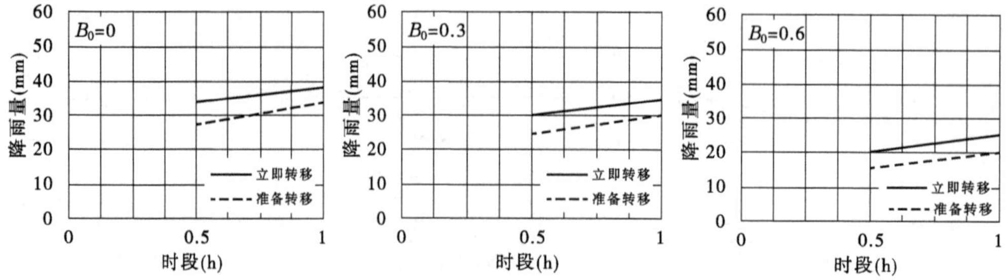

图 3-6-21　田家庄村预警雨量临界雨量图

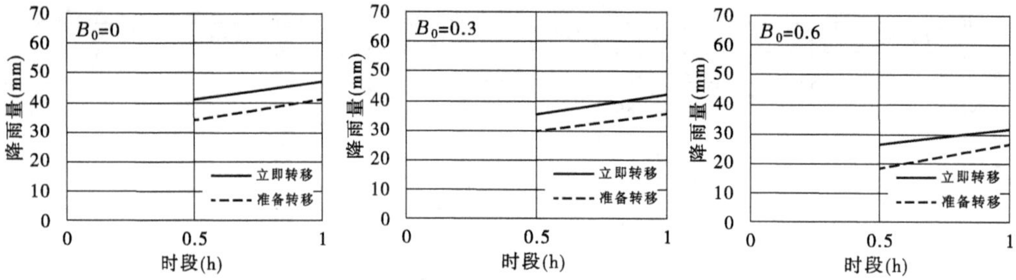

图 3-6-22　王家庄村预警雨量临界雨量图

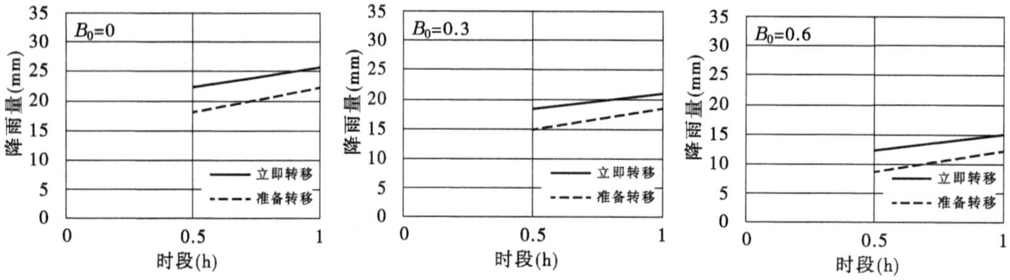

图 3-6-23　店头村预警雨量临界雨量图

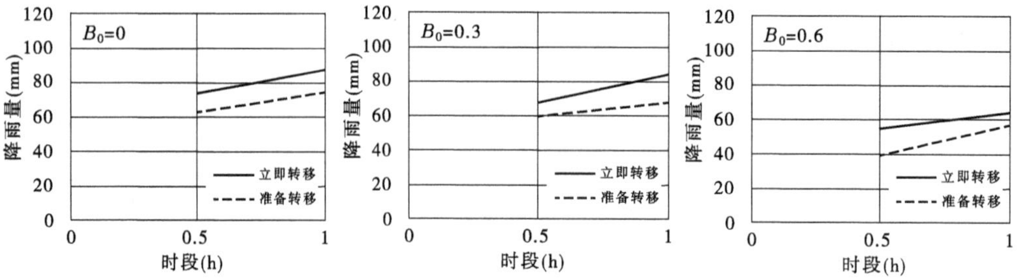

图 3-6-24　王家坟村预警雨量临界雨量图

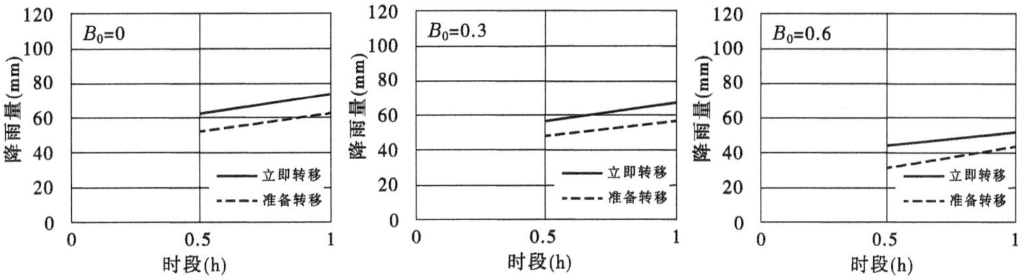

图 3-6-25　罗城村预警雨量临界雨量图

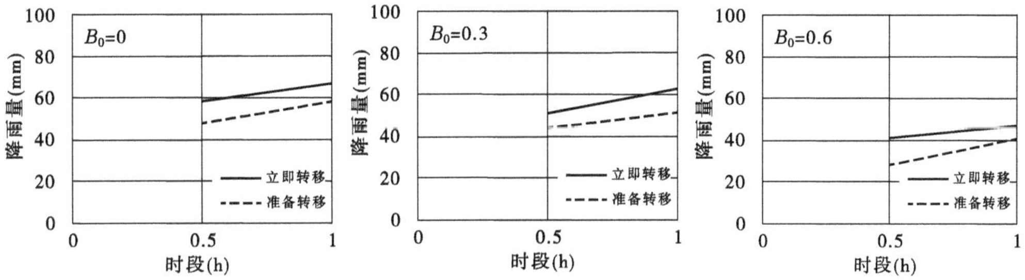

图 3-6-26　窑头村预警雨量临界雨量图

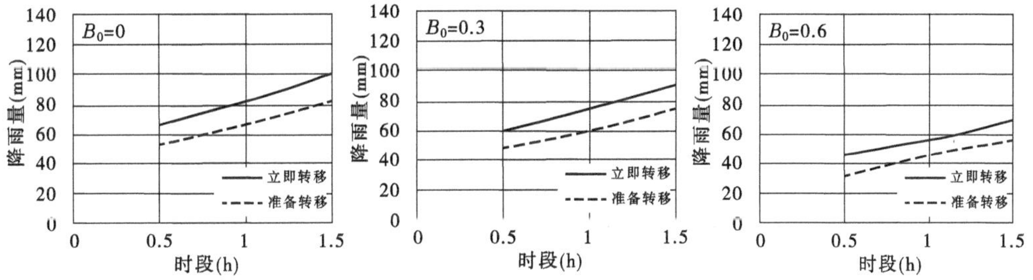

图 3-6-27　南峪村预警雨量临界雨量图

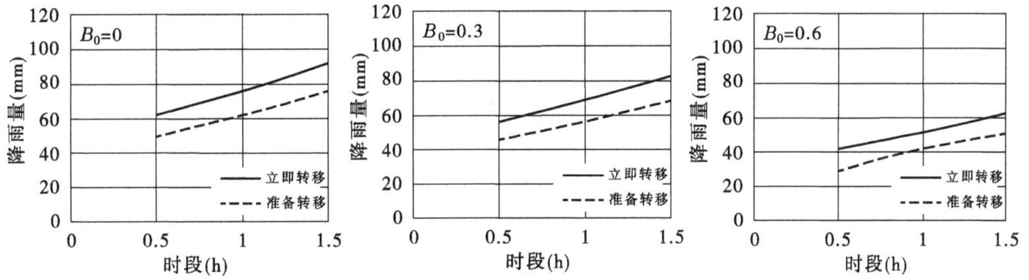

图 3-6-28　黄楼村预警雨量临界雨量图

表 3-6-1　预警指标成果　（雨量单位：mm）

序号	行政区划名称	行政区划代码	流域代码	类别	时段(h)	预警指标		临界雨量/水位	方法	备注
						准备转移	立即转移			
1	黑驼村	140105003205000	WDB00001021VGB00	雨量	0.5	27	38	38	流域模型法	0
					1	38	45	45		
					1.5	45	52	52		
					0.5	24	35	35		0.3
					1	35	41	41		
					1.5	41	48	48		
					0.5	21	30	30		0.6
					1	30	36	36		
					1.5	36	43	43		
2	南坪头社区	140105003012000	WDB00001021VGB00	雨量	0.5	16	22	22	流域模型法	0
					1	22	27	27		
					0.5	13	19	19		0.3
					1	19	24	24		
					0.5	11	16	16		0.6
					1	16	19	19		
3	郑村社区	140105005011000	WDB00001021VGBA0	雨量	0.5	44	62	62	流域模型法	0
					0.5	40	57	57		0.3
					0.5	36	52	52		0.6
4	五龙沟村	140105005212000	WDB00001022VG000	雨量	0.5	34	49	49	流域模型法	0
					0.5	30	43	43		0.3
					0.5	28	40	40		0.6
5	马庄社区	140106100005000	WDB00001021VGC00	雨量	0.5	38	55	55	流域模型法	0
					0.5	35	50	50		0.3
					0.5	33	47	47		0.6
6	董家庄（南沙河）	140106100214000	WDB00001021M0000	雨量	0.5	36	51	51	流域模型法	0
					1	51	69	69		
					0.5	33	47	47		0.3
					1	47	62	62		
					0.5	30	43	43		0.6
					1	43	58	58		

续表 3-6-1

序号	行政区划名称	行政区划代码	流域代码	类别	时段(h)	预警指标		临界雨量/水位	方法	备注
						准备转移	立即转移			
7	后麻地沟	140106100218000	WDB00001022M0000	雨量	0.5	34	48	48	流域模型法	0
					0.5	31	45	45		0.3
					0.5	28	40	40		0.6
8	前麻地沟	140106100217000	WDB00001022M0000	雨量	0.5	29	41	41	流域模型法	0
					0.5	27	38	38		0.3
					0.5	23	33	33		0.6
9	观家峪	140106100213000	WDB00001022M0000	雨量	0.5	22	32	32	流域模型法	0
					1	32	42	42		
					0.5	20	28	28		0.3
					1	28	37	37		
					0.5	17	25	25		0.6
					1	25	32	32		
10	港道村	140106100212000	WDB00001022M0000	雨量	0.5	29	41	41	流域模型法	0
					1	41	54	54		
					0.5	27	38	38		0.3
					1	38	49	49		
					0.5	24	34	34		0.6
					1	34	44	44		
11	水峪村	140106100211000	WDB00001022M0000	雨量	0.5	45	64	64	流域模型法	0
					0.5	40	58	58		0.3
					0.5	38	55	55		0.6
12	松庄村	140106100210000	WDB00001022M0000	雨量	0.5	20	29	29	流域模型法	0
					1	29	36	36		
					0.5	18	25	25		0.3
					1	25	31	31		
					0.5	15	22	22		0.6
					1	22	27	27		

续表 3-6-1

序号	行政区划名称	行政区划代码	流域代码	类别	时段(h)	预警指标 准备转移	预警指标 立即转移	临界雨量/水位	方法	备注
13	张家河村	140106100227000	WDB00001022H0000	雨量	0.5	31	45	45	流域模型法	0
					1	45	62	62		
					0.5	30	43	43		0.3
					1	43	58	58		
					0.5	27	38	38		0.6
					1	38	53	53		
14	孟家井村	140106100220000	WDB00001021I0000	雨量	0.5	19	28	28	流域模型法	0
					0.5	16	23	23		0.3
					0.5	15	21	21		0.6
15	响水湾社区	140107007002000	WDB00001021I0000	雨量	0.5	16	23	23	流域模型法	0
					1	23	29	29		
					2	32	36	36		
					0.5	14	20	20		0.3
					1	20	24	24		
					2	28	30	30		
					0.5	11	16	16		0.6
					1	16	20	20		
					2	22	25	25		
16	枣沟村	140107200208000	WDB00001021G0000	雨量	0.5	35	50	50	流域模型法	0
					0.5	32	46	46		0.3
					0.5	29	41	41		0.6
17	窑头村(窑头沟)	140107201206000	WDB23002Q0000000	雨量	0.5	23	33	33	流域模型法	0
					1	33	41	41		
					2	47	52	52		
					0.5	20	28	28		0.3
					1	28	35	35		
					2	40	45	45		
					0.5	16	23	23		0.6
					1	23	28	28		
					2	33	37	37		

续表 3-6-1

序号	行政区划名称	行政区划代码	流域代码	类别	时段(h)	预警指标 准备转移	预警指标 立即转移	临界雨量/水位	方法	备注
18	东关口村	140108201200000	WDB2300AP0000000	雨量	0.5	27	38	38	流域模型法	0
					0.5	23	33	33		0.3
					0.5	19	26	26		0.6
19	西关口村	140108201201000	WDB2300AP0000000	雨量	0.5	28	39	39	流域模型法	0
					1	39	49	49		
					2	56	63	63		
					3	69	74	74		
					4	79	86	86		
					4.5	86	93	93		
					0.5	24	34	34		0.3
					1	34	42	42		
					2	48	54	54		
					3	59	64	64		
					4	69	75	75		
					4.5	75	81	81		
					0.5	20	28	28		0.6
					1	28	34	34		
					2	39	44	44		
					3	49	53	53		
					4	57	62	62		
					4.5	62	67	67		
20	河底村	140108101202000	WDB2300D00000000	雨量	0.5	33	47	47	流域模型法	0
					1	47	56	56		
					2	63	69	69		
					3	74	79	79		
					4	83	87	87		
					0.5	29	41	41		0.3
					1	41	49	49		
					2	55	60	60		

续表 3-6-1

序号	行政区划名称	行政区划代码	流域代码	类别	时段(h)	预警指标		临界雨量/水位	方法	备注
						准备转移	立即转移			
20	河底村	140108101202000	WDB2300D00000000	雨量	3	64	68	68	流域模型法	0.3
					4	73	76	76		
					0.5	24	35	35		0.6
					1	35	41	41		
					2	46	51	51		
					3	55	59	59		
					4	62	65	65		
21	新兴村	140108101217000	WDB2300D00000000	雨量	0.5	15	21	21	流域模型法	0
					1	21	27	27		
					2	31	35	35		
					3	38	40	40		
					4	43	45	45		
					0.5	12	18	18		0.3
					1	18	22	22		
					2	26	29	29		
					3	32	34	34		
					4	36	38	38		
					0.5	10	14	14		0.6
					1	14	17	17		
					2	20	23	23		
					3	25	27	27		
					4	29	31	31		
22	晋庄村	140108101216000	WDB23002N0000000	雨量	0.5	20	29	29	流域模型法	0
					1	29	36	36		
					0.5	17	25	25		0.3
					1	25	30	30		
					0.5	14	20	20		0.6
					1	20	25	25		

续表 3-6-1

序号	行政区划名称	行政区划代码	流域代码	类别	时段(h)	预警指标		临界雨量/水位	方法	备注
						准备转移	立即转移			
23	小石河村	140108008209000	WDB00001021JA000	雨量	0.5	36	51	51	流域模型法	0
					0.5	31	45	45		0.3
					0.5	27	38	38		0.6
24	圪僚沟村	140109009202000	WDB00001021JA000	雨量	0.5	27	39	39	流域模型法	0
					0.5	24	34	34		0.3
					0.5	21	30	30		0.6
25	风声河村	140109012203000	WDB00001021J0000	雨量	0.5	36	51	51	流域模型法	0
					0.5	32	46	46		0.3
					0.5	29	41	41		0.6
26	西铭村	140109012201000	WDB00001022K0000	雨量	0.5	30	42	42	流域模型法	0
					1	42	56	56		
					0.5	27	38	38		0.3
					1	38	50	50		
					0.5	24	34	34		0.6
					1	34	44	44		
				水位(m)		940.85	941.15	941.15	水面线法	小西铭4100 5100
27	小西铭村	140109012202000	WDB00001022K0000	雨量	0.5	22	31	31	流域模型法	0
					1	31	41	41		
					0.5	20	28	28		0.3
					1	28	36	36		
					0.5	17	24	24		0.6
					1	24	31	31		
28	小虎峪村	140109006203000	WDB00001022L0000	雨量	0.5	32	46	46	流域模型法	0
					1	46	54	54		
					1.5	54	63	63		
					0.5	30	42	42		0.3
					1	42	49	49		
					1.5	49	58	58		

续表 3-6-1

序号	行政区划名称	行政区划代码	流域代码	类别	时段(h)	预警指标 准备转移	预警指标 立即转移	临界雨量/水位	方法	备注
28	小虎峪村	140109006203000	WDB00001022L0000	雨量	0.5	27	38	38	流域模型法	0.6
					1	38	44	44		
					1.5	44	53	53		
29	大虎峪村(虎峪河)	140109006202000	WDB00001022L0000	雨量	0.5	26	37	37	流域模型法	0
					1	37	43	43		
					2	50	57	57		
					0.5	23	33	33		0.3
					1	33	38	38		
					2	44	51	51		
					0.5	20	29	29		0.6
					1	29	33	33		
					2	38	43	43		
30	桃杏村(高家河)	140109007201000	WDB00001021N0000	雨量	0.5	31	44	44	流域模型法	0
					0.5	29	41	41		0.3
					0.5	26	37	37		0.6
	桃杏村(官地沟)				0.5	38	55	55		0
					1	55	67	67		
					0.5	36	51	51		0.3
					1	51	63	63		
					0.5	33	47	47		0.6
					1	47	58	58		
31	白家庄村	140109007202000	WDB00001021N0000	雨量	0.5	40	56	56	流域模型法	0
					1	56	77	77		
					0.5	37	53	53		0.3
					1	53	72	72		
					0.5	34	49	49		0.6
					1	49	67	67		

续表 3-6-1

序号	行政区划名称	行政区划代码	流域代码	类别	时段(h)	预警指标		临界雨量/水位	方法	备注
						准备转移	立即转移			
32	冶峪村	140110100209000	WDB00001021QB000	雨量	0.5	15	21	21	比拟法	0
					0.5	13	18	18		0.3
					0.5	10	15	15		0.6
33	黄冶村	140110003220000	WDB00001021RA000	雨量	0.5	24	34	34	流域模型法	0
					1	34	41	41		
					0.5	21	30	30		0.3
					1	30	36	36		
					0.5	19	26	26		0.6
					1	26	32	32		
34	田家庄村	140110003226000	WDB00001021R0000	雨量	0.5	19	28	28	流域模型法	0
					1	28	34	34		
					0.5	17	24	24		0.3
					1	24	30	30		
					0.5	15	21	21		0.6
					1	21	26	26		
35	王家庄村	140110003223000	WDB00001021R0000	雨量	0.5	24	34	34	流域模型法	0
					1	34	42	42		
					0.5	21	30	30		0.3
					1	30	37	37		
					0.5	19	26	26		0.6
					1	26	32	32		
36	店头村	140110003221000	WDB00001022R0000	雨量	0.5	13	18	18	比拟法	0
					1	18	22	22		
					0.5	11	15	15		0.3
					1	15	19	19		
					0.5	8	12	12		0.6
					1	12	15	15		

续表 3-6-1

序号	行政区划名称	行政区划代码	流域代码	类别	时段（h）	预警指标		临界雨量/水位	方法	备注
						准备转移	立即转移			
37	王家坟村	140110002202000	WDB00001022R0000	雨量	0.5	44	63	63	流域模型法	0
					1	63	75	75		
					0.5	42	59	59		0.3
					1	59	70	70		
					0.5	39	56	56		0.6
					1	56	65	65		
38	罗城村	140110002201000	WDB00001021RB000	雨量	0.5	36	52	52	流域模型法	0
					1	52	62	62		
					0.5	33	48	48		0.3
					1	48	56	56		
					0.5	31	44	44		0.6
					1	44	51	51		
				水位（m）		821.3	821.62	821.62	水面线法	王家坟41005210
39	开化村	140110002204000	WDB00001022R0000	雨量	0.5	47	67	67	流域模型法	0
					0.5	44	62	62		0.3
					0.5	41	59	59		0.6
40	窑头村	140110101222000	WDB00001021U0000	雨量	0.5	34	49	49	流域模型法	0
					1	49	59	59		
					0.5	32	46	46		0.3
					1	46	53	53		
					0.5	29	41	41		0.6
					1	41	48	48		
41	青阳河村	140110101221000	WDB00001021UA000	雨量	0.5	30	43	43	流域模型法	0
					0.5	28	40	40		0.3
					0.5	25	36	36		0.6
42	蚕石村	140110102211000	WDB00001021UA000	雨量	0.5	40	58	58	流域模型法	0
					0.5	38	55	55		0.3
					0.5	35	50	50		0.6

续表 3-6-1

序号	行政区划名称	行政区划代码	流域代码	类别	时段(h)	预警指标 准备转移	预警指标 立即转移	临界雨量/水位	方法	备注
43	南峪村	140110102209000	WDB00001021K0000	雨量	0.5	37	53	53	流域模型法	0
					1	53	66	66		
					1.5	66	82	82		
					0.5	34	49	49		0.3
					1	49	61	61		
					1.5	61	76	76		
					0.5	32	45	45		0.6
					1	46	56	56		
					1.5	56	69	69		
44	黄楼村	140110102210000	WDB00001021WA000	雨量	0.5	35	50	50	流域模型法	0
					1	50	62	62		
					1.5	62	76	76		
					0.5	32	46	46		0.3
					1	46	57	57		
					1.5	57	69	69		
					0.5	29	42	42		0.6
					1	42	51	51		
					1.5	51	63	63		
45	西家凹	140105003207000	WDB00001021VGB00	雨量	0.167	16	22	22	同频率法	$P=5\%$
					0.5	22	35	35		
					1	35	44	44		
					1.5	44	50	50		
					2	50	55	55		
					2.5	55	58	58		
					3	58	61	61		
46	岗头村	140105003208000	WDB00001021VGBA0	雨量	0.167	16	23	23	同频率法	$P=5\%$
					0.5	23	35	35		
					1	35	45	45		
					1.5	45	51	51		

续表 3-6-1

序号	行政区划名称	行政区划代码	流域代码	类别	时段(h)	预警指标 准备转移	预警指标 立即转移	临界雨量/水位	方法	备注
46	岗头村	140105003208000	WDB00001021VGBA0	雨量	2	51	55	55	同频率法	P = 5%
					2.5	55	59	59		
					3	59	62	62		
47	窑子上	140105005210000	WDB00001021VGBA0	雨量	0.167	16	23	23	同频率法	P = 5%
					0.5	23	35	35		
					1	35	46	46		
					1.5	46	52	52		
					2	52	57	57		
					2.5	57	61	61		
					3	61	64	64		
48	新沟社区	140106100010000	WDB00001021VGC00	雨量	0.167	16	23	23	同频率法	P = 5%
					0.5	23	35	35		
					1	35	44	44		
					1.5	44	51	51		
					2	51	55	55		
					2.5	55	59	59		
					3	59	62	62		
49	店坡社区	140106100006000	WDB00001021VGC00	雨量	0.167	13	19	19	同频率法	P = 10%
					0.5	19	28	28		
					1	28	36	36		
					1.5	36	41	41		
					2	41	45	45		
					2.5	45	48	48		
					3	48	51	51		
50	小山岩	140106100216000	WDB00001021M0000	雨量	0.167	17	24	24	同频率法	P = 5%
					0.5	24	36	36		
					1	36	46	46		
					1.5	46	52	52		
					2	52	57	57		
					2.5	57	60	60		
					3	60	63	63		

续表 3-6-1

序号	行政区划名称	行政区划代码	流域代码	类别	时段(h)	预警指标		临界雨量/水位	方法	备注
						准备转移	立即转移			
59	镇城村	140108201202000	WDB23001R0000000	雨量	0.167	9	13	13	同频率法	$P=10\%$
					0.5	13	21	21		
					1	21	28	28		
					1.5	28	33	33		
					2	33	37	37		
					2.5	37	40	40		
					3	40	43	43		
60	岗北村	140108201206000	WDB2300BPJ000000	雨量	0.167	15	21	21	同频率法	$P=10\%$
					0.5	21	31	31		
					1	31	38	38		
					1.5	38	42	42		
					2	42	46	46		
					2.5	46	49	49		
					3	49	51	51		
61	东高庄村	140108202201000	WDB23001PJH00000	雨量	0.167	12	17	17	同频率法	$P=20\%$
					0.5	17	24	24		
					1	24	30	30		
					1.5	30	33	33		
					2	33	36	36		
					2.5	36	38	38		
					3	38	40	40		
62	赵家山村	140108202203000	WDB23001PJH00000	雨量	0.167	15	22	22	同频率法	$P=10\%$
					0.5	22	31	31		
					1	31	38	38		
					1.5	38	43	43		
					2	43	46	46		
					2.5	46	49	49		
					3	49	51	51		

续表 3-6-1

序号	行政区划名称	行政区划代码	流域代码	类别	时段(h)	预警指标		临界雨量/水位	方法	备注
						准备转移	立即转移			
63	东焉村	140108202205000	WDB23001PJH00000	雨量	0.167	18	26	26	同频率法	P = 5%
					0.5	26	37	37		
					1	37	46	46		
					1.5	46	51	51		
					2	51	55	55		
					2.5	55	58	58		
					3	58	61	61		
64	中焉村	140108202204000	WDB23001PJH00000	雨量	0.167	19	27	27	同频率法	P = 5%
					0.5	27	38	38		
					1	38	47	47		
					1.5	47	53	53		
					2	53	57	57		
					2.5	57	60	60		
					3	60	63	63		
65	棋子山村	140108101204000	WDB2300D00000000	雨量	0.167	15	22	22	同频率法	P = 10%
					0.5	22	31	31		
					1	31	38	38		
					1.5	38	43	43		
					2	43	46	46		
					2.5	46	49	49		
					3	49	51	51		
66	北山头村	140108101203000	WDB2300D00000000	雨量	0.167	15	21	21	同频率法	P = 10%
					0.5	21	30	30		
					1	30	37	37		
					1.5	37	41	41		
					2	41	45	45		
					2.5	45	47	47		
					3	47	50	50		

续表 3-6-1

序号	行政区划名称	行政区划代码	流域代码	类别	时段(h)	预警指标		临界雨量/水位	方法	备注
						准备转移	立即转移			
67	司徒洼村	140108101218000	WDB2300D00000000	雨量	0.167	12	17	17	同频率法	$P=20\%$
					0.5	17	25	25		
					1	25	30	30		
					1.5	30	34	34		
					2	34	37	37		
					2.5	37	39	39		
					3	39	41	41		
68	岗底村	140108101214000	WDB23001M0000000	雨量	0.167	12	17	17	同频率法	$P=20\%$
					0.5	17	24	24		
					1	24	29	29		
					1.5	29	32	32		
					2	32	35	35		
					2.5	35	37	37		
					3	37	39	39		
69	欢嘴村	140108101213000	WDB23001M0000000	雨量	0.167	12	17	17	同频率法	$P=20\%$
					0.5	17	25	25		
					1	25	30	30		
					1.5	30	34	34		
					2	34	36	36		
					2.5	36	39	39		
					3	39	40	40		
70	风格梁村	140108101211000	WDB23001N0000000	雨量	0.167	15	22	22	同频率法	$P=10\%$
					0.5	22	32	32		
					1	32	39	39		
					1.5	39	43	43		
					2	43	47	47		
					2.5	47	49	49		
					3	49	52	52		

续表 3-6-1

序号	行政区划名称	行政区划代码	流域代码	类别	时段(h)	预警指标		临界雨量/水位	方法	备注
						准备转移	立即转移			
71	峰西村	140108101210000	WDB23001N0000000	雨量	0.167	15	22	22	同频率法	P = 10%
					0.5	22	31	31		
					1	31	39	39		
					1.5	39	43	43		
					2	43	46	46		
					2.5	46	49	49		
					3	49	51	51		
72	蝎子寨村	140108101209000	WDB23001N0000000	雨量	0.167	16	24	24	同频率法	P = 5%
					0.5	24	34	34		
					1	34	43	43		
					1.5	43	48	48		
					2	48	52	52		
					2.5	52	55	55		
					3	55	58	58		
73	西岗村	140108101212000	WDB23002N0000000	雨量	0.167	16	22	22	同频率法	P = 10%
					0.5	22	32	32		
					1	32	39	39		
					1.5	39	43	43		
					2	43	47	47		
					2.5	47	50	50		
					3	50	52	52		
74	寨上村	140108101208000	WDB23002N0000000	雨量	0.167	15	21	21	同频率法	P = 10%
					0.5	21	30	30		
					1	30	37	37		
					1.5	37	42	42		
					2	42	45	45		
					2.5	45	48	48		
					3	48	50	50		

续表 3-6-1

序号	行政区划名称	行政区划代码	流域代码	类别	时段(h)	预警指标		临界雨量/水位	方法	备注
						准备转移	立即转移			
75	黄花园村	140108101206000	WDB23002N0000000	雨量	0.167	15	21	21	同频率法	P = 10%
					0.5	21	30	30		
					1	30	37	37		
					1.5	37	42	42		
					2	42	45	45		
					2.5	45	48	48		
					3	48	50	50		
76	土堂村	140108003201000	WDB0000102500000	雨量	0.167	17	24	24	同频率法	P = 5%
					0.5	24	35	35		
					1	35	44	44		
					1.5	44	50	50		
					2	50	54	54		
					2.5	54	58	58		
					3	58	61	61		
77	大留村	140108008200000	WDB0000102500000	雨量	0.167	18	25	25	同频率法	P = 5%
					0.5	25	36	36		
					1	36	45	45		
					1.5	45	50	50		
					2	50	55	55		
					2.5	55	58	58		
					3	58	61	61		
78	呼延村	140108008201000	WDB0000102600000	雨量	0.167	17	25	25	同频率法	P = 5%
					0.5	25	36	36		
					1	36	44	44		
					1.5	44	50	50		
					2	50	54	54		
					2.5	54	57	57		
					3	57	60	60		

续表 3-6-1

序号	行政区划名称	行政区划代码	流域代码	类别	时段(h)	预警指标		临界雨量/水位	方法	备注
						准备转移	立即转移			
79	西张村	140108008202000	WDB00001021F0000	雨量	0.167	17	24	24	同频率法	P = 5%
					0.5	24	35	35		
					1	35	44	44		
					1.5	44	50	50		
					2	50	54	54		
					2.5	54	58	58		
					3	58	61	61		
80	营村	140108008206000	WDB00001021JB000	雨量	0.167	18	25	25	同频率法	P = 5%
					0.5	25	36	36		
					1	36	46	46		
					1.5	46	51	51		
					2	51	56	56		
					2.5	56	60	60		
					3	60	63	63		
81	三给村	140108008208000	WDB00001021JB000	雨量	0.167	18	26	26	同频率法	P = 5%
					0.5	26	37	37		
					1	37	46	46		
					1.5	46	52	52		
					2	52	56	56		
					2.5	56	60	60		
					3	60	63	63		
82	寺头村	140108008210000	WDB0000101A20000	雨量	0.167	18	26	26	同频率法	P = 5%
					0.5	26	37	37		
					1	37	46	46		
					1.5	46	52	52		
					2	52	56	56		
					2.5	56	60	60		
					3	60	63	63		

续表 3-6-1

序号	行政区划名称	行政区划代码	流域代码	类别	时段(h)	预警指标		临界雨量/水位	方法	备注
						准备转移	立即转移			
83	下槐村	140108008212000	WDB0000101A20000	雨量	0.167	18	26	26	同频率法	P = 5%
					0.5	26	38	38		
					1	38	47	47		
					1.5	47	53	53		
					2	53	58	58		
					2.5	58	61	61		
					3	61	64	64		
84	柏崖头村	140108008213000	WDB00001022B0000	雨量	0.167	18	26	26	同频率法	P = 5%
					0.5	26	38	38		
					1	38	47	47		
					1.5	47	53	53		
					2	53	58	58		
					2.5	58	61	61		
					3	61	64	64		
85	下水峪村	140108200203000	WDB0000102800000	雨量	0.167	15	22	22	同频率法	P = 10%
					0.5	22	31	31		
					1	31	39	39		
					1.5	39	43	43		
					2	43	47	47		
					2.5	47	50	50		
					3	50	53	53		
86	北石槽村	140108200211000	WDB00001021C0000	雨量	0.167	15	22	22	同频率法	P = 10%
					0.5	22	31	31		
					1	31	39	39		
					1.5	39	43	43		
					2	43	47	47		
					2.5	47	50	50		
					3	50	53	53		

续表 3-6-1

序号	行政区划名称	行政区划代码	流域代码	类别	时段(h)	预警指标		临界雨量/水位	方法	备注
						准备转移	立即转移			
87	南石槽村	140108200210000	WDB00001021C0000	雨量	0.167	15	22	22	同频率法	P = 10%
					0.5	22	31	31		
					1	31	38	38		
					1.5	38	43	43		
					2	43	47	47		
					2.5	47	50	50		
					3	50	53	53		
88	甘草峁村	140108200201000	WDB00001022B0000	雨量	0.167	15	22	22	同频率法	P = 10%
					0.5	22	31	31		
					1	31	38	38		
					1.5	38	43	43		
					2	43	47	47		
					2.5	47	50	50		
					3	50	53	53		
89	马角村	140108200204000	WDB00001022B0000	雨量	0.167	15	22	22	同频率法	P = 10%
					0.5	22	31	31		
					1	31	38	38		
					1.5	38	43	43		
					2	43	46	46		
					2.5	46	50	50		
					3	50	52	52		
90	银角村	140108200205000	WDB00001022B0000	雨量	0.167	14	20	20	同频率法	P = 10%
					0.5	20	28	28		
					1	28	35	35		
					1.5	35	40	40		
					2	40	43	43		
					2.5	43	46	46		
					3	46	49	49		

续表 3-6-1

序号	行政区划名称	行政区划代码	流域代码	类别	时段(h)	预警指标		临界雨量/水位	方法	备注
						准备转移	立即转移			
91	梁背后村	140108200207000	WDB00001022B0000	雨量	0.167	18	26	26	同频率法	$P=5\%$
					0.5	26	37	37		
					1	37	45	45		
					1.5	45	51	51		
					2	51	56	56		
					2.5	56	59	59		
					3	59	63	63		
92	珍珠峁村	140108200209000	WDB00001022B0000	雨量	0.167	15	22	22	同频率法	$P=10\%$
					0.5	22	32	32		
					1	32	39	39		
					1.5	39	44	44		
					2	44	47	47		
					2.5	47	50	50		
					3	50	52	52		
93	马吉掌村	140108200208000	WDB00001022B0000	雨量	0.167	15	22	22	同频率法	$P=10\%$
					0.5	22	32	32		
					1	32	39	39		
					1.5	39	44	44		
					2	44	47	47		
					2.5	47	50	50		
					3	50	52	52		
94	大岩村	140109009208000	WDB00001021J0000	雨量	0.167	18	26	26	同频率法	$P=5\%$
					0.5	26	38	38		
					1	38	48	48		
					1.5	48	54	54		
					2	54	59	59		
					2.5	59	63	63		
					3	63	66	66		

续表 3-6-1

序号	行政区划名称	行政区划代码	流域代码	类别	时段(h)	预警指标		临界雨量/水位	方法	备注
						准备转移	立即转移			
95	神堂沟社区	140109014001000	WDB00001021QA000	雨量	0.167	19	28	28	同频率法	$P=5\%$
					0.5	28	43	43		
					1	43	55	55		
					1.5	55	63	63		
					2	63	69	69		
					2.5	69	73	73		
					3	73	77	77		
96	寨沟村	140109014201000	WDB00001021QA000	雨量	0.167	19	27	27	同频率法	$P=5\%$
					0.5	27	42	42		
					1	42	54	54		
					1.5	54	62	62		
					2	62	68	68		
					2.5	68	72	72		
					3	72	76	76		
97	西峪村	140110100207000	WDB00001021QB000	雨量	0.167	18	25	25	同频率法	$P=5\%$
					0.5	25	41	41		
					1	41	53	53		
					1.5	53	61	61		
					2	61	68	68		
					2.5	68	73	73		
					3	73	77	77		
98	要子庄村	140110003224000	WDB00001021RA000	雨量	0.167	17	24	24	同频率法	$P=5\%$
					0.5	24	39	39		
					1	39	52	52		
					1.5	52	60	60		
					2	60	67	67		
					2.5	67	73	73		
					3	73	77	77		

续表 3-6-1

序号	行政区划名称	行政区划代码	流域代码	类别	时段(h)	预警指标 准备转移	预警指标 立即转移	临界雨量/水位	方法	备注
99	程家峪村	140110003225000	WDB00001022R0000	雨量	0.167	18	26	26	同频率法	P=5%
					0.5	26	43	43		
					1	43	57	57		
					1.5	57	66	66		
					2	66	73	73		
					2.5	73	79	79		
					3	79	84	84		
100	寺底村	140110002205000	WDB00001022R0000	雨量	0.167	19	27	27	同频率法	P=5%
					0.5	27	43	43		
					1	43	56	56		
					1.5	56	65	65		
					2	65	71	71		
					2.5	71	76	76		
					3	76	81	81		
101	赤桥村	140110101207000	WDB00001021S0000	雨量	0.167	16	24	24	同频率法	P=5%
					0.5	24	39	39		
					1	39	52	52		
					1.5	52	61	61		
					2	61	68	68		
					2.5	68	74	74		
					3	74	78	78		
102	吴家峪村	140110101226000	WDB00001022U0000	雨量	0.167	17	24	24	同频率法	P=5%
					0.5	24	40	40		
					1	40	53	53		
					1.5	53	61	61		
					2	61	68	68		
					2.5	68	74	74		
					3	74	78	78		

续表 3-6-1

序号	行政区划名称	行政区划代码	流域代码	类别	时段(h)	预警指标 准备转移	预警指标 立即转移	临界雨量/水位	方法	备注
103	三泉头村	140110101224000	WDB00001021U0000	雨量	0.167	19	27	27	同频率法	$P=5\%$
					0.5	27	41	41		
					1	41	53	53		
					1.5	53	61	61		
					2	61	67	67		
					2.5	67	72	72		
					3	72	76	76		
104	下石村	140110101223000	WDB00001022U0000	雨量	0.167	16	23	23	同频率法	$P=5\%$
					0.5	23	37	37		
					1	37	50	50		
					1.5	50	58	58		
					2	58	65	65		
					2.5	65	70	70		
					3	70	75	75		
105	牛家口村	140110101220000	WDB00001022U0000	雨量	0.167	16	22	22	同频率法	$P=5\%$
					0.5	22	37	37		
					1	37	49	49		
					1.5	49	58	58		
					2	58	64	64		
					2.5	64	70	70		
					3	70	74	74		
106	圪垯村	140110102214000	WDB00001021W0000	雨量	0.167	16	23	23	同频率法	$P=5\%$
					0.5	23	37	37		
					1	37	49	49		
					1.5	49	57	57		
					2	57	63	63		
					2.5	63	68	68		
					3	68	73	73		

续表 3-6-1

序号	行政区划名称	行政区划代码	流域代码	类别	时段(h)	预警指标		临界雨量/水位	方法	备注
						准备转移	立即转移			
107	槐树底村	140110102212000	WDB00001021W0000	雨量	0.167	16	23	23	同频率法	$P=5\%$
					0.5	23	37	37		
					1	37	49	49		
					1.5	49	57	57		
					2	57	63	63		
					2.5	63	68	68		
					3	68	73	73		
108	洞儿沟村	140110102208000	WDB00001021X0000	雨量	0.167	17	24	24	同频率法	$P=5\%$
					0.5	24	39	39		
					1	39	51	51		
					1.5	51	59	59		
					2	59	65	65		
					2.5	65	70	70		
					3	70	75	75		

6.2　水位预警指标分析

通过分析防灾对象上游一定距离内水位站的洪水位，将该洪水位作为水位预警指标。《山洪灾害分析评价方法指南》和《山洪灾害分析评价技术要求》规定，根据预警对象控制断面成灾水位，推算上游水位站的相应水位，作为临界水位进行预警。从时间上讲，山洪从水位站演进至下游预警对象的时间应不小于 0.5 h，否则因时间太短而失去预警的意义。因此，只需针对适用水位预警条件的预警对象分析水位预警指标。

6.3　成果整理

(1)动态临界雨量成果。

(2)雨量预警指标成果(见图 3-6-1 ~ 图 3-6-28)。

(3)水位预警指标成果(见表 3-6-1)。

(4)防灾对象预警指标分布图(见附图 3-5 ~ 附图 3-26)。

第7章 危险区图绘制

7.1 危险区图内容

按照《山洪灾害分析评价技术要求》和《山洪灾害分析评价方法指南》的要求，针对每一个防灾对象进行危险区图绘制，包括基础底图信息、主要信息和辅助信息3类。各类信息主要包括：

（1）基础底图信息：遥感底图信息，行政区划、居民区范围、危险区、控制断面、河流流向、对象在县级行政区的空间位置。

（2）主要信息：各级危险区（极高、高、危险）空间分布及其人口（户数）、房屋统计信息，转移路线，临时安置地点，典型雨型分布，设计洪水主要成果，预警指标，预警方式，责任人，联系方式等。

（3）辅助信息：编制单位、编制时间，以及图名、图例、比例尺、指北针等地图辅助信息。

特殊工况危险区图在危险图基础上，增加以下信息：

（1）特殊工况、洪水影响范围及其人口、房屋统计信息。

（2）增加工程失事情况说明、特殊工况的应对措施等内容。

7.2 绘制流程

根据一维水力学模型计算得到的河道横断面左右岸淹没位置，利用GIS工具生成44个重点防治区5年、20年、100年一遇设计洪水的淹没范围。充分运用遥感底图信息，结合重点防治区各频率设计洪水淹没范围和危险区等级划分情况，绘制不同等级危险区，并叠加《山洪灾害分析评价技术要求》和《山洪灾害分析评价方法指南》中要求的各类信息，绘制流程如下：

（1）检查防灾对象的工作底图，尤其注意遥感底图、行政区划、河流及其走向、控制断面、集中居民区范围、交通道路等信息是否完整。

（2）叠加山洪灾害分析评价的主要信息，主要包括以下五项：

①危险区相关信息：各级危险区（极高、高、危险）空间分布及其人口（户数）、房屋统计信息。

②转移安置信息：即核实后的转移路线、临时安置地点等信息。

③设计暴雨洪水成果信息：典型雨型分布，设计洪水主要成果。

④预警指标成果信息:包括雨量预警指标和水位预警指标、预警方式等。

⑤防汛期组织信息:如责任人、联系方式等。

(3)添加辅助信息,即编制单位、编制时间,以及图名、图例、比例尺、指北针等地图辅助信息。

第8章 山洪灾害非工程措施防御预案

8.1 组织指挥体系

8.1.1 防汛抗旱指挥部

太原市人民政府成立防汛抗旱指挥部(以下简称太原市指挥部),负责领导、指挥太原市防汛抗洪工作。其组织指挥体系示意图见图3-8-1。

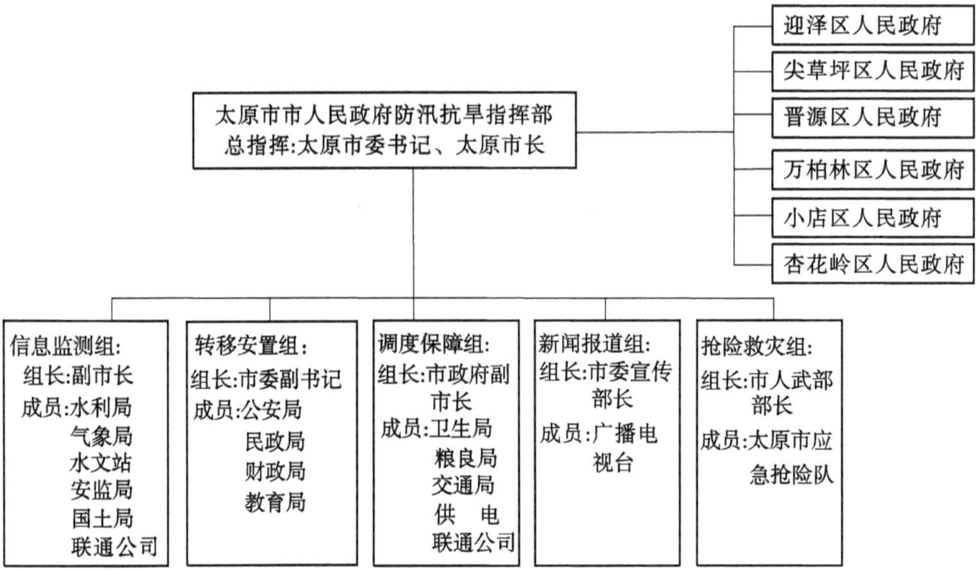

图3-8-1 太原市山洪灾害防御组织指挥体系示意

总指挥由市长担任,全面负责太原市的防汛抗旱及抗洪抢险的指挥工作。

总　指　挥:太原市委副书记、太原市长

政　　　委:太原市委副书记、太原市统战部部长、太原市党校校长

常务副总指挥:太原市副市长

副 总 指 挥:太原市委宣传部部长

太原市副市长

太原市人武部部长

太原市公安局局长

太原市党委书记
太原市水务局局长
太原市政府办主任
成　　员:太原市发改局局长
太原市经信局局长
太原市粮食局局长
太原市教育局局长、太原市党委副书记
太原市纪委副书记、太原市监察局局长
太原市民政局局长
太原市国土资源局局长
太原市住建局局长
太原市交运局局长
太原市水务局党总支书记
太原市农委主任
太原市林业局局长
太原市卫生局局长
太原市安监局局长
太原市报社社长
太原市农机局局长
太原市供销联社主任
太原市广电中心主任
太原市房管局局长、太原市物资总公司经理
太原市水务局副局长
太原市气象局局长
太原市供电支公司经理
太原市中国联通分公司经理

太原市防御山洪灾害指挥部职责:

(1)贯彻执行国家有关防御山洪灾害工作的法律、法规、政策和上级相关指示、命令,认真贯彻"安全第一,常备不懈,以防为主,全力抢险"的防汛工作方针。牢固树立防大汛、抗大洪、抢大险和救大灾思想,统一组织协调辖区内的山洪灾害防御工作。

(2)组织制订全市各类山洪灾害防御预案,落实各项度汛措施和责任。

(3)统筹建设辖区内由各类山洪灾害防治建设工程,不断提高防御能力。

(4)及时掌握各类汛情,研究落实防御对策,指挥协调防御山洪灾害抢险救灾和开展灾后生产自救。

(5)负责组建防御山洪灾害组织机构,落实经费和物资。

(6)建设完善防御山洪灾害监测预警系统,为合理指挥调度提供科学依据,逐步实现太原市山洪灾害防御工作规范化、现代化。

(7)组织防汛安全检查,开展宣传教育工作,督促各有关部门做好防御山洪灾害思想、组织、物资、技术“四落实”。

各乡(镇)人民政府分别设立防汛抗旱指挥部,在本级人民政府领导下指挥所辖地区防汛抗洪工作。服从市防汛抗旱指挥部调度。

各乡(镇)防汛抗旱办事机构,要配足人员,配备必要的办公、监测、通信设备和交通工具,保证防汛抢险指令及时传达、汛情信息及时处置反馈。

8.1.2 水雨情监测信息组

组　长:太原市防汛办主任
副组长:太原市气象局局长
成　员:太原市防汛办副主任
　　　太原市水文站站长
　　　太原市地质环境监测站站长

8.1.3 专家调度组

组　长:太原市水务局局长
副组长:太原市防汛办主任
成　员:太原市气象局局长
　　　太原市住建局工程师
　　　太原市交通局工程师
　　　太原市电力局工程师
　　　太原市电信局工程师
　　　太原市水务局副局长、工程师

8.1.4 安全抢险转移组

组　长:太原市防汛抗旱指挥部副指挥、太原市人武部部长
副组长:太原市水务局局长
　　　太原市安监局局长
成　员:太原市国土资源局局长
　　　太原市交通局局长
　　　太原市广播电视局局长

8.1.5 救灾保障组

组　长:太原市民政局局长
副组长:太原市农业局局长
成　员:太原市国土资源局副局长
　　　太原市水务局副书记
　　　太原市交通局副局长
　　　太原市广播电视局局长

太原市供电局副局长

太原市卫生局副局长

太原市教育局副书记

8.1.6　抢险队

由太原市人武部牵头，成立以民兵组成的防汛抗洪救险队，执行重大山洪灾害抢险任务，由太原市防汛抗旱指挥部统一指挥调度，抢险队员每年进行调整，并报太原市防御山洪灾害指挥部备案。

队　长：太原市人武部副部长

副队长：太原市人武部军事科科长

抢险突击队队长：太原市森林防火办主任。

8.1.7　维护治安队

由太原市公安局牵头，以公安干警和武警为骨干，成立50人组成治安队，负责重大洪灾和山洪灾害抢险救灾过程中的治安维护工作。

队　长：太原市公安局副局长

副队长：太原市公安局治安大队队长

太原市武警中队队长

8.1.8　太原市防御山洪灾害应急工作小组职责

(1)监测信息组职责：负责发布重要气象和洪水预报，监测雨、水情和灾点险情，及时掌握暴雨、洪水、滑坡、泥石流和水利工程险情，准确传递汛情信息，为总指挥部决策提供科学依据。

(2)专家调度组职责：对监测站的汛险情组织专家进行会商，提出科学对策。负责调度抢险人员，防汛物资、设备、车辆，并负责水利工程运用调度，当好领导参谋。

(3)安全抢险转移组职责：负责按照指挥部的预警通知、命令和指示，按照预案撤离路线，做好受威胁区群众的安全转移工作，首先保证人民生命安全，并组织抢险队进行抢险，将灾害损失降到最低程度。

(4)救灾保障组职责：负责被转移群众的临时安置，提供生活和医疗保障，救助受灾群众。实地调查核实受灾情况报经市政府审核后按有关规定逐级上报相关部门。

8.2　监测预警

8.2.1　监测信息收集、整理、上报

(1)水雨情监测信息来源主要有四种：

①监测预警平台接收。24 h监测接收全市40个自动雨量站的实时水雨情信息。

②人工收集。全市183个简易雨量站、5个简易水位站的水雨情信息，当达到准备转

移条件时由各站点负责人报送乡(镇)值班室和市防汛抗旱指挥部办公室。主汛期每日8时实行零报告制度。

③气象、水文部门报送的水雨情信息。

④各类水库、淤地坝、尾矿库、滑坡体等的工情信息。

(2)建立市防汛办公室信息汇集平台,设立计算机网络,数据库和信息处理系统,为全市山洪灾害防御指挥调度提供科学依据。

8.2.2 预警级别

山洪灾害预警级别分两级:准备转移和立即转移。

根据气象部门预报信息和水雨工情监测信息,经过综合判定,确定预警的级别、范围等。

8.2.2.1 雨情监测情况

(1)准备转移:当辖区内某村雨量站1 h雨量达到35 mm,或6 h雨量达到55 mm,或24 h雨量达到78 mm,及时向市山洪灾害防御组织有关成员单位发布准备转移的指令,同时报上一级山洪灾害防御指挥部。

(2)立即转移:当辖区内某村雨量站1 h降雨量达到42 mm,或6 h降雨量达到64 mm,或24 h降雨量达到90 mm时,及时向市山洪灾害防御组织有关成员单位发布立即转移的指令,同时报上一级山洪灾害防御指挥部。

太原市预警临界雨量成果见表3-6-1。

8.2.2.2 水情监测情况

根据太原市40处自动雨量站及183处简易雨量站监测信息,向上下游村庄及时发布预警信息。根据水位站距离堤顶高度将水位分为:“安全水位”“警戒水位”“转移水位”。

(1)安全水位:当沟道洪水水位在“安全水位”标示以下或与“安全水位”标示齐平时,为安全水位。当沟道洪水水位超过“安全水位”标示时,应密切监测水位变化。

(2)准备转移(警戒水位):当沟道内洪水水位达到“警戒水位”时为警戒水位,应及时向沟道两侧及下游危险区内居民发布准备转移的指令,同时报上一级防汛指挥部,并密切监测水位变化。

(3)立即转移:当沟道内洪水位达到“转移水位”时,及时向沟道两侧及下游危险区内居民发布立即转移的指令,同时报上一级防汛指挥部。

8.2.3 预警指令的签发及发布方式

8.2.3.1 预警指令

准备转移预警指令经市防指组织会商后,由防指常务指挥签发。

立即转移预警指令经市防指组织会商后,由防指总指挥签发。

8.2.3.2 发布方式

(1)有线电话、传真和无线电话。全市各行政村基本村村通电话。

(2)语音电话。水库与市防汛办信息采用语音电话传输。

(3)移动、联通和电信网络基本覆盖全市村组,可以采用短信传输。

(4)电视、广播网络基本覆盖市城和各乡(镇、街道)、驻地。

(5)市城区范围内安装大功率报警器,市城安装GSM无线高音报警喇叭,街道社区安装预警广播;乡镇驻地和重点山洪灾害区大功率报警器、报警高音喇叭、预警广播,配手持扩音器、手摇报警器、铜锣、口哨等。

(6)无线短波和超短波系统、短波电台,对讲机,卫星电话。

8.2.4 预警程序

发布程序分一般情况和紧急情况:

(1)一般情况下,按市→区→村→组→户的次序进行预警。

(2)紧急情况下,村级山洪防御机构可直接向本村发布预警信号并组织转移、撤离,同时报告区防汛指挥机构和市防汛指挥部办公室。

太原市预警程序示意图见图3-8-2。

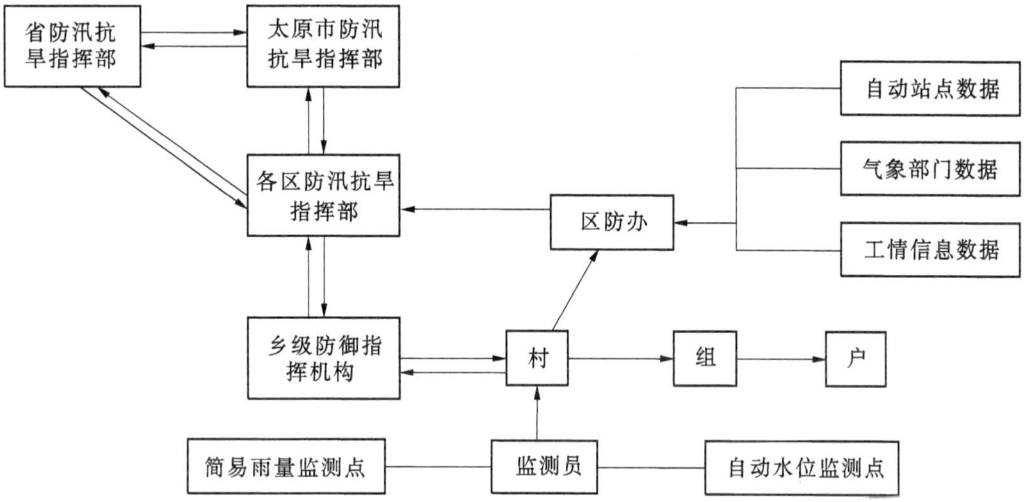

图3-8-2 太原市预警程序示意图

8.2.5 预警响应

8.2.5.1 准备转移

由市防指常务副总指挥主持会商,各小组成员参加,针对防御工作做出部署。

(1)监测信息组:加强雨水情变化的观测,加密各工情点的监测巡查。随时掌握各种汛情,及时研判,并将最新信息上报市防指。

(2)调度保障组:根据预警范围准备必须救灾物资,随时待命。

(3)转移安置组:各相关单位、各乡(镇)做好转移准备工作的同时,所包乡(镇)负责人立即奔赴可能发生山洪区域督促指导转移准备工作。

(4)新闻报道组:听从指挥部命令,及时发布雨情以及撤离等指令。

(5)应急抢险队:应急抢险队员集结待命,听从指挥部命令出发抢险。市武装部组织的预备役民兵,市公安局组建的50人应急抢险队伍,市安监局组建的30人应急抢险队伍,市住房和城乡建设管理局组织150人的抢险队,车辆自备。

(6)市防办做好各项组织、协调工作,及时将汛情、灾情、抢险措施等上报市防办。

8.2.5.2 立即转移

市防指总指挥主持会商,防指全体成员参加,部署防御工作。

(1)监测信息组:密切关注汛情的发展变化,做好汛情预测预报。增加值班人员,加强值班。将最新信息及时上报市防指,经分析后报市政府及市防汛抗旱指挥部办公室,利于领导指挥决策。

(2)调度保障组:将转移群众必须的生活用品和抢险救灾物资及时运达受灾地区,保障人民群众的生活不受影响和抢险救灾的顺利进行。

(3)转移安置组:市、区、乡、村的各级防汛指挥机构负责人、成员单位负责人应按照职责到分管的区域组织指挥转移工作,全力以赴做好受威胁群众按预定的路线和地点转移组织工作,负责将转移人一个不漏地动员到户到人,同时确保转移途中和安置后的人员安全。

(4)新闻报道组:在市电视台发布撤离警报,帮助群众及时了解撤离的信息,并及时报道山洪发展及抗洪措施。

(5)应急抢险队:应急抢险队员在接到指令后,立即赶赴受灾区域,进行抢险救灾,将损失减少到最低。

(6)太原市防指领导和专家组成的工作组赴一线指导工作。

(7)市防办做好各项组织、协调工作,及时将汛情、灾情、抢险措施等上报市防办。

8.2.6 转移安置

根据太原市自然地理条件和山洪灾害威胁情况,结合历史洪水淹没范围,滑坡、泥石流威胁范围,山洪沟分布情况,确定人员需转移安置地点。

8.2.6.1 转移安置原则

转移安置应遵循以下原则:

(1)先人员后财产的原则。

(2)先老弱病残人员后一般人员的原则。

(3)因地制宜、因害设防、就近方便,躲灾避险的原则。

(4)采取集中、分散相结合的原则。

转移安置的路线、地点,要在乡(镇、街道)、村(社区)预案中进行详细规定,并绘制出转移路线和安置地点图,填写群众转移安置计划表。

各个灾点及威胁区要制作明白卡,将转移线路、安置地点、时机、观测人、报警人、责任人等进行详细规定,同时要制定避险应急措施。制作标识牌。

8.2.6.2 转移安置纪律

防御山洪灾害,转移安置群众员关系民生的大事,各级政府领导干部必须高度重视,市、乡(镇、街道)、村(社区)、组必须层层签订目标责任书,落实转移安置措施,统一指挥调度,分区转移安置。对一些转移难度较大的住户,必要时采取强制措施进行转移,坚决杜绝伤亡事件的发生。

8.2.7　预警解除

根据天气预报和水雨情的变化情况，市防指会商后，可以决定宣布解除预警。

8.3　保障措施

认真开展汛前安全检查，堵塞漏洞、消除隐患。汛前市防汛抗旱指挥部要组织对全市范围内进行防汛安全检查。乡(镇、街道)、村(社区)要对辖区内的病险库坝、滑坡险段、山洪灾点、河道城镇等进行全面检查，采取"谁检查、谁签字、谁负责"的办法，逐项填写防汛安全检查责任卡，对查出的问题，现场下发整改通知，制定整改措施，落实责任人，堵塞漏洞，消除隐患。同时，对可能发生山洪灾害的所有工程及隐患点落实专人进行监测，对监测到的汛险情要及时报告，保证信息畅通、措施到位、责任到位，确保安全。

8.3.1　物资保障

物资部门汛前需准备一定数量的救灾物资，当灾害发生后及时将救灾、抢险物资运抵受灾区域。

8.3.2　电力保障

电力部门要保证防洪工程的电力供应。优先保障抢险、排涝、救灾的应急用电调配和电力供应。

8.3.3　交通保障

交通部门要做好公路交通设施的安全工作；做好受灾人员、物资及设备的运输工作。

8.3.4　通信保障

通信部门要做好山洪灾害发生时通信保障工作。根据险情需要，协调调度全市电信运营企业的应急通信设施。

8.3.5　医疗卫生保障

医疗卫生部门要做好疾病预防控制和医疗救护工作。当灾害发生后，组织卫生力量赶赴灾区，开展防病治病，预防和控制疫情的发生与流行，并及时向市防指提供灾害发生区疫情与防治信息。

8.4　宣传、培训及演练

8.4.1　宣传

充分利用会议、广播、电视以及宣传栏、宣传册、挂图、明白卡、墙报、标语等群众通俗易懂、喜闻乐见的形式，大力宣传山洪灾害防治知识、防御常识及本预案内的主要内容等。

8.4.2 培训

汛前要对受山洪灾害威胁地区的干部群众进行全方位教育培训，使广大干部群众掌握对山洪灾害的预防、避险、救灾等知识，保证每个村民了解预警信号、撤离路线等。增强全民对山洪灾害的防范意识。

8.4.3 演练

汛前，受山洪灾害威胁的地区，要组织以行政村为单位或多村联合进行山洪灾害防御演练。演练内容包括应急响应、抢险、救灾、转移、后勤保障、人员转移、安置等。

8.4.4 纪律

为了认真做好山洪灾害防御工作，在汛期各级干部必须严格执行以下工作纪律：

(1)各级组织进入汛期都要认真安排好防汛值班，严格执行领导带班制度，值班人员必须24 h坚守工作岗位，及时处理日常事务，保证信息畅通。

(2)汛期各级防汛组织的主要领导，未经批准不得离岗外出。

(3)市重点水库、淤地坝、滑坡、泥石流灾点，山洪灾害重点防范区汛期都有要落实监测人员。实行市级领导包水库、乡(镇、街道)领导包淤地坝、滑坡、山洪灾点，村上领导包组、包户等一系列承包责任制。

(4)认真制订山洪灾害防御预案，并组织现场演练，全面落实防范措施，做到防患于未然。

(5)对于重要汛情立即逐级上报，同时按照预定方案和相关规定进行处理，做到不延时、不误报、不漏报。

(6)出现险情时，辖区主要领导必须立即赶赴现场亲临指挥，确保群众安全转移。

(7)对于玩忽职守、工作措施不力或延误时机，造成重大责任事故的，要依据《省、市防汛安全事故责任追究办法》有关规定进行处理，构成犯罪的，移交司法机关进行处理。

参 考 文 献

[1] 太原市统计局国家统计局太原调查队. 太原市 2016 年国民经济和社会发展统计公报[N]. 太原日报,2017-03-20(003).

[2] 胡静敏. 城市暴雨天气内涝区域风险研究——以太原市某区域为例[J]. 中国管理信息化,2016,19(22):186.

[3] 侯贵保. 太原市地铁 2 号线工程对地下水环境的影响分析[D]. 太原:太原理工大学,2016.

[4] 李东海. 太原市河道划界确权工作探讨[J]. 山西水利,2016(4):23-24.

[5] 黄长红,吴士夫,黎炎庆,等. 山洪灾害外业调查方法[J]. 水利水电快报,2016,37(7):44-48.

[6] 路阳. 基于临界雨量指标的小流域山洪灾害预警研究[D]. 兰州:兰州大学,2016.

[7] 李晋辉. 山洪灾情评价方法与应用研究[D]. 河北工程大学,2016.

[8] 李剑利. 山西省山洪灾害动态预警系统设计综述[J]. 山西水利,2016(9):15-16.

[9] 李清华. 基于 GIS 的太原市暴雨洪涝灾害风险区划[A]. 中国气象学会[C]//第 32 届中国气象学会年会 S14 第五届气象服务发展论坛——气象服务与信息化. 中国气象学会,2015:11.

[10] 李东海. 太原市河道管理存在问题及发展思路探讨[J]. 山西水利,2015(8):9-10.

[11] 程永静. 低碳经济试阈下太原市产业结构调整优化研究[D]. 西安:陕西师范大学,2015.

[12] 方翠. 太原城市水系复流规划初探[J]. 河南水利与南水北调,2015(5):52-53.

[13] 郭晓方,崔阳,王开扬,等. 近 3 年太原市夏季降水的化学特征研究[J]. 环境科学,2015,36(2):388-395.

[14] 祁文军. 山西省山洪灾害防治县级非工程措施项目成效综述[J]. 山西水利,2015,(1):3-4.

[15] 赵睿. 山丘区小流域暴雨洪水分析计算方法应用研究[D]. 济南:山东大学,2015.

[16] 李心愉. 山东省山洪灾害监测预警系统的设计与开发[D]. 大连:大连理工大学,2015.

[17] 孙璟. 小流域山洪灾害预警预报研究[D]. 南昌:南昌工程学院,2015.

[18] 任春凤. 山东省小流域山洪灾害预警指标分析研究与应用[D]. 济南:山东大学,2015.

[19]《山洪灾害监测预警系统设计导则》正式实施[J]. 中国水利,2015(1):70.

[20] 张吉汉. 太原地区水文地质概述[J]. 山西建筑,2014,40(34):87-88.

[21] 胡德生. 太原市城市水文监测思考及建议[J]. 山西水利,2014(8):11-12.

[22] 陈昭坤. 山西省山洪灾害防治县级非工程措施项目建设情况概述[J]. 山西水利科技,2014(2):76-78.

[23] 李晓新. 山西省山洪灾害群测群防体系建设经验探讨[J]. 中国防汛抗旱,2014(S1):82-84.

[24] 田瑞. 山西省山洪灾害防治非工程措施项目建设实践与思考[J]. 中国防汛抗旱,2014(S1):20-22.

[25] 康爱卿. 山西省山洪灾害调查评价工作分析[J]. 中国防汛抗旱,2014(S1):54-56.

[26] 郭力源. 山洪灾害监测预警系统的设计与实现[D]. 西安:西安电子科技大学,2014.

[27] 阙博明. 广西山洪灾害防治项目实施管理研究[D]. 南宁:广西大学,2014.

[28] 陈真莲. 小流域山洪灾害成因及防治技术研究[D]. 广州:华南理工大学,2014.

[29] 国家防汛抗旱总指挥部办公室. 全国山洪灾害防治县级非工程措施项目建设管理总结报告[R]. 北京: 国家防汛抗旱总指挥部办公室,2014.

[30] 山西省水利厅. 山西洪水研究[M]. 郑州:黄河水利出版社,2014.

[31] 张骞.基于GIS的北京地区山洪灾害风险区划研究[D].北京:首都师范大学,2014.
[32] 牛旭,李洪建,严俊霞.1951—2012年太原市气候变化基本特征研究[J].山西农业科学,2013,41(12):1352-1357.
[33] 薛燕波.太原市区东、西山河道降雨-洪水分析[C]//中国工程院土木,水利与建筑工程学部,中国土木工程学会,中国水利学会,中国土木工程学会市政工程分会,中国土木工程学会水工业分会.2013城市防洪国际论坛论文专集.2013:5.
[34] 李顺勇,李锋.太原市人口分布合理性现状研究[J].太原师范学院学报(自然科学版),2013,12(2):70-73.
[35] 水利部,财政部.全国山洪灾害防治项目实施方案(2013~2015年)[R].北京:水利部,2013.
[36] 刘昌东.山洪灾害监测预警系统标准化研究[D].北京:中国水利水电科学研究院,2013.
[37] 陈冬君.山洪灾害监测预警系统的设计与开发[D].长春:吉林大学,2013.
[38] 李兴勇.黑龙江省山洪灾害防御系统初步研究[D].哈尔滨:黑龙江大学,2013.
[39] 张红萍.山区小流域洪水风险评估与预警技术研究[D].北京:中国水利水电科学研究院,2013.
[40] 史楷生.太原市水文站巡测规划探讨[J].科技情报开发与经济,2012,22(8):142-144.
[41] 邱瑞田.山洪灾害防治县级非工程措施项目建设进展及成效[J].中国水利,2012(23):7-9.
[42] 陈敏.基于GIS的山洪灾害空间分布预测研究[D].成都:成都理工大学,2012.
[43] 王旭东.山西省山洪灾害防治县级非工程措施项目建设成效综述[J].山西水利,2012(8):9-11.
[44] 王旭东.山西省山洪灾害防治县级非工程措施项目建设实践与思考[J].山西水利,2012(4):12-13,15.
[45] 胡朝阳.中小河流生态规划中的行洪能力分析[D].大连:大连理工大学,2012.
[46] 林莉.南平市延平区山洪灾害防治对策研究[D].福州:福建农林大学,2012.
[47] 山西省水利厅.山西省水文计算手册[M].郑州:黄河水利出版社,2011.
[48] 山西省水利厅.山西省历史洪水调查成果[M].郑州:黄河水利出版社,2011.
[49] 赵然杭,王敏,陆小蕾.山洪灾害雨量预警指标确定方法研究[J].水电能源科学,2011,29(9):49-53.
[50] 水利部水文局.中小河流山洪监测与预警预测技术研究[M].北京:科学出版社,2010.
[51] 杨秀芳.山西省山洪灾害分布研究及灾害区地貌分析[J].山西水利,2010(8):7-9.
[52] 苏慧慧.山西汾河流域公元前730年至2000年旱涝灾害研究[D].西安:陕西师范大学,2010.
[53] 周艳萍.太原市河道治理研究[J].科技情报开发与经济,2009,19(29):111-112.
[54] 刘效雨.重庆市山洪灾害的初步研究[D].重庆:西南大学,2009.
[55] 包鑫.暴雨山洪灾害预警监测系统的研究与实现[D].南昌:南昌大学,2009.
[56] 牛俊杰.太原及其周边地区人工植被土壤水环境与植被建设[D].西安:陕西师范大学,2008.
[57] 郑文卿,孙少雄,刘志宏,等.太原市小店区一次暴雨特征分析[J].山西气象,2008(1):7-8,35.
[58] 王雄军,赖健清,孔华,等.太原盆地及太原市重金属元素地球化学分布特征分析[J].地球与环境,2008(1):72-80.
[59] 李力,沈冰.太原市水资源合理配置研究[J].西北农林科技大学学报(自然科学版),2008(2):199-204.
[60] 管珉.南方山洪灾害预警预报研究[D].南京:南京信息工程大学,2008.
[61] 卢爱萍.山洪灾害防治规划与实践[J].水利水电快报,2008(7):14-16,21.
[62] 张志彤.我国山洪灾害特点及其防治思路[J].中国水利,2007(14):14-15.
[63] 邱瑞田.全国山洪灾害防御试点建设成效显著[J].中国水利,2007(14):56-58.
[64] 胡德生,左海凤.太原市水文测验工作存在的问题及对策[J].科技情报开发与经济,2007(5):287-

288.
[65] 杜咏梅. 山西省山洪灾害防治现状及对策[J]. 山西水利,2007(1):32-33,35.
[66]《全国山洪灾害防治规划》(摘要)[J]. 中国水利,2007(14):2-4.
[67] 许杰民. 太原市雨洪利用前景浅析[C]//中国水利学会城市水利专业委员会. 2006 年全国城市水利学术研讨会暨工作年会资料论文集,2006:10.
[68] 杨欣荣. 太原市地热资源概况及开发利用前景[J]. 山西科技,2006(1):1-3.
[69] 宜东平. 太原市社会经济发展与土地利用研究[D]. 北京:中国林业科学研究院,2005.
[70] 孙艳敏. 县级土地类型划分及其在耕地分等中的应用——以太原市万柏林区为例[D]. 中国农业大学,2005.
[71] 范堆相. 山西省水资源评价[M]. 北京:中国水利水电出版社,2005.
[72] 胡剑功. 玉溪市山洪地质灾害特征及形成条件分析[D]. 昆明:昆明理工大学,2005.
[73] 杜保存. 山西省山洪灾害特点与防治[J]. 山西水利科技,2005(3):28-29.
[74] 任洪玉,张平仓,杨勤科,等. 全国山洪灾害防治区划理论与实践初探[J]. 中国水利,2005(14):17-20.
[75] 水利部,国土资源部,中国气象局,等. 全国山洪灾害防治规划[R]. 北京:全国山洪灾害防治规划领导小组办公室,2004.
[76] 陈彦平. 太原市降水系列代表性分析与对策[J]. 山西水利,2004(1):42-44.
[77] 刘洁,郝永红,王言荣. 太原市地下水资源可持续利用与地质环境保护[J]. 山西大学学报(自然科学版),2003(4):359-362.
[78] 张泉. 雨洪资源与太原市社会经济可持续发展[J]. 科技情报开发与经济,2003(9):93-94.
[79] 王俊有. 太原市地下水水质现状及污染防治措施[J]. 环境科学动态,2002(4):19-21.
[80] 党耀军,石东海,高宗强,等. 太原市虎峪河 96804 暴雨洪水分析[J]. 山西水利科技,1997(2):12-14.
[81] 任泽信,马志正. 论山西的水资源与洪水[J]. 自然资源,1997(5):54-60.
[82] 杨致强, 姚昆中, 杜云宝, 等. 山西省暴雨洪水规律研究[M]. 太原:山西人民出版社, 1996.
[83] 姜梦九,陈俊生. 山西省暴雨山洪灾害及防治对策探讨[J]. 山西水利科技,1995(1):80-85.
[84] 李文广. 太原市历年山洪灾害成因及其防治措施[C]//中国土木工程学会. 第一届全国城市防洪学术会议论文集,1992:7.
[85] 姚昆中. 山西省山洪特点与防治措施[J]. 山西水土保持科技,1989(2):22-24.

附 图

1. 第 1 篇

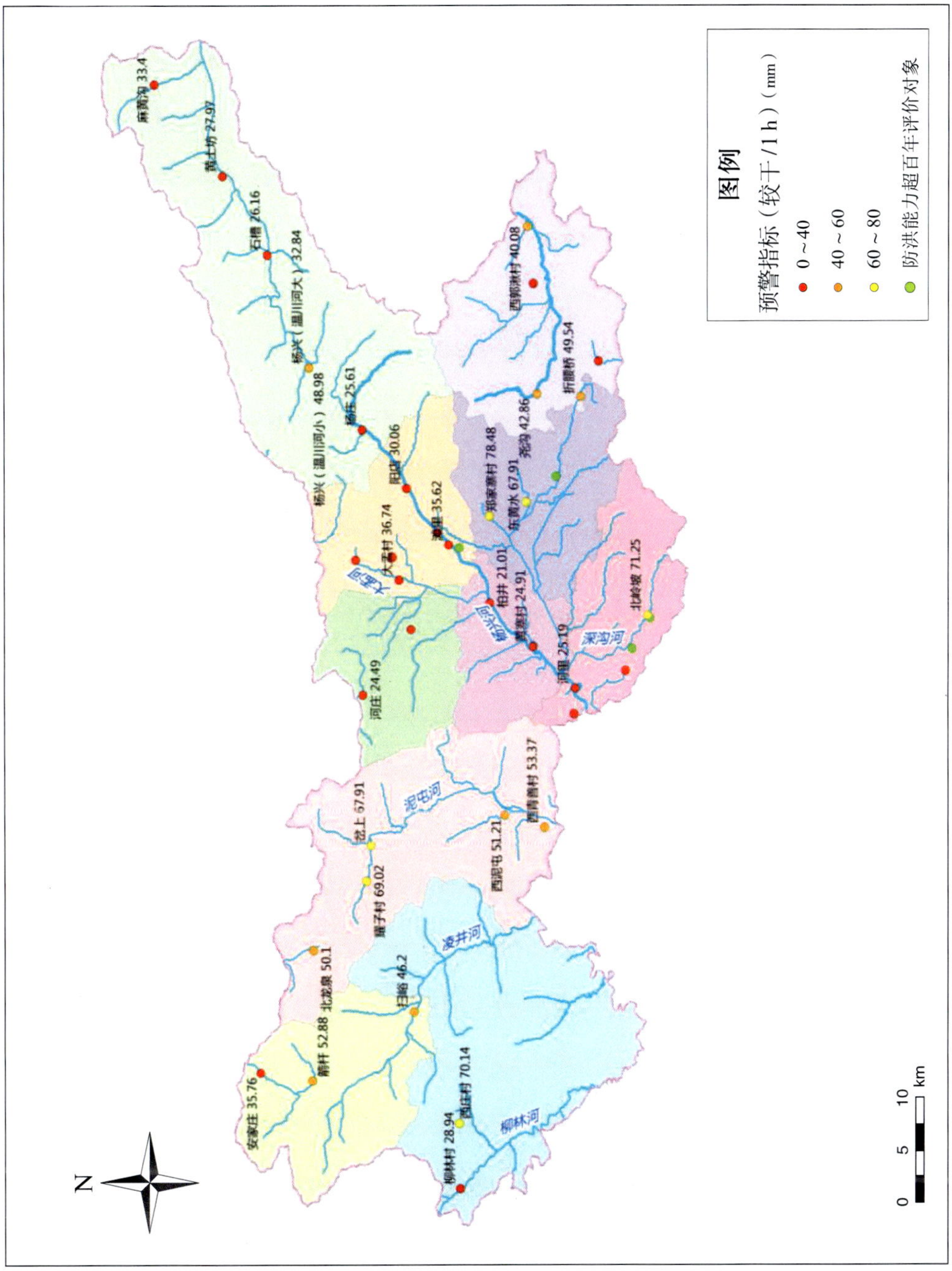

附图 1-1　太原市阳曲县防灾对象较干 /1 h 预警指标分布图（节选部分）

2. 第 2 篇

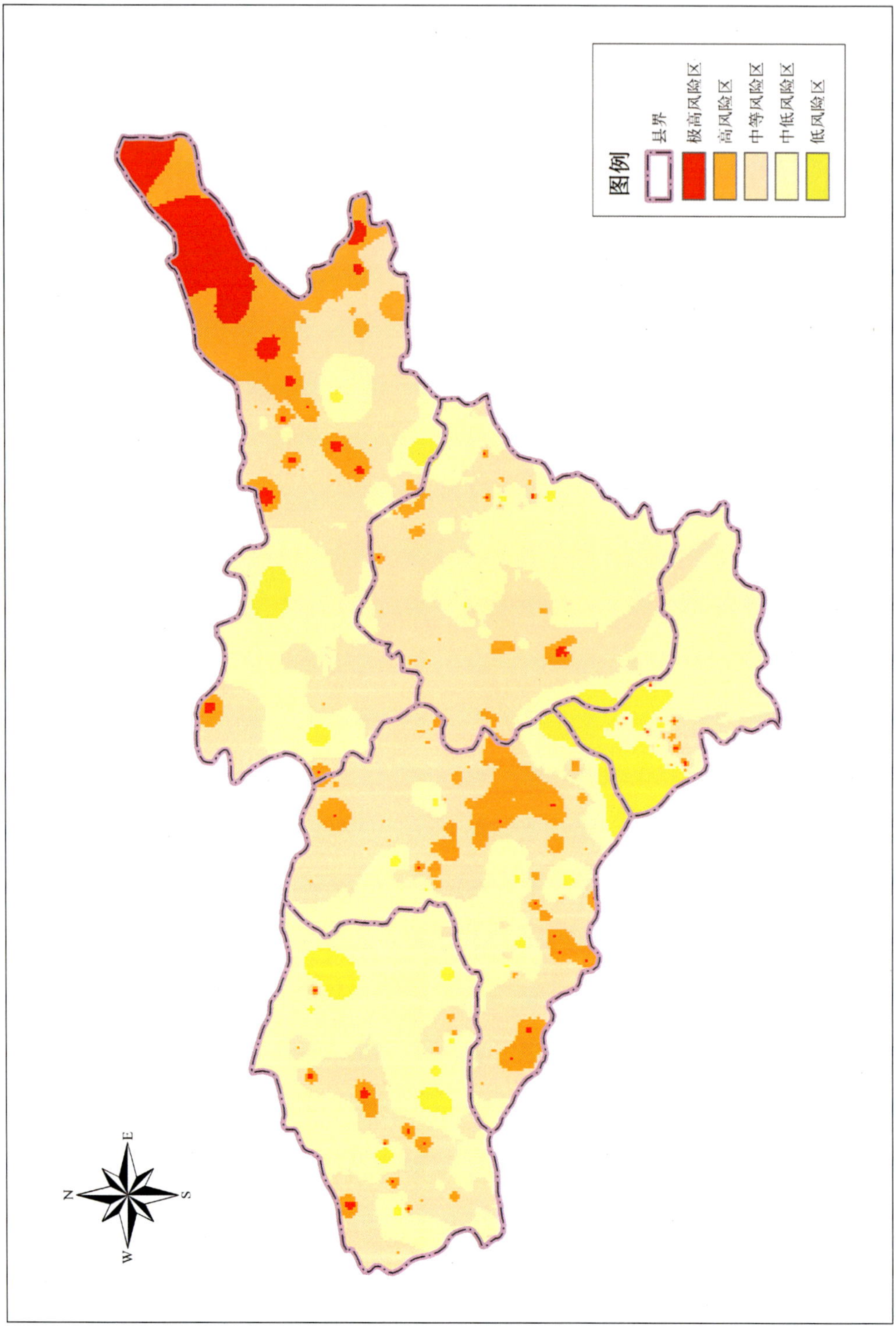

附图 2-1　太原市山洪灾害风险区划图

3. 第 3 篇

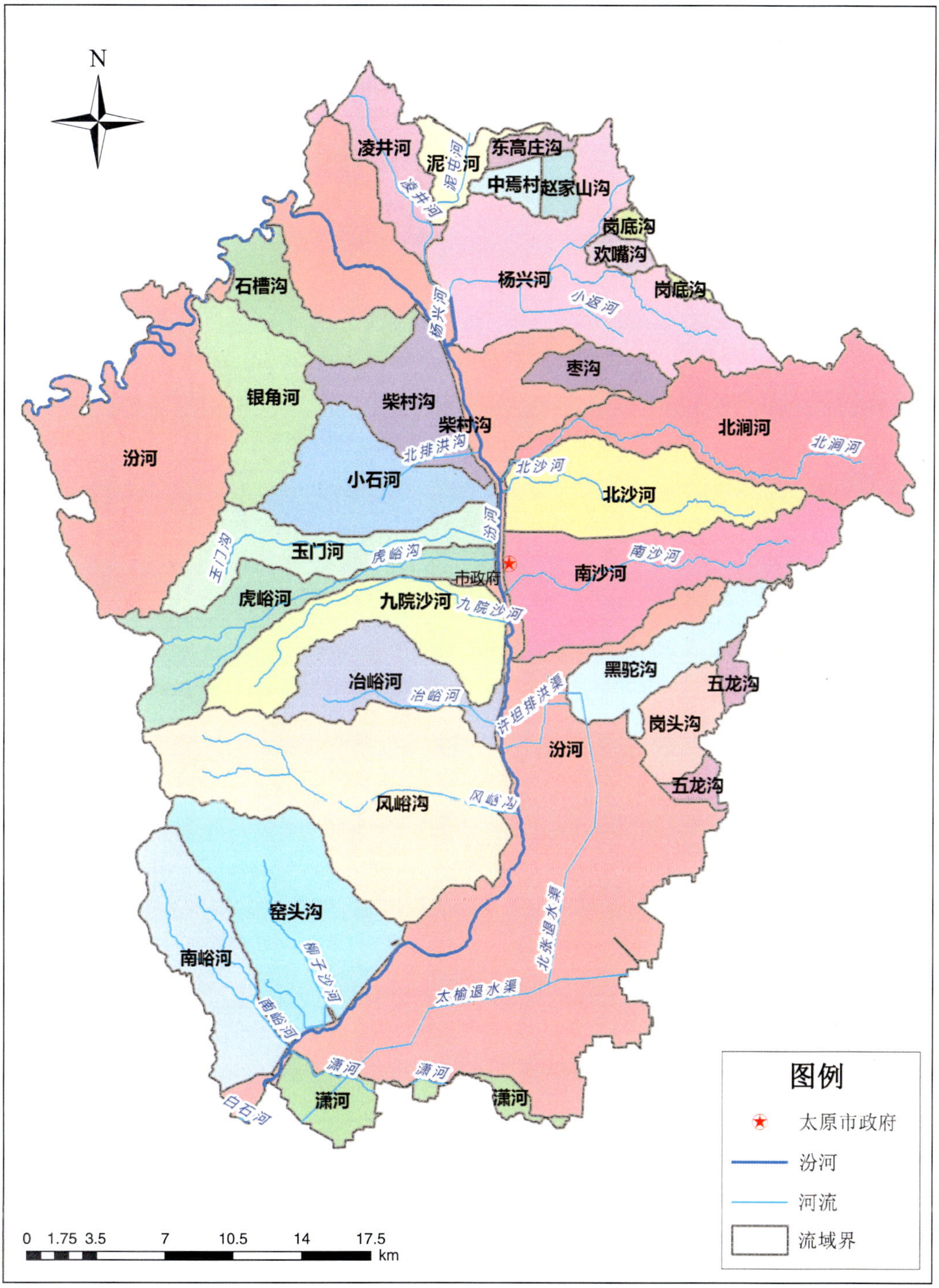

附图 3-1　太原市区计算小流域划分图

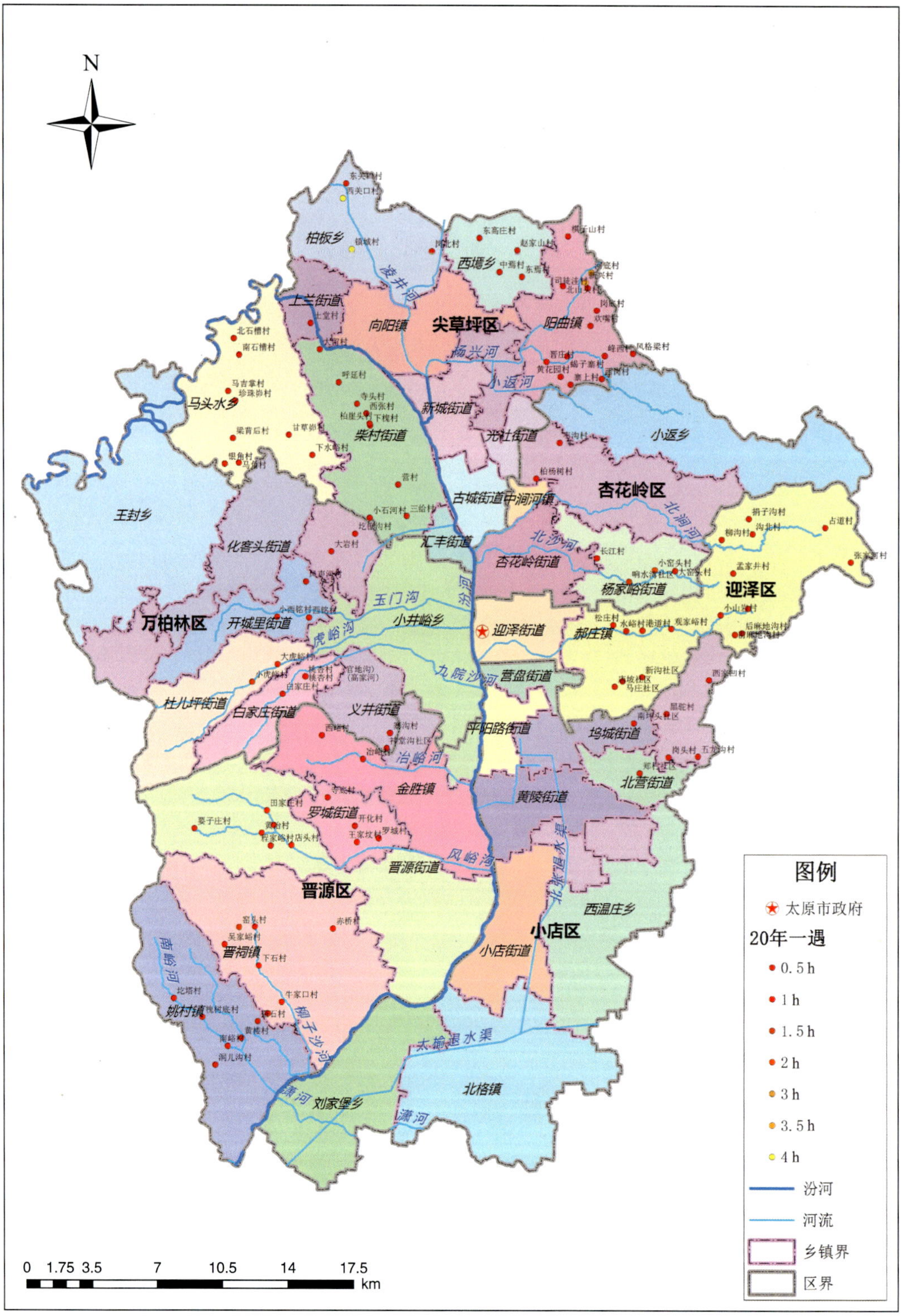

附图 3-2　太原市区防灾对象汇流时间图（20 年一遇）

附图 3-3　太原市区防灾对象汇流时间图（100 年一遇）

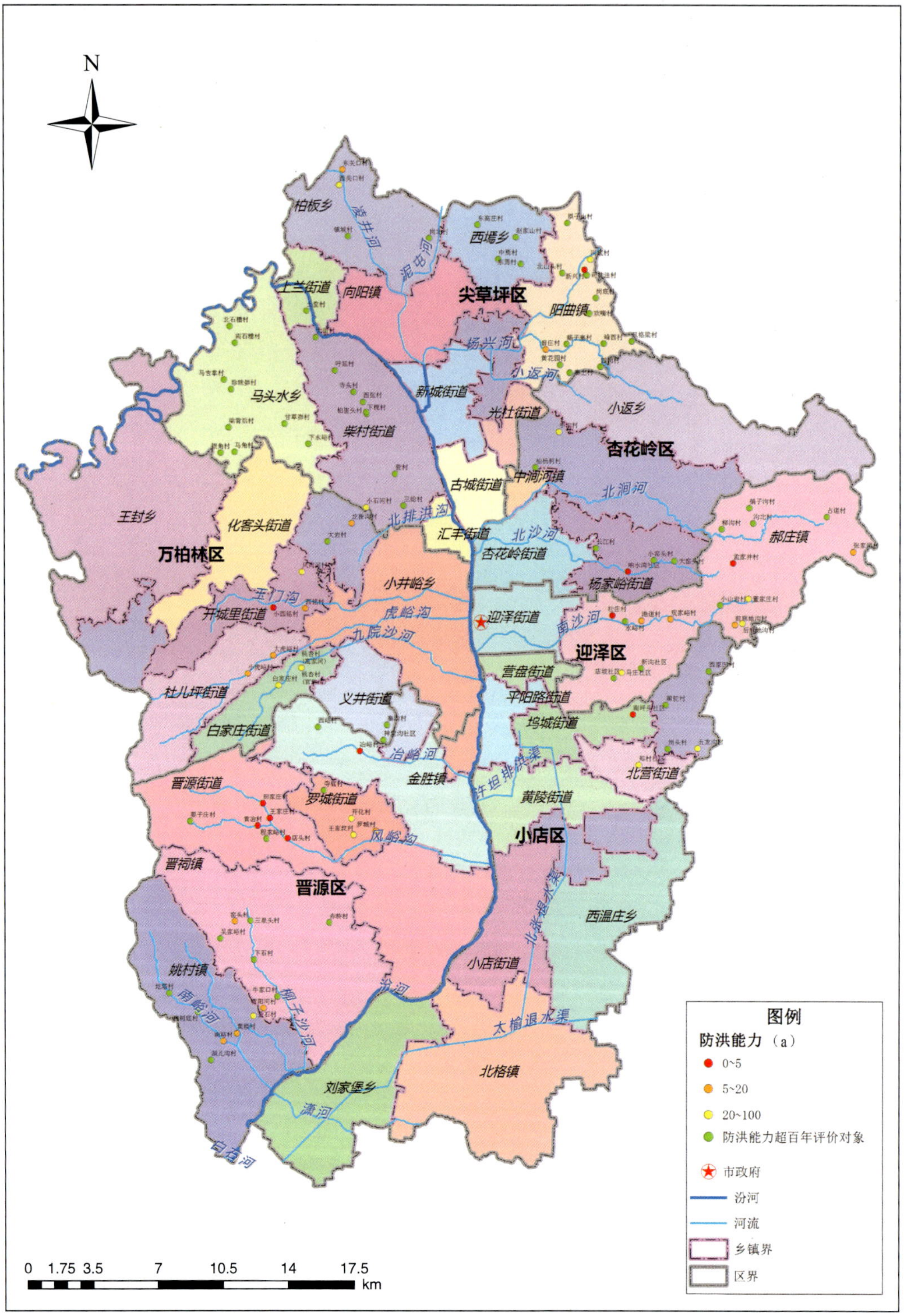

附图 3-4　太原市区防灾对象现状防洪能力分布图

附图 3-5 太原市区防灾对象预警指标分布图（较干/0.5 h）

附图 3-6　太原市区防灾对象预警指标分布图（一般 /0.5 h）

附图 3-7 太原市区防灾对象预警指标分布图（较湿 /0.5 h）

附图 3-8　太原市区防灾对象预警指标分布图（较干 /1 h）

附图 3-9 太原市区防灾对象预警指标分布图（一般 /1 h）

附图 3-10 太原市区防灾对象预警指标分布图（较湿/1 h）

附图 3-11　太原市区防灾对象预警指标分布图（较干 /1.5 h）

附图 3-12　太原市区防灾对象预警指标分布图（一般 /1.5 h）

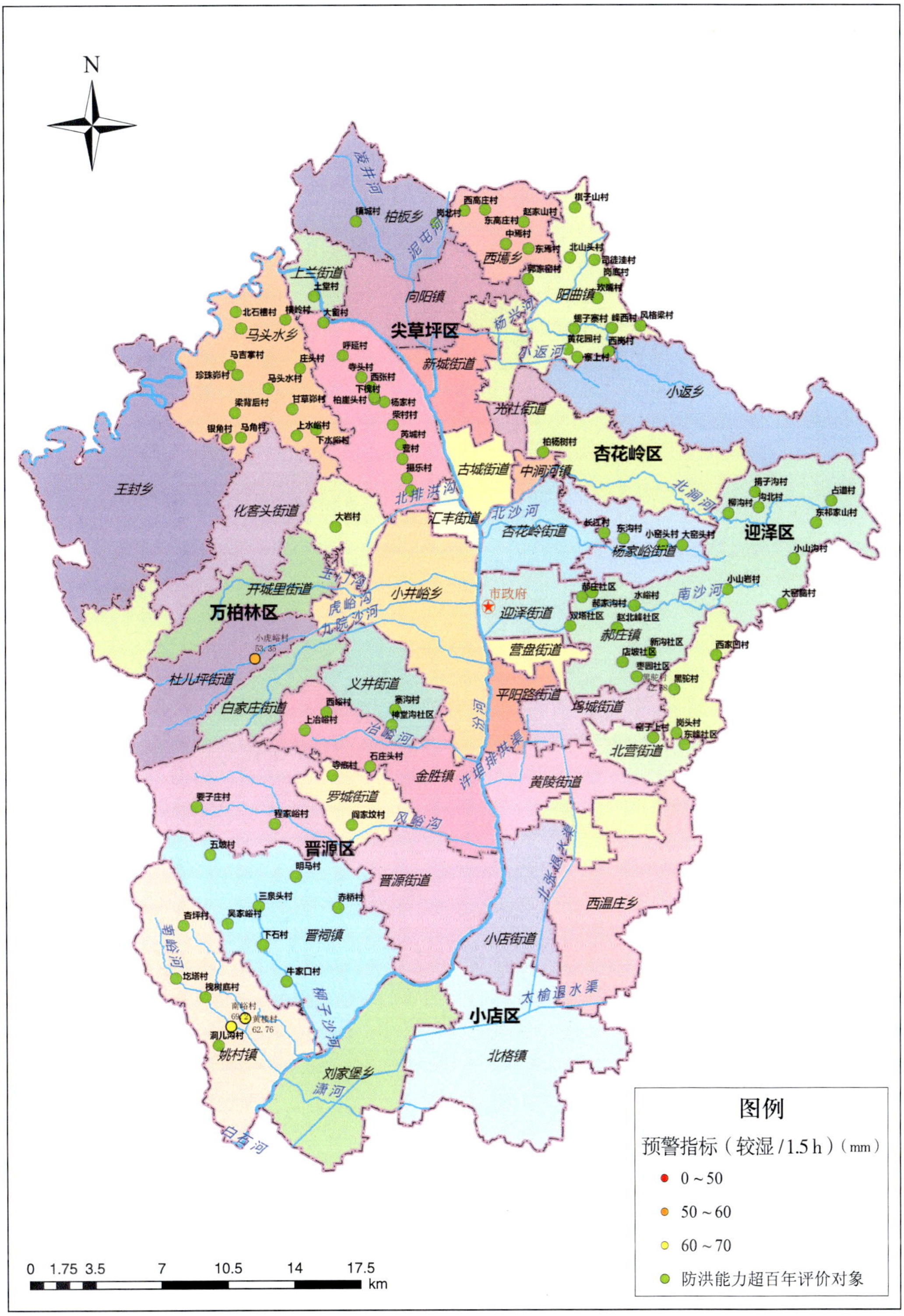

附图 3-13 太原市区防灾对象预警指标分布图（较湿/1.5 h）

附图 3-14　太原市区防灾对象预警指标分布图（较干 /2 h）

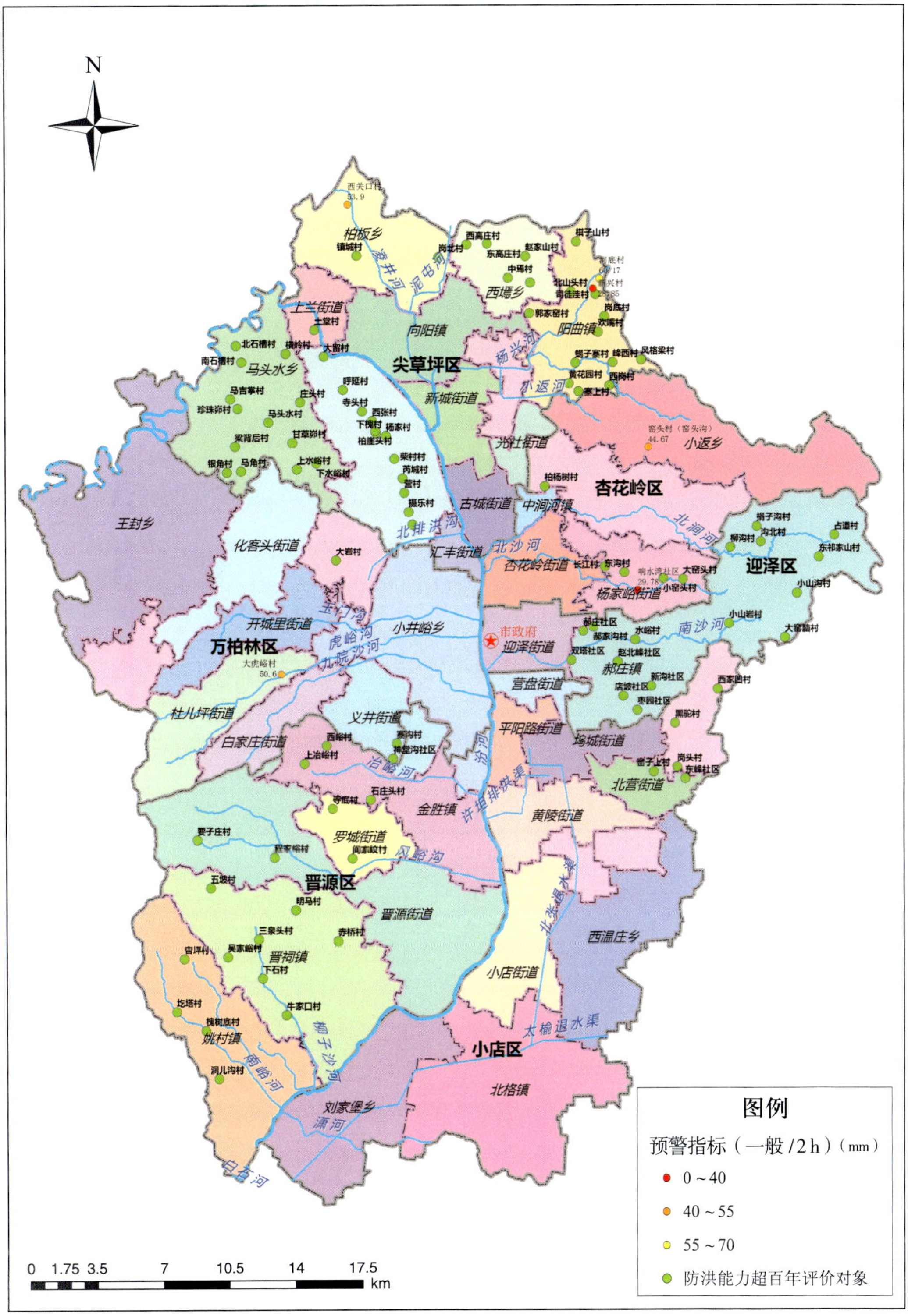

附图 3-15　太原市区防灾对象预警指标分布图（一般/2 h）

附图 3-16 太原市区防灾对象预警指标分布图（较湿 /2 h）

附图 3-17　太原市区防灾对象预警指标分布图（较干/2.5 h）

附图 3-18　太原市区防灾对象预警指标分布图（较干 /3 h）

附图 3-19 太原市区防灾对象预警指标分布图（一般/3 h）

附图 3-20　太原市区防灾对象预警指标分布图（较湿 /3 h）

附图 3-21　太原市区防灾对象预警指标分布图（较干 /4 h）

附图 3-22　太原市区防灾对象预警指标分布图（一般 /4 h）

附图 3-23 太原市区防灾对象预警指标分布图（较湿 /4 h）

附图 3-24　太原市区防灾对象预警指标分布图（较干 /4.5 h）

附图 3-25 太原市区防灾对象预警指标分布图（一般 /4.5 h）

附图 3-26　太原市区防灾对象预警指标分布图（较湿 /4.5 h）

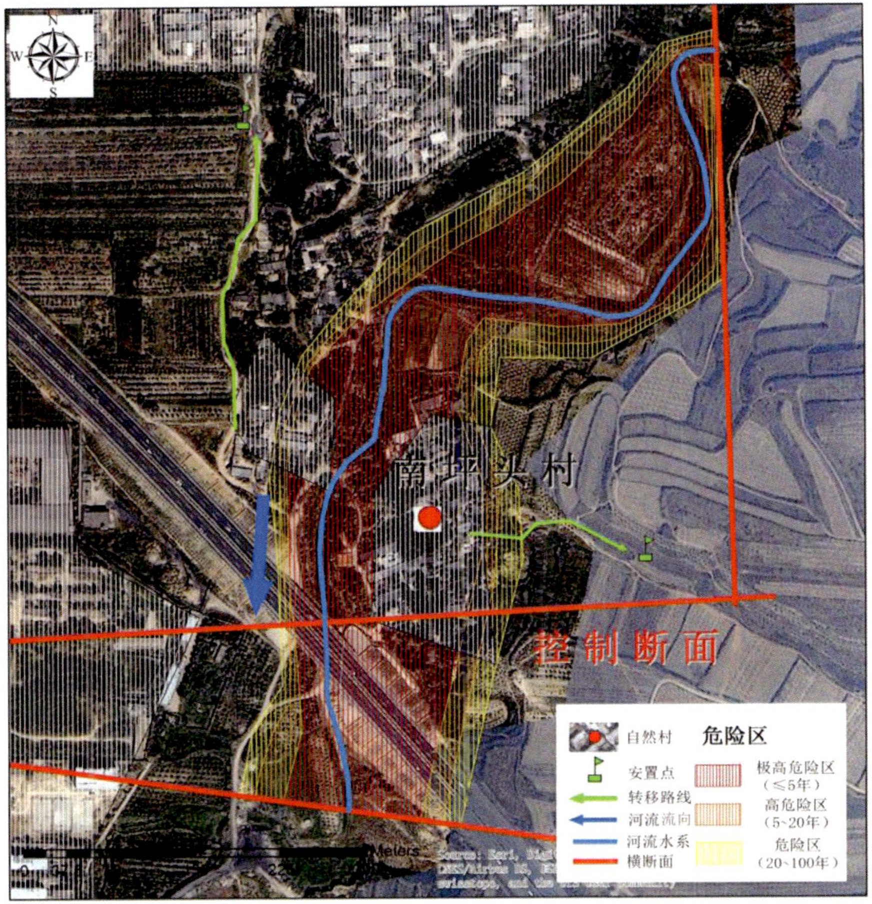

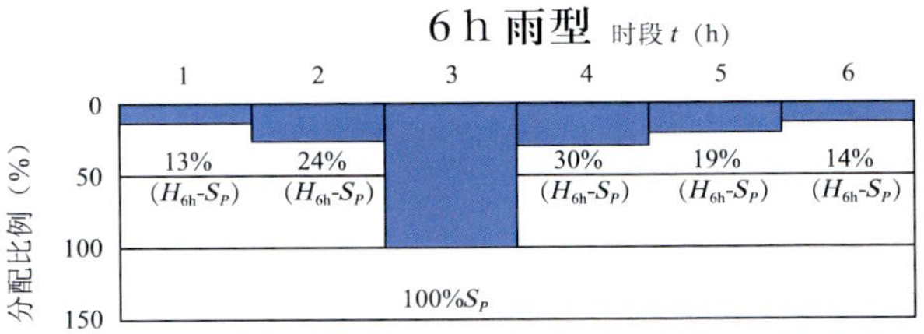

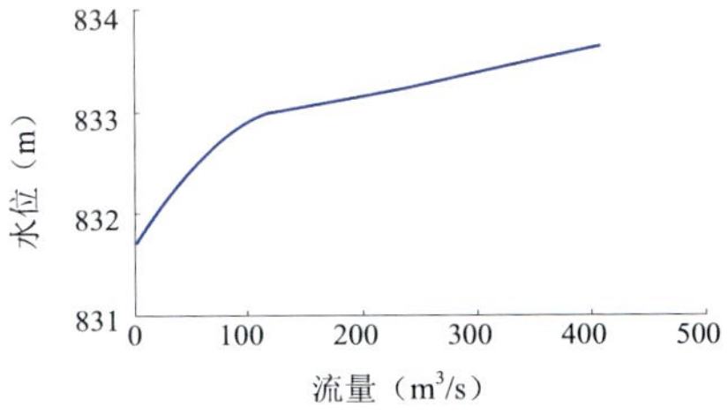

危险区等级	洪水重现期（a）	高程（m）	人口	户数
极高危险区	≤5	≤832.83	74	22
高危险区	5～20	832.83～833.27	0	0
危险区	20～100	833.27～833.65	0	0
其他	>100	>833.65	14	5

时段	雨量预警指标（mm）					
	较干		一般		较湿	
	准备转移	立即转移	准备转移	立即转移	准备转移	立即转移
0.5h	16	22	13	19	11	16
1h	22	27	19	24	16	19

防汛责任人：任英明
联系电话：13994220453

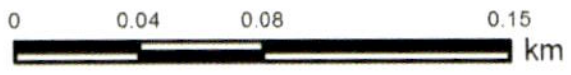

编制单位：太原市水文水资源勘测分局
编制时间：2016年4月

附图 3-27 南坪头村危险区划分示意图

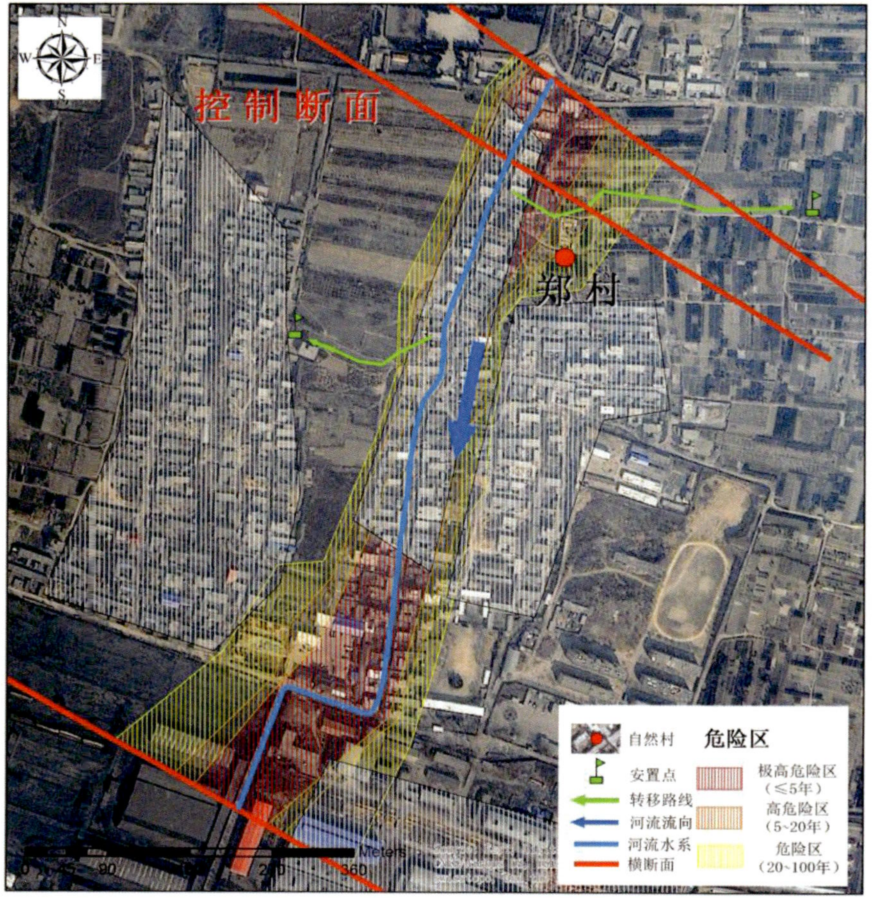

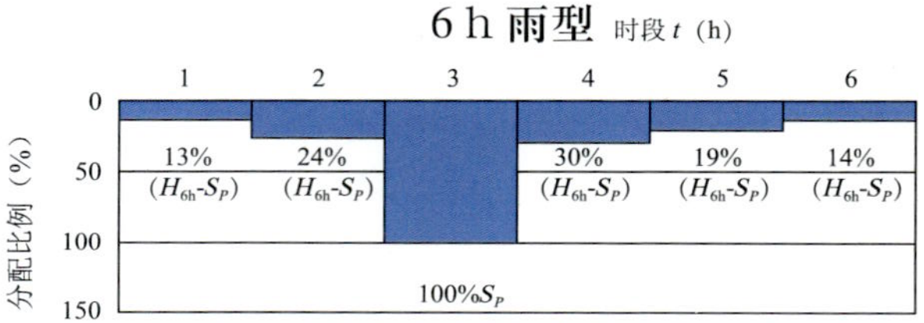

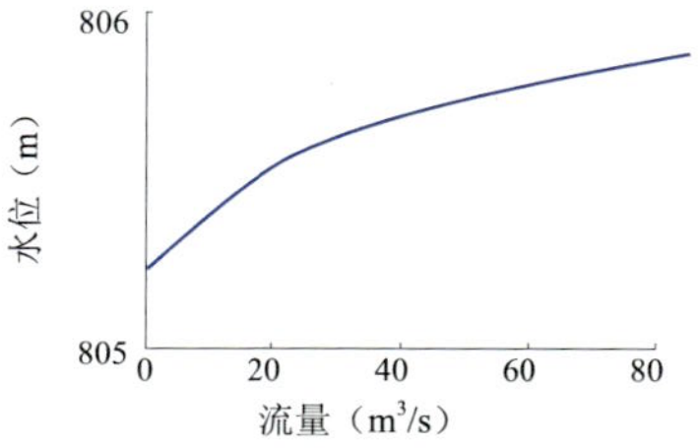

危险区等级	洪水重现期（a）	高程（m）	人口	户数
极高危险区	≤ 5	≤ 805.52	0	0
高危险区	5 ~ 20	805.52 ~ 805.71	0	0
危险区	20 ~ 100	805.71 ~ 805.86	90	34
其他	> 100	> 805.86	22	6

时段	雨量预警指标（mm）					
	较干		一般		较湿	
	准备转移	立即转移	准备转移	立即转移	准备转移	立即转移
0.5h	44	62	40	57	36	52

防汛责任人：曹宁海

联系电话：13903517165

0 0.04 0.08 0.15 km

编制单位：太原市水文水资源勘测分局

编制时间：2016 年 4 月

附图 3-28 郑村危险区划分示意图

6 h 雨型

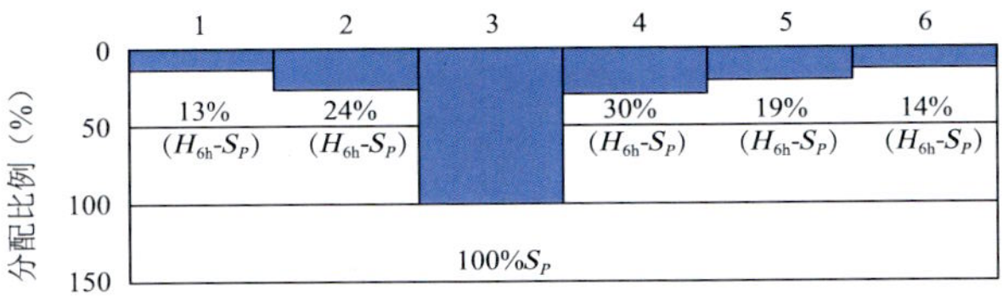

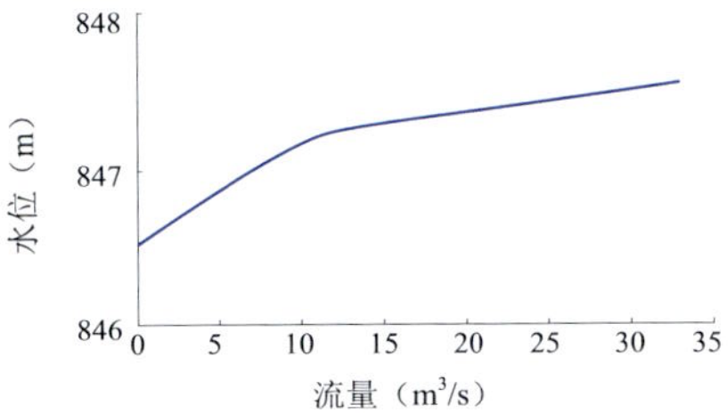

危险区等级	洪水重现期（a）	高程（m）	人口	户数
极高危险区	≤5	≤847.17	0	0
高危险区	5～20	847.17～847.39	0	0
危险区	20～100	847.39～847.57	266	70
其他	＞100	＞847.57	632	221

时段	雨量预警指标（mm）					
	较干		一般		较湿	
	准备转移	立即转移	准备转移	立即转移	准备转移	立即转移
0.5h	34	49	30	43	28	40

防汛责任人：闫金忠
联系电话：13015447766

0 0.04 0.08 0.15 km

编制单位：太原市水文水资源勘测分局
编制时间：2016 年 4 月

附图 3-29 五龙沟村危险区划分示意图

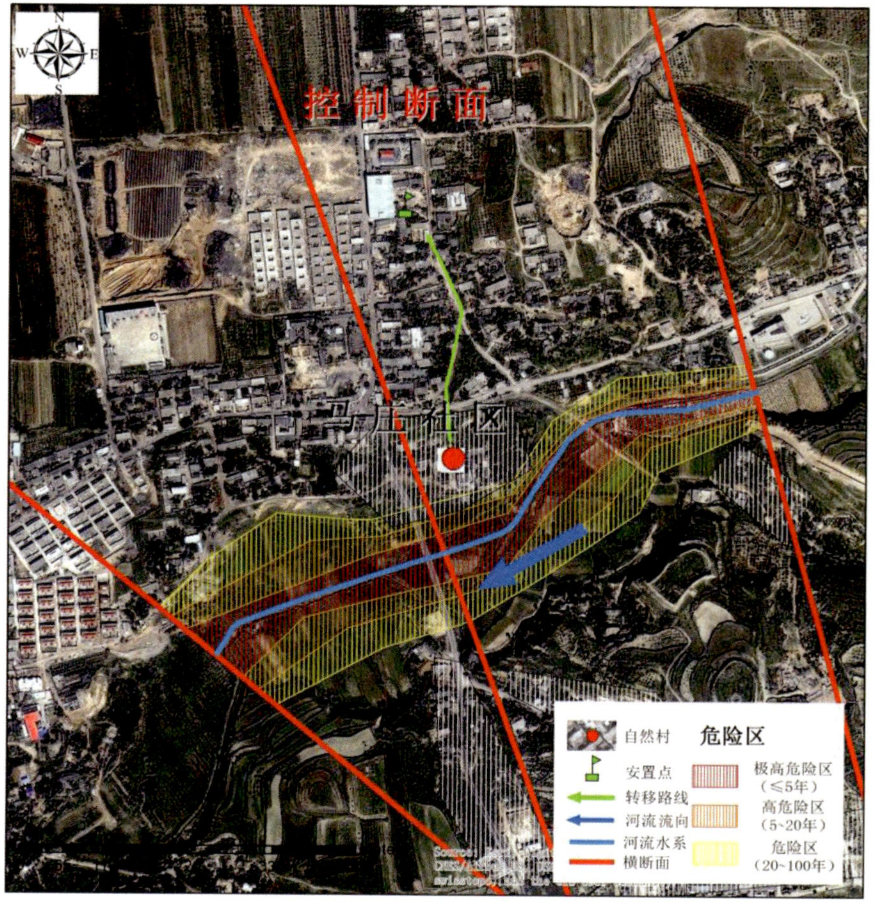

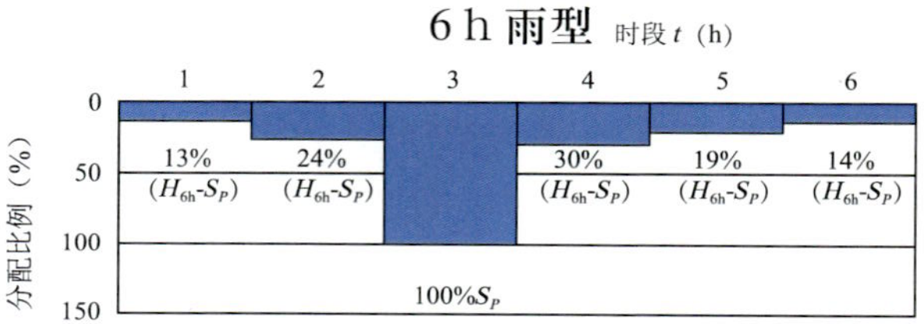

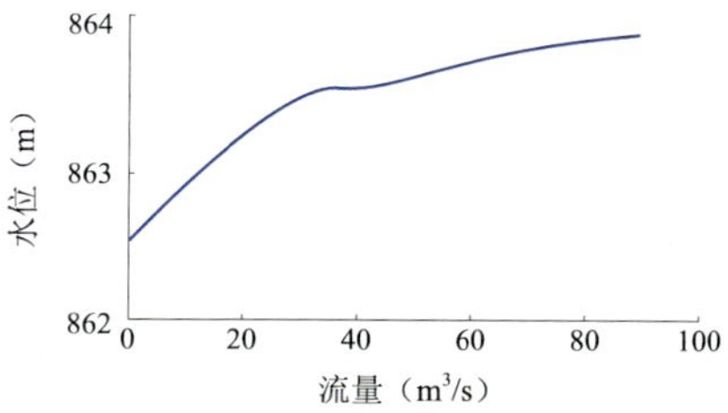

危险区等级	洪水重现期（a）	高程（m）	人口	户数
极高危险区	≤ 5	≤ 863. 4	0	0
高危险区	5 ～ 20	863. 4 ～ 863. 66	0	0
危险区	20 ～ 100	863. 66 ～ 863. 87	2	1
其他	＞ 100	＞ 863. 87	184	58

时段	雨量预警指标（mm）					
	较干		一般		较湿	
	准备转移	立即转移	准备转移	立即转移	准备转移	立即转移
0. 5h	38	55	35	50	33	47

防汛责任人：李贵喜
联系电话：13700500317

0　0.04　0.08　0.15 km

编制单位：太原市水文水资源勘测分局
编制时间：2016 年 4 月

附图 3-30　马庄村区危险区划分示意图

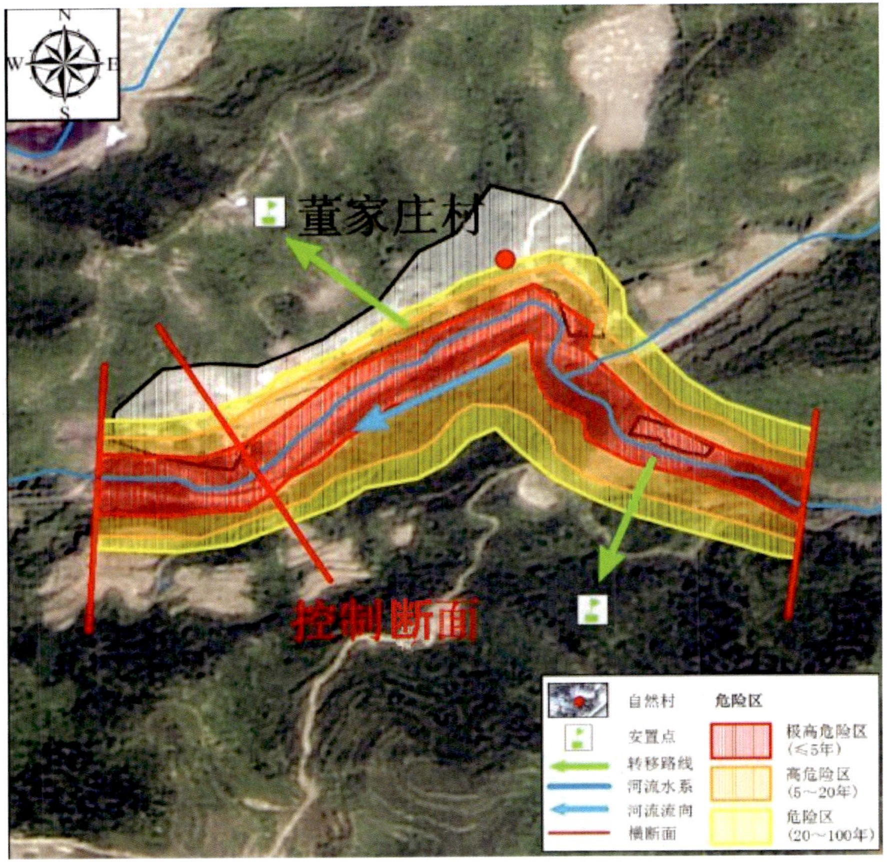

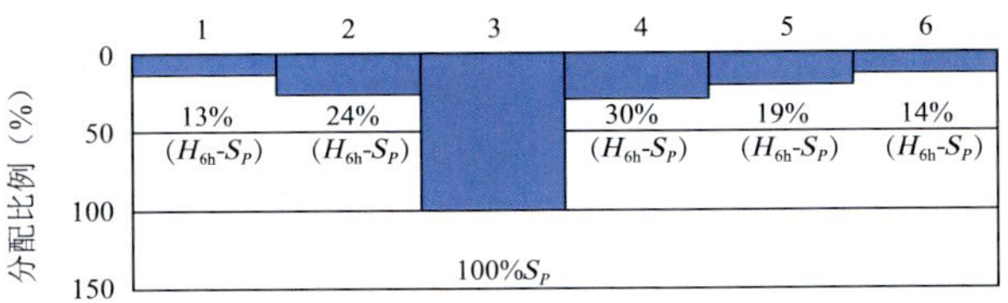

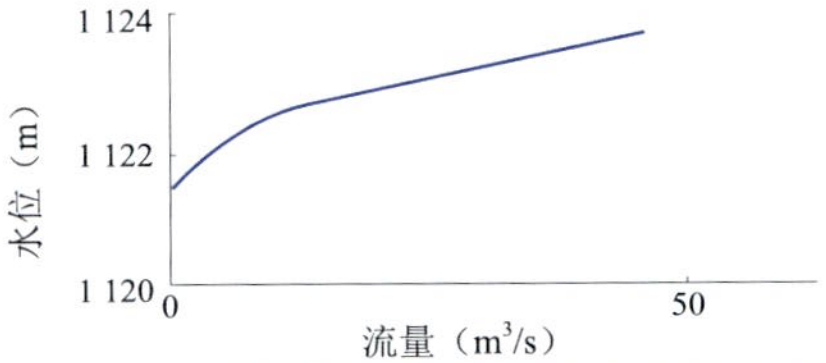

危险区等级	洪水重现期（a）	高程（m）	人口	户数
极高危险区	≤ 5	≤ 1 123.01	0	0
高危险区	5 ～ 20	1 123.01 ～ 1 123.25	0	0
危险区	20 ～ 100	1 123.25 ～ 1 123.49	1	1
其他	＞ 100	＞ 1 123.49	4	1

时段	雨量预警指标（mm）					
	较干		一般		较湿	
	准备转移	立即转移	准备转移	立即转移	准备转移	立即转移
0.5h	36	51	33	47	30	43
1h	51	69	47	62	43	58

防汛责任人：李建明
联系电话：13903514609

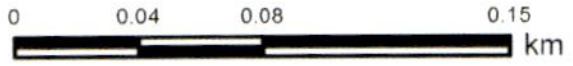

编制单位：太原市区水文水资源勘测局
编制时间：2016 年 1 月

附图 3-31　董家庄危险区划分示意图

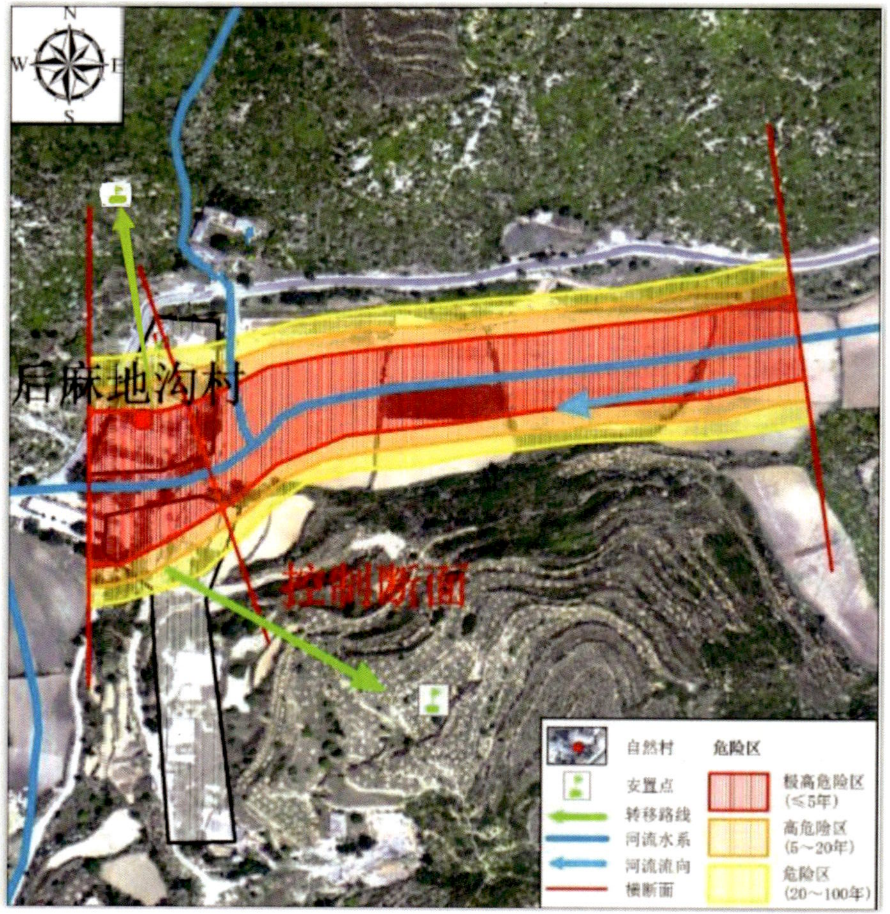

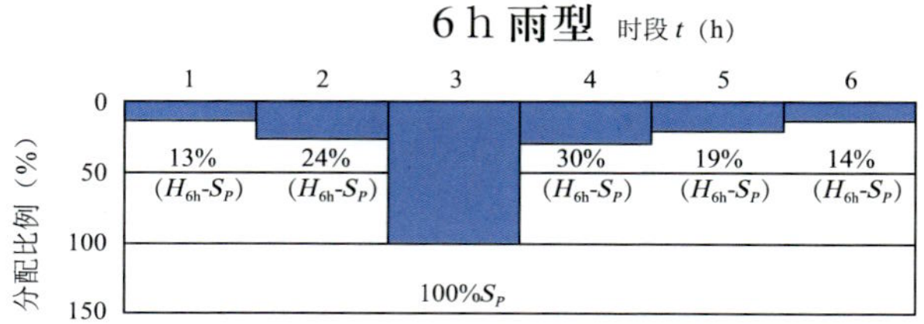

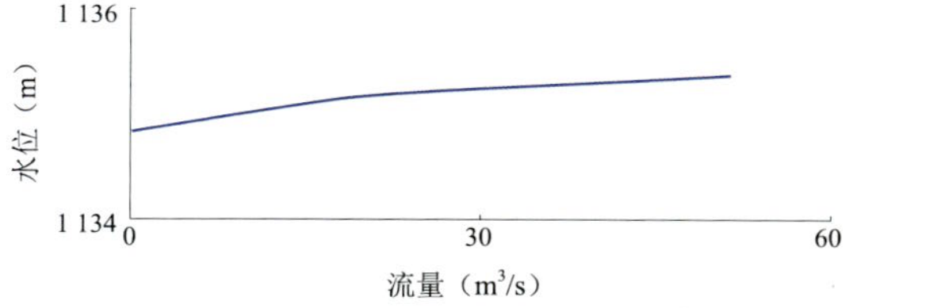

危险区等级	洪水重现期（a）	高程（m）	人口	户数
极高危险区	≤5	≤1 135.4	3	3
高危险区	5～20	1 135.4～1 135.59	0	0
危险区	20～100	1 135.59～1 135.75	0	0
其他	>100	>1 135.75	2	1

时段	雨量预警指标（mm）					
	较干		一般		较湿	
	准备转移	立即转移	准备转移	立即转移	准备转移	立即转移
0.5h	34	48	31	45	28	40

防汛责任人：于来喜
联系电话：13834136857

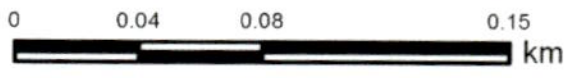

编制单位：太原市区水文水资源勘测局
编制时间：2016 年 1 月

附图 3-32　后麻地沟村危险区划分示意图

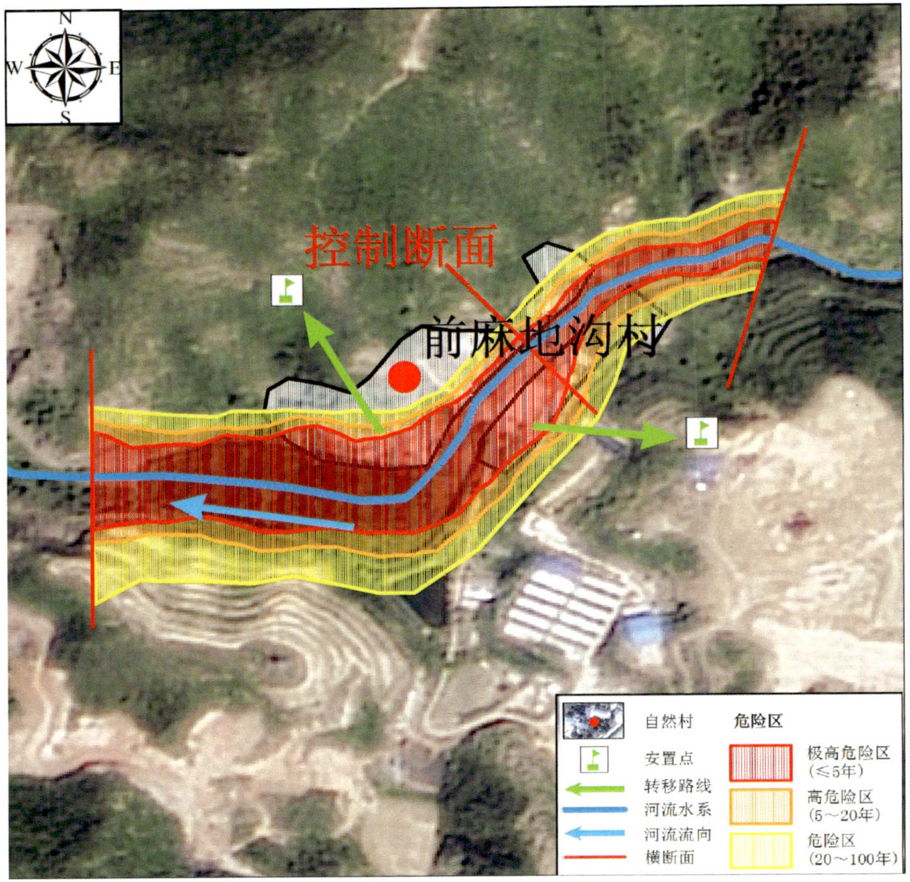

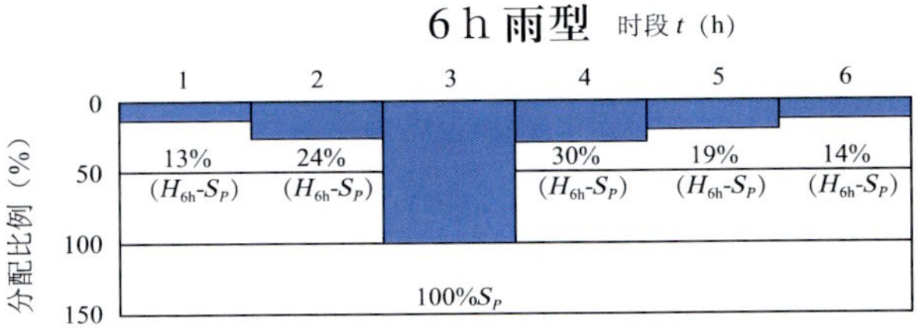

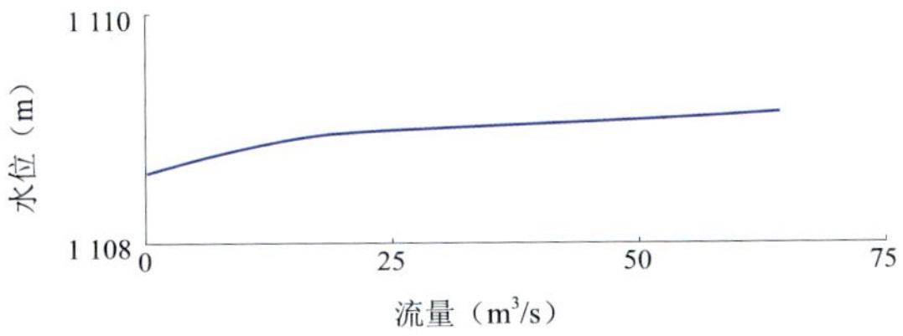

危险区等级	洪水重现期(a)	高程(m)	人口	户数
极高危险区	≤5	≤1 109.17	7	3
高危险区	5~20	1 109.17~1 109.32	0	0
危险区	20~100	1 109.32~1 109.46	0	0
其他	>100	>1 109.46	0	0

时段	雨量预警指标(mm)					
	较干		一般		较湿	
	准备转移	立即转移	准备转移	立即转移	准备转移	立即转移
0.5 h	29	41	27	38	23	33

防汛责任人：杜富龙

联系电话：13485386867

编制单位：太原市区水文水资源勘测局

编制时间：2016 年 1 月

附图 3-33　前麻地沟村危险区划分示意图

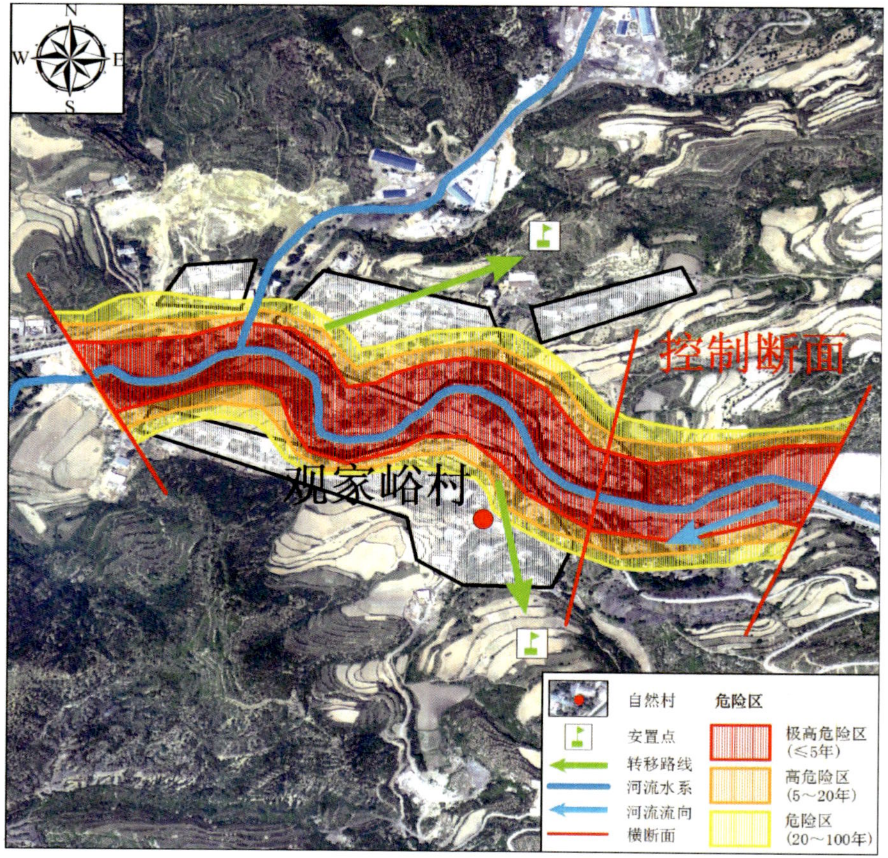

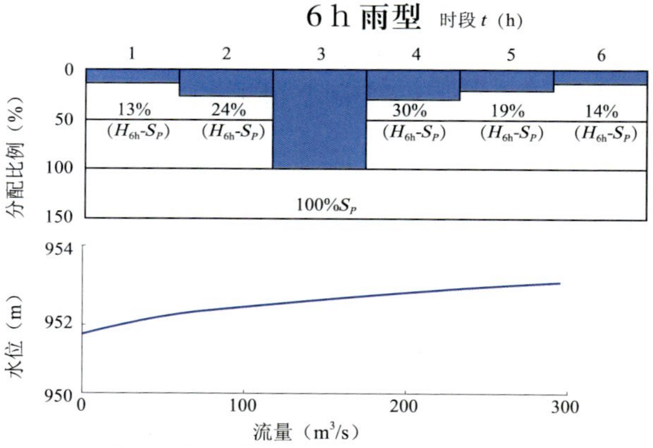

危险区等级	洪水重现期（a）	高程（m）	人口	户数
极高危险区	≤ 5	≤ 952.41	20	4
高危险区	5 ～ 20	952.41 ～ 952.93	4	1
危险区	20 ～ 100	952.93 ～ 953.41	0	0
其他	> 100	> 953.41	0	0

时段	雨量预警指标（mm）					
	较干		一般		较湿	
	准备转移	立即转移	准备转移	立即转移	准备转移	立即转移
0.5h	22	32	20	28	17	25
1h	32	42	28	37	25	32

防汛责任人：李满成

联系电话：15234083241

0　0.04　0.08　0.15 km

编制单位：太原市区水文水资源勘测局

编制时间：2016 年 1 月

附图 3-34　观家峪村危险区划分示意图

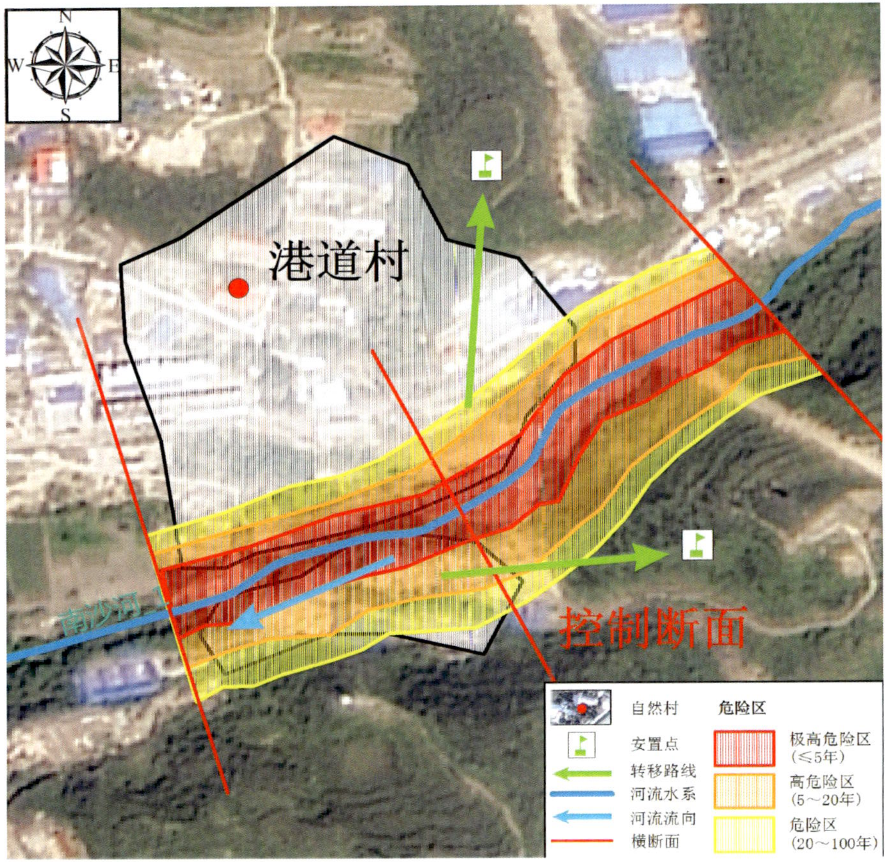

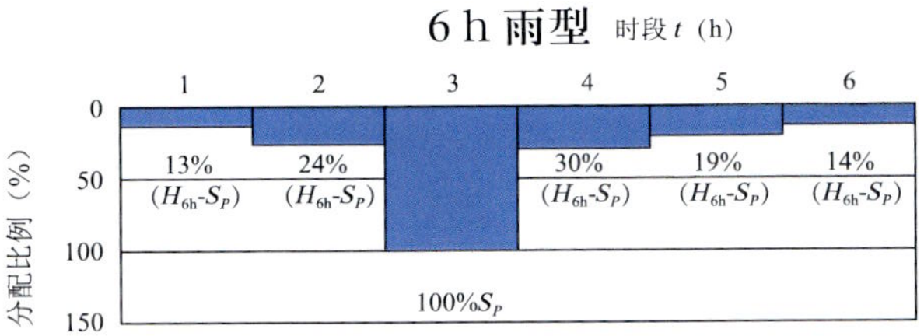

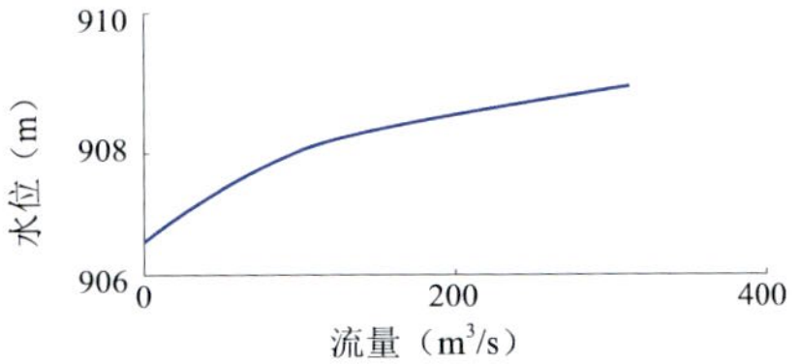

危险区等级	洪水重现期(a)	高程(m)	人口	户数
极高危险区	≤5	≤908.14	0	0
高危险区	5~20	908.14~908.94	1	1
危险区	20~100	908.94~909.62	0	0
其他	>100	>909.62	7	2

时段	雨量预警指标(mm)					
	较干		一般		较湿	
	准备转移	立即转移	准备转移	立即转移	准备转移	立即转移
0.5h	29	41	27	38	24	34
1h	41	54	38	49	34	44

防汛责任人:康玉杰

联系电话: 13099058443

编制单位:太原市区水文水资源勘测局

编制时间:2016 年 1 月

附图 3-35　港道村危险区划分示意图

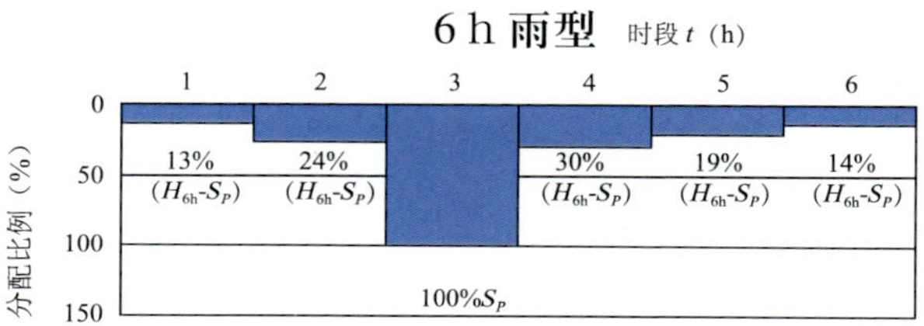

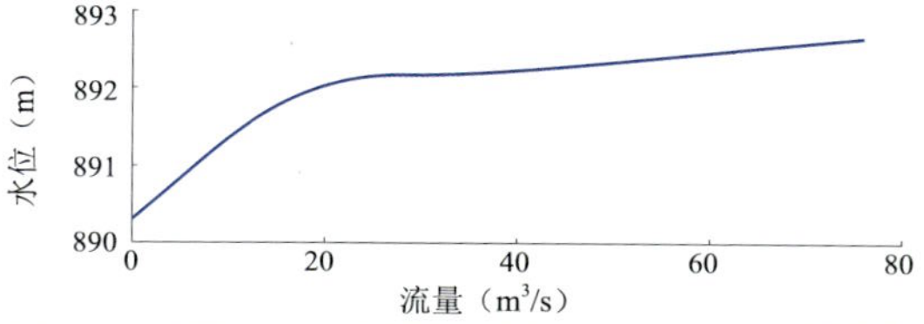

危险区等级	洪水重现期（a）	高程（m）	人口	户数
极高危险区	≤ 5	≤ 891.59	0	0
高危险区	5 ~ 20	891.59 ~ 891.95	0	0
危险区	20 ~ 100	891.95 ~ 892.24	4	1
其他	＞ 100	＞ 892.24	5	1

时段	雨量预警指标（mm）					
	较干		一般		较湿	
	准备转移	立即转移	准备转移	立即转移	准备转移	立即转移
0.5h	64	92	62	88	59	85

防汛责任人：郝俊刚
联系电话：13834141979

编制单位：太原市水文水资源勘测分局
编制时间：2016 年 4 月

附图 3-36　水峪村危险区划分示意图

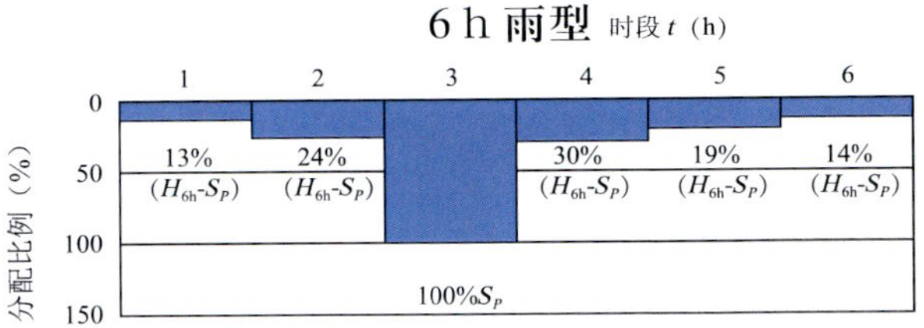

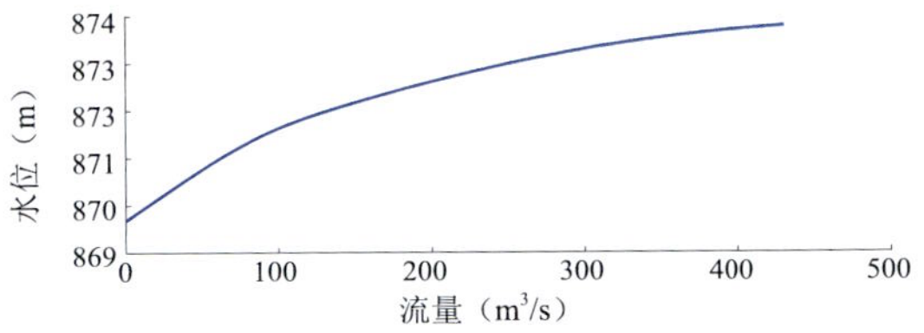

危险区等级	洪水重现期（a）	高程（m）	人口	户数
极高危险区	≤ 5	≤ 871.38	0	0
高危险区	5 ～ 20	871.38 ～ 872.23	50	17
危险区	20 ～ 100	872.23 ～ 873.02	30	12
其他	> 100	> 873.02	62	21

时段	雨量预警指标（mm）					
	较干		一般		较湿	
	准备转移	立即转移	准备转移	立即转移	准备转移	立即转移
0.5h	20	29	18	25	15	22
1h	29	36	25	31	22	27

防汛责任人：智林林
联系电话：13803415966

编制单位：太原市水文水资源勘测分局
编制时间：2016 年 4 月

附图 3-37　松庄村危险区划分示意图

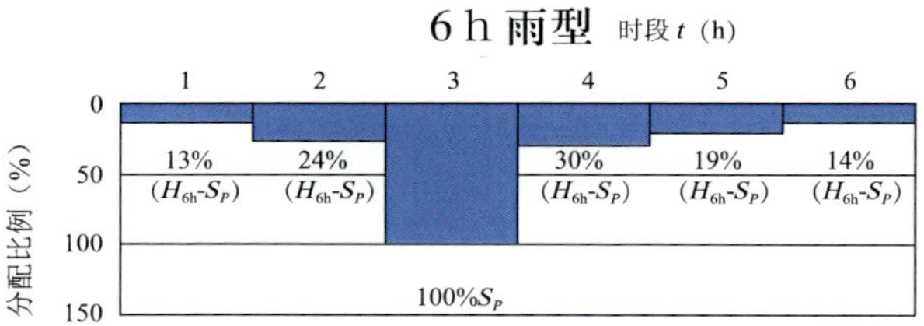

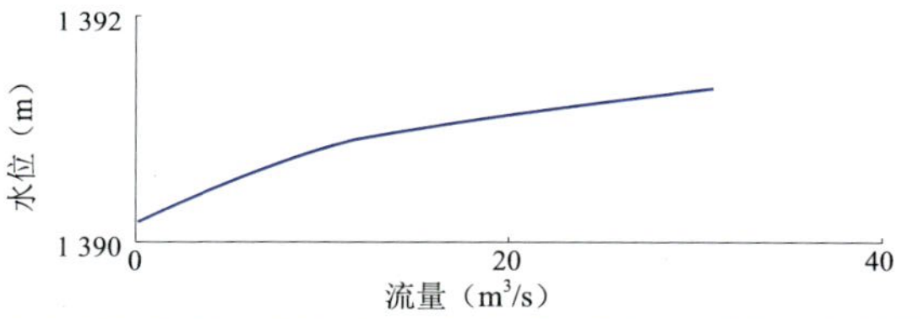

危险区等级	洪水重现期(a)	高程(m)	人口	户数
极高危险区	≤5	≤1 390.88	0	0
高危险区	5～20	1 390.88～1 391.26	22	8
危险区	20～100	1 391.26～1 391.61	0	0
其他	>100	>1 391.61	0	0

时段	雨量预警指标(mm)					
	较干		一般		较湿	
	准备转移	立即转移	准备转移	立即转移	准备转移	立即转移
0.5h	31	45	30	43	27	38
1h	45	62	43	58	38	53

防汛责任人：高继成

联系电话： 13333511633

0 0.04 0.08 0.15 km

编制单位：太原市区水文水资源勘测局

编制时间：2016 年 1 月

附图 3-38 张家河村危险区划分示意图

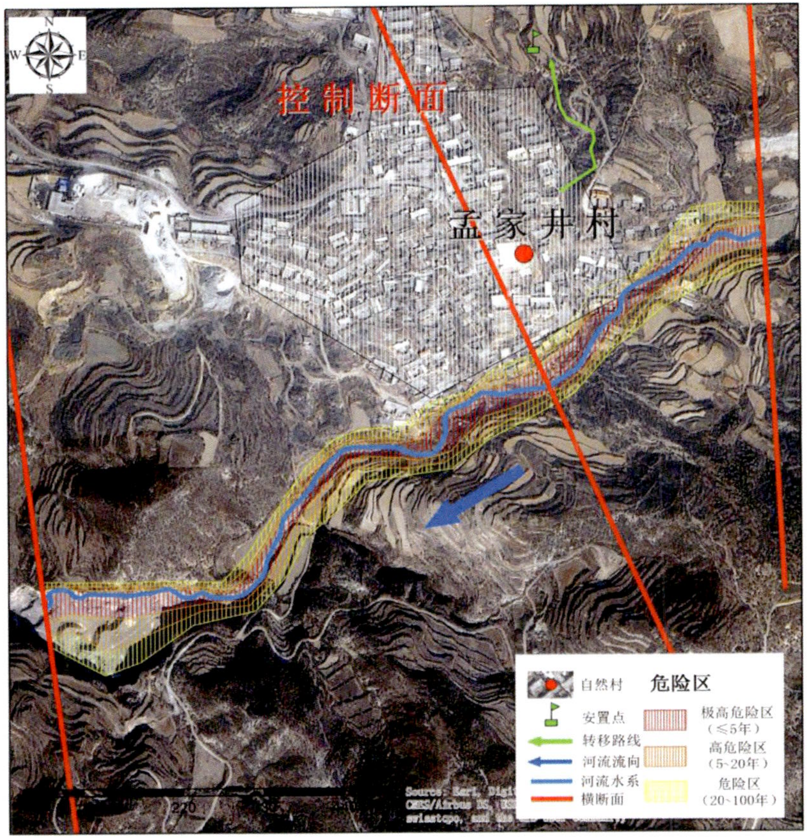

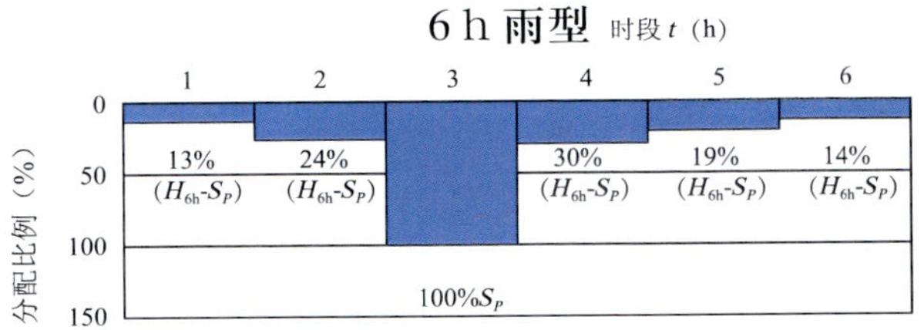

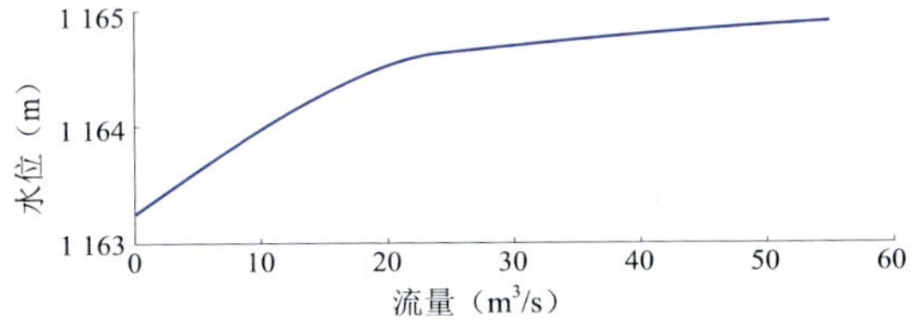

危险区等级	洪水重现期（a）	高程（m）	人口	户数
极高危险区	≤ 5	≤ 1 164.13	42	7
高危险区	5 ~ 20	1 164.13 ~ 1 164.54	5	1
危险区	20 ~ 100	1 164.54 ~ 1 164.68	4	1
其他	> 100	> 1 164.68	73	15

时段	雨量预警指标（mm）					
	较干		一般		较湿	
	准备转移	立即转移	准备转移	立即转移	准备转移	立即转移
0.5h	19	28	16	23	15	21

防汛责任人：张锁柱
联系电话：13834634598

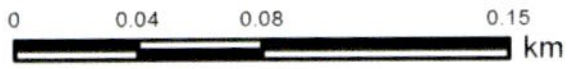

编制单位：太原市水文水资源勘测分局
编制时间：2016 年 4 月

附图 3-39 孟家井村危险区划分示意图

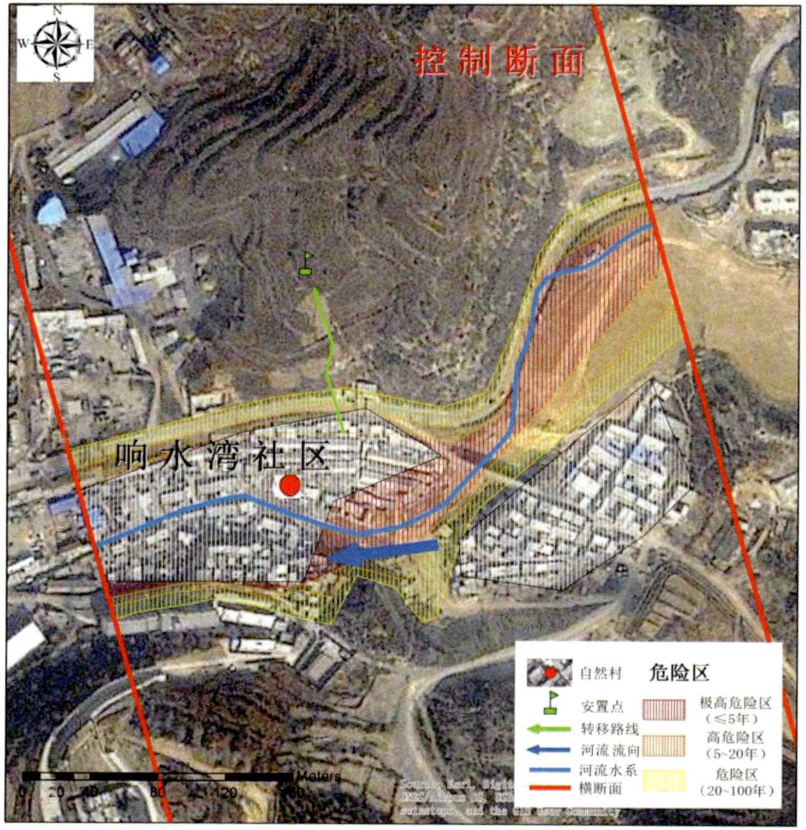

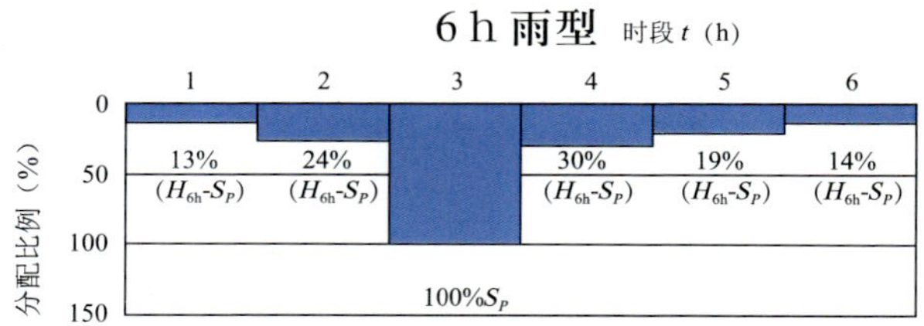

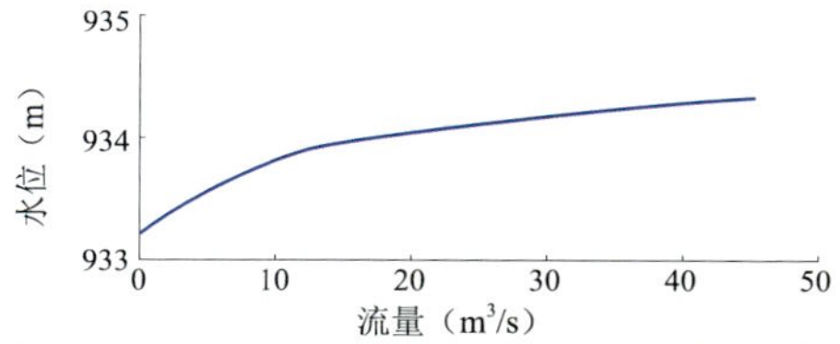

危险区等级	洪水重现期（a）	高程（m）	人口	户数
极高危险区	≤ 5	≤ 933. 57	172	47
高危险区	5 ～ 20	933. 57 ～ 933. 8	38	10
危险区	20 ～ 100	933. 8 ～ 934. 01	15	4
其他	> 100	> 934. 01	334	97

时段	雨量预警指标（mm）					
	较干		一般		较湿	
	准备转移	立即转移	准备转移	立即转移	准备转移	立即转移
0. 5h	16	23	14	20	11	16
1h	23	29	20	24	16	20
2h	32	36	28	30	22	25

防汛责任人：王素芳

联系电话：15333611531

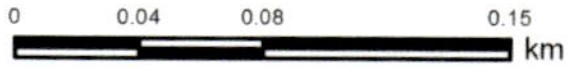

编制单位：太原市水文水资源勘测分局

编制时间：2016 年 4 月

附图 3-40　响水湾社区危险区划分示意图

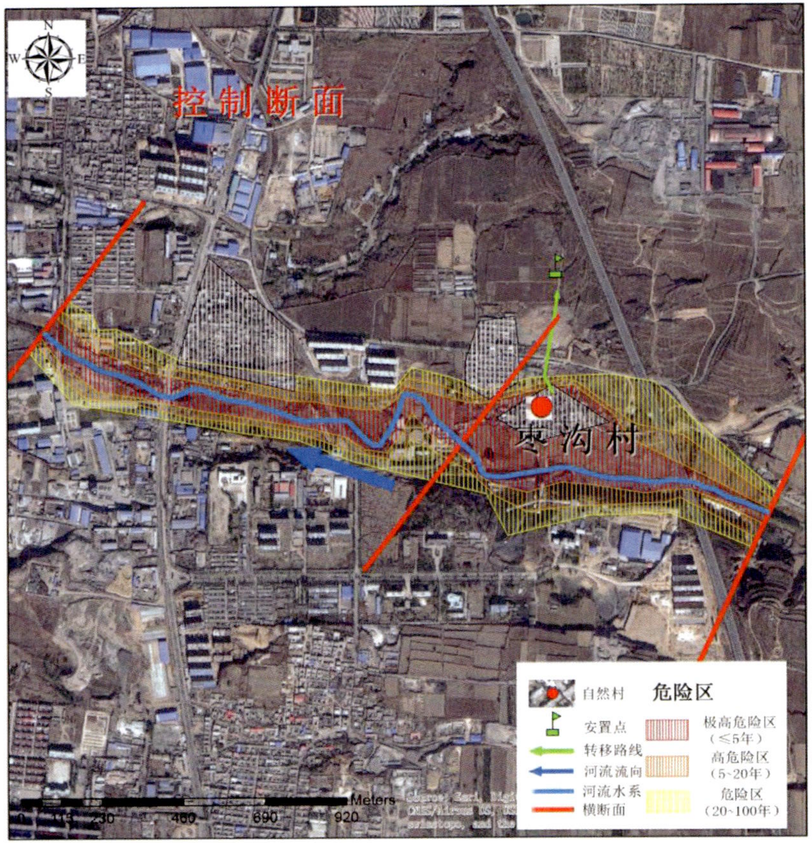

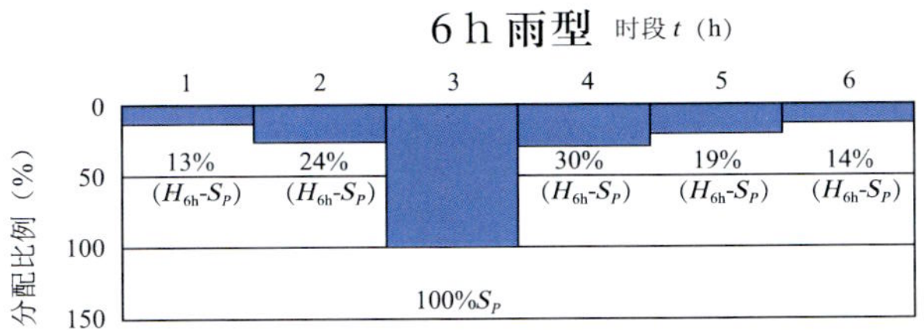

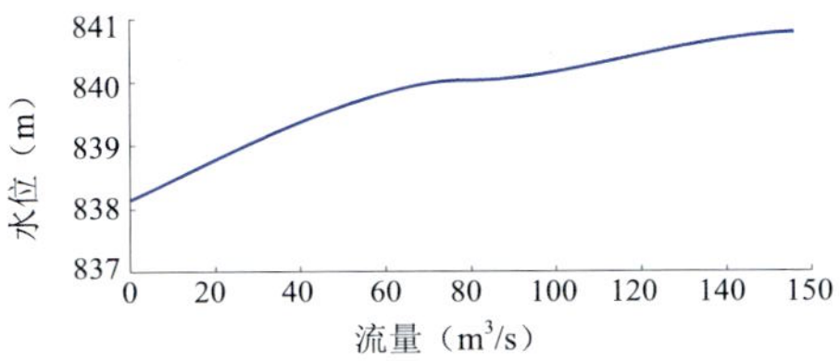

危险区等级	洪水重现期（a）	高程（m）	人口	户数
极高危险区	≤ 5	≤ 839.25	0	0
高危险区	5 ~ 20	839.25 ~ 839.65	0	0
危险区	20 ~ 100	839.65 ~ 839.96	106	45
其他	＞ 100	＞ 839.96	120	41

时段	雨量预警指标（mm）					
	较干		一般		较湿	
	准备转移	立即转移	准备转移	立即转移	准备转移	立即转移
0.5h	35	50	32	46	29	41

防汛责任人：郭保红
联系电话：13603563343

0 0.04 0.08 0.15 km

编制单位：太原市水文水资源勘测分局
编制时间：2016 年 4 月

附图 3-41 枣沟村危险区划分示意图

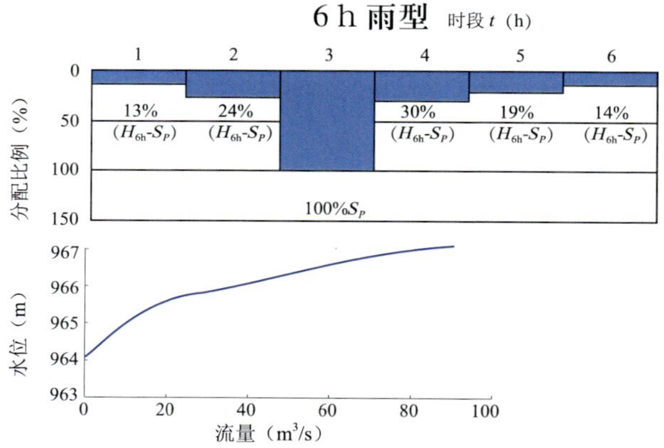

危险区等级	洪水重现期（a）	高程（m）	人口	户数
极高危险区	≤ 5	≤ 965. 3	0	0
高危险区	5 ~ 20	965. 3 ~ 965. 88	13	3
危险区	20 ~ 100	965. 88 ~ 966. 52	13	4
其他	> 100	> 966. 52	814	179

时段	雨量预警指标（mm）					
	较干		一般		较湿	
	准备转移	立即转移	准备转移	立即转移	准备转移	立即转移
0. 5h	23	33	20	28	16	23
1h	33	41	28	35	23	28
2h	47	52	40	45	33	37

防汛责任人：武二明

联系电话：13333435111

0 0.04 0.08 0.15 km

编制单位：太原市水文水资源勘测分局

编制时间：2016 年 4 月

附图 3-42　窑头村（窑头沟）危险区划分示意图

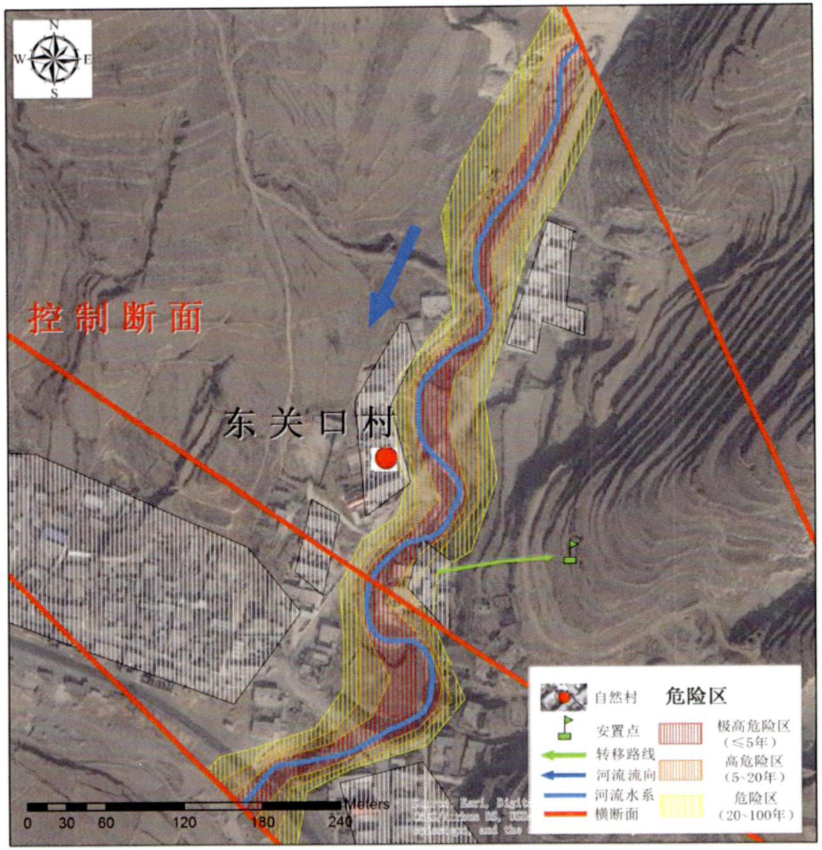

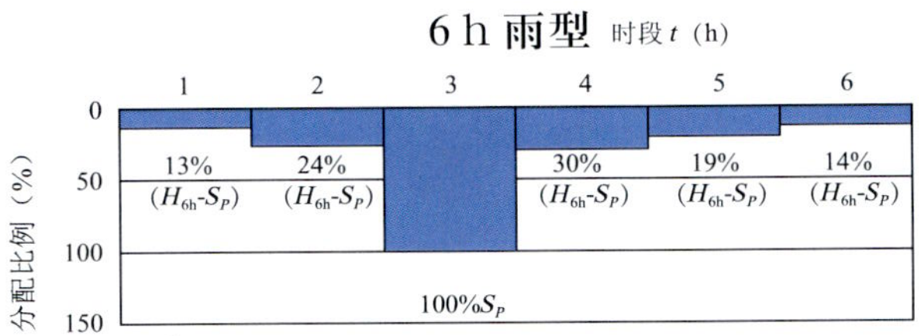

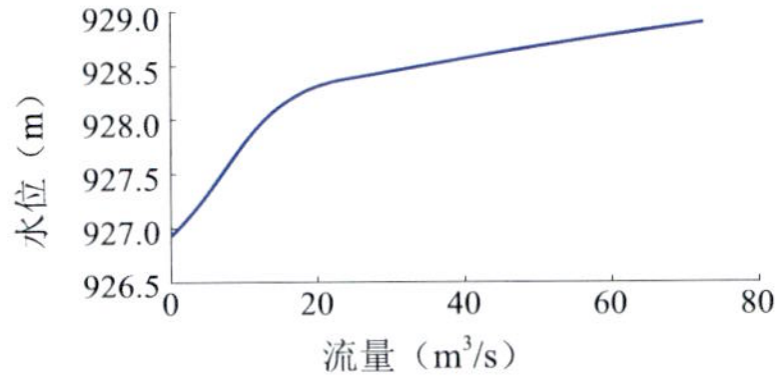

危险区等级	洪水重现期（a）	高程（m）	人口	户数
极高危险区	≤5	≤927.35	0	0
高危险区	5～20	927.35～927.65	0	0
危险区	20～100	927.85～928.32	6	1
其他	＞100	＞928.32	79	24

时段	雨量预警指标（mm）					
	较干		一般		较湿	
	准备转移	立即转移	准备转移	立即转移	准备转移	立即转移
0.5h	27	38	23	33	19	26

防汛责任人：王苏红

联系电话：13803406138

编制单位：太原市水文水资源勘测分局

编制时间：2016年4月

附图 3-43　东关口村危险区划分示意图

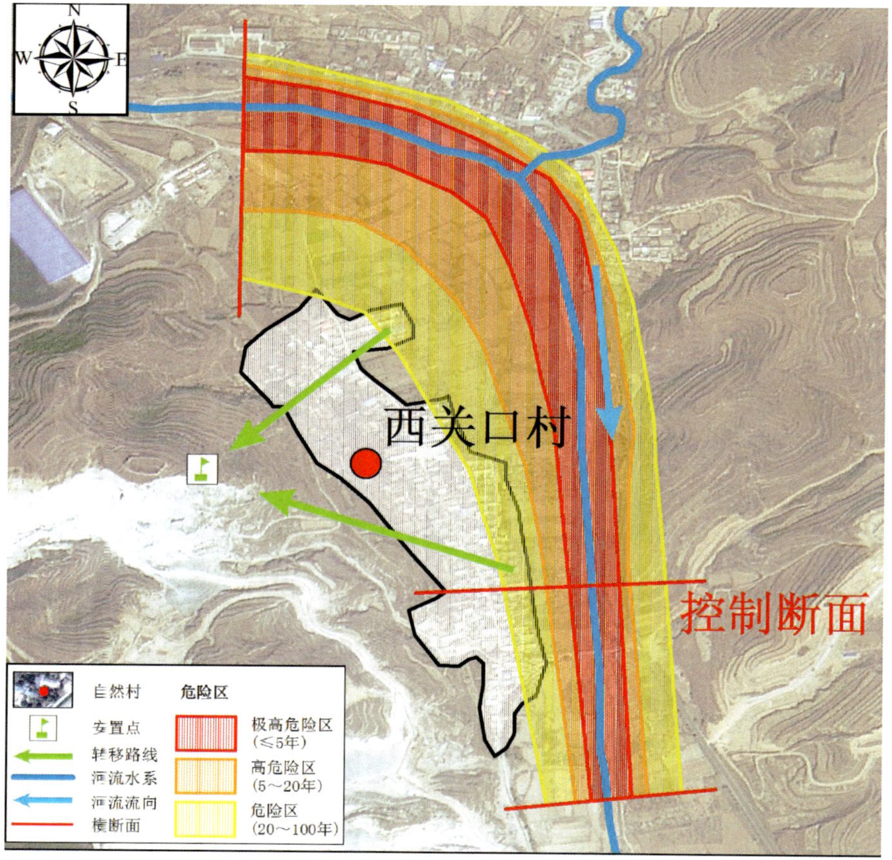

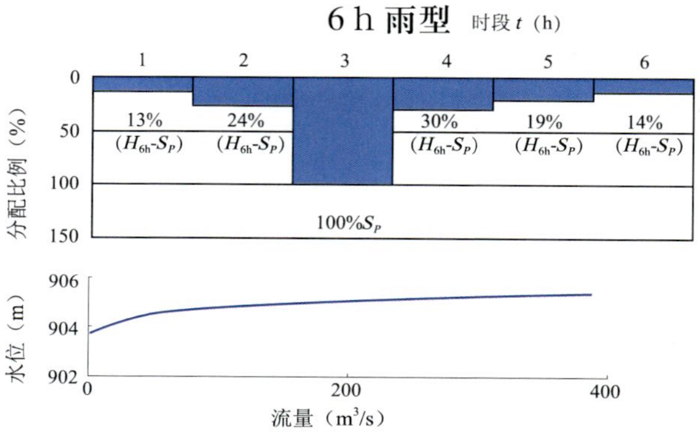

危险区等级	洪水重现期（a）	高程（m）	人口	户数
极高危险区	≤5	≤904.44	0	0
高危险区	5～20	904.44～904.8	0	0
危险区	20～100	904.8～905.22	55	19
其他	>100	>905.22	47	13

时段	雨量预警指标（mm）					
	较干		一般		较湿	
	准备转移	立即转移	准备转移	立即转移	准备转移	立即转移
0.5h	28	39	24	34	20	28
1h	39	49	34	42	28	34
2h	56	63	48	54	39	44
3h	69	74	59	64	49	53
4h	79	86	69	75	57	62
4.5h	86	93	75	81	62	67

防汛责任人：王一新

联系电话：13834203772

0 0.04 0.08 0.15 km

编制单位：太原市区水文水资源勘测局

编制时间：2016年1月

附图 3-44　西关口村危险区划分示意图

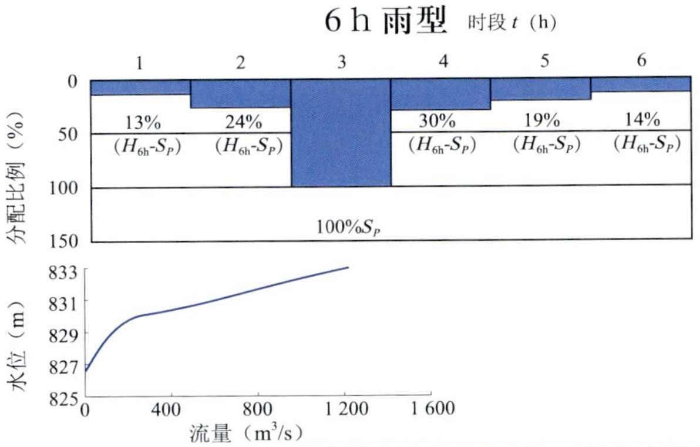

危险区等级	洪水重现期（a）	高程（m）	人口	户数
极高危险区	≤ 5	≤ 828. 92	0	0
高危险区	5 ～ 20	828. 92 ～ 830. 5	0	0
危险区	20 ～ 100	830. 5 ～ 832. 34	198	59
其他	＞ 100	＞ 832. 34	5	1

时段	雨量预警指标（mm）					
	较干		一般		较湿	
	准备转移	立即转移	准备转移	立即转移	准备转移	立即转移
0. 5h	33	47	29	41	24	35
1h	47	56	41	49	35	41
2h	63	69	55	60	46	51
3h	74	79	64	68	55	59
6h	83	87	73	76	62	65

防汛责任人：赵润金
联系电话：13453468275

0 0.04 0.08 0.15 km

编制单位：太原市水文水资源勘测分局
编制时间：2016 年 4 月

附图 3-45 河底村危险区划分示意图

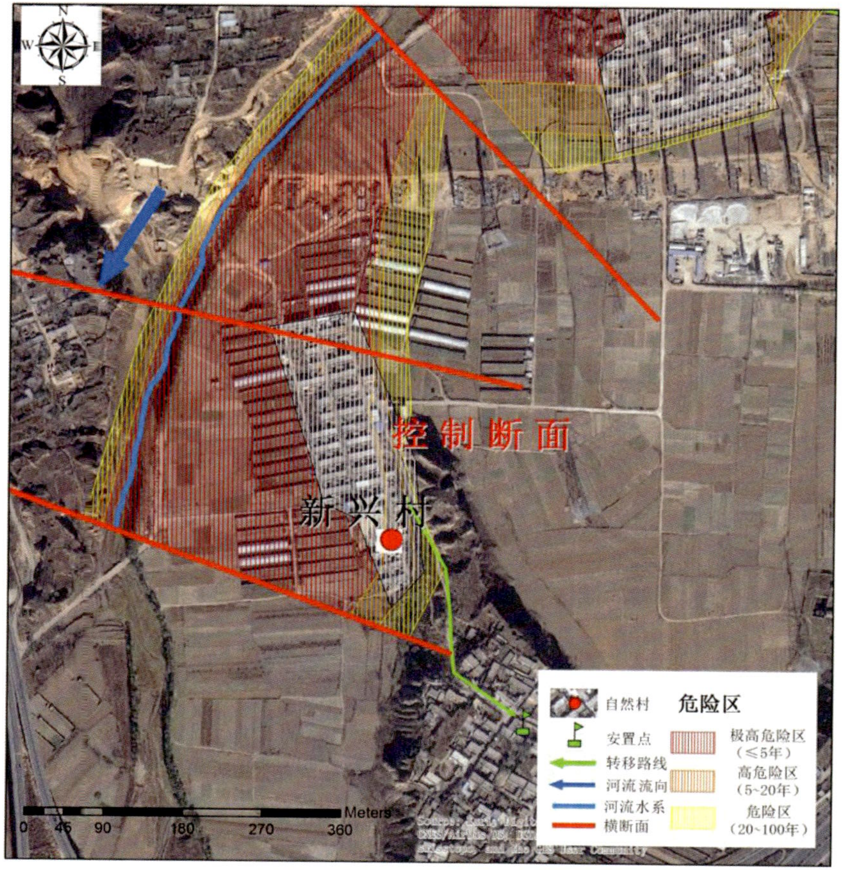

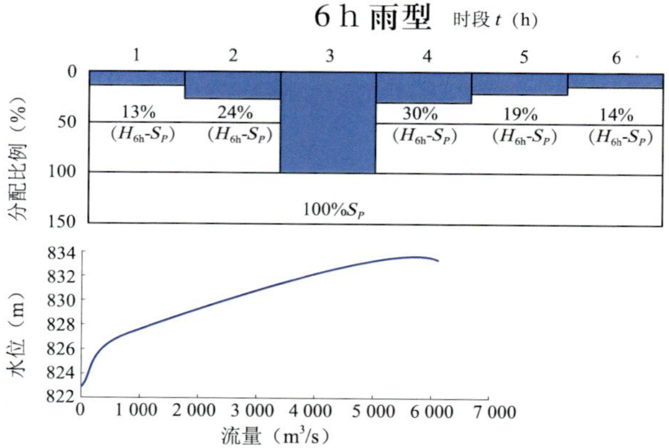

危险区等级	洪水重现期（a）	高程（m）	人口	户数
极高危险区	≤5	≤825.59	232	72
高危险区	5～20	825.59～828.29	57	16
危险区	20～100	828.29～832.54	5	2
其他	＞100	＞832.54	0	0

时段	雨量预警指标（mm）					
	较干		一般		较湿	
	准备转移	立即转移	准备转移	立即转移	准备转移	立即转移
0.5h	15	21	12	18	10	14
1h	21	27	18	22	14	17
2h	31	35	26	29	20	23
3h	38	40	32	34	25	27

防汛责任人：温金明
联系电话：13934519472

0 0.04 0.08 0.15 km

编制单位：太原市水文水资源勘测分局
编制时间：2016年4月

附图3-46 新兴村危险区划分示意图

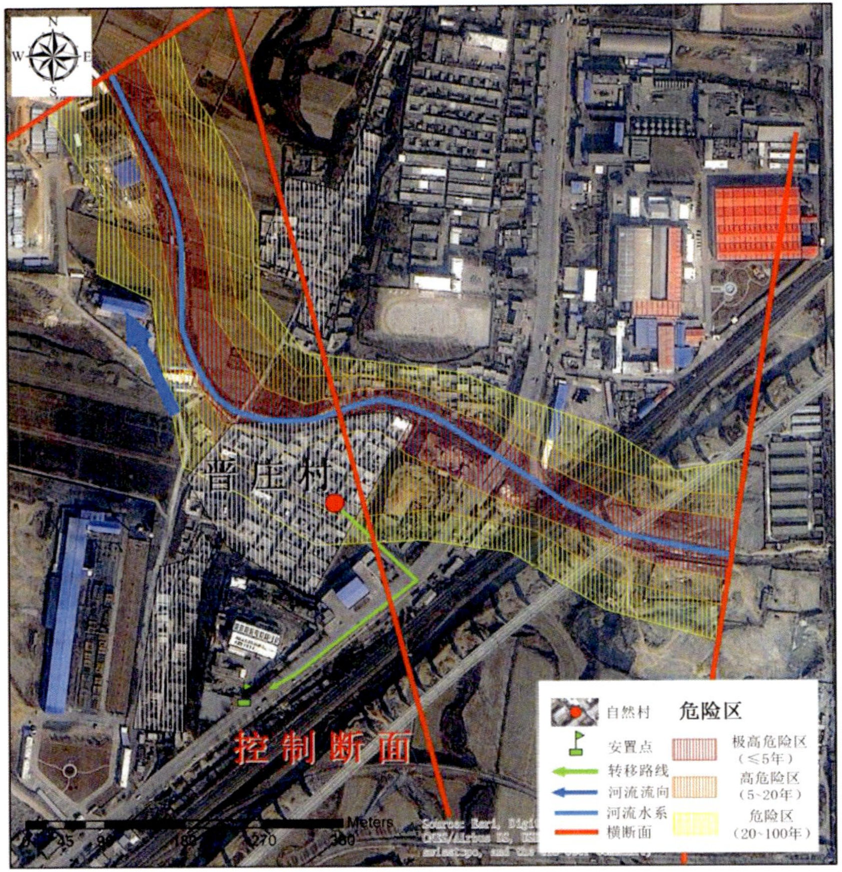

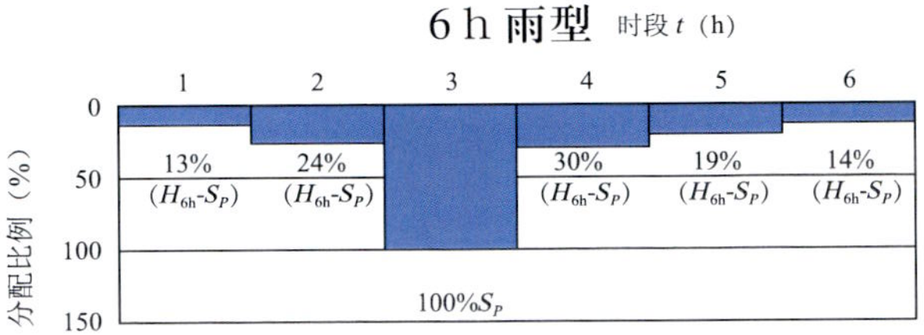

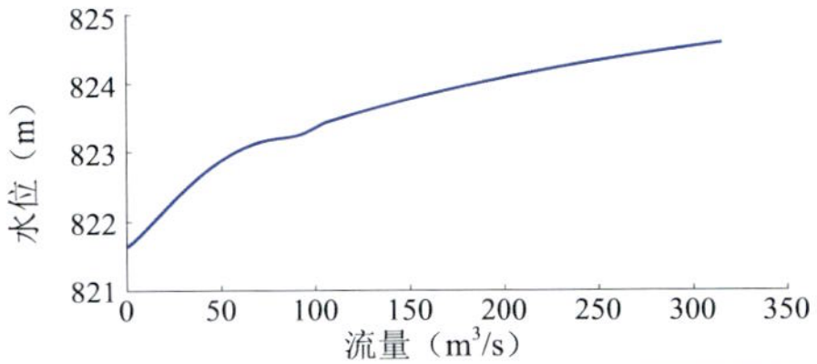

危险区等级	洪水重现期（a）	高程（m）	人口	户数
极高危险区	≤5	≤822.81	0	0
高危险区	5～20	822.81～823.5	37	16
危险区	20～100	823.5～824.31	10	5
其他	＞100	＞824.31	0	0

时段	雨量预警指标（mm）					
	较干		一般		较湿	
	准备转移	立即转移	准备转移	立即转移	准备转移	立即转移
0.5h	20	29	17	25	14	20
1h	29	36	25	30	20	25

防汛责任人：潘四新
联系电话：13700500317

0　0.04　0.08　0.15 km

编制单位：太原市水文水资源勘测分局
编制时间：2016 年 4 月

附图 3-47　晋庄村危险区划分示意图

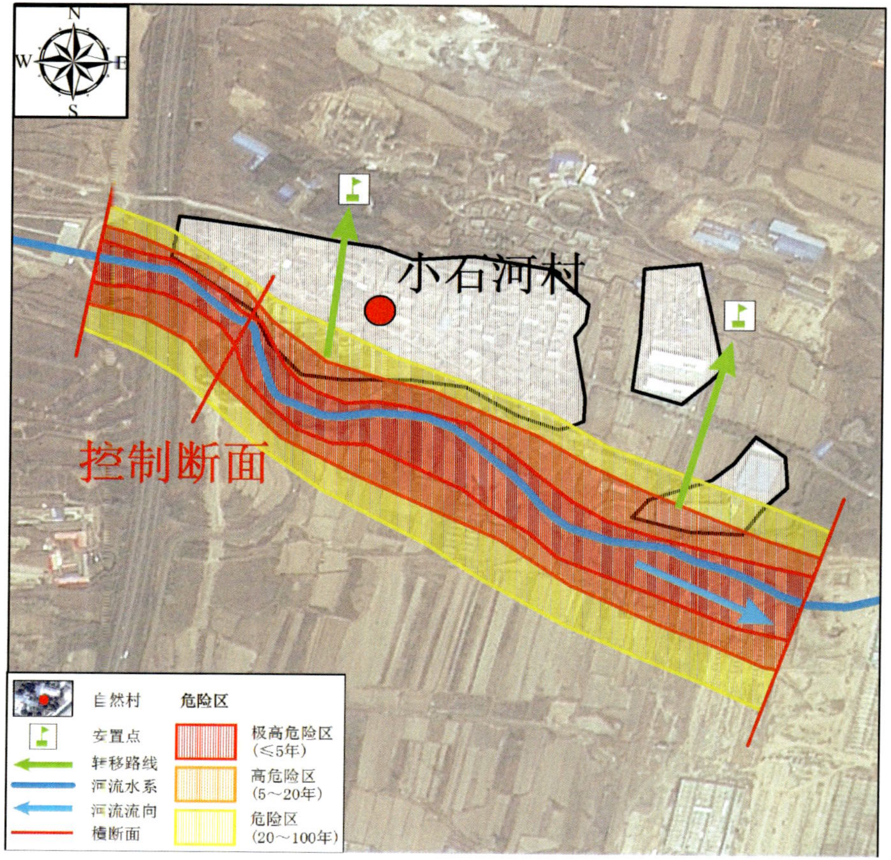

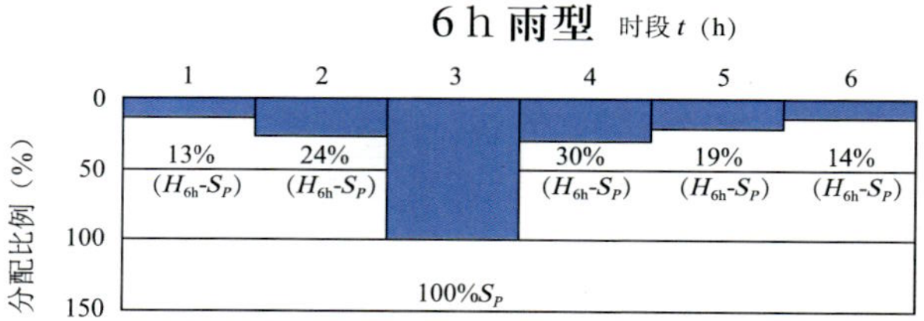

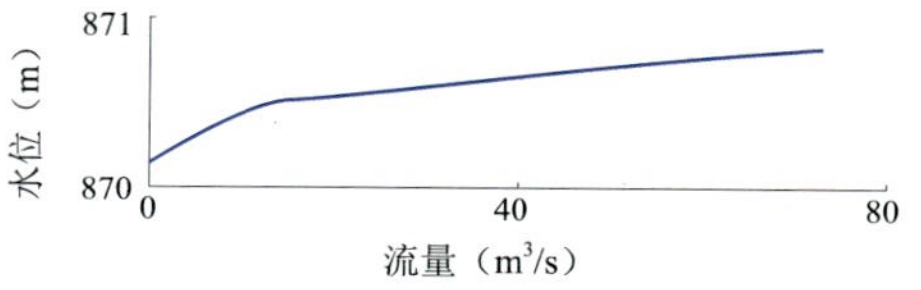

危险区等级	洪水重现期（a）	高程（m）	人口	户数
极高危险区	≤ 5	≤ 870.44	0	0
高危险区	5 ～ 20	870.44 ～ 870.58	0	0
危险区	20 ～ 100	870.58 ～ 870.76	16	5
其他	＞ 100	＞ 870.76	0	0

时段	雨量预警指标（mm）					
	较干		一般		较湿	
	准备转移	立即转移	准备转移	立即转移	准备转移	立即转移
0.5h	36	51	31	45	27	38

防汛责任人：王俊生

联系电话：13453125222

0 0.04 0.08 0.15 km

编制单位：太原市区水文水资源勘测局

编制时间：2016 年 1 月

附图 3-48　小石河村危险区划分示意图

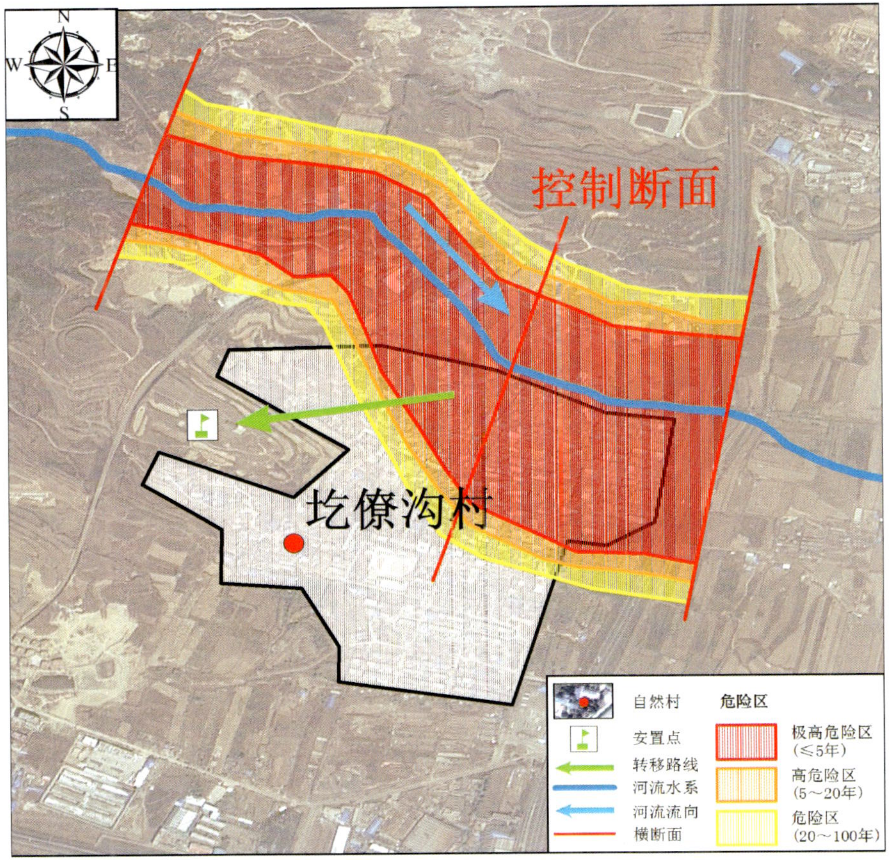

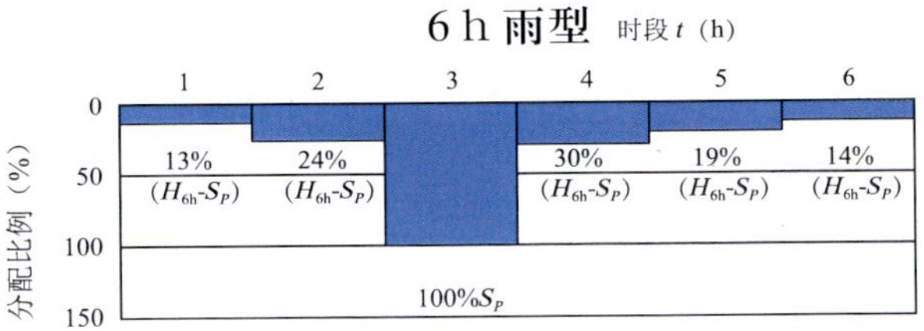

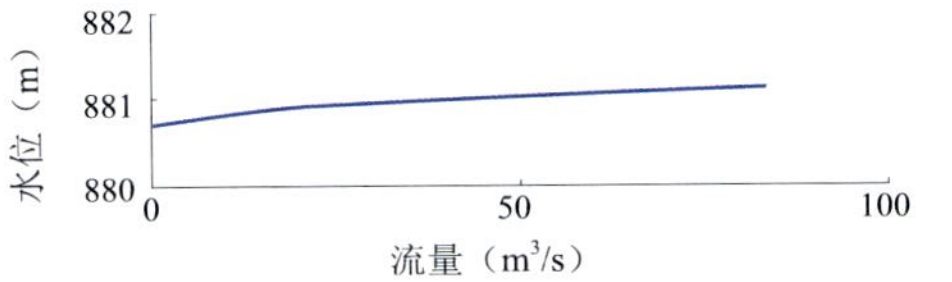

危险区等级	洪水重现期（a）	高程（m）	人口	户数
极高危险区	≤ 5	≤ 880.94	2 360	702
高危险区	5 ～ 20	880.94 ～ 881.03	6	2
危险区	20 ～ 100	881.03 ～ 881.12	0	0
其他	> 100	> 881.12	228	67

时段	雨量预警指标（mm）					
	较干		一般		较湿	
	准备转移	立即转移	准备转移	立即转移	准备转移	立即转移
0.5h	27	39	24	34	21	30

防汛责任人：王丙生
联系电话：13834203772

编制单位：太原市区水文水资源勘测局
编制时间：2016 年 1 月

附图 3-49 圪僚沟村危险区划分示意图

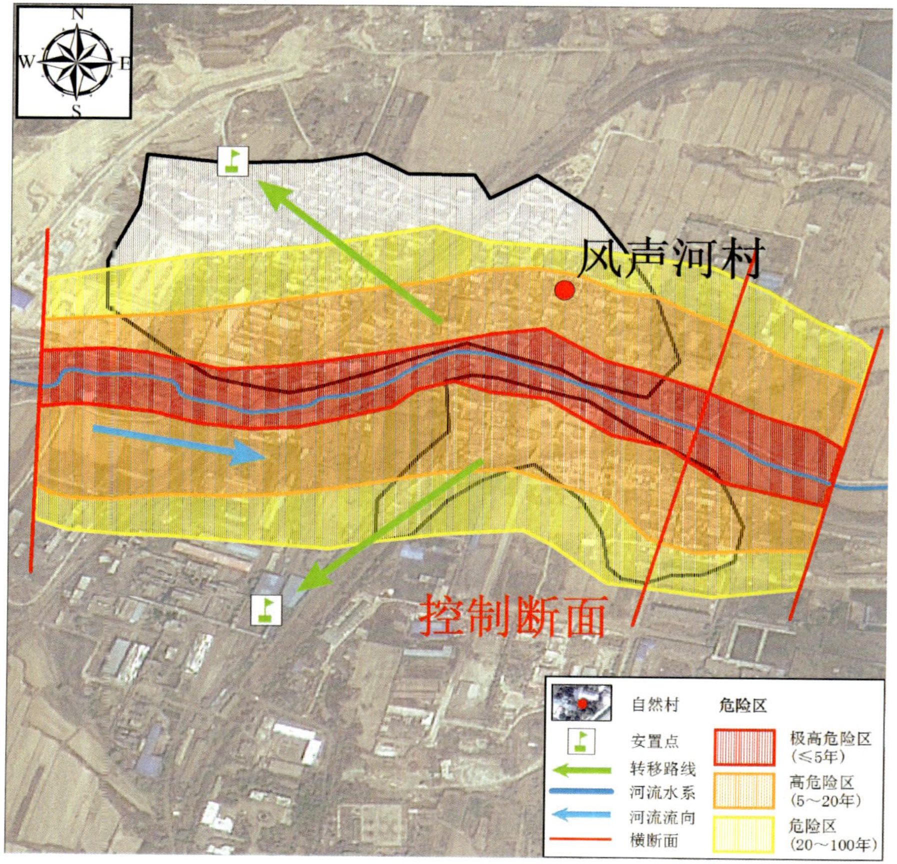

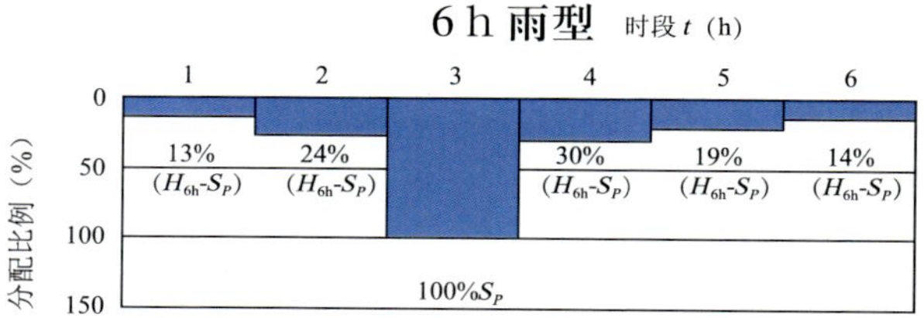

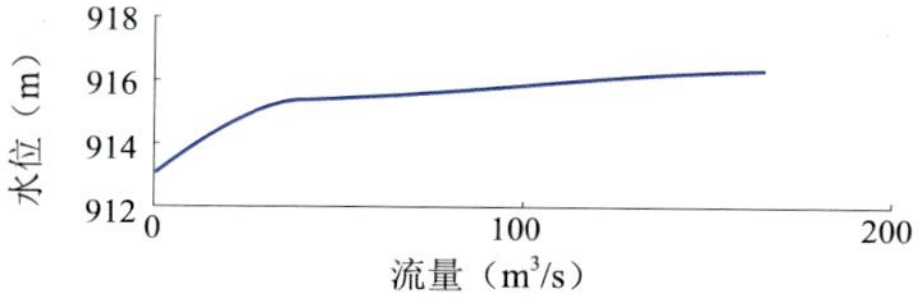

危险区等级	洪水重现期（a）	高程（m）	人口	户数
极高危险区	≤ 5	≤ 915. 14	0	0
高危险区	5 ～ 20	915. 14 ～ 915. 61	53	12
危险区	20 ～ 100	915. 61 ～ 915. 97	7	2
其他	＞ 100	＞ 915. 97	0	0

时段	雨量预警指标（mm）					
	较干		一般		较湿	
	准备转移	立即转移	准备转移	立即转移	准备转移	立即转移
0. 5h	36	51	32	46	29	41

防汛责任人：白金柱

联系电话：13485360037

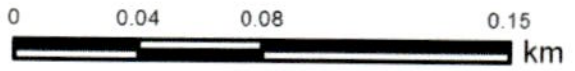

编制单位：太原市区水文水资源勘测局

编制时间：2016 年 1 月

附图 3-50　风声河危险区划分示意图

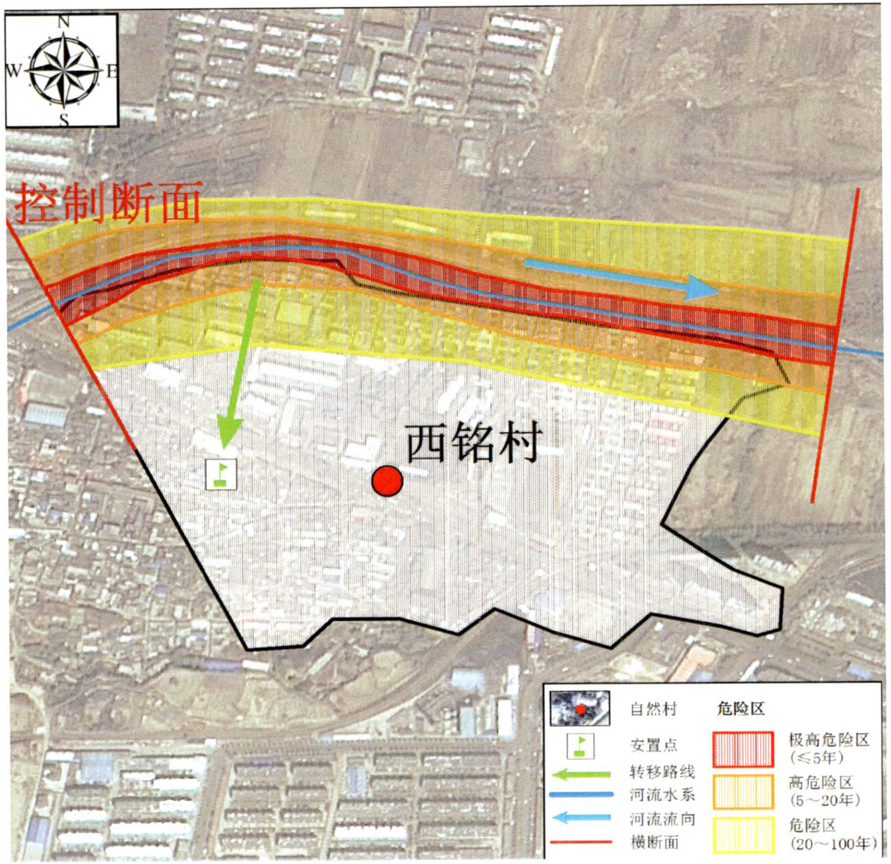

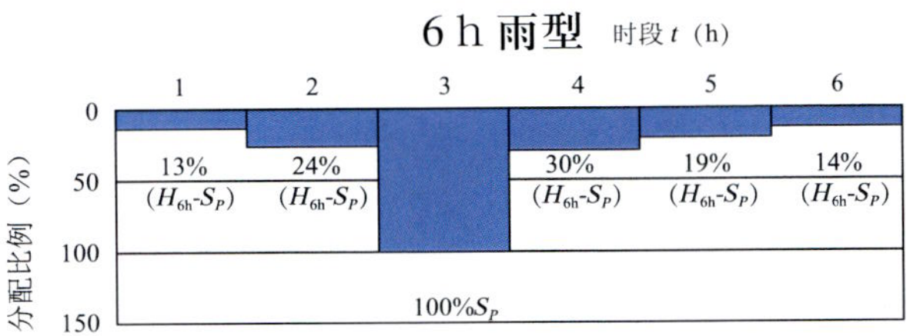

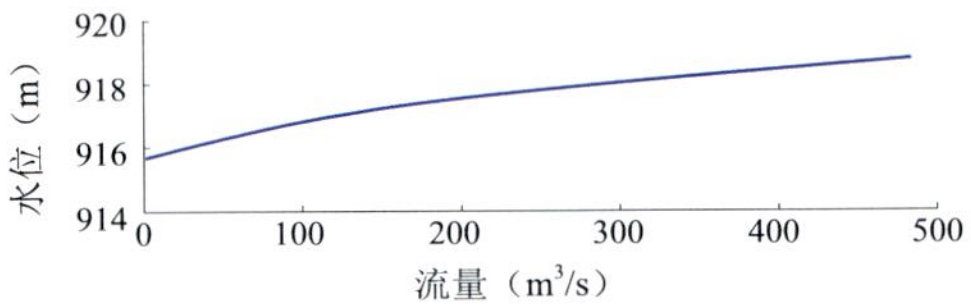

危险区等级	洪水重现期（a）	高程（m）	人口	户数
极高危险区	≤5	≤917.53	0	0
高危险区	5～20	917.53～918.55	1 825	694
危险区	20～100	918.55～919.38	55	28
其他	>100	>919.38	704	325

时段	雨量预警指标（mm）					
	较干		一般		较湿	
	准备转移	立即转移	准备转移	立即转移	准备转移	立即转移
0.5h	30	42	27	38	24	34
1h	42	56	38	50	34	44

防汛责任人：胡柱柱
联系电话：13603584488

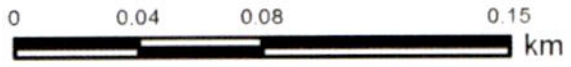

编制单位：太原市区水文水资源勘测局
编制时间：2016年1月

附图 3-51 西铭村危险区划分示意图

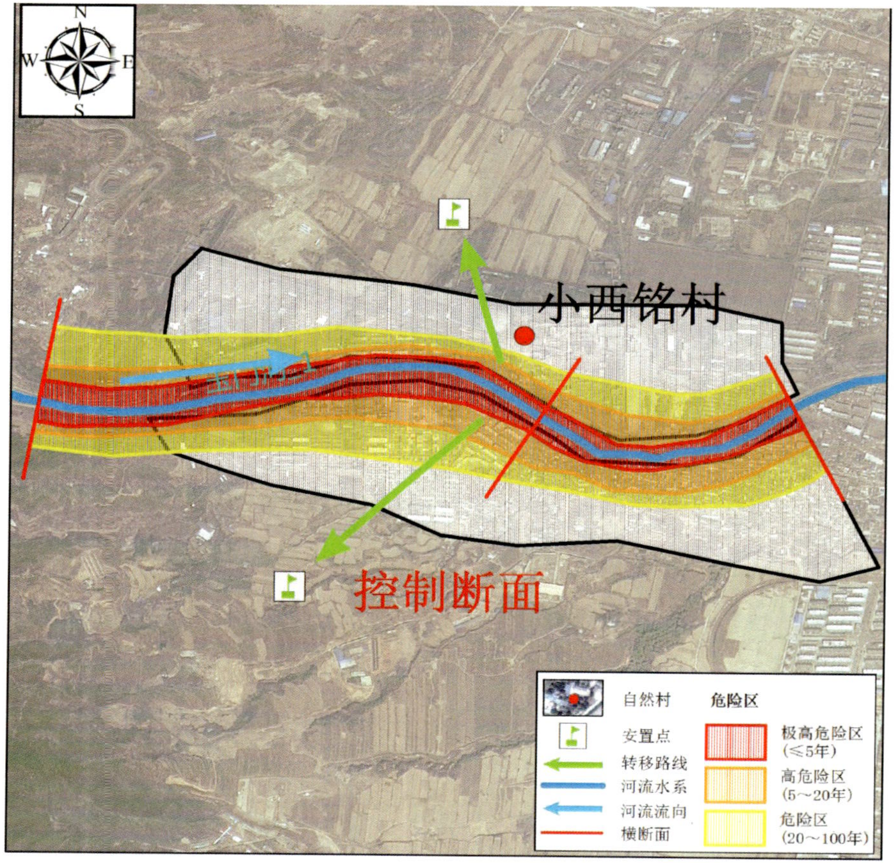

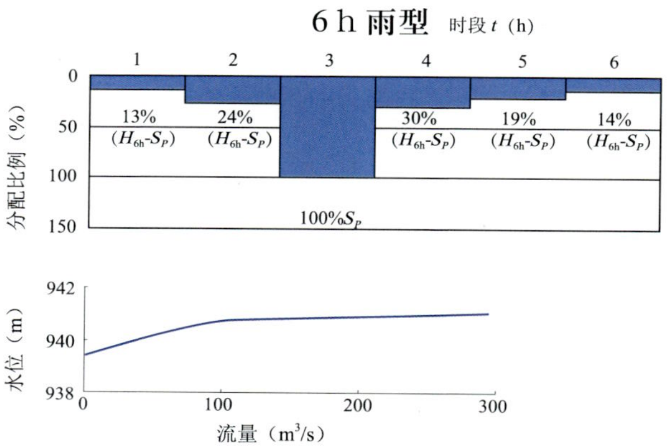

危险区等级	洪水重现期（a）	高程（m）	人口	户数
极高危险区	≤ 5	≤ 940. 82	34	14
高危险区	5 ～ 20	940. 82 ～ 941. 12	2	1
危险区	20 ～ 100	941. 12 ～ 941. 27	0	0
其他	＞ 100	＞ 941. 27	823	880

时段	雨量预警指标（mm）					
	较干		一般		较湿	
	准备转移	立即转移	准备转移	立即转移	准备转移	立即转移
0. 5h	22	31	20	28	17	24
1h	31	41	28	36	24	31

防汛责任人：周文魁
联系电话：13935162229

0 0.04 0.08 0.15 km

编制单位：太原市区水文水资源勘测局
编制时间：2016 年 1 月

附图 3-52　小西铭村危险区划分示意图

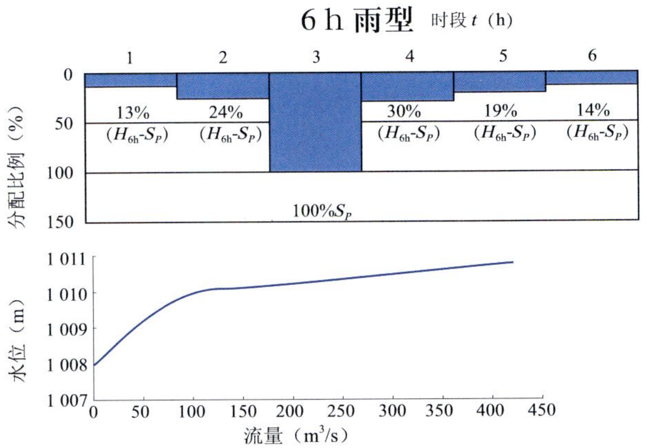

危险区等级	洪水重现期（a）	高程（m）	人口	户数
极高危险区	≤5	≤1 009.7	0	0
高危险区	5～20	1 009.7～1 010.24	19	7
危险区	20～100	1 010.24～1 010.72	6	2
其他	＞100	＞1 010.72	62	22

时段	雨量预警指标（mm）					
	较干		一般		较湿	
	准备转移	立即转移	准备转移	立即转移	准备转移	立即转移
0.5h	32	46	30	42	27	38
1h	46	54	42	49	38	44
2h	54	63	49	58	44	53

防汛责任人：张继红

联系电话：13934528111

0 0.04 0.08 0.15 km

编制单位：太原市水文水资源勘测分局

编制时间：2016 年 4 月

附图 3-53 小虎峪村危险区划分示意图

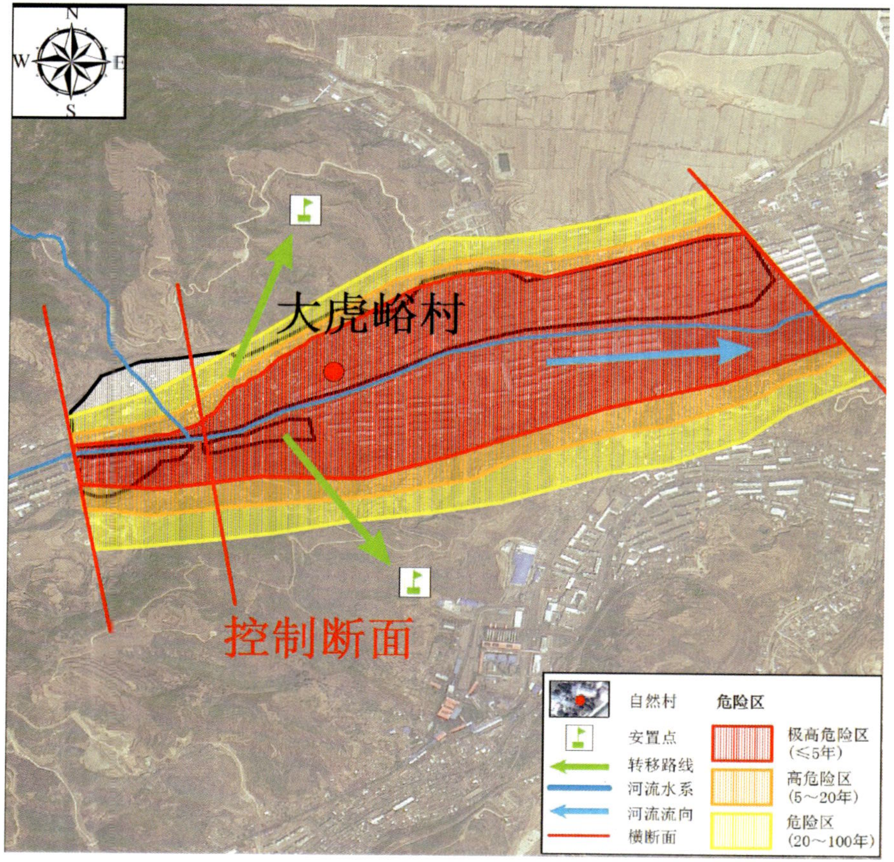

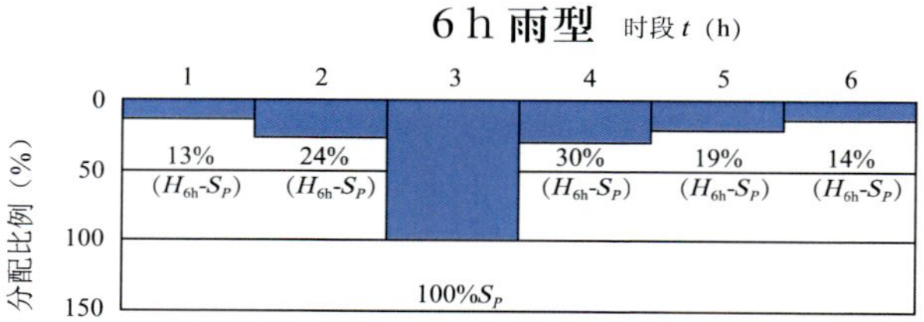

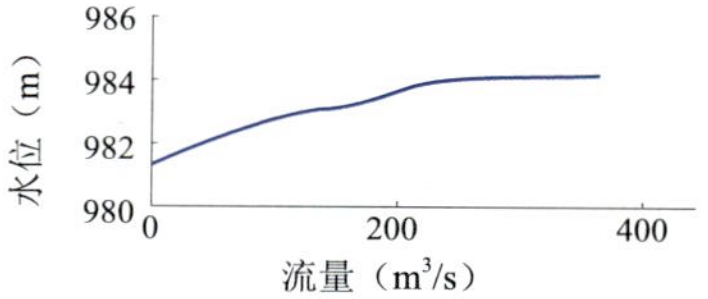

危险区等级	洪水重现期（a）	高程（m）	人口	户数
极高危险区	≤ 5	≤ 982.89	1 070	382
高危险区	5 ～ 20	982.89 ～ 984.04	0	0
危险区	20 ～ 100	984.04 ～ 984.35	0	0
其他	＞ 100	＞ 984.35	0	0

时段	雨量预警指标（mm）					
	较干		一般		较湿	
	准备转移	立即转移	准备转移	立即转移	准备转移	立即转移
0.5h	26	37	23	33	20	29
1h	37	43	33	38	29	33
2h	50	57	44	51	38	43

防汛责任人：田庆
联系电话：13703511788

0 0.04 0.08 0.15 km

编制单位：太原市区水文水资源勘测局
编制时间：2016 年 1 月

附图 3-54　大虎峪村危险区划分示意图

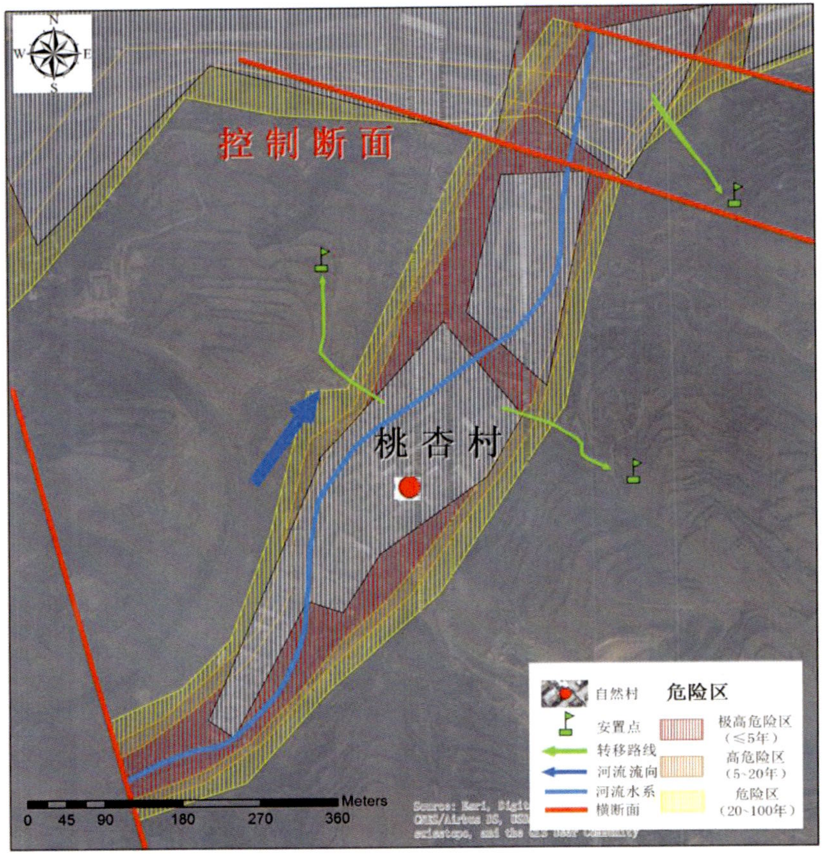

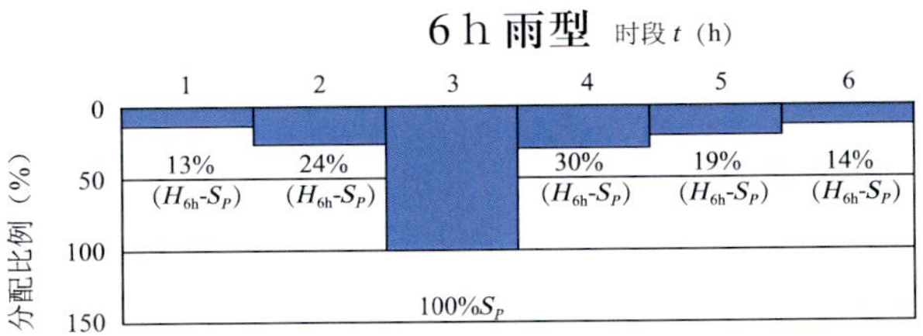

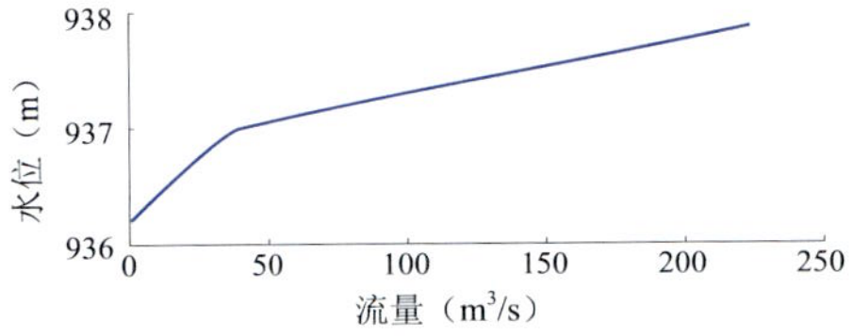

危险区等级	洪水重现期（a）	高程（m）	人口	户数
极高危险区	≤5	≤936.59	0	0
高危险区	5～20	936.59～936.85	24	10
危险区	20～100	936.85～937.18	720	223
其他	＞100	＞937.18	81	29

时段	雨量预警指标（mm）					
	较干		一般		较湿	
	准备转移	立即转移	准备转移	立即转移	准备转移	立即转移
0.5h	31	44	29	41	26	37

防汛责任人：艾乃生

联系电话：13546473899

编制单位：太原市水文水资源勘测分局

编制时间：2016 年 4 月

附图 3-55 桃杏村（高家河）危险区划分示意图

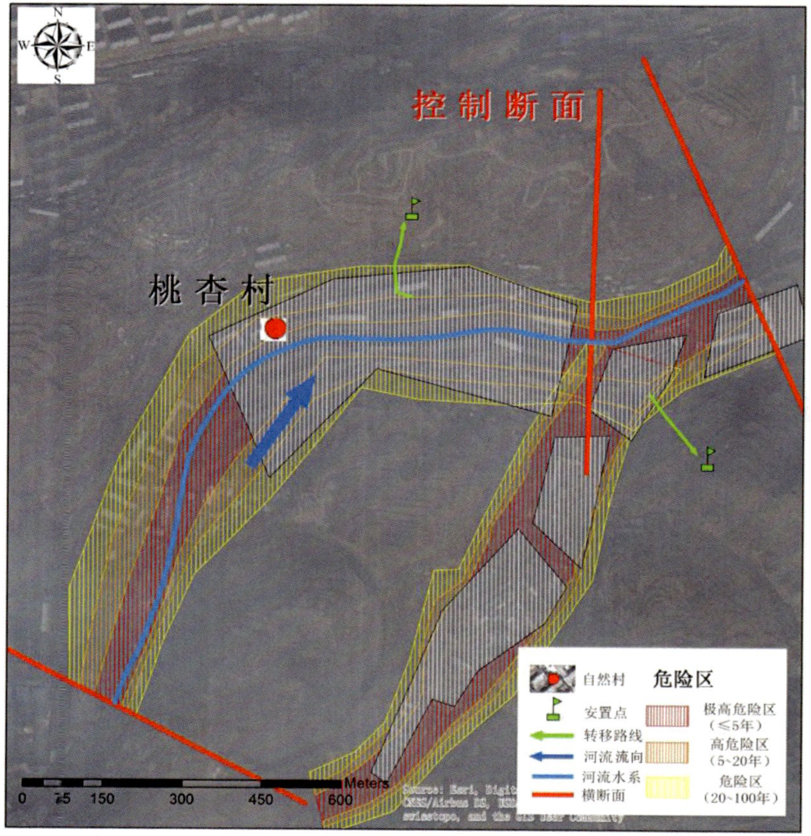

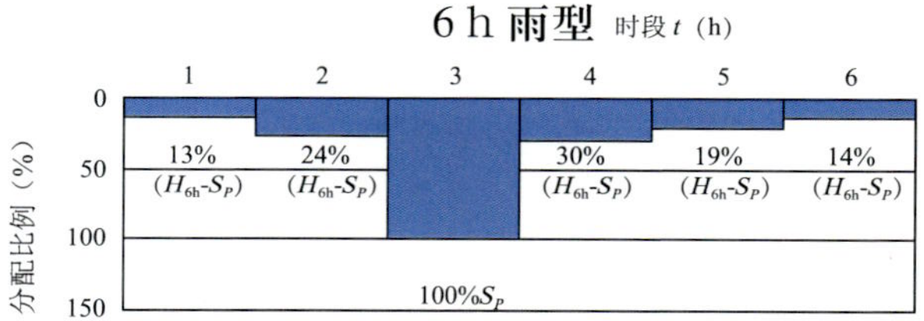

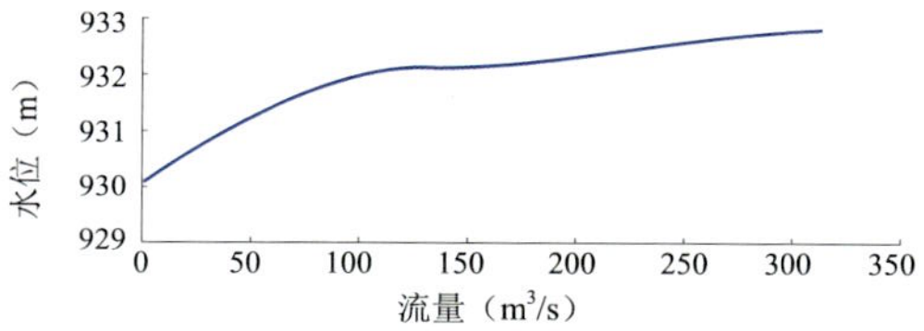

危险区等级	洪水重现期（a）	高程（m）	人口	户数
极高危险区	≤ 5	≤ 931.72	0	0
高危险区	5 ～ 20	931.72 ～ 932.21	0	0
危险区	20 ～ 100	932.21 ～ 932.59	706	222
其他	＞ 100	＞ 932.59	119	40

时段	雨量预警指标（mm）					
	较干		一般		较湿	
	准备转移	立即转移	准备转移	立即转移	准备转移	立即转移
0.5h	38	55	36	51	33	47
1h	55	67	51	63	47	58

防汛责任人：艾乃生

联系电话：13546473899

0 0.04 0.08 0.15 km

编制单位：太原市水文水资源勘测分局

编制时间：2016 年 4 月

附图 3-56　桃杏村（官地沟）危险区划分示意图

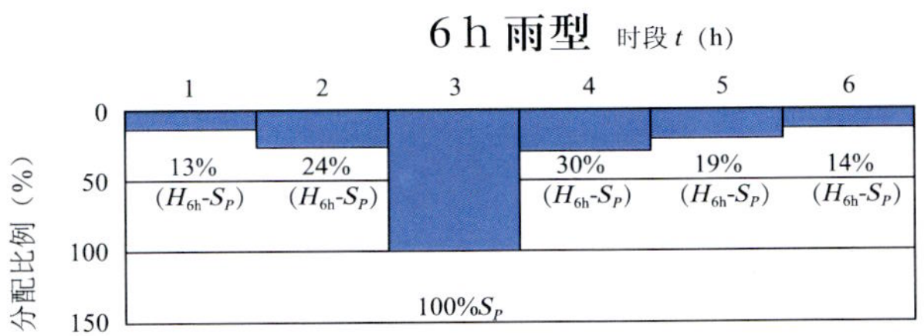

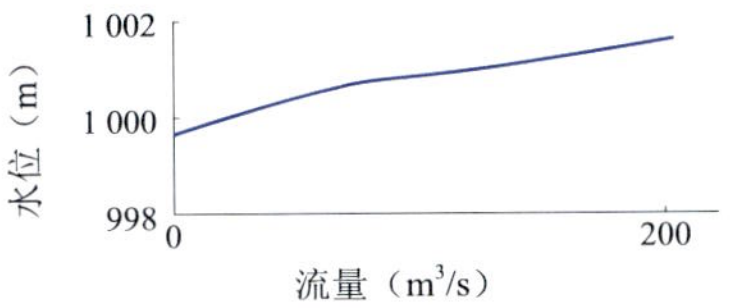

危险区等级	洪水重现期（a）	高程（m）	人口	户数
极高危险区	≤ 5	≤ 1 000. 66	0	0
高危险区	5 ～ 20	1 000. 66 ～ 1 001. 07	562	265
危险区	20 ～ 100	1 001. 07 ～ 1 001. 45	2	1
其他	＞ 100	＞ 1 001. 45	37	25

时段	雨量预警指标（mm）					
	较干		一般		较湿	
	准备转移	立即转移	准备转移	立即转移	准备转移	立即转移
0. 5h	40	56	37	53	34	49
1h	56	77	53	72	49	67

防汛责任人：张宝顺
联系电话：13099079819

编制单位：太原市区水文水资源勘测局
编制时间：2016 年 1 月

附图 3-57 白家庄村危险区划分示意图

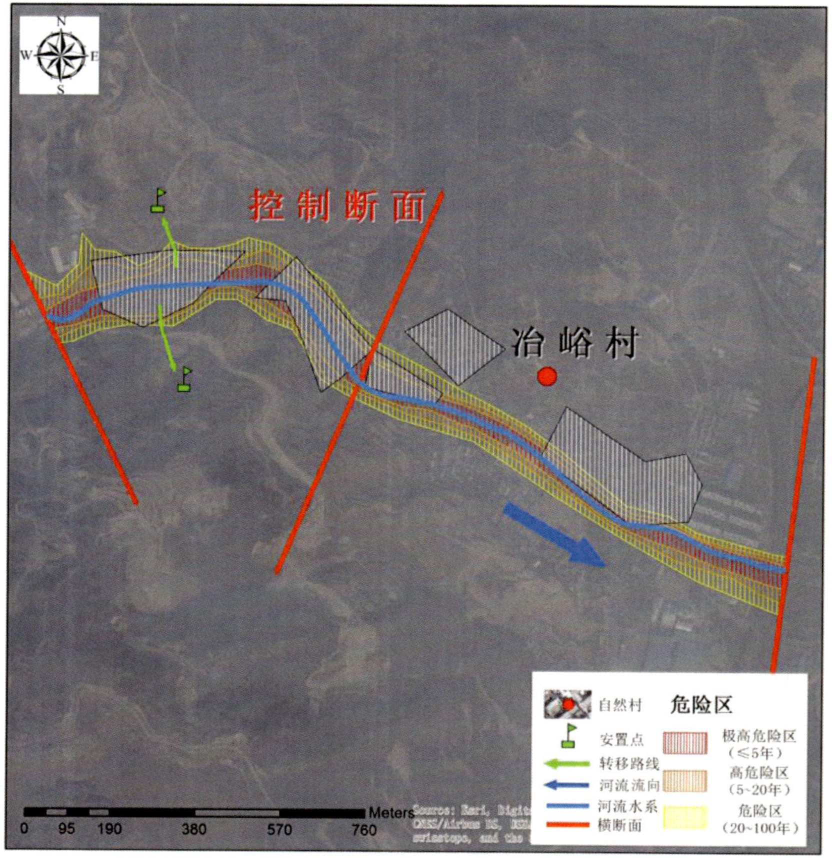

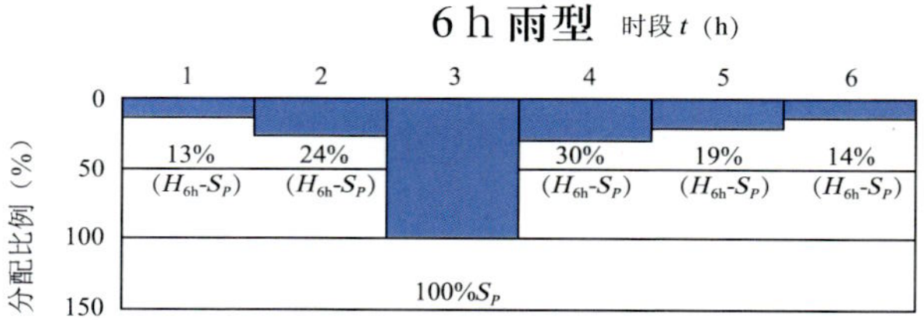

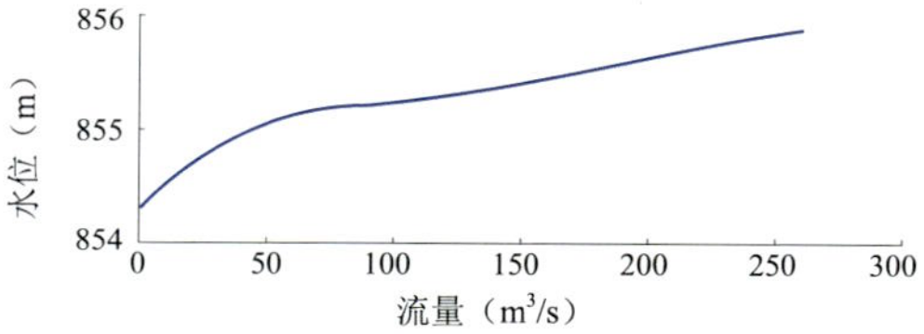

危险区等级	洪水重现期（a）	高程（m）	人口	户数
极高危险区	≤ 5	≤ 855.04	0	0
高危险区	5 ～ 20	855.04 ～ 855.57	34	16
危险区	20 ～ 100	855.57 ～ 855.89	88	38
其他	＞ 100	＞ 855.89	135	49

时段	雨量预警指标（mm）					
	较干		一般		较湿	
	准备转移	立即转移	准备转移	立即转移	准备转移	立即转移
0.5h	15	21	13	18	10	15

防汛责任人：赵宏
联系电话：13015372666

0 0.04 0.08 0.15 km

编制单位：太原市水文水资源勘测分局
编制时间：2016 年 4 月

附图 3-58 冶峪村危险区划分示意图

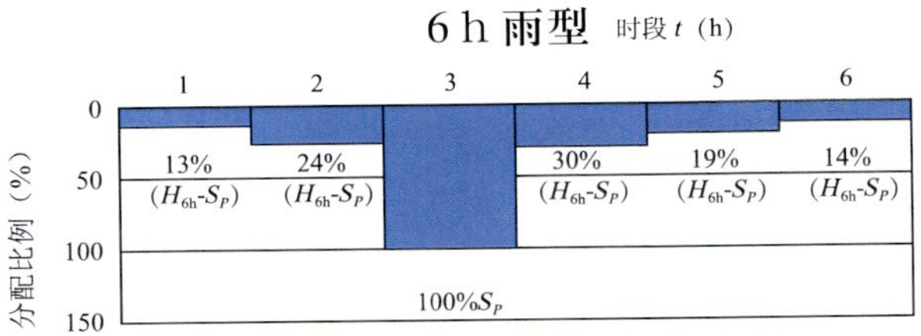

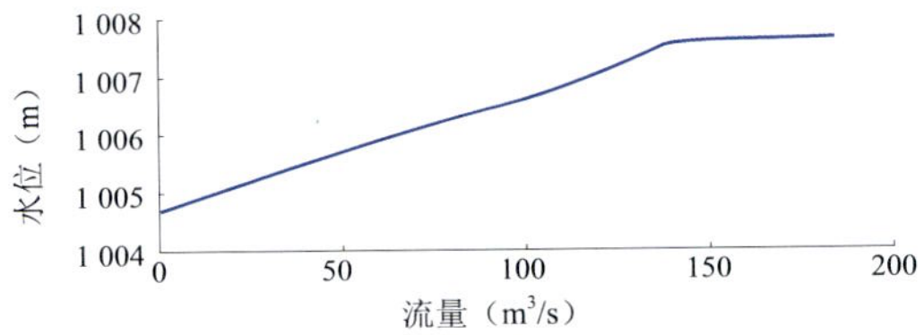

危险区等级	洪水重现期（a）	高程（m）	人口	户数
极高危险区	≤5	≤1 006	16	5
高危险区	5～20	1 006～1 006.7	0	0
危险区	20～100	1 006.7～1 007.24	0	0
其他	>100	>1 007.24	0	0

时段	雨量预警指标（mm）					
	较干		一般		较湿	
	准备转移	立即转移	准备转移	立即转移	准备转移	立即转移
0.5h	24	34	21	30	19	26
1h	34	41	30	36	26	32

防汛责任人：王卫峰

联系电话：13453468275

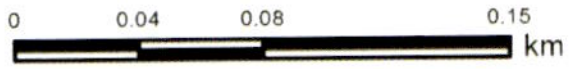

编制单位：太原市水文水资源勘测分局

编制时间：2016年4月

附图 3-59　黄冶村危险区划分示意图

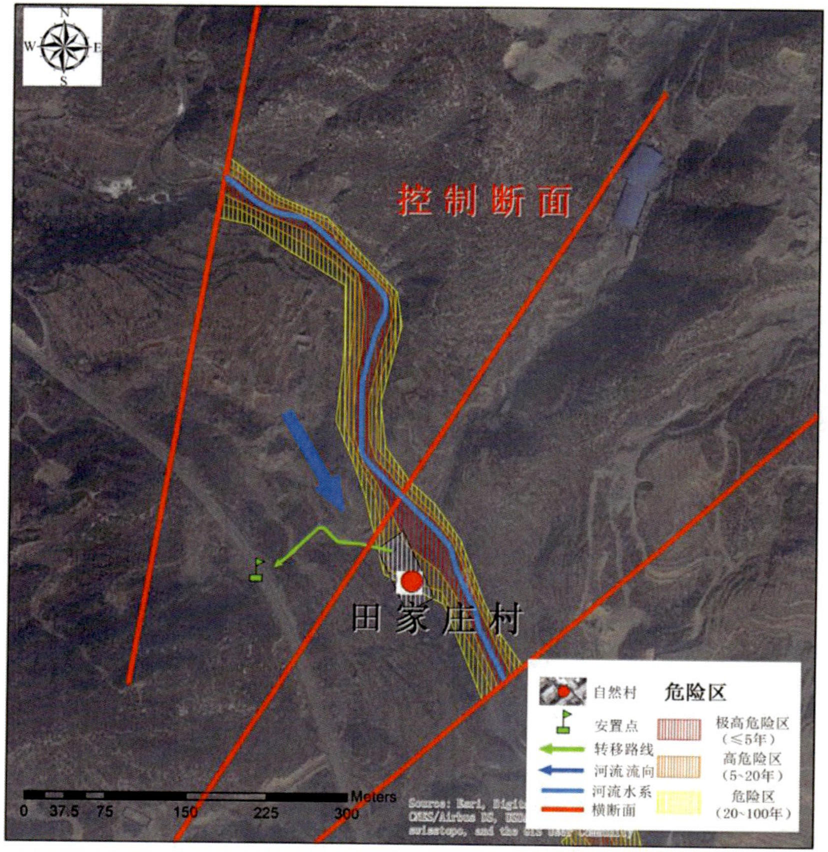

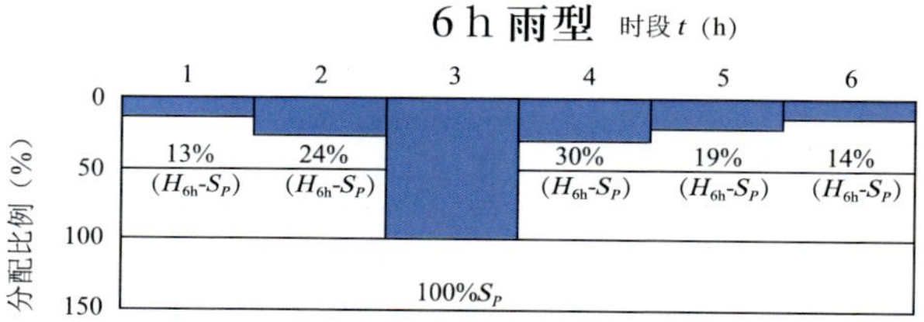

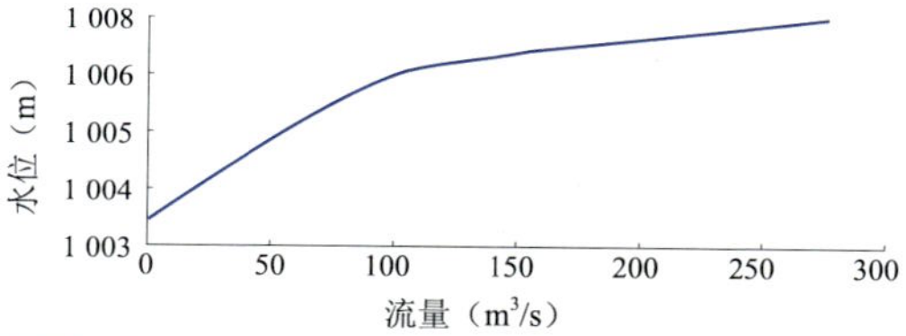

危险区等级	洪水重现期（a）	高程（m）	人口	户数
极高危险区	≤5	≤1 005.45	2	1
高危险区	5～20	1 005.45～1 005.99	3	1
危险区	20～100	1 005.99～1 006.43	0	0
其他	＞100	＞1 006.43	3	1

时段	雨量预警指标（mm）					
	较干		一般		较湿	
	准备转移	立即转移	准备转移	立即转移	准备转移	立即转移
0.5h	19	28	17	24	15	21
1h	28	34	24	30	21	26

防汛责任人：郑铃生
联系电话：13903401111

编制单位：太原市水文水资源勘测分局
编制时间：2016 年 4 月

附图 3-60　田家庄村危险区划分示意图

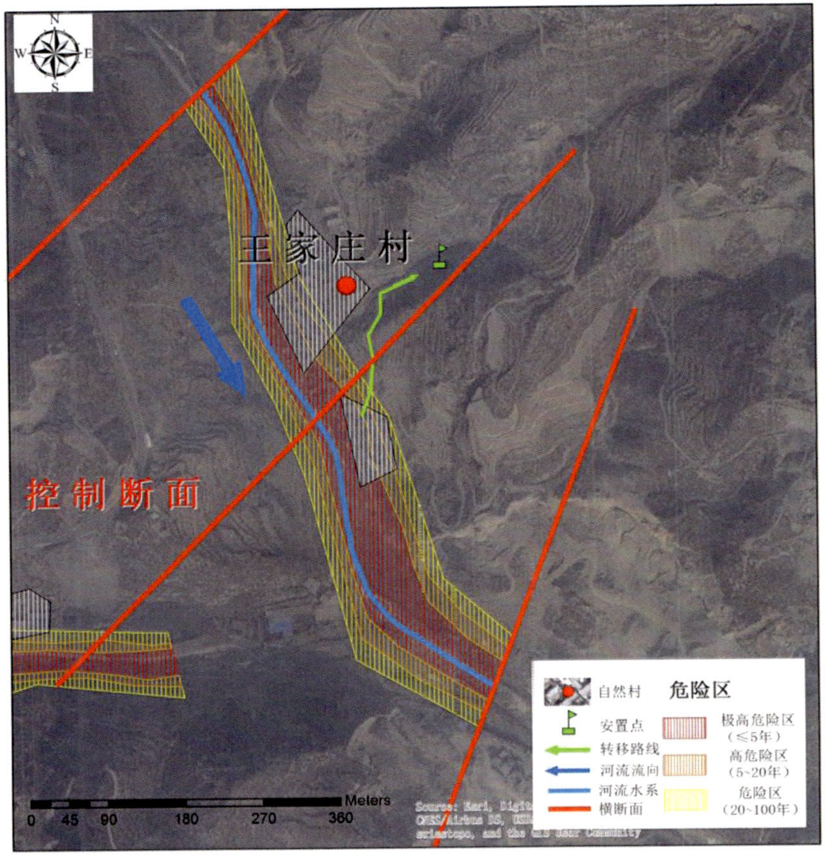

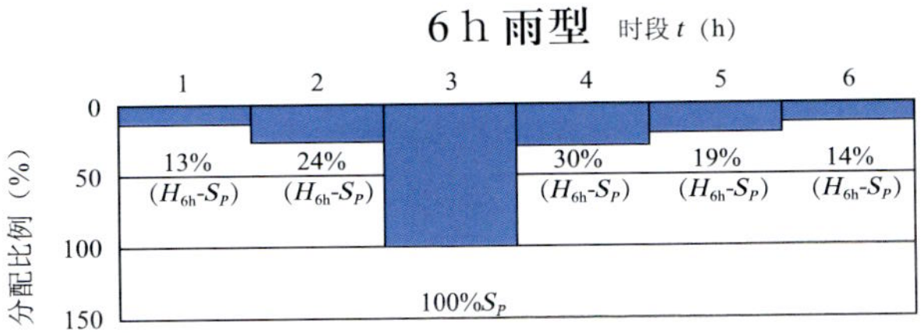

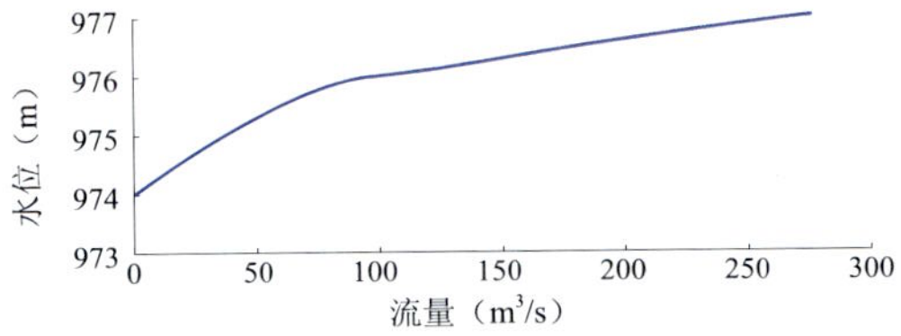

危险区等级	洪水重现期（a）	高程（m）	人口	户数
极高危险区	≤ 5	≤ 975.44	3	1
高危险区	5 ~ 20	975.44 ~ 975.99	0	0
危险区	20 ~ 100	975.99 ~ 976.44	0	0
其他	> 100	> 976.44	0	0

时段	雨量预警指标（mm）					
	较干		一般		较湿	
	准备转移	立即转移	准备转移	立即转移	准备转移	立即转移
0.5h	24	34	21	30	19	26
1h	34	42	30	37	26	32

防汛责任人：王云生
联系电话：18636615173

0 0.04 0.08 0.15 km

编制单位：太原市水文水资源勘测分局
编制时间：2016 年 4 月

附图 3-61 王家庄村危险区划分示意图

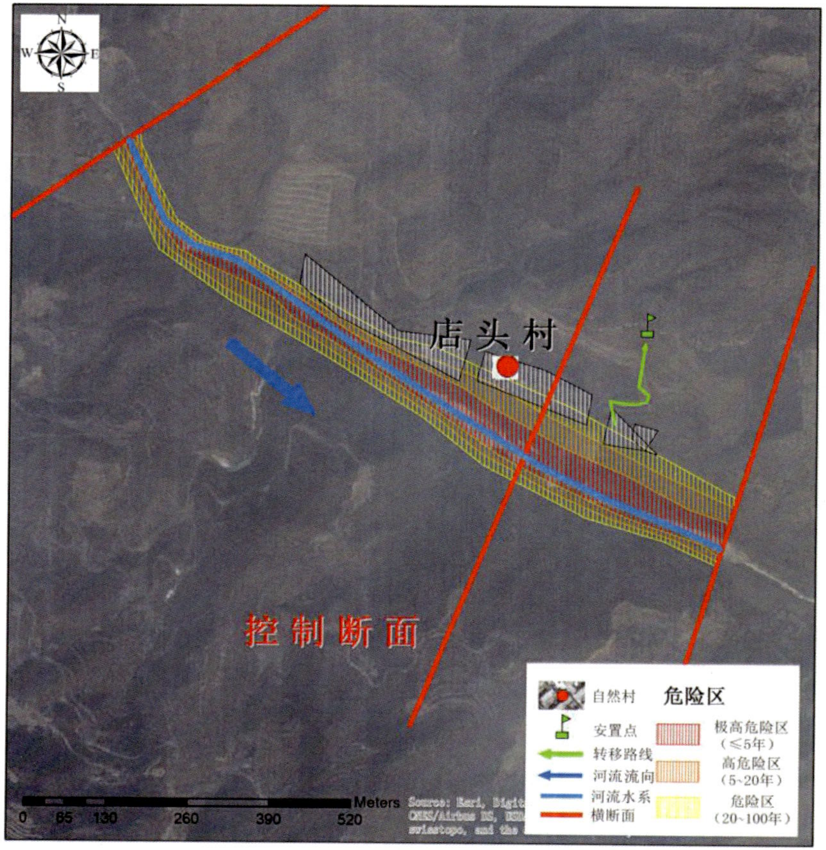

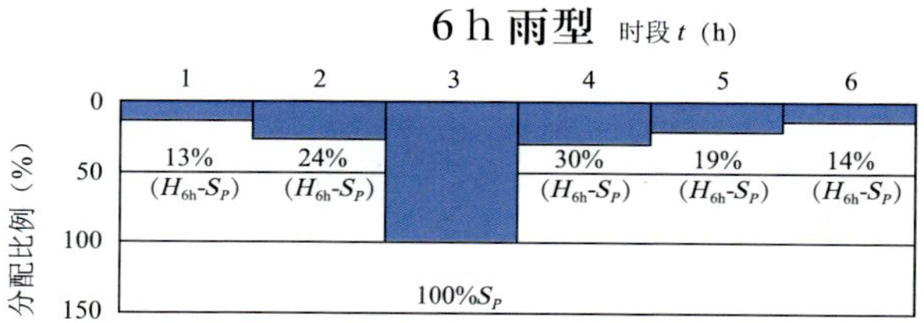

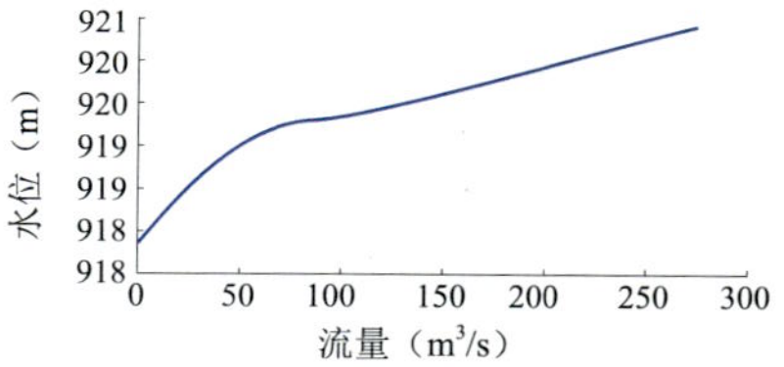

危险区等级	洪水重现期（a）	高程（m）	人口	户数
极高危险区	≤ 5	≤ 918.97	0	0
高危险区	5 ~ 20	918.97 ~ 919.64	0	0
危险区	20 ~ 100	919.64 ~ 920.21	2	1
其他	> 100	> 920.21	3	1

时段	雨量预警指标（mm）					
	较干		一般		较湿	
	准备转移	立即转移	准备转移	立即转移	准备转移	立即转移
0.5h	13	18	11	15	8	12
1h	18	22	15	19	12	15

防汛责任人：李贵虎
联系电话：13834141979

0 0.04 0.08 0.15 km

编制单位：太原市水文水资源勘测分局
编制时间：2016 年 4 月

附图 3-62 店头村危险区划分示意图

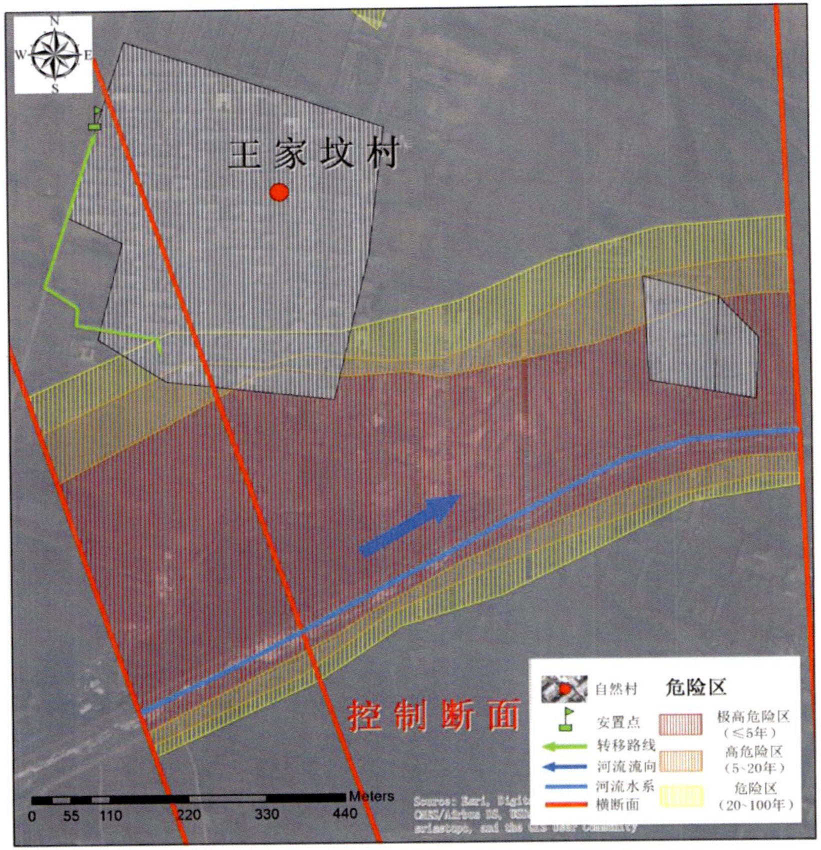

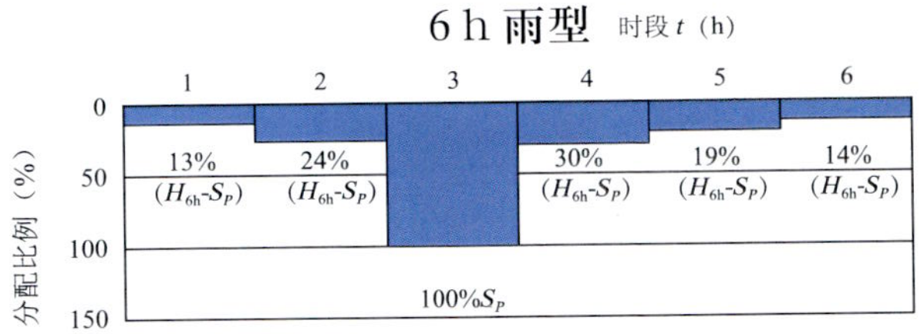

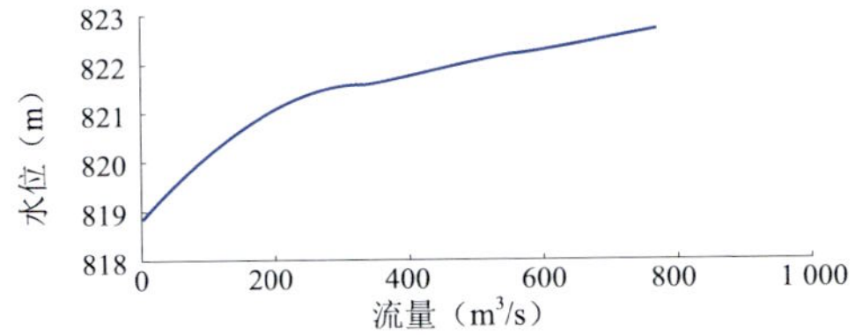

危险区等级	洪水重现期（a）	高程（m）	人口	户数
极高危险区	≤ 5	≤ 821.03	0	0
高危险区	5 ~ 20	821.03 ~ 821.74	0	0
危险区	20 ~ 100	821.74 ~ 822.37	156	40
其他	> 100	> 822.37	0	0

时段	雨量预警指标（mm）					
	较干		一般		较湿	
	准备转移	立即转移	准备转移	立即转移	准备转移	立即转移
0.5h	44	63	42	59	39	56
1h	63	75	59	70	56	65

防汛责任人：李羊清

联系电话：13934211878

0 0.04 0.08 0.15 km

编制单位：太原市水文水资源勘测分局

编制时间：2016 年 4 月

附图 3-63 王家坟村危险区划分示意图

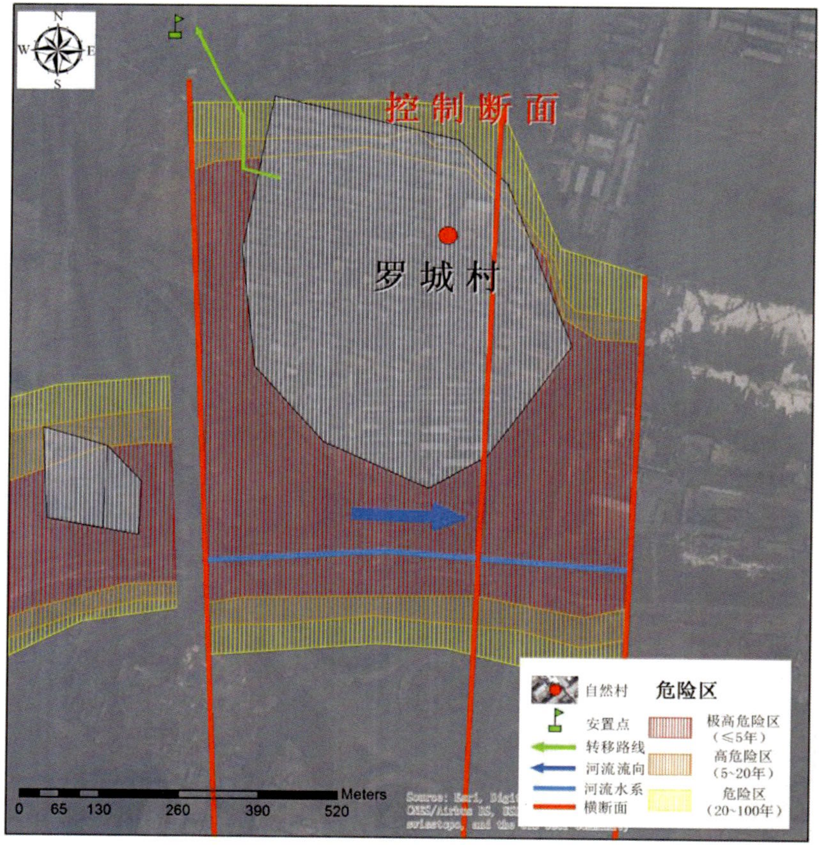

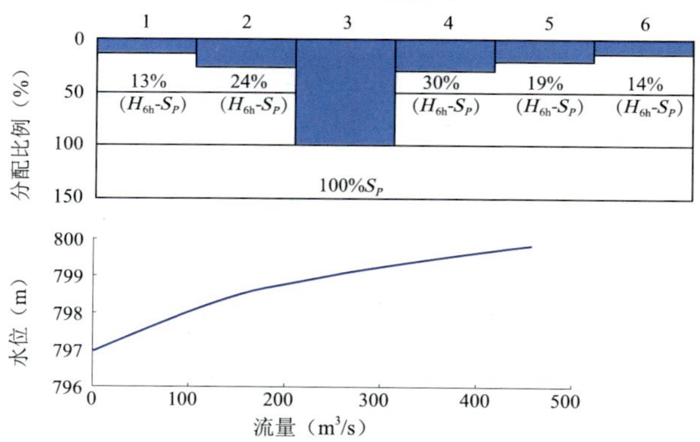

危险区等级	洪水重现期（a）	高程（m）	人口	户数
极高危险区	≤ 5	≤ 798.47	0	0
高危险区	5 ～ 20	798.47 ～ 799.2	16	6
危险区	20 ～ 100	799.2 ～ 799.83	792	267
其他	＞ 100	＞ 799.83	59	20

时段	雨量预警指标（mm）					
	较干		一般		较湿	
	准备转移	立即转移	准备转移	立即转移	准备转移	立即转移
0.5h	36	52	33	48	31	44
1h	52	62	48	56	44	51

防汛责任人：李贵喜
联系电话：13700500317

编制单位：太原市水文水资源勘测分局
编制时间：2016 年 4 月

附图 3-64 罗城村危险区划分示意图

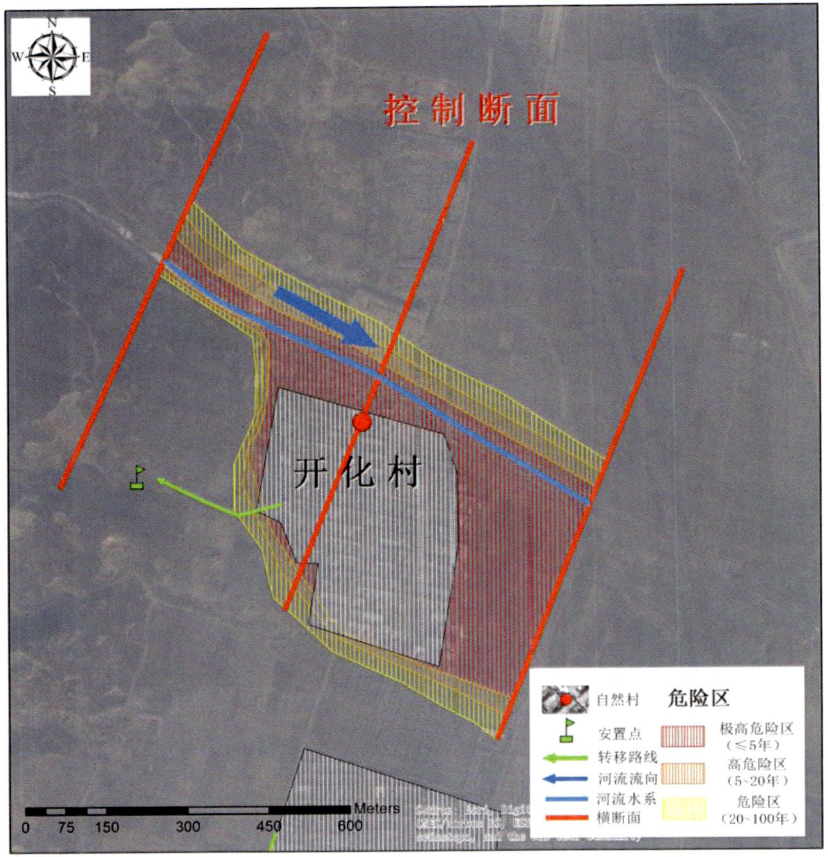

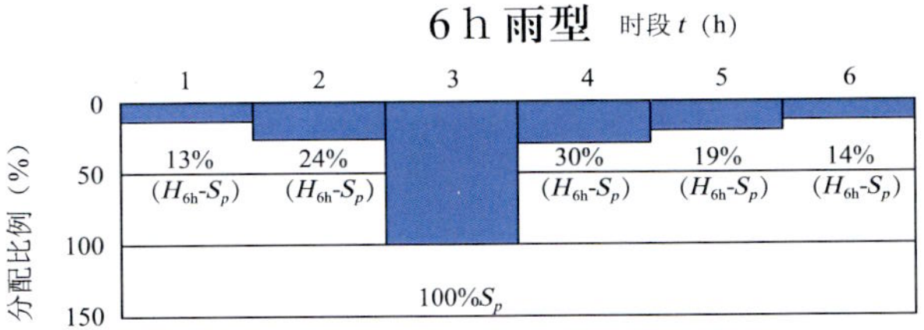

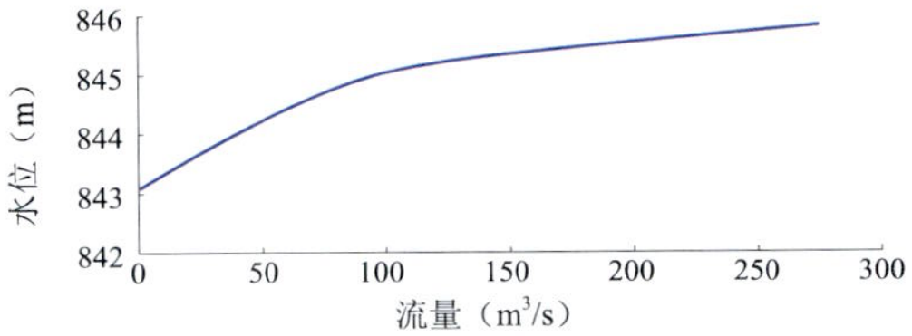

危险区等级	洪水重现期（a）	高程（m）	人口	户数
极高危险区	≤5	≤844.53	0	0
高危险区	5～20	844.53～844.94	0	0
危险区	20～100	844.94～845.28	947	205
其他	＞100	＞845.28	6	1

时段	雨量预警指标（mm）					
	较干		一般		较湿	
	准备转移	立即转移	准备转移	立即转移	准备转移	立即转移
0.5h	47	67	44	62	41	59

防汛责任人：潘四新
联系电话：13700500317

0 0.04 0.08 0.15 km

编制单位：太原市水文水资源勘测分局
编制时间：2016 年 4 月

附图 3-65 开化村危险区划分示意图

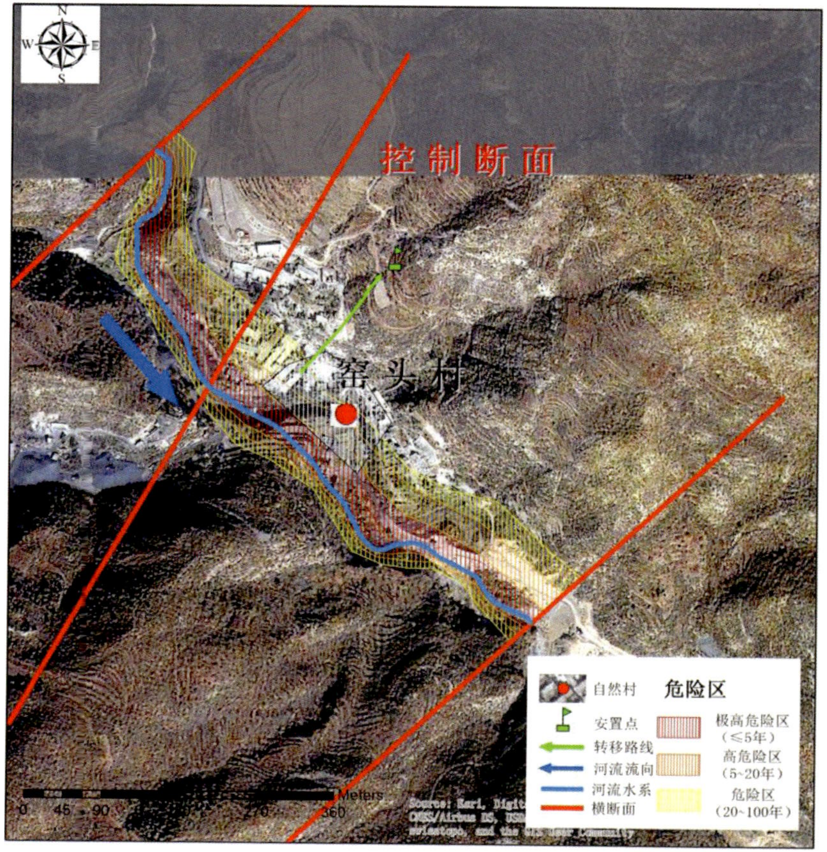

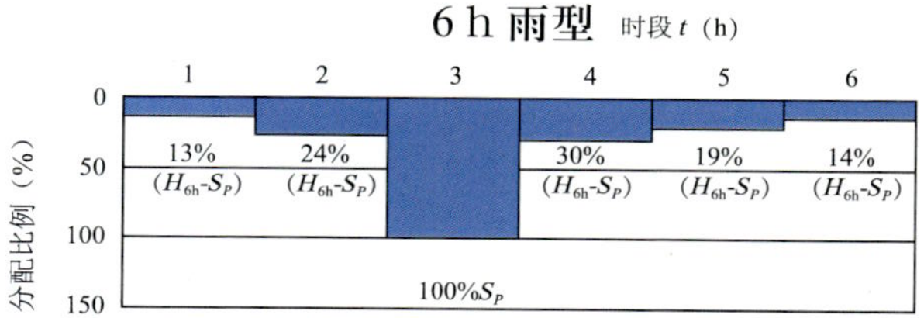

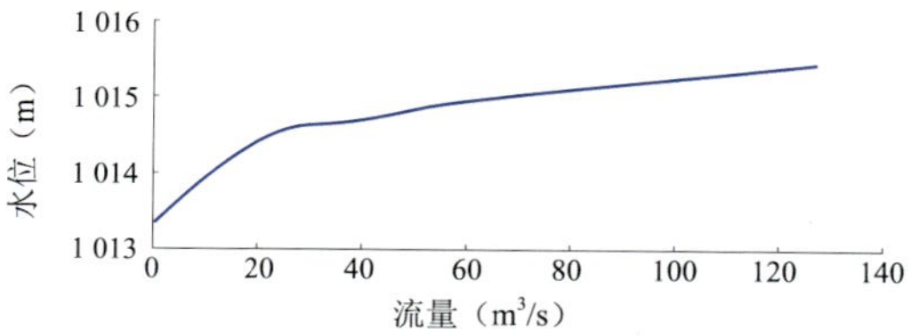

危险区等级	洪水重现期（a）	高程（m）	人口	户数
极高危险区	≤5	≤1 014.21	0	0
高危险区	5～20	1 014.21～1 014.65	4	1
危险区	20～100	1 014.65～1 015.03	4	1
其他	＞100	＞1 015.03	8	2

时段	雨量预警指标（mm）					
	较干		一般		较湿	
	准备转移	立即转移	准备转移	立即转移	准备转移	立即转移
0.5h	34	49	32	46	29	41
1h	49	59	46	53	41	48

防汛责任人：武二明
联系电话：13333435111

0 0.04 0.08 0.15 km

编制单位：太原市水文水资源勘测分局
编制时间：2016 年 4 月

附图 3-66 窑头村危险区划分示意图

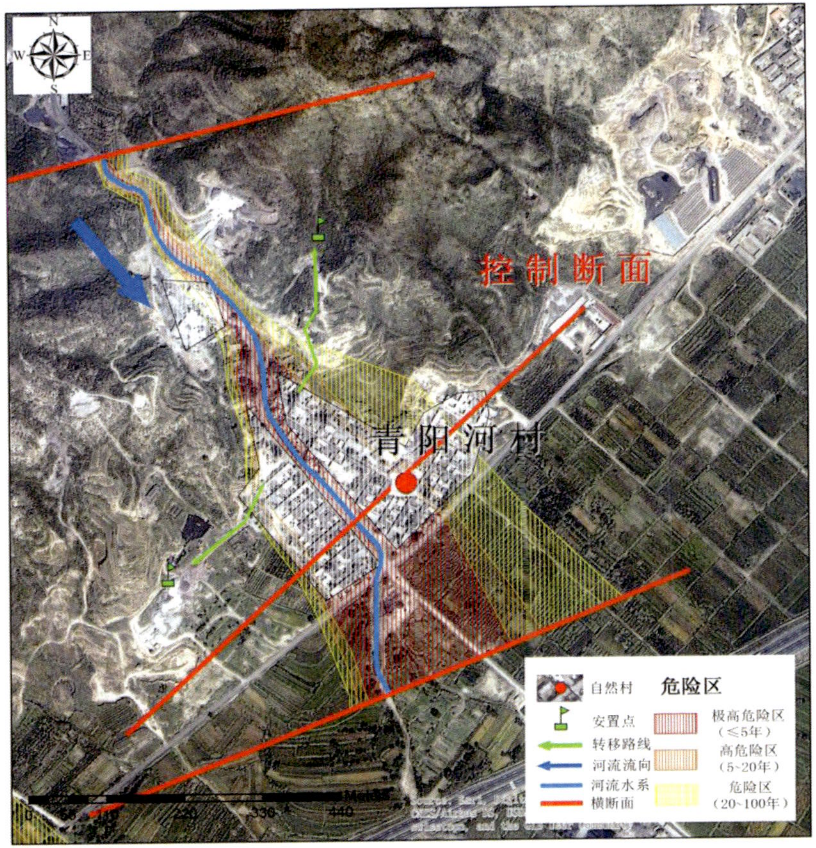

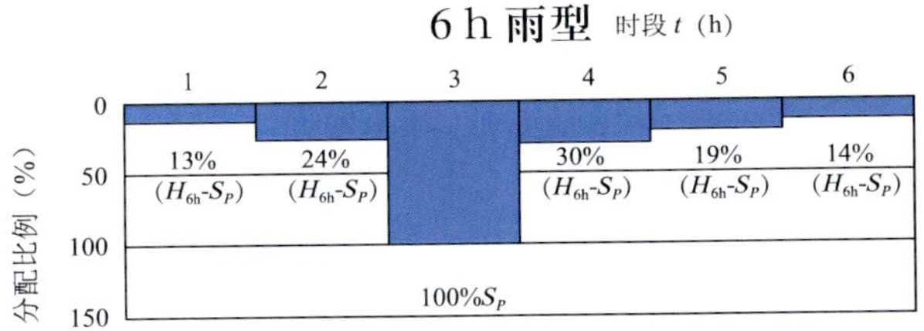

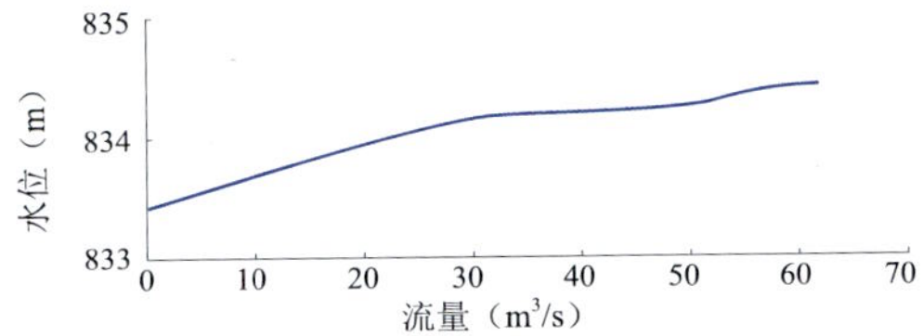

危险区等级	洪水重现期（a）	高程（m）	人口	户数
极高危险区	≤ 5	≤ 833.91	0	0
高危险区	5 ~ 20	833.91 ~ 834.06	17	4
危险区	20 ~ 100	834.06 ~ 834.19	269	85
其他	> 100	> 834.19	29	10

时段	雨量预警指标（mm）					
	较干		一般		较湿	
	准备转移	立即转移	准备转移	立即转移	准备转移	立即转移
0.5h	30	43	28	40	25	36

防汛责任人：成秀瑞
联系电话：13294518080

0 0.04 0.08 0.15 km

编制单位：太原市水文水资源勘测分局
编制时间：2016 年 4 月

附图 3-67 青阳河村危险区划分示意图

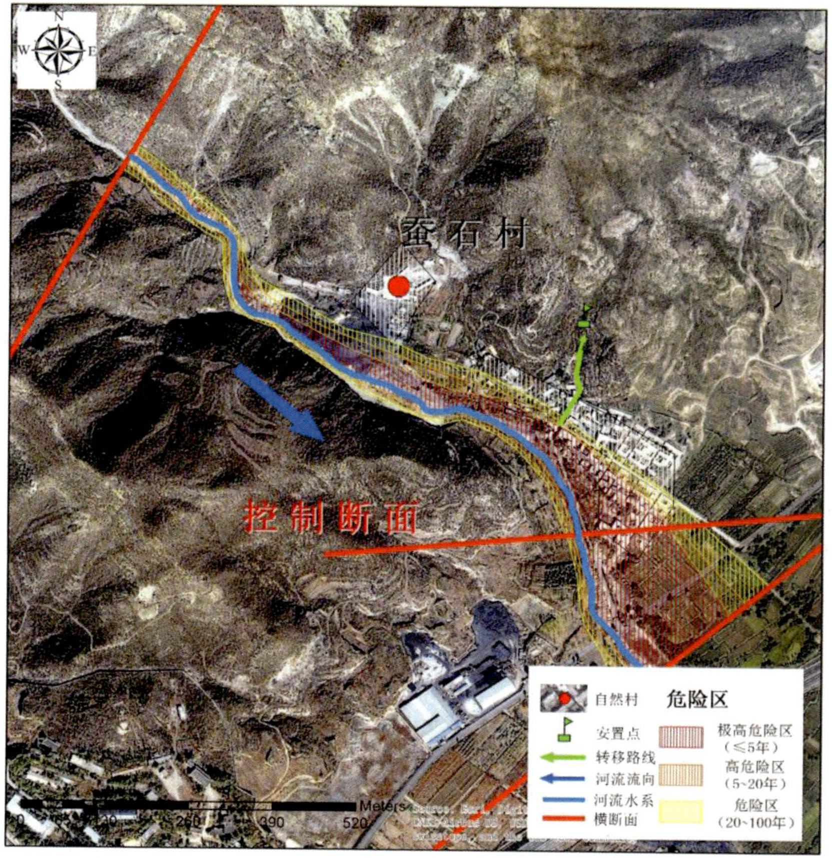

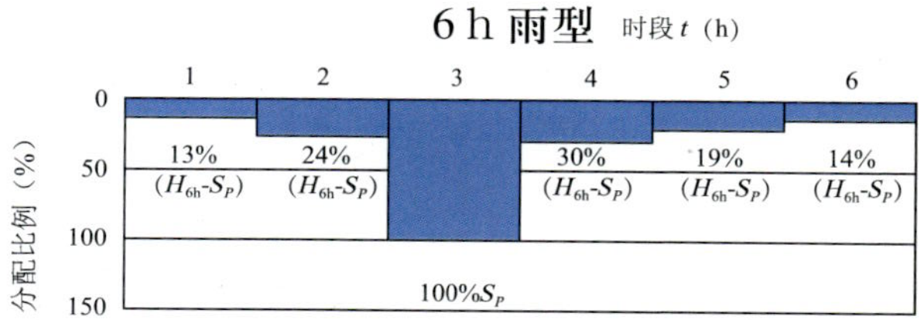

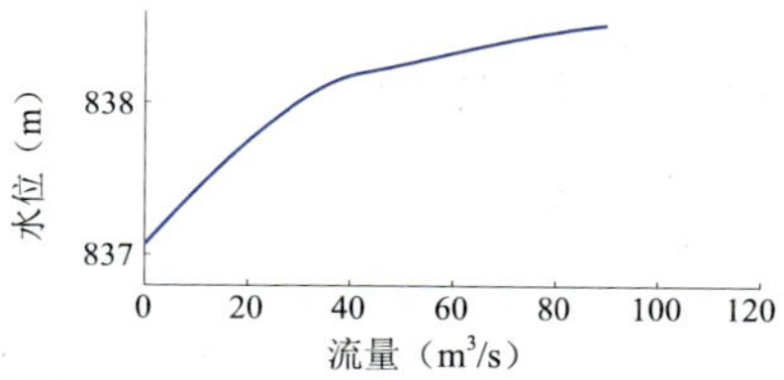

危险区等级	洪水重现期（a）	高程（m）	人口	户数
极高危险区	≤ 5	≤ 837.58	0	0
高危险区	5 ～ 20	837.58 ～ 837.82	0	2
危险区	20 ～ 100	837.82 ～ 838.02	86	29
其他	＞ 100	＞ 838.02	27	8

时段	雨量预警指标（mm）					
	较干		一般		较湿	
	准备转移	立即转移	准备转移	立即转移	准备转移	立即转移
0.5h	40	58	38	55	35	50

防汛责任人：郭小卫
联系电话：13834141979

0 0.04 0.08 0.15 km

编制单位：太原市水文水资源勘测分局
编制时间：2016 年 4 月

附图 3-68　蚕石村危险区划分示意图

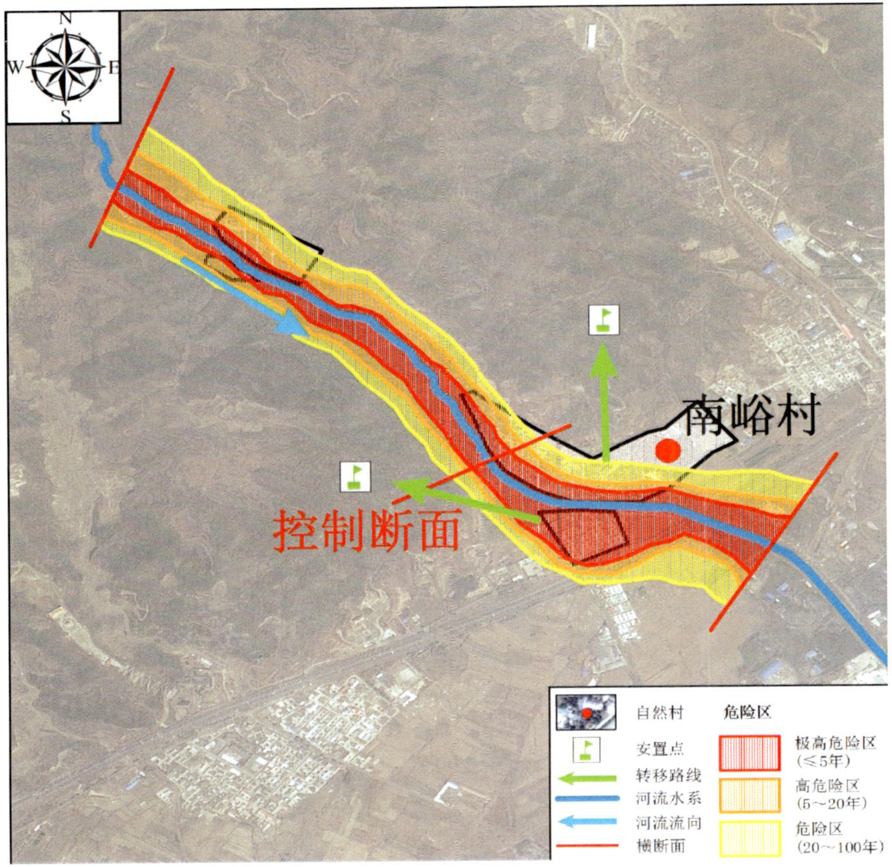

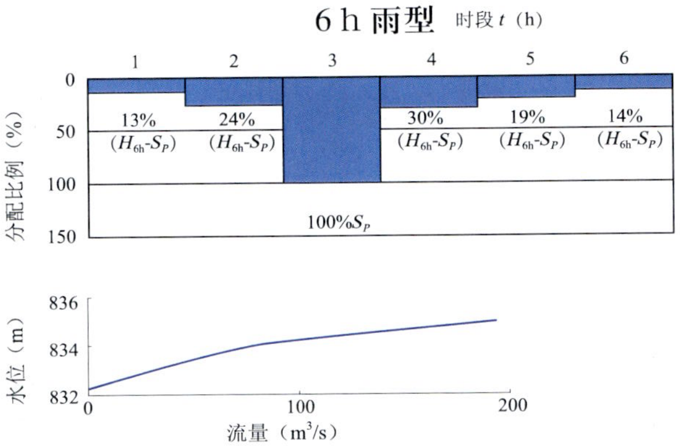

危险区等级	洪水重现期（a）	高程（m）	人口	户数
极高危险区	≤5	≤833.62	574	159
高危险区	5～20	833.62～834.35	12	5
危险区	20～100	834.35～834.9	17	5
其他	＞100	＞834.9	21	7

时段	雨量预警指标（mm）					
	较干		一般		较湿	
	准备转移	立即转移	准备转移	立即转移	准备转移	立即转移
0.5h	37	53	34	49	32	45
1h	53	66	49	61	46	56
1.5h	66	82	61	76	56	69

防汛责任人：李黑棉
联系电话：13835102742

编制单位：太原市区水文水资源勘测局
编制时间：2016 年 1 月

附图 3-69 南峪村危险区划分示意图

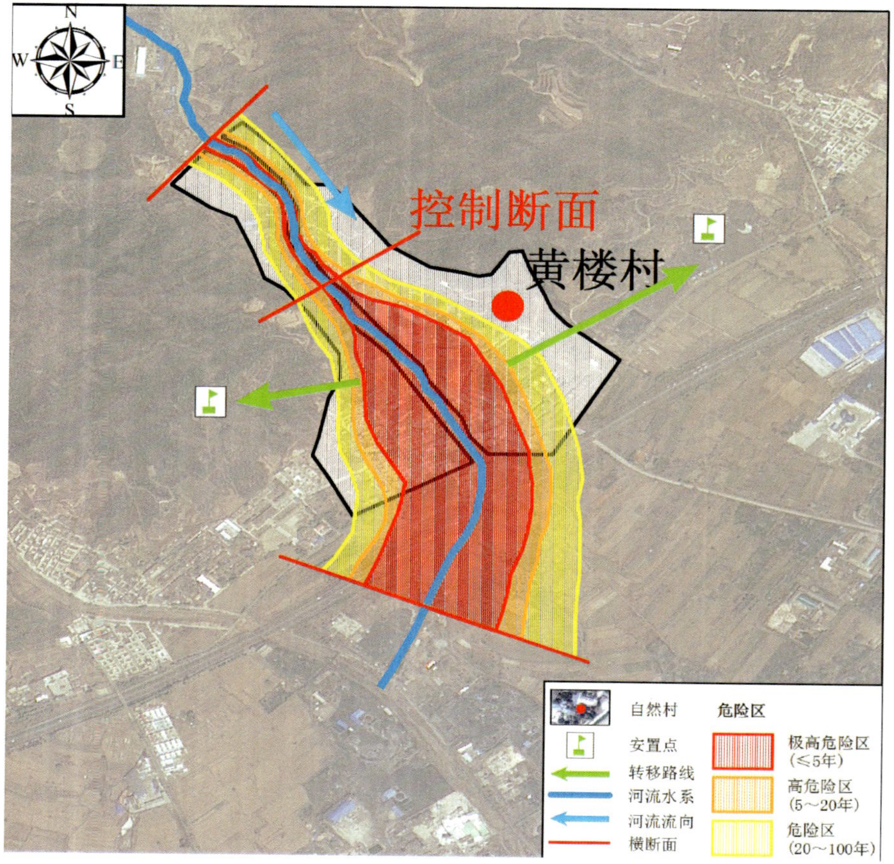

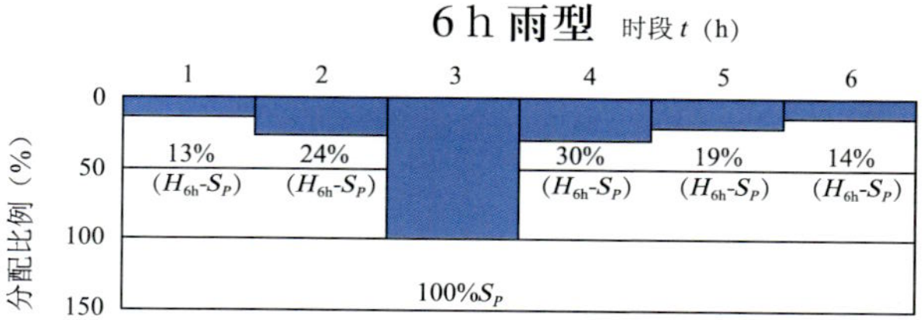

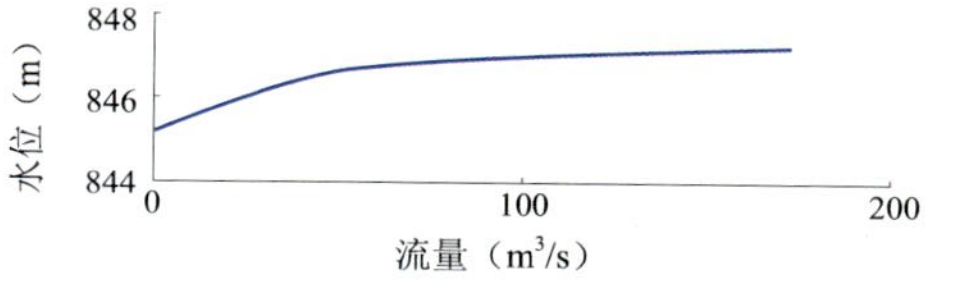

危险区等级	洪水重现期（a）	高程（m）	人口	户数
极高危险区	≤ 5	≤ 846.47	291	150
高危险区	5 ～ 20	846.47 ～ 846.93	5	3
危险区	20 ～ 100	846.93 ～ 847.1	7	3
其他	＞ 100	＞ 847.1	81	44

时段	雨量预警指标（mm）					
	较干		一般		较湿	
	准备转移	立即转移	准备转移	立即转移	准备转移	立即转移
0.5h	35	50	32	46	29	42
1h	50	62	46	57	42	51
1.5h	62	76	57	69	51	63

防汛责任人：王立志

联系电话：13593162596

0 0.04 0.08 0.15 km

编制单位：太原市区水文水资源勘测局

编制时间：2016 年 1 月

附图 3-70　黄楼村危险区划分示意图